高等学校"十四五"农林规划新形态教材

作物种质资源学教程

CROP GERMPLASMICS

◎ 刘 旭 主编

中国教育出版传媒集团

高等教育出版社·北京

内容简介

　　作物种质资源学是研究作物及其野生近缘植物多样性与利用的科学，涵盖多样性产生、保护、研究与利用的理论、方法与工作体系。本书以栽培植物起源中心理论、遗传变异的同源系列定律、作物及其种质资源与人文环境协同演变学说三大基本理论为基础，用遗传多样性、遗传完整性、遗传特异性、遗传累积性为指导，全面阐述作物种质资源学广泛调查、全面保护、充分评价、深入研究、积极创新、共享利用六大任务的技术方法和重要进展。

　　全书分上篇和下篇两部分：上篇包括导论、理论基础、遗传多样性、调查收集、全面保护、表型鉴定评价、基因型鉴定、种质创新、共享利用、信息化等内容；下篇分类群介绍各物种种质资源的情况，包括概论、稻类、麦类、玉米和杂粮作物、豆类、薯类、经济作物、饲草和绿肥作物、果树、蔬菜、花卉、林木、药用植物、菌物等内容。另外，每章还设有章前导读、拓展阅读、推荐阅读和思考题等，同时配有教学课件供教师参考。

　　本书兼具理论性、科学性、系统性、实用性，可作为农学类、作物类各相关专业的本科生教材，同时可用作相关学科硕士研究生教材或参考书。

图书在版编目（CIP）数据

作物种质资源学教程 / 刘旭主编 . -- 北京：高等教育出版社，2024.9 . -- ISBN 978-7-04-062603-2

Ⅰ. S32

中国国家版本馆 CIP 数据核字第 2024JV5764 号

Zuowu Zhongzhi Ziyuanxue Jiaocheng

策划编辑　吴雪梅　郝真真	责任编辑　郝真真	封面设计　王　琰	
责任绘图　于　博	责任印制　刘弘远		

出版发行	高等教育出版社	网　　址	http://www.hep.edu.cn
社　　址	北京市西城区德外大街4号		http://www.hep.com.cn
邮政编码	100120	网上订购	http://www.hepmall.com.cn
印　　刷	北京宏伟双华印刷有限公司		http://www.hepmall.com
开　　本	787mm×1092mm　1/16		http://www.hepmall.cn
印　　张	25.75		
字　　数	650 千字	版　　次	2024 年 9 月第 1 版
购书热线	010-58581118	印　　次	2024 年 9 月第 1 次印刷
咨询电话	400-810-0598	定　　价	58.00元

物 料 号　62603-00
审图号：GS京（2024）1049号

新形态教材·数字课程（基础版）

作物种质资源学教程

主编 刘 旭

新形态教材网
Abooks

关于我们 | 联系我们   登录/注册

作物种质资源学教程

刘 旭

开始学习　　收藏

　　作物种质资源学教程数字课程与纸质教材一体化设计，紧密配合。数字课程包括拓展阅读、彩图、思考题解析等丰富的内容，可供不同层次的高等院校师生根据实际需求选择使用，也可供相关科学工作者参考。

http://abooks.hep.com.cn/62603

编 委 会

编 审 人 员

主　编：刘　旭

副主编：李立会　刘登才　王述民　黎　裕　李自超

编　者：（按姓氏笔画排序）

马小定　王力荣　王丽侠　王坤波　王述民　王亮生

方　沩　尹广鹛　卢新雄　代月婷　乔卫华　刘　旭

刘青林　刘章雄　刘登才　闫　燊　祁建军　许　勇

孙兴明　孙素丽　李　玉　李　龙　李　甜　李长田

李长红　李立会　李自超　李志勇　李锡香　杨　涛

杨庆文　肖世卓　吴　斌　吴金龙　邱丽娟　辛　霞

张连全　张学勇　张金梅　张锦鹏　陈　丹　陈彦清

武　晶　武自念　周美亮　郑勇奇　孟凡华　赵　鑫

郝　明　胡小荣　宫文龙　贾继增　贾瑞冬　夏新合

高丽锋　高爱农　郭刚刚　曹　珂　曹永生　曹清河

葛　红　景蕊莲　路则府　蔡兴奎　黎　裕　魏建和

统审稿：黎　裕　王述民

总审稿：钱　前

前　言

　　作物种质资源是保障粮食安全、绿色发展和种业安全的战略性资源。党和政府高度重视种质资源事业发展，习近平总书记强调要"加强种质资源收集、保护和开发利用"。作物种质资源学通过解决种质资源保护与利用中的重大科学问题和技术难题，实现种质资源安全保护和高效利用，已成为保障粮食安全、支撑绿色发展和保障健康安全的重要学科。然而，尽管以作物种质资源为研究对象的学科孕育已近百年，但作物种质资源学还是一门相对年轻的学科。

　　苏联科学家瓦维洛夫的"遗传变异的同源系列定律"提出刚过百年，这是作物种质资源学第一个理论。在这百年的科学技术史上，作物种质资源事业的发展经历了从无到有、从弱小到繁荣的历程。回顾学科发展，从 C.R. 达尔文到 A. de 康德尔，从 H.N. 瓦维洛夫到 H.V. 哈兰，再从 J.R. 哈兰到董玉琛，这些前辈们一百多年来为这一学科发展作出开拓性、奠基性、创新性的卓越贡献；我国从金善宝、丁颖、刘定安到董玉琛、庄巧生、程侃声等一批著名科学家也为此奋斗了一生，作出了杰出贡献。历史到了 21 世纪，由于"作物及其种质资源与人文环境协同演变学说"的提出，以及多组学技术推动了作物种质资源学的深入发展，使本学科趋向成熟，在大学本科阶段开展作物种质资源学教学成为可能。

　　作物种质资源学是研究作物及其野生近缘植物多样性与利用的科学，涵盖多样性产生、保护、研究与利用的理论、方法与工作体系。我国大学本科教育中一般在《作物育种学》教材中把"作物种质资源"作为一章进行教学，没有全面阐述作物种质资源学科的理论和方法。在党和政府高度重视种质资源的今天，《作物种质资源学教程》应运而生，为大学本科教学提供了基本素材。

　　本书以习近平新时代中国特色社会主义思想为指导，突出了中国科学家对作物种质资源学发展做出的重要贡献。教程以作物种质资源学三大基本理论（栽培植物起源中心理论、遗传变异的同源系列定律、作物及其种质资源与人文环境协同演变学说）为基础，用遗传多样性、遗传完整性、遗传特异性、遗传累积性为指导，全面阐述作物种质资源学的六大任务（广泛调查、全面保护、充分评价、深入研究、积极创新、共享利用）的技术方法和重要进展。全书分上篇、下篇两部分：上篇包括导论、理论基础、遗传多样性、调查收集、全面保护、表型鉴定评价、基因型鉴定、种质创新、共享利用、信息化等内容；下篇分类群介绍各物种种质资源的情况，包括概论、稻类、麦类、玉米和杂粮作物、豆类、薯类、经济作物、饲草和绿肥作物、果树、蔬菜、花卉、林木、药用植物、菌物等内容。另外，每章还设有章前导读、拓展阅读、推荐阅读和思考题等，同时配有教学课件供教师参考。本教材主要以《中国作物及其近缘野生植物》11卷本、《作物种质资源学》专著等为基本参考书目。

本书兼具理论性、科学性、系统性、实用性，可作为农学类、作物类各相关专业的大学本科教材使用，同时还可用作相关学科硕士研究生教材或重要参考书。

本书的撰写者和审校者均为种质资源工作一线的专家，大家为编著本教程付出了大量的时间和精力，在此深表谢意。

刘 旭

2024 年 6 月

目 录

上篇

第一章　导论 ………………………… 3
　第一节　作物种质资源学发展简史…… 3
　第二节　作物种质资源学研究的内涵与
　　　　　原理…………………………… 5
　第三节　作物种质资源的基本属性…… 9
　第四节　作物种质资源的管理………… 11
　第五节　作物种质资源的价值与作用… 13

第二章　作物种质资源学理论基础 …… 18
　第一节　栽培植物起源中心理论……… 18
　第二节　遗传变异的同源系列定律…… 22
　第三节　作物及其种质资源与人文
　　　　　环境协同演变学说…………… 26

第三章　种质资源遗传多样性 ………… 32
　第一节　作物种质资源遗传多样性的
　　　　　形成与评估………………… 32
　第二节　遗传多样性与作物起源驯化… 36
　第三节　作物种质资源的分类与演变
　　　　　规律………………………… 37
　第四节　遗传多样性与种质资源保护… 40
　第五节　核心种质的构建及应用……… 41
　第六节　骨干亲本形成与研究利用…… 43

第四章　作物种质资源调查收集和
　　　　国外引种 …………………… 47
　第一节　调查收集和国外引种概述…… 47

　第二节　作物种质资源的调查收集…… 49
　第三节　作物种质资源的国外引种…… 55
　第四节　作物种质资源调查收集和
　　　　　国外引种的发展趋势………… 60

第五章　作物种质资源保护 …………… 63
　第一节　作物种质资源保护概述……… 63
　第二节　作物种质资源保护技术……… 66
　第三节　作物种质资源监测…………… 69
　第四节　作物种质资源繁殖更新……… 72
　第五节　作物种质资源保护的发展
　　　　　趋势………………………… 75

第六章　作物种质资源表型鉴定评价 … 78
　第一节　作物种质资源表型鉴定评价
　　　　　概述………………………… 78
　第二节　田间条件下的作物种质资源
　　　　　表型鉴定评价……………… 81
　第三节　人工控制条件下的作物种质
　　　　　资源表型鉴定评价………… 89
　第四节　作物种质资源表型鉴定评价
　　　　　的发展趋势………………… 91

第七章　作物种质资源基因型鉴定与
　　　　基因资源发掘 ……………… 94
　第一节　基因型鉴定的内涵与方法…… 94
　第二节　基因资源发掘的内涵与方法… 99
　第三节　重要基因资源的发掘与应用… 106

第八章　种质创新 ……………………… 112
　第一节　种质创新的重要性……………… 112
　第二节　种质创新的基本原则…………… 116
　第三节　种质创新的基本环节与途径 … 119
　第四节　种质创新的挑战与展望……… 126

第九章　作物种质资源共享利用 …… 130
　第一节　作物种质资源共享利用基本
　　　　　概念……………………………… 130
　第二节　国外种质资源的共享利用… 132
　第三节　国内作物种质资源的共享
　　　　　利用……………………………… 134
　第四节　种质资源共享利用的发展
　　　　　趋势……………………………… 140

第十章　作物种质资源信息化 ……… 143
　第一节　信息化相关概念………………… 143
　第二节　数据标准规范…………………… 144
　第三节　数据获取与整合………………… 146
　第四节　数据分析与挖掘………………… 148
　第五节　作物种质资源信息系统……… 150
　第六节　作物种质资源信息化的未来
　　　　　发展与展望……………………… 151

下篇

第十一章　作物种质资源概论 ……… 155
　第一节　作物种类概述…………………… 155
　第二节　中国作物种质资源的物种
　　　　　多样性………………………… 156
　第三节　中国作物种质资源类型
　　　　　丰富…………………………… 159
　第四节　中国农作物种质资源多样性
　　　　　研究与利用…………………… 165

第十二章　稻类种质资源 ……………… 170
　第一节　稻类种质资源的多样性…… 170
　第二节　栽培稻的起源、演化与传播 … 173
　第三节　稻种资源收集与保存………… 177
　第四节　稻种资源鉴定与评价………… 179
　第五节　稻种优异基因资源发掘…… 181

第六节　稻种资源创新与育种利用… 184
第七节　稻类种质资源的发展趋势与
　　　　展望……………………………… 186

第十三章　麦类种质资源 …………… 188
　第一节　麦类种质资源的多样性…… 188
　第二节　麦类种质资源收集与保存… 191
　第三节　麦类种质资源鉴定与评价… 194
　第四节　麦类种质资源创新与育种
　　　　　利用…………………………… 197

第十四章　玉米和杂粮作物种质资源… 204
　第一节　玉米种质资源的形成、演化
　　　　　与多样性……………………… 204
　第二节　玉米种质资源的收集与保存… 206
　第三节　玉米种质资源鉴定评价与
　　　　　基因资源发掘………………… 207
　第四节　玉米种质资源改良与创新… 211
　第五节　杂粮作物种质资源………… 212
　第六节　玉米和杂粮作物种质资源的
　　　　　发展趋势与展望…………… 218

第十五章　豆类种质资源 …………… 222
　第一节　豆类种质资源的起源、演化
　　　　　与多样性……………………… 222
　第二节　大豆种质资源………………… 227
　第三节　绿豆种质资源………………… 232
　第四节　蚕豆种质资源………………… 233
　第五节　普通菜豆种质资源………… 235
　第六节　大豆种质资源的发展趋势与
　　　　　展望…………………………… 236

第十六章　薯类作物种质资源 …… 239
　第一节　薯类作物种质资源概述…… 239
　第二节　马铃薯种质资源……………… 241
　第三节　甘薯种质资源………………… 245
　第四节　木薯种质资源………………… 248
　第五节　薯类种质资源的发展趋势与
　　　　　展望…………………………… 251

第十七章　经济作物种质资源 ……… 254

第一节 经济作物种质资源概述······ 254
第二节 棉麻作物种质资源········· 256
第三节 油料作物种质资源········· 259
第四节 糖料作物种质资源········· 261
第五节 茶树和烟草种质资源······· 263
第六节 橡胶及其他特用作物种质
资源·················· 266
第七节 经济作物种质资源的发展
趋势与展望··········· 267

第十八章 饲草与绿肥作物种质资源··· 271
第一节 饲草类种质资源··········· 271
第二节 饲料类种质资源··········· 273
第三节 绿肥作物种质资源········· 276
第四节 蚕食类种质资源··········· 279
第五节 草类植物种质资源的发展
趋势与展望··········· 280

第十九章 果树种质资源 ············· 283
第一节 果树种质资源及其起源、
演化与多样性········· 283
第二节 仁果类种质资源··········· 290
第三节 核果类种质资源··········· 292
第四节 干果类种质资源··········· 295
第五节 浆果类种质资源··········· 296
第六节 柑橘类种质资源··········· 299
第七节 香蕉种质资源············· 300
第八节 果树种质资源的发展趋势与
展望················ 301

第二十章 蔬菜种质资源 ············· 304
第一节 蔬菜种质资源的多样性、
起源演化及资源研究概况··· 304
第二节 十字花科蔬菜种质资源····· 307
第三节 茄科蔬菜种质资源········· 313
第四节 葫芦科蔬菜种质资源······· 318
第五节 蔬菜种质资源的发展趋势与
展望················ 322

第二十一章 花卉种质资源 ··········· 326
第一节 花卉种质资源的起源、演化

与多样性·············· 326
第二节 木本花卉种质资源·········· 330
第三节 宿根花卉种质资源·········· 335
第四节 球根花卉种质资源·········· 337
第五节 兰科花卉种质资源·········· 339
第六节 一二年生花卉种质资源······ 340
第七节 花卉种质资源的发展趋势与
展望················ 342

第二十二章 林木种质资源 ············ 345
第一节 林木种质资源的起源、演化
与多样性·············· 345
第二节 用材树种种质资源·········· 347
第三节 经济树种种质资源·········· 349
第四节 防护树种种质资源·········· 352
第五节 能源树种种质资源·········· 354
第六节 观赏树种种质资源·········· 356
第七节 竹藤类物种种质资源········ 357
第八节 林木种质资源的发展趋势与
展望················ 359

第二十三章 药用植物种质资源 ······· 362
第一节 药用植物种质资源的特点··· 362
第二节 药用植物种质资源的利用
简史················ 363
第三节 药用植物种质资源的类群与
分布················ 364
第四节 药用植物种质资源的收集与
保存················ 366
第五节 药用植物种质资源的类型··· 368
第六节 药用植物种质资源的利用与
发展趋势············· 380

第二十四章 菌物种质资源 ············ 382
第一节 菌物种质资源的起源、演化
与多样性·············· 382
第二节 双孢蘑菇种质资源·········· 389
第三节 香菇种质资源·············· 392
第四节 菌物种质资源的发展趋势与
展望················ 395

上篇

第一章

导论

本章导读

1. 作物种质资源学是如何形成的？
2. 作物种质资源学的主要研究内容是什么？
3. 作物种质资源有什么特点？

作物种质资源学是研究作物及其野生近缘植物多样性及其利用的科学，涵盖作物种质资源调查、保护、评价、研究、创新与共享服务的理论、技术、管理及其体系。作物种质资源学通过解决种质资源保护与利用中的重大科学问题和关键技术，实现种质资源安全保护和高效利用，有效保障粮食安全、生态安全和人类健康。

第一节　作物种质资源学发展简史

农耕文明发端于把野生植物变成栽培作物的驯化过程，之后作物向不同地区传播，在自然选择和人工选择下形成丰富多彩的地方品种，继之育种家又培育出各种各样的现代品种，这些作物种质资源都是当今和未来作物遗传育种的基础素材。随着作物种质资源的收集保护、鉴定评价、深入研究和创新利用过程中相关理论和技术不断进步，作物种质资源学得以形成和发展。

根据不同发展阶段的特点，作物种质资源学的发展可分为三个阶段。

第一阶段：以种质资源收集和初步研究为重点的学科形成阶段

19 世纪中叶英国博物学家达尔文提出进化论和遗传变异理论，为探索栽培作物起源和演化拉开了序幕。瑞士植物学家康多尔 1882 年出版了《栽培植物起源》一书，提出中国、西南亚及埃及、热带美洲为世界植物最先驯化地区，对作物种质资源学的萌芽有重要推动作用。作物种质资源学真正发端于 20 世纪初的全球种质资源考察收集，特别是 20 世纪 20—40 年代，苏联科学家瓦维洛夫（N. I. Vavilov）及其团队先后到全球 50 多个国家考察，收集各类作物种质资源 25 万多份，在系统的表型多样性和地理分布研究后，提出了"栽培植物起源中心理论"和"遗传变异的同源系列定律"，作物种质资源研究逐步发展成为一个独立的学科。1898 年，美国农业部成立植物引种办公室，先后派出专业考察队赴世界各地收集种质资源 200 余次。

拓展阅读 1-1　作物种质资源学开创者——瓦维洛夫

1946 年美国通过《农业市场法案》以及后续建立的系列区域性植物引种站，进一步加强全球种质资源收集和利用，对美国作物育种和生产产生了巨大推动作用。

在 20 世纪前半叶，我国只有少数科学家开展主要作物地方品种的比较、分类及整理工作。如中国作物种质资源学的先驱者金善宝先生从 26 个省（自治区、直辖市）790 个县，收集到 900 多个小麦品种，并对其形态多样性进行了系统观察研究，1928 年 5 月发表了开创性论文《中国小麦分类之初步》。20 世纪 50 年代，农业部组织全国力量进行了地方品种大规模征集，共收集各类农作物品种 21 万余份。中国作物种质资源学

拓展阅读 1-2　中国作物种质资源学奠基人——董玉琛

奠基人董玉琛先生于 1959 年从苏联留学回国后，提出"作物品种资源"的概念，作物种质资源学研究在我国进入起步阶段。

第二阶段：以种质资源收集保护和初步鉴定为重点的学科发展阶段

20 世纪 60 年代之后，作物种质资源学科得到了迅速的发展。许多国家和国际研究机构陆续建立了现代化的作物种质库，如美国于 1958 年在科罗拉多州建立了世界上第一座用于长期种子保存的现代化种质低温保存库，于 1980 年在俄勒冈州建立了世界上第一个国家级种质圃，到 2023 年美国保存植物种质资源总数已达 62 万份，位列世界第一。为促进全球作物种质资源保护与利用，国际农业研究磋商组织（CGIAR）下属的各国际农业研究中心在 20 世纪 70 年代开始开展全球作物种质资源收集，并建立长期种质库，到 2023 年已保存种质资源 77 万余份。在挪威建成了斯瓦尔巴全球种子窖（Svalbard Global Seed Vault，SGSV），保存了 5 481 个物种的种质资源近 120 万份作为安全备份。至 2023 年，全世界作物种质库已达 1 750 余个，保存的作物种质资源数量达 740 多万份。

1974 年，国际植物遗传资源委员会成立，后来几经演变成为目前负责全球植物种质资源协调工作的国际生物多样性中心。20 世纪 90 年代实施了 CGIAR 全系统种质资源计划，由国际生物多样性中心牵头，所有国际农业研究中心参与，加强种质资源政策、战略和技术研究，研制各项操作指南和标准，并为国家项目提供信息、建议和培训。1992 年，《生物多样性公约》（CBD）生效；2004 年，《粮食和农业植物遗传资源国际条约》（ITPGRFA）生效。

1978 年经原农林部批准成立中国农业科学院作物品种资源研究所，作物种质资源学科在我国进入全面发展时期。中国国家作物种质库于 1986 年落成，这是中国种质资源学科发展的标志性事件。此后，我国创建了长期库、复份库、中期库、种质圃、原生境保护点相配套的种质资源保存体系，并建立了确保入库（圃）种质遗传完整性的综合技术体系。截至 2024 年 7 月，保存 350 多种农作物的 56 万余份种质资源，保存数量位居世界第二，对这些种质资源进行了 100% 的基本农艺性状鉴定和部分重要性状鉴定，于 1997 年建成并开通中国作物种质信息网，向社会提供种质信息的在线查询、分析和共享，以及实物资源的在线索取等服务。同时，通过广泛鉴定和深入分析，我国首次提出了粮农植物种质资源概念范畴和层次结构理论，首次明确中国有 9 631 种粮食和农业植物物种，其中栽培及野生近缘植物物种 3 269 种，阐明了 528 种农作物栽培历史、利用现状和发展前景，查清了中国农作物种质资源本底的物种多样性；明确了中国 110 种农作物种质资源的分布规律和富集程度，提出了中国农作物种质资源分布与不同作物的起源地、种植历史以及生态环境条件密切相关；研制了 366 个针对 120 类农作物的种质资

源描述规范、数据规范和数据质量控制规范，创建了农作物种质资源编目、入库保存和繁殖更新技术规范体系，使农作物种质资源工作基本实现了标准化、规范化和全程质量控制。

第三阶段：以种质资源创新和深入研究为重点的学科繁荣阶段

进入 21 世纪后，种质创新和深入研究在国际上得到广泛重视。如 CGIAR 系统启动的世代挑战计划与 54 个国家 200 多家单位合作，对种质资源遗传多样性进行评估，对重要性状进行深入鉴定评价，发掘重要性状基因，创制新种质。美洲各国在 20 世纪 80 年代实施了"拉丁美洲玉米计划"（LAMP），从 12 000 余份地方品种中，鉴定出了一批可用于温带玉米育种的热带、亚热带种质。1994 年以来，美国在 LAMP 基础上实施了"玉米种质创新计划"（GEM），拓展玉米育种遗传基础。2012 年，墨西哥政府和国际玉米小麦改良中心（CIMMYT）联合启动实施了一个名为"发现种子"（SeeD）的小麦和玉米种质资源精准鉴定和种质创新计划。

21 世纪初，我国在国际上首次提出和发起基于基因组学的种质资源研究新倡议，并得到广泛的国际响应。应用全基因组测序、重测序和芯片技术，利用多组学理论和方法，对种质资源进行了深入系统的遗传多样性评估和遗传变异分析，初步阐明了多种作物起源、驯化与改良等过程中种质资源形成与演化规律。应用连锁遗传分析和关联分析等方法在多种农作物中获得一批控制主要农艺性状的重要基因，并深入研究了部分基因在种质资源中的等位基因类型、分布及其遗传效应，为种质资源的进一步利用提供了解决方案。发展了作物核心种质构建方法，构建了水稻、小麦、大豆等作物的核心种质，并建立以特定性状种质资源的利用为目标的应用核心种质。在庄巧生院士创造性地提出的骨干亲本概念基础上，对不同时期、不同生态区的主要农作物骨干亲本及其衍生品种进行了系统研究，发现骨干亲本在产量、抗病、抗逆等育种关键目标性状上显著优于主栽品种，携带有与产量、抗病、抗逆等性状密切相关的众多优异基因组区段，从理论上揭示了骨干亲本形成与利用效应的内在规律。

在新时期，我国作物种质资源学研究得到了飞速发展。刘旭等 2022 年首次提出的作物及其种质资源与人文环境的协同演变学说，与"栽培植物起源中心理论"和"遗传变异的同源系列定律"共同构成了作物种质资源学的基本理论框架。进一步提出了"在利用中保存与在保存中利用"的新观点，明确了种质资源学如何根据作物育种和基础研究的需求进行针对性研究等新理念。特别是在 2016 年后，农作物种质资源精准鉴定和种质创新相继取得突破性进展。对主要农作物 10 万余份种质资源开展精准鉴定，筛选和创制出 5 000 余份遗传背景清晰且目标性状突出的优异种质资源，包括高效再生水稻、抗赤霉病高产小麦、中早熟粒收玉米、耐阴耐密大豆等，对作物育种产生了重要影响。

第二节　作物种质资源学研究的内涵与原理

一、作物种质资源学基本概念

由野生植物驯化而来并为满足人类需要而栽培的植物称为作物。

种质（germplasm）是指生物体亲代传递给子代的遗传物质。种质资源（germplasm resources）是指具有实际或潜在利用价值的、携带生物信息的遗传物质及其载体，又称为遗传资源（genetic resources），俗称品种资源。当获得相关基因信息后，种质资源可被称为基因资源（gene resources）。

作物种质资源指携带作物及其野生近缘植物遗传信息且具有利用价值的载体，其表现形态包括植株、种子与根、茎、叶、芽等无性繁殖器官和营养器官，以及愈伤组织、分生组织、花粉、合子、细胞、DNA等。

种质资源库是指异生境（即非原生境）状态下保存种质资源的设施或场所。根据保存的种质资源形态，种质资源库主要包括种子库、种质圃、离体库、超低温库、DNA库等。根据保存时间长短和工作目的，种质资源库可分为长期库、复份库、中期库和短期库等。

"份"（accession）是作物种质资源在收集保护和评价利用中的基本单元，一份种质资源一般具有遗传结构相对稳定、区别其他资源特征显著、可自我繁殖或复制等特点；在实际工作中，作物一个品种、野生植物一个群体或亚群体或新类型就是一份种质资源。

生物及其所组成的系统所有变异的集合就是生物多样性（biodiversity），这是地球上的生命经过几十亿年演化的结果，是人类赖以生存和可持续发展的物质基础。生物多样性通常包含三个层次，即生态系统多样性（ecosystem diversity）、物种多样性（species diversity）和遗传多样性（genetic diversity）。作物种质资源学则是重点研究作物及其野生近缘植物物种多样性和遗传多样性及其保护与利用的科学。

二、作物种质资源学的理论基础

1. 栽培植物起源中心理论

瑞士植物学家康多尔最早提出每种栽培植物都有其起源中心，并认为大部分栽培植物起源于欧亚大陆。苏联遗传学家瓦维洛夫于1926年提出栽培植物起源中心理论（the theory of center of origin of cultivated plants），认为世界上存在8个作物起源中心（包括中国－东亚、印度、中亚、近东、地中海、埃塞俄比亚、墨西哥南部和中美、南美），外加3个亚中心（印度－马来亚、智利、巴西－巴拉圭），这些中心有作物的野生近缘植物存在，可称为"原生起源中心"（primary center of origin）。瓦维洛夫还发现在远离原生起源中心的地方有时也会存在一些原生起源中心没有的变异，遗传多样性也很丰富，称为"次生起源中心"（secondary center of origin）。1940年之后，栽培植物起源中心理论得到不断修正，较为著名的包括1975年瓦维洛夫的学生茹科夫斯基和荷兰育种家泽文等在瓦维洛夫8个起源中心基础上增加了4个起源中心，称为"栽培植物基因大中心"（metacenter），认为全球有12个大中心。美国遗传学家哈兰认为瓦维洛夫提出的作物起源中心实际是农业发祥最早的地区，遗传多样性中心不一定就是起源中心，有些物种可能起源于几个不同的地区，因此在1971年提出了"作物起源的中心与泛区理论"（center and noncenter of crop origin）（近东、中国、中美洲三个中心和非洲、东南亚、南美三个泛区）。英国育种家郝克斯认为作物起源中心应该与农业起源地区别开来，提出了一套新的作物起源中心理论，在该理论中把农业起源地称为核心中心（core center），把作物从核心中心传播出来后形成的类型丰富地区称为多样性地区（region of diversity）。虽然这些栽培植物起源中心理论存在不同的说法，但共同点是作物驯化发生在世界上不同地方，并且有聚集现象，但作物多样性中心不一定是起源中心。作物起源中心理论可在理论上指导作物种质资源的调查收集。例如，在作物起源中心和多样性中心开展深入与系统的调查收集，更容易获得多样性很高且历史悠久的种质资源。

2. 遗传变异的同源系列定律

瓦维洛夫于 1922 年最先提出遗传变异的同源系列定律（the law of homologous series in variation），认为在同一个地理区域，在不同的作物中可以发现相似的变异，即在某一地区如果在一种作物中发现存在某一特定性状或表型，那么也就可以在该地区的另一种作物中发现同一种性状或表型。现代比较基因组学和分子生物学研究结果也支持该定律，认为在相同或相似环境下，由于自然选择和人工选择的共同作用，在不同作物中控制特定性状的基因产生了相同或相似的突变，从而产生了同种表型。

遗传变异的同源系列定律现已有所拓展，在同一生态区不同物种呈现趋同进化现象，在不同生态区同一物种呈现趋异进化现象。趋同进化是指不同物种在进化过程中，由于适应相同或相似的环境而呈现出形态、生理和分子水平的相似性。例如，喜马拉雅山区域的鹰嘴豆、蚕豆等作物都具有小粒和小荚特性，而地中海各国的亚麻、小麦、大麦都具有大粒的特性。趋异进化则是指来源于同一物种的不同类群，由于长期生活在不同的环境中，产生了多个方向的变异特征或不同的生态型，甚至分化成多个在形态、生理上各不相同的种。趋同进化和趋异进化是自然界生物进化的普遍形式，是作物种质资源多样性产生的基础。

3. 作物及其种质资源与人文环境的协同演变学说

刘旭等 2022 年提出的作物及其种质资源与人文环境的协同演变学说（synergistic evolution theory of crop germplasm resources and cultural environments）是关于作物及其种质资源与人文环境相互影响、相互作用和相互发展的理论。其核心内容包括两方面：一方面，在一个特定环境中种植不同的作物或不同类型的作物会导致形成相应的饮食习惯与人文环境；另一方面，饮食习惯与人文环境又会对作物及其种质资源产生深刻影响，甚至可以引领其演变。中国传统饮食文化习用体系中，以糯性为核心、以蒸煮为主体、以口味为特色、以多用为拓展等内容，可完美体现作物及其种质资源与人文环境协同演变的关系。作物及其种质资源与人文环境的协同演变学说对现代作物种质资源工作和育种均有指导作用，如强调地方品种的高效利用，在作物种质资源保护和利用中要重视农民权利与作物传统生境保护等。

三、作物种质资源学研究范围

1. 研究范畴

作物种质资源学是研究种质资源多样性及其利用的科学，狭义的研究对象指作物及其野生近缘植物，广义的研究对象包括采集植物和放牧植物，甚至还包括田间杂草和有毒植物。采集植物指可通过采摘、割伐、挖收等手段获取食用、工业用、药用、观赏用的特定组织或器官的野生植物；放牧植物指可通过采摘、放养、放牧等手段获取饲用原料的野生植物（如蜜粉源植物和蚕饲植物）；有毒植物指含有毒化学成分、能引起人类或其他生物中毒但可作为药物、杀虫剂、杀菌剂来源的野生植物。

2. 作物种质资源类型

作物种质资源主要分以下 6 种类型。

（1）野生近缘植物　指作为栽培作物祖先的野生植物，或与栽培物种有共同原始祖先但未驯化为人工栽培对象的植物，它们在基因组构成上具有同源性或部分同源性。此外，还存在杂草近缘植物，指与栽培作物亲缘关系很近，是野生植物驯化为作物过程中形成的伴生植物或作物退化成杂草类型的近缘植物。采集植物、放牧植物和有毒植物也属于作物种质资源。

（2）地方品种　又称为农家品种或传统品种，指经农民用传统方法选择若干代后所形成的作物品种，是长期自然选择和人工选择的结果。这些品种往往只在局部地区栽培，具有特定环境的适应性和抗逆性，适应当地特殊的饮食或观赏消费习惯和栽培习惯。

（3）创新种质　指通过常规杂交、远缘杂交、染色体工程、基因操作等技术手段诱发遗传重组或突变，然后经过人工选择对目标性状进行改良后获得的遗传稳定的新种质，其显著特点是目标性状突出，但综合性状不一定突出。

（4）育种品系　指利用现代遗传改良技术获得、遗传稳定，但在农业生产中还不能直接应用的品系或中间材料，也包括尚未通过品种审定或登记程序的高代育种材料、新品种和杂交种的直接亲本（如自交系）。

（5）育成品种　指育种家利用现代遗传改良技术获得的、可在农业生产中直接应用的植物材料，一般需要通过审定或登记。育成品种包括三类，第一类是过去在生产中应用但目前没有应用的老品种，第二类是目前仍在生产中应用的品种，第三类是通过审定或登记但在生产中未应用的品种。

（6）遗传材料　指主要用于遗传学、基因组学研究的植物材料，包括突变体、人工合成的多倍体、体细胞融合材料、远缘杂交材料（如附加系、代换系、易位系、渐渗系等）、基因编辑材料、作图群体等。

四、作物种质资源学研究方向

"广泛调查、全面保护、充分评价、深入研究、积极创新、共享利用"是种质资源学六大研究方向，也是作物种质资源工作的二十四字方针。

1. 作物种质资源广泛调查

重点开展作物种质资源的普查和系统调查，并采集样本。种质资源普查属于调查的一种方式，指针对某一特定行政或地理区域上门收集登记种质资源种类、分布区域等相关信息；系统调查则指在普查基础上进一步揭示种质资源多样性程度、时空动态变化规律和影响因素，阐明种质资源与传统文化的关系，并科学收集种质资源。种质资源收集的目的有三个，一是为研究遗传多样性和遗传特征进行样本收集；二是为一般意义上的种质资源保护和利用进行广泛收集；三是针对珍稀濒危种质资源进行抢救性收集。此外，收集不仅包括国内特定区域内收集种质资源，还包括从其他国家引进种质资源。

2. 作物种质资源全面保护

在广泛调查的基础上，进行顶层设计和科学规划，提出作物种质资源整体保护总体方案，采用各种保护方式和技术对野生近缘植物、地方品种、创新种质、育种品系、育成品种、遗传材料等所有种质资源类型进行安全保护，做到应保尽保。其重点任务是研发安全保存技术，确保存入库（圃）种质资源有足够生活力和遗传完整性。由于作物野生近缘植物的种子往往是顽拗型、长休眠期、难发芽的特性，异生境保护有很多技术困难，加上需要其与环境共进化，因此主要对象为作物野生近缘植物的原生境保护也是种质资源保护重要方式之一。

3. 作物种质资源充分评价

在种质资源重要性状表型和基因型鉴定的基础上，对种质资源进行全面评价，科学评估种质资源遗传多样性和遗传特异性，挖掘出目标性状突出的优异种质资源。鉴定和评价在含义上有所区别，一般来说，鉴定是指对单一性状或基因组区段/基因进行评判，而评价是指围绕该性状或基因组区段/基因对多份种质资源进行综合分析，或对多个性状或多个基因组区段/基因进行综合分析，科学评判每份种质资源实际或潜在利用价值。此外，针对形态学性状和基本农艺性状开展的性状鉴定，是种质资源目录编制（称为编目）的基础，这是异生境保护的重要前期工作。

4. 作物种质资源深入研究

广义的深入研究指应用现代遗传学、生理学、生物化学、组学和分子生物学等理论和方法，攻克种质资源收集、保护、鉴定、创新等过程中涉及的科学问题，如种质资源的保护生物学机制、种质资源的民族植物学等。狭义的深入研究则指基因资源发掘，重点开展以下工作。①作物起源与种质资源多样性研究，阐明野生种、地方品种和育成品种的演化关系，以及地方品种和骨干亲本形成的遗传基础；②种质资源基因组结构多样性和功能多样性研究，构建遗传变异图谱；③基因发掘，发掘重要性状新基因并对其进行功能分析；④等位基因变异挖掘，阐明目标性状基因在种质资源中的等位基因变异大小、分布及其遗传效应，挖掘有利等位基因或单倍型，并提出高效利用方案。

5. 作物种质资源积极创新

种质创新（也称为前育种）即通过远缘杂交、回交导入、群体改良等途径，向栽培种和主推品种引入新基因或新变异，并且稳定表达，也可以通过物理或化学诱变、基因编辑等生物技术创造新变异，创制新种质，为育种改良和作物科学基础研究提供优异材料。

6. 作物种质资源共享利用

依据国家相关法律法规，向全社会提供种质资源公共产品和公益服务。信息共享和种质分发是共享利用的主要技术途径，核心是保障种质资源的高效供给和利用。重点任务包括：①建立完善种质资源高效分发体系，提高种质资源利用效率；②围绕粮食安全、生态安全、健康安全、产业安全以及人民对美好生活向往、乡村振兴和科学发展的不同需求，开展定向服务，逐步实现广泛利用向定向利用转变；③知识产权保护与农民权益保护研究；④完善国家农作物种质资源共享利用体系与管理制度。

第三节　作物种质资源的基本属性

一、作物种质资源的基本特性

作物种质资源的基本特性包括遗传多样性、遗传特异性、遗传完整性和遗传累积性，其中遗传多样性是核心与基础。遗传多样性和遗传特异性分别从总体和个体角度来描述遗传变异的总体情况和特殊情况，个体的遗传特异性构成整体的遗传多样性，这是调查与评价的主要对象；遗传完整性是种质资源收集和保护的根本，要求不能丢失遗传多样性；遗传累积性是种质创新的根本。

1. 遗传多样性

广义的遗传多样性指地球上生物所携带的各种遗传信息的总和，而狭义的遗传多样性主要是指生物种内遗传变异的总和。遗传多样性可用遗传变异程度的高低来衡量，遗传变异是生物体内遗传物质发生变化带来的可遗传给后代的变异。因此，遗传多样性可从全基因组、基因组区段、基因等不同水平来进行评估。由个体构成的群体是进化的基本单位，因此遗传多样性不仅包括遗传变异大小，还包括遗传变异分布格局即群体遗传结构。遗传多样性是作物种质资源保护与利用的基石，开展遗传多样性研究贯穿种质资源收集、保护、鉴定与创新全链条，其研究重点对象是特定区域或特定类型的种质资源、库圃保存的种质资源，以及能代表库存资源的核心种质等。

2. 遗传特异性

遗传特异性是指不同种质资源在基因组构成和基因形式上存在差异。对某一种质资源来说，不仅其基因组独一无二，而且针对某一具体基因还可能具有其特有的等位变异或等位变异组合形式，进而影响外在的性状表型。遗传特异性与遗传多样性既有联系又有区别，二者有内涵上的显著差别，前者强调个体，后者强调总体。种质资源收集保护的实质是对有遗传特异性的不同种质资源进行有效保护；鉴定评价的实质是鉴别种质资源的遗传特异性，筛选出在特定环境下单一或者多个目标性状突出的优异种质；种质创新的实质是转移特异资源中的突出性状到主栽品种中，并得到进一步改良和利用。

3. 遗传完整性

遗传完整性指种质资源保护对象携带的遗传信息集合。在种质资源异生境保护中，不管保护时间有多长、繁殖更新怎么做，要求受到保护的种质资源在遗传信息上没有变化，至少基因组突变在合理的范围里，没有发生显著的遗传漂变。对于原生境保护的种质资源来说，与环境的共进化是必然的，也会出现一定程度的基因组突变，但不能因人为或自然灾害出现显著的遗传完整性下降（如部分群体丢失）。因此，为确保遗传完整性，在种质资源收集前，需要开展种质资源广泛调查，研究科学采样的技术方法；在种质资源保护中，需要开展有效保护技术研究，建立高效的监测、检测与预警技术，研发科学的繁殖更新技术方法，从而实现种质资源有效而安全的保护。

4. 遗传累积性

在植物基因组中，一般有数万个基因，对这些基因的不同等位基因进行广泛重组和聚合，可创制出新的种质资源，即遗传累积性。针对控制重要性状的绝大多数基因，都能找到或获得满足人类不同需求的有利等位基因。种质创新的实质就是通过消除遗传累赘来克服不良性状，通过聚合和累积有利等位基因，使目标性状得到转移且更加优良。

二、作物种质资源的外延特征

作物种质资源安全保护是手段，有效利用是目的。与种质资源利用有关的有五个外延特征包括：种质资源可共进化，这是种质资源原生境保护的基础，也是不定期调查收集的理论指引；种质资源可更新性，这是种质资源实物共享利用的基础；种质资源大数据可增值性，这是强化种质资源信息共享利用的基础；种质资源可价值化、可法制化，正是由于种质资源这种特征，可对种质资源进行价值评估，依法管理。

1. 可共进化

种质资源原生境保护是指作物野生近缘植物在原栖息地不受外界人为干扰状态下的

保护方式，广义的原生境保护也包括种质资源农田保存，即作物地方品种在原产地农田中由农民自繁自育进行保护的方式。在这两种方式下作物种质资源均受到自然选择，农田保存方式下还受到人工选择。由于选择而产生的自然突变会不断积累，种质资源与环境呈现共进化现象。种质资源的可共进化强调的是"变"，即在保护过程中遗传多样性有提高或降低，会出现携带适应自然环境或人文环境的表型，这是原生境保护和不定期调查收集的理论基础。

2. 可更新性

种质资源异生境保护主要保存种子、植株、试管苗、组织或器官（如块根、块茎、鳞茎、茎尖、休眠芽、花粉、种胚等），这些种质可通过有性繁殖、营养繁殖或组织培养等方式产生后代的新个体，从而扩大个体数量，满足后续种质分发的需求。种质资源的可更新性强调的是"不变"，即在更新过程中遗传多样性不能提高和降低，确保种质资源的遗传完整性，这是种质资源共享利用的前提。

3. 可增值性

在种质资源收集、保护、鉴定、研究和创新过程中，会产生创新种质与海量信息。种质资源的可增值性指种质资源海量信息形成的大数据具有强大的增值功能。但要注意的是，只有对种质资源大数据进行科学有效的专业分析和深度挖掘，揭示各个变量之间可能的关联关系，解读大数据分析的结论，制定出解决问题的方案，才能彰显种质资源数据价值。

4. 可价值化

可价值化是指可采用经济学方法对作物种质资源进行价值评估。通过构建作物种质资源价值模型，对作物种质资源的使用价值和非使用价值进行系统评估，突出其对社会经济和人文科技发展的重要作用；通过建立和完善作物种质资源产权制度，加强对作物种质资源基本权、知识产权和财产权的认知、实施和管理，以维护国家利益和作物种质资源安全；通过价值化的市场运作，合理配置各种优异资源，最大限度地发挥作物种质资源的效用，提高种质资源利用效率，促进种业创新发展。

5. 可法制化

1992 年生效的《生物多样性公约》、2004 年生效的《粮食和农业植物遗传资源国际条约》，以及 2022 年 3 月 1 日实施的《中华人民共和国种子法》规定，国家对种质资源享有主权。明确了种质资源中携带有什么样的基因 / 等位基因或找到其标记，在此基础上创制出新的基因资源，均可获得专利或植物新品种权等知识产权。由此可见，种质资源管理实现法制化，对促进种质资源的有效保护和合理利用具有重要意义。

第四节　作物种质资源的管理

由于作物种质资源的分布主要受环境条件和农业生产活动影响，各国资源禀赋差异极大，对他国的种质资源依存度也有很大不同，以加强种质资源保护的同时又能促进种质资源高效共享利用为目的，各国形成了具有本国特色的相关法律法规与管理体系，并建立了其相应的保护与利用体系。同时，形成了国际作物种质资源管理、保护和利用体系。

一、国际作物种质资源管理

1. 国际作物种质资源管理体系

联合国粮食及农业组织（FAO）主要通过粮食和农业遗传资源委员会（简称粮农委员会）和《粮食和农业植物遗传资源国际条约》（ITPGRFA，简称《国际条约》）发挥管理作用。粮农委员会监督和指导全球定期评估、实施行动计划和落实相关准则和标准，以及与其他有关种质资源保护和可持续利用机制的谈判。2001年通过的《国际条约》是针对粮食和农业植物遗传资源的唯一国际法律工具，目的是规范各个缔约方种质资源保护和利用工作，促进全球种质资源获取与惠益分享。

联合国环境规划署（UNEP）主要通过《生物多样性公约》（CBD）及其《关于遗传资源获取与惠益分享名古屋议定书》管理生物多样性保护和可持续利用。CBD是一项有法律约束力的公约，其中与作物种质资源关系密切的有两点内容：一是缔约国对本国境内的种质资源享有主权，可以根据本国法律决定是否可对外提供；二是对种质资源获取与惠益分享做出了规定。我国于1992年加入CBD。

2. 国际作物种质资源保护与利用体系

国际作物种质资源保护体系主要由国际农业研究磋商组织的种质库和斯瓦尔巴全球种子窖等国际保护机构组成，主要侧重种质资源异生境保护和利用，而原生境保护和利用主要由各个国家自己管理。

CGIAR由15个国际农业研究中心组成，其中有11个中心涉及作物种质资源保护和利用工作，这些中心都分别建立了种质库，负责保存本中心相关作物种质资源。2017年建立了CGIAR种质库平台，到2020年底，CGIAR种质库平台共保存各类作物种质资源76万多份。成立于1974年的国际生物多样性中心是11个中心中唯一一个专门从事作物种质资源保护和利用的中心，主要任务是促进和协调全球种质资源收集保存、鉴定评价、编目和信息管理以及利用工作，该中心在全球建有多个办事处和区域中心。

2008年建成的全球种子窖位于挪威斯匹次卑尔根岛，是一个长期的种子储存设施。全球种子窖的目标任务是为世界各国种质库保存种质资源重复样本，确保在发生大规模区域或全球危机时，这些种质库保存的资源不会丧失。全球用户可以免费在该种子窖储存种子，挪威政府和全球作物信托基金支付运营费用。截至目前，该种子窖已保存超过120万份种质样本。

二、中国作物种质资源管理

1. 中国作物种质资源管理体系

我国作物种质资源管理经历了三个发展阶段：1949—1977年为政府主导阶段，1978—2000年为行政指导下的技术部门负责阶段，2001年至今为依法管理阶段。为充分发挥市场在资源配置中的决定性作用，2020年2月11日国务院办公厅发布《关于加强农业种质资源保护与利用的意见》（国办发〔2019〕56号），进一步明确了种质资源保护利用工作的基础性、公益性、战略性、长期性定位，以及"保护优先、高效利用、政府主导、多元参与"的基本原则。农业农村部依据《中华人民共和国种子法》等相关法律，制定了《农作物种质资源管理办法》，规定了我国作物种质资源管理基本框架。我国作物种质资源实施国家和省级两级管理，实行国家统筹、分级负责、有机衔接的保护机制。农业农村部和省级人民政府农业农村主管部门分别确定国家和省级农作物种质资源保护单位。农业农村部设立农业农村部农作物种质资源保护与利用中心，为全国农作物种质资源研究与管理决策等提供技术咨询和专业支撑。

2. 中国作物种质资源保护利用体系

目前我国已基本形成以长期库和种质资源信息中心为核心，以及 1 座复份库、15 座中期库和 55 个多年生种质圃、214 个原生境保护点组成的国家级作物种质资源保护体系，并与省级库圃密切合作，逐步完善国家和省两级作物种质资源保护体系。据统计，截至 2024 年 7 月，国家级作物种质资源保护体系保存资源总量达 56 万余份。

《农作物种质资源管理办法》明确规定种质资源库、种质圃、保护区、保护地的种质资源属公共资源，依法依规开放利用。为鼓励企事业单位、个人等多元化主体和全社会力量广泛参与，提高资源保护与共享利用效率，按照"统分结合、分级分类、共享交流、推进利用"的原则，依托国家和省级农作物种质资源保护单位等登记主体，通过种质资源信息平台登记种质资源。

三、种质资源的产权保护

种质资源的国家主权概念首先在《生物多样性公约》得到确认，明确规定"各国对其生物多样性拥有主权权利，各国也有责任保护自己国家的生物多样性并以可持续的方式利用生物多样资源"。国家主权的实施，可以有效防止"生物海盗"现象的发生，发达国家要想从发展中国家获取资源，必须获得相关国家知情同意。另一方面，国家主权也赋予了主权国家保护作物种质资源的责任。

依据《中华人民共和国种子法》相关规定，国家通过发布政府文件、提供适当经济补偿等形式，支持对分布在全国各地的作物种质资源实施收集、繁殖和异生境保护，实质上是对收集到的作物种质资源的财产权实施了转移，实现了国有化。我国建立了很多作物野生近缘植物原生境保护点，保存的野生资源属于国家所有，可依据相关法律、法规进行管理。

依据《中华人民共和国植物新品种保护条例》规定，凡是非职务育种的品种权应属于完成育种的个人，由此形成了个人植物新品种权，育种个人对其授权品种有排他的独占权，任何单位或者个人未经品种权所有人许可，不得以商业目的生产或者销售该授权品种的繁殖材料，不得以商业目的将该授权品种的繁殖材料重复使用于生产另一品种的繁殖材料。

第五节　作物种质资源的价值与作用

作物种质资源是人类社会生存与可持续发展生命科学原始创新的物质基础。一个国家所拥有的作物种质资源的数量和质量，特别是对其特性和遗传规律了解的广度和深度，是衡量和决定一个国家农业生物科学和作物育种水平高低的重要标志。因此，作物种质资源学的发展对国家、对人类具有极其重要的现实意义和战略意义。

一、作物种质资源的价值

作物种质资源价值包括使用价值和非使用价值。使用价值是可以在市场上以货币衡量的经济价值，包括本身固有价值和赋予价值两部分。本身固有价值主要体现在作物种质资源对社会经济发展的贡献值，也是农业可持续发展的保障值。赋予价值是指种质材料的稀缺性、特异性和优异性而产生的增值价值，是由需求通过市场赋予的价值。非使用价值是指种质资源在未来可能实现的价值，没有市场价格，通常由当代人为子孙后代能够得到这种福利的支付意愿来衡量。

作物种质资源价值可从一些反面例子来直观体现。例如，种植遗传基础狭窄的多个品种，或较大面积地种植同一品种，会带来严重的遗传单一现象，从而带来巨大的社会经济损失。最著名的例子是 1845—1848 年爱尔兰大饥荒死亡 150 多万人，其主要原因是当时种植的马铃薯是从南美传到欧洲的 2 ~ 4 个地方品种，由于所有品种均缺乏抗病性，造成马铃薯晚疫病席卷爱尔兰，数百万人生活在延续多年的饥荒年代。1943年，由于品种单一导致水稻褐斑病 [病原为稻平脐蠕孢（*Helminthosporium oryzae* Breda de Haan）] 大暴发，加上台风袭击，导致印度和孟加拉国大饥荒，200 多万人丧失生命。1970 年，由于大面积种植遗传单一的玉米杂交种（均含有 T 细胞质），小斑病的一个新小种大流行摧毁了美国 15% 以上面积的玉米。

二、作物种质资源的作用

1. 作物种质资源是保障粮食安全的战略资源

作物遗传改良对增产具有举足轻重的作用，种质资源在遗传改良过程中所发挥的支撑作用至关重要。例如，在 20 世纪 50—60 年代，国际玉米小麦改良中心利用日本矮秆小麦地方品种'达摩麦'（Shiro Daruma）衍生出的'农林 10 号'（含半矮秆基因 *Rht1* 和 *Rht2*），国际水稻研究所（IRRI）利用中国台湾水稻地方品种"低脚乌尖"（含半矮秆基因 *sd1*），培育出一批矮秆高产品种（如被称为"奇迹稻"的品种'IR8'），通过降低株高提高品种的抗倒性和耐密性，同时提高了养分吸收能力和分蘖能力，使产量大幅度提高，从而引发了第一次"绿色革命"，使世界上饥饿人口大幅度减少。

20 世纪 50—60 年代，中国育种家也在矮化育种方面取得突破性进展。如 20 世纪 40—60 年代，我国科学家利用'阿夫''阿勃''欧柔'等品种（含半矮秆基因 *Rht8* 和 *Rht9*）作为主要矮源和育种亲本，培育出一批在我国小麦生产上起到重要作用的重大品种；在水稻上，利用本土地方品种'矮脚南特'和'矮仔占'等，培育出一系列综合性状好的水稻矮秆品种，使水稻产量大幅度提高。20 世纪 70 年代，在海南的普通野生稻（*Oryza rufipogon* Griff.）中发现水稻野生不育种质（含细胞质雄性不育基因 *WA532*），其科学利用促成了我国杂交水稻的三系配套和推广，水稻单产得到大幅度提高。此外，我国科学家创制的小麦'矮孟牛'和'繁六'、玉米'黄早四'等优异种质资源在育种中得到有效利用，使中国小麦和玉米育种取得了重要突破，为保障中国粮食安全作出了重要贡献。1974 年，北京市农林科学院和中国农业科学院科研人员从地方品种'唐山四平头'中选育成自交系'塘四平头'，再从'塘四平头'与'黄四平头'杂交后代中培育出自交系'黄早四'，以其为基础材料选育衍生出数以百计的黄改系，形成我国特有的玉米杂种优势群，利用'黄早四'及其衍生系组配的杂交种已累计推广应用数十亿亩（1 hm² = 15 亩）。

2. 作物种质资源是支撑农业绿色发展的战略资源

发掘抗病抗虫、节水节肥的作物种质资源并培育资源高效的作物新品种，大幅度减少农药水肥用量，是支撑绿色发展的重要途径。例如，在一份尼瓦拉野生稻（*Oryza nivara* Sharma et Shastry）材料中发现的抗水稻草丛矮缩病种质，解决了 20 世纪 70 年代以来在东南亚各国流行的重大病害危害。在墨西哥发现有能固氮的玉米地方品种，通过大气固氮可贡献 29%～82% 的氮肥，为解决贫瘠地区种植玉米氮肥不足和过度施氮带来的生态环境破坏问题提供了重要资源和新思路。

我国作物种质资源对世界也对中国农业绿色发展作出了巨大贡献。例如，20 世纪 90 年代初期，赤霉病每年给美国小麦生产造成高达 20 亿美元的经济损失，后来利用我国小麦品种'苏麦 3 号'（含抗赤霉病基因 *Fhb1*）基本解决了小麦赤霉病所造成的危害问题。在美国，大豆胞囊线虫病每年造成经济损失 12 亿美元以上，科学家利用大豆地方品种'北京小黑豆'（含抗性基因 *rhg1* 和 *Rhg4*），培育出系列抗病品种，挽救了美国大豆生产。

3. 作物种质资源是保障人类营养健康的战略资源

发掘优质专用优异种质资源是培育营养功能型突破性新品种、提升人民健康水平的基础。例如，利用玉米高赖氨酸基因 *Opaque-2* 培育出一批比普通玉米杂交种赖氨酸含量高出一倍以上的杂交种，色氨酸含量也有提高，显著提升了玉米食用和饲用价值。国际玉米小麦改良中心（CIMMYT）鉴定出锌含量高达 96 μg/g 的热带玉米种质，育成的 11 个高锌玉米品种，部分解决了拉丁美洲锌缺乏的"隐性饥饿"问题。

我国杂粮作物种质资源十分丰富，特别是荞麦、燕麦、谷子、黍稷、高粱、食用豆等种质资源类型多样，杂粮中含有丰富的必需氨基酸、膳食纤维、维生素、矿物质、微量元素等成分，在平衡膳食和预防疾病中有重要作用。

推荐阅读

1. 刘旭，黎裕，李立会，等 . 2023. 作物种质资源学理论框架与发展战略［J］. 植物遗传资源学报，2023，24（1）：1–10.

   本文系统阐释了作物种质资源学的理论框架和重点方向。

2. Dulloo ME. Plant genetic resources：a review of current research and future needs［M］. Cambridge：Burleigh Dodds Science Publishing Limited，2021.

   本书系统介绍了作物种质资源保护、鉴定评价和创新利用的进展和未来发展方向。

3. Paroda RS，Arora RK. Plant genetic resources conservation and management：concepts and approaches［M］. New Delhi：International Board for Plant Genetic Resources Regional Office for South and Southeast Asia，1991.

   本书系统介绍了作物种质资源保护和管理的相关概念与技术方法。

思考题

1. 简述作物种质资源学的主要研究方向。
2. 作物种质资源有哪些类型？
3. 作物种质资源在现代种业发展中有什么作用？

主要参考文献

1. 达尔文 . 物种起源［M］. 谢蕴贞，译 . 北京：科学出版社，1972.

2. 董玉琛.作物种质资源学科的发展和展望［J］.中国工程科学，2001，3（1）：1-5.

3. 董玉琛，章一华，娄希祉.生物多样性和中国作物遗传资源多样性［J］.中国农业科学，1993，26（4）：1-7.

4. 高爱农，杨庆文.作物种质资源调查收集的理论基础与方法［J］.植物遗传资源学报，2022，23（1）：21-28.

5. 李春辉，王天宇，黎裕.基于地方品种的种质创新：现状及展望［J］.植物遗传资源学报，2019，20（6）：1372-1379.

6. 刘旭，李立会，黎裕，等.作物及其种质资源与人文环境的协同演变学说［J］.植物遗传资源学报，2022，23（1）：1-11.

7. 刘旭，李立会，黎裕，等.作物种质资源研究回顾与发展趋势［J］.农学学报，2018，8（1）：1-6.

8. 刘旭，郑殿升，董玉琛，等.中国农作物及其野生近缘植物多样性研究进展［J］.植物遗传资源学报，2008，9（4）：411-416.

9. 王晓鸣，邱丽娟，景蕊莲，等.作物种质资源表型性状鉴定评价：现状与趋势［J］.植物遗传资源学报，2022，23（1）：12-20.

10. 武晶，郭刚刚，张宗文，等.作物种质资源管理：现状与展望［J］.植物遗传资源学报，2022，23（3）：627-635.

11. 辛霞，尹广鹍，张金梅，等.作物种质资源整体保护策略与实践［J］.植物遗传资源学报，2022，23（3）：636-643.

12. 张学勇，郝晨阳，焦成智，等.种质资源学与基因组学相结合——破解基因发掘与育种利用的难题［J］.植物遗传资源学报，2023，24（1）：11-21.

13. Able A, Langridge P, Milligan AS. Capturing diversity in the cereals: many options but little promiscuity［J］. Trends in Plant Science, 2007, 12（1）: 71-79.

14. Cooper D, Engles J, Frison E. A multilateral system for plant genetic resources: imperatives, achievements, and challenges［G］. Issues in Plant Genetic Resources, No. 2. Rome: International Plant Genetic Resources Institute, 1994.

15. Ellegren H, Galtier N. Determinants of genetic diversity［J］. Nature Reviews Genetics, 2016, 17: 422-433.

16. FAO. The state of the world's plant genetic resources for food and agriculture［R］. Rome: Food and Agriculture Organization of the United Nations, 1997.

17. Harlan JR. Crops and man［M］. Madison, Wisconsin: American Society of Agronomy, Crop Science of America, 1975.

18. Hoisington D, Khairallah M, Reeves T, et al. Plant genetic resources: what can they contribute toward increased crop productivity?［J］. Proceedings of the National Academy of Sciences of the United States of America, 1999, 96（11）: 5937-5943.

19. Kashyap A, Garg P, Tanwar K, et al. Strategies for utilization of crop wild relatives in plant breeding programs［J］. Theoretical and Applied Genetics, 2022, 135: 4151-4167.

20. Khoury CK, Brush S, Costich DE, et al. Crop genetic erosion: understanding and responding to loss of crop diversity［J］. New Phytologist, 2021, 233: 84-118.

21. Khush GS. Green revolution: the way forward［J］. Nature Review Genetics, 2001, 2: 815-822.

22. Liang Y, Liu HJ, Yan J, et al. Natural variation in crops: realized understanding, continuing promise

[J]. Annual Review of Plant Biology, 2021, 72: 357-385.

23. Vavilov NI. Centres of origin of cultivated plants [J]. Bulletin of Applied Botany of Genetics and Plant Breeding, 1926, 16: 1-248.

e **网上更多资源** ————————————————————————

📚 拓展阅读　　📝 思考题解析

撰稿人：刘旭　黎裕　审稿人：李立会

第二章

作物种质资源学理论基础

● ● ● ● ● ●

本章导读

1. 栽培作物是如何从野生植物驯化来的?
2. 人文环境是如何影响作物种质资源形成的?

在作物种质资源的形成过程中有三个关键环节,一是形成原始栽培作物(起源与驯化),二是形成地方品种(农民选择和传播),三是形成现代品种(遗传改良与引种)。科学家在系统研究作物种质资源形成过程的基础上,相继提出和发展了栽培植物起源中心理论、遗传变异的同源系列定律、作物及其种质资源与人文环境协同演变学说三大基本理论,为作物种质资源学的发展奠定了理论基础。

第一节 栽培植物起源中心理论

作物的野生祖先要经人类的驯化才能被人类利用,驯化即是人工选择作用下野生种逐渐进化为栽培种以满足人类需求的过程。因此,了解作物的起源和驯化对于其保护和利用都至关重要。

一、栽培植物起源中心理论概述

作物的起源地早就为植物学家、作物育种家及栽培学家所重视,前人曾经做了大量的研究,并形成了多种理论和假说,其中,瓦维洛夫的作物起源理论获得了最广泛的认同,并由哈兰等学者进一步拓展完善。

苏联遗传学家瓦维洛夫不仅是研究作物起源的著名学者,同时也是植物种质资源学科的奠基人。1916—1940年,他组织植物远征考察队先后到50余个国家和地区进行考察活动,足迹遍及四大洲,采集到25余万份作物及其野生近缘植物的标本和种子,借助形态分类、杂交试验、细胞学和免疫学研究等,并利用植物地理学区分法,结合考古学、历史学和语言学等,提出了作物起源中心理论。

瓦维洛夫在分析了大量植物表型遗传多样性的地理分布后,指出主要作物有8个起源中心,3个起源亚中心。这些起源中心(亚中心)分别是:Ⅰ 中国–东亚起源中心,包括中国中部和西部山区及其毗邻的低地;Ⅱ 印度起源中心,包括缅甸和印度东部的阿萨姆及Ⅱa 印度–马来亚(今马来西亚)起源亚中心;Ⅲ 中亚起源中心,包括印度西北部（旁遮普，西北沿边界各省，克什米尔）、阿富汗、塔吉克斯坦和乌兹别克斯坦，以及天山西部；Ⅳ 近东起源中心，包括小亚细亚内部、外高加索全部、伊朗和山地土库曼（今土库曼斯坦）；Ⅴ 地中海起源中心；Ⅵ 埃塞俄比亚起源中心，包括埃塞俄比亚和厄立特里亚山区；Ⅶ 墨西哥南部和中美起源中心，包括安的列斯群岛；Ⅷ 南美起源中心，包括秘鲁、厄瓜多尔、玻利维亚，以及Ⅷa 智利和Ⅷb 巴西–巴拉圭两个起源亚中心（图 2–1）。这 8 个中心被沙漠、山岳或者海洋阻隔，具有相当多的多样性变异材料和待发掘植物，是作物资源的宝库。

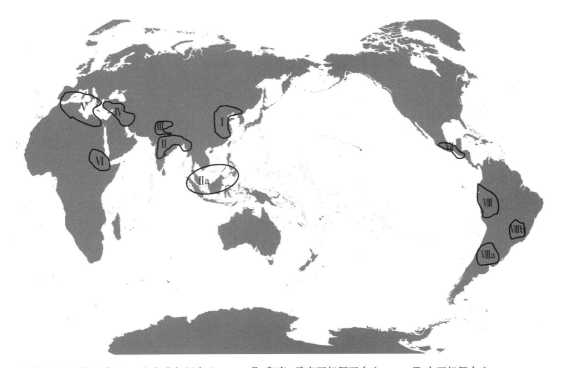

Ⅰ 中国–东亚起源中心　　Ⅱ 印度起源中心　　　　Ⅱa 印度–马来亚起源亚中心　　Ⅲ 中亚起源中心
Ⅳ 近东起源中心　　　　Ⅴ 地中海起源中心　　　Ⅵ 埃塞俄比亚起源中心　　　Ⅶ 墨西哥南部和中美起源中心
Ⅷ 南美起源中心　　　　Ⅷa 智利起源亚中心　　Ⅷb 巴西–巴拉圭起源亚中心

图 2-1　瓦维洛夫 8 个起源中心示意图（瓦维洛夫，1982）

美国遗传学家哈兰认为，瓦维洛夫提出的作物起源中心实际上是农业发祥最早的地区，但部分作物及其野生祖先不存在变异中心。例如，近东地区的覆盖范围较小，但却集中分布着小麦野生种及野生变异种，因此可以称之为小麦起源中心。然而，在撒哈拉以南地区和赤道以北地区，高粱的野生种及不同变异类型却分布广泛，高粱的起源地区可能高度分散。因此，哈兰把这种地区称为"泛区"，并在 1971 年提出了"作物起源中心与泛区理论"（包括 A1 近东起源中心、B1 中国起源中心、C1 中美洲起源中心三个中心和 A2 非洲泛区、B2 东南亚泛区、C2 南美泛区三个泛区）（图 2-2）。

此外，哈兰提出了作物扩散起源理论，该理论根据作物进化的时空因素，将作物分为以下几类：①在一个地区被驯化栽培，并且以后也很少传播的土著（endemic）作物；②起源于一个地区但有适度传播的半土著（semi-endemic）作物；③起源于一个地区但

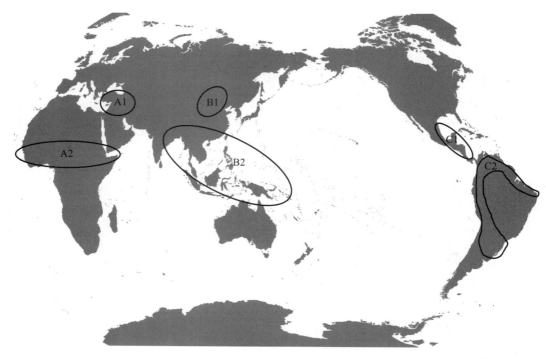

A1 近东起源中心   B1 中国起源中心   C1 中美洲起源中心

A2 非洲泛区   B2 东南亚泛区   C2 南美泛区

图 2-2 作物起源中心与泛区示意图（Harlan，1971）

传播广泛且无次生多样性中心的单中心（mono-centric）作物；④起源于一个地区但传播广泛且有一个或多个次生多样性中心的寡中心（oligocentric）作物；⑤在广阔地域均有驯化的泛区（noncentric）作物。

从康德尔、瓦维洛夫、茹科夫斯基、哈兰到霍克斯等科学家主要根据地球上栽培植物种类分布的不平衡性，将种类异常丰富、存在着大量变异的几个地区命名为作物起源中心，提出说法不同但相似的起源中心理论（表 2-1）。虽然这些学说存在不同的观点，但它们共同认为，植物驯化发生在世界上不同的地方，作物可以在不同的起源或驯化区

表 2-1 作物起源中心代表理论

代表人物	康德尔	瓦维洛夫	茹科夫斯基	哈兰	霍克斯
主要观点	①栽培植物野生祖先的生长地即是它最初被驯化的地方，也就是起源地；②人类最初驯化的地区有3处	①变异的同源序列法则；②作物八大起源中心；③原生起源中心和次生起源中心；④原生作物和次生作物	①存在12个栽培植物基因大中心；②野生种小中心理论；③原生基因大中心和次生基因中心	①作物起源中心与泛区理论；②作物扩散起源理论	①核心中心；②多样性地区；③小中心

域存在大量的遗传多样性群体。在起源中心，存在着多种宝贵的抗性基因资源。因此，近几十年来，各国收集遗传资源的重点都集中在这些起源中心

拓展阅读 2-1　部分作物的起源中心与起源于中国的主要作物

区域。例如，自 1925 年起，苏联就不断派人到墨西哥、秘鲁和玻利维亚等国考察，至 1991 年已收集到多达 9 000 余份马铃薯种质资源。

二、作物的驯化

（一）作物主要驯化性状

在作物驯化过程中，发生了一系列性状的改变，通常表现为落粒性丢失、分蘖减少、果实增大且苦涩味降低、种子休眠减弱、株型由匍匐变为直立等。这些相似性状被称为驯化综合征（domestication syndrome）。在驯化过程中，被选择的性状很多，其中有些性状受到特别关注，主要包括落粒性、株型与果实大小、果实口感等。例如，在水稻的驯化过程中，从匍匐生长到直立生长，是水稻驯化过程中的重要事件。在番茄的驯化过程中，经过长期的人工选择，果实变大、果重增加，产量也得到了显著提高。

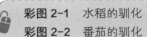彩图 2-1　水稻的驯化
彩图 2-2　番茄的驯化

（二）作物驯化的遗传基础

近年来，随着分子生物学、遗传学等学科研究手段的不断提高和测序技术的迅速发展与普及，通过综合利用连锁分析和 GWAS 的 QTL 定位及多组学分析等方法，发掘了一系列作物驯化的相关基因，从遗传学、细胞学、生理生化等方面等解析了各类基因的分子调控机制。作物驯化性状相关的基因主要分为结构基因和调控基因两类。结构基因决定着特定蛋白质或酶分子的结构，突变可影响蛋白质或酶量的改变。调控基因则调节控制结构基因表达，突变可影响一个或多个结构基因的功能，对于植物的生长发育和对环境的适应性都有重要作用。

（1）落粒性　作物的落粒性与其产量息息相关。目前发现的落粒相关调控基因包括水稻中的 *SH4*、*qSH1*、*SHAT1*、*GL4* 等，它们通过护颖与花梗的结合处不能形成离层等方式使得栽培稻丧失落粒性；还有小麦中的 *Q* 基因、高粱中的 *Sh1*、玉米中的 *ZmSh1-1* 等也具有类似功能。结构基因包括大麦中的 *Btr1* 和 *Btr2*，通过使得小穗轴部细胞的细胞壁变厚，脆性减弱而降低了栽培大麦的落粒性。

（2）株型　作物的株型直接影响其对于光热等资源的利用效率，影响抗倒伏性，进而影响作物品质、产量及其收获效率。目前发现的株型相关调控基因包括控制水稻分蘖角度的 *TIG1*、水稻穗型的 *QsLG1*，以及控制玉米顶端分化的 *TB1* 等。结构基因包括水稻中调控匍匐生长的关键基因 *PROG1* 等。

（3）粒重与果实大小　作物的粒重与果实大小不仅影响产量，还关系其商品性。目前发现的相关调控基因包括调控番茄心室数量的 *WUSCHEL* 和 *fas*，调控黄瓜果长的 *CsFUL1* 等。结构基因包括通过影响籽粒灌浆效率进而增加粒重的水稻 *GIF1*、玉米 *ZmSWEET4c*、影响小麦籽粒淀粉含量的 *TaSUS1-7A* 等。

（4）果实口感　果实口感的改善也会影响其商品性。目前发现的相关调控基因包括番茄中调控番茄碱含量的 *GAME9* 等，结构基因包括黄瓜中控制果实苦味的 *Bt* 等。

三、栽培植物起源中心理论对作物种质资源学研究的指导作用

作物的起源和驯化一直是受到广泛关注的科学问题，研究表明，起源中心或者亚中心区域作物野生近缘植物群体遗传多样性高于栽培群体，且保存着大量未经驯化的遗传资源，因此，作物起源中心理论为作物种质资源收集、保护与利用提供了重要的理论指导。

（一）栽培植物起源中心理论指导作物种质资源收集与保护

研究表明，作物种质资源的遗传多样性从野生近缘植物到地方品种再到育成品种大部分呈现不断下降的趋势。瓶颈效应（bottleneck effect）和选择清除（selection sweep）是造成遗传多样性降低的重要原因。瓶颈效应作用下，基因组各区段的多样性都相应地降低；而选择清除则是针对目标基因区域（一般是较优异的农艺性状基因），使得该基因及其邻近区域的遗传多样性降低，从而导致现代作物的遗传多样性减少，限制了作物产量的提高。狭窄的遗传基础会导致作物对生物或非生物胁迫的抗性降低，作物极易受到病虫害侵袭，甚至造成产量灾难性损失。19 世纪爱尔兰马铃薯晚疫病事件、孟加拉饥荒、美国玉米小斑病的发生都是著名的例子。

根据栽培植物起源中心理论，起源中心存在多样性丰富的野生近缘植物和地方品种，这为作物种质资源的收集、保护和利用提供了重要的方向指引。例如，美国遗传学家哈兰 1948 年在小麦起源中心土耳其东部收集到一份小麦地方品种（编号 PI178383），农艺性状和品质都很差，不抗叶锈病，育种家当时未给予足够重视，直到 1963 年美国西北地区突然条锈病大暴发，研究人员对全球收集到的小麦种质资源进行广泛鉴定，最终发现了这份地方品种抗条锈 4 个生理小种，对其他 4 种病害也具有很强抗性，育种家利用这份种质资源培育出系列品种，其种植和推广对小麦条锈病起到了良好的控制作用。

（二）栽培植物起源中心的野生近缘植物是作物遗传改良的重要种质资源

作物起源中心的野生近缘植物生于自然植被中或作为杂草生于田间，由于长期在自然逆境中生存，而多演化为携带抗病、抗虫、抗逆性基因的重要载体，有的还含有细胞质不育、无融合生殖及其他有用的特殊生长发育基因等，可供育种家利用。李振声院士通过小麦与长穗偃麦草杂交培育抗病性强的小麦品种，育成的'小偃 6 号'是我国小麦育种的重要骨干亲本，衍生出 50 多个品种，累计推广超过 $2 \times 10^7 \, hm^2$，增产超 $7.5 \times 10^9 \, kg$；中国农业科学院小麦资源团队攻克了利用冰草属 P 基因组改良小麦的国际难题，培育出一批新品种，创造了小麦新的遗传变异，拓宽了小麦遗传多样性，为兼具抗寒、抗旱、抗病及优质高效的小麦品种改良提供了难得的种质资源。

第二节　遗传变异的同源系列定律

一、遗传变异的同源系列定律理论概述

瓦维洛夫首先提出遗传变异的同源系列定律是作物种质资源学理论体系中的重要组成部分。该理论认为，亲缘关系相近的种和属，会出现一系列相似的遗传变异，如果在一个种出现了一系列的类型，那么其他种属中也会出现平行的相应类型，如普通小麦中观察到的麦穗有芒 / 无芒、被毛 / 光滑、黄色 / 红色 / 蓝紫色等性状都能在硬粒小麦等小

麦属作物，甚至同为禾本科的黑麦等作物中发现；从另一个角度来看，植物的变异如此广泛，自然条件下甚至可能不存在严格意义上的单型种（monotypic species），同一种作物为适应不同生态环境会产生不同的变异，典型的例子包括作物的冬性和春性变异（如小麦）等。

遗传变异的同源系列定律随着时间的推移而逐渐完善，尤其是在进化的方向性表述方面变得更加明确，进而形成了趋同进化（convergent evolution）和趋异进化（divergent evolution）两部分内容，即不同类型，同一生态区，趋同进化；同一类型，不同生态区，趋异进化（图 2-3）。

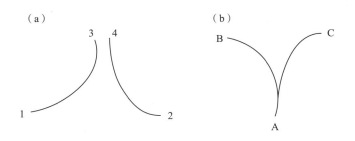

（a）趋同进化，3、4 类群由 1、2 类群趋同进化产生，它们来源于不同的祖先，但具有相似性；（b）趋异进化，A 类群经趋异进化产生 B、C 类群

图 2-3　遗传变异的同源系列定律示意图

对于作物而言，趋同进化和趋异进化通常是在经过了从其起源地开始的一系列传播和分化的过程中发生的，进而形成了各具特色的种质资源，逐步经培育形成了适应当地地理气候特征的地方品种，并占据了较强的优势地位。

本节主要就趋同进化和趋异进化的本质与实例、作物的传播与分化以及遗传变异的同源系列定律对作物种质资源学的指导作用进行介绍。

二、趋同进化和趋异进化

（一）位于同一生态区的不同类型作物存在趋同进化现象

趋同进化在植物层面是指两种或两种以上亲缘关系甚远的植物在进化过程中，由于适应相同或相似的环境而呈现出形态以及生理上的相似性，分子水平上则是指不同起源植物的核酸分子或基因、蛋白质等出现相似的结构和功能。

作为最直观的性状之一，形态学水平的趋同进化广泛存在于自然界中，并拥有非常丰富的例证。瓦维洛夫很早就观察到喜马拉雅山区域的鹰嘴豆、蚕豆等作物都具有小粒、小荚特性，而地中海各国的亚麻、小麦、大麦都具有大粒的特性；植物花柱异长也是趋同进化的经典案例。

分子生物学研究方法的逐步成熟与发展使得从分子层面研究趋同进化成为可能。科学家通过构建重组自交系群体、图位克隆、基因编辑等多种方法，揭示了玉米 *ZmKRN2* 基因与水稻 *OsKRN2* 基因的趋同进化，通过增加穗粒数提高玉米与水稻产量；此外还通过对大量玉米和水稻材料测序结果全基因组水平的选择分析，鉴定出 490 对物种间的同源基因，其中 67.8% 的基因位于水稻和玉米的共线性区间内，且同源基因出现的比例显著高于随机发生的概率，进而从单基因和全基因组两个层次系统地解析了玉米和水稻趋同进化的遗传基础（图 2-4）。

（二）位于不同生态区的同一类型作物存在趋异进化现象

趋异进化在植物层面是指来源于共同祖先的一个种或一个植物类群，由于长期生活

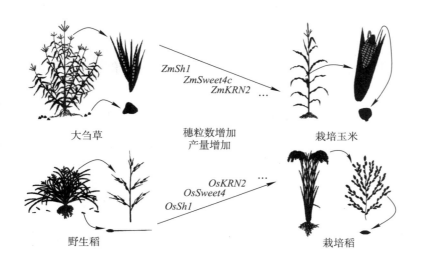

图 2-4　玉米和水稻基因层面的趋同进化导致从野生种到栽培种形态上的趋同进化（修改自 Chen et al.，2022）

在不同的环境，产生了两个或两个以上方向的变异特征。这些变异特征使得一个物种适应多种不同的环境而分化成多个在形态、生理上各不相同的种，形成一个同源的辐射状的进化系统，即为适应辐射（adaptive radiation），从而可以产生新的种或类群。趋异进化是自然界生物进化的普遍形式，是分化式（植物种类或类型由少到多）进化的基本方式，是植物多样性的基础，生态型（即物种内适应特定生境，并在形态和遗传上具有特异性的种群或种群组合）正是植物趋异进化的体现。

和趋同进化一样，形态学水平的趋异变化丰富多样，广泛存在。例如，亚洲栽培稻分为适应于热带和亚热带等低纬度地区耐湿、耐热的籼稻和适应于高纬度和高海拔地区耐寒、耐弱光的粳稻 2 个亚种，它们之间不仅产生了生殖隔离的基因库，还在形态特征、农艺性状和生理生化反应等方面存在明显的差异，此外，在东南亚地区及其中国华南地区还存在较为特殊的深水稻（deep water rice）或浮水稻（floating rice）等生态群，其茎不仅明显较普通水稻更长，还能适应水位上涨而快速伸长，体现出栽培稻对深水环境和季节性积水的适应性。

分子技术和基因测序技术也为趋异进化提供了更多的研究方法。如对小麦进行基因组重测序，推断以色列卡梅尔山"进化峡谷"的祖先野生二粒小麦种群由于生长在不同生态地理环境下出现了遗传分化，从而产生了 3 个亚群，即通过提高抗病能力适应生物胁迫的北坡群体、通过早花以规避高温干旱等非生物胁迫和耐高光强辐射适应的南坡群体。

三、作物的传播与分化

作物在起源中心地具有丰富的遗传多样性，经过人们的选择、驯化，随人类活动得到更大范围的传播，并在同一生境下发生趋同进化，以适应当地的气候条件。而不同地区的同种作物则根据当地的需求获得新的遗传变异，形成不同的种质资源和地方品种，并获得了当地人的青睐，因此得到更为广泛的传播。

（一）作物的传播

作物在起源中心形成后，要向世界各地传播。作物向世界各地扩散传播主要有两种方式：一是自然扩散，通过风力、候鸟的迁徙和洋流传播到世界各地；二是人为传播，不同国家和地区的人互相交流，有意无意携带了植物种子，如我国历史上著名的张骞出使西域，开辟了丝绸之路，促进了汉王朝与西域之间的文化和商业往来，也为内地引进了葡萄、苜蓿、石榴、胡麻、芝麻等农作物，加速了相关作物的传播与分化。

许多作物从原始的驯化起源地向新的区域不断传播和扩张，一些新育成的品种跨纬度推广种植，抽穗期相关的光周期、温度等相关基因的自然变异与农作物驯化后的传播紧密相关，能够使得作物准时启动生殖发育相关基因的表达，使营养生长转入生殖生长，完成一次生命周期的循环。

目前已发现的与作物光周期相关的基因包括水稻中的 *OsCO3*、*DTH2* 和 *Ehd4*，玉米中的 *ZmCCT9*，小麦中的 *Ppd1*，高粱中的 *SbGhd7* 和 *SbPRR37* 等。水稻是低温敏感的作物，由于耐冷基因 *CTB4a*、*CTB2* 和 *Ctb1* 等生殖生长期耐冷基因的利用，使得我国的粳稻向更高海拔的云南丽江及其更高纬度的黑龙江漠河传播，这些新稻区已经成为全球最寒冷的稻作生态区。春化是指低温诱导植物开花的现象，是影响植物物候期和地理分布的另一重要因素，春化相关基因的顺利表达是作物在新环境中成功由营养生长阶段过渡到生殖生长阶段的关键。目前在小麦和大麦中发现的春化相关基因包括 *VRN1*、*VRN2*、*VRN3* 和 *VRN-D4* 等。

（二）作物的分化

在作物传播的过程中，会进入各种不同类型的生态环境中，原始的作物会通过基因组上的改变去适应环境，这样的过程就是作物的分化。作物的分化伴随着适应性品种的形成。品种是一个农业专用名词，指人类在一定生态条件和经济条件下，根据人们的需要所选育的某种作物的群体，这种群体具有相对一致性，与同一作物的其他群体在特征、特性上有所区别，在相应地区和耕作条件下种植，在产量、抗性、品质等方面能符合生产发展的需要。

在此方面，水稻研究相对较多。对来自全球 89 个国家和地区，代表全球 78 万份水稻种质资源约 95% 的遗传多样性的 3 010 份水稻进行基因组测序研究，检测到 3 200 万个高质量 SNPs 和插入 / 缺失（insertion/deletion，InDel）标记，对亚洲栽培稻群体的结构和分化进行了更为细致和准确的描述与划分，由传统的 5 个群体增加到 9 个，分别是东亚（中国）的籼稻、南亚的籼稻、东南亚的籼稻和现代籼稻品种等 4 个籼稻群体，东南亚的温带粳稻、热带粳稻、亚热带粳稻等 3 个粳稻群体，以及来自印度和孟加拉国的 Aus 和香稻。除此之外，水稻为了适应特殊的生态环境，分化出明显的特异类型，如具有强抗旱性、适宜通透性土壤种植旱稻（陆稻）生态型，在冷胁迫下，粳稻进一步分化出强耐冷性的寒地或高原耐冷生态型等。

地方品种的分化丰富了作物的遗传多样性，为作物遗传改良提供了丰富的遗传资源。系统整理、筛选和改良地方品种种质是拓宽作物种质基础，克服遗传基础狭窄的重要途径。对地方品种的发掘利用，有助于发掘地方品种蕴藏的丰富遗传变异，在作物遗传育种中有着举足轻重的地位。

四、遗传变异的同源系列定律对作物种质资源工作的指导作用

遗传变异的同源系列定律揭示了作物种质资源多样性的基础，是研究作物演化、进行性状筛选、发掘优质基因的重要理论依据，也是作物种质资源学的基本原理之一，在多项作物种质资源工作中发挥着指导作用。

（一）为鉴定和筛选优异种质资源提供了指导

植物经各种途径传播后，在各种不同的生态环境中趋异进化，产生了不同的生态型。某一生态型能够适应某一种特定的生态环境类型。生态型相似是确保引种成功的基础。引种依据的基本原理是气候相似论原理和生态型相似性原理。即我们在引种的过程中要特别注意拟引进品种与引进区域的气候和生态型是否相似。因此研究植物的传播与分化路径，明确植物现存的生态型可以有针对性地指导引种实践。最经典生态型相似原理利用的例子是水稻的引种要考虑在热带、亚热带高温、高湿、短日照环境引进籼稻；而温带和热带高海拔、长日照环境则考虑引进粳稻。

（二）为发掘基因资源提供了指导

不同作物在相似的自然环境或人工选择压力下发生的适应性进化，不仅可能导致形态学上的趋同，也会在基因水平呈现出相似性，这一点在发掘新的基因资源用于分子育种方面具有重大的意义。不同作物在驯化过程中经历了极为相似的落粒性消失、休眠减少等"驯化综合征"，某个作物中鉴定出的驯化基因在其他作物中可能也发挥着相似的作用。例如，科学家最早在大豆中鉴定到的 G 基因能控制种子的休眠，而进一步研究发现，G 基因在水稻和番茄中同样保守地具有控制种子休眠的功能，这不仅有助于促进对作物种子休眠机制的理解，也为其他新作物的从头驯化和加速驯化提供了有效的参考基因位点。

第三节　作物及其种质资源与人文环境协同演变学说

一、作物及其种质资源与人文环境协同演变学说理论概述

作物及其种质资源与人文环境协同演变学说是关于作物及其种质资源与人文环境相互促进、相互作用和相互发展的理论。其基本内涵是不同人文环境会孕育相应的作物类型，不同的作物类型又会形成相应的饮食习惯，进而影响人文环境。人文环境会对作物及其种质资源形成深刻的影响，甚至引领其演变。

作物种质资源随人文环境而演变实质上是作物在驯化、传播和改良过程中受到人工选择压力，导致形成类型丰富、特色各异的种质资源。从遗传和分子角度看，作物适应于当地的人文环境，受到人群的喜爱或偏好，进而通过人工选择，使作物某个性状或基因由低频率突发事件，演变为高频率普遍现象。

中华文明以农耕文明为主体，中国是世界农耕文明发展进程中唯一没有中断的国家，延绵数千年的文明史也是一部农业史，既出现了水稻、谷子、玉米、高粱等起源于世界不同地区的谷物在中国均形成糯性种质的"趋同选择"，又出现了小麦传入中国后适应了蒸煮方式烹制馒头、面条，而在其他地区适合烘烤制作面包和馕的"趋异选择"。中国传统饮食习用体系以植物性原料为主，糯性是核心，蒸煮是主体，口味是特色，物尽其用是扩展。从中国传统饮食习用体系入手来考察作物种质资源的演化，可揭示饮食习用等人文环境与作物种质资源形成之间的协同进化规律。

二、人类对糯性食物的偏爱促进了粮食作物糯性基因的定向积累

自古以来，中国人民就习惯用糯性食材制作糕点和酒。糯性食物的黏性寓意团结一

致，分享糯性食物有助于加强和维系家庭和社会的凝聚力，因此糯性食材被广泛用于祭祀和重大节庆，被赋予了象征性和神性。在起源于中国的粮食作物中，黍稷、水稻的糯性品种早在商周时期就有所记载。

晋代《字林》中首次出现了"糯，黏稻"的记载，说明在古代中国已经有了糯性稻作物。随着时间的推移，糯性种质资源得到了更广泛的传播，并形成了多种特色饮食，糯米酒、糯米糍、糯米粥等糯性食品成为中国传统饮食文化中不可或缺的一部分。中国各族人民不仅将本土起源的谷子、黍稷、水稻的糯性品种逐步培育出来，这些作物糯性品种的进化，又强化了中国传统饮食习用体系中糯性的核心地位。中国是禾谷类作物糯性基因的起源中心，不仅有糯稻、糯性的谷子和黍稷，还有糯性的高粱、大麦、薏苡等。截至 2019 年，中国国家作物种质库保存有谷子糯性资源 2 748 份，黍稷糯性资源 4 035 份，高粱糯性资源 792 份，水稻糯性资源 9 928 份，玉米糯性品种 1 020 份，糯性禾谷类作物种质资源保存数量居世界前列。糯性粮食受到我国人民的青睐并非偶然。独特的黏性不仅被赋予了众多社会学和宗教学意义，其制作的食物还具有不易回生、耐饥饿、香滑味甘不依赖配菜等突出优点，且便于携带和保存，是农民田间劳作时理想、经济的食物选择。对糯性食物的偏好已经深深地根植于中华民族的传统饮食习惯中直至现代。此外，糯性种质在供食用之外还发挥着多种功能，如糯稻、糯小米、糯高粱等自古以来就是优质的酿酒原料，糯米灰浆是我国传统的生物黏合剂，糯稻根具有药用价值等。中国传统人文环境中对食材糯性的偏爱，促进了古人对粮食作物糯性突变的发现和定向积累，经过长期的自然选择和人工选择，极大地扩展了糯性种质资源的规模。

谷物中 *waxy*（*wx*）基因突变提高支链淀粉含量是形成糯性种质的关键。在糯稻中，*wx* 基因的一个单碱基突变就可导致颗粒结合型淀粉合成酶 I（GBSSI）表达水平降低，进而导致直链淀粉含量降低。与之类似的，在糯高粱、糯大麦、糯谷子、糯薏苡，甚至非禾本科的籽粒苋中都证实了 *wx* 基因对籽粒糯性的影响。有趣的是，六倍体小麦中已鉴定出 *wx-A1*、*wx-B1*、*wx-D1* 等 3 个 *wx* 基因位点与糯性形成有关，且均为隐性遗传。只有 3 个位点全为隐性时，六倍体小麦才能表现出全糯性，这个概率非常低以至于至今仍未发现全糯性的天然突变体，所以我国科学家借助人工杂交技术培育出了糯性小麦。

三、以蒸煮为主的烹饪方式促进作物契合蒸煮食味品质的进化

在文明的早期，蒸煮制和烘烤制是两种主要的食物烹饪加工方法。生活在我国的先民因为较早发展出灿烂的陶器文化，开启了延绵至今的以蒸煮制为主体的烹饪方式。陶器的发明和蒸煮制的确立对人类文明的形成和早期发展具有重大的意义。利用陶器蒸煮可以一次性地加工出大量的粥或干饭以供食用。此外，煮食使得谷物中的淀粉能溶解于水，保存了营养，提高了消化吸收效率，对于先民的体质改善大有好处。有了蒸煮制，谷物就自然地成为了人类的主食。

小麦是世界上最主要的作物之一，原产于西亚的新月沃土地带。小麦被引种传播到不同地域后，深受人类饮食习用方法的影响。中亚地区的先民将小麦面粉用于烤制面饼进而形成了"馕"，更便于游牧民族储存和携带。古埃及人在利用小麦面粉烤制面饼中，偶然发现了通过发酵来烘烤面包的方法，从而发明了发酵面包。

小麦在中国的引入、传播和改良更加充分地体现出了对蒸煮制的适应。小麦约在5 000年前传入中国，但在相当长时间里，小麦也和谷子、水稻等一样蒸煮后粒食，称为"麦饭"，到了西汉末年，随着粮食加工工具的进步，尤其是石转磨的发明，可以将小麦精细化加工成面粉，小麦制作成面食的品质优势体现出来，在蒸煮体系下，小麦适合面食的突变被逐步发现和定向积累，"面食"的推广，又加速了小麦种质资源的演变，使得小麦逐步成为中国主要的粮食作物。

从现代遗传学的角度看小麦在我国的演变，可以发现它们与自己的中亚祖先已有了极大程度的分化。最近的研究表明，我国先民进行的小麦小粒选择（以适应蒸煮制）和早熟选择（以适应一年两熟）等，使得小麦这一外来物种得以适应中国的饮食与耕作制度，并使得我国小麦地方品种在染色体3B和7A上呈现出独特的单倍型，成为我国小麦品种选育的重要遗传学基础。

四、人类对蔬果偏好的多样化促进了特色作物种质资源的形成

浙江余姚河姆渡遗址和陕西半坡遗址出土的植物种子表明，在距今6 000～7 000年的新石器时代，中国已经开始栽培葫芦、白菜或芥菜。先秦时期，蔬菜既指人工栽培蔬菜也包括采集而来的野菜，此时期的果品有枣、栗、橘等多种，但是这些果树大多是野生的。据考证，《诗经》中记载的栽培蔬菜有8种，野生蔬菜37种。而后，以蔬菜瓜果为主的园圃种植逐渐壮大，蔬菜瓜果不断多样化，极大地丰富了我国作物种类。据统计，汉代栽培蔬菜有20多种，魏晋时期达35种，清代已增至176种，如今，喜食蔬果已成为国人饮食体系的显著特征。

我国人民在蔬果形态、口味、口感等方面的多样化需求和偏好促进了多种蔬果特色种质资源的演化与形成。从形态多样化来看，白菜类蔬菜在史前时期即被中国先民食用，经过劳动人民长期的选择，形成了以采收叶球、花薹、膨大根茎等不同目的的形态各异的亚种或变种，在食用、制酱调味、腌制咸菜、榨油等不同方面各有优势。从口味多样性来看，早在《礼记》中已载"五味"，可见，蔬菜是多种滋味的来源，是重要的调味佐餐品，尤其是近代辣椒的引进更加凸显中国饮食体系偏好对作物种质资源形成与演化的作用。辣椒传入之初主要用作观赏，后以温味和脾、化毒解瘴的功效而成为蔬菜。在中国进化形成了多个变种，适合甜辣、辛辣、香辣等不同口味，能够满足微辣、中辣、重辣等不同辣度的需求。从口感多样性来看，桃原产于我国西南地区，适应性极强，在古代即已流行于我国不同地区，自古就有"桃李满天下"的说法，然而我国沿海低海拔地区的桃地方品种口感较为绵软，而内陆高海拔地区的地方品种口感偏硬而脆，这不仅与古代内陆地区交通不便，硬的桃更耐储存的环境因素有关，也体现了我国不同地区人民的口感偏好。

人类基于多样化的需求偏好对蔬果特色性状的长期选择，最终导致了基因层面的多样性分化，并在近年来通过生物信息学研究得以验证。我国科学家通过对16份不同白菜资源进行泛基因组分析，不仅鉴定出了非常丰富的与白菜种间分化相关的结构变异，提示结构变异在白菜不同形态驯化中起到重要作用，还发掘出BrPIN3.3等4个可能参与白菜叶球形成的重要候选基因。此外，我国完成了以自主栽培和野生辣椒为对象的全基因组测序工作，发现AT3–D1和AT3–D2这两个酰基转移酶基因与辣椒素合成密切相关，初步解释了辣椒不同辣味的分子机制。通过14个不同肉质类型桃品种的研究发现，

一个生长素通路的限速酶基因 *PpYUC11* 与果实中的生长素含量以及乙烯释放量密切相关，继而影响了桃果肉的硬度，可能是形成了桃不同类型口感的关键所在。

五、物尽其用的探索催生新型作物种质资源

在漫长的作物栽培与利用历史中，除食用外，人类将作物材料灵活运用为生活、生产用具，充分发掘作物茎秆、叶等废弃物的价值，资源化利用，变废为宝，物尽其用，如用作编织原料、燃料、肥料、饲料等，从而影响了作物种质资源的演变，形成了功能各异的新种质资源。

彩图 2-3　作物材料的其他应用

人类对作物各部分物尽其用的探索，发现作物的新特性、新种质，经过长期的定向人工选择形成了新的种质资源，不仅极大拓展了作物的功用甚至颠覆其主要用途。在我国突出表现在棉、麻（包括苎麻、大麻等多种植物）等经济作物的演变上。如生活在广西的上甲族群的传统丧服为土黄色，最初是利用黄泥浆将白棉布染色；后来人们偶然发现了棉花的淡褐色纤维自然变异种质，织成丧服后无须染色，且不会褪色，因此便将其保留下来，称为"彩棉"，并世代种植至今。更为典型的是我国麻类作物由最初的粮食作物逐步演变成为纤维作物。麻类曾是中国古代重要的粮食作物之一，随着时代的发展，相较于食用价值，麻的纤维特性更多地被人类所倚重，更偏向其纤维好、出麻多等特性，并进行定向积累和选择，促进其向纤维作物发展，而作为粮食作物的高产适口等特性逐步被淡化，从而形成了更多的纤维用麻类作物种质资源。

对彩棉的有色纤维基因遗传进行分析发现，棕色纤维由 6 个基因控制（*Lc1 ~ Lc6*），绿色纤维由一对主效基因（*Lg*）控制，对这些基因的鉴定和深入理解有助于选择合适的亲本进行杂交，在维持纤维有色性状的同时改良品质。通过将栽培与野生苎麻进行基因组组装和比较，发现了一个位于第 13 号染色体的大片段插入变异，该插入有利于苎麻中活性赤霉素积累，进而促进了纤维的延伸和株型的显著增高，提高了纤维产量。

六、作物及其种质资源与人文环境协同演变学说对作物种质资源学研究的指导作用

作物及其种质资源与人文环境协同演变的本质是作物及其种质资源在自然环境中孕育出了呈现在作物某些性状上明显差异的小概率突变，在人文环境的作用下，不断被加以定向固定，在整个群体中的基因频率逐渐提高，并成为大概率事件，产生基因型上的分化，最终形成新的作物种质资源。该理论对未来的育种和种质资源工作有着多方面的启示作用。

（一）揭示了人文环境对作物种质资源形成的重要影响

在人类饮食习俗、生活习俗和民族文化的内在需求驱动下，人类不断地对作物进行驯化、传播和改良，推动了作物种质资源的协同演变，极大地丰富了作物的种质资源。小麦在传入中国后，如果未能经受住东亚地区自然环境选择和中国先民的人工选择，演变出小粒、早熟等特色性状，就不可能成为中国人民的主食之一，灿烂丰富的面食文化也就无从谈起。

（二）揭示了传统文化习俗和农民参与对种质资源保护的重要意义

从中国传统饮食用与作物种质资源形成的相互作用可以看出，文化习俗和农耕传统促进了作物类型和作物种质资源的演变，而另一方面，农作物种质资源也是这些习俗

和传统的重要载体，对文化和习俗的产生、发展和传递具有重大作用。保护传统文化和保护作物种质资源有着密不可分的关系。因此在种质资源普查和收集过程中不仅要调查收集种质资源实物及其相关环境信息，而且要调查收集与种质资源相关的传统知识和文化习俗信息，积极鼓励当地农民参与种质资源保护和开发利用。

（三）揭示了地方品种是品种选育的重要材料

地方品种是在漫长的自然和人工双重选择后保存下来的遗传资源，通常对当地特定的农艺－气候条件具有较强的适应性，相较于育成品种，遗传多样性也更为丰富。因此，地方品种不仅可用于发掘优良基因，也是良好的育种亲本。

📖 推荐阅读

1. 瓦维洛夫．主要栽培植物的世界起源中心［M］．董玉琛，译．北京：中国农业出版社，1982.
   本书不仅列出了600多个物种（包含作物及其野生近缘植物）的起源地，还对植物引种和检验检疫等工作都进行了较为全面的论述和介绍，是作物种质资源研究的重要参考书。

2. 刘旭，黎裕，李立会，等．作物种质资源学理论框架与发展战略［J］．植物遗传资源学报，2023，24（1）：1-10.
   本文介绍了作物种质资源学的基本概念与作用、基本原理和发展战略，以及作物种质资源的特性、特征，有利于读者系统地了解作物种质资源学的理论框架和重要意义。

❓ 思考题

1. 瓦维洛夫栽培作物起源中心学说的主要内容是什么？
2. 作物最主要的驯化性状包括哪些？
3. 趋同进化和趋异进化都发生在什么层面？请举例说明。
4. 请论述作物种质资源学基本理论对作物种质资源学研究的指导作用。

📑 主要参考文献

1. 刘旭，李立会，黎裕，等．作物及其种质资源与人文环境的协同演变学说［J］．植物遗传资源学报，2022，23（1）：1-11.

2. 刘旭，郑殿升，董玉琛，等．中国农作物及其野生近缘植物多样性研究进展［J］．植物遗传资源学报，2008，9（4）：411-416.

3. Cai X，Chang L，Zhang T，et al. Impacts of allopolyploidization and structural variation on intraspecific diversification in *Brassica rapa*［J］. Genome Biology，2021，22（1）：166.

4. Chen W，Chen L，Zhang X，et al. Convergent selection of a WD40 protein that enhances grain yield in maize and rice［J］. Science，2022，375（6587）：7985.

5. Guo H，Zeng Y，Li J，et al. Differentiation，evolution and utilization of natural alleles for cold adaptability at the reproductive stage in rice［J］. Plant Biotechnology Journal，2020，18（12）：2491-2503.

6. Harlan JR. Agricultural origins：centers and noncenters：agriculture may originate in discrete centers or evolve over vast areas without definable centers［J］. Science，1971，174（4008）：468-474.

7. Hawkes JG. The diversity of crop plants［M］. Cambrige：Harvard University Press，1983.

8. Li J，Zeng Y，Pan Y，et al. Stepwise selection of natural variations at CTB2 and CTB4a improves cold adaptation during domestication of japonica rice［J］. New Phytologist，2021，231：1056-1072.

9. Wang W，Mauleon R，Hu Z，et al. Genomic variation in 3 010 diverse accessions of Asian cultivated rice ［J］. Nature，2018，557（7703）：43–49.

网上更多资源 ────────────────────────────────

拓展阅读　　彩图　　思考题解析

撰稿人：刘旭　周美亮　审稿人：黎裕

第三章

种质资源遗传多样性

🔊 **本章导读**

1. 科幻电影《流浪地球》中提到种质资源是维护地球生物多样性、保障人类粮食安全和推动农业可持续发展的"希望火种"。那么种质资源研究的本质是什么呢？
2. 人类的哪些活动影响种质资源遗传多样性？
3. 遗传多样性的评估对种质资源的收集保护有什么意义？

遗传多样性是生物多样性的重要组成部分。广义的遗传多样性指地球上生物所携带的各种遗传信息的总和，是生物多样性的基础。而狭义的遗传多样性是指物种内的个体之间或群体内个体之间的遗传变异总和。作物种质资源的遗传多样性是作物经过长期自然选择和人工选择而形成，是其自身适应环境和物种进化的综合结果。作物种质资源多样性具有非常重要的作用。对作物本身而言，可抵抗来自外部环境的生物胁迫或非生物胁迫，进而提高其自身适应性；对于人类，可筛选适应新环境的作物以及选择培育新品种的亲本材料。作物种质遗传多样性的研究对于揭示作物起源、种质资源演化规律、制定种质资源保护和创新利用策略等方面均具有重要的指导意义。

第一节 作物种质资源遗传多样性的形成与评估

一、遗传多样性的形成

作物种质资源遗传多样性是作物经历自然选择与人工选择的产物，是其适应自然环境和人文环境长期进化的结果。遗传多样性体现在表型水平、染色体水平与分子水平等不同层次。表型水平主要包括主要农艺性状（如株高、成熟期、籽粒大小等）与生物学性状（如形态结构、生长发育等）的变异；染色体水平主要包括染色体数目、结构等变异；分子水平主要包括 DNA 的序列变异（插入 / 缺失、替换等）、表观修饰与空间结构变异。分子水平遗传多样性是表型与染色体水平遗传多样性的基础。引起分子变异的主要有以下 4 种原因。

1. DNA 突变

高能射线等物理因子、甲基磺酸乙酯（EMS）等化学因子、转座子［transposon，Tn；又称转座元件（transposable element，TE）］等遗传因子会引发 DNA 的损伤，在非同源修复过程中会引入可遗传的序列或者结构变异，在 DNA 的正常复制过程中也会引入低频率的错配和变异。这些变异中有一些可以产生明显的编码蛋白变异，也包含了一些可能导致基因表达差异或其他功能不明的变异，如发生在内含子、非基因区的变异。高能射线诱发的变异多为大片段的插入与缺失，而 EMS 等化学诱变剂引起的变异多为单碱基突变。近年来种质资源的基因组学和重测序研究表明，超过一半的变异是单碱基突变。如小麦"绿色革命基因"——矮秆基因 Rht1 是由于基因编码区单碱基的突变，造成编码区提前终止而产生的功能变异，在'农林 10 号'中形成新等位基因 Rht-B1b 和 Rht-D1b。转座子是一种可以"移动"的 DNA 片段，基因本身及其附近转座子的插入与缺失也常引起基因功能或表达量的变化。如小麦'大拇指矮'就是由于矮秆基因的 DELLA 区域插入转座因子序列，形成了新等位基因 Rht-B1c。

2. DNA 重组

在有性生殖中，分别来自两个亲本的基因连锁群间产生交换，形成两个亲本所没有的连锁群组合，产生具有重组性状的后代（重组体）。这是现代育种实践的理论基础。在减数分裂时，由于同类重复序列具有一定的同源性等原因，也有可能出现非同源重组，从而造成大片段的重复与缺失，产生新的变异。基因拷贝数的增加与减少、染色体片段的倒位和易位也可以由重组产生。例如，小麦'矮变 1 号'株高的大幅度降低就是由于携带矮秆基因 Rht-D1b 的大片段序列的复制，形成新的等位基因 Rht-D1c。此外，远缘杂交与基因的水平转移、遗传漂变与渐渗等也会通过重组产生新的变异。

3. 表观遗传修饰

DNA 与组蛋白的甲基化及乙酰化等表观遗传修饰与基因的时空特异性表达密切相关，是表型遗传多样性产生的重要基础。植物 DNA 甲基化形成的分子机制与动物不同，大部分修饰可以稳定跨代遗传。利用 DNA 甲基化水平不同的材料进行杂交重组创制不同的表观等位基因能够稳定遗传数十代。一些重要基因的 DNA 甲基化修饰等位变异在生产上具有较为重要的意义，如花色素苷基因调控区的 DNA 甲基化水平参与血橙颜色的形成。表观修饰识别、修饰和清除相关的酶发生突变都可以诱发表观遗传修饰变异。

4. DNA 空间结构变异

植物的基因组 DNA 如果线性排列，其长度可达数米甚至更长，而植物的细胞核直径只有 $5 \sim 20\ \mu m$。显然，基因组 DNA 只有紧密折叠形成复杂的三维（3D）结构，才能装于细胞核中。由于材料个体间 DNA 与组蛋白序列及表观修饰的差异，造成空间结构变异，这些空间结构变异会导致基因表达调控的改变。

二、遗传多样性的多组学分析

在基因组学的带动下，产生了一系列的"组学"研究，包括表型组学、表观组学、转录组学、代谢组学、蛋白质组学等。利用这些组学的原理、技术与方法进行种质资源的遗传多样性研究，发展成为基于多组学的种质资源遗传多样性研究这一新的领域。

（一）多组学遗传多样性简介

表型差异是鉴别种质资源最直观、简便的途径。表型遗传多样性包括形态与解剖结构、生理生化等的多样性。如产量性状、发育生物学性状、生物逆境（病、虫）与非生物逆境（旱、寒、热、盐等）抗性、品质（加工品质与营养品质）等。基因组遗传多样性主要是 DNA 与 RNA 的序列变异。DNA 序列变异有单核苷酸多态性（SNP）与大片段的 DNA 变异（插入 / 缺失等，包括基因的重复与缺失）。DNA 序列遗传多样性是各类多样性的基础，也是造成材料间表型差异的主要原因。表观遗传修饰多样性主要包括 DNA 修饰、组蛋白修饰（包括甲基化、乙酰化、磷酸化、糖基化等）、染色体开放（可及性）和 RNA 修饰等的多样性。表观遗传修饰的多样性与基因表达、重组交换和 DNA 损伤修复等密切相关。基因转录水平的遗传多样性主要是指材料间基因表达的时空差异与表达量的差异，这种差异是 DNA 和 RNA 序列及修饰变异的体现形式，是引起表型差异的重要原因。蛋白质遗传多样性与代谢遗传多样性指材料间蛋白质与代谢物种类、丰度与时空差异及其对重要农艺性状的影响。DNA 和 RNA 序列遗传多样性、表观遗传修饰多样性、蛋白质遗传多样性与代谢遗传多样性共同作用，并与环境互作，最终产生了种质资源表型遗传多样性（图 3-1）。

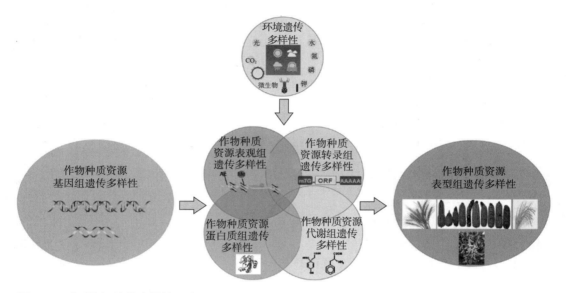

图 3-1　种质资源遗传多样性产生的组学机制

（二）多组学遗传多样性的分析方法

目前常用的表型遗传多样性鉴定方法有基于手工的测量与基于表型组学的高通量鉴定技术。DNA 序列多样性检测主要是基于全基因组的重测序与高通量 SNP 芯片的技术。转录组遗传多样性检测主要是基于转录组测序与目标基因 / 片段的 RT-PCR 技术。表观遗传多样性包括 DNA 甲基化、组蛋白甲基化 / 乙酰化与染色质开放，亚硫酸氢盐测序（bisulfite sequencing，BS-seq）可以对基因组中的 DNA 甲基化进行单碱基解析和全基因组分布分析，是目前甲基化测序应用最广泛的技术；染色质免疫共沉淀测序（chromatin immune coprecipitation sequencing，ChIP-seq）是研究蛋白质与 DNA 互作的重要方法，被广泛应用于转录因子、组蛋白修饰等分布与功能的研究；开放染色质目前常见技术主要有脱氧核糖核酸酶Ⅰ超敏位点测序（DNase-seq）、微球菌核酸酶测序（MNase-seq）、甲醛辅助分离调控元件测序（FAIRE-seq）以及转座酶可及性测序（ATAC-seq）。蛋白质组学技术主要是液质联用串联质谱（LC-MS/MS）。代谢组学技术方法主要包括气相色谱 - 质谱法（gas chromatography-mass spectrometry，GC-MS）、高效液相色谱 - 质谱法（high performance liquid chromatography-mass spectrometry，HPLC–MS）和核磁共振（nuclear magnetic resonance，NMR）技术等研究方法。随着生物技术的飞速发展，新的、更经济高效的种质资源遗传多样性检测技术将会不断地涌现出来。

（三）基因组遗传多样性分析

由于学科发展的差异，上述几类遗传多样性研究发展并不平衡。DNA 遗传多样性进展较快，因此本章后边的重点主要是围绕全基因组 DNA 遗传多样性及其与种质资源各项研究的关系展开。

基于基因组学的遗传多样性研究通常包括以下四步：①研究材料选取；②表型鉴定；③基因型鉴定；④遗传多样性分析。

1. 研究材料选取

研究材料的取样策略取决于研究目的、物种特性等因素。如研究一种作物的整体遗传多样性，则应在全球范围内选取样本，而且应包括野生种、地方品种与现代育成品种。如研究某一地区的遗传多样性，则应选取该地区有代表性的材料。材料份数要求尽量多，应大于 100 份，通常为 200～400 份，也可涵盖种质库中所有材料。对于个体间无遗传差异的材料，如自交系或无性繁殖材料，采用单株取样。地方品种和野生种个体间存在一定程度的遗传差异，样本数过少会导致检测到的变异偏低，甚至检测不到变异或丢失某些变异，因此有学者采用混合取样的方法。也有学者采取单株取样的方法，但需要所取单株留种保存。所选材料均应妥善保存原基因型材料，以备验证及多组学研究使用。

2. 表型鉴定

表型鉴定是遗传多样性研究的重要组成部分，与基因型鉴定关系密切，因此进行基因组遗传多样性分析时通常先进行表型鉴定。表型鉴定的基本内容是主要农艺性状，如有需要，可进行其他生理生化性状、品质性状与生物抗性、非生物抗性的鉴定。表型鉴定通常要有 3 个以上的环境重复。

3. 基因型鉴定

基因型鉴定是遗传多样性分析的基础。基因型鉴定技术一般是利用 DNA 分子标记检测，这些分子标记包括限制性片段长度多态性（RFLP）、随机扩增多态性 DNA（RAPD）、扩增片段长度多态性（AFLP）、简单序列重复（SSR）、插入 / 缺失（InDel）标记等，但目前最有效的基因型鉴定标记是高通量的单核苷酸多态性（SNP）标记。高通量 SNP 获取可以通过重测序，也可通过高密度 SNP 芯片检测。SNP 的相关基因组信息可以通过参考基因组和泛基因组获取。

4. 遗传多样性分析

遗传多样性分析主要包括以下五方面内容：①遗传多样性等位基因数量及其频率（allele frequency）和核苷酸多样性（nucleotide diversity，π）分析。这 3 个是遗传多样性的主要参数，也是资源研究的重要参数，是许多相关分析的基础。②群体分类。是资源分类的重要方法，同时在 GWAS 中也常用来消除群体结构误差。可以用系统发育树（phylogenetic tree）、主成分分析（principal component analysis，PCA）和种群结构（population structure）图展示。③有效种群大小（effective population size，Ne）。Ne 是种群中能将其基因连续传递到下一代的个体数量。该参数有助于我们更清楚地了解群体的遗传变异、进化和复杂性状的遗传机制等。有效种群大小体现了种群的理论遗传多样性。

有效种群越大，遗传多样性越高。Ne 也常用来估算瓶颈效应、基因渐渗和遗传漂移等。④连锁不平衡（linkage disequilibrium，LD），是指不同基因座（locus）的等位基因（allele）之间非随机关联。同一条染色体上某一区域共同遗传的多个基因位点的等位基因间形成一系列的单倍型（haplotype），单倍型较单个 SNP 更为准确地标定遗传变异信息，常用于关联分析中。⑤选择位点与清除位点。常用跨群体复合似然比检验（the cross-population composite likelihood ratio test，XP-CLR）、π、Tajima's D、F_{st}（群体分化指数）等多种参数。上述参数常受瓶颈效应等因素的影响，因此常常有假阳性，应结合目标农艺性状的变化进行分析。

第二节　遗传多样性与作物起源驯化

一、作物的驯化

作物驯化是指野生的植物通过人工选择，将其变为易于人工栽培植物的过程。作物最先驯化的地方是作物的起源地。作物驯化是人类农耕文明的开端，对于促进人类文明的发展具有重要意义。驯化性状包括株型、籽粒等产量性状和熟期、种子萌发期等发育性状。尽管作物间表型差异很大，但驯化性状的趋势基本相同。如主要粮食作物从野生种到栽培种，株型由匍匐状转向直立型、成熟期趋于一致、种子不再自然散落、籽粒变大、种子休眠期缩短等，这种现象称为趋同驯化。目前各作物都有不少驯化相关基因被克隆，如水稻控制株型的基因 Prostrate Growth 1（PROG1）、小麦控制穗型与落粒的基因 Q、玉米控制株型的基因 Teosinte Branching 1（TB1）等。

驯化与遗传多样性关系密切。由于只有极少数具有驯化性状的突变个体发展成为后来的栽培作物，而大部分野生种的遗传多样性在栽培作物中丢失，从而造成栽培作物的遗传多样性严重降低。这种遗传多样性的丢失现象称为瓶颈效应。根据全基因组重测序或高密度芯片分析，不同作物从野生种到栽培种的遗传多样性降低的程度不同，如玉米仅为 16.9%，而西瓜则高达 81.6%。遗传多样性位点的变化是检测驯化位点的重要方法之一。

二、作物的起源

近年来遗传多样性在作物起源研究方面取得了引人瞩目的重要进展。利用全基因组 SNP 数据，构建系统发育树、分析种群结构、计算群体分化系数和核苷酸突变速率等，已成为揭示作物起源的有效方法。例如，通过对大量的水稻、小麦、玉米、大豆、谷子的野生种与栽培种种质资源进行全基因组多态性分析，揭示了这些主要农作物的起源与驯化历史。发现粳稻起源于我国的南方地区，是由野生稻驯化而来的。比较来自中国、韩国、日本、俄罗斯，以及其他欧洲和北美洲国家的大豆种质资源，发现世界各地的大豆种质资源均与我国的大豆种质资源具有较高的相似性，表明我国是大豆的起源中心。谷子种质资源与我国的狗尾草遗传距离最近，推断谷子是由狗尾草驯化而来，而我国中部是谷子的起源中心。玉米及其野生亲缘植物种质资源群体结构与系统发育分析发现普通栽培玉米与小颖大刍草（Zea mays subsp. parviglumis Iltis & Doebley）的亲缘关系最近，在全基因组水平证明现代玉米是由大刍草驯化而来的。大刍草的遗传多样性中心位于墨西哥南部的 Balsas 河流域，因此推断该地区是玉米起源中心，这一推断被考古学证据进一步证明。小麦是异源六倍体作物，有 *A*、*B*、*D* 三个亚基因组。对大量的野生种与栽培种种质资源系统发育与群体结构分析表明乌拉尔图小麦（*Triticum urartu* Thumanjan ex Gandilyan）是 *A* 亚基因组的供体，粗山羊草（节节麦，*Aegilops tauschii* Coss.）是 *D* 亚基因组的供体，而 *B* 亚基因组的供体迄今尚未确定。由于野生二粒小麦与栽培二粒小麦遗传距离更近，因此推断栽培二粒小麦是野生二粒小麦驯化而来的；同样，由于栽培二粒小麦与六倍体小麦遗传距离最近，因此推断六倍体小麦是由栽培二粒小麦与 *D* 亚基因组的供体杂交而来。这些野生种的遗传多样性中心在西亚的新月沃地，进一步支持该地区是小麦的起源中心。

利用系统发育还可以分析物种分化的时间。有趣的是，尽管水稻、小麦、玉米、大豆等主要农作物虽然驯化的地点（起源中心）不同，但驯化时间却非常接近，都在公元前 10 000 年左右，这是否意味着世界各地人类文明的进程在那个时期基本相同，其原因值得进一步探讨。

第三节　作物种质资源的分类与演变规律

野生植物驯化为栽培作物后，从起源地传播到不同区域，经过当地的自然选择与人工选择，形成适应当地环境和满足不同人类需求的地方品种。在此基础上应用遗传改良技术培育出现代品种。在驯化 – 传播 – 改良过程中形成了丰富多彩的作物种质资源。研究作物种质资源演变规律，可以深化对性状的变异和进化的认识，促进优异种质资源发掘和利用。

一、选择分析方法

无论是自然选择还是人工选择，都能使群体基因型频率发生定向改变，归根结底是遗传多样性发生变化。因此，选择分析的本质是比较不同群体的遗传多样性变化趋势。通过比较野生种和栽培种、地方品种与育成品种间的遗传多样性，可鉴定出驯化与改良过程中受选择的基因组区段和基因。判定受驯化选择的区段和基因的方法很多，单一方法有一定的局限性，为了提高检测的准确性，在实际应用中往往是多种方法综合应用。常见的方法主要有以下三种。

（一）选择清除分析

选择清除是指在自然选择和人工选择的过程中，某一位点受到强烈的选择，有利等位变异被保留下来，数量增加，遗传多样性也随之大幅降低。一般通过比较两个或多个群体之间的等位基因频率，识别可能受到强烈选择的位点，判断是否发生了选择清除。跨群体复合似然比检验（XP–CLR）是常见的选择清除分析方法，可以用来检测两个群体间受选择的基因组区域，一般用 SweeD、XP–CLR 1.0 等软件进行计算分析。XP–CLR 方法的输出结果是一系列标准化的分数，表示基因组不同区段是否受到选择。一般情况下，XP–CLR 分数越高，说明在相应的基因组区段内，群体间的基因型频率差异越显著，表明可能受到了选择。

（二）群体分化指数（F_{st}）

群体分化指数（F_{st}）用于估计群体间平均多态性与整个群体平均多态性大小的差

异，反映了群体结构的变化。在中性进化条件下，F_{st} 的大小主要受遗传漂变和迁移等因素的影响，如果群体中一个等位基因由于其对特定环境的适合度较高而经历了适应性选择，那么其频率的升高会增加群体的分化水平，导致较高的 F_{st}。计算公式如下：

$$F_{st} = \frac{\pi_{群体间} - \pi_{群体内}}{\pi_{群体间}}$$

F_{st} 值为 $0 \sim 1$，值越高表示群体间分化程度越大，该区域受选择的程度也越高。

（三）群体结构分析

群体通常由具有遗传差异和相对独立性的亚群体组成。群体结构是指群体内亚群体之间的遗传关系及其分布。这些亚群体可能是由于地理隔离、生态适应性和繁殖习性等因素形成。通过研究和了解群体结构，可以更好地评估种质资源的遗传价值，理解种质资源的演变规律，制定合理的保护和利用策略。一般根据群体内材料的亲缘关系和系统发育关系来分析群体结构，常用软件主要有 Structure、Admixture。

再次指出，由于上述方法均是基于遗传多样性的分析，而遗传多样性除了受人工选择影响外，还受瓶颈效应等因素影响，因此真正选择位点的确定必须与农艺性状的变异分析相结合。

二、作物种质资源分类

作物种质资源的分类是种质资源研究的重要组成部分，同时也与育种关系密切。传统的植物学分类主要根据形态进行，亚种以上的分类（科、属、种、亚种）通常争议不大。但由于形态分类法受一定的人为因素影响，因此不可避免地会出现一些争议。根据基因组遗传多样性进行分类则不受人为因素的影响，因此更为客观。例如，小麦与大麦形态上较为接近，但远缘杂交难度大，且迄今几乎没有转移大麦染色体片段到小麦并成功利用的先例。而小麦与黑麦、偃麦草的形态差异远大于大麦，但小麦与黑麦或偃麦草杂交容易成功，而且黑麦与偃麦草的抗病、高产等重要农艺性状基因已经被成功地转移到小麦上，对小麦改良作出了重要贡献。最近的小麦族系统发育分析发现，在小麦族中，小麦属与黑麦属的亲缘关系最近，其次是偃麦草属；而小麦属与大麦属的亲缘关系则相对较远。由此可见，小麦族的基因组亲缘关系分类为小麦族在遗传育种上的进一步开发利用提供了方向。

种内特别是亚种内的种质资源分类是种质资源分类的难题。之前一直没有一个公认的好方法，但近年来利用全基因组 SNP 数据，通过系统发育树构建、种群结构研究、主成分分析等方法对各类种质资源进行分类，在各种作物上都取得了突出进展。研究发现，各物种（亚种）内分类大多以地理分布进行分群。例如，水稻的籼稻分为 4 个群，即东亚群、南亚群、东南亚群与混合亚群。普通小麦分为东亚群、西亚与南亚群、欧洲亚群、美洲亚群。大豆分为中国亚群、中美亚群、中欧亚群、中俄亚群及混合亚群。遗传多样性分类的结果与种质资源的地理分布相吻合，一方面原因是地域内自然选择压力相近，另一方面是地理隔离导致不同种群间的基因交流不如地域内频繁。主要作物在起源地驯化后，逐渐向世界各地扩散传播。由于世界各地的生态环境不同，适应当地环境的基因型被保留下来，并逐步发展为优势基因型，而不适应当地生态环境的则逐步被淘汰。例如，小麦是光周期敏感的作物，北欧地区在适宜作物生长的夏季白天日照时间很长，且耕作制度为一年一熟，因此适宜种植的都是光周期敏感的生育期长的小麦品种。

而我国及亚洲多数国家小麦主要种植期为秋末至翌年夏初，日照时数相对较短。同时这些地区复种指数较高，要求早熟，因此这些地区大多种植光周期不敏感的早熟品种。此外，同一生态环境的品种能够聚为一群，说明环境相关的基因数量也是相当可观的。除自然选择外，同一生态区的生产力水平也较为接近，因此人工选择也具有趋同性。自然选择就一个生态区来说，会造成遗传多样性的降低，但就全球来说，遗传多样性是升高的。

三、遗传多样性与种质资源演变

在作物驯化－传播－改良过程中，原有的遗传变异会改变，而突变或基因渐渗也会引入新的遗传变异，遗传多样性在种质资源的演变过程中发生了变化。深入鉴定并理解种质资源形成过程中的遗传多样性变化规律，对于利用种质资源具有指导意义。

（一）野生近缘植物、地方品种与现代育成品种的遗传多样性变化

通常来说，遗传多样性高低的排列顺序是：野生种＞地方品种＞现代品种。遗传多样性降低的主要原因是人类选择的目标性状基本相同，如不落粒、熟期一致、株型直立、抗病、抗逆、高产、优质等，这些性状及其遗传位点的遗传多样性就会降低。其次是瓶颈效应，在驯化、多倍体形成与品种改良过程中，只有少数资源参与其中，其余大部分材料的遗传多样性就丢失了，从而形成瓶颈效应。但是在现代育种过程中，遗传多样性也可能有所增加，主要原因是育种过程中利用了重组，引入了不同生态区甚至是不同国家的种质资源，促进了基因交流，创制出新的基因型；不同地域选择目标不同，就全球而言，各地的遗传多样性不仅不会降低，反而会升高。此外，远缘杂交、基因渐渗、水平转移、转基因、基因编辑与多倍体形成也会增加种质资源的遗传多样性。

（二）不同作物遗传多样性变化速率不同

遗传多样性的高低与作物的繁殖方式、进化历史、倍性等自身的特性有着密切的关系。一般异花授粉作物要比自花授粉作物的遗传多样性要高，进化历史悠久的作物遗传多样性要高于进化历史较短的作物，种植区域靠近起源中心的作物地品种群体遗传多样性更高。与无性繁殖作物相比，有性繁殖作物可以通过有性时代的遗传重组产生新的变异，进而增加遗传多样性，而无性繁殖作物缺少有性世代，遗传多样性变化较慢。

不同物种中遗传多样性下降的趋势相似，但下降的程度却大不相同，这可能与作物驯化和改良过程中受自然选择或人工选择的程度不同有关系，如玉米和水稻在全基因组水平上受选择的区段占比分别约为 3.3% 和 15%。比较不同作物的群体核苷酸多态性可以看出，与各自作物的野生种相比较，玉米、大豆地方品种的遗传多样性分别下降了17% 和 64%；同样，同一物种的不同亚种之间的下降程度也不同，与野生稻相比，粳稻、籼稻两个亚种分别丧失了约 80%、47% 的遗传多样性。

（三）同一作物不同染色体或同一染色体的不同区段遗传多样性不同

由于染色体不同区段的组成不同，造成遗传重组的差异。有研究表明，着丝粒区、端粒区遗传多样性变化较小。依据小麦染色体重组率、单倍型区段的长度变化等，可将小麦的每一条染色体大致划分为端部的高重组区（R1、R3）、介于端部与着丝粒区的低重组区（R2a、R2b）和重组率极低的着丝粒区（C）。

（四）多倍体物种的不同亚基因组遗传多样性存在差异

小麦、玉米、棉花等作物都是多倍体，由多个亚基因组组成。在六倍体小麦中，不同亚基因组的遗传多样性具有明显差异，B 亚基因组的遗传多样性要高于 A 亚基因组，

而 *D* 亚基因组的遗传多样性最低。*D* 亚基因组祖先粗山羊草中核苷酸多样性是六倍体小麦 *D* 亚基因中的 7 倍，说明六倍体小麦形成过程中有严重的瓶颈效应。在玉米中，基因组发生了全基因组染色体加倍事件，形成含有两个高度相似的亚基因组（*M1* 和 *M2*）组成的四倍体玉米，*M1* 保持相对完整，*M2* 中则发生大量重复基因的删除，其删除的基因总量是 *M1* 的两倍，造成品种内基因拷贝数的遗传多样性。这可能是两个玉米亚基因组遗传多样性不同的原因。

第四节　遗传多样性与种质资源保护

作物种质资源保护的实质就是遗传多样性保护，即将现存的全部种质资源的全部遗传多样性安全、完整、准确地保存下来，并使其能够遗传到后代。在组学时代，绝大多数物种都产生了完整的基因组学及其他组学信息，这将推动种质资源保护在理论、技术与方法上产生一系列的重大进步。

一、指导种质资源考察收集，拓展种质资源收集保存领域

（一）科学高效的种质资源考察收集

对作物种质资源来说，考察收集是种质资源保护的重要途径。之前的种质资源考察收集主要是基于表型进行的。进入组学时代，一系列的研究均可促进种质资源遗传多样性的收集。例如，根据遗传多样性的地理分布可制定考察收集规划，更科学高效地进行考察收集；根据遗传多样性分类可进一步确定考察收集的重点，弥补原收集样品的不足，并可能发现新的变异类型。

（二）建立种质资源数据库

之前的种质资源保存主要是种质资源实体（种子、组织等）及其表型信息。在保护基因组学时代，利用大规模的种质资源为材料，产生了海量的各类组学数据，如表型组学数据、基因型数据（基因组学和表观组学的各类 DNA 甲基化、组蛋白甲基化与乙酰化等）。这些信息具有与种质资源实体同等的重要性。目前这些信息都分散在用户手里，收集、保存这些种质资源的组学信息，建立组学水平上的种质资源数据库，也是种质资源保护的重要内容。

（三）建立 DNA 库

DNA 保存是种质资源保存的一种新形式，可以长期稳定、低成本储存种质资源的遗传信息，可以作为材料保存的有益补充。特别是对于许多已经灭绝的古生物和一些丧失发芽力的古种子，DNA 保存更为重要。提取并保存这些材料中的 DNA，将开辟种质资源保护的一项新途径。

二、建立种质资源保存标准

（一）建立保存材料的 DNA 指纹图谱，促进种质资源快速、高效识别与管理

DNA 指纹图谱是识别材料的快速、经济、高效的一种新技术。建立 DNA 指纹图谱的方法较多，基于全基因组 SNP 的 DNA 指纹图谱是一种经济高效的指纹图谱。建立全部库存种质资源的 DNA 指纹图谱，可用于种质资源的识别、保存、繁种更新与提供利用全过程。DNA 指纹图谱还可用于监控原生境与异生境遗传多样性保护条件下遗传多样

性的变化，从而科学地制定保护措施。

（二）检测种质资源保存过程的表观变异

遗传多样性保存的关键是可遗传多样性的保存，即在保存过程中不发生遗传多样性的改变与丢失。目前遗传多样性保存的方式主要有种子保存、植株或组织保存。种子在长期低温保存、异地保护、组培保存等过程中，可能会产生可遗传的表观遗传变异，如 DNA 甲基化模式的改变。目前，甲基化敏感扩增多态性和 metAFLP 等方法已被应用于检测长期保存后种子甲基化修饰的差异。此外，组织培养或无性繁殖保护可能带来绕过与减数分裂相关的表观遗传重编程机制，导致表观遗传变异。表观修饰类的检测可以评估这些过程中 DNA 修饰变异的变化情况，作为遗传完整性检验的方式。

（三）科学制定种质入库（圃）保存与繁种更新的各项标准

种质资源的种子保存涉及不同作物保存的数量、入库前处理（干燥等）、保存条件（温湿度）、保存时间、繁殖更新群体大小等。上述相关方法现行标准主要是根据经验制定的。利用组学信息，可以更加科学地制定上述标准。例如，根据不同作物、不同种类的种质资源有效群体大小，确定每份入库（圃）与繁种材料的最小保存数量；根据 DNA 及其表观修饰的收存程度，确定入库前的最佳预处理条件与库存条件及时间。

种质资源多样性保护是一项世界各国都非常关注的研究，并且已经取得了巨大成就。但之前的工作许多都是基于经验进行，缺乏科学的数据支撑。覆盖全基因组的各类组学技术在这一研究领域的应用能够将这些宝贵的经验上升到理论，进而指导与促进更科学地进行种质资源保护。

第五节 核心种质的构建及应用

全球保存有大量的作物种质资源。为应对种质资源数量庞大、管理和研究利用不便的难题，20 世纪 80 年代，澳大利亚科学家 Frankel 和 Brown 提出并完善了核心种质（core germplasm）的概念。在 21 世纪后，我国在核心种质构建和利用上取得了重要进展。

一、核心种质的概念

核心种质是能够最大程度代表库存种质资源遗传多样性的部分资源，其特点是以最少的资源份数和最小的遗传重复最大限度地代表整体遗传多样性。一般认为其总量不超过库存资源的 10%，代表至少 70% 的遗传变异。核心种质是一个动态的概念，随时间而演变，不断优化核心种质大小和组成，使其遗传变异最大化。因此，核心种质具有显著的代表性、实用性、有效性和可变性。

二、核心种质的构建方法

核心种质的建立主要依据目标作物的种质资源总量、来源地、类型、主要编目性状等。核心种质构建包括以下主要步骤：①种质资源基本数据的收集和整理；②种质资源基本数据的分组与核心代表性样品数量的确定；③初选核心样品的确定；④核心种质的多样性检测和优化；⑤核心种质的管理、分发与有效利用。

核心种质的取样主要有完全随机法和分组取样法两种。对库存资源数量比较庞大的作物多采用分组取样法，分组的主要依据有野生种 / 地方品种 / 育成品种、国内品种 / 引进品种、品种的生态区信息等。组内取样量可按比例随机抽样、对数取样和平方根取样等方法确定，突破性品种、骨干亲本和特异资源可优先入选。

我国科学家以表型数据为基础，DNA分子标记为主导，于2003年在国际上率先建立了水稻、小麦、大豆三大作物的核心种质，分别用5%的核心样品（水稻3 100份，小麦1 160份，大豆1 400份）囊括了库存资源约90%的遗传变异。此后，在玉米、大麦、高粱、谷子、棉花、油菜、芝麻、蚕豆、豌豆等其他农作物上也陆续建立了核心种质，为种质资源管理、研究和利用奠定了基础。

三、核心种质的应用

构建核心种质的目的是高效地研究与利用种质资源。核心种质资源的建立解决了种质资源数量巨大、难以深入进行研究与利用的难题，并为之后的种质资源变异解析、重要新基因的发掘以及资源创新及开发利用奠定了基础。

（一）促进优异种质资源的鉴定评价

核心种质具有丰富的遗传多样性和高度的遗传代表性，是作物种质资源鉴定和评价的模式群体，从而提高种质资源的鉴定和评价的效率。通过对核心种质的鉴定评价，可以了解库存种质资源的种群结构和遗传多样性分布特点。通过对核心种质表型和基因型的精准鉴定，可对库存资源进行预测，初步判定哪些资源是优异资源，为有目的利用库存资源提供依据。德国科学家提出了基于基因组学和基因组预测的策略，用于评估种质库中保存资源的育种价值，利用这一策略检测到资源库中尚未被利用的抗条锈病小麦优异资源。

（二）加速优异基因资源的发掘进程

在对核心种质进行重要农艺性状和基因型精准鉴定基础上，开展不同作物重要农艺性状基因型遗传多样性分析和优异等位变异地理分布特征及历史演变规律解析。以小麦为例，基于核心种质材料及其数据平台，明确了*TaGW2*、*TaSus1*、*TaSus2*和*TaGS5*等重要产量基因的核苷酸序列变异及单倍型，阐明了这些基因在我国小麦中的地理分布特征和产量基因等位变异分布的基本规律，提出我国小麦育种是优良单倍型的累积过程，且其速度以小麦主产区（黄淮冬麦区、北部冬麦区和长江中下游冬麦区）最快。

（三）加快新种质创制利用

核心种质含有丰富的遗传变异，是扩大育种材料的遗传基础和获得更多优异变异的首选资源。在建立核心种质的基础上，对其进行产量等性状鉴定，筛选优异资源直接应用于新种质创制；同时，以不同生态区主推品种为受体、核心种质为供体，构建新的人工群体，如导入系、重组自交系、全基因组多等位变异导入系等群体。为选育综合性状表现好的小麦优良品种和重要性状基因资源发掘提供了丰富的材料。

（四）促进种质资源的多组学研究

以核心种质为材料，可以推动多组学研究，包括表观组学、转录组学、代谢组学与蛋白质组学研究，将种质资源研究提高到一个新的研究水平。特别值得提出的是，用同一套材料进行多组学研究，不仅大大提高研究效率，节约成本，而且促进多组学的融合，提高研究水平。

第六节　骨干亲本形成与研究利用

在现代作物育种中产生了一类称为骨干亲本的重要种质资源，它可以是地方品种，也可以是育成品系或育成品种。骨干亲本是重要农艺性状优良等位基因的供体，是一类特殊的遗传多样性材料。骨干亲本在推动作物育种进步中发挥了重要的作用，明确其典型表型特征和基因型特征，阐明其形成的遗传学基础，对预测和创制未来骨干亲本具有重要意义。

一、骨干亲本的内涵

21 世纪初，中国农业科学院庄巧生在总结新中国成立以来小麦育种工作主要成就与经验的过程中，首次提出了骨干亲本的概念，指出骨干亲本是在杂交育种中起着骨干作用品种或品系，用这些品种（品系）或其衍生物为亲本，直接或间接培育成数目较多的大面积推广品种或品系，这类品种或品系称为骨干亲本。骨干亲本是一类具有重要育种价值遗传多样性（等位基因）的载体品种。

骨干亲本有两种类型，一类是基础骨干亲本，即具有综合性状优良、一般配合力高、适应性广等基本特点，如小麦地方品种'蚰子麦'和创新种质'矮孟牛'、玉米自交系'黄早四'和'掖478'；另一类是特异农艺性状（基因）的供体骨干亲本，它们在抗逆、抗病等某一方面特点突出，在育种中主要利用其独特的性状，并选育出一批优良品种，如水稻地方品种'矮仔占'是我国 20 世纪 60—80 年代水稻矮化育种的重要基因源，利用其培育品种 370 个以上。基础骨干亲本是骨干亲本研究中的主要对象。当然，最为理想的骨干亲本是既具有优良的综合农艺性状，又具有某一突出的农艺性状。

二、骨干亲本在现代育种中的作用

长期的育种实践证明，农作物骨干亲本的创制与利用能够有效地提高育种效率和社会经济效益。例如，在水稻上，对中国常规水稻新品种培育和产量提高作出重大贡献的骨干亲本中，籼稻有 19 个，粳稻有 6 个；若以连续 3 代衍生的品种（系）数量及其种植面积为参数，我国 20 世纪下半叶用于水稻育种的骨干亲本中籼稻 26 个、粳稻 23 个。其中典型骨干亲本如恢复系'明恢 63'，利用其育成 53 个杂交水稻组合，1990 年种植面积达 $8.116 \times 10^6 \ hm^2$，占当年全国杂交水稻种植面积的 52.3%，以'明恢 63'为主体亲本，衍生出新的恢复系 130 余个；利用'IR30'累计培育 1 206 个品种，种植面积超过 $1.75 \times 10^8 \ hm^2$。

在小麦上，曾把育成品种在 30 个以上的育种亲本界定为骨干亲本。到 21 世纪初，小麦育种过程中明确的骨干亲本有 19 个，包括'蚂蚱麦''燕大 1817''南大 2419''阿夫''洛夫林 10 号''矮孟牛''小偃 6 号'等，利用它们先后育成了 1 072 个优良品种。据统计，从中华人民共和国成立以来到 21 世纪初，50% 左右的审定品种利用了这些骨干亲本，由骨干亲本培育而成的小麦品种在生产中播种面积达到了推广总面积的 86%。例如，利用'蚂蚱麦'培育出 88 个优良品种，其中'碧蚂 1 号'比对照增产 20% ~ 30%，年最大种植面积达 $6.0 \times 10^6 \ hm^2$；利用'南大 2419''欧柔'两个骨干亲本育成品种均多达 110 个。

在玉米上，若把衍生自交系 20 个以上、组配的杂交种 30 个以上的自交系称为骨干亲本，则我国玉米的骨干亲本主要有'丹 340''黄早四''自 330''Mo17''掖 478''昌 7-2'等。其中，利用玉米骨干亲本'黄早四'培育出 67 个优良杂交种，累计种植面积达 $4.1 \times 10^7 \, \mathrm{hm}^2$，并且由'黄早四'选育的衍生系上百个，用其培育出的优良杂交种在我国 60% 的玉米种植地区进行推广。由此可见，骨干亲本在新品种更新换代中具有核心的支撑作用，创制骨干亲本是提高作物育种水平的有效途径。

三、骨干亲本研究的基本策略和方法

针对作物骨干亲本形成规律不明和育种效率偏低的客观现实，集成遗传育种学、表型组学、基因组学、分子生物学、生物信息学等多学科的理论和技术，并结合我国社会和经济发展、生态环境和耕作制度等对育种的影响分析，以作物骨干亲本及其衍生品种和由其构建的遗传分析群体为材料，从表型性状、配合力、环境适应性等入手，围绕骨干亲本的表型、基因组区段、基因与等位变异、基因与基因和基因与环境互作效应等方面进行研究，阐明骨干亲本的遗传构成与遗传效应，为骨干亲本预测和创制提供理论指导和技术支撑。

（一）骨干亲本及其衍生品种重要性状演变规律研究

在对我国不同时期、不同生态区作物骨干亲本及其衍生品种系谱进行系统分析的基础上，利用表型组学、生理生化等技术和方法，结合社会、经济、环境效应分析，对涉及产量、品质、抗性、环境适应性、养分利用效率等重要性状进行多年、多点的综合鉴定评价，并与其他亲本及其代表性衍生品种进行比较，揭示不同年代、不同生态区骨干亲本中重要性状的传递与协调表达机制及其演变规律，阐明骨干亲本的表型特征。

在水稻上，研究了籼稻的'矮仔占－桂朝 2 号'系谱及其衍生品种、粳稻的'巴利拉'系谱和'蜀恢 527'系谱等 64 个骨干亲本，发现骨干亲本从多穗型向大穗型转变，而现代骨干亲本如'扬稻 6 号'具有兼顾大穗和多穗的特征；粳稻由弯曲穗到直立穗的转变，达到增加每穗粒数的目的。在玉米上，发现在'黄早四'衍生系中稳定地遗传了株高、籽粒、果穗性状，其主要表现为早熟、植株较紧凑且矮；'Mo17'衍生系中稳定遗传的性状为穗部性状，主要表现为长穗，籽粒较大，穗行数较少；'掖 478'衍生系稳定地遗传了'掖 478'的主要性状，植株紧凑、持绿性好、穗行数多。

（二）骨干亲本及其衍生品种的遗传构成研究

以骨干亲本及其衍生品种（系）为材料，借助分子标记、重测序等技术，利用结构基因组学、比较基因组学和统计遗传学的理论和方法，追踪骨干亲本在其衍生品种中遗传的基因组区段及其中包含的基因，阐明关键基因的等位变异；系统研究不同时期骨干亲本中发挥关键作用的基因组区段、基因和等位基因的构成及其演变趋势，构建骨干亲本的基础遗传图谱，阐明骨干亲本的基因型特征。

从骨干亲本到衍生后代的传递频率高于 60% 的基因组区段可认为是骨干亲本的重要且保守的基因组区段。水稻上，南京大学借助重测序技术，对含有骨干亲本'IR8'血缘 30 个优良品种进行了遗传解析，在基因组范围内确定了 28 个来自骨干亲本的高频率传递染色体片段，在这些区段中包括绿色革命基因 *sd1* 在内的 6 个已知功能基因和其他一些与农艺性状相关的基因，表明来自骨干亲本'IR8'的保守遗传区段在水稻育种上具有重要利用价值。武汉大学针对骨干亲本'黄华占''桂朝 2 号'和'蜀恢 527'及其

共 52 个衍生优良品种的基因组特征分析，在基因组范围内检测到数以千计的低遗传多样性染色体区段，这些区段中涵盖了大量具有重要生物学功能的基因，其中 35 个区段在不同骨干亲本谱系中被选择。

（三）骨干亲本重要基因组区段、关键基因及其等位变异组合方式的遗传效应分析

以典型骨干亲本为基础构建不同类型遗传分析群体为材料，对骨干亲本中与产量性状密切相关的基因组区段、关键基因及其等位变异组合方式进行系统的功能分析，明确其与骨干亲本表型特征的关联性，阐明其选择与遗传效应；解析骨干亲本的基础遗传图谱内的基因组区段、关键基因和等位变异的育种效应；发掘对实现未来育种目标具有重要价值的关键基因组区段、基因和等位变异。

对 1950—2010 年不同时期育种利用的水稻 16 个骨干亲本、小麦 29 个骨干亲本、玉米 7 个骨干亲本进行分析，发现随着育种水平的提高，骨干亲本主要产量因子改良进度显著，不同时期骨干亲本主要产量因子显著优于同期主栽品种；骨干亲本特异区段内的正 / 高效应值等位基因频率远高于非骨干亲本，在这些重要基因组区段内分布有与产量、抗病、抗逆等性状密切相关的优异等位基因 /QTL 簇，表现出更强的育种效应，如在小麦上，南京农业大学利用骨干亲本'南大 2419'和'望水白'构建作图群体，开展了穗部相关性状的 QTL 分析，对定位结果进行整合发现，产量性状 QTL 有集中分布的趋势，且多数有利等位变异来自骨干亲本'南大 2419'。

骨干亲本作为一类特殊的种质资源类型，在新品种培育中具有重要利用价值。尽管目前对骨干亲本形成的遗传基础进行了多方面探索，但还未完全把传递到衍生材料的保守基因组区段与重要农艺性状建立起内在联系，更未进入基因的研究层面，因此，需更深入系统地解析骨干亲本形成的遗传基础，特别是对骨干亲本的一般配合力和环境适应性进行深度遗传解析。同时，随着智能设计技术不断成熟，应用基因组预测方法较为准确地预测候选骨干亲本、改良老一代骨干亲本、创制新一代骨干亲本将成为未来种质创新和育种改良的重要途径。

📺 **推荐阅读** ————————————————————————

1. 刘旭 . 作物种质资源学［M］. 北京：科学出版社，2024.

   本书详细介绍了基于表型组学、基因组学、表观组学、转录组学、代谢组学与蛋白质组学的作物种质资源研究原理、方法与研究进展。

2. Supple MA, Shapiro B. Conservation of biodiversity in the genomics era［J］. Genome Biology，2018，19（1）：131.

   本文阐述了在基因组学时代基因组学资源如何用于物种的保护，提出了保护基因组学的概念。本文提出的原理同样可用于作物种质资源保护。

3. Wang W，Mauleon R，Hu Z，et al. Genomic variation in 3010 diverse accessions of Asian cultivated rice［J］. Nature，2018，557（7703）：43-49.

   本文通过对 3 010 份水稻种质资源重测序，系统分析了水稻种质资源的遗传多样性、分类、驯化与起源演变。

❓ **思考题** ————————————————————————

1. 试述遗传多样性的概念及其研究方法。

2. 试述驯化改良过程中遗传多样性的变化规律。

3. 如何在种质资源繁殖过程中最大限度地保证遗传多样性不丢失？

主要参考文献

1. 郝晨阳，董玉琛，王兰芬，等．我国普通小麦核心种质的构建及遗传多样性分析［J］．科学通报，2008，52（8）：908-915.

2. 黎裕，李英慧，杨庆文，等．基于基因组学的作物种质资源研究：现状与展望［J］．中国农业科学，48（17）：3333-3353.

3. 李永祥，王天宇，黎裕．主要农作物骨干亲本形成与研究利用［J］．植物遗传资源学报，2019，20（5）：1093-1102.

4. 刘旭，黎裕，李立会，等．作物种质资源学理论框架与发展战略［J］．植物遗传资源学报，2023，24（1）：1-10.

5. 张学勇，郝晨阳，焦成智，等．种质资源学与基因组学相结合——破解基因发掘与育种利用的难题［J］．植物遗传资源学报，2023，24（1）：11-21.

6. 郑殿升，杨庆文，刘旭．中国作物种质资源多样性［J］．植物遗传资源学报，2011，12（4）：497-500.

7. Balfourier F，Bouchet S，Robert S，et al. Worldwide phylogeography and history of wheat genetic diversity［J］. Science Advances，2019，5（5）：536.

8. Ellegren H，Galtier N. Determinants of genetic diversity［J］. Nature Reviews Genetics，2016，17：422-433.

9. Frankel OH，Brown AHD. Plant genetic resources today：a critical appraisal. In：Holden JHW，Williams JT. Crop genetic resources：conservation and evaluation［M］. London：George Allen and Urwin Ltd，1984：249-257.

10. Liang Y，Liu HJ，Yan J，et al. Natural variation in crops：realized understanding，continuing promise［J］. Annual Review of Plant Biology，2021，72：357-385.

11. Nei M，Li WH. Mathematical model for studying genetic variation in terms of restriction endonucleases［J］. Proceedings of the National Academy of Sciences of the United States of America，1979，76：5269-5273.

12. Qi J，Liu X，Shen D，et al. A genomic variation map provides insights into the genetic basis of cucumber domestication and diversity［J］. Nature Genetics，2013，45（12）：1510-1515.

13. Zhou Y，Zhao X，Li Y，et al. *Triticum* population sequencing provides insights into wheat adaptation［J］. Nature Genetics，2020，52，1412-1422.

14. Zhou ZK，Jiang Y，Wang Z，et al. Resequencing 302 wild and cultivated accessions identifies genes related to domestication and improvement in soybean［J］. Nature Biotechnology，2015，（4）：408-414.

网上更多资源

思考题解析

撰稿人：贾继增　张学勇　武晶　高丽锋　路则府　审稿人：李自超

第四章
作物种质资源调查收集和国外引种

 本章导读

1. 为什么要进行作物种质资源调查收集和国外引种？
2. 作物种质资源调查收集和国外引种的方式有哪些？各有什么特点？
3. 作物种质资源调查收集和国外引种有哪些基本原则和注意事项？

第一节　调查收集和国外引种概述

调查收集和国外引种是丰富作物种质资源的重要途径，是作物种质资源保护、鉴定评价、科学研究和创新利用的基础，也是作物种质资源工作不可或缺的关键环节。因此，作物种质资源调查收集和国外引种一直受到国内外政府和科学家的高度重视，并逐步形成了比较完善的理论和技术体系。

一、基本概念

1. 调查

作物种质资源调查是为全面掌握作物种质资源相关信息而进行的普查或实地考察，其目的是获取某一区域所有作物种质资源的种类、数量、分布或某一作物在较大范围（如全球、某个国家或区域）的分布、数量、生态环境、伴生物种、特征特性及其相关传统知识等重要信息，从而查清作物种质资源现状，揭示作物种质资源地理分布、遗传演化、生态适应性及其规律。

2. 收集

作物种质资源收集是在广泛调查的基础上，针对作物种质资源的多样性、完整性、特异性和累积性等特点，按照科学的取样原则，采集具有代表性繁殖材料的过程。

3. 引种

作物种质资源引种是指将辖区外的种质资源引入本辖区，通过隔离检疫和适应性种植，用于丰富作物种质资源，为作物育种及相关研究提供基础材料或直接用于农业生产。顾名思义，从国外引入种质资源称为国外引种。

二、作物种质资源调查收集的重要性

调查收集是作物种质资源最基础的工作，通过科学规范的调查收集可以获得更多、更全、更具价值的种质资源及其相关信息。只有做好种质资源调查收集工作，才能保证作物种质资源的多样性和完整性。作物种质资源调查收集的重要性主要体现在三个方面。

1. 查清本底

全面查清某一区域作物种质资源多样性本底信息，即过去存在过哪些种质资源，目前还有哪些种质资源，以及目前种质资源的种类、分布、数量、生境、受威胁因素和利用价值等具体信息。

2. 预测未来

通过对过去和目前种质资源状况的调查和分析，明确社会、经济、环境、气候等变化对不同时期种质资源的影响，并根据国内外社会、经济发展状况及气候变化的发展动态，预测未来作物种质资源演变趋势，提出未来作物种质资源保护策略。

3. 储备基因

在广泛调查的基础上，收集古老、珍稀、濒危和特异的作物种质资源，丰富种质资源的多样性，避免种质资源的丧失，为未来作物育种和研究储备基因资源。

三、作物种质资源调查收集简史

1. 国外作物种质资源调查收集简史

国外植物资源调查收集可追溯至 2 000 多年前的古希腊时期，而作物种质资源调查收集则始于 19 世纪末期，瑞士植物学家康德尔在对植物资源广泛调查基础上出版了专著《栽培植物起源》，之后全球兴起了植物资源调查收集的热潮，其中规模最大、影响力最深远的调查收集活动当属瓦维洛夫及其同事于 1920 年起开展的全球植物资源调查收集。瓦维洛夫率队先后到达 50 余个国家，通过 10 余年的实地考察收集了 25 万多份栽培植物及其野生近缘植物的标本和种子，不仅获得了全球大量作物种质资源，而且提出了著名的作物起源中心学说。

2. 我国作物种质资源调查收集简史

我国植物资源调查收集历史悠久，但古人对植物的关心基本上出于农业生产或医疗药用等需求对植物资源开展调查，从而积累了大量知识。我国古代对植物记载的典型书籍如《神农本草经》《齐民要术》等，都是通过对植物进行广泛调查后根据其实用价值记录下来的。

我国现代作物种质资源调查收集早在 20 世纪初就已开始，如我国著名水稻遗传育种学家丁颖教授 1927 年在广州郊区考察时发现了普通野生稻，并通过收集和育种利用，育成了著名的水稻品种'中山 1 号'，但此类收集只是农学家自发的、分散的调查收集活动，不是系统性的调查收集工作。20 世纪 50 年代起，我国政府开始重视作物种质资源调查收集。1956—1957 年，农业部组织了全国性地方品种大规模征集，共收集大田作物品种（类型）53 种计 21 万余份和蔬菜作物 88 种约 1.7 万份种质资源。但受当时保存条件限制，许多种质资源丧失了生活力。1979—1983 年，中国农业科学院作物品种资源研究所又组织全国科研力量，开展了农作物种质资源补充征集，共补充征集到 60 种作物的 11 万余份种质资源。在此期间，还开展了全国野生稻、野生大豆、野生茶树等作物野生近缘植物资源的专业性调查，收集资源近万份。之后还相继开展了西藏、海南，以及神农架和三峡地区、黔南桂西、川东北和大巴山、赣南粤北、西北地区、沿海地区和云南及周边地区等重点特色区域的作物种质资源调查，共收集各种作物的栽培种、野生种、野生近缘植物和药用、特用植物的种子或营养体等大量种质资源。2015 年农业部启动了"第三次全国农作物种质资源普查与收集行动"，完成全国 2 323 个农业县（市、区）的作物种质资源普查，并对 679 个县（市、区）进行了系统调查，共收集作物种质资源 14 万余份。

第二节　作物种质资源的调查收集

作物种质资源调查收集分为征集、普查征集、系统调查收集和重要作物专项调查收集四种方式。征集和普查征集是通过上级政府部门发布通知等行政手段，由地方政府组织基层工作人员按照技术规范收集并上交当地的作物种质资源。系统调查收集是在某一重点区域对各类作物种质资源开展综合性调查，获取区域内作物种质资源的历史、现状、分布和特征特性等基本信息，为政府部门制定作物种质资源保护政策或作物产业发展提供科学依据，并抢救性收集区域内的各类作物种质资源。重要作物专项调查收集主要是针对全国范围内一个或多个重要的作物种质资源的急剧变化、可能存在灭绝或丧失风险的问题，对这些作物开展全国性调查，一方面掌握这些作物在全国的种质资源状况，另一方面通过收集来丰富这些作物种质资源的遗传多样性。系统调查收集和重要作物专项调查收集也称为考察。虽然作物种质资源调查收集的四种方式目的不同、范围不同、做法也不尽相同，但都遵循相同的原则和类似的技术。

一、作物种质资源调查收集的基本原则

作物种质资源调查收集应遵循以下原则。

1. 合法性

我国与作物种质资源相关的法律、法规主要有《中华人民共和国农业法》《中华人民共和国种子法》《野生植物保护条例》和《农作物种质资源管理办法》等，调查收集活动除严格执行这些法律、法规外，还应遵守其他相关法律、法规和政策。如①禁止进入国家相关法律、法规规定的禁区内，或使用无人机等对禁区内进行拍摄。②在森林地区调查收集要遵守《中华人民共和国森林防火条例》。③在国境线地区调查收集时，要遵守《中华人民共和国出入境管理法》。④采集野生种和野生近缘植物应按照《国家重点保护野生植物名录》规定的保护级别获得有关行政主管部门的批准。

2. 全面性

一是调查范围要全面，系统调查收集应包括不同民族、文化、经济、生态、气候等社会和环境条件；重要作物调查收集应包括不同纬度、海拔、地理、生境、种植结构等影响作物品种特性的区域。二是收集的种质资源类别要全面，系统调查收集应包括目标范围内所有作物种类；重要作物调查收集应包括该作物的地方品种、长期种植的育成品种、野生近缘植物和野生种等。三是收集的种质资源应覆盖每种作物的分布区域和不同的生态环境。

3. 系统性

一是系统梳理调查范围内作物种质资源的历史状况，包括历次调查情况、种质资源收集与保存情况等基本信息。二是根据历史记录对已调查区域和收集的资源进行核查，明确种质资源的变化情况，包括栽培品种的种植数量和范围变化以及野生近缘植物群体的变化情况等。三是对未调查区域或未收集的种质资源进行补充调查收集。

4. 规范性

作物种质资源调查收集已形成了比较完善的技术规范，在调查收集过程中应严格按照相应的技术规范开展工作。①调查方法要规范，包括调查区域的确定、调查队伍的组建、调查季节的安排、调查结果的整理等。②调查记录要规范，严格按照调查表格中需要记载的内容和填表说明进行记录，尽量不缺项或漏项。③采样技术要规范，包括居群和亚居群的划分、样方设置、采样数量、采样距离、样品处理和临时保存、样品和数据汇交程序等。④采集对象要规范，采集的每份标本、种子或无性繁殖材料，应来自居群的典型植株，这样才能代表该种质资源的特征特性。

二、作物种质资源调查收集技术

作物种质资源调查收集是一项技术性很强的工作，需要专业技术人员或在专业技术人员指导下进行，因此对调查收集人员的基本素质及其对相关技术的掌握程度要求甚高。如前所述，调查收集主要有征集、普查征集、系统调查收集和重要作物专项调查收集4种方式，调查收集的技术也因方式不同而略有差别。

（一）征集

征集是上级政府部门通过发布通知等行政手段，要求地方政府组织基层工作人员和农民按照通知内容收集并上交当地作物种质资源的方式。具体征集的程序和方法包括以下7步。

1. 明确征集对象和范围

一般征集对象为未开展过调查收集的作物，征集范围一般为全国或某一区域的种质资源。如1956—1957年全国开展了所有大田作物和蔬菜作物的征集。

2. 制定征集技术规范

对征集的每份种质资源的类型、数量、质量等应有明确的规定；对每份种质资源的地理位置、生态环境、气候特点、种植方式等信息应制作相应的表格并附填表说明；对种质资源的样本、标本、照片、表格等编号应有统一的规范；对种质资源及其相关信息的提交应有明确的路径和交接程序；对种质资源及其相关信息接收后如何临时保存和建档立卡要有详细的规定；对征集工作的每个环节都应有明确的时间节点。

3. 制作征集表

按照征集技术规范制作统一的征集表，并附填表说明，使征集人员能够及时、准确、规范地将征集的种质资源相关信息填写清楚，便于结果汇交和分析。

4. 下发通知

由上级政府部门正式下发通知，通知内容包括征集对象和范围、征集技术规范、征集组织形式、征集人员要求等，通知逐级下发至县级人民政府农业农村部门。

5. 开展培训

由组织征集工作的科研单位和大专院校分区域（如省、市、县）举办培训班，详细解读征集技术规范，要求涉及征集工作的所有参与人员全面掌握征集技术规范。

6. 实施征集活动

基层征集人员按照技术规范在规定的时间内开展征集工作，完成征集任务后逐级提交征集的种质资源和相关信息。

7. 结果汇总与验收

所有征集工作完成后，对各地征集的种质资源及征集表进行汇总，核对种质资源与征集表的一致性，保证征集的资源及其相关信息的准确性，并对征集工作完成的数量和质量进行验收，未按技术规范完成的区域要进行补充或重新征集。

（二）普查征集

普查征集也是由上级政府部门通过发布通知等行政手段，要求地方政府组织基层工作人员对当地作物生产情况、种质资源情况进行调查，并对社会、经济、文化、宗教、环境等对农作物种质资源的影响进行全面摸底，按照普查征集技术规范收集并上交当地特色作物种质资源的方式。普查征集的程序和方法与征集基本一致，但增加了普查的内容。

1. 制定普查技术规范

开展普查征集前要明确普查范围、普查时间、普查对象和普查内容，制定普查技术规范。普查范围一般包括所有农业县（市、区）。普查对象根据需要普查的作物决定，一般包括粮食作物、油料作物、纤维作物、蔬菜、果树、糖、烟、茶、桑、牧草、绿肥作物、热带作物等地方品种及其野生近缘植物资源。普查内容为：①当地种植的主要作物及面积；②每种作物具有地方特色的栽培品种和野生近缘植物；③特色栽培品种或野生近缘植物的主要特性、利用价值和利用现状；④当地人口、教育、社会、经济、文化、宗教、环境等基本信息；⑤影响各类作物特色栽培品种种植或野生近缘植物生存的主要因素。

如果普查区域内以往未开展过普查工作，则需要追溯以往某个或某几个时间节点的作物种质资源信息，追溯的信息与普查内容一致。

2. 制作普查表

为了方便普查信息和数据汇总与分析，需要制作表格，将普查需要获得的所有信息和数据详细列表，并附上填表说明，指导普查人员按照技术规范和要求填写表格。如以往未开展过普查，则普查表应包括不同时间节点的相应信息。

3. 实施普查征集活动

按照本节中"征集"的程序和方法进行，一是通过普查分析作物种质资源的变化情况及影响因素；二是确定需要征集的特色栽培品种和野生近缘植物资源；三是按照征集技术规范征集、汇交和保存特色栽培品种和野生近缘植物资源。

（三）系统调查收集

系统调查收集是对某一重点区域进行包括各类作物在内的综合性考察与收集，一般由科研单位组成专业的调查队伍，通过实地考察后对作物种质资源进行系统收集的方式。系统调查收集的程序和方法包括以下 5 步。

1. 调查收集优先区域的选择

作物种质资源系统调查收集往往受资金和人力限制不可能覆盖所有分布区，必须按照作物的分布特点选择优先区域进行调查收集。优先区域一般按照下列原则选择。

（1）作物的起源中心、次生起源中心或遗传多样性中心　这些中心往往具有丰富的植物物种多样性、作物野生近缘植物资源和地方品种资源的遗传多样性，不仅可收集的作物种类多，而且收集到的资源遗传多样性也丰富。

（2）少数民族多、民族文化多样的区域　在这些区域即使受到新品种、新技术的影响较大，但因为民族文化传统的传承需要，一些具有民族特色的作物类型或品种仍然会保留下来。更为重要的是，随着各民族之间文化交流的增加，承载民族文化的相关作物种质资源在文化交流过程中得到改良，形成了更多具有新的遗传变异、蕴含文化内涵更为丰富的作物种质资源，在这些区域收集到特异资源的概率会更高。

（3）环境变化剧烈的区域　如青藏高原，因为在进化过程中，剧烈的环境变化更容易使作物发生遗传变异，新的遗传变异就可能形成新的种质资源类型。

（4）种质资源受威胁最大、濒危程度最高的地区　这些地区的种质资源如不进行抢救性调查收集，一些珍贵的种质资源可能永久消失。

（5）尚未进行系统调查和收集的地区　受社会经济发展速度的影响，越是经济发展落后地区，交通条件越差，对外交流也越少，以往开展作物种质资源调查收集的机会也越少，新品种、新技术对地方品种的冲击就越少，因而这些地区保存下来的作物种质资源也越丰富。

2. 系统调查收集的准备

（1）组建队伍　调查收集前应组建一支高素质的专业队伍。一是调查人员应包括调查主要作物所涉及的相关专业，必要时还应有植物分类学、生态学等专业人员。二是老中青相结合，以专业基础扎实、知识面广的中青年专家为主。三是调查队伍的负责人应具有专业水平高、经验丰富、管理能力强等素质。四是邀请县级农业农村部门委派熟悉业务和全县基本情况的专业人员加入调查队伍。

（2）物资准备　系统调查收集所需要的物资主要包括工作用品（如笔记本电脑、照相设备、定位设备、记录设备和存储设备等）、交通工具、通讯工具、生活用品、医药用品、样本采集用品、标本采集用品、样本与标本保存用品及有关证件或证明文件等。

（3）资料准备　调查收集前应广泛查阅相关区域人口、社会、经济、生产、民族、习俗、地理、气候、植被、土壤、降水等文献资料，详细了解当地的植物资源、作物种类、种植结构等基本信息，掌握栽培作物及野生近缘植物的种类、分布和特征特性。通过《中国植物志》、地方植物志或地方志书等查找各种植物在当地的分布及其生态环境，查阅全国及所在省级各种作物的资源目录，了解当地各种作物栽培品种及其野生近缘植物的分布等情况。

3. 系统调查收集季节的选择

由于各类作物对温度、光照等条件的适应性不同，调查收集时间也应有所不同。我国的作物种类基本可分为夏季作物和秋季作物，所以调查收集时间也相对集中于夏季作物成熟和秋季作物成熟的时期进行，这样能够获得大多数作物的生长繁殖信息。集中调查过程中尚未成熟或已过成熟期的作物，可以采取重要作物专项调查收集的方式补充调查收集。

4. 实地调查

实地调查一般以县级行政区为单位，按照访谈和现场考察两个步骤进行。

（1）访谈　访谈分为县级、乡镇级和村级三个层次。在到达调查县域之前，应准备好在该县需要了解的信息，并形成问题清单。县级座谈会参加人员应包括农业农村部门的主要领导、业务骨干、退休干部、老技术员等熟悉县域内作物生产和农村情况的人员，按照事先准备的问题清单以问答方式详细了解所需要的信息后，与参会人员共同商定拟调查收集的重点乡镇，重点乡镇的确定原则参考优先区域选择原则。乡镇级座谈方式与县级类似，村级座谈则应更注重座谈人员和座谈方式。村级座谈人员应尽量包括在村里从事种植业的农民、合作社成员以及新老村干部，还要注重那些药农、村医等经常跋山涉水走村串户的人员，因为他们对村里的情况更为熟悉。村级座谈方式以聊天为主，引导农民讲述种植作物的故事，从中发现与种质资源有关的信息。

（2）现场考察　现场考察应坚持"进村、入户、下田、上山"的原则。在通过座谈了解到基本信息后，首先对村庄内房前屋后种植的树木、花草、蔬菜等进行调查，一般农民喜欢在房前屋后种植一些自己喜欢的作物，株数不多但可能具有较特别的利用价值；其次到农民的住宅内外搜寻已收获或数年内并未种植但存放在瓦罐、箩筐、编织袋、塑料袋甚至矿泉水瓶中的种子，再向农民详细询问每一份种子的名称、用途、特性、储存时间等；第三是在作物生长季节到农田、菜园等区域实地查看栽培作物的类型和品种，包括农田、菜园周围、田埂和沟渠中是否存在野生近缘植物资源；第四是对于分布于山区的野生近缘植物，要亲自上山寻找可能存在的野生资源。最后还要关注农民的晒场和村镇的集市，特别是在集市上比较普遍的地方特色蔬菜及其种子。

5. 种质资源收集

种质资源收集因对象不同而采用不同的方法，一般分为栽培品种收集和野生近缘植物收集两大类。

（1）栽培品种收集

①收集的资源类型　收集的作物种质资源是用于繁殖的器官，根据作物繁殖方式不同收集的资源类型也不同。一般对于有性繁殖作物，只收集种子即可，对于无性繁殖作物则应收集块根、块茎和枝条等。对于既具备有性繁殖又兼有无性繁殖的作物，应根据其主要繁殖方式和遗传稳定性选择收集相应部位，也可以根据研究和生产需要分别收集种子和无性繁殖器官。例如，马铃薯既可有性繁殖也可无性繁殖，一般收集块茎用于繁殖，但也常收集种子用于科学研究或遗传育种。

②收集时间　根据作物的成熟期而定，种子应在充分成熟时收集，无性繁殖器官根据作物收获期或易于繁殖的时期收集。收集的资源应最大限度保证其繁殖能力，剔除混杂、霉变、病变和虫蛀等劣质繁殖体。

③收集数量　以种子繁殖的作物每个品种收集 50 个以上单株的种子混合作为 1 份资源，每个单株采集 1 个穗子，以种子数量达到 2 500 粒为宜，特大粒作物（如花生、蓖麻、蚕豆）可少取一些，而特小粒作物（如粒用苋、烟草）则可多取些。无性繁殖作物每个品种应采集 10～15 个单株的繁殖体混合作为 1 份资源，每个单株只采集 1 个繁殖体（块根、块茎、枝条等）。无论是有性繁殖作物还是无性繁殖作物，取样单株之间应根据品种种植面积而间隔一定的距离。

（2）野生近缘植物收集　作物野生近缘植物收集需要根据其分布和遗传特点，充分考虑种群遗传结构，制定科学的居群内和亚居群内取样策略。

①居群和亚居群的划分　作物野生近缘植物在野外有些是小面积集中分布，有些是大面积零星分布，因此居群和亚居群的划分尤为重要。对于集中分布的野生近缘植物，

将其集中分布区作为一个居群；对于大面积零星分布的野生近缘植物，要根据地形、地貌和小生境划分居群，一般将由自然屏障（如山脊、溪流、村庄、农田等）隔开的区域划分为不同的居群，如果居群仍然较大（如大于 100 hm²）或小生境种类较多，则应再根据小生境划分为亚居群。

②居群或亚居群内取样　居群和亚居群确定后，每个居群（或亚居群）的取样数量和取样距离因物种特性而异，不同物种在收集前应利用遗传多样性研究方法确定每个居群或亚居群的取样数量和距离。对于小面积零星分布、数量极少的野生近缘植物，做到应采尽采，可以收集所有的单株，待保存后再剔除重复。

一般而言，异花授粉植物居群内随机选择 100 个单株，单株间距离 20 m 以上，每个单株采集 1 个穗子，混合作为 1 份资源。自花授粉植物居群内随机选择 20 个以上的单株，单株间距离 10 m 以上，每个单株采集 1 个穗子，混合作为 1 份资源。例如，普通野生稻居群取样数量为 20 ~ 30 株，可以代表居群遗传多样性的 85% ~ 95%，取样距离大于 12 m，基本不出现重复。无性繁殖植物每个居群中随机从 5 ~ 10 株上采集，每株采集 2 ~ 3 个繁殖体（块根、块茎、根茎、球茎、鳞茎、枝蔓、根丛、幼株和幼芽等），株间距 10 m 以上。

而对于多年生的作物野生近缘植物，即使以有性繁殖为主且能够收集到种子，也需要采集无性繁殖体。例如，野生稻兼具有性繁殖和无性繁殖特性，但其种子由于遗传异质性高，后代分离严重，除收集种子在种质库保存外，还需要收集种茎进行种质圃保存。作物野生近缘植物一般将一个居群或亚居群采集的材料在保存时作为一份种质资源，但单株采集的种子或种茎仍然需要单独保存和种植，以便于优异资源的鉴定评价和开展相关研究工作。

（四）重要作物专项调查收集

重要作物专项调查收集是对全国或某一区域范围内一种或多种重要作物开展的调查收集方式。重要作物专项调查收集与系统调查收集的程序和方法基本一致，但侧重点有所不同。一是其专业性更强，需要具有长期从事作物种质资源、遗传育种等工作的专家组成调查队伍；二是季节性更强，需要充分了解各作物的生长习性，合理安排调查收集时间。如野生大豆从北到南依次成熟，调查收集也需要从北到南依次进行；三是重要作物分布的规律性更强，调查收集往往以分布集中区域为重点；四是调查收集的目的性更强，应重视对种质资源具有的抗病虫性、抗逆性、品质特异性，以及对环境和气候变化的适应性等相关信息的收集。

三、标本的采集和拍摄

栽培作物的品种和野生近缘植物等种质资源一般只采集样本，但发现疑似新的物种或珍稀资源时则同时采集标本和拍摄照片。

种质资源标本与植物标本的采集与制作技术基本一致，但种质资源标本制作还应具有下列特点：①每个采集点采集 1 ~ 3 份，如果相邻采集点的植物形态特征无差异，则不用采集。②标本的采集要保证其具有典型性，疑似新物种要重点采集到其分类特征部位，便于后续分类研究；珍稀资源则要采集到其具有重要用途或研究价值的部位。③标本的采集号应与样本采集号一致。

种质资源照片应包括其生长的生态环境及伴生植物、完整的植株以及具有典型特征的部位等，照片的编号应与样本号一致，多张照片采用"-"加序号表示。

四、新收集种质资源的整理和临时保存

无论哪种调查收集方式，经过一段时间工作后，必须对调查收集结果进行汇总，对相关信息和资源进行整理，妥善保存收集的资源。

（一）新收集种质资源的整理

对新收集的种质资源，核对每份种质的实物样本、编号、标本、照片、调查信息等是否一致、完整，及时纠错或补充相关信息，包括

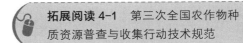

拓展阅读 4-1　第三次全国农作物种质资源普查与收集行动技术规范

样本、标本、照片的整理，以及数据、信息的整理等。调查收集的种质资源样本，经初步整理、鉴定后，应编写作物种质资源调查收集目录，其内容应包括采集号、种质资源名称、主要特征特性、利用价值、样本数量、采集地点等。如果采集的样本是野生近缘植物，还应标出中文学名和对应的拉丁名。如果调查收集中只采集到标本而未采集到样本，或运输、保管中损失了样本，此份种质资源的采集号仍需要保留。

（二）新收集资源的临时保存

在调查收集途中，收集的种子要保持干燥，经常晾晒；收集的枝条等无性繁殖体要及时快递至有关的种质资源圃；块根、块茎类种质资源要防止霉变或发芽。回到驻地或单位后，要将新收集种子及时保存于中期库，对尚无种质资源圃的多年生和无性繁殖的资源样本可暂时种植在试验圃中临时保存。

第三节　作物种质资源的国外引种

作物种质资源引种是指将辖区外的种质资源引入本辖区，丰富作物种质资源或用于育种或生产。将国外的作物种质资源引入到国内称为国外引种。

一、作物种质资源引种的基本原则

作物种质资源引种应遵守以下原则。

1. 合法性

引入的种质资源应符合国家法律法规，国外引种还应符合国际条约及相关国家的法律法规。

2. 安全性

引入的种质资源应排除对环境和生态系统的威胁，确保引入的种质资源本身没有危害，也未携带有害生物。

3. 适应性

引入的种质资源应适应当地的自然环境和气候条件，确保引入的种质资源能够在本地生存和繁殖。

二、国外引种技术

国外引种就是把栽培作物的品种或野生近缘植物资源从国外的分布地区引入国内适宜的地区进行栽培或作为育种原始材料的过程。国外引种分为国外实地调查与引进、双

边协议引进、多边协议引进和国际交换四种方式，引进方式的不同所涉及的技术和程序也有所不同。

（一）国外实地调查与引进

国外种质资源的实地调查与引进是派出考察团赴国外进行实地调查并收集当地作物种质资源的方式。国外实地调查与引进的技术类似于国内开展的重要作物专项调查收集方式，但因国外的地形地貌、生态环境、法律法规、民族文化、传统习俗、语言文字等与国内相差甚远，需要投入更多精力进行前期准备。具体做法包括以下3点。

1. 全面了解拟引种国家的法律法规

近年来，世界各国均加强了作物种质资源保护的力度，特别是对外国人开展作物种质资源调查方面，制定了适合本国国情的法律法规和政策，有些国家甚至完全禁止外国人从事作物种质资源调查工作。因此，在确定拟开展调查与引进作物种质资源的国家时，首先应该查明该国相关的法律法规和政策，也包括其国内不同地区（如省、州、邦等）的地方性法规和政策，避免因违反该国家或地区的法律法规而引起法律纠纷。

2. 准确掌握拟引进作物的分布范围和突出特点

国外作物种质资源调查与引进要明确引进什么作物、需要哪些性状、适应什么样的生态环境、引进后的主要种植区域和用途等，从而根据引进目的有针对性地进行实地调查，按照对引进资源的需求进行收集。

3. 找好国外合作伙伴

国外合作伙伴是保证在国外顺利开展调查的必要条件，无论通过什么样的合作关系，一定要与合作伙伴谈好调查区域和路线、合作方式、资金投入、人员安排、交通保障、资源共享等具体事项，并确定好领头人和向导。向导最好找熟悉当地社会、文化、环境、交通等条件的华人、华侨。

（二）双边协议引进

双边协议引进是目前国外种质资源引进的主要方式，随着现代信息渠道的畅通，特别是互联网的高速发展，能够很容易获得各国作物种质资源信息，以此为基础，通过签订官方协议就可以引进国外的种质资源。具体做法包括以下4步。

1. 拟定引种清单

根据引种目的，确定需要引进种质资源的类型和产地，通过文献、网络等多种途径搜索目标种质资源的相关信息，如目标性状（产量、品质、抗性等）、地理环境（经纬度、海拔）、气候（光照、温度、降水量等），从而判断种质引进后的适宜生长区域。同时，需要对引种材料的类型、收集（或育成）年代、繁种地和来源地等信息进行收集整理，列出拟引种清单。

2. 选择引种渠道

引种清单确立后，通过外交、商贸、学术交流等途径找到适合的引种渠道，根据资源提供方的有关规定和国际规则进行有效沟通，获取资源提供方所需要的引种条件，包括材料转移协议、资源进出口许可、官方证明和检疫证书等，列出引种所需要的书面材料清单。

3. 签订引种协议

确定引种清单和需要的相关材料后，通过双方管理部门签订引种协议，协议包括双方的责、权、利等，特别是引种过程中双方如何对接、费用如何支付、引种后利益如何分享等条款要清晰和明确，不能出现歧义。

4. 资源获取

引种协议签订后，协议双方需要向各自国家的海关提供协议内容和办理进出口及检疫等手续，获得双方海关的相关许可后，按照协议交接种质资源样本。

（三）多边协议引进

近年来，作物种质资源国外引种的做法已逐渐从双边协议发展到多边协议的方式。按照联合国粮农组织（FAO）制定的《粮食和农业植物遗传资源国际条约》的规定，各缔约方均需要将公共机构管理的作物种质资源纳入《粮食和农业植物遗传资源国际条约》下的多边体系中，任何缔约方需要获取其他缔约方的作物种质资源时，只需要按照多边体系的管理规则，签署事先知情同意书、标准材料转让协议、获取与惠益分享协议等相关文本，多边体系即可提供所需要的作物种质资源。

（四）国际交换

国际交换是指我国与其他国家（地区）或国际机构进行的双边或多边互惠互利的作物种质资源交换方式。国际交换是在资源提供国和我国法律法规的框架下进行的，其程序主要包括作物种质资源合作协议的签署、材料转移协议的签署、国外作物种质资源引进、我国作物种质资源对国外提供、作物种质资源的出入境检疫等。作物种质资源国际交换与协议引进的不同点在于国际交换需要向对方提供我国的种质资源。向对方提供的种质资源应符合我国法律法规，并按照种质资源出口管理规定履行审批手续。

三、作物种质资源检疫

检疫是为了防止外来危险性病、虫、杂草等有害生物随国外引进的种子、苗木等传入我国而采取的隔离、消毒、销毁等强制性预防措施。国外引种与植物检疫关系密不可分，二者必须兼顾。国外引种必须通过植物检疫的防御作用，阻隔外来有害生物入侵。世界各国的实践证明，对引进种质资源实施检疫、加强隔离试种与疫情监测是确保入境种子安全利用的重要保证。

（一）检疫的必要性

1. 检疫直接关系社会经济稳定和国计民生安全

种质资源作为生物活体，从国外引进的同时，也可能带来检疫性有害生物随种子、苗木传入的潜在风险，一旦新的危险性或检疫性有害生物传入，不仅毁灭引种成果，还会对农业生产和生态带来巨大的威胁，同时也影响国内农产品的出口和对外贸易。

2. 检疫是种质资源安全引进的重要保障

随着全球经济一体化的快速发展，国际交往与国际贸易的与日俱增，外来检疫性有害生物传入我国的风险日趋严重。引进植物不但携带检疫性病害的概率高，而且病害的种类和寄主植物的种类也很多，且含有致病力强的检疫性病原和危险性很大的检疫性病害。通过检疫将危险性有害生物拒之于国门之外是最有效、最经济的方法，可防止危险性病害、虫害、杂草及其他有害生物等的传入及传播，保障了种质资源引进安全。

（二）植物检疫的依据

国外引进种质资源的检疫在管理上属于植物检疫范畴，是一项特殊形式的植物保护措施，涉及法律法规、国际贸易、行政管理、技术保障和信息管理等诸多方面。植物检疫主要是依据国内外相关法律法规，结合有害生物风险分析，采取相关的检疫措施降低或控制有害生物传入和传出的风险。国际上，《国际植物保护公约》(International Plant Protection Convention，IPPC)和《实施卫生与植物卫生措施协议》(Agreement on the Appication of Sanitary and Phytosanitary Measures，简称 SPS 协议) 是各国植物检疫部门必须参照的国际标准；在国内，《进出境动植物检疫法》《进出境动植物检疫法实施条例》《植物检疫条例》和《中华人民共和国种子法》等，是我国植物检疫工作的基本规章制度，也是植物检疫人员执法的主要依据。

(三) 检疫措施

植物检疫措施是旨在防止检疫性有害生物传入和扩散，或管制限定的非检疫性有害生物经济影响的有关法律、法规或官方程序。出入境种质资源检疫一般包括海关现场检疫、隔离种植检疫和实验室检疫。通过海关现场检验、隔离种植后发现的有害生物，需要进一步进行实验室检验，以确定其种类，明确是否为检疫性有害生物。

1. 检疫方式

(1) 海关现场检疫　引进的种质资源在进入国家海关时，无论是通过物流、科技合作、赠送、援助和旅客携带或邮寄等，都要进行检验检疫。引进的种质资源为种子时，以随机抽样的方式进行取样，种子量较大时采用不同的取样方法抽取样品，以回旋法或电动振动筛振荡，使样品充分分离后，随机选择样品进行实验室检验。种质资源为种苗时，在不同种苗上取相应的组织（根、茎、叶），种苗量较大时抽取整棵植株进行检验。

经过检疫部门严格检疫，确实证明不带检疫对象后海关出具检验检疫合格报告，引种单位携带引种相关材料提取种质资源。

(2) 隔离种植检疫　海关检疫通过后，引种单位要将引进的种质资源委托给相关部门指定的隔离检疫场所（基地、中心、圃等）进行隔离种植。种子经过生长期的隔离种植，真菌、细菌、病毒等有害生物在海关现场检疫中难以发现的有害生物可能会在生长期间被发现。因此，为了保障种质的安全，必须加强隔离种植与生长期的疫情监测。

隔离种植及检疫一般包括引进资源登记、引进资源初检、制订隔离种植计划、隔离种植期日常管理、隔离种植期疫情监测和检疫处理等环节。

引进的种质资源进入植物隔离检疫场所后，首先进行信息登记，信息主要包括但不限于材料名称、产地、数量、引种单位、入境口岸、入境和引种用途等。登记后的种质资源先在实验室进行初检。初检确认是否携带有禁止进境的检疫性有害生物，一旦发现检疫有害生物应对引进种质予以销毁或除害处理；经初检未发现检疫性有害生物和经除害处理后的种质资源进行隔离种植。根据资源数量采用抽取部分样品方式，每份视种子数量抽取部分进行种植。随后制定隔离种植计划。根据种质风险等级在相应风险等级的隔离场所进行种植。隔离种植期间保证合理的水、肥、温度、湿度及光照等主要栽培管理措施，保证种植物能够健康生长，完成整个生长周期。在整个种植周期中，定期观察隔离种植材料的生长情况及有害生物发生情况，在生长期一旦发现可疑的有害生物，立即取样检验。若检测出检疫性有害生物，第一时间向相关管理部门报告，在海关等部门的监管下立即采取检疫处理措施。

(3) 实验室检疫　实验室检疫对检验人员专业技能的要求较高，需要技术人员利用现代化的仪器设备对不同病原物、害虫、杂草等进行准确的种类鉴定。实验室检疫是借助实验室专业仪器设备并按照相关检验检疫标准和操作规程对种子、苗木、隔离种植材料中的有害生物检查、鉴定的法定程序。通常情况下可分为常规检验方法和现代生物技术检验方法。

常规检验方法主要包括比重检验、洗涤检验、染色检验、保湿萌芽检验、接种检验、分离培养检验、噬菌体检验、血清学方法检验等。针对不同的有害生物，常常采用不同的常规检验方法。但常规检验方法主要依靠检疫性有害生物的生物学特性、形态学特性指标进行鉴定，费时、费力、准确性低，无法满足准确、快速和灵敏的检疫要求。

现代生物技术的快速发展及广泛应用加速了植物检疫新技术的快速应用，使植物病虫害诊断和检疫迈上了一个新台阶。针对越来越多的有害生物建立了更加敏感、特异的分子生物学诊断技术，这些诊断技术以不同生物的特异性核酸序列为基础，开发出聚合酶链反应（PCR）、核酸杂交、DNA 核酸测定和 DNA 芯片等方法，可通过对有害生物基因序列和结构直接测定进行快速检测，在植物真菌、细菌、病毒、线虫、害虫和杂草的检疫中将起到重要作用。

2. 引种检疫程序

为了加强对国外引进种子、苗木和其他繁殖材料的检疫管理，《国外引种检疫审批管理办法》规定了国外引种检疫程序，主要包括国外引种检疫申请和审批、引进资源入境后隔离种植检疫等三项内容。

（1）引种检疫申请　首先，引种者或引种单位通过农业农村部全国一体化在线政务服务平台申请《中华人民共和国农业农村部动植物苗种进（出）口审批表》。获得农业农村部审批后，根据《国外引种检疫审批管理办法（2019 年修订）》再向相关引种检疫审批部门申请《国（境）外引进农业种苗检疫审批单》，办理国外引种检疫审批手续。引种单位应事先调查了解引进植物在原产地的病虫害发生情况，并在申请时向检疫审批单位提供有关疫情资料，对于引进数量较大、疫情不清、与农业安全生产密切相关的种苗，引种单位应事先进行有检疫人员参加的种苗原产地疫情调查。引种单位在申请引进前，还应安排好隔离种植计划。

（2）引种检疫审批　引种检疫审批由农业农村部和各省（自治区、直辖市）农业农村主管部门两级负责。国务院和中央各部门所属在京单位，由北京市农业农村局审批；国务院和中央各部门所属的京外单位、省级单位由种植地的省（自治区、直辖市）农业农村厅（局）审批；热带作物种质资源交换和引进由农业农村部农垦局签署意见后，报由全国农业技术推广服务中心审批。引种数量超过审批限量的，由种植地的省（自治区、直辖市）农业农村厅（局）签署意见后，报由全国农业技术推广服务中心审批。

（3）引进资源入境后隔离种植检疫　种子、种苗引进后，引种单位必须按照《引进种子、苗木检疫审批单》上指定的地点进行隔离种植。在隔离种植期间，发现疫情的，引进单位必须在检疫部门的指导和监督下，及时采取封锁、控制和消灭等处理措施，严防疫情扩散。

3. 检疫处理

检疫过程中确认发现检疫性有害生物时，应立即向当地检疫部门报告，严格按照植物检疫法律法规的规定对其进行处理，并根据实际情况启动应急处理预案，采取适当的植物检疫措施，防止疫情进一步传播、扩散和定殖。植物检疫处理措施与常规植物保护措施不同，它是由植物检疫机关规定、鉴定而强制执行的。检疫处理必须符合检疫法规的规定，达到完全杜绝有害生物传播的目的。

在引进的种质资源中发现检疫性有害生物时，应严格按照植物检疫法律法规的规定进行处理。同时立即追溯该批种质资源的源头，并将相关调查情况上报资源引进目的地的检疫部门和外来入侵生物管理部门。

对于进出境的种子、苗木等种质资源，可采取除害、销毁、退回、封存及预防控制等多种检疫处理措施，其中除害处理是检疫处理的主要方式。除害处理是通过物理、化学或其他方法直接铲除有害生物而保障引进种质的安全，常用的方法是化学处理和物理处理。化学处理是利用熏蒸剂及其他化学药剂杀死或抑制有害生物，此方法是种子、苗木等繁殖材料病害防除的重要手段。物理处理是利用高温、低温、微波、高频、超声波以及辐射等方法进行处理。当不合格的种子、苗木没有有效的除害处理方法时，或者虽有方法，但是经济成本太大或时间不允许时，应用退回、封存或采用焚烧、深埋等方法进行处理。

（四）检疫检验技术

引种检疫主要是对种子进行检疫，防止有害生物随种子入侵及传播。为了实现"检得出、检得准、检得快"的要求，有害生物的检测方法已由传统形态学鉴定发展到了以分子生物学为基础的多种快速检测方法，并在种子检验检疫中得到运用，而这些快速检测技术根据待检测物的处理方式不同，又可分为有损检测和无损检测两类。

有损检测技术是指需要将待测物进行破坏、损伤的检测方法，如将种子进行解剖、染色、核酸提取等操作之后对待测物进行检测。以分子生物学技术为基础的检测方法以其准确性高、周期较短、灵敏度高、可定量统计的优势，得到众多关注和应用。如多重PCR技术、环介导等温扩增技术（LAMP）、随机扩增多态性DNA（RAPD）标记技术、限制性片段长度多态性（RFLP）技术、DNA条形码技术、生物芯片技术和高通量测序技术等。

无损检测技术是在不破坏待测物原来状态、化学性质等前提下检测待测物的方法，具有自动化、高效、省时省力等特点。经过多年发展，先后出现了声音测绘法、电子鼻检测法、X射线法、机器视觉技术检测法、近红外分析法、高光谱成像技术检测法等多种无损检测方法。

第四节　作物种质资源调查收集和国外引种的发展趋势

一、持续开展国内重点区域的周期性调查收集

根据作物类别梳理种质资源调查收集的空白区域，特别是以往因交通不便尚未到达的偏远地区和少数民族地区，对这些地区进行补充调查收集。对调查收集年代较长（如超过30年）的区域应再次开展作物地方品种及其野生近缘植物的调查收集，因为这些地方品种能够被长期种植，一定具有当地人们喜好的优良特性，且长期种植过程中可能发生了有益的遗传变异，否则就已被淘汰，因此其具有潜在利用价值。而野生近缘植物在自然条件下也会发生遗传变异，新收集的野生近缘植物资源与以往收集的资源相比可能具有不同的遗传特性，也就是新的种质资源。通过调查收集，可以丰富作物种质资源的遗传多样性。

二、重点收集作物育种亟需的种质资源

随着生产水平的不断提升，作物育种目标性状也在不断变化中，作物种质资源工作也应随着育种目标进行调整，以满足育种需求。例如，近几年耐盐水稻育种已成为水稻育种家追求的重要研究方向，种质资源工作一方面应重点到沿海地区或内陆盐碱化严重地区收集可能具有耐盐碱能力的地方品种及其野生近缘植物，特别是海水倒灌区域的普通野生稻可能具有较强的耐盐性，收集到的这些野生稻资源用于耐盐水稻育种的成功率也更高。此外，育种工作者和基础研究人员创制的新种质和新品种也是今后重点收集对象。因此，针对不同育种目标性状进行有目的的收集是未来种质资源调查收集的重点任务。

三、加强种质资源的有序国际交换

进入 21 世纪以来，人类社会面临着粮食短缺、能源危机、资源枯竭、环境变化和人口剧增等世界性难题。作物种质资源在解决这些问题中的重要性凸显出来，越来越多的国家意识到占有世界作物种质资源的重要性，一场争夺种质资源的没有硝烟的战争正在全球展开。我国保存的作物种质资源数量虽然已居世界第二位，但其中约 80% 是国内收集的，国外资源比例远远低于美国等发达国家。我国是世界上人口最多的发展中国家，广泛收集世界各国作物种质资源，对于保障我国粮食安全和国民经济可持续发展具有重要的战略意义。加强作物种质资源的国外引种已成为种质资源工作者的共识，通过大量引种来丰富我国的作物种质资源。未来引种和交换的重点应侧重于以下几个方面：一是积极参与《粮食和农业植物遗传资源国际条约》和《生物多样性公约 关于遗传资源获取与惠益分享名古屋议定书》等国际条约的谈判，按照国际规则进行引进和交换；二是通过多边、双边等合作方式，引进国外种质资源；三是利用我国主导的国际合作机制，特别是"一带一路"等合作平台，深入作物起源中心、次生起源中心、农业生物多样性和农业文化丰富的地区开展作物种质资源调查收集，引进具有特色的作物种质资源，丰富我国种质资源库和种质资源战略储备。

📋 **推荐阅读**

1. 曹家树，秦岭 . 园艺植物种质资源学［M］. 北京：中国农业出版社，2005.

   本书系统介绍了园艺植物种质资源学的基本概念及其在园艺生产实践与科学研究中的重要地位，国内外园艺植物种质资源研究的历史、现状及发展趋势，园艺植物的起源、演化关系，分类原则与主要分类方法，种质资源的考察、收集、保存、评价与鉴定，新种质创制的技术和利用途径，以及数百种果树、蔬菜和观赏植物种质资源等方面的内容。

2. 高爱农，杨庆文 . 作物种质资源调查收集的理论基础与方法［J］. 植物遗传资源学报，2022，23（1）：21–28.

   本文回顾了国内外作物种质资源调查收集历史，阐述了作物种质资源调查收集的理论基础，详细介绍了作物种质资源调查收集的方法，提出了未来作物种质资源调查收集的发展趋势。

📝 **思考题**

1. 作物种质资源调查收集和国外引种的基本原则有哪些？

2. 作物种质资源调查收集的方式有哪几种？各有什么特点？

3. 如何保证国外引进的作物种质资源的安全性？

主要参考文献

1. 董玉琛，郑殿升.中国作物及其野生近缘植物：粮食作物卷［M］.北京：中国农业出版社，2006：11–22.

2. 李潇楠，王福祥，吴立峰，等.国外引种检疫工作的现状及思考［J］.中国植保导刊，2013，33（6）：60–63.

3. 刘旭，李立会，黎裕，等.作物种质资源研究回顾与发展趋势［J］.农学学报，2018，8（1）：1–6.

4. 伍玉明.生物标本的采集、制作、保存与管理［M］.北京：科学出版社，2010：297–377.

5. 郑殿升，刘旭，卢新雄，等.农作物种质资源收集技术规程［M］.北京：中国农业出版社，2007.

6. Yang ZY, Xu ZJ, Yang QW, et al. Conservation and utilization of genetic resources of wild rice in China［J］. Rice Science，2022，29（3）：216–224.

网上更多资源

拓展阅读   思考题解析

撰稿人：杨庆文 孙素丽 高爱农 胡小荣 审稿人：袁潜华

第五章

作物种质资源保护

● ● ● ● ● ● ●

 本章导读

1. 水稻、小麦等栽培作物种质资源为什么采用种子保存，而苹果、梨等果树作物则采用植株保存？
2. 种质资源在低温库中可以保存几十年以上，为什么还要监测生活力？
3. 种质资源繁殖更新时，"种种收收"行吗？

第一节　作物种质资源保护概述

一、作物种质资源保护的概念与内涵

作物种质资源保护（conservation）是指通过对作物种质资源进行科学管理，在较长时间内保持其遗传完整性或可共进化特性，为种质资源的可持续利用奠定材料基础。保存（preservation）是保护的一种形式，指通过一定的技术措施，使种质资源繁殖体的生命力得到延长和遗传完整性得到维持的过程，常见有种子保存、植株保存、离体种质保存、DNA 保存等异生境保护方式。异生境保护也称异地（异位）保护，是将种质资源转移到一个相对适合的环境条件下集中保存，即不是在植物原来的生长环境下保存。种质资源保护的另一种方式是原生境保护，指在植物原来生长的生态环境中建立保护区或保护地，在自然条件下对作物野生近缘植物及其进化过程进行保护，维持其进化潜力，保护物种与环境互作的进化过程。

作物种质资源保护重点研究环境或人类活动等因素对作物不同水平生物多样性的影响，并研究提出防止或延缓作物遗传多样性和完整性丧失的技术措施。主要内容包括明确作物种质资源消亡的影响因素及其保护策略，异生境保护延长种质寿命和维持遗传完整性的原理及其技术，以及原生境保护维持种群自然进化和防止遗传多样性丧失的原理与技术。异生境保护工作范围包括种质资源入库（圃）保存、监测预警和繁殖更新等。原生境保护工作范围包括确定保护对象、建立保护点和监测预警管理等。

一份种质的遗传完整性是指该份种质遗传变异的总和。种质遗传完整性变化有两方面含义：一是种质本身在贮藏过程中的遗传变化，如染色体畸变、DNA 突变等，以及所产生的遗传效应；二是种质繁殖后，其子代种质群体的遗传组成与亲代种质群体相比较

发生了变化。在异生境保护实践中，减少或避免种质资源在保存和繁殖过程中遗传组成（结构）的变化，以及基因丢失或污染，是维持种质遗传完整性的核心。

二、作物种质资源保护的意义

1. 防止作物种质资源遗传多样性的丧失

作物种质资源保护是生物多样性保护的重要组成部分。物种或种质资源的重要属性之一是不可再生性，即一旦灭绝后，就不可能再恢复。新品种推广、生态环境改变和病虫危害等因素是导致珍贵种质资源消失的主要原因。例如，20 世纪 40 年代，中国种植小麦品种有 13 000 多个，多为地方品种，到 21 世纪初种植小麦品种仅 500～600 个，且多为新选育推广品种。江西省东乡普通野生稻是迄今发现的世界上分布最北端的野生稻，因生态环境条件改变，有 6 个居群已完全消失了。之后通过建立原生境保护点，抢救保护了 2 处 3 个居群，避免了东乡野生稻灭绝的危险。新疆伊犁地区的野生苹果是现代栽培苹果的原始祖先，因过度放牧和开荒，加之苹果小吉丁虫传入危害，使野生苹果林濒临灭绝，经茎尖拯救等新技术的抢救入种质圃或离体种质库保存，避免了永久消失。我国国家作物种质资源库（圃）[以下简称国家库（圃）] 收集保存的 56 万资源中，有 28 万余份已成为孤品（即在生产上或自然界已找不到），也证明了通过保护，可有效防止种质资源遗传多样性的丧失。

2. 支撑农业可持续发展的物质基础

收集保存的种质资源蕴藏着在作物育种和原始创新中的巨大应用潜力，并已在遗传育种、农业生产和乡村振兴等方面发挥了重要作用。我国国家库（圃）收集保存了种质资源 56 万份，居世界第二位。2000 年以来，已对外提供生产上已绝种的 20 万余份种质，为我国作物品种持续改良和农业可持续发展发挥了重要作用。我国近 20 年育成品种中，自主选育品种的种植面积占比达 96% 以上，其中 75% 以上含有国家库（圃）保存资源的遗传背景，表明我国作物种质资源保护不仅有效防止了珍贵资源的消失，也有力地支撑了我国种源的自主可控。随着未来种业科技革命的到来，以及应对气候变化对全球农业生产的影响，关键是从资源中去寻找可利用的优异基因与种质，如高产、优质、抗逆（耐高温、耐冷、耐盐碱等）、抗病虫、绿色高效、适宜机械化等遗传种质，以支撑农业可持续发展。因此，收集并保护好作物种质资源是一项功在当代、利在千秋的伟大事业。

三、作物种质资源保护的基本原则

1. 维持种质遗传完整性或遗传进化潜力

异生境保护的目标是确保每一份种质资源独特的遗传变异，在保护过程中都能得到完整、稳定地维持，并能世代相传，也就是说所采用的保护方式和保存条件必须能确保作物种质资源的遗传完整性能稳定地延续。须注意的是，保护方式是由作物种质资源的生物学特性所决定的。对水稻、小麦等有性繁殖作物来说，种子蕴藏着其固有的全部遗传物质，能使每份种质资源遗传特性稳定延续，因此种子保存是有性繁殖作物种质资源最适宜的保存方式。对果树、薯类等无性繁殖作物的栽培类型来说，其种子多为雌雄株产生的自然杂种，难产生具有稳定遗传特性的种子，则种子不能作为这些作物种质资源的繁殖体，但通过营养体繁殖方式产生的后代个体包含的整套遗传信息与母体相同，能维持物种遗传稳定性的延续，因此无性繁殖作物种质资源的适宜保护方式是植株或其块根、块茎等的保存。组织、细胞等组织培养物以及试管苗、休眠芽等载体，在适宜组织培养技术条件下，能维持物种的遗传稳定性，因此离体种质保存也是无性繁殖作物种质资源的保存方式之一。

原生境保护是一种动态保存方式，涉及环境生态系统、物种及居群水平上的保护，受保护的种质资源处于与环境互作进化之中，能产生新的遗传变异。因此，原生境保护不仅能够维持其自身遗传多样性，同时使其保持进化潜力。原生境保护的对象主要有作物野生近缘植物和作物地方品种两类，地方品种的原生境保护也称为农场或农家保护。

2. 最大限度延长种质资源生命力

作物种质资源保护的另一重要目标是通过创造适宜保存条件，最大限度延长种质高生活力水平的保存寿命。其意义在于，一方面这是种质资源保护的基本要求，另一方面保存寿命延长可减少更新次数，既可降低种质遗传完整性变化的风险，也有利于节约或降低大量繁殖更新费用。与一般种子贮藏不同，种子类种质资源保存寿命不是从初始生活力降至死亡所经历时间，而是指从初始生活力降至更新发芽率临界值（衰老拐点）的保存时间。延长种质保存寿命核心在于最大限度延长种子存活周期的高生活力水平（高于更新临界值）阶段。低温种质库、种质圃、试管苗库和超低温库等保存设施，均是基于能显著延长种质资源保存寿命而建设的。

3. 保护的整体性、系统性和安全性

作物种质资源保护经过近百年来的发展，逐步形成完整性、系统性和安全性的整体保护策略（图 5-1），包括：①保护技术方式的多样化，使各类多样性的种质资源得以实现妥善保护，同时也确保了种质资源遗传完整性或遗传进化潜力得到维持；②保护技术与方式的选择还需要综合考虑资源利用的便利性、安全性和保护成

拓展阅读 5-1　美国国家作物种质资源整体保护体系
拓展阅读 5-2　中国国家作物种质资源整体保护体系

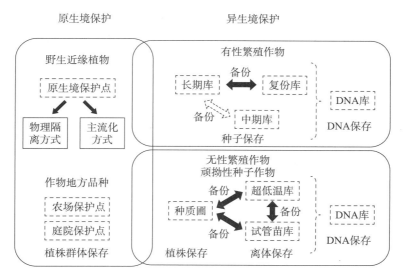

图 5-1　作物种质资源整体保护策略示意图

本，以及资源遭受灭绝或被取代威胁等因素；③通过原生境保护和异生境保护相结合，实行中期、长期与备份保存机制，实现对种质资源多样性、完整性和安全性的保护，供人类可持续利用。美国和中国是整体保护实践较为成功的案例。

第二节　作物种质资源保护技术

一、作物种质资源编目

收集或引进的作物种质资源在进入保护设施保存之前，一般需要经过农艺性状的鉴定评价，初步摸清每份种质资源目录性状的基本特性。在此基础上，对确认的新资源进行整理编目。我国规定，只有经过统一编目的种质资源才能入国家库（圃）进行长期保存。编目意义在于既确保每份资源具有特异性（唯一性），避免资源重复收集保存，也便于国家对作物种质资源的集中、统一管理与利用。

二、异生境保护技术

作物种质资源异生境保护主要方式有：种子保存、植株保存、离体种质保存、DNA保存等。全球已建立异生境保护设施 1 500 余座，保存资源 740 万余份，其中约 90% 是以种子形式保存在低温种质库中。

1. 种子保存技术

种子保存的主要对象是产生正常性种子的作物种质资源。正常性种子最主要的特点是耐低温和耐干燥脱水，且随贮藏温度的降低其寿命可大大延长，无论是古代的坛罐 + 石灰并存放于地窖的保存方法，还是现代的保存方法，都是利用低温贮藏和降低种子含水量来延长种子保存寿命的。现代种子保存方法包括低温库保存法、超干贮存法和超低温库保存法，其中低温库保存法是应用最广泛，也是技术最成熟的方法，是目前种子类种质资源最佳的保存方法。超干贮存法是通过将种子含水量干燥至 2%～5%，并在室温下贮存，以期能达到中期保存年限，即种子保存寿命 10 年左右。该方法尚未推广应用，主要原因尚未有成熟技术来控制种子含水量一直处于超干状态。超低温库保存法主要是在美国国家遗传资源保存实验室（National Laboratory for Genetic Resources Preservation，NLGRP）应用，是利用液氮罐超低温保存小籽粒作物的种子种质资源，但因操作较为烦琐且保存空间有限等原因难以推广应用。

低温库保存法可追溯至 20 世纪 40 年代，美国的 4 个区域由于缺乏适宜保存条件，致使大部分收集贮藏的种质资源丧失活力而无法种植出苗，为此利用空调技术建设低温库用于保存种质资源。1958 年，在美国科罗拉多州的柯林斯堡建了世界上第一座国家级种质资源长期库。之后，逐步发展采用低温条件，专门用于以正常性种子为载体的作物种质资源的保存设施，即低温种质库。低温种质库可分为长期库、中期库和复份库。我国已建立了 150 万份国家作物种质资源库 1 个，并建设了国家级复份库 1 个，中期库15 个。

（1）长期库　在国家层面上，一般负责国家作物种质资源的长期战略保存。同时负责向中期库提供繁殖更新用的原种，以及向外界提供绝种的资源。保存温度为（−18±2）℃，相对湿度 < 50%。种子保存寿命一般 20 年以上，保存种质材料也称基础

收集品。

（2）中期库　负责某一种（类）或某一区域的作物种质资源收集、鉴定评价、编目、中期保存、繁殖更新和分发利用。保存温度一般为 -4~4℃，相对湿度 <50%。保存寿命一般在 10~20 年，保存种质材料也称活动收集品。

（3）复份库　负责长期库种质资源的备份保存，保存条件一般同长期库。典型的复份保存设施有挪威的斯瓦尔巴全球种子库（Svalbard Global Seed Vault）和我国青海的国家农作物种质资源复份库。

另在低温种质库中，常配套建设临时库，或称短期库，一般用于待鉴定评价的新收集种质资源的短期或临时保存；或者用于保存育种家为作物改良或研究而收集的种质材料，这类种质材料也称为工作收集品。保存温度 0~15℃，相对湿度 <65%，保存寿命 2~5 年。

在低温库种子安全保存实践中，应遵循种子衰老拐点通则（图 5-2）。即在种质入库的初始环节，种子初始生活力须高于衰老拐点。在种质保存环节，应创造保存条件尽可能延缓衰老拐点，即延长种质保存寿命，更为关键是能监测预警出种子生活力降至拐点的种质，避免生活力降至过低；在种质繁殖更新环节，需要安全更新拐点种质，维持种质遗传完整性。

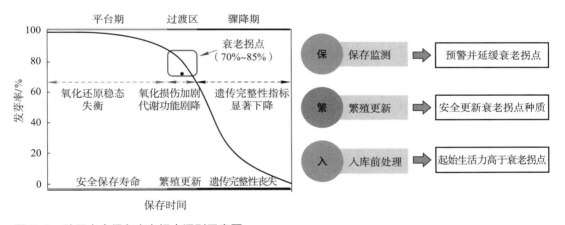

图 5-2　种子安全保存衰老拐点通则示意图

低温库保存法的种子入库前处理技术与标准要点：①入库种子品质检测。包括对种子生活力、净度、健康度等质量指标的检测。一般要求种子应是当季繁殖的，发芽率90% 以上；种子净度高于98%，去除破碎粒、虫蚀粒、无胚粒、秕粒、瘦小粒、杂粒等；种子无明显病虫损害，未受损伤、未拌用药物或无包衣处理。②种子干燥处理。首先是收获时的干燥处理，即通过太阳干燥、风干室内晾干、热空气干燥等方法，将粮食作物种子含水量降至10%~14%，油料作物种子含水量降至8%~12%。种子送交种质库后，需要进一步降低种子含水量至3%~7%。种质库种子干燥，通常采用热空气干燥法和"双十五"干燥法，热空气干燥法的干燥温度为30~35℃，相对湿度为7%±2%；"双十五"干燥法的干燥温度为5~20℃，相对湿度为10%~25%。

2. 植株保存技术

植株保存的主要对象是无法或难以通过种子保存的作物种质资源，包括无性繁殖作物、顽拗性种子植物，以及部分多年生野生近缘植物等，这些植物常以植株、块根、块茎等方式维持自身的生存。人们把以植株或块根、块茎、鳞茎等方式种植保存无性繁殖、种子顽拗性及多年生等类型的作物种质资源的田间保存设施称为种质资源圃（简称种质圃或资源圃），又称田间种质库。种质圃是从植物园、果园或庭园发展演变而来的，是用最少的活体植株样本量，在物种和遗传水平上以最大限度来确保种质资源的世代延续，并维持其遗传多样性和遗传稳定性，以供人类持续利用。世界上第一个专门用于保存果树种质资源的国家级种质圃，是于 1980 年建立在美国俄勒冈州的科瓦利斯。我国于 20 世纪 80 年代中期，首批建设了 15 个果树类的国家级种质圃，至 2022 年底共建成国家级种质圃 55 个。

种质圃植株保存技术要点：①首先在作物的原产地或最适合生长发育的生态地区建立种质圃，为植株生长提供最适的生境条件，以持久维持种质群体遗传特性的稳定，也有利于种质群体在一个世代周期中达到最大存活寿命，从而减少繁殖更新次数。其次对植株进行精心种植和维护管理，如对果树资源常采用抗重茬、抗逆性砧木，显著提高其抗性，使植株存活寿命得到进一步延长。选择保存地点须避开自然灾害和环境污染的危害。配备温室、大棚或网室等配套设施，可以增强圃存资源抗自然灾害的能力。种质圃也应建设供电系统、排灌系统、水肥一体化设施和物联网工作系统等配套设施，为最大限度延长种质存活寿命提供必要的条件。种质圃需要重视配备安全防护设施，并建立安全管理措施，确保资源的安全性保存。②种质入圃操作处理内容主要包括种质的获得、隔离检疫、试种观察、编目与繁殖、入圃定植保存、田间管理等。通过操作处理，将获得的健壮、无携带病虫害的健康植株入圃保存，尽可能延长植株的健壮存活期时间，减少更新复壮频率，最大限度减少基因丢失和突变的危险，维持保存资源的遗传稳定性。

3. 离体种质保存技术

离体种质保存主要有试管苗和超低温保存两种方式，均是 20 世纪 70 年代发展起来的新兴作物种质资源保存方法。

试管苗种质保存也称限制生长保存，即将植物的外植体如茎尖培养再生成完整的小植株（也称试管苗或培养物），并在维持试管苗种质遗传稳定性不发生改变的前提下，采取相应限制性生长措施，如降低保存温度或在基本培养基中添加生长抑制剂等，使细胞在培养保存过程中的生长速率减缓，延长试管苗成苗培养及存活周期，减少保存过程中继代培养次数，以达到种质资源保存的目的。试管苗保存可作为无性繁殖作物种质资源的离体中期保存形式。为了确保种质的遗传稳定性，需要从种质样本获得、培养再生、限制生长保存等环节，建立和完善试管苗保存技术。马铃薯和甘薯等薯类作物是利用试管苗方式进行资源保存的最成功案例。至 2022 年底，国际马铃薯中心（International Potato Center，CIP）收集的薯类资源通过试管苗方式，共保存 1.1 万份。我国从 20 世纪 80 年开始进行甘薯、马铃薯种质资源的试管苗保存，截至 2023 年底，试管苗库保存马铃薯和甘薯等种质资源 3 840 份。

超低温保存指以液氮作为储存冷源的种质资源保存设施的植物超低温保存技术。超低温库的冷源常为液氮（–196 ℃）及液氮蒸气相（–180 ～ –150 ℃），在如此低的温度下生物材料不仅生理代谢活动几乎处于停止状态，而且可以降低甚至抑制其基因变异的可能性，因此能够保持生物材料的遗传稳定性，同时病原微生物的活动也受到抑制。该保存技术被认为是无性繁殖作物种质资源进行离体种质长期保存的最理想方法。超低温保存主要采用茎尖、休眠芽、花粉、胚等作为资源的保存载体。超低温保存方法主要分为两类：一类是依据冷冻脱水的原理，采用程序降温的传统保存技术；另一类是依据植物细胞玻璃化原理，采取快速降温方式的新技术。在超低温保存实践方面，CIP 80% 的马铃薯资源进行超低温备份保存，美国在国家遗传资源保存实验室（NLGRP）中对种质圃的 2 000 余份苹果资源进行超低温备份保存。我国国家作物种质库已进行了薯类等无性繁殖作物种质资源的超低温保存实践，并建设了保存容量为 20 万份的超低温库，以期对我国种质圃的作物种质资源，以及珍稀物种种质资源提供长期安全或备份保存。

4. DNA 保存技术

DNA 保存是指以 DNA 样本方式保存特有、珍稀、濒危、野生种质资源材料，包括基因组 DNA、基因组文库、cDNA 文库、基因文库、探针库等。DNA 保存是种质资源保存的特有形式，是传统保存手段的重要补充，也是保存濒危物种等种质资源遗传信息的良好措施。DNA 保存主要采用超低温冰箱或自动化低温冰柜等设备。

三、原生境保护技术

原生境保护让植物种群始终暴露在自然选择和适度的人类干扰作用下，不仅能够维持其自身遗传多样性，同时使其保持进化潜力。同时，原生境保护可以在一个地点对多种遗传资源进行保护，不需要设置多种储存条件来满足不同种质的保护需要。根据保护对象和保护方式的不同，原生境保护可以分为物理隔离（physical isolation）保护、主流化（main streaming）保护、农场保护三种类型。物理隔离保护和主流化保护技术主要用于野生植物特别是作物野生近缘植物的保护，农场保护技术主要用于栽培作物的古老地方品种的保护。物理隔离保护方法在作物野生近缘植物资源地建立保护区或保护点，采用物理隔离的方法简单有效地阻止人畜进入保护区，保护植物原生境不受人类社会的干扰和破坏，从而起到保护作物野生近缘植物的作用。主流化保护是借助作物野生近缘植物所在地农牧民的积极主动参与，达到保护作物野生近缘植物的目的。但是主流化保护方法的效果严重依赖当地农牧民的参与保护意识，因此主流化保护方法一般在环保意识比较强，经济较发达的国家和地区比较适合。农场保护是农民在作物驯化地的农业生态条件下连续栽培和管理各种不同群体的遗传多样性。农场保护涉及整个农业生态系统，包括能够很快被利用的物种（如栽培作物、牧草等），同时也包括生长在他们周围的野生种和野生近缘植物。截至 2023 年底，我国已建立 214 个作物野生近缘植物原生境保护点。

第三节　作物种质资源监测

种质资源监测指对保护过程中的作物种质资源进行生活力质量指标、遗传多样性变化的定期监测，为种质资源安全风险管理提供基础数据。种质资源预测或预警即是分析监测基础数据，根据以往总结的规律或预测预警技术，提前警示种质资源何时处于或濒临更新临界值，以供资源管理者采取更新或其他措施，防止或避免种质资源的得而复失。

一、异生境保护种质资源监测

在作物种质资源原生境保护过程中，对其种质生活力、活力、健康度、遗传完整性及其保存数量等质量指标的定期检测，其目的是能准确地掌握每份种质关键指标的动态变化，以便能准确做出何时进行繁殖更新的决定。不同的保存方式，其种质监测的侧重点是不同的。

1. 低温种质库

在种子类资源保存中，种子生活力是维持种质遗传完整性的关键因素，因此种子生活力监测是种质监测的核心，内容包括种子生活力监测方法、监测间期、监测方式的选择，以及监测结果的统计分析等。监测方法常采用标准发芽试验法，因作为资源保存的种子较为珍贵，每次测定用种量减少至 50～100 粒，或采用序列发芽测定法，每次测定用种量为 20～40 粒。监测间期通常为：首次监测间期即是根据种子寿命公式得出种子生活力降至初始生活力 85% 时寿命时间的 1/3，但不能超过 40 年；而对于无法通过种子寿命公式预估物种的种子，长寿命物种种子的监测间期为 10 年，短寿命物种种子的监测间期为 5 年。监测方式，即是抽测还是逐份监测，一般在种子保存初期，可采用抽测方式，当多数种子生活力处于快速下降阶段时，就不宜再采用抽测方式，而应采用逐份监测方式。监测结果统计分析，即对种子生活力监测结果进行归类或归批次统计和分析，以便判断种子是否继续贮藏或繁殖更新提供依据。推荐以"批"为单元，进行整批次的逐份监测和统计分析，以便于种质库监测预警与更新管理。保存数量监测相对简单，一般可根据监测生活力计算出每份种质存活的种子数量。当种子的发芽率降至初始发芽率的 85% 时，或种子数量减少至低于完成繁殖该物种 3 次所需要的有效繁殖群体量时，就要安排更新。

2. 种质圃

在种质圃保存过程中，应定期对每份种质的存活株数、植株生长势状况、病虫害、土壤状况、自然灾害风险等进行观察监测，也应对保存植株的纯度或遗传稳定性进行监测。监测项目和具体内容包括：①生长状况。果树类作物根据树体的生长势、产量、成枝力等树相指标，将生长状况分为健壮、一般、衰弱 3 级；对于衰弱严重的植株，要及时在当年进行更新；对于衰弱的植株，要做好更新准备或加强管理，使得树体的生长势得到恢复。多年生草本类作物花期株高、花期丛幅或冠幅、分枝分蘖数、枯枝数量、生长天数等，每年观察监测一次。薯类作物根据不同块根块茎作物的植株长势、退化程度、产量等指标，将生长状况分为健壮、一般、衰弱 3 级；对于衰弱的植株，要做好更新准备或加强管理，使得种质的生长势得到恢复；对于退化严重的植株，要及时进行更新复壮。②病虫害状况。根据不同树种主要病虫害的发生规律进行预测预报，确保病虫害在严重发生前得到有效控制；加强病毒病的检测、预防和植株脱毒工作；制定突发性病虫害预警预案。主要的病虫害检测方法包括外观检查、隔离琼脂板法 / 平板画线分离法、孵化、接种、电子显微镜观察，以及酶联免疫吸附测定法等。其中酶联免疫吸附测定法容易操作，已经用于块根作物（木薯、马铃薯、甜菜等）的病虫害检测。③土壤条件状况。对土壤的物理状况及大量元素、微量元素、有机质含量等进行检测，每 3～5 年检测一次。种质遇到特殊灾害后应及时进行观察监测和记载。④遗传变异状况。根据已经调查的植物学、生物学等特征特性，对种质进行性状的稳定性检测，及时发现遗传变异，确保保存种质的纯度。

3. 离体种质库

对于试管苗库，首先是定期观察监测试管苗生长性状，如芽尖、茎尖、叶片、苗、茎基部和根（系）发育状况，气生根状况，试管苗成活率，以及污染或病毒增殖、积累情况等，1～4个月监测记载一次。二是监测种质的遗传稳定性，可采用形态标记、同工酶生化标记和分子标记相结合的方法。对于超低温库，定期监测保存过程中材料的活力（成活率、成苗率）、遗传稳定性等。对于许多作物超低温保存是一种新的保存方法，遗传稳定性监测应是种质监测的主要内容，包括在田间或温室种植条件下，对恢复培养植株的整个生长期的形态变化和生长发育状况观察，以及体细胞无性系变异的基因型检测，同时结合同工酶生化标记和分子标记等方法进行遗传稳定性的全面监测分析。

4. 预测预警

在种质资源长达几十年，甚至上百年的保存过程中，对种质资源存活状况等质量指标的预测与预警尤为重要。例如，美国长期库保存的大豆、花生，其起始平均发芽率分别为92%和89%；但保存30多年后，被检测到的生活力平均值已分别下降至21%和6%，表明库存种子生活力已下降至过低状态。

目前，有根据种子寿命公式 $P = (K_i - V) 10^{K_E - C_W \log_{10} m - C_H t - C_Q t^2}$ 进行低温库种子贮藏寿命的预测。其中，P 为贮藏时间或贮藏寿命，K_i 为种子最初发芽率（以概率值表示），V 为种子贮藏后的发芽率（概率表示），m 为种子含水量；t 为贮藏温度，K_E、C_W、C_H、C_Q 为常数。期望预测出种子发芽率何时降至更新临界值水平，但预测寿命与实际保存寿命相差较大，这是因为种子寿命是由遗传因素决定的，同一作物的不同类型间、品种间的种子寿命会存在不同，且该公式没有考虑保存前种子成熟收获时，以及收获后干燥等环境条件因素的影响，因此种子寿命公式的预测仅能作为参考。在库存种质安全保存风险管理中，获得预警指标，即可预示种子生活力处于或即将处于快速下降阶段，以便让种质库管理者做出生活力监测频率的决策，以防止种子生活力降至过低。

二、原生境保护种质资源监测

原生境保护监测即是通过定期开展原生境保护点实地调查获取基础数据资料，按照科学的评估方法，对被保护的目标物种的监测指标和威胁因素进行跟踪，以评估保护实施效果，为科学确定原生境保护资源动态变化状况、保护管理及合理开发利用提供依据。监测指标应具有代表性、可操作性和适用性的特点。作物野生近缘植物的监测指标有分布面积、种群密度、目标物种丰富度、生长状况等。

（1）分布面积　指作物野生近缘植物保护点内目标物种的分布范围，测量方法是手持 GPS 仪，沿目标物种分布边界走完一个闭合轨迹后，计算围测面积。

（2）种群密度　指作物野生近缘植物保护点内单位面积目标物种的株数，测定方法是根据保护点面积大小，将保护点划分为 1～100 m² 面积相等的方格，按照十字交叉法、对角线法、"S"形曲线法等随机选择方法，选取 20～100 个样地；然后采取实地调查方法，对样地内的目标物种株数进行统计，按照下列公式计算种群密度：种群密度 = 目标物种总株数 / 样地总面积。

（3）目标物种丰富度　指作物野生近缘植物保护点内目标物种株数占所有植物物种株数的比例。目标物种丰富度数据的获取方法为，首先采取实地调查方法，对样地的目标物种和伴生植物物种的数量进行调查，目标物种丰富度用目标物种总株数与样地内所有植物总株数的百分比来估算。

（4）生长状况　指作物野生近缘植物保护点内目标物种的自然生长状况，用"良好""一般"或"较差"表示。此外，监测内容还应包括人为活动因素、环境因素、气候因素等的定期监测，并分析上述因素是否对保护的野生资源正常生长状况构成威胁及威胁程度。上述监测均需要提供监测评估报告，以供进一步进行风险预警管理。

预警是在监测的基础上，通过对监测数据和以往积累经验的综合分析，按照不同监测因素设定需要采取措施的阈值，一旦某项监测指标达到该阈值，自动启动预警程序，由相关部门或单位采取具体措施以消除主要的威胁因素。预警包括下列主要内容：监测数据库的建立，根据监测所获得的数据和信息，建立农业野生植物原生境保护点监测数据库；一般性预警，对每个农业野生植物原生境保护点的定期监测结果进行整理和分析，形成监测报告，定期向上级管理机构上报，上级管理机构根据上报的信息和数据，提出应对措施，并指导实施；应急性预警，遇到紧急突发事件时，撰写预警监测报告，并上报至国家主管部门，国家主管部门根据分析结果，提出应对措施，并指导实施。

第四节　作物种质资源繁殖更新

作物种质资源繁殖更新是指在种质保存设施中的种质生活力降至更新临界值，或保存植株（试管苗）出现明显衰老症状，退化严重时，或种质保存量低于种质更新标准时，需要取出种质样本繁殖，产生新种质以替换原来保存种质的过程。种质资源在现代化种质设施中保存，仅能延长种质的保存寿命，而衰老是不可避免的，因此繁殖更新也是作物种质资源保护的一个重要环节。

种质资源繁殖更新过程中，不仅容易受到异源花粉的污染，而且会发生遗传漂变或遗传漂移，有时还会受到病虫害和极端天气的危害而造成种子繁殖更新的失败。遗传漂变和遗传漂移是繁殖过程中导致种质遗传完整性变化的主要因素。遗传漂变是指由于取样误差、频繁繁种等人为因素导致无法控制的环境差异对种质生长、存活及繁殖产生不同影响，引起种质遗传结构的随机改变，表现为等位基因频率的变化。在自花授粉混合群体、异花授粉群体种质材料繁殖更新中，繁殖群体大小是影响种质遗传漂变的主要因素，而纯系品种则与繁殖群体大小无关。遗传漂移是指由于自然选择而导致群体遗传结构或等位基因频率相应改变。遗传漂变是人为的、随机的，频繁繁种、取样误差和方法不当都会造成遗传漂变，而遗传漂移是自然的、有方向的，主要表现为染色体结构变异。对于很小的群体而言，遗传漂变所造成的遗传损失比遗传漂移所造成的遗传损失更大。因此，种质保存要尽可能延长种质更新周期，减少更新频次，以尽量减少种质发生遗传完整性变化，或导致种质发生遗传多样性丧失的风险。

维持种质遗传完整性、获得高活力且无携带致病性病菌的种质是种质资源繁殖更新的核心。不同保存方式、不同作物均需要有相应的规范技术规程和技术标准，以保证种质资源繁殖更新的质量。一般通过检测种质的遗传多样性（变异）组成来判断种质遗传完整性是否发生显著变化。目前，主要的检测方法有形态标记法、生化标记法、蛋白质标记法、DNA标记法等。

一、低温种质库保存资源繁殖更新

低温种质库保存的种质资源一般可分为两类：一是遗传上同质种质，指该份种质群体个体之间基本上具有相同的遗传结构，如自花授粉作物的育成品种和异花授粉作物的自交系等；二是遗传上异质种质，指同一种质材料其个体之间在基因型上是不同的，如原始地方品种、异花授粉的栽培品种和野生种材料等。减少或避免种质繁殖过程中基因丢失或污染，是维持种质遗传完整性的核心。一般来说，繁殖过程中的种质遗传完整性变化是指子代繁殖群体与原始群体相比，其种质遗传组成或结构发生了改变。

1. 影响种质资源繁殖更新的主要因素

繁殖更新过程中，影响种质繁殖质量与遗传完整性的主要因素有更新发芽率、有效繁殖群体量、繁殖地点、繁殖世代数、繁育系统、授粉方式、收获方式等。

（1）更新发芽率　指种质进行繁殖更新时的发芽率，即能够维持种质遗传完整性的最低生活力阈值。低发芽率使得某些个体在种植过程中不能正常发育或最终死亡，表现为个体携带的基因型在群体遗传组成中消失，最终引起种质遗传完整性的变化，尤其对遗传上异质的种质群体影响较大。一般栽培种的种质更新发芽率临界值标准推荐为85%，最低值不能小于70%。对于野生或特殊种质材料，更新发芽率临界值为降至初始发芽率的85%。

（2）有效繁殖群体量　有效繁殖群体量（Ne）一般是指种质在繁殖过程中保持遗传完整性的最低植株群体数量，更严格来说是指种植群体中能同等地繁衍下一代的个体数。例如，水稻作物的地方品种有效群体株数≥150株，其他种质类型≥100株。

（3）繁殖地点　指种质繁殖更新的种植地点。许多作物的生长发育和开花对环境条件有要求，如生长发育对种植地的温度和降雨量有要求，而开花还要有一些特殊的条件才能被诱导（短日照/低温）和发生（光周期和温度）。例如，我国南方春大豆和黄淮夏大豆，其适应的光温生态反应是截然不同的，南方春大豆从播种到成熟、收获，经历的环境温度从低到高，光照时间从短到长。而黄淮夏大豆从播种到成熟、收获，经历的环境温度从高到低，光照时间从长到短。因而，在适宜生态区进行种质资源繁殖是维持种质资源遗传完整性的基本条件，引进资源则选择近似生态区进行繁殖。

（4）繁殖世代数　指种质从入库保存之后所繁殖的次数。种子繁殖过程中，不可避免地产生了遗传漂变、基因掺杂和自然选择，经多世代繁殖后，原始群体遗传结构可能已发生改变。尽可能收集野外原始材料进行入库保存，以保持野生材料丰富的遗传多样性变异；对于一些新培育出的优质品种，当通过品种审定并开始推广时，就应及时收集或送一份样品到国家长期库保存，而不应当在推广多年后再来收集保存到长期库。中期库中需要繁殖用于共享利用的种质材料，原则上原始的繁殖样本须从长期库提取。

（5）繁育系统　指直接影响后代遗传组成的所有有性特征，包括花形态特征、开花、传粉、受精、种子发育机制、花器官各部位的寿命、传粉者种类和传粉频率、自交亲和程度及交配系统等，它们成为影响后代遗传组成和适合度的主要因素，其中交配系统是核心。作为种质库管理者，首先要了解作物繁育系统，即其属于近交种、异交种还是常异交种，同时了解种质材料的遗传组成特性，即属于遗传上异质群体还是遗传上同质群体，以便制定出能维持种质遗传完整性的繁殖策略。例如，原始地方品种及其野生近缘植物很可能是兼性的近交种或异交种，要根据作物的繁育系统特性，制定适宜繁殖方法，以避免多基因型混合的地方品种在繁殖更新过程中由于长期自交而发生遗传变化，成为基因型单一的品种。

（6）授粉方式　自然界普遍存在的植物授粉方式一般分为自花授粉和异花授粉。在异花授粉作物和常异花授粉作物的种质资源繁殖更新实践中，确保繁殖材料之间适当的隔离，阻止异源花粉交换，是保持繁殖材料种质遗传完整性最主要的步骤，一般常采取以下方法来阻断异源花粉之间的污染：①空间或时间隔离；②自然的或人为的屏障；③花序套袋并人工辅助授粉。具体采取何种措施取决于繁殖作物的授粉方法（虫媒或风媒）和繁殖生物学特性。

（7）收获方式　主要包括混合法和等量法。混合法是指混合收获全部植株种子，随机取样形成下一轮保存样本，该法具有田间操作容易的优点。等量法是指从每一个植株上收获相同数量的种子，形成下一轮保存样本，其相对费时、费力。混合法收获可降低种质资源保存过程中基因突变的累积效应。等量法对更新种质资源原始基因频率的影响要小于混合法，表明等量法可较好地降低由于遗传漂变而造成遗传完整性丧失的风险。

2. 低温库种质资源繁殖更新基本原则

在维持种质遗传完整性基础上，做到种子品质最佳化、种子数量最优化和费用最小化。质量最佳化即获得健康的、不带病原物和有害物、生活力较高（发芽率＞90%）的种子。田间管理按繁殖地管理方法，做好水肥管理，以及防治病虫草害、防止鼠雀害和防倒伏等措施。收获应在最佳成熟期及时收获，且收获没有受病虫侵害的健康种子；种子收获后需要尽快进行晾干或干燥，即种子的初步干燥。若采用室内热空气干燥，干燥温度建议不超过43℃，且空气必须流通，即在短时间内将含水量降至安全含水量范围。脱粒考种时，建议采用人工脱粒方式和人工清选方式，挑选饱满、色泽好且整齐度一致的种子作为种子资源保存样本。在运输环节，避免在高温、高湿环境条件下进行密封包装托运。种子数量最优化即是当种子生活力即将降到更新临界值时，种子数量仅是足够提供利用，则更新的经济效益将是最大化。种子数量太少，则更新频繁，易受遗传侵蚀；种子数量太多，则浪费资源和经费。多数作物种质资源的具体繁殖更新方法已形成规范，实践中可参照执行。

二、种质圃保存资源繁殖更新

种质圃种质资源繁殖更新，首先要把握各类保存作物的更新复壮指标。出现下列情况之一时及时进行更新复壮：① 植株数量减少到原保存量的50%。② 植株出现显著的衰老症状，如果树类作物萌芽率降低，芽、叶长势减弱，分枝分蘖量减少，枯枝数量增多，开花结实量下降，年生长期缩短等；多年生草本类作物株丛长势明显减弱，分枝分蘖显著减少，生物量明显下降，枯枝数量增多，生长期缩短。③ 植株遭受严重自然灾害或病虫害后生机难以恢复。

在更新时把握以下技术要点：一是清楚更新树种的特征特性，包括繁殖方法（嫁接、扦插、压条、分株、组织培养和实生繁殖等）、砧木类型或品种、苗木繁育栽培特点、树种（品种）的典型植物学特征和生物学特性；二是选择适宜的繁殖地点和繁殖方法，培育出足够数量（保存植株的2倍）的健壮种苗；三是新培育重新入圃定植苗，需要进行种质性状核对、苗木品质的检验，以及国家规定禁止在国内传播，并必须采取检验措施的病、虫、杂草及可能携带这类病虫的生物等。即确保更新种质准确无误，无携带检疫性病虫；四是更新定植苗（3株以上）在新保存圃定植存活3年以上，并再次确认种质性状核对无误后，才能对多余的繁殖树苗和老树进行销毁。各作物种质资源在具体操作繁殖更新时，可参照《作物种质资源繁殖更新技术规程》执行。某些植株长势或树势衰弱时，可及时通过加强土壤管理、修剪树体、疏花疏果、产量控制等栽培技术措施，使植株的生长势得到恢复，达到复壮的目的。但要注意，同一种果树中不同物种或不同类型之间其繁殖技术有可能存在差异。

三、离体种质库保存资源繁殖更新

随着试管苗继代培养次数的增加，频繁继代的试管苗易发生染色体和基因型的变异，如产生多倍体、非整倍体、染色体缺失和异位等结构变异。因此各种作物的继代培养次数需要控制在一定范围内，到一定次数后要重新移植到田间种植，然后从田间繁殖体采集外植体，在试管苗库中进行组织培养再生成完整的小植株，如此循环往复，可使作物种质资源长久保存下去。

从维持遗传完整性角度考虑，利用离体试管苗种质继代培养次数有一定限制，作物试管苗保存寿命 = 每次继代保存时间 × 最佳继代保存次数，之后这些试管苗保存材料需要重新到田间种植更新，再从田间植株采集外植体进行组织培养获得保存试管苗，进行新一轮的种质离体保存。从目前保存实践来看，试管苗的保存寿命可达 10 年。

第五节　作物种质资源保护的发展趋势

一、构建种质资源整体保护体系

在种质资源保存实践中，许多国家都致力于构建原生境与异生境互为补充的整体保护体系。尤其在异生境保护体系方面，无论是国际组织、国家层面上，都构建了类型多样且互为备份的整体安全保护设施体系，以确保各类种质资源的安全，并能够有效提供利用。

国际农业研究磋商组织（CGIAR）是国际上实施种质资源整体保护策略的典范，其下属 11 个农业研究机构建设了低温种质库、种质圃、试管苗库、超低温库等保存设施，满足了各类种质资源整体保护需求。CGIAR 与挪威政府合作，在斯瓦尔巴群岛建设全球种质库，实施了种子类资源的备份保存策略。国际马铃薯中心（CIP）收集保存了来自全球的马铃薯、甘薯和安第斯山块根茎作物种质资源，其中栽培类型主要采用试管苗库保存有 11 000 份，备份保存采用超低温离体长期保存，备份保存数量已占到 CIP 资源数量的 25% 以上。

美国是最早开始整体保护体系建设的国家。在科罗拉多州的柯林斯堡建成了世界上第一座国家级种质库，负责全美种子类作物种质资源的长期保存，并与 15 个种子类资源中期库，相互构成了备份保存机制。分农业生态区域建立了 9 个国家级种质圃，专门保存果树等无性繁殖作物种质资源，在美国国家植物种质系统建立超低温保存库，负责圃存苹果等重要资源中离体种质备份保存，86% 的种子类资源和 15% 的无性繁殖类资源开展了长期备份保存。美国作物种质资源整体保护策略的成功实践，使其收集保存数量达 62 万份，物种 1.5 万余个，每年分发资源数量 25 万份次，物种多样性、种质保存数量和分发数量均居世界首位，这也是支撑美国种业一直处于领先地位的重要原因。

二、抢救性保护珍稀濒危和特异资源

对于大多数植物种质资源，低温种子保存和传统繁殖方法是实现全球植物保护保存

的最有效方式。但有 5 000 多个物种不能采用这些传统方法保存，而这些物种资源包括珍稀濒危和特有植物种质资源。通过建立试管苗组织培养体系、利用茎尖超低温保存技术，成功保存了许多珍稀濒危物种资源，并在再生后重新引回了野外自然生境。英国皇家植物园邱园已试管苗保存了很多来自世界各地的濒危物种，美国濒危野生生物保护与研究中心利用离体保存方法对美国濒危物种进行抢救、长期保存、恢复，重新引回自然生境。

超低温保存技术能够为某些植物物种提供长期保存途径，但超低温保存技术的研发因其物种特异性和复杂性，仍是一个渐进的过程。需要重视利用蛋白质组学、转录组学等多组学技术，结合采用生理生化测定、生物信息学分析等技术，开展脱水胁迫、恢复培养等处理过程如何维持种质活力和遗传完整性，以及如何选择适宜的外植体材料、调控细胞生理状态以适应超低温和脱水胁迫的生物学机制研究，为提高超低温保存后存活再生、加速技术研发、提升技术适用性与规模化保存提供理论指导。同时要重点开展超低温保存细胞存活机制的研究以及超低温保存技术优化研发，为濒危物种种质资源抢救保护提供理论和技术支撑。

三、加强种质衰老监测预警与遗传完整性维持机制研究

在低温种质库中，种子寿命可以延长至数十年甚至百年以上，但因物种间种子耐贮藏性差异，以及种子贮藏前所处环境条件存在较大差异，且种子生活力丧失机制仍不是很清楚，因此构建种质衰老监测预警技术体系，预测出种质降至衰老拐点水平，以防止库存种质生活力降至过低，从而确保库存种质的遗传完整性，是种质库种质安全保存研究最重要的目标之一。

发展无损、快速的种子衰老预警技术是确保库存种质安全保存的关键。在不破坏种子的状态和化学性质等前提下，监测预警指标并获取种子活力等相关信息，正受到种质库科技人员的高度重视。随着现代工业和科学技术快速发展，多光谱成像技术、电子鼻技术、拉曼增强技术、近红外增强技术、微流控技术等无损检测技术越来越多地应用于研发种子生活力的监测预警和数据分析等。预警指标要与种子生命力密切相关，尤其要加强种质衰老机制的研究，发掘可预示和预警种子衰老拐点的预警指标。

维持种质遗传完整性是种质保存最主要目标。随着基于遗传完整性的繁殖更新技术体系的建立和广泛应用，维持种质遗传完整性机制的研究已深入分子水平，即从单粒种子的分子层面来分析每份种质的遗传结构，更科学精准评估种质在保存和繁殖过程中的遗传完整性变化，以确保优异基因源的特异性能持久得到维持，以提供可持续的利用。

四、深化原生境保护机制研究

作物野生近缘植物是作物种质创新和品种改良的重要基因源。在作物野生近缘植物生长地就地建立保护措施，是保护作物野生近缘植物的重要途径之一。但由于生境破坏和污染、资源过度利用、盲目引种、气候变化，以及公共意识的缺失等因素的影响，部分作物野生近缘植物仍面临消失的风险。因此，须深化开展以下两方面的原生境保护机制的研究。一是通过对原生境保护点野生近缘植物的生存、繁衍和进化状况的定期监测研究，结合环境气候因子的变化，阐明群体适应环境变化、维持进化潜力的遗传因素，揭示物种进化或者灭绝与濒危机制，评价保护效果，为进一步规划发展作物野生近缘植

物保护项目，提高原生境保护点的科学管理水平提供科学依据。二是在作物野生近缘植物保护方面开展生物多样性主流化实践研究，将生物多样性纳入经济、社会发展的主流，从而避免先破坏后保护，做到防患于未然，使生物多样性保护与经济发展得以同步进行，实现生物多样性保护由行政命令向综合运用法律、经济、技术和必要的行政办法的转变，可从根本上解决作物野生近缘植物保护与可持续利用问题。

📖 推荐阅读

1. 卢新雄，辛霞，刘旭. 作物种质资源安全保存原理与技术［M］. 北京：科学出版社，2019.
   本书系统介绍了种质库、种质圃、离体库等保存方式的作物种质资源安全保存的原理与技术。

2. Hawkes JG，Maxted N，Ford-Lloyd BV. The *ex situ* conservation of plant genetic resources［M］. London：Kluwer Academic Publishers，2001.
   本书系统介绍了植物遗传资源的异生境保护方法与技术。

3. Maxted N，Ford-Lloyd BV，Hawkes JG. Plant genetic conservation：the *in situ* approach［M］. London：Chapman and Hall，1997.
   本书系统介绍了植物遗传资源的原生境保护技术。

❓ 思考题

1. 为什么作物种质资源保护须原生境保护和异生境保护相结合？
2. 苹果、野生稻、橡胶均在种质圃进行资源保存，有何异同？
3. 低温种质库的种子保存与一般农业上的良种贮藏，有何异同？

📑 主要参考文献

1. 刘旭. 作物种质资源学［M］. 北京：科学出版社，2024.
2. 卢新雄，陈叔平，刘旭. 农作物种质资源保存技术规程［M］. 北京：中国农业出版社，2008.
3. 卢新雄，王力荣，辛霞，等. 种质圃作物种质资源安全保存策略与实践［J］. 植物遗传资源学报，2023，24（1）：32-43.
4. 辛霞，尹广鹍，张金梅，等. 作物种质资源整体保护策略与实践［J］. 植物遗传资源学报，2022，23（3）：636-643.
5. 尹广鹍，辛霞，张金梅，等. 种质库种质安全保存理论研究的进展与展望［J］. 中国农业科学，2022，55（7）：1263-1270.
6. 郑晓明，陈宝雄，宋玥，等. 作物野生近缘种的原生境保护［J］. 植物遗传资源学报，2019，20（5）：1103-1111.
7. FAO. Genebank standards for plant genetic resources for food and agriculture［S］. Rome：FAO，2014.
8. Pence VC，Ballesteros D，Walters C，et al. Cryobiotechnologies：tools for expanding long-term *ex situ* conservation to all plant species［J］. Biological Conservation，2020，250：250108736.

🌐 网上更多资源

📚 拓展阅读　　📝 思考题解析

撰稿人：卢新雄　尹广鹍　辛霞　张金梅　审稿人：姜孝成

第六章

作物种质资源表型鉴定评价

本章导读

1. 作物种质资源鉴定评价哪些表型？
2. 我们需要什么类型的作物种质资源？
3. 如何找到优良的作物种质资源？

　　作物种质资源收集保护的最终目的是利用其中的优异种质资源，培育符合人类需求的优良新品种。迄今为止，我国保存的作物种质资源达 56 万余份，但这些种质资源的性状表现如何？哪些性状是遗传研究或育种实践所需要的优良性状？如何找到具有优良性状的种质资源？开展作物种质资源表型鉴定评价是解答这些疑问的钥匙，也是作物种质资源学的重点任务。

第一节　作物种质资源表型鉴定评价概述

　　作物种质资源的基本特性包括遗传多样性和遗传特异性，这两个生物学名词分别代表种质资源的整体和个体遗传变异特征，个体的遗传特异性构成整体的遗传多样性。遗传多样性和遗传特异性是作物种质资源鉴定评价的主要对象。

一、作物种质资源表型鉴定评价的概念及原理

（一）作物种质资源表型鉴定评价的概念

　　作物种质资源的表型（phenotype）又称性状，指个体形态、功能等可观察或可测定的性状特征，是基因型（genotype）和环境共同作用的结果。作物种质资源间遗传背景的多态性决定了表型的多样性，是作物育种的遗传基础。基因型由作物种质个体的遗传因素决定，是相对固定的。植物体外部的环境因子主要包括土壤（养分、水分、根际微生物）、气候（光照、温度、降水、风等）、生物（病虫草害）与非生物（干旱、渍涝、高温、低温、盐碱、重金属等）胁迫，以及人为控制的耕作制度与田间管理等，不同基因型在各类环境因子的作用下，呈现出不同的表型值，这主要是基因型对特异环境的适应或互作所决定的。

　　表型鉴定（phenotypic identification）是指在适宜的生态环境或特定实验条件下，依据相关的标准和规范，对作物种质资源的形态特征、生物学特性、品质特性、抗病虫性

和抗逆性等表型进行调查记载。表型评价（phenotypic evaluation）是指对表型赋予数值或级别，并描述其优劣，在综合分析的基础上对作物种质资源进行评判。表型鉴定评价的实质是鉴别种质资源表型性状的遗传多样性和遗传特异性，是作物种质资源从收集保存到创新利用的桥梁，也是深入研究、创新和应用的基础。

根据作物种质资源表型鉴定的目的可以将其分为两类，一是为作物种质资源的编目保存提供本底性状信息，包括基本农艺性状和产量性状，即植株个体的植物学形态与产量性状、群体的物候学特性等；二是为基础研究和育种利用提供具有特异性状的种质资源，包括产量性状、品质特性（目标器官的主要或特殊营养成分、加工或饲用部分的化学成分）、生物胁迫抗性（对病虫草害的抵抗能力）、非生物胁迫抗性（又称抗逆性，指对旱涝、极端温度、土壤中盐碱/养分缺乏/重金属等的耐受能力）、环境资源利用性状（对土壤中水分和养分、大气中光和热等的利用效率）、适宜机械化收获性状（抗倒折性、果荚抗裂性、籽粒脱水速率、成熟期）等。通过表型鉴定评价，从丰富多样的作物种质资源群体中发掘具有实际或潜在利用价值的优异种质，进而为基础研究或应用研究提供基础材料和科学依据。作物种质资源鉴定评价的具体表型包括丰产、优质、抗病虫、抗逆、资源高效利用等主要性状。

（二）作物种质资源表型鉴定基本原理

作物种质资源表型鉴定的基本原理是在一定的田间或人工控制条件下使不同基因型材料的表型得以充分表达，展现出目标性状的多样性，发掘具有育种或研究利用价值的性状特异性种质。根据控制表型性状基因的数量，作物表型可以分为简单性状和复杂性状，简单性状表型受单基因或少数基因控制，而复杂性状表型则为多基因控制，基因数量的增多导致基因型与环境互作的复杂性增加。在基因型固定的条件下，环境决定着表型性状表达的程度。表型性状的充分和有效表达既受鉴定场圃大环境（气候、土壤等）的影响，也受作物群体密度等小环境的影响。根据表型鉴定的目的，可以选择不同的环境条件。例如，单一环境或者多年异地的多环境，该作物的正常生长环境，或者是有生物或非生物胁迫的异常环境。

对于特定种质而言，在不同的时空条件下，其表型性状会因环境的不同而表现出变异性，若采用多年多点多重复的鉴定，则表型性状能够呈现一定的变异范围。对于同类作物种质，即使是在单一环境中鉴定，其表型性状也会因种质间遗传背景（基因型）及性状表观修饰水平的不同而呈现差异。因此，在表型鉴定中确保作物种质性状的充分表现，是做好表型鉴定的必要条件，也是进行种质特性研究和育种利用的基础。

作物种质资源表型鉴定与作物育种工作中对品种（系）的表型鉴定既有相同点，也有区别。其相同之处是都需要明确受试材料的性状特征，区别是育种工作对品种（系）的表型鉴定以选择符合生产需求的基因型为目标，重点考虑适应某种生态或生产条件的产量、品质、抗性等性状的综合表现。而作物种质资源的表型鉴定除了考察植物学基础性状外，重点关注在多种环境条件下的产量相关性状、特异的抗性、多样性的品质等性状，发掘具有一种或多种特异性状的种质材料，为种质创新、新品种选育及科学研究提供丰富多样的原始材料。

（三）作物种质资源表型鉴定的环境控制

1. 作物种质资源的环境适应性

作物种质资源在不同环境下表型的变异范围反映出其对环境的适应性，在多种环境下表型稳定、变异范围小的种质资源对环境的适应性强。作物种质资源对环境适应性的差异是其长期进化的结果，主要受基因型控制。但是表型鉴定条件，如播种期和种植密度等也可以影响植株形态、抗倒伏能力、群体产量等性状表现。因此，进行作物种质资源表型鉴定需要根据鉴定目的选择适宜的环境条件，以准确观察表型的多样性和特异性。

2. 产量相关性状表型鉴定的环境控制

在适宜作物生长的田间自然生态环境条件下鉴定产量相关性状，应根据作物生长需求，进行正常的田间管理，提供必要的养分和水分，防控病虫害，准确记载相关气候信息。若要考察其性状的稳定性或变异范围，宜采取多年、多点、多环境方式进行鉴定。多数农作物具有群体生产特性，如水稻、小麦等粮食作物，番茄、黄瓜等蔬菜作物，棉花、麻类等经济作物，对这些作物的产量相关性状进行鉴定时，应在与生产实际接近的种植密度下调查群体的表型。

3. 生物与非生物逆境抗性表型鉴定的环境控制

通常采用中等偏高水平的生物与非生物胁迫强度鉴定抗病虫和抗逆性。例如，人工控制病原物接种浓度或害虫投放数量，控制干旱、渍涝、高温、低温处理强度，以及土壤盐分和养分含量等，使种质资源的抗性/耐性多样性得以充分表达。在高强度胁迫下，大量种质材料表现为植株死亡或发育严重异常，不能充分展现多种类型或不同水平的抗性/耐性。因此，当评价抗性/耐性的标准以产量为参考值时，表型鉴定尤其不宜采用高强度的胁迫处理，需要把握适度的胁迫水平，如耐盐性鉴定的盐浓度、抗旱性鉴定的土壤含水量等。但要注意的是采用高强度的逆境胁迫进行表型鉴定，可以发现抗性强、抗性稳定的种质材料，进而发掘主效或大效应的抗性基因。

二、作物种质资源表型鉴定评价的重要性

表型是认知作物种质资源的基础，表型鉴定评价为认识作物种质资源提供支撑，是进行作物种质资源深入研究、创新和利用的不可或缺的重要基础性工作。

（一）表型鉴定评价是认识作物种质资源的基础

作物在长期的自然选择和人工选择条件下形成了丰富多样的表型性状。例如，作物与生物及非生物胁迫的长期共生形成了抗病虫和抗逆境能力的多样化，种植环境及人类生活偏好形成了作物品质、生育时期等性状的多样化。我国多种多样的自然环境赋予了中国野生资源和农作物种类的多样性，近万年的农耕史形成了表型与遗传特性丰富的地方品种和育成品种。通过多种方法和技术开展表型鉴定评价能够促进对作物种质资源多样性、特异性及基础性状的系统认知，为深入研究和共享利用作物种质资源的优良特性奠定基础。

（二）表型鉴定评价是实现从种质资源向基因资源转变的基础

作物种质资源优异性状和特异性状的表型鉴定是探索基因型的基础。准确的表型性状与利用分子标记及重测序等技术鉴定的作物种质资源基因型相结合，可有效地发掘调控重要性状的新基因，解析其功能，挖掘有利等位基因，并提出高效利用方案，实现从种质资源向基因资源的转变，这是作物种质资源深入研究的核心，也是作物种质资源鉴定评价的重要目标之一。科学准确的表型鉴定评价是发掘优异基因的重要依据，也是解析基因型功能的必要基础。

（三）表型鉴定评价为作物种质创新提供科学依据

作物种质资源是种质创新和新品种选育的物质基础。种质创新既是一个原始创新过程，也是一个调控优异表型性状基因的重组与累积过程。基于表型鉴定评价提供的信息，研究者才能有的放矢，选用具有目标优良性状的种质资源作为亲本进行种质创新或新品种选育，即利用各种自然或人工变异，创造新作物、新类型或新材料。通过远缘杂交、物理或化学诱变、现代生物技术等途径，将调控目标性状的新基因引入栽培种或主推品种，为基础研究或应用研究提供核心材料。科学准确高效的表型鉴定评价和优异种质资源的发掘利用将是现代种业发展的重要支撑。

（四）表型鉴定评价为作物种质资源共享利用提供依据

共享利用是作物种质资源研究的终极目标。信息共享和种质分发是共享利用的具体措施，以实现保障供给和高效利用的目标。表型鉴定评价为作物种质资源的共享利用提供材料及其表型信息支撑，使种质资源工作者能够根据用户需求准确地提供目标材料，充分发挥作物种质资源在科学研究和育种应用中的功能，提高种质资源利用效率。同时，围绕粮食安全、健康安全、产业安全、生态安全以及人们对美好生活向往、乡村振兴和科学发展的不同需求，种质资源工作者将能够从被动服务转向主动引领优异种质资源的高效应用，实现向全社会提供种质资源公益化服务的目标。

第二节　田间条件下的作物种质资源表型鉴定评价

作物种质资源表型鉴定方法因作物种类、表型性状类型及工作条件等而异，大致可以分为田间条件下的表型鉴定和人工控制条件下的表型鉴定。田间条件下的表型鉴定是指在适宜的自然生产环境条件下鉴定作物种质资源的目标性状。该鉴定方法能反映供试材料的基础特性，是表型鉴定的最基本、最重要的方法。鉴定条件包括纯粹的田间自然条件，以及田间条件与特殊的人工控制条件综合利用。前者用于鉴定农艺和产量等表型性状，后者用于鉴定生物胁迫和非生物胁迫抗性、环境资源利用效率等表型性状。

一、田间表型鉴定评价的基本原则

作物种质资源具有材料份数多、单份材料种子量少的特点。表型鉴定一般分为两个层次：首先对大量的材料进行单个年点或少数年点的初步鉴定，然后选择重点材料进行多年多点多环境的重复鉴定，充分展示多样性基因型材料的性状变异水平，为作物种质资源的深入研究和利用提供准确信息。在能够满足鉴定要求的前提下，表型鉴定应力求简便、快速、准确。虽然不同表型的鉴定流程和具体操作需求有差异，但以下几个方面是田间条件下的表型鉴定评价应遵守的基本原则。

（一）选择适于鉴定目标表型的生态环境

在适宜的生态环境中设置鉴定圃是获得作物种质资源目标性状多样性和特异性的基本方法。如农艺性状鉴定圃应设立在适宜于作物生长发育的生态区，保证鉴定对象正常生长以获得准确的表型；抗病虫鉴定圃设立在病虫害常发区，使病虫害发生水平达到可以鉴别作物种质资源抗性差异的程度；抗旱鉴定圃设立在干旱半干旱地区，以保证依赖自然降水的干旱处理组与施加人工灌溉的对照组之间表型差异显著，从而展示抗旱种质在干旱胁迫下的生产优势。

（二）设计合理的田间试验方案和田间管理

合理的田间试验设计是获得可靠表型信息的重要保障。田间表型鉴定易受气候及土壤等条件影响，年度间环境变异影响鉴定结果的可靠性，因此需要进行多年多点田间试验，才能作出客观的评价。试验地应选择土壤类型具有代表性、前茬一致、地力均匀的地块。田间试验设置重复和区组控制等，以减少试验误差。针对检测性状设计田间管理方案，例如，在进行非生物胁迫抗性鉴定田间试验之前应根据目标性状表达的需求，检测试验地的土壤水分、盐分、养分含量及土壤质地等。通过浇水、施肥、施药等人工管理措施，确保检测对象在适宜的环境条件下生长。

（三）采用科学的性状描述规范与数据采集标准

优先采用已制定的各类作物种质资源描述规范和数据标准中的描述符（包括字段名称、类型、长度、小数位、代码等）和描述标准，在目标性状表现最明显的时候进行测量和记载，做好数据采集全过程中的质量控制，对种质资源表型信息进行标准化整理和数字化表达，建立统一、规范的数据库并保证数据的系统性、可比性和可靠性。

（四）制定明确的性状分级与评判标准

根据相关的国家标准、行业标准或规范等，明确目标性状的分级与评判标准。例如，《小麦种质资源描述规范和数据标准》规定，根据植株抽穗后主茎和分蘖茎的集散程度把小麦株型分为紧凑、中等和松散3种类型。国家标准《小麦抗旱性鉴定评价技术规范》（GB/T 21127—2007）中规定小麦全生育期抗旱性以抗旱指数为判定指标，计算该指数的性状是干旱处理和灌溉条件下待测材料与对照品种的小区籽粒产量，依据抗旱指数将抗旱性分为5级，即极强、强、中等、弱、极弱，或用1、2、3、4、5表示。

二、田间表型鉴定评价的方法

根据鉴定目标、观测对象及操作环境等因素合理选择表型鉴定方法是提高表型鉴定质量和效率的关键。一般来讲，农艺性状、品质性状都可以结合鉴定者的感官定性和仪器定量进行综合评估，生物/非生物胁迫抗性表型和环境资源利用表型也可以通过感官直接观察和仪器测量进行描述，但需要对鉴定环境进行必要调控才能获得准确可靠的结果。

（一）产量等农艺性状鉴定评价

（1）鉴定内容　不同作物的形态和经济器官各异，对农艺性状鉴定的侧重点也不同。例如，谷类粮食作物、豆类粮食作物、油料作物和果树的经济器官通常为种子或果实，其性状与产量的形成直接相关，因此种子和果实是生产中最为关注的器官，也是鉴定评价的重点。谷类和豆类粮食作物的产量性状通常包括千粒重（百粒重）、穗粒数（穗行数、行粒数、每穗小穗数）、荚粒数、单株粒数和单株粒重等。不同于其他粮食作物，玉米的单株产量集中在1~2个穗中，穗器官鉴定性状还包括穗位高、双穗率、空秆率、穗柄长度、穗柄角度、秃尖长、穗长和穗粗等。小麦、水稻的落粒性和大豆裂荚性会造成产量损失，也是重要鉴定性状。此外，生育期、株高、分蘖和根系等通常也是鉴定对象。

拓展阅读 6-1　不同作物农艺性状表型鉴定内容比较

（2）鉴定方法　农艺表型鉴定的主要目的是记录或优化作物本身的生长特性，因此应在适宜作物生长的环境条件下进行鉴定。传统的鉴定方法可粗略概括为"一把尺子一杆秤，用牙咬用眼瞪"，鉴定指标主要包括颜色、数量（百分比）、形状（形态）、质量、物候期及生物学特征等（图6-1）。颜色测定方法主要包括目测和比色卡比对两种方式。数量或百分比类型的性状鉴定方式主要采用人工测量，如小麦穗粒数、大豆分枝数、向日葵空壳率等性状。形状（形态）相关性状主要依靠肉眼观察、工具测量并参考模式图进行评价，如水稻株高、小麦旗叶宽度、向日葵花盘直径等性状可通过直尺测量，水稻穗形、玉米株型、大豆倒伏性等角度相关性状主要依靠量角器或者目测估算，小麦穗形、水稻糙米形状、大豆叶形、大白菜叶球抱合类型、番茄果顶形状等参考模式图确定。质量相关性状通过电子天平或电子秤进行鉴定，例如，种子或果实的质量、大白菜等叶菜作物的叶球质量。物候期等相关性状以记录时间为主，主要通过田间调查记载的方法进行鉴定。根系的长度、根数目、表面积等可以人工测量计数，也可以通过扫描仪结合根系分析软件进行检测。生物学特征相关性状主要依靠专业仪器和生物学方法进行鉴定，如作物光合效率需要通过光合仪进行测定。在农艺性状鉴定过程中，应根据性状值的分布范围，采用不同测量范围和精度的工具和仪器进行测量，具体性状的观测时期、测量方法、小数点保留位数等信息可参考相应的作物种质资源描述规范和数据标准。

（3）评价指标　基于检测的表型数据，对农艺性状予以定性描述，或者参考模式图进行评价，评价标准的分级数目因作物和性状而异，多数性状分

图6-1 彩图

（a）小麦株高鉴定；（b）小麦旗叶角度鉴定；（c）小麦冠状根数鉴定；（d）小麦根系深度鉴定；（e）小麦穗形鉴定；（f）玉米粒色鉴定

图6-1　农艺性状鉴定

为 3 级～5 级。例如，水稻的穗形分为密集、中间和散开 3 种类型，玉米的雄穗一级分枝数分为无、少、中、多 4 种类型，小麦的穗形分为长方、纺锤、棍棒、椭圆、分枝和圆锥等类型。

（二）品质性状鉴定评价

（1）鉴定内容　作物品质可分为营养品质、功能品质、加工品质、感官品质等。营养品质鉴定的主要内容是作物籽粒、果实为主的器官中淀粉、蛋白质和氨基酸、脂肪和脂肪酸、矿质元素和维生素等必需营养成分的含量、组成、化学结构及营养价值；功能品质鉴定的主要内容是作物体内具有一定生理功能活性的非营养素成分或化合物的组成、含量、化学结构及其功能活性，如膳食纤维、糖类（寡糖和多糖类）、氨基酸和多肽类、脂肪酸和磷脂类、有机碱类、有机酸类、黄酮类、酚类、萜类等；加工品质鉴定的内容包括初级加工品质（磨粉、碾米）和食品加工品质，其中磨粉品质以籽粒容重、硬度、出粉率、面粉白度等为主要指标，食品加工品质以面团流变学特性和淀粉糊化特性等为主要指标；感官品质鉴定的内容是作物器官或加工产品的颜色、大小、形状、新鲜程度等外部感官品质，以及风味、结构特性等内在感官品质（食味品质）。

（2）鉴定方法　品质性状的鉴定评价对象主要是复杂的感性性状及微观生理生化物质含量，需要通过感官鉴定或仪器检测。感官鉴定是通过视觉、嗅觉、触觉、味觉等感知到的作物产品属性，一些作物种质资源的风味品质需要采用感官鉴定方式进行确认，如水稻的蒸煮食用品质、小麦面粉加工制品食用品质、水果的色香味、鲜食玉米品质、茶叶风味、烟草感官质量和香气成分等。感官鉴定是一种主观评价方法，重复性较差，受鉴定者的身体状况、情绪及外部环境等因素影响；此外，鉴定者通常会因其感官疲劳降低对大量样品的评价准确性。随着传感技术的发展，一类使用传感器模拟人类感官的智能感官技术应运而生，这种智能感官技术操作简单快速、分析高效准确，能有效克服人工感官鉴定和仪器测量的不足。目前，国内外在智能感官技术领域已有较多研究和应用，主要技术包括电子鼻、电子舌、食味仪和质构分析技术等。相对于人工的感官鉴定，仪器分析方法则更为客观。作物的果实、籽粒和茎叶等器官的营养品质、加工品质、碾磨品质、营养功能因子均可采用相应的仪器测定，如豆类籽粒中的特异蛋白、胰蛋白酶抑制剂、小麦谷蛋白亚基等。随着仪器分析技术的不断进步，涉及营养功能元素组分和含量的检测方法从传统的比色法、滴定法逐渐发展至光谱、色谱、质谱、核磁等现代检测技术，如近红外光谱法、X 射线荧光光谱法、核磁共振法、气相色谱法、高效液相色谱法等，检测灵敏度和精度均有显著提升。然而，这些新的品质性状鉴定技术通常对操作技术和空间环境条件要求严格，过程烦琐，检测成本较高。因此，寻找和建立简单易行、快速、准确、高通量、低成本的鉴定方法一直是作物种质资源品质性状鉴定技术发展的重要方向。

（3）评价指标　中国国家标准化管理委员会发布了多种作物品质鉴定的国家标准、行业标准和地方标准等，为作物种质资源品质鉴定评价提供了依据。例如，《农产品质量分级导则》（GB/T 30763—2014）给出了农产品质量分级的分级原则、分级要素选择和确定、容许度规定及检验方法规定；《小麦品种品质分类》（GB/T 17320—2013）规定了小麦品种的品质类型、品质指标、检验方法及判定规则；《粮油检验　稻谷、大米蒸煮食用品质感官评价方法》（GB/T 15682—2008）规定了稻谷、大米蒸煮的仪器和器具、操作步骤，米饭品质的品尝评定内容、顺序、要求及评分标准；《粮油检验　玉米粗蛋白

质含量测定　近红外法》（GB/T 24901—2010）规定了近红外分析方法测定玉米粗蛋白含量（干基）的仪器设备、测定、结果处理和表示方法；《粮油检验　大豆异黄酮含量测定　高效液相色谱法》（GB/T 26625—2011）规定了高效液相色谱法测定大豆异黄酮含量的试剂与材料、仪器设备、操作步骤、结果计算与表示等。基于测定结果，一般将品质性状分为 3 级或 5 级。

（三）生物胁迫抗性鉴定评价

生物胁迫分为病害、虫害、草害和鼠害，其中病害与虫害是主要危害。有些病、虫可以在作物种植当地越冬、完成全部生活史，有的属于迁移性病虫害。因此，开展病虫抗性鉴定，需要依据各种作物生长发育特点、相关病虫害发生规律、病菌培养及害虫繁殖难易程度，确定适宜的抗性鉴定技术与方法（图 6-2）。

（1）鉴定条件　人工接种鉴定可以控制病原与害虫接种强度，对鉴定环境进行适当调控，鉴定结果具有相对稳定性和重演性，因此，人工接种条件下的田间抗性鉴定是首选方法。人工接种鉴定中的多数真菌/卵菌病原采用合成培养基进行培养和繁殖，或在培养后再在多种谷粒基质上繁殖接种体；病原细菌通过营养琼脂培养基培养并可在营养肉汤培养液中繁殖接种体；玉米螟、棉铃虫、蚜虫、褐飞虱、豆象等害虫在人工合成饲料/寄主幼苗/豆粒等基质上生长并大量繁殖，用虫卵或幼虫接种。对于仅能在寄主上存活的病原，可在感病材料上采集接种体，并在敏感寄主/传毒介体上繁殖。为使鉴定种质达到适宜的病虫害发生强度，不同作物对接种病原浓度或害虫密度有相应规定。若接种强度偏低，多数种质呈现抗病或抗虫表型，无法筛选出优异的抗性种质；若接种强度过高，多数种质严重感病或虫害过重，也会掩盖作物种质间抗性水平的差异。例如，抗真菌病害鉴定时，喷雾或注射用病菌接种体（孢子）浓度控制在 $1 \times 10^5 \sim 1 \times 10^6$ cfu/mL；水稻抗褐飞虱鉴定中，采用国际水稻研究所的标准苗盘鉴定技术（standard seed box screening technique，SSST），在罩有防虫网的育苗盘中以每株 8～10 头的密度接入褐飞虱 2 龄幼虫。此外，当所鉴定病

图 6-2 彩图

（a）水稻抗纹枯病鉴定；（b）玉米抗粗缩病鉴定；（c）小麦抗赤霉病鉴定；（d）玉米抗茎腐病鉴定；（e）小麦抗白粉病鉴定；（f）大豆抗疫病鉴定

图 6-2　作物种质资源抗病虫表型鉴定

害的病原或虫害的虫源无法进行人工培养和繁殖时，或鉴定单位不具备病原和虫源繁殖条件时，或鉴定作物（如果树）较难进行人工接种时，可采取自然病圃或虫圃进行作物种质资源抗性鉴定。但受病原、虫源迁入鉴定圃方向及时期影响，病虫害在鉴定圃中发生和分布不均匀，发生强度可能偏低。因此，自然病圃适于筛查高度敏感、抗性低的种质，而抗性水平高、抗性稳定的作物种质则需要通过多年病虫害偏重发生条件下的重复鉴定才能准确筛出。

（2）鉴定方法　采用人工接种或自然病/虫圃鉴定方法，在完成对作物种质资源的发病或虫害处理后，调查作物组织相对受害面积/比例（如叶片、根系、枝条、果实等植株组织被病原侵害后出现不同颜色与形状的斑块面积）、植株死亡率、幼虫发育影响程度（幼虫死亡率或幼虫发育受阻程度）或生理代谢指标（抵御病原入侵和扩展的苯丙氨酸解氨酶、超氧化物歧化酶、多酚氧化酶等的活性）等表型数据。

（3）评价指标　基于表型数据，对病虫抗性水平予以定性描述，即抗性评价。目前，较广泛采用的病虫抗性评价标准分为5级，为高抗（HR）、抗（R）、中抗（MR）、感（S）、高感（HS），也有增设免疫（I）、中感（MS）等级别的。病虫抗性评价指标在不同鉴定中存在差异，主要分为以下三类。一是以病情或虫害级别直接对应于抗性水平。每份种质的群体病情/虫害级别或依单株计算的平均病情/虫害级别直接对应不同的抗性水平描述，如小麦抗黄矮病、玉米抗叶斑病、高粱抗丝黑穗病等。二是以病情指数或受害指数对应于抗性水平。基于鉴定材料单株病情或虫害级别调查，计算每份种质病情指数或虫害指数并划分种质抗性水平，如水稻抗稻瘟病、小麦抗赤霉病、梨抗黑星病等。三是基于多种指标的综合评价。部分抗病虫鉴定以多性状判断种质抗性水平，如小麦抗锈病鉴定中依据侵染型和病情指数形成抗性评价指标，香蕉抗枯萎病评价综合植株根、茎、叶症状进行抗性分类。为简化操作，鉴定中也可利用采集的表型数据直接评价抗性水平，如水稻抗白叶枯病鉴定中取种质群体中单株叶片病斑长度平均值评价抗性水平，梨和苹果抗阿太菌果腐病鉴定以果实病斑扩展直径平均值评价抗性水平。

（四）非生物胁迫抗性鉴定评价

非生物胁迫包括干旱、渍涝、高温、低温、盐碱、铝酸、养分亏缺、遮阴、强光、辐射、大风、电磁以及环境污染（重金属、农药、臭氧和二氧化硫等）等。非生物胁迫抗性指作物抵御逆境胁迫获得较高产量的能力。不同胁迫可能同时发生，形成多重胁迫，如旱热、旱盐、紫外线与重金属共胁迫等。因此，非生物胁迫鉴定方法复杂多样，其主要区别在于胁迫环境设置（图6-3）。目前，我国已发布了多种作物的非生物胁迫抗性鉴定标准，如国家标准《小麦抗旱性鉴定评价技术规范》（GB/T 21127—2007）、农业行业标准《节水抗旱稻抗旱性鉴定技术规范》（NY/T 2863—2015）和《棉花耐盐性鉴定技术规程》（NY/T 3535—2020）等。非生物胁迫抗性鉴定方法的共性要点包括以下几个方面。

（1）鉴定条件　非生物胁迫抗性鉴定试验宜在供试作物种质资源适宜的生态区实施，试验前要对当地土壤水分、养分含量及土壤质地进行检测，避免胁迫处理与当地土壤条件产生冲突；开展多年多点试验，各年点设置3次以上重复，随机区组设计。在邻近胁迫处理的试验地设置非胁迫处理的对照试验，胁迫处理及对照的试验地除目标胁迫因素以外的其他环境条件尽可能相同；除特殊试验需求外，胁迫强度及时间应参考不同作物生长季的农业气象资料及逆境监测资料，根据相关胁迫实际发生情况确定。

（a）水稻田间自然耐冷性鉴定；（b）水稻孕穗期冷水浇灌下耐冷性鉴定；（c）小麦抗旱性鉴定；（d）小麦耐热性鉴定；（e）玉米耐低氮鉴定；（f）玉米抗旱性鉴定

图6-3 作物种质资源非生物胁迫抗性鉴定

（2）鉴定方法　非生物胁迫抗性鉴定方法包括田间鉴定和人工控制条件下的模拟鉴定。鉴定性状包括植株形态、生理及产量等，根据作物种质资源描述规范对表型数据进行量化，同时注意记录各种质的生育时期；针对环境敏感性表型，如叶片卷曲度、冠层温度及气孔导度等，应遵循"一同一优"原则进行鉴定，即同时对处理组和对照组进行鉴定，优先完成单个重复内的数据采集，从而减少组内或组间环境差异所引起的试验误差。

图6-3彩图

（3）评价指标　根据鉴定目的，充分权衡鉴定过程的可行性及鉴定结果的准确性，选取适宜的评价指标。在进行大批量种质资源非生物胁迫抗性鉴定时，一般选用单指标评价方法，常用的单指标评价参数包括：抗逆指数、胁迫敏感指数及表型适应性指数等。对于优异亲本材料选择或小批量种质资源研究，尽可能选择比较多的相关性状，通过隶属函数、主成分分析或灰色关联度分析等方法进行综合评价，从而提高鉴定结果的全面性和准确性。常用的综合评价指数有平均隶属函数值、平均抗逆系数及加权抗逆系数等。基于表型数据，通常将非生物胁迫抗性分为5级，即极强、强、中等、弱、极弱。

（五）环境资源利用效率鉴定评价

作物环境资源包括作物生长环境中的光、热、水和肥等，是保障作物生产的基础条件。作物环境资源利用效率指作物消耗单位环境资源所生产的同化物质的量。随着绿色高效可持续发展理念的不断强化，"少投入，多产出，保护环境"已经成为环境资源高效利用农业发展的重要目标。环境资源利用效率鉴定是发掘节肥、节水、高光效作物种质资源的有效途径。

1. 养分和水分利用效率的鉴定评价

开展土壤环境下作物种质资源养分和水分利用效率性状鉴定时，应全面考虑鉴定参数的设定或控制。

（1）鉴定条件　养分和水分利用效率的鉴定压力水平设定是能否获得可靠鉴定结果的关键。在土壤栽培方式下，选择适宜的养分或水分含量及梯度有利于不同种质资源基因型得到充分表现，提高鉴定效率（图6-4）。作物在不同发育阶段对养分和水分的吸收

图6-4 彩图

图6-4　小麦种质资源氮肥利用效率鉴定（a）和磷肥利用效率鉴定（b）

与利用存在较大差异，选择最佳的鉴定时期是提高鉴定效率、发掘可利用种质资源的基础。以经济产量作为评价指标时，应在作物成熟期鉴定；采用植株鲜重或干重等生物产量为指标时，则可选择苗期或成株期进行鉴定；如果采用生理、生化指标，也可选择苗期或成株期进行鉴定。

（2）鉴定方法　在田间开展作物种质资源养分、水分利用效率鉴定评价时，要求土壤中养分和水分水平相对稳定，因此，主要选择长期定位试验站开展多年多点的精准鉴定，采用5点法取样测定土壤基础养分和水分。依据《中国土壤普查技术》和《中国主要作物施肥指南》，将土壤养分分级；根据鉴定目的，选择不同养分水平的试验地进行性状鉴定，如作物养分积累量、产量等。作物水分利用效率的鉴定方法主要包括以下3种，一是直接测定法，即用烘干法直接测定作物在某一阶段内产生干物质／产量所消耗的水分，这种测定方法较准确，但工作量较大；二是气体交换法，即利用便携式光合测定系统检测叶片的光合速率与蒸腾速率，以两者的比值表示叶片水分利用效率，该方法只能测定某一时刻的瞬时值；三是碳稳定同位素技术，利用激光光谱同位素分析仪检测植物组织中短期内的同位素组成，是测定植物水分利用效率的重要方法。

（3）评价指标　评价作物种质资源养分、水分利用效率时，以生物产量或籽粒产量（经济产量）为主，以农艺性状、根系特性和生理指标等为辅。评价作物养分利用效率的性状指标有多种，但尚无统一的标准，主要有养分吸收利用效率、农学利用效率及偏生产力等。养分吸收利用效率是指施肥区作物养分积累量与空白区作物养分积累量的差值占施用养分总量的百分率；养分农学利用效率指作物施用养分后增加的产量与施用养分量的比值；养分偏生产力指施肥后的作物产量与养分施用量的比值，它是反映土壤基础养分水平和肥料施用量综合效应的重要指标。评价作物水分利用效率的指标通常分为单叶和群体水平两个层次。单叶水平上的水分利用效率用光合速率与蒸腾速率之比表示，群体水平的水分利用效率表示为干物质产量或籽粒产量与同期的水分蒸腾蒸发量之比。实际应用中，应根据鉴定目的和作物发育阶段选择适宜的评价指标。

2. 光能利用效率的鉴定评价

作物光能利用效率指单位土地面积上作物群体通过光合作用合成的有机物中所含能量与该时段内投射到该面积上的光合有效辐射能量之比。光能利用效率是衡量作物光合生产能力的重要指标，受多种因素的影响。

（1）鉴定条件　作物种植密度与叶面积指数呈显著正相关，叶面积指数的大小和动态直接影响冠层对光的截获，从而影响光能利用效率，通过合理密植塑造适宜群体结构和叶面积是作物高产稳产的基础；宽窄行和宽行窄株种植方式等也影响光能利用效率，因此在比较作物光能利用效率时，应设置相同的种植方式和种植密度。环境温度影响作物的光合效率，光合作用的最适温度因作物而异，多数 C_4 植物最适温度高于 C_3 植物。土壤水分和养分直接影响作物光合作用能力，缺水会导致叶片气孔关闭，降低光合速率；氮和镁等养分元素是叶绿素的组成元素，其他一些营养元素参与光合产物的合成与转运过程，因此应在适宜的水肥条件下鉴定作物光能利用效率。作物不同生育时期的光合作用能力存在较大差异，一般花期光合作用能力较强，随着叶片衰老，光合作用能力下降；同一植株不同部位叶片的光合作用能力也不尽相同，如玉米穗位叶片的光合作用较强，穗下叶片光合作用较弱。总之，光能利用效率是作物与多种环境因子共同作用的结果，应选择适宜的生态环境、栽培管理方式、鉴定时期及鉴定的植株部位等，为准确鉴定提供保障。

（2）鉴定方法与评价指标　作物光能利用效率一般以生物产量计算，也可以用经济产量计算。光能常以有效辐射量表示，一般有效辐射量占总辐射量的近1/2。目前，关于作物光能利用效率还没有统一的评价标准。

第三节　人工控制条件下的作物种质资源表型鉴定评价

人工控制条件下的表型鉴定也称人工模拟鉴定，指在人工控制的光照、温度、水分等环境条件下鉴定作物种质资源的目标性状。当田间自然条件不能满足作物种质资源某些表型的鉴定要求，使得性状不能充分表现，或者鉴定工作量过大时，可以采用人工模拟鉴定。因此，人工控制条件下的表型鉴定是田间表型鉴定的重要补充和提升。

一、人工控制条件下表型鉴定的主要特点

人工控制条件下的表型鉴定与田间表型鉴定的基本原则一致，即在一定的鉴定环境下使作物种质资源中的多样性基因型得以充分表现，以有效筛选出可利用的种质资源。人工控制条件下的表型鉴定主要在室内进行，其不同于田间表型鉴定的主要特点是可以对局部空间内的各类环境因素进行精确调控（如空气温度和湿度、光照长度和光谱区间等），同时还可以严格控制作物生长条件（如土壤水分和养分的实时监控，以及生态环境条件的适时调控等）。在人工控制条件下的表型鉴定，能够精确模拟作物生长环境，并检测其性状，这是在田间环境下难以实现的。人工控制条件下的室内表型鉴定还能够通过集成多种传感器（如可见光、远红外、多光谱等）和自动化传送设备的功能，对作物生长发育表型进行动态观测和数据连续采集，为作物表型分析提供高质量的多维图像和表型参数。通过调节图像传感器精度，其鉴定性状的尺度可大至群体，小至组织细胞。近年来，随着检测技术和相关仪器设备的快速研发完善，通过综合利用多种环境控制仪器设备能够在室内模拟多样性的田间生态环境，进而评估表型的可塑性或稳定性，对关键表型性状（如产量、品质和抗性等）进行全方位鉴定，获得具有统计学意义的鉴定结果。

二、人工控制条件下的表型鉴定平台

在田间鉴定的各类表型性状均可以采用盆栽或者小区的规模在室内进行鉴定，因此室内鉴定方法在鉴定目标（性状类别）、实验设计、性状描述等方面均可参考田间试验。室内表型鉴定方法与田间条件下鉴定方法的不同点主要集中在环境设置、设备运行和表型采集等技术层面，这些技术通常是以整合的平台形式呈现，而目前没有统一的平台分类标准，一般根据表型数据采集通量、传感器集成度和占地面积等方面综合考量，分为大型平台和中小型平台（图6-5）。

（一）大型室内表型鉴定平台

大型室内平台的表型采集方式通常可分为传送式和轨道式。目前国际上大多数的室内表型设施采用传送式设计，即作物在传送带上培养并通过电动机传送至成像区域进行拍摄；轨道式平台则根据室内建筑结构配置可移动图像采集系统，对作物进行原位成像。大型室内平台配备自动灌溉系统，可实现自动补水等管理措施。另外，盆栽贴有二维码以方便跟踪记载作物生长情况。传送式平台能够通过增加传送带数量来扩大种质容量，同时可以根据实验设计加装光温传感器，从而满足多样化实验需求。例如，荷兰研发的植物群体光合连续监测系统CropObserver集成了叶绿素荧光成像和检测设备自动化行走技术，能够用于作物种质群体光合特性的连续监测。然而，传送式平台价格和维护成本较高，难以大规模推广应用。轨道式平台操作流程相对简单，架设轨道所需要的场地较小，也可通过改造结构、增设传感设备扩大工作区域。例如，我国开发的PhenoWatch Crop 3D平台集成了3D-LiDAR激光雷达、多光谱成像、RGB成像和热红外成像技术，能够同步采集作物冠层覆盖度、株高、光谱特征、植被指数等大量植株形态和生理参

图6-5彩图

（a）传送式表型鉴定平台；（b）轨道式表型鉴定平台；（c）台式表型鉴定平台；（d）箱式表型鉴定平台

图6-5　室内表型鉴定平台

数。然而，此类平台相对有限的载荷限制了传感器的集成数量，数据采集质量和通量也略逊于全自动传送式平台。

（二）中小型室内表型鉴定平台

中小型室内表型鉴定平台主要用于鉴定中小型作物或者作物苗期表型，通常为台式或箱式结构。此类室内平台占用面积较小，可以通过定制成像设备和机械结构来满足不同的表型采集需求。中小型平台的主要优势是定制化、低成本、便携式，在保障表型数据采集质量的同时，兼顾多样化和灵活性。例如，小型箱式平台 PlantExplorer 集成了多光谱叶绿素荧光和可见光成像技术，利用最新的 LED 技术、CCD 技术与通信技术，实现了对植物表型的多功能监测，可以在 RGB 成像、叶绿素成像、花青素成像的同时，获取叶绿素荧光成像。

三、人工控制条件下表型数据管理和解析

硬件设备是室内表型鉴定平台的身躯，而控制分析软件则是其灵魂。随着室内表型采集硬件（如光温传感器）不断升级，相应的控制软件、数据管理系统和表型解析算法也日新月异。表型数据标准化分析体系包括预处理、整合、存储等多方面内容。对于数据预处理，国际上通用的表型数据标准为 ISA-Tab 格式和 MIAPPE 格式。对于数据整合和存储系统，世界各国有着不同的解决方案，如法国开发的 PHIS 系统能够集成和管理来自多个实验和平台的表型数据，再通过网络服务与外部数据库进行交互备份。英国采用物联网技术建立了 CropSight 小麦表型数据管理平台，通过分布式设备和云端服务器的交互作业完成对温室和生长箱中小麦种质表型的实时监测和数据存储。

大型表型鉴定平台一般通过商业集成软件进行量化分析，如 LemnaTec 室内平台可通过 LemnaGrid 软件对植株图像进行后期处理和表型分析。同时，也有研究团队开发了一系列独立于硬件系统的表型解析软件，如 RootNav 2.0 软件能够通过深度学习策略对复杂的作物根系构型进行量化分析。对于非计算机专业的研究人员，ImageJ 和 Photoshop 等综合性的图像软件也可用来进行作物表型分析。此外，还利用 Python 或 Matlab 等脚本程序语言，通过简单的编程来辅助作物表型图像分析，这类程序的开发一般需要依赖各类图像处理软件完成图像读取、预处理、分析和性状提取的全过程，如 OpenCV、Scikit-Image、MATLAB Image Processing Toolbox 等软件。

智能化室内作物表型鉴定平台正在进入高速发展的快车道，该技术平台可以针对不同生态区农业生产需求，在可控条件下采集各类表型组数据。通过不断改进计算机、传感器和图像智能分析技术，各类作物表型参数将被进一步细化，种质资源基因型在环境中的显示度也将进一步提高。然而，如何从作物种质资源表型大数据中提取有生物学意义和生产利用价值的信息，是需要进一步探讨的问题。

第四节　作物种质资源表型鉴定评价的发展趋势

作物种质资源表型鉴定的目的是科学评判每份种质资源的实际或潜在利用价值，为在基础研究或应用研究中实现其利用价值提供可靠依据。随着科技进步和社会需求的发展，作物种质资源的表型鉴定深度、鉴定技术和效率等方面快速进步，展现出以下发展趋势。

一、作物种质资源表型鉴定技术从人工检测向智能化检测转变

长久以来，对作物种质资源的表型鉴定主要采用人工观察、计数等，费时费工，劳动强度大，同时容易产生人为误差。科技进步为高通量检测表型性状提供了机遇，智能化、高通量、精准化鉴定技术已从室内走向田间，从植株外部性状检测走向内部性状分析，如卫星图像采集、飞机航拍图像采集、无人机图像采集等高空远距离表型图像采集技术，车辆图像采集、固定台架或高架缆索图像采集、微CT图像采集等地面近距离表型性状图像采集技术，以及机器学习等表型鉴定数据高通量处理技术。智能化植物表型鉴定关键技术的研发带动了作物种质资源表型鉴定从人工向高通量规模化鉴定发展。

二、作物种质资源表型鉴定对象从单一性状向表型组转变

作物表型组简单定义为全部的作物表型。既可表示一个基因型与环境互作产生的全部形态、生理和生化特征和性状，也可表示一种作物的不同基因型与环境互作产生的全部表型。随着作物表型鉴定技术及其平台的快速发展，通过多学科合作，对作物表型组大数据进行采集、传输、存储、解读与利用，将加速从作物表型鉴定到表型调控机制与基因发掘的相互联动，最终实现作物种质资源表型鉴定与作物育种的紧密有效结合。田间模式下的高通量表型平台已经从理念发展至实际应用，在水稻、小麦、玉米、大豆、棉花、油菜、豆类等作物的农艺性状、抗性性状鉴定方面都有成功的实践。人工控制条件下的作物种质资源表型鉴定是表型组研究的技术平台。机器视觉技术及智能图像处理系统的快速发展极大提高了设施条件下非生物胁迫抗性鉴定的通量和精度。如法国农业科学院、澳大利亚植物功能基因组中心，以及华中农业大学作物表型中心均建立了自动观测温室系统，华中农业大学通过该系统已经完成了多种作物的抗旱性鉴定，发掘出一批抗旱种质及基因资源。人工控制条件下的设施鉴定技术作为未来高通量作物表型鉴定的关键推动力，将在作物种质资源表型鉴定及现代种业发展中发挥重要作用。

三、环境型鉴定成为作物种质资源表型鉴定的重要内容

在过去半个世纪左右，作物种质资源的鉴定评价目标主要是表型性状，重点是作物生产需求的农艺性状、产量、品质、抗病虫、抗逆性等，通过鉴定评价筛选出具有优良性状或特异性状的种质资源提供利用。由于表型性状受基因型和环境共同影响，因此仅仅根据表型鉴定结果进行种质创新或育种，往往有较大的局限性。近年来，不同环境下的表型可塑性得到越来越多的重视，在表型鉴定的同时要求对生长条件下的各种环境因子（称为环境型，envirotype）进行鉴定，并在此基础上，综合分析表型与环境型的内在关系，明确表型表达的目标环境，阐明种质资源的育种利用价值。

📺 推荐阅读

1. 董玉琛，刘旭 . 农作物种质资源技术规范丛书［M］. 北京：中国农业出版社，2006.
   本丛书系统介绍了各种作物种质资源的表型鉴定技术与评价标准。
2. A. 帕斯克，J. 皮特拉加拉，D. 马伦，等 . 生理育种Ⅱ：小麦田间表型鉴定指南［M］. 景蕊莲，译 . 北京：科学出版社，2017.
   本专著以小麦为例，系统介绍了在田间鉴定作物生理性状和农艺性状的试验设计及操作规范等。

1. 作物种质资源表型鉴定评价的意义是什么？

2. 田间条件下与人工控制条件下的表型鉴定各有什么优缺点？如何合理利用两种鉴定方法？

主要参考文献

1. 刘旭. 作物种质资源学［M］. 北京：科学出版社，2024.

2. 王晓鸣，邱丽娟，景蕊莲，等. 作物种质资源表型性状鉴定评价：现状与趋势［J］. 植物遗传资源学报，2022，23：12–20.

3. Fiorani F，Schurr U. Future scenarios for plant phenotyping［J］. Annual Review on Plant Biology，2013，64：267–291.

4. Guo ZL，Yang WN，Chang Y，et al. Genome-wide association studies of image traits reveal genetic architecture of drought resistance in rice［J］. Molecular Plant，2018，11：789–805.

5. Li BQ，Chen L，Sun WN，et al. Phenomics-based GWAS analysis reveals the genetic architecture for drought resistance in cotton［J］. Plant Biotechnology Journal，2020，18（12）：2533–2544.

6. Millet EJ，Kruijer W，Coupel-Ledru A，et al. Genomic prediction of maize yield across European environmental conditions［J］. Nature Genetics，2019，51：952–956.

7. Ninomiya S. High-throughput field crop phenotyping：current status and challenges［J］. Breeding Science，2022，72：3–18.

8. Xu YB. Envirotyping for deciphering environmental impacts on crop plants［J］. Theoretical and Applied Genetics，2016，129：653–673.

9. Yang W，Feng H，Zhang X，et al. Crop phenomics and high-throughput phenotyping：past decades，current challenges，and future perspectives［J］. Molecular Plant，2020，13：187–214.

网上更多资源

拓展阅读　　彩图　　思考题解析

撰稿人：景蕊莲　李龙　审稿人：李自超

第七章

作物种质资源基因型鉴定与基因资源发掘

本章导读

1. 种质资源基因型鉴定与基因发掘的内涵有何差异？
2. 全面地理解基因、等位基因、基因型、单倍型、单倍型区段概念的形成与演进。

　　表型用来描述生物的性状，即指生物的形态、结构、生理、生化等特性。基因型（genotype）是与表型紧密对应的一个遗传学术语，用于描述控制性状的基因组合类型。生物个体的表型由基因型控制，但受环境影响，表型是基因型和环境互作的产物，即特定的基因型在一定环境条件下的表现。基因型与生物个体所处的特定环境条件同时发挥作用，使得种质资源呈现出表型的多样性。

　　基因型常有两个不同层面的含义，一是指某一个体全部基因组合的总称，它反映了生物体总的遗传构成，因此有时也笼统地把一份种质（或一个品种）称为一个基因型；二是特指某一基因位点的遗传组成。随着测序技术的发展、成熟，主要作物中都建立了参考基因组（一个物种的基本基因组序列及基因和主要重复序列注解），基因型鉴定已完全进入核苷酸序列差异水平。

　　作物种质资源学研究的一个重要任务是明确某物种及其近缘种不同材料或品系多个基因组位点的核苷酸序列变异特征，并从中发掘出优良等位变异，应用于基因资源创新和育种。

第一节　基因型鉴定的内涵与方法

　　生态系统多样性、物种多样性和遗传多样性（种内或品种间的变异）共同组成了地球上充满活力、生生不息的生命王国。种质资源的遗传多样性是种内多样性的基础，也是品种改良最基础、最重要的遗传变异来源。基因型鉴定是评价遗传变异、发现和利用重要基因资源的基础。

一、基因型

　　基因型的概念是由孟德尔的"基因"概念演变而来，基因与环境互作形成个体和群体的表型，如高/矮、抗病/感病、早熟/晚熟、高产/低产、优质/劣质等，因此基因型分析是现代育种的理论和技术支撑。

1. 作物的基因型

作物的基因型是指几乎不受环境影响，从亲代向子代传递的遗传物质，是个体在特定位点上的核苷酸序列组成和变异，即 DNA 序列的变化情况。随着基因组测序技术的迅猛发展，科学家已完成大部分重要农作物（如水稻、小麦、玉米、大豆、棉花、油菜等）的基因组测序、拼接、组装和注解工作，基本明确了每个物种的基因总数及群体的遗传变异情况，每一份种质资源拥有一套不同于其他种质资源的基因集合，是决定其表型的内因。因此，有时也笼统地把一份遗传材料或种质资源称为一个基因型。

2. 基因型鉴定

基因型鉴定是指对一份种质资源多个基因位点等位变异组成进行鉴定，并依据这些遗传变异与性状之间的关联性，对一份遗传材料的潜在应用价值进行评估。在实际操作中，每种作物常用一个标准品种所携带的变异为等位基因 *a*，发现与其有差异的等位基因据发现时间的前后依次命名为 *b/c/d/e* 等，如在小麦中将模式种'中国春'4B 和 4D 染色体上携带的两个控制株高的基因分别命名为 *Rht1a* 和 *Rht2a*，而把由'农林 10 号'贡献的"绿色革命"半矮秆基因分别命名为 *Rht1b* 和 *Rht2b*，依次对新发现的等位变异进行编号（表 7–1）。以往对基因的命名常用英文性状单词首字母大写 + 后缀数字表示，随着基因组学的发展，各个作物中发现的基因越来越多，作物之间许多基因的功能又是保守的，以往的基因命名系统尺度和信息量偏小的缺点已凸显，因此，现在的基因命名常用物种拉丁文缩写 – 基因 – 染色体编号，如 *TaGW2-6A*，表示小麦中位于 6A 染色体上控制粒重的基因 *GW2*，最早是在水稻中发现的（命名为 *OsGW2*），在小麦中其功

表 7–1　普通小麦中控制株高主效基因 *Rht1*（4B）和 *Rht2*（4D）等位变异及致矮机制

位点	等位变异	核酸变异类型	效应 [a]
Rht–B1	*B1a*	野生型	
	B1b	C190T（第 190 位碱基 C 突变为 T，下同）	Q64*
	B1h	G43C, G75A, A723G, A1761C, T1877	G15R, M25I, A241=, A587=
	B1i	A614G	E205G
	B1j	T911C, C913A	L304P
	B1k	T983TT	L328, 移码突变
	B1l	G（–33）: 20	5' – 非编码区
	B1m	G1871T	3' – 非编码区
	B1n	C1677T	N559=
	B1o	C716T, C924T	A239V, H308=
Rht–D1	*D1a*	野生型	
	D1b	G181T	E61*
	D1e	G1183C	A395P
	D1f	T77C	M26T
	D1g	T1322: 10	N438, 移码突变
	D1h	T1172G	L391R

[a] 效应："*"表示提前终止，"="表示同义突变

能与水稻中基本一致。

二、单倍型与单倍型区段

1. 单倍型

随着基因组测序技术的发展和广泛应用，在种质资源中检测到一个基因的外显子区（编码区）、内含子和启动子区的多个单核苷酸变异（SNP）、插入/缺失（insertion/deletion，简称InDel）已很平常，用以往的基因变异命名系统就显得力不从心。因此，现在分析一个基因在种质资源中的遗传变异，常用一组标记而非单个标记，一个基因内部及其相邻序列的变异组合称为单倍型（haplotype，简称Hap）。例如，中国农业科学院通过关联分析在小麦6A染色体上发现一个编码生长素响应因子的重要基因（*TaARF15*），在*TaARF15*外显子、内含子及启动子存在大量的SNP和InDel变异，这些遗传变异组成两个基本单倍型（*Hap I*和*Hap II*），这两个单倍型与成熟期（从播种到成熟的天数）、株高等性状密切相关（图7-1）。目前，在种质资源及育种研究中，单倍型分析的应用越来越广，已逐步取代"等位变异"成为最常用的术语。

2. 单倍型区段

基因组重测序技术在遗传分析和种质资源研究的广泛应用，产生了海量的基因组变异信息，也使科学家对基因组重组、变异的认识发生很大改变。在应对大量核苷酸和基因变异信息的加工、处理和解析中，科学家提出了单倍型区段（haplotype block）的概念。

单倍型区段是指染色体上紧密连锁的基因或标记，经自然和人工选择之后形成不同等位变异的组合体，它们之间几乎不发生重组，其遗传表现类似于单个基因，是发挥基

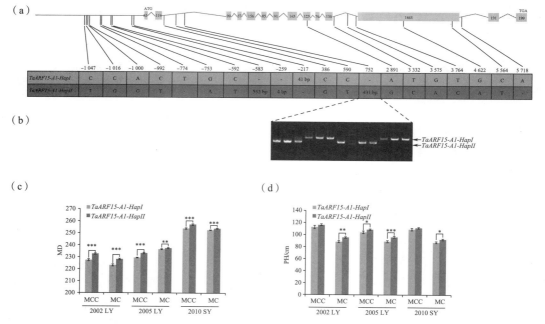

（a）*TaARF15-A1*在自然群体中的两种主要单倍型；（b）分子标记区分*TaARF15-A1*两种单倍型；（c，d）*TaARF15-A1*两种单倍型与成熟期（MD，c图）和株高（PH，d图）存在显著相关性

图7-1　小麦生长素响应因子*TaARF15*的单倍型变异及其遗传效应

因组合效应并综合表达重要性状的关键。单倍型区段分析已成为农作物重要性状形成解析的核心内容。如科学家以小麦品种'中国春'的基因组为参考，对乌拉尔图小麦（*Triticum urartu* Thumanjan ex Gandilyan）、野生二粒小麦［*T. turgidum* var. *dicoccoides*（Koern.）Bowden］、栽培二粒小麦［*T. turgidum* subsp. *dicoccum*（Schrank ex Schübl.）Thell.］、硬粒小麦［*T. turgidum* subsp. *durum*（Desf.）Husnot］、六倍体地方品种（'CL'）、现代品种（'MC'）进行基因组重测序分析，发现大量来自野生二粒小麦的渗入片段，这些渗入片段在小麦传播和育种过程中发生重组的频率偏低，特别是在跨着丝粒区域，形成很大的单元型区段。例如，在小麦 6A 染色体上存在 185 Mb（225～410 Mb）的特大单倍型区段，位于此区段内的基因通常以大片段而不是基因为单位重组（图 7-2）。因此，基因型鉴定基本有三个层面的工作，即对基因的等位变异、单倍型、单倍型区段进行鉴定。

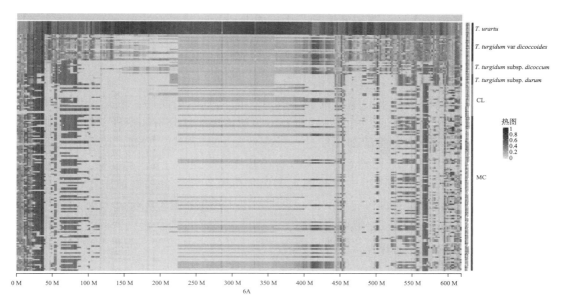

在我国的代表性育成品种和地方品种中基本形成 4 个大的区段，分别位于 110～225 Mb、225～410 Mb、410～435 Mb、455～500 Mb，在第一个区段内育成品种和地方品种基本为'中国春'类型（浅灰色），在第二个区段和第三区段内，'中国春'类型与另一个来自野生二粒小麦的类型（暗灰色）共存，在第四个区段内基本以'中国春'类型为主，含有个别来自野生二粒小麦的重组小片段

图 7-2　野生二粒小麦 6A 染色体渗入片段对普通小麦地方品种（'CL'）和育成品种（'MC'）基因组重组及单倍型区段形成的影响和作用

　　染色体结构变异包括重复、缺失、倒位、易位等，是造成种内、种间遗传分化和生殖隔离的重要原因。主要作物模式品种基因组序列，特别是代表性大品种基因组组装的完成，为发现种群间、品种间、自交系之间染色体结构变异提供了重要支撑。这些染色体结构变异是形成大的单倍型区段的重要原因。如果双亲之间存在大的染色体结构变异，相关区域的基因重组将严重受阻，甚至造成一定的生殖障碍，即后代出现一定比例的不育，自然和人类不断地对其进行育性选择，就会逐

拓展阅读 7-1　单倍型、单倍型区段分析方法与应用

步形成携带不同结构变异的亚群，出现不同的单倍型区段类型。

三、基因型鉴定的主要技术方法

从 20 世纪 80 年代，基因型鉴定逐步成为作物育种和种质资源领域前沿热点，经历了蛋白质和同工酶电泳分析、同工酶等电点聚焦、限制性片段长度多态（RFLP）、聚合酶链反应（PCR）、扩增片段长度多态（AFLP）、简单重复序列（SSR）分析等。随着 DNA 测序技术的迅速发展和迭代，在 DNA 序列变异水平对一些重要基因、重要材料进行系统分析，成为基因型鉴定的主流。

1. 已知重要基因等位变异检测

物种间一些代谢途径是非常保守的，如籽粒胚乳中淀粉合成途径在水稻、小麦、玉米、谷子、高粱等禾本科作物中是很保守的，一个物种中关键基因的序列信息完全可以作为另一个物种基因变异分析的重要参考，水稻的基因信息在小麦、玉米、高粱等作物的研究中发挥了重要支撑。基于此原理，中国农业科学院对小麦淀粉合成途径重要基因的遗传变异进行了比较系统地分析，发现淀粉途径基因的变异对千粒重有非常强的影响，是小麦驯化和育种选择的重要基因。

2. SNP 芯片技术

在基因组重测序基础上，结合外显子捕获、简化基因组测序、表达文库测序等手段，可开发大量的 SNP 标记，用于基因型鉴定、遗传多样性分析和育种工作，全球在玉米、小麦、大豆等作物中前后都开发过一批商业化 SNP 芯片。例如，比较常见的小麦660 K SNP 芯片、50 K SNP 育种芯片、大豆育种芯片"中豆芯一号"等。在 SNP 芯片中，几乎每一个 SNP 在参考基因组中具有固定的物理位置，性状分离群体中 SNP 芯片扫描分析就为控制重要性状基因的物理定位、克隆提供了重要信息。SNP 芯片标记数目的多寡主要决定于用途和价格，一般而言，用于基础研究的芯片要求密度要高、基因组覆盖度要好，而用于育种选择的芯片则要求覆盖育种选择的主要基因，密度不一定很高，但价格一定要便宜。

每个作物的基因总数都在 3 万个以上，因此，每条染色体上都有数千个基因，位于同一染色体上比较靠近的基因之间通常称为连锁基因，紧密连锁的基因之间在自然选择或育种选择中很容易形成连锁不平衡（linkage disequilibrium，LD）现象，形成选择清除（selection sweep）或遗传搭车（genetic hitchhiking），即对重要基因的选择造成群体中该基因及其周围遗传多样性急剧下降。

拓展阅读 7-2 连锁不平衡概念及其计算公式

3. 基因组重测序技术

随着基因组学技术方法向种质资源学的不断渗透与融合，以模式品种的基因组序列为参考，对大量种质资源进行重测序，在全基因组层面发现被测序品种（资源）与模式品种的差异，并对目的基因（位点）变异进行重点分析，从而对种质资源中关键位点变异形成深入而全面的认识成为基因型鉴定的主体，主要有三个支撑点：①具有广泛代表性的种质资源材料；②高质量的参考基因组序列；③高效、低成本的测序和信息分析处理平台。品种的重测序信息不仅为种质资源的遗传多样性分析、基因变异的查询和利用提供了重要数据和材料平台，也为规模化基因的发掘提供支撑。

以参考基因组为基准，通过不同亚群体间的核苷酸序列多样性（π）、多样性比值

（π-ratio）、群体分化指数（F_{st}）等参数的比较分析，就可发现在驯化、育种或特殊生境中受选择的基因组区段，通过区段内跨群体复合似然比检验（XP-CLR）、基因数目、序列差异比较分析，直接确定受选择的关键候选基因。

4. KASP 标记系统

竞争性等位基因特异性 PCR（kompetitive allele specific PCR，KASP）的原理是根据核苷酸序列差异形成 SNP 位点的两种变异类型设计两条正向引物，每条正向引物尾部携带特异性序列，可与荧光标记结合，两条正向引物 5′ 端带有不同荧光，与同一条反向引物一起经过 PCR 扩增后，待测位点的多态性可以被不同的荧光信号检测出来。该技术适用于高通量分型平台，可同时大批量检测 SNP 标记和样品。利用目的基因扩增、测序及基因组重测序信息，获得目的基因等位变异、单倍型变异信息的基础上，设计 KASP 引物、对预测变异类型进行荧光 PCR 扩增验证，并用特定引物组合对大批种质资源进行目的基因等位变异鉴定，是当下进行高通量基因型分析鉴定的主要方法。

第二节　基因资源发掘的内涵与方法

种质资源的价值在于其所携带的有重要育种价值的基因，如控制抗病、抗虫、耐逆、高产、优质等性状的基因。一个世纪的作物育种虽然对这些基因直接或间接地起到聚合作用，但仍然有大量有价值的基因遗落在种质资源中。同时随着生态环境的变化、人类生活水平的提高，过去不怎么重视的一些基因现在却变得很重要。在种质资源表型鉴定的基础上，对这些重要基因进行快速定位、克隆，对其等位变异及其效应进行系统评价，并将重要等位变异纳入种质资源创新和育种中，这个过程称为基因资源发掘。

如果说基因型分析的目的是对种质资源 DNA 水平变异的普查，基因资源发掘则主要是以发现和利用重要基因变异（等位变异）为目的。广义的基因资源发掘主要包括三方面内容：基因定位、基因克隆和重要基因等位变异挖掘。基因定位是基因资源发掘的首要步骤，指鉴定基因所属连锁群或染色体以及基因在染色体上的位置及其共分离的分子标记。基因克隆是指在明确基因位置后，获取目的基因的 DNA 序列，分析和验证基因的生物学功能，解析基因的分子调控机制等。重要基因等位变异挖掘及在群体中的演变规律分析是种质资源学研究的核心内容，包括等位变异的地理分布、自然群体和育成品种群体中的传递演变规律及其优异等位变异的利用情况等。

一、基因定位的主要方法

基因定位的主要方法可以大致归为两种：①在永久分离群体（RIL 群体、DH 群体等）中，利用摩尔根的基因连锁定律，发现与目标性状共分离或紧密连锁的标记；②在自然或人工创制的多亲本杂交互交群体（如从不同地区收集的地方品种、育成品种群体；巢式关联群体、多亲本互交重组群体等）中，基于哈迪 – 温伯格平衡（Hardy-Weinberg equilibrium），通过标记之间、标记与性状之间的连锁不平衡，结合关联分析，发现与目标性状密切关联的基因组区段和跟踪标记，随着基因组重测序技术和高密度 SNP 芯片技术的发展，这一方法逐步演变成全基因组关联分析（genome wide association study，GWAS），由于其充分利用了自然界和育种中长期积累的大量重组，为目标性状的精细定位提供了方便，已逐步成为基因定位和开发 KASP 标记的支撑性方法和技术。

1. 永久作图群体与连锁分析

通过表型差异明显的双亲杂交，然后自交、回交或双单倍体诱导，建立永久的分离群体（重组近交系）、DH 群体，建立性状和标记之间的连锁关系，来定位重要基因或 QTL。在此基础上开发紧密连锁标记，应用于分子标记辅助育种，或通过精细定位克隆基因。模式作物水稻中许多重要基因的克隆都是以此为基础完成的，如水稻的 *Xa21*、*Ghd7*、*GS3*、*TAC1*、*Prog1*、*IPA1/SPL14* 等。但双亲群体中性状差异十分明显、又有育种利用价值的性状通常是有限的，大量标记作图的工作，在完成目标性状的标记和定位后，因定位作图群体与育种群体脱节，标记的性状或 QTLs 在向育种群体的转移中，损失比较明显，易造成大量的人力和资源浪费。

2. 自然变异群体与全基因组关联分析

进行基因定位发掘的前提条件是目的基因及其周围有比较多的核苷酸变异或较高的重组率；但实际情况是每条染色体上的重组热点往往只有 4 ~ 5 个，在双亲群体中很容易造成无法靠近或锁定目的基因的困局，需要通过构建比较大的次级分离群体，对目的基因进行精细定位和克隆。但在长期的自然进化或人工杂交和育种过程中，却积累了大量的重组，为充分利用这些自然历史重组，科学家提出利用全基因组关联分析（GWAS）发掘基因的思路和方法，但一个难以回避的缺点是在 GWAS 中，一些稀有等位基因容易被遗漏，效应较小基因的作用容易被主效基因的作用所掩盖（图 7-3）。

3. 巢式关联作图（nested association mapping，NAM）群体与 GWAS

NAM 群体构建核心是利用一个优良的亲本分别与多个供体亲本杂交，后代自交，用一粒传的方法建立若干个自交衍生群体，这些群体最后混合，构成数千个系组成的群体，进行表型鉴定，结合 SNP 芯片扫描或重测序分析，通过 GWAS，定位、克隆控制重要性状的目的基因。理论上讲，核心亲本的贡献率应为 50%，其基因组信息应该是完整可靠的。为了提高所建群体的质量，可以用核心亲本对 F_1 回交 1 ~ 2 次，在 BC_1F_1 或 BC_2F_1 中选择表型比较优良的个体自交构建群体，以促进群体表型接近育种需求，这就是回交选择巢式关联作图（AB-NAM）群体（图 7-3）。由于每个连锁群重组的频率是很低的，用 NAM 还是 AB-NAM 要完成一些基因的精细定位常面临困难。

4. 多亲本互交重组群体（multiparent advanced generation inter-cross，MAGIC）与 GWAS

为了促进染色体重组的发生，在基因组中产生更多的重组，为基因定位和克隆提供方便，科学家又提出多亲本选择性互交构建基因定位作图群体的思路。一般选用 15 ~ 20 个表型比较优良、亲缘关系较远的亲本，两两杂交得到 F_1、F_1 再互相杂交，在其后代中选择基本性状优良，又携带一些目标性状的个体间再杂交、自交，形成综合性状良好，重组广泛的作图群体，再对其进行表型鉴定、SNP 芯片扫描或重测序，通过 GWAS 定位控制目标性状的基因（图 7-3）。

5. 多个轮回亲本杂交回交 - 互交群体（AB-NAMIC）与 GWAS

依靠自然选择、育种过程积累的变异和重组，通过全基因组关联分析，发现和精确定位重要基因，并通过 LD 和候选基因的单倍型分析，定位和克隆重要基因，已逐步取代双亲作图群体，成为定位和克隆重要基因的主要方法。核心种质因浓缩了大量的自然和人工（育种）变异和重组，逐步成为 GWAS 的支撑平台材料。但不可否认，以此为基础所获得的强关联信号，大多是由主效基因引起，对基础生物研究很重要、很有意义，但对育种意义不大，因为在早期的驯化和育种中，对这些基因已基本完成了选择，甚至

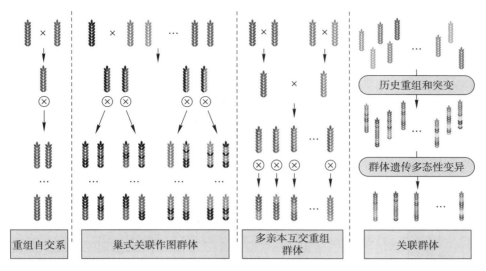

| 重组自交系 | 巢式关联作图群体 | 多亲本互交重组群体 | 关联群体 |

图 7-3　目前用于基因定位的主要遗传作图群体构建的基本流程及重组特点

在一定的生态范围内发生固定。如何发掘那些中等效应或群体中稀有的变异，客观评价其效应和价值，开发标记并应用于育种，是应用基因组学研究的主要内容，国内外科学家提出通过构建巢式关联作图（NAM）群体、回交选择巢式关联作图（AB-NAM）群体和多亲本互交重组（MAGIC）群体来解决上述难题。

中国农业科学院在建立小麦核心种质的基础上，以生产上正在大面积推广应用的'周麦18''郑麦366''邯郸6172'为受体，核心种质为供体，通过杂交、回交，在早期分离世代适度地选择，并在亚群间进行优良选系的互交，以实现三大亲本优良区段及来自核心种质优良区段和基因的整合，建立了一套综合 NAM 群体优点，又与育种相衔接的小麦 AB-NAMIC 群体，并对其进行了多年的表型鉴定，显著提高了 GWAS 发掘基因的效率，并从中选育出'中麦69''中优178''中麦110'等优良品种（系），实现了基因发掘与育种群体的统一，为全球种质资源的有效利用探索出一条高效途径（图7-4）。

二、基因克隆的主要方法

通过遗传连锁分析或 GWAS，完成目的基因精细定位后，下一步主要任务是候选基因的确定和功能验证，其主要流程如下：通过定位区段内开放阅读框架的完整性及其在双亲之间、NAM 或 MAGIC 等群体间比较分析，即可排除无差异的等位变异，所余基因即为候选基因；通过跨物种比较分析，特别是模式植物如水稻、拟南芥中同源基因的功能注解信息的利用，即可初步预测候选基因的功能；在人工创制的突变体库中进行查找候选基因的突变体，并与野生型进行表型比较分析，结合遗传转化分析和基因编辑分析，即可确定关键基因。

1. 候选基因的确定

在初步确定 QTL 区间后，利用现代高通量测序技术，如全基因组测序或外显子捕获测序，结合 QTL 定位信息，进行基因组定位，缩小 QTL 区间。通过多个参考基因组对定位区间进行共线性分析，分析目标区间候选基因的共线性关系。利用最佳参考基因组对精细定位的 QTL 区间进行功能注释，包括基因结构、特征、表达谱等方面的分析。结

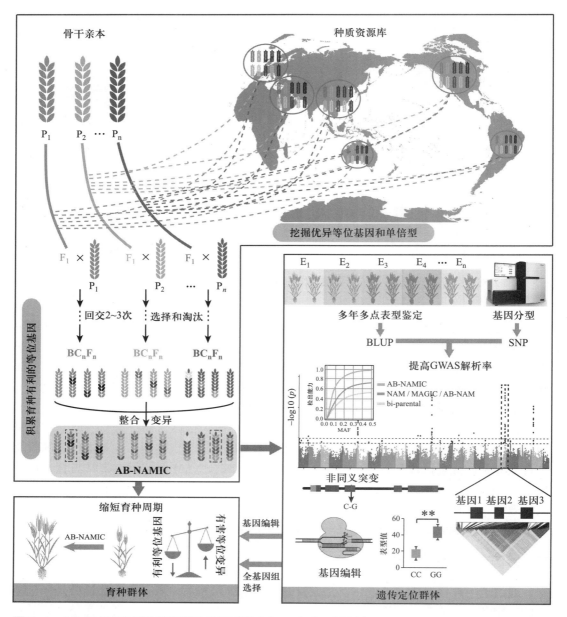

图 7-4　AB-NAMIC 群体的构建及应用示意（Jiao et al., 2023）

合双亲重测序和近等基因系（near isogenic line 或 coisogenic strain，NIL）的转录组测序，分析目标区间候选基因的序列差异和表达差异，确定可能的候选基因（图 7-5）。

2. 遗传转化及功能解析

将候选基因的编码区（coding sequence 或 coding region，CDS）克隆到一个携带有强启动子和抗性筛选标记等元件的过表达载体上，然后借助农杆菌转化或者基因枪方法导入作物体内，这样宿主细胞会产生高水平的目标 mRNA 转录和蛋白质表达，达到目的基因过量表达的作用，从而通过表型等分析研究该基因的生物学功能。在双子叶作物（如大豆、棉花）中过表达载体大多采用携带人工改造后的花椰菜花叶病毒（CaMV）35S 组

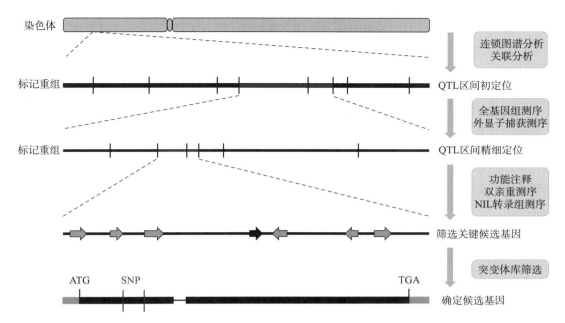

黑色箭头表示亲本间存在差异的基因，灰色箭头表示双亲或亚群间无差异的开放阅读框（open reading frame，ORF）

图7-5 候选基因定位及确定示意图

成型强启动子的转基因载体；在单子叶作物（如小麦、玉米）中常采用包含组成型玉米泛素启动子的转基因载体。除了上面提到的高效表达的组成型启动子外，在作物发育生物学研究中经常使用的还有自身启动子和组织特异性表达启动子。以小麦为例，目前转基因主要以六倍体春麦'Fielder'和冬麦'科农199'为受体，在玉米泛素启动子驱动下过表达目的基因，获得转基因植株后鉴定和扩繁阳性株系，用于观察是否引起表型变化以及功能验证。

3. 突变体库的应用

突变体库是通过甲基磺酸乙酯（ethyl methane sulfonate，EMS）对作物品种进行化学诱变或通过γ射线、中子等进行物理诱变产生能够覆盖基因组90%以上的基因突变，突变类型丰富多样，包括转录提前终止、可变剪接位点突变、非同义突变、同义突变等多种类型。由于这种技术具有效率高、副作用小、易操作等优点，目前已被广泛应用于作物的相关遗传研究和诱变育种工作中。由于突变体库产生突变类型丰富，通常选择提前终止（目的基因功能丧失）这类强突变体进行表型验证等功能研究。突变体库分为商业化突变体库和个人构建突变体库。将候选基因范围确定到几个后，可以从商业化突变体中寻找这几个基因的强突变体进行表型分析，从而锁定改变目标性状的关键基因。此外，针对研究性状和实验需求的不同，可以构建个人突变体库，从中发现引起表型变化的突变体，这也是发掘基因的方法之一。

4. 基因编辑与功能的确认

由于突变体是在基因组上随机产生突变位点，突变难以100%覆盖所有基因，因此经常利用基因编辑技术对目的基因靶位点进行精准切割，以产生功能缺失突变体，用于基因功能的验证。基因编辑技术有三类：锌指核酸酶（zinc-finger nuclease，ZFN）、转录激活因子样效应物核酸酶（transcription activator like effector nuclease，TALEN）和成簇的规律间隔短回文重复序列（clustered regularly interspaced short palindromic repeat/CRISPR-associated protein 9，CRISPR/Cas9）。目前使用最广泛且技术开发最成熟的是来源于酿脓链球菌（*Streptococcus pyogenes*）并经过改造的 CRISPR/Cas9 系统，利用该系统可以对特定的 DNA 片段进行敲除、敲入和替换，从而实现对目的基因的精确编辑。因其编辑效率高、结构简单、使用费用低以及可以同时编辑多个靶位点等优势，在各物种中得到广泛应用，已成为基因编辑技术的首选。此外，点突变是自然界中最常见的基因突变类型，在作物遗传育种上，点突变也是许多重要农艺性状遗传变异的基础。2016 年，哈佛大学 David R. Liu 团队在原有 CRISPR/Cas9 基础上首次开发了实现单碱基替换的新系统，即碱基编辑器（base editor，BE）。该工具的开发使 CRISPR/Cas9 系统从切割特异 DNA 的分子"剪刀"变成可以重写碱基的"修正器"，打开了精准基因编辑的大门。随着碱基编辑器不断优化以及设计简单、高效、结果可预测等优点，在作物基因功能研究以及精准育种上的应用潜能在逐步增大。

5. 关键基因及调控机制

作物的生长过程是极其复杂的，在面对各种外界环境（光照、温度、水分、营养和病害等）时，自身需要做出及时的反馈以保证生存和繁衍。通过前面介绍的方法，科学家不断克隆出对作物生长和发育产生直接或间接影响的关键调控基因，并且利用各种分子生物学手段解析其上下游调控系统和作用机制，明确其如何精密调控作物生长发育等过程。

蛋白质是生命活动的主要承担者，根据关键基因所编码的蛋白质功能不同，研究其机制的方法也多种多样。以编码转录因子的基因为例，它能够单独结合 DNA 上的特定序列（称为转录因子结合位点）来调节（打开和关闭）下游基因的转录，以确保它们在细胞和生物体的整个生命过程中在正确的时间、以正确的数量在所需要的细胞中表达。对于发掘转录因子调控的靶基因，可以对过表达/基因编辑材料和野生型材料表型差异时期进行转录组测序（RNA-seq），揭示转录因子介导的信号通路和功能途径，发掘引起表型变化的差异基因中重要的下游靶基因；同时结合染色质免疫共沉淀测序（chromatin immunoprecipitation sequencing，ChIP-seq）、DNA 亲和纯化测序（DNA affinity purification sequencing，DAP-seq）和靶向剪切及转座酶技术（CUT & Tag）特异性地富集靶序列，然后确定转录因子结合的 DNA 元件及其直接调控的下游基因。最后可以利用酵母单杂交（yeast one hybrid，Y1H）、凝胶迁移实验（electrophoretic mobility shift assay，EMSA）和双荧光素酶报告（dual-luciferase reporter，DLR）实验等进一步证明转录因子可以与筛选到的 DNA 序列结合并行使转录调控的作用。此外，转录因子基因自身的表达和活性也可能受到其他调节因子的调控，和其他基因一样，转录因子基因的编码区上游含有各种顺式调控元件来接受调控因子的作用。因此，通过转录因子启动子顺式元件分析、酵母单杂交筛库可以筛选出转录因子的上游调控蛋白（转录因子），筛选完成后同样可以通过 EMSA、DLR 等实验对其进行验证。除了筛选转录因子的上游调控蛋白（转录因子）之外，还可以通过酵母双杂交（yeast two hybrid，Y2H）、免疫沉淀串联质谱分析（immunoprecipitotion-mass spectrometry，IP-MS）来筛选转录因子的互作蛋白，筛选完成后可以结合以本氏烟草为受体的双分子荧光互补技术（bimolecular fluorescence complementation，BiFC）、体内蛋白互作免疫共沉淀（coimmunoprecipitation，Co-IP）实验、体外蛋白互作下拉法（pull-down）等手段对互作蛋白进行验证。

有些功能很强大的基因如控制小麦衰老（成熟）的关键基因 *TaNAM1*，其等位变异在全球小麦育种群体中几乎是不允许改变的，育种所能做的是改变与其互作的基因来改变主效基因的作用强度，从而满足特定生态环境对品种株高、成熟期、冬春性等性状的要求，这也是研究基因互作的意义所在，是基因发掘内涵的延伸。图 7-6 概括地总结

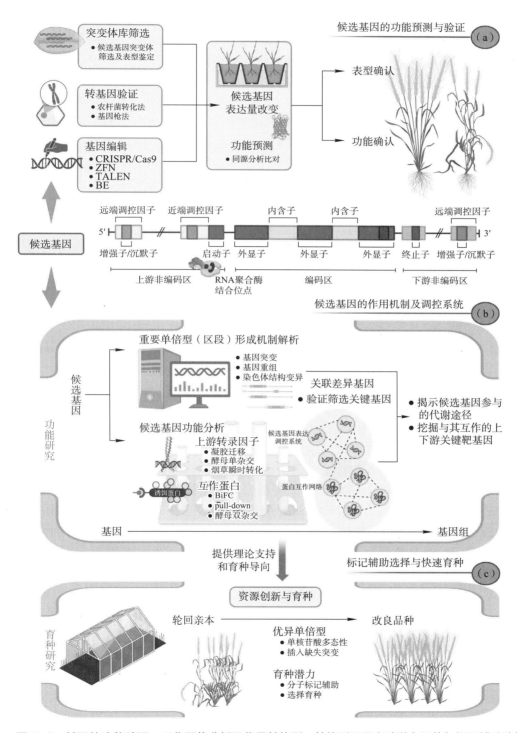

图 7-6　基因的功能验证、互作网络分析及优异单倍型、单倍型区段育种潜力评估与标记辅助选择育种

了从基因功能分析、作用机制及调控网络解析，再到目的基因及互作基因的优良单倍型（区段）发掘与育种利用基本思路和主要技术方法。

三、等位基因变异发掘的主要方法

当一个新基因的功能通过转基因、突变体等技术体系确证后，下一步主要工作就是等位基因变异的发掘评价，以发现能满足育种需求的等位基因变异。目前除应用物理、化学或基因编辑手段产生的新变异外，主要等位基因变异仅存于各种类型的种质资源和品种中，由于资源地理分布的不平衡性、育种研究队伍力量在全球及我国的区域间存在很大的差异，因此比较系统地筛选一套既具有广泛代表性又能反映育种历史和地区差异的代表性品种，从而比较客观地揭示重要等位基因变异（或单倍型）的地理分布及进化和育种演变历史就显得尤为重要。我国在水稻、小麦、大豆中建立的核心种质无疑在重要基因的等位基因变异及演变规律研究中发挥了重要支撑作用。例如，中国农业科学院在系统收集北美、欧洲、大洋洲'CIMMYT'小麦品种和育种信息的基础上，结合我国过去 70~80 年育成品种，对籽粒淀粉合成途径的 *Sus1*（7A、7B、7D）、*Sus2*（2A、2B、2D）基因进行单倍型的类型、遗传效应、不同时期品种中的频率及其在小麦二倍体、四倍体、地方品种和育成品种遗传多样性变化进行了系统分析，发现这些基因表现出与育种历史、育种力量、自然水肥条件等高度的相关性和吻合度（图 7-7）。

第三节 重要基因资源的发掘与应用

种质资源最重要的价值是其所携带的影响或控制重要性状的基因，发现、挖掘并充分利用这些基因的育种价值，是种质资源学的重要研究内容。

一、产量基因资源发掘

高产是优良品种的基本特性，也是作物育种的主要目标，因此，产量性状一直是育种家所关注的重点性状。作物产量可以分解为几个构成因子，并依作物种类而异，禾谷类作物的三个重要产量因子为：单位面积穗数、单穗粒数和穗粒重。在水稻中先后克隆了控制籽粒大小的 *GW2*、*GW5*、*GW8* 等基因，控制穗粒数的 *Gn1a*、*Ghd7*、*Ghd8* 等基因，控制分蘖的 *MOC1*、*IPA1*（*OsSPL14*）等基因，这些基因在禾本科作物中表现出很强的功能保守性。小麦中在绿色革命基因 *Rht1* 附近发现一个能显著提高千粒重的基因 *ZnF-B*，能够提高籽粒产量约 15.2%。玉米中，科学家鉴定出控制紧凑株型的 *ZmRAVL1*、控制穗粒数的 *KRN2*。淀粉是禾本科作物种子和其他贮藏器官的主要组成成分，淀粉合成通路上基因的变异及关键调控基因的变异，通常对籽粒的大小、千粒重、饱满度等有比较强的作用，此外籽粒或贮藏器官中蛋白质的含量通常与淀粉含量呈负相关，淀粉与蛋白质的平衡影响着作物的产量和品质。

二、适应性基因资源发掘

适应性（适时开花、结果、成熟）是一个物种在自然界生存的基础，也是一个品种能否大面积推广应用的关键决定因素。决定适应性的关键基因一般多为感光或感温基因，如小麦中的 *PPD1*、春化基因 *VRN1*、*VRN2* 和 *VRN3*，水稻中的 *Hd1*、*Hd3a*、*Ghd7*

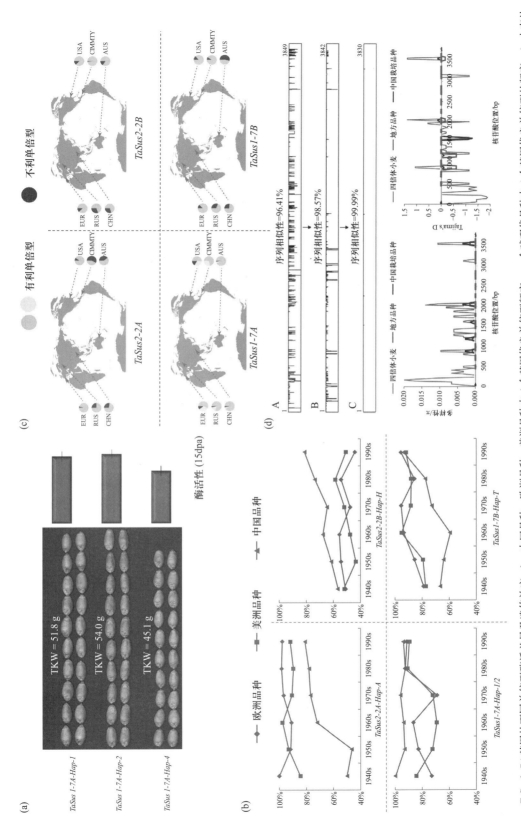

a. TaSus1-7A 基因的不同单倍型酶活性差异及遗传效应；b. 中国品种、欧洲品种、美洲品种中 4 个基因优良单倍型的频率；c. 全球现代品种中 4 个基因优良单倍型的频率；d. 小麦从四倍体进化到六倍体地方品种，再到现代育成品种，TaSus1-7A 基因的遗传多样性急剧下降，说明该基因在驯化和育种中均受到强烈选择

图 7-7 小麦籽粒淀粉合成途径关键基因 Sus1、Sus2 的单倍型、遗传效应、育种选择与进化演变

等，玉米中的 *ZmCCT9*、*ZmCCT10*、*ZCN8* 和 *ZmMADS69* 等。中国科学院通过关联分析，在大豆第 18 号染色体上定位克隆到控制大豆分枝习性关键基因 *Dt2*，该基因在自然界主要有两种单倍型，表达量存在很大差异，其通过调控下游基因的表达，负向调控分枝的形成和生育期，强表达、少分枝类型主要分布在我国的东北大豆区，而南方大豆区则以弱表达、多分枝类型为主。

三、抗病（虫）基因资源发掘

病虫害是作物生产的重要影响因子，威胁我国水稻生产的病害主要有白叶枯、稻瘟病、花叶病毒病，小麦主要有条锈病、叶锈病、白粉病、赤霉病，玉米主要有锈病、大小斑病、茎腐病、丝黑穗病等。从最早克隆的番茄 *PTO* 基因、水稻 *Xa21* 基因的氨基酸序列分析发现，其共同的特点是富含亮氨酸重复序列（leucine rich repeat，LRR）和核酸结合域（NBS）的激酶，后续研究发现大部分抗病基因都存在多个类似拷贝的重复，且常位于基因组的重组热区，主要的变异常发生在编码区和启动子区，这种变异方式可能与作物适应病原菌小种的快速进化有关，与抗性的增强也有关联，如南京农业大学图位克隆到水稻对褐飞虱（水稻条缩花叶病的主要传播介体）的抗性基因，发现水稻抗性强弱与几个类似抗病基因的重复密不可分（图 7-8）；大豆对胞囊线虫的抗性基因虽不属于 NBS–LRR 类基因，但其抗性与基因的重复有密切关系，一个拷贝表现高度敏感，而抗病品种普遍携带 4 个串联重复，这些工作说明了拷贝数变异（copy number variation，CNV）在作物抗病性形成中的重要性。

2009 年报道了小麦持久抗病基因 *Lr34*，不仅对叶锈病多个小种有很好的抗性，同时对条锈病、白粉病也有很好的抗性，三种抗性实际是同一个基因控制，该基因编码 ATP- 结合型转运复合体蛋白。*Lr34* 在生产中已被应用近 50 年，但仍保持着良好抗性，尽管旗叶叶尖出现坏死症状，但对产量无明显的负面影响。抗病基因多位于染色体两端的高重组区，多拷贝重复是比较常见的，特别是一些来源于野生近缘种的抗病位点，由于在作物基因组背景下，重组受到抑制，容易发生对个别基因的作用估计过高或误判，

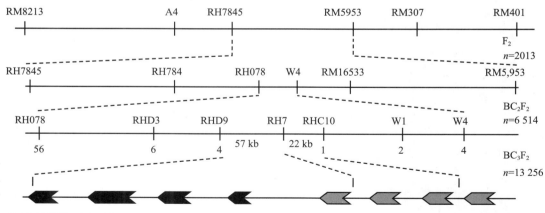

水稻 *Bph3* 是一个由 4 个编码质膜凝集素受体激酶（*OsLecRK1–OsLecRK4*）基因组成的基因簇，转基因植株中只有同时有多个成员表达时（*OsLecRK1–OsLecRK3*）才会呈现高抗稻褐飞虱

图 7-8　水稻褐飞虱抗性基因的重复与抗性表现（Liu et al.，2015）

即将多个基因的共同作用效果归功到一个基因。

四、抗非生物胁迫基因资源发掘

由于温度（过高/过低）、水分（旱/涝）、土壤盐碱等因素对作物生长造成伤害，导致细胞内外渗透压、电导率发生改变，甚至导致细胞死亡的现象统称为非生物胁迫，是影响作物传播和生产的重要限制因素。例如，对低温的耐受性是水稻从亚热带起源地向北扩展的主要限制因子，也是粳稻和籼稻地理分布差异的遗传基础。中国科学院发现了控制耐冷性的关键基因 COLD1，它编码的一种蛋白质与细胞膜上 G 蛋白 α 亚基 RGA1 互作以感知低温，激活 Ca^{2+} 通道，并增强 G 蛋白 GTP 酶活性，增强水稻的耐寒性；过量表达 COLD1 可以显著提高水稻的耐冷性，而抑制其表达，则显著降低耐冷性。该基因第 4 个外显子一个碱基的改变，导致第 187 位氨基酸由 Met/Thr（甲硫氨酸/苏氨酸）变成 Lys（赖氨酸），使得该蛋白对钙离子流的激发能力发生变化，引起抗冷性的差异。目前检测的所有抗冷的粳稻品种均保留了这一等位基因变异，同时在我国的普通野生稻中也发现了相同的变异类型，因此认为 COLD1 也是粳稻驯化的重要基因。

耐盐碱是扩大作物种植区域，保证粮食安全的基础。我国科学家从高粱中克隆了耐盐碱的关键基因 AT1（alkali tolerance 1），发现它通过影响水通道蛋白 PIP2 的磷酸化来调节 H_2O_2 的分布，进而维持活性氧（reactive oxygen species，ROS）稳态和减轻碱胁迫对植物的伤害，通过遗传转化发现该基因在玉米、小麦中均有很好的耐盐碱作用。

五、氮吸收利用基因资源发掘

20 世纪 60 年代以来化肥的大量使用显著提高了作物的产量和生产能力，但过量使用化肥已造成江河、湖泊和地下水的严重污染。提高作物的 N、P、K 吸收利用能力，减少化肥的用量是全球所面临的共同挑战，我国情况更加迫切。中国科学院通过水稻地方品种自然群体的全基因组关联分析，克隆了控制氮素吸收的关键基因 OsTCP19，其通过调节分蘖基因的表达，介导氮触发的发育过程。通过对 110 份水稻微核心种质的基因型检测发现，OsTCP19 存在两种单倍型，氮低效单倍型 OsTCP19–L 主要存在于粳稻和籼稻中，而氮高效单倍型 OsTCP29–H 主要存在于 aus（一种主要产于孟加拉国的水稻地方品种）和香稻（'aromatic'）中。通过对水稻资源来源地土壤含氮量数据的分析，发现不同等位变异对土壤中氮的吸收利用率显著不同，在土壤越贫瘠的地方，OsTCP19 氮高效变异越常见，并随着土壤氮含量的增加，氮高效类型品种逐步减少，我国现代水稻品种中氮高效类型几乎全部丢失，但野生稻中 OsTCP19–H 的等位基因频率却很高，表明 OsTCP19–H 在氮含量较低的土壤中经历了自然正向选择。将这一氮高效变异重新引入现代水稻品种，在氮素减少的条件下，水稻氮肥利用效率可提高 20%～30%，即施用较少的化肥，也能达到相同的产量。

六、食用加工品质基因资源发掘

加工和食用品质（口感）与农耕文化和文明的形成密切相关，如我国的两大口粮作物水稻和小麦便是如此。水稻南籼、北粳，籼米追求细长米粒，而粳米则喜欢卵圆形，蒸煮后米粒比较糯软是籼、粳共同追求的优良品质，影响这一特性的关键因素是直链淀粉和支链淀粉的比例，即 Wx 基因位点的转录活性和酶的活性；影响小麦加工和适口性的因素还有高分子谷蛋白亚基组成和籽粒硬度位点。对这些位点的等位变异及其作用机制国内外均有比较多的研究，这里不再赘述。随着我国社会全面进入小康，农产品生产、加工、销售成为工业化链条，对许多作物的加工和食用品质提出了新的需求，如稻米籽粒外观大小、均匀度，籽粒淀粉颗粒的大小、淀粉链条的长短等；小麦面团的稳定性、延伸性、糊化温度、色泽度等，同时米粒、面食的香味也提上育种日程和目标，育种家要实现上述目标，满足消费需求，需要用谷物化学的技术方法对大批的种质资源进行评价、鉴定和筛选，并开发相应的生化和分子标记，应用于分离群体的鉴定和选择，是未来种质资源学发展的重要方向。

七、基因资源发掘展望

21世纪以来，随着分子标记技术的不断更新，特别是高质量参考基因组的确立及重测序技术的广泛应用，逐步建立了规模化、高通量基因发掘的材料和技术平台，极大提升了基因发掘的效率。在基因组重测序分析中，发现所有的作物都有一些DNA片段在参考基因组中无参考序列，发现只有50%~60%的序列在不同品种或资源中是共有的，称为核心基因组（core genome），而40%左右的序列具有明显的品种特异性，称为非核心基因组（dispensable genome），与基因组的结构变异（倒位、易位、拷贝数变异、缺失/重复等）密不可分，它们是种质资源或品种特异性形成的基础，也是杂种优势形成的重要基础。因此，建立一些重要种质资源、代表性大品种的泛基因组，是未来重要基因发掘、解析单倍型区段的形成、演变的重要支撑。

📺 推荐阅读

1. 张学勇，马琳，郑军. 作物驯化和品种改良所选择的关键基因及其特点［J］. 作物学报，2017，43（2）：157–170.

   本文比较系统地总结了重要性状遗传定位、基因克隆的一些基本思路和方法，并对作物驯化和育种中选择的一些关键基因的生物学特点进行了总结归纳；对作物设计育种的基本思路进行了简要介绍。

2. Doebley J，Gaut BS，Smith BD. The molecular genetics of crop domestication［J］. Cell，2006，127：1309–13211.

   本文以玉米、大麦、番茄等作物从野生种驯化为栽培作物为主线，系统总结了参与作物早期驯化的一些主要基因，发现这些基因多为重要代谢途径的关键节点基因，以转录调控因子居多，为通过基因编辑实现一些野生植物的快速驯化提供了重要信息。

❓ 思考题

1. 试归纳分析基因发掘的主要方法和发展趋势。

2. 在分离群体中，如何利用基因组重测序技术、转录组测序技术定位发掘重要基因？

📇 主要参考文献

1. 张学勇，童依平，游光霞，等. 选择牵连效应分析：发掘重要基因的新思路［J］. 中国农业科学，2006，39：1526–1535.

2. Gaje J，Monier B，Giri A，et al. Ten years of the maize nested association mapping population：impact，

limitations, and future directions [J]. Plant Cell, 2020, 32: 2083-2093.

3. Hao C, Jiao C, Hou J, et al. Resequencing of 145 landmark cultivars reveals asymmetric sub-genome selection and strong founder genotype effects on wheat breeding in China [J]. Molecular Plant, 2020, 13: 1733-1751.

4. Hou J, Jiang Q, Hao C, et al. Global selection on sucrose synthase haplotypes during a century of wheat breeding [J]. Plant Physiology, 2014, 164: 1918-1929.

5. Hou J, Li T, Wang Y, et al. ADP-glucose pyrophosphorylase genes, associated with kernel weight, underwent selections during wheat domestication and breeding [J]. Plant Biotechnology Journal, 2017, 15: 1533-1543.

6. Jiao C, Hao C, Li T, et al. Fast integration and accumulation of beneficial breeding alleles through an AB-NAMIC strategy in wheat [J]. Plant Communications, 2023, 4: 100549.

7. Li A, Yang W, Lou X, et al. Novel natural allelic variations at the *Rht-1* loci in wheat [J]. Journal of Integrative Plant Biology, 2013, 55: 1026-1037.

8. Li H, Liu H, Hao C, et al. The auxin response factor *TaARF15-A1* negatively regulates senescence in common wheat (*Triticum aestivum* L.) [J]. Plant Physiology, 2023, 191: 1254-1271.

9. Liang Q, Chen L, Yang X, et al. Natural variation of *Dt2* determines branching in soybean [J]. Nature Communications, 2022, 13: 6429.

10. Liu Y, Wang H, Jiang Z, et al. Genomic basis of geographical adaptation to soil nitrogen in rice [J]. Nature, 2021, 590: 600-605.

11. Liu Y, Wu H, Chen H, et al. A gene cluster encoding lectin receptor kinases confers broad spectrum and durable insect resistance in rice [J]. Nature Biotechnology, 2015, 33: 301-305.

12. Ma Y, Dai X, Xu Y, et al. *COLD1* confers chilling tolerance in rice [J]. Cell, 2015, 160: 1209-1221.

13. Song L, Liu J, Cao B, et al. Reducing brassinosteroid signalling enhances grain yield in semi-dwarf wheat [J]. Nature, 2023, 617: 118-124.

14. Uauy C, Distelfeld A, Fahima T, et al. A *NAC* gene regulating senescence improves grain protein, Zn, and Fe content in wheat [J]. Science, 2006, 314: 1298-1301.

15. Wang W, Mauleon R, Hu Z, et al. Genomic variation in 3 010 diverse accessions of Asian cultivated rice [J]. Nature, 2018, 557 (7703): 43-49.

16. Zhang H, Yu F, Xie P, et al. A G_γ protein regulates alkaline sensitivity in crops [J]. Science, 2023, 379: 8416.

e 网上更多资源 ———————————————————————————

📖 拓展阅读　　📝 思考题解析

撰稿人：张学勇　李甜　审稿人：田丰

第八章

种质创新

本章导读

1. 为什么要进行种质创新？
2. 如何进行种质创新？

　　我国乃至世界有非常丰富的种质资源。但是，很多种质资源在研究中难以被直接利用或直接利用的效率低。针对这一问题，提出种质创新（germplasm innovation）这个概念。种质创新是以遗传累积与基因重组理论为指导，利用各种自然变异或人工变异，创造新作物、新类型、新材料的科研活动。通过种质创新，提升种质资源在作物育种及其相关研究中的可利用性，让种质资源从不能直接用变为能用、从不好用变为好用。根据研究目标的不同，种质创新可以分为两大类：一是以育种亲本材料为主要目标的种质创新；二是以基础研究材料为主要目标的种质创新。种质创新是种质资源有效利用的前提和关键，是作物育种及相关学科发展的基础和保证。

第一节　种质创新的重要性

一、种质创新是增加现代作物品种遗传多样性的迫切需求

　　从野生植物到地方品种再到现代品种，遗传多样性整体上呈现降低趋势。现代品种的遗传同质化程度高，导致其对病虫害、气候变化等引起的灾害防御能力减弱，威胁作物生产安全。同时，育种亲本的遗传基础狭窄，导致育种难以取得新的突破性进展。通过种质创新，将那些还没有被育种利用的遗传变异导入现代品种中，可以拓宽现代作物的遗传多样性。

（一）现代作物品种的遗传基础狭窄

　　现代作物的演化过程，伴随着遗传多样性变化。现代作物由野生种演化而来，经历了漫长的自然选择和人工选择过程。在这个过程中，发生了三大关键事件（图8-1）。一是，野生植物被人类驯化成原始作物。由于在驯化过程中，人类仅选择种植了那些有利于人工种植栽培的变异植株，这部分个体的遗传多样性只代表了原有野生植物群体的很小部分，因此原始作物的遗传多样性远低于野生植物。二是，原始作物演化为地方品种。原始作物从驯化地向外传播，经过长期的自然选择和农民的人工选择，形成了适应

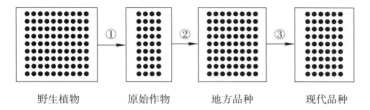

| 野生植物 | 原始作物 | 地方品种 | 现代品种 |

①野生植物被驯化成原始作物，原始作物的遗传多样性远低于野生植物；②原始作物演化为地方品种，在长期演化过程中，地方品种获得了新变异，丰富了遗传多样性；③现代品种取代地方品种，现代育种所利用的变异越来越集中于少数的育种亲本或遗传相近的育种亲本，现代品种的遗传多样性比地方品种低

图 8-1　作物品种演化过程及其遗传多样性变化

不同自然环境或人文环境的地方品种。地方品种在长期演化过程中，由于自然突变、自然杂交等原因，不断获得新变异，丰富了地方品种的遗传多样性。但是，单个地方品种往往只在局部地区栽培，而且产量低。三是，地方品种被现代品种取代。一百多年前，遗传学出现后，科学育种成为品种改良的主要手段，育种家培育出生产性能显著提升的现代品种。随着持续的品种改良，优良基因变异不断被累积，现代品种在作物生产中的优势越来越突出，地方品种逐步被现代品种取代。同时，育种所利用的基因逐渐集中到少数育种亲本或来源相近的育种亲本上，导致新品种的同质化程度高、遗传基础狭窄。例如，20 世纪 80 年代美国玉米生产中应用的杂交种，80% 都含有 Reid Yellow Dent 和 lancaster 种质血缘，而绝大多数大豆品种都可以追溯至我国东北地区的十几个材料。由此可见，现代品种的遗传基础狭窄。

（二）现代作物遗传基础狭窄带来的危害

遗传变异是育种选择的基础，遗传基础狭窄使育种难以取得新的突破性进展。目前，全世界很多地区的产量育种处于艰难爬坡阶段，作物产量停滞不前。另一方面，作物品种的遗传基础狭窄，增加了作物对生物或非生物逆境抵抗能力的遗传脆弱性。也就是说，一旦发生新的病虫害或寄生物出现新的生理小种或出现特殊的气候条件，狭窄的遗传基础更容易导致作物品种快速且广泛地丧失抵抗力，带来巨大的产量损失。遗传脆弱性的严重危害在作物病害方面尤为突出，经常会因为新小种流行，造成作物大面积发病，这样的例子举不胜举。例如，我国历史上曾多次发生小麦条锈病大流行，造成了巨大的小麦产量损失，这些大流行与抗病遗传基础狭窄，即抗病基因单一有关。以 2012 年为例，主要流行区当年种植的绝大多数小麦品种含抗病基因 $Yr26$，由于新小种'条中 34'大流行，这些小麦品种失去了抵抗力，造成条锈病的大面积暴发。可以设想，如果当时推广的小麦品种含有多样化的抗病基因，当新小种大流行时，一些抗病基因仍然保持抗性，就不会造成病害的大范围发生。

（三）种质创新是增加作物育种遗传多样性的关键

作物产量育种的停滞不前，一次次因遗传脆弱性造成的严重危害，促使全世界科学家深刻反思作物品种遗传基础狭窄问题，认识到拓宽育种亲本遗传基础在维持作物生产的稳定性和持续性中的重要性。拓宽育种亲本遗传基础的关键是在育种中更多地利用多样化的种质资源。我国乃至世界有非常丰富的种质资源，为增加育种亲本的遗传多样性提供了基础材料。但是，由于很多种质资源在育种中难以被直接应用或在育种中不好用，导致育种家不愿意用。因此，虽然有如此丰富的种质资源，但是作物育种又缺乏遗传多样性丰富的亲本。只有加强种质创新，将那些没有被育种利用的遗传变异导入现代品种中，创制育种中好用的新亲本，才能解决种质资源丰富与育种亲本贫乏的矛盾，从而增加育种亲本的遗传多样性。

二、关键性种质创新推动作物育种取得重大突破

作物生产的每一次飞跃都离不开作物育种的突破。作物育种的突破，往往依赖于特异种质资源的发现与创新利用。下面选取了几个代表性案例，说明种质创新在作物育种中的重大意义。

（一）矮秆地方品种的利用推动了"绿色革命"

"绿色革命"指在 20 世纪中期，利用矮秆基因降低株高，培育并大面积推广耐肥、耐密植、抗倒伏的矮秆小麦、水稻新品种为主要内容的农业技术活动，其结果是大幅度提高了粮食产量，使世界上饥饿人口大幅度减少。由于这场以绿色作物为对象的活动，对世界农业生产所产生的深远影响，犹如 18 世纪蒸汽机在欧洲所引起的产业革命一样，故称之为"绿色革命"。例如，在小麦，矮秆种质'农林 10 号'的创制对"绿色革命"有重要影响。'农林 10 号'是由高秆小麦与含矮秆基因 $Rht1$ 和 $Rht2$ 的日本小麦地方品种'达摩'小麦杂交创制而成。世界各地的育种家广泛利用它作为育种亲本，选育了一系列矮秆高产品种，大幅提高了产量。在水稻中，对携带矮秆基因 $sd1$ 的'矮脚南特''低脚乌尖''矮仔占'等地方品种的利用，拉开了水稻"绿色革命"的序幕。

（二）野生稻的利用推动了杂交水稻育种取得重大突破

杂交水稻的大面积推广应用是世界作物科学技术的重大突破，为粮食安全提供了重要技术保障。1966 年，袁隆平提出雄性不育系、保持系和恢复系"三系"配套利用水稻杂种优势的育种设想，开启了我国"三系"杂交水稻研究的序幕。1970 年我国科学家从海南三亚的普通野生稻群落中，发现一株花粉败育的雄性不育野生稻，起名为"野败"。随后，用"野败"作为母本（细胞质供体，含雄性不育基因 $WA532$），不断创新改良，育成了优良不育系。同时，培育出相应的保持系，筛选出优良的恢复系，成功实现了籼型杂交稻的"三系"配套。"三系"杂交稻的成功培育是水稻育种史上继矮化育种后的又一次重大突破，大幅提高了水稻产量。野生稻资源的成功应用涉及一系列的种质创新过程，直到获得可以利用于"三系"配套的优良育种亲本。

（三）外源物种的利用推动了小麦育种不断取得突破

有些种质资源与作物属于不同的物种，称为作物的外源物种。由于物种间的生殖隔离等障碍，很多外源物种不能被直接用作育种亲本，种质创新是利用外源物种的重要环节。全世界在外源物种的创新利用方面成效显著，尤其以小麦最为突出。例如，源于欧洲的 1RS·1BL 易位系是非常著名的创新种质，被全世界广泛应用于育种。1RS·1BL 易位系指含有 1RS·1BL 易位染色体的小麦材料，其中的染色体短臂 1RS 来源于黑麦，携带抗病、抗逆和高产基因。1RS·1BL 易位系的创制是实现黑麦 1RS 优良基因在小麦育种中被广泛利用的关键环节。我国在利用小麦外源物种的种质创新方面成绩斐然。例如，通过小麦与长穗偃麦草远缘杂交，将偃麦草的耐旱、耐干热风、抗多种病害的优良特性转移到小麦，并利用创制的八倍体小偃麦培育出以'小偃 6 号'为代表的"小偃"系列品种，利用"小偃"系列品种作为育种亲本又衍生了大量品种，为我国小麦生产作出了重大贡献；将簇毛麦的抗白粉病基因 $Pm21$ 导入小麦，创制出含小麦–簇毛麦

6VS·6AL 易位系的育种亲本，广泛用于白粉病抗性育种；将冰草的多粒、抗病、抗旱、营养高效等特性导入小麦，创制出"普冰"系列育种亲本，成功育成系列小麦新品种；利用四倍体小麦与二倍体节节麦创制的六倍体小麦为育种亲本，选育出'川麦''蜀麦'系列小麦新品种；将偃麦草属植物的抗赤霉病特性导入小麦，获得的创新种质为抗赤霉病育种提供了优良育种亲本等。

（四）聚集多个优良性状的种质创新提高了育种效率

创制集多个优良性状于一身的创新种质，能大大提升种质资源的育种可利用性，对提高育种效率具有重要意义。例如，小麦'繁六'和'矮孟牛'、玉米'黄早四'等优异种质聚集了多个优良性状，为育种家提供了好用的育种亲本。'繁六'的选育涉及复杂的聚合杂交，采用了 7 个亲本、连续 8 次杂交，将 7 个亲本中的矮秆抗倒伏、抗条锈病、早熟、多花多实、丰产性等性状聚集到'繁六'中。'繁六'的育成是西南麦区小麦育种工作的一个转折点，它不仅为我国南方冬麦区育成品种的覆盖面积能突破千万亩大关开创了先例，而且成为西南麦区历史上利用成效最突出的种质资源，其衍生的系列品种有力地促成了西南麦区第五次、第六次品种更换；'矮孟牛'的选育，首先利用抗病力强、穗大粒多的'牛朱特'与早熟矮壮的'孟县 201'杂交，然后与矮秆丰产的'矮丰 3 号'杂交，把矮秆与抗病、丰产、熟期适中等特点结合在一起。'矮孟牛'为黄淮海冬麦区和北部冬麦区提供了一个得心应手的矮丰抗育种亲本，有了它，育种家就比较容易选育集矮秆、抗病、熟期适中和高产性能一身的好品种；株型紧凑的玉米自交系'黄早四'是从'塘四平头'中系统选育而成的。'黄早四'还具有配合力高、适应性强、抗病、早熟、灌浆快等优良性状，开创了我国紧凑型玉米育种的新局面。'黄早四'作为骨干亲本在育种中得到了广泛应用，培育出数以百计的优良自交系，形成了我国特有的黄改群，衍生了大量玉米杂交种，在我国玉米育种史上发挥了非常重要的作用。

三、种质创新为理论研究提供基础材料

种质创新为遗传学及其相关学科的科学研究提供实验材料或遗传工具材料。有时基础研究需要的实验材料在现有的种质资源中不存在，需要通过人工创制。不同的基础研究有不同的材料需求。例如，为了研究多倍化过程对作物进化的影响，需要人工模拟多倍体作物的起源过程，创制新的多倍体材料，用于比较新多倍体形成前后的生物学及遗传学变化特征；为了将目的基因定位在染色体上的某一位置，需要创制重组自交系、加倍单倍体等遗传群体，用于基因的遗传连锁分析；为了验证候选基因的功能，需要创制基因突变体、转基因材料、基因编辑材料等，用作遗传对照材料，判断候选基因是否为目的基因。

遗传工具材料的创制，推动了遗传学及其相关学科发展。例如，利用我国小麦地方品种'中国春'创制的遗传工具材料，为小麦遗传学发展作出了重要贡献。'中国春'是四川的一个小麦地方品种，在 20 世纪初期传到国外。'中国春'含有促进远缘杂交的可杂交性基因，因此容易和其他物种杂交产生有活力的杂种。美国科学家西尔斯利用它与黑麦杂交，在后代中发现了非整倍体植株。以此为基础，西尔斯成功研制出单体、缺体、单端体、双端体、缺体四体等一系列非整倍体材料（图 8-2），它们的广泛应用极大地推动了小麦遗传学研究。同时，以'中国春'为材料，通过辐射诱变，获得了能够诱导小麦与外源物种的染色体发生遗传重组的 *ph1b* 基因突变体，该突变体被广泛用作小

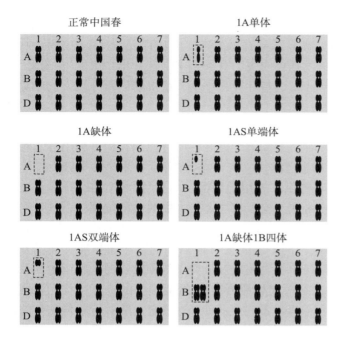

正常的'中国春'，具有 21 对完整的染色体。与正常'中国春'相比，'中国春'非整倍体材料的染色体组成不完整、存在染色体变异。例如，'中国春'1A 单体材料，缺了一条 1A 染色体；1A 缺体，没有 1A 染色体；1AS 单端体，只保留了 1A 染色体的一条染色体短臂，没有长臂；1AS 双端体，保留了 1A 染色体的两条染色体短臂，没有长臂；1A 缺体 1B 四体，没有 1A 染色体，但有 4 条 1B 染色体

图 8-2 '中国春'非整倍体系示意图

麦外源基因转移的遗传工具材料。又如，我国科学家通过基因突变，创制的植株矮小的水稻种质'小薇'。它 20~30 cm 高，具有株型和生物量小、空间利用率高等优势，可以像双子叶模式植物拟南芥一样，在实验室内进行大规模的种植和筛选，并且实现表型精确鉴定。'小薇'的创制，使得之前在田间环境下很难开展的生物逆境、非生物逆境等基础研究，可以在室内可控的、均一可重复条件下进行操作，从而提高了研究效率。

第二节　种质创新的基本原则

种质创新的目的是利用自然或人工变异，创制出新材料，服务于作物育种及其相关基础研究。针对基础研究而言，不同的研究有不同的目的，对种质创新材料的需求是多样化的。针对作物育种而言，种质创新是育种之前的一个环节，因此又称为前育种（pre-breeding），其主要目的是利用育种家的育种材料中没有的遗传变异，为育种创制能用、好用的育种亲本，从而拓宽作物育种亲本的遗传基础。因此，种质创新需要注重创新材料的遗传多样性，也要重视创新材料的育种可利用性。从遗传学的角度，创新材料的育种可利用性，受基因的遗传累积性、遗传补偿性、遗传及其与环境的互作等多方面影响。从创制优良育种亲本的角度，下面列举种质资源创新应注重的几个基本原则。

一、遗传多样性

种质创新和作物育种都涉及新材料的创制。但是，作物育种的主要目的是选育出能应用于生产的好品种，而种质创新的主要目的是增加育种亲本的遗传多样性。为了更容易选出好品种，育种家喜欢使用表现优异的新品种作为育种亲本，而很少注重育种亲本的遗传多样性问题。与作物育种明显不同的是，种质创新则是针对那些没有被育种家利用的材料中携带的遗传变异，并将其引入现代品种中，通过捕获有益遗传变异，拓宽现

代品种的遗传基础。

野生近缘植物、地方品种等具有丰富的遗传变异。在野生近缘植物和地方品种漫长的进化过程中，自然选择使有利于个体生存和繁殖后代的变异逐代累积加强，不利的变异逐代淘汰，从而富集了丰富的、适应不同环境的抗病抗逆变异，形成对其所处环境条件的适应性。同时，人工选择通过选择所需要的变异，获得适应当地生产所需要的品种，因此地方品种适合当地特殊的生活和栽培习惯。但是，还有很多变异在现代育种中未被利用。因此，种质创新经常利用野生近缘植物、地方品种等材料。

二、遗传累积性

在作物基因组中，存在数万个基因。有些基因，特别是那些控制数量性状的基因具有遗传累积性，即基因越多，其遗传效应也越大。针对控制重要育种性状的绝大多数基因，都能找到或获得满足人类不同需求的所谓"有利的"等位基因。在种质创新时，对不同基因位点的不同等位基因进行广泛重组和聚合，可以实现有利等位基因的遗传累积，减少遗传累赘。遗传累赘也称为连锁累赘，是指在染色体的某些区域，既存在有利的等位基因，也存在不利的等位基因，造成有利等位基因与不利等位基因连锁遗传的现象。从这个角度而言，种质创新的实质就是使有利等位基因发生不同程度的聚合，在保持优良性状的同时，通过消除遗传累赘来克服不良性状。对同一性状来说，不同有利等位基因的聚合产生累积效应；对不同性状来说，不同等位基因的聚合产生综合效应。

种质创新需要重视遗传累积性，以提高创新材料在育种中的可利用性。在利用野生近缘植物、地方品种等材料进行种质创新的过程中，利用最新选育的现代品种作为遗传背景，有利于遗传累积。最新选育的品种是以早期选育的品种为基础，通过不断的遗传累积而成的。与早期选育的品种相比，最新培育的优良品种，累积了更多的有利等位基因（图 8-3），因此生产性能表现更好。利用近期选育的新品种与野生近缘植物或地方品种杂交，随后利用新品种对杂交后代进行连续的杂交，并对杂种进行选择，消除遗传累赘，培育携带目的基因或染色体区段的新材料，再通过新材料之间的相互杂交，可以实现重要基因和优良背景的高效组装，既能提高群体遗传多样性，又可以实现目标性状的定向改良，从而推动种质创新。

三、基因互作与基因 – 环境互作

基因互作普遍存在。基因互作是不同基因之间通过相互作用影响同一性状表现的现

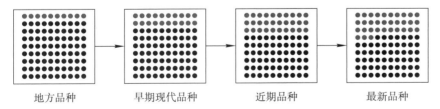

地方品种　　　　早期现代品种　　　　近期品种　　　　最新品种

全世界有大量的地方品种资源，总体上看，具有丰富的有利等位变异。但是，就单个地方品种而言，携带的有利等位变异有限（灰色显示）。现代育种中，通过不同地方品种杂交，借助杂种后代的遗传重组，可以将分散在不同地方品种的有利变异累积在一起。从地方品种到早期现代品种、近期品种再到最新品种的品种改良过程中，有利等位基因不断得到累积

图 8-3　遗传积累性示意图

象。基因互作的遗传效应表现为基因之间的互补、抑制、上位性等现象。例如，在两对独立基因中，其中一对基因可能对另一对基因的性状表现有抑制作用（图8-4）。由于基因互作的存在，将不同种质资源的有利等位基因聚合在一起时，基因数量增多并不一定会导致更好的性状表现。另一方面，作物的很多重要性状为数量性状，受多基因控制，其性状表现受环境影响大，存在复杂的基因-环境互作。即使是微环境差异，如在同一块地的种植密度差异，也能够影响数量性状基因的表达。为了提高创新材料的育种可利用性，既要重视基因供体和受体材料的选择，又要重视创新材料在不同的生态条件和生产条件下的育种应用潜力评价。

在作物种质创新过程中，外源物种的染色体导入，会带来作物的表型变化。有些变化并非是外源遗传物质孤立表达的结果，而是由外源遗传物质与受体作物的基因发生遗传互作的

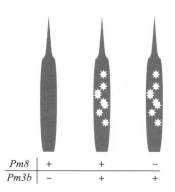

抗白粉病基因 *Pm8* 与 *Pm3b* 位于不同染色体上。仅携带 *Pm8* 基因的小麦对白粉菌生理小种 AK3-11 具有抗性（左）。仅携带 *Pm3b* 基因的小麦对 AK3-11 表现为感病，叶片有较多孢子堆（右）。同时携带 *Pm8* 和 *Pm3b* 的小麦对 AK3-11 没有抗性（中），也表现为感病。因此，*Pm3b* 基因抑制了 *Pm8* 基因的抗性表达

图 8-4 *Pm8–Pm3b* 互作影响白粉病抗性的示意图（修改自 Hurni et al.，2014）

结果。在基因表达层面，外源物种的染色体导入会导致作物自身很多基因的表达模式发生改变，常常伴随着 DNA 甲基化、组蛋白修饰、休眠转座子元件的重新激活等遗传变化。在表型方面，可能出现一些不利于育种应用的性状特征。例如，将外源物种的染色体导入作物基因组后，形成的新材料经常出现染色体不稳定问题，导致其后代产生新的染色体变异或染色体不能有效传递。又如，在外源基因的转移过程中，外源物种的基因导入作物后，可能出现基因沉默或表达降低问题。这些现象的发生与否，有时与所采用的作物受体基因型有关，表明外源基因与受体基因型存在遗传互作。在利用外源基因的种质创新过程中，需要选择对外源基因没有抑制作用的作物受体基因型。

四、遗传补偿性

染色体变异影响种质创新材料在育种中的可利用性。特别是在辐射诱变创造新变异、远缘杂交转移外源基因等过程中，经常出现染色体数目变异和缺失、重复、易位等染色体结构变异。染色体变异不同于基因组的倍性变化，如二倍体变为四倍体。倍性变化涉及所有染色体的数目变化，对应染色体上的基因拷贝数也随之成比例变化，因而基因之间的相对比例并没有发生变化。但是，当染色体变异涉及单个染色体或染色体片段增加或减少时，原有整倍体基因组中基因之间的相对数量和变化染色体上基因的绝对数量发生变化，打破了原有的基因剂量平衡关系，这会引起基因表达水平及下游的生物化学过程的相应变化，可能导致不利的生物学后果。染色体变异的生物学后果与倍性、物种以及所涉及的染色体有关。例如，二倍体作物经常因染色体变异表现出严重的生长发育缺陷，而多倍体作物如小麦，由于存在大量重复基因，基因组缓冲性和可塑性高，染色体变异的影响相对较小。染色体变异为遗传学研究提供了有用的工具材料。但是，存在生长发育缺陷的染色体变异，影响材料的育种可利用性。

遗传补偿性好的染色体易位是利用外源物种优良基因的重要方式。染色体易位是指一条染色体的某一片段转接到另一条非同源染色体上的现象。如果易位发生在共线性程度高的作物外源染色体区段，则易位的遗传补偿性好，称为补偿性易位。由于这样的易位在遗传上很好地保持了基因剂量平衡关系，也称为平衡易位。补偿性易位是育种利用的重要方式，如育种广泛利用的小麦 – 黑麦 1RS·1BL 易位和小麦 – 簇毛麦 6VS·6AL 易位。其中，1RS·1BL 易位染色体是由黑麦的染色体短臂 1RS 替换了小麦的染色体短臂 1BS 形成的（图 8–5）。由于 1RS 和 1BS 是由同一条染色体臂进化而来的，这两条染色体臂上的基因具有高度同源性，因此 1RS 替换 1BS 对基因剂量平衡关系影响小。但是，如果易位染色体为 1RS·1BS，则会导致一些基因的剂量增加（同时具有 1RS 和 1BS 上的高度同源基因），同时一些基因缺失（小麦染色体长臂 1BL 的基因缺失）。大片段的缺失和重复可能严重影响基因的剂量平衡关系。在利用外源基因的种质创新过程中，应重视创制遗传补偿性好的易位或小片段易位。

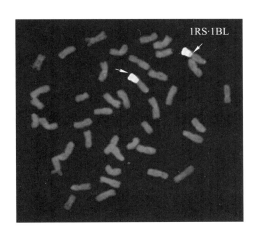

图 8–5 彩图

白色（红色荧光）显示的为来源于黑麦的 1RS 染色体臂，灰色（蓝色）显示的为小麦染色体，蓝色为 DAPI 染色剂的颜色。该图通过显微镜拍摄，显示了根尖体细胞的基因组原位杂交结果。基因组原位杂交经常用于区分来自不同基因组的染色体。在原位杂交过程中，以红色荧光基团标记的黑麦基因组 DNA 为探针，以小麦基因组 DNA 为封阻，对根尖分生区体细胞进行原位杂交，以探测存在的黑麦染色体（彩图见右侧二维码）

图 8–5　易位染色体 1RS·1BL

第三节　种质创新的基本环节与途径

作物种质资源的种类繁多。不同作物种质资源的遗传学特征、生物学特性等差异大，即使同一作物的不同种质资源类型也存在较大差异。种质资源的分类标准也不尽一致，有的是按其来源进行分类，有的是按亲缘关系进行分类，还有的是从育种的实用角度进行分类。相应地，针对不同的作物、不同的种质资源类型，种质创新的环节与路径也不尽相同。同时，创新环节与路径还与研究目标有关，以育种亲本材料为主要目标的种质创新，经常不同于以基础研究材料为主要目标的种质创新。

一、种质创新的基本环节

种质创新是一项系统工程，特别是利用野生植物进行的种质创制，需要的时间长、涉及的环节多。从转移目的基因创制育种亲本材料的角度，种质创新通常包括以下的基本环节。

（一）制定明确的种质创新目标

种质创新目标要以需求和问题为导向。针对当前及未来的农业发展对作物育种的需求，根据作物育种所面临的问题，结合作物相关的基础研究现状以及育种家的育种材料和推广品种的遗传组成，制定明确的种质创新目标。当前需要发展绿色、生态、高效农业，种质创新除了注重高产、优质、抗病等目标，也要重视生产效率、环境友好性、健康品质等特性。

（二）选择恰当的基因供体和受体材料

从数量众多的种质资源中挑选出理想的研究材料，是比较棘手的问题。需要分析供体材料的表型特征和遗传构成，明确供体材料是否具有解决目标问题的优良性状或优良基因，并尽可能清楚受体与供体种的遗传背景。除了目标性状，供体材料要携带尽可能多的优良性状，受体材料尽可能选择表现优异的新品种。

（三）选择合理的创新方法和途径

根据研究目标，针对不同供体材料类型的遗传特性和生物学特性，选择创新方法和途径，制定技术方案。例如，为了导入地方品种的基因，可以通过常规杂交，以同源染色体重组的途径，创制出携带目的基因且综合性状优的创新种质；为了导入外源物种的目的基因，由于外源物种与作物没有同源染色体，无法实现同源重组时，通常需要借助染色体工程技术，以作物－外源染色体易位的方式，实现外源基因转移。

（四）目的基因的检测和追踪

在种质资源创新过程中，根据基因来源、基因遗传特性等信息，选择高效的检测和追踪方法。采用的方法包括形态学表型、细胞学技术、分子标记等。例如，受单基因控制的抗病基因，可以直接根据抗病表型进行追踪；来源于外源染色体的基因，可以通过细胞学原位杂交技术追踪；已知 DNA 序列的基因，可以利用功能基因标记检测。

（五）创新种质的育种利用价值评价

在不同的生态条件下，评价创新种质的育种利用价值。一方面需要评价创新材料的目标性状在不同环境中的表现，另一方面需要评价创新材料在不同环境中的综合性状表现，判断创新材料的育种适宜区和育种的可利用性。根据创新材料携带的目的基因特性，采取合理的评价方式。例如，对于目的基因为抗病基因的创新种质，可以放在病害常发区、重发区进行评价；对于目的基因为控制产量等复杂性状的创新种质，需要按当地的种植条件，对群体水平进行评价。

二、种质创新的技术途径

种质创新本质上是创造变异和综合利用有利变异的过程。种质创新获得的新材料，主要包括新多倍体、渗入系、转基因系、基因突变系等类型。不同材料类型的创制，所依据的遗传操作原理不同，采用的技术途径也存在差异。新多倍体材料的创制，涉及基因组水平上的遗传操作。渗入系的创制涉及染色体水平上的遗传操作，主要通过染色体配对交换或染色体的结构变化，实现染色体区段的遗传重组。转基因系和突变系的创制在基因水平上进行，前者采用转基因技术，后者采用人工基因突变技术。

（一）多倍化途径

染色体加倍产生多倍体的过程称为多倍化。种质创新经常涉及多倍体材料创制。多倍体指细胞中有 3 个或 3 个以上染色体组的个体。多倍体植物有多种类型，常见的主要包括同源多倍体和异源多倍体。染色体加倍是多倍体创制的一个关键环节。有的时候，植物可以通过自发的体细胞染色体数目加倍或未减数配子（指减数分裂形成的配子的染色体数与体细胞相同，又称为 $2n$ 配子）的结合，产生多倍体。但是，通常情况下，自然界产生多倍体的频率低。人工染色体加倍是创制多倍体的主要途径，包括物理、化学、生物诱导法。目前最常用的是化学诱导法，该方法利用秋水仙碱等化学试剂，处理植物茎端分生组织、发育初期幼胚等正在分裂的细胞，诱导染色体加倍。

同源多倍体由同一物种的染色体加倍产生。例如，可以通过染色体加倍，将二倍体变成同源四倍体。利用两个新品种杂交，然后对杂种进行染色体加倍，可以创制出聚集两个品种优良遗传变异的同源四倍体（图 8-6）。同源四倍体可用作创制同源三倍体的桥梁工具材料。同源四倍体与二倍体杂交，可以获得同源三倍体材料。与二倍体相比，同源多倍体因减数分裂时的染色体联会配对不正常，影响了正常配子的形成，导致结实率降低，可以用于无籽水果培育。与同源四倍体相比，同源三倍体产生正常配子的频率更低，通常不结种子，因此同源三倍体成为培育无籽水果的重要途径，如无籽西瓜。同时，同源多倍体的有些器官增大或营养物质含量增加，对水果、蔬菜、饲草、林木等以收获营养器官为目的作物及无性繁殖作物有极好的利用价值。

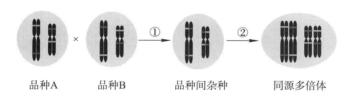

品种A　　　品种B　　　品种间杂种　　　同源多倍体

①品种 A 和品种 B 具有不同的优良等位基因（深灰色）。品种间杂交获得的杂种，具有杂合的基因型；②通过染色体加倍，可将两个品种的优良等位基因固定在同源多倍体中

图 8-6　品种间杂种创制同源多倍体的示意图

异源多倍体的创制涉及种间杂种的染色体加倍。通常涉及两个关键步骤（图 8-7）。一是由具有不同染色体组物种之间的远缘杂交，产生杂种。这一步通常要克服远缘杂交不结实问题。不同物种之间存在生殖隔离，表现为远缘杂交不亲和，即雌雄配子不能有效结合或形成的胚、胚乳不能正常发育，因此不能获得杂交种子。远缘杂交亲和性受作物品种基因型影响，选择恰当的基因型进行杂交，同时通过幼胚离体培养，可以获得杂交种子。二是远缘杂种的染色体加倍，获得异源多倍体。杂交亲本的染色体组不同，远

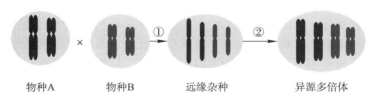

物种A　　　物种B　　　远缘杂种　　　异源多倍体

①物种 A 和物种 B 具有不同的染色体组，通过种间杂交，获得远缘杂种；②通过染色体加倍，获得异源多倍体，异源多倍体将两个物种的染色体组聚集在一起

图 8-7　异源多倍体的创制示意图

缘杂种仅含亲本的单套染色体组，加倍后获得的异源多倍体具有成对的同源染色体。在种质创新中，将具有不同染色体组的两个物种杂交得到的杂种，再经过染色体加倍创制的异源多倍体，称为双二倍体。新双二倍体聚合了不同物种的遗传变异，产生了新的遗传互作，在多倍体新作物创造中具有重要潜力。另一方面，利用作物与野生种创制的新双二倍体，为转移野生种的有利基因提供了中间桥梁材料。

在种质创新过程中，一些新多倍体材料的染色体组不是由亲本整套染色体组叠加形成，而是仅包含了亲本的部分染色体，这样的多倍体材料称为不完全双二倍体。例如，由六倍体小麦和六倍体中间偃麦草远缘杂交创制的八倍体小偃麦，有的具有完整的 42 条小麦染色体和中间偃麦草 42 条染色体中的 14 条。不完全双二倍体可以作为向作物转移野生近缘植物优异基因的中间桥梁材料。有的不完全双二倍体具有特殊的育种用途。例如，利用普通玉米染色体加倍获得的同源四倍体玉米（$2n = 40$）与四倍体摩擦禾（$2n = 72$）和四倍体多年生大刍草（$2n = 40$）杂交，创制的新多倍体材料，虽然具有非整倍性的染色体组，减数分裂不正常，自交结实率不高，但是由于具有多年生特性且营养器官生长非常繁茂，而且可以根茎繁殖，因此用作多年生饲草作物（图 8-8）。

将普通玉米人工加倍为同源四倍体玉米后，与四倍体摩擦禾杂交，杂种再与四倍体多年生大刍草杂交，获得具有 74 条染色体的非整倍体新种质‘MTP’（缺失 2 条摩擦禾染色体）。‘MTP’继续与四倍体多年生大刍草杂交，选育出具有 58 条染色体的饲草品种‘玉草 5 号’。该品种具有普通玉米的染色体 11 条、摩擦禾的染色体 17 条、大刍草的染色体 28 条以及玉米 – 大刍草的易位染色体 2 条

图 8-8 彩图

图 8-8　多年生饲草品种‘玉草 5 号’的创制示例图

（二）基因渗入途径

基因渗入也称为基因渐渗，是种质创新的常用手段。通过基因渗入创制的新材料，称为渗入系、渐渗系等。基因渗入通常指发生在遗传距离相对较远的群体之间的基因流动，即一个群体的遗传物质转移至另一个群体中的现象。从种质创新的角度，基因渗入就是遗传物质从其他基因库转移到作物基因库的过程。例如，在种质创新过程中，通过现代作物品种与野生种或地方品种杂交，然后利用现代品种不断杂交，可将野生植物基因库或地方品种基因库的遗传物质导入现代品种基因库中。

根据携带目标性状或基因的种质资源（基因供体）与拟转入的作物（作物受体）杂交的难易程度不同，基因渗入方法主要包括两大类。一是常规杂交法，二是远缘杂交

法。当基因供体与作物受体为同一物种或相互杂交容易成功时，采用常规杂交法。常规杂交适用于与作物亲缘关系近的种质资源，它们常常与受体作物具有相同的基因组，在基因源分类上通常为一级基因源。当基因供体与作物受体为不同物种，即基因供体是作物的外源物种时，采用远缘杂交，很多外源物种与受体作物具有不同的染色体组（基因组）。

1. 常规杂交法

通常情况下，常规杂交法可以通过同源染色体配对重组的方式，将基因供体的目的基因转移到受体作物中。常用的基因供体包括地方品种以及与作物受体具有相同基因组的野生种（如普通野生稻、二倍体大刍草）和人工创制新材料（如人工合成六倍体小麦）等。这些种质资源与现代品种的遗传差异大，运用它们可以同时改良位于不同染色体区域的多个遗传位点，从而在作物育种，特别是产量等数量性状育种中具有优势。但是，这些种质资源综合农艺性状差，与当前推广应用的现代品种相比具有不少的缺陷。因此，在渗入系创制过程中，需要重视目标性状或基因的导入，也要注重综合农艺性状的改进，以提高渗入系的育种可利用性。

杂交次数影响基因供体遗传物质的渗入数量。例如，在利用地方品种创制渗入系的过程中，多次杂交有利于改进综合农艺性状，但是杂交次数越多，渗入的地方品种遗传物质越少。理论上，与现代品种的每次杂交，将导致地方品种的血缘降低50%，而现代品种的血缘增加50%（图8-9）。

①地方品种与现代品种的第一次杂交，理论上杂种中一半的遗传物质来自地方品种（灰色）、一半来自现代品种（黑色）；②再次与现代品种杂交后，理论上 1/4 的遗传物质来自地方品种；③与现代品种第 3 次杂交后，理论上仅有 1/8 的遗传物质来自地方品种

图 8-9　渗入系保留的地方品种遗传物质与杂交次数有关

杂交方法影响渗入系的有利位点累积效率。回交（backcross，BC）是导入外源优良位点，同时改良综合性状的常用方式。供体亲本与受体亲本杂交后，用受体亲本回交 1 次获得 BC_1、回交 2 次获得 BC_2，以此类推，多次回交可以获得综合性状好的新材料。除了用于外源优良位点导入和综合性状改良，创制的 BC_2、BC_3 等回交群体还用于 QTL 位点发掘。另一种常用的杂交方式是复合杂交，通过地方品种或野生种与当前推广的不同优良品种进行复合杂交，除了可以导入地方品种或野生种的有利基因位点，还可重组聚合不同优良品种的有利位点，充分实现基因累积（图8-10，以地方品种为例），从而提高种质创新效率。

选择方法也是影响渗入系创制效率的重要因素。针对转移的目标性状，如果已经克隆了其控制基因，可以通过基因标记进行精准跟踪选择；如果未克隆但有连锁标记，通过分子标记进行选择，也可以提高转移效率。随着基因组学技术的快速发展，主要作物已经有了高质量的基因组序列，可以设计高通量的分子标记，比较准确地跟踪选择源于

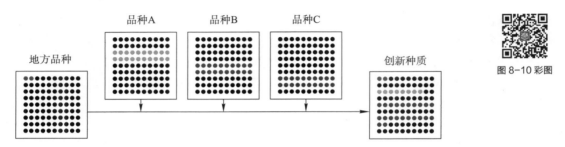

图 8-10 彩图

地方品种携带有利基因位点（红色圆点），不同的现代品种具有品种特异的有利基因位点（绿色、蓝色、紫色圆点）。通过复合杂交，能够在导入地方品种有利基因位点的同时，重组聚合分散在不同现代品种中的有利基因位点，获得创新种质（彩图见右侧二维码）

图 8-10　复合杂交聚合有利基因的示意图

地方品种或野生植物的染色体区段。但是，地方品种或野生植物很多性状的遗传基础还不清楚，其目标性状需要通过表型进行跟踪选择。

2. 远缘杂交法

远缘杂交通常是指不同物种之间的杂交。远缘杂交是将外源物种的目标性状或基因导入作物的重要技术途径。与常规杂交不同，由于不同的物种之间存在生殖隔离、遗传分化大等原因，远缘杂交存在杂交不亲和、杂种后代不育、杂种遗传上不协调、细胞学难以稳定等诸多难题。同时，因为作物与外源物种的基因组分化大，杂种的染色体常常不发生配对重组、染色体行为不正常，导致基因的分离重组不遵从典型的孟德尔遗传学定律。此外，作物的外源物种多数为野生种，野生性状带来的连锁累赘影响种质创新效率。因此，利用远缘杂交进行种质创新时，难度大、周期长，常常需要采用特殊的技术手段。

拓展阅读 8-1　小麦远缘杂交创制渗入系

远缘杂交法创制渗入系主要包括两种途径。一是远缘杂种 F_1 直接与作物杂交，可以从杂交后代中选出渗入系。当作物与外源物种没有同源染色体组时，远缘杂种 F_1 携带双亲一半的染色体，不含有同源染色体，由于染色体不能正常配对，通常表现为不育或育性很低，导致外源渗入系的创制效率不高。二是双二倍体桥梁法。通过远缘杂种 F_1 的染色体加倍，创制的双二倍体通常具有较好的育性，可以将外源物种的染色体组较为完整地保存在作物遗传背景中。双二倍体可以反复用于与作物的杂交。以双二倍体为桥梁，与作物杂交，可以从杂交后代中，筛选出含外源染色体的附加系、代换系、易位系等外源渗入系（图 8-11）。由于双二倍体桥梁法创制外源渗入系的效率高，已成为转移外源物种优良基因的常用技术途径。

附加系、代换系等外源渗入系，在导入外源目的基因的同时，外源染色体片段上可能还含有对育种利用不利的基因。通常情况下，由于作物与外源染色体间的遗传分化大，外源渗入系与作物杂交获得的杂种中，外源染色体与作物染色体很少发生配对，遗传重组困难。为了进一步减小外源染色体片段的大小，减小连锁累赘，提高创新种质的育种可利用性，可以通过物理辐射、操作控制染色体配对重组的基因、染色体"断裂 - 融合"诱导等染色体工程技术，促进作物与外源染色体的结构重排，将目标外源基因以小片段易位的形式导入作物中。

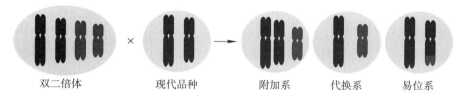

双二倍体　　　现代品种　　　附加系　　　代换系　　　易位系

利用双二倍体与现代品种不断杂交和自交，可以产生含有外源染色体的附加系、代换系，以及具有外源染色体片段的易位系等渗入系材料。黑色表示作物染色体，灰色表示外源染色体。图中的附加系在作物原有染色体组的基础上，增加了外源物种的一对染色体，因此也称为二体附加系；代换系是作物的一对染色体被外源物种的一对染色体替换。附加系、代换系、染色体臂间易位系的形成频率较高，而涉及染色体端部、染色体中间位置易位系的形成频率较低。由于外源物种与作物间基因组分化时间长，利用 DNA 原位杂交技术，可以直观地检测追踪源于外源物种的染色体或染色体区段（见图 8–5）

图 8–11　双二倍体桥梁法创制外源渗入系的示意图

（三）转基因

转基因（基因工程）技术可以将外源基因整合到受体作物的基因组中。转基因是 20 世纪 80 年代发展起来的技术，它突破了生殖隔离，不仅可以在不同科、族间，还可以打破动物、植物、微生物的界限而进行基因转移，可以极大地丰富变异类型，增加遗传多样性。例如，棉花的转基因抗虫类型等。转基因的主要过程包括根据种质创新目标从供体生物中分离出目的基因，经 DNA 重组与遗传转化或直接运载进入受体作物，经过筛选获得稳定表达的遗传工程体，并经过选择创制出新种质，使受体作物产生优异的目标性状。在遗传研究中，转基因材料是研究基因功能的重要种质资源。

（四）基因突变

种质资源存在的自然变异有限，有时不能满足研究的需要。例如，在基因功能鉴定中，首先需要利用种质资源克隆得到候选基因的 DNA 序列。为了进一步确定候选基因是否为目的基因，需要对种质资源（野生型）的候选基因进行人工突变，获得突变型新材料。然后，比对野生型和突变型的差异，来确认候选基因是否为目的基因；有时，种质资源携带不良基因，可以通过人工突变进行基因改造，获得想要的遗传变异类型。

1. 物理和化学诱变

利用射线辐照、化学诱变剂处理等理化方法，可以诱导受体材料发生遗传变异。理化方法诱变的突变频率高，所以是创制遗传变异的重要技术手段，可以创制出自然界不存在的遗传变异，对种质创新非常重要。但是，理化方法诱变获得的基因突变位点常常是随机的。辐射诱变有时还会产生大量染色体结构变异，很难进一步得到利用。具有优良新变异且遗传平衡、补偿性好的诱变后代，可以作为创新资源用于后续的遗传改良。利用理化诱变材料已育成大量品种，据联合国粮食与农业组织和国际原子能机构官方数据显示，1950—2019 年通过理化诱变支撑选育出 3 283 个品种，涉及 214 种不同植物物种。例如，我国科学家采用诱变育种技术育成的小麦品种'鲁原 502'，曾为我国第二大小麦推广品种。

2. 基因编辑

有的将基因编辑归为生物诱变方法，与理化方法相对应。基因编辑技术可以进行基因定点敲除、单碱基编辑、等位基因替换或外源基因定点插入等。通过对目的基因的精准操作实现对目标性状的精准改良。该技术具备便捷高效、靶向精准等突出优势，在不改变受体种质基因组结构情况下，定向创制基因的遗传变异，打破了传统杂交选育种质创新面临的连锁累赘、遗传变异定向创造效率低等技术瓶颈。例如，为了消除抑制基因对抗病基因的抑制作用，可以通过基因编辑，将抑制基因进行定点敲除，创制出抗病的新材料；有的基因在进化上保守，遗传变异少，可对目的基因不同氨基酸位点进行定向突变，从而创制出一系列的基因等位变异。

第四节　种质创新的挑战与展望

全世界有非常丰富的种质资源，但是在作物育种中成功被利用的种质资源还很少。另一方面，遗传基础狭窄是制约作物育种取得新突破的瓶颈问题。提高种质创新效率，加快发掘还未被育种应用的基因资源，扩充育种亲本的遗传多样性，是种质资源研究的重要任务。但是，种质创新受到作物性状形成的遗传基础不清楚、目标性状基因的精准鉴定困难、高效的种质创新技术缺乏等问题制约。随着基础研究的不断深入和高效新技术的开发应用，种质创新效率会越来越高。

一、种质创新的理论基础

作物性状形成的遗传基础是作物种质创新的关键理论依据。作物种质创新过程，包括三个关键环节。一是在种质创新前端，供体材料和受体材料的选择；二是在种质创新过程中，种质创新技术方法的选择；三是在种质创新后端，创新材料的利用价值评价。在种质创新的技术设计过程中，经常会遇到一些难题。例如，在众多的种质资源中，选择哪个作为供体材料更理想、选择哪个作为受体材料更好？在众多可利用的技术方法中，选择哪个效率更高？在创制的批量新材料中，哪些材料的应用潜力更大？作物性状形成的遗传基础是回答这些问题的理论依据。目前，对一些质量性状的遗传基础有比较深入的认识。但是，对数量性状的遗传基础认识还很有限。作物产量、品质、抗逆等很多重要性状，受数量性状基因控制，遗传基础复杂，有些基因位点的遗传效应小，基因型、环境及基因－环境互作的影响特别复杂，对基因互作以及基因－环境的复杂互作关系还知之甚少。作物性状形成的遗传基础不清楚，种质创新技术设计的理论依据缺乏，已成为制约种质创新的瓶颈问题。

二、目标性状基因的精准鉴定

作物野生种、地方品种等种质资源蕴藏着许多现代作物品种缺乏的基因变异，为种质创新提供了丰富的基因资源。充分发掘和充分利用其中的有利基因将是未来种质创新的重要工作。为了高效利用有利基因，首先需要精准鉴定出目的基因，然后才能有针对性地利用目的基因。控制质量性状的基因鉴定相对容易，如单基因控制的抗病性，利用它们构建的遗传分离群体，根据抗病表型和基因型的对应关系，很容易将控制抗病的基因鉴定出来，并筛选出在种质创制中好用的分子选择标记。但是，野生种和地方品种的数量性状基因鉴定则比较困难。一方面，它们存在的野生性状、植株高、生育期晚等育种不利性状，会干扰产量、品质等数量性状的表型鉴定。例如，生育期晚常影响种子数量及大小，因此会影响种子性状基因的鉴定。另一方面，它们与现代品种的遗传差异大，直接从野生种和地方品种发掘的有利基因，转入现代品种后，可能没有明显的遗传作用。有些野生种与作物具有不同的倍性，直接从野生种发掘的基因转入作物后，可能会发生表达改变。目前一个常用的解决办法是，先利用它们与现代品种不断杂交，创制出综合性状与现代品种相当的渗入系材料，然后利用渗入系作为遗传群体，完成有利基因的遗传鉴定。但是，这样的方法需要的时间长、效率低。

在漫长的进化过程中，由于地域环境影响，不同的野生种、地方品种等种质资源可能形成了独特的基因变异。近年来，高质量组学技术的快速发展，泛基因组数据资源的不断积累，加快了不同种质资源间基因变异的精准鉴定，加速了特异基因变异的挖掘效率。同时，随着高通量表型组学相关技术的快速发展，表型数据高精度、多时段、低成本的获取成为可能，表型检测效率越来越高。将不同组学技术与高质量遗传群体建立、基因定位克隆等技术结合起来，将提高有利基因的发掘鉴定效率。

三、种质创新技术体系

分子标记辅助选择技术在作物种质创新中发挥了重要的作用。该技术在聚合质量性状基因时效率高，但针对产量、品质、抗逆性等复杂数量性状的种质创新时效率低。近年发展起来的全基因组选择，可用于遗传效应小的基因位点聚合，为复杂性状的种质创新提供了新手段。与传统的分子标记辅助选择相比，全基因组选择无须鉴定与目标性状显著相关的位点，即使单个位点的效应很小，导致表型变异的遗传效应也都能够被高密度的遗传标记捕获，并且能够在得到个体基因型时即对其育种值进行评估，从而提高种质创新效率。

基因编辑技术为提高种质创新效率提供了有力的技术支撑。基因编辑能对作物基因组进行精准修饰，定向删除不良变异或创造出自然界不存在的优良新变异，实现目标性状的定向改变。例如，在传统的种质创新过程中，由于遗传重组率低，难以克服因有利变异与不利变异紧密连锁造成的遗传累赘。通过基因编辑，对不利基因进行定点敲除，就可以快速消除存在的遗传累赘；又如，传统的基因突变存在靶向性低、突变随机性高等缺陷，基因编辑技术可对目的基因位点进行饱和氨基酸突变，实现目的基因不同氨基酸位点的定向突变，从而创制出所需要的基因变异。

四、多倍体新作物创制

作物的外源物种具有丰富的基因组资源有待开发利用。有的物种具有特殊或极端的环境适应性，如适应海拔接近 5 000 m 的地方、戈壁滩、沙丘、高盐环境。利用它们研发粮食、饲草、生态草等用途的多倍体新作物，可以作为未来应对全球气候变化、生态环境保护等重要问题的技术策略。例如，组合小麦与黑麦基因组创制的多倍体小黑麦是一种人造新作物。小黑麦将小麦的高产潜力和黑麦的生长优势、不良环境的适应能力聚集在一起。在贫瘠土壤和气候环境不利于小麦生长的地方，小黑麦表现较高的产量潜力。小黑麦的生物产量和籽粒产量高，除了用作食品加工和饲草，也用作能源作物；最近，小麦族多年生物种中间偃麦草已被驯化为具有生态和经济价值、小范围种植的多年生新作物，商品名为 Kernza；又如，玉米近缘种属材料大刍草和摩擦禾具有多年生、生长繁茂、抗逆性强等特性，利用它们与玉米远缘杂交，已培育出高产、优质、广适的"玉草"系列多年生饲草玉米新品种。

传统的多倍体作物驯化需要的时间长。例如，尽管小麦和黑麦均是栽培种，创制的小黑麦不存在野生性状，但是由于小麦与黑麦基因组的互作产生了很多不利性状，如染色体不稳定性、结实率不高、籽粒不饱满等，小黑麦的成功应用涉及对这些不良性状的长期驯化改良。基因编辑技术能够提高驯化效率，可以短时间内编辑驯化基因，把野生植物快速驯化为人类需要的理想作物，因此在创造多倍体新作物中具有广阔的应用前景。例如，我国科学家以异源四倍体野生稻（基因组 *CCDD*）为材料，通过基因编辑获得了落粒性降低、芒长缩短、生育期缩短、在长日照下正常结实、株高降低、籽粒变大等特性的系列材料，表明四倍体水稻快速从头驯化的可行性。

📺 推荐阅读

1. 庄巧生. 中国小麦品种改良及系谱分析 [M]. 北京：中国农业出版社，2003.
   本书深入浅出地剖析了大量的小麦种质创新案例。
2. Kole C. Wild crop relatives：genomic and breeding resources：cereals [M]. Berlin：Springer-Verlag Berlin Heidelberg，2011.
   本书系统介绍了禾谷类作物野生近缘植物的创新利用情况。
3. Mason AS. Polyploidy and hybridization for crop improvement [M]. Boca Raton：CRC Press，2016.
   本书系统介绍了多倍化及杂交研究状况及其在作物种质创新中的应用。

❓ 思考题

1. 种质创新和作物育种有何关系？
2. 为什么在种质创新中要重视遗传累积性？
3. 设计一个田间试验，创制同源三倍体材料。

📇 主要参考文献

1. 董玉琛，刘旭. 中国作物及其野生近缘植物 [M]. 北京：中国农业出版社，2006.
2. 李影正，严旭，李晓锋，等. 玉米野生近缘种属研究利用进展 [J]. 科学通报，2022，67：4370–4387.
3. 刘旭. 种质创新的由来与发展 [J]. 作物品种资源，1999，2：2–5.
4. 刘旭. 作物种质资源学 [M]. 北京：科学出版社，2024.
5. 刘旭，黎裕，李立会，等. 作物种质资源学理论框架与发展战略 [J]. 植物遗传资源学报，2023，24：1–10.
6. 袁隆平. 水稻的雄性不孕性 [J]. 科学通报，1966，4，32–34.
7. 张学勇，马琳，郑军. 作物驯化和品种改良所选择的关键基因及其特点 [J]. 作物学报，2017，43（2）：157–170.
8. Birchler JA，Veitia RA. Gene balance hypothesis：connecting issues of dosage sensitivity across biological disciplines [J]. Proceedings of the National Academy of Sciences of the United States of America，2012，109：14746–14753.
9. Hurni S，Brunner S，Stirnweis D，et al. The powdery mildew resistance gene *Pm8* derived from rye is suppressed by its wheat ortholog *Pm3* [J]. The Plant Journal，2014，79：904–913.
10. Tanksley SD，Nelson JC. Advanced backcross QTL analysis：a method for the simultaneous discovery and transfer of valuable QTLs from unadapted germplasm into elite breeding lines [J]. Theoretical and Applied

Genetics，1996，92：191–203.

11. Yu H，Lin T，Meng X，et al. A route to *de novo* domestication of wild allotetraploid rice ［J］. Cell，2021，184：1156–1170.

⊖ 网上更多资源 ————————————————————————————

📚 拓展阅读　　　🖥 彩图　　　📝 思考题解析

撰稿人：刘登才　郝明　张连全　审稿人：李立会

第九章

作物种质资源共享利用

 本章导读

1. 国家拥有的战略资源为何鼓励大家共享利用？
2. 育种家或其他科技人员如何申请获得种质资源？
3. 种质资源共享利用今后如何发展？

作物种质资源是作物品种改良、基因发掘和其他科学研究的物质基础。目前国家已收集保存了数量巨大的作物种质资源，每份种质资源也具备了必要的信息，这些种质资源及其信息只有得到很好的共享利用，才能实现其价值。

第一节　作物种质资源共享利用基本概念

一、共享利用的概念与内涵

作物种质资源是开展作物遗传育种、基因发掘、生命科学和其他农业科学研究的物质基础，通俗来讲就是完成上述科研活动所需要的重要原始材料。没有或缺乏这些原始材料，就恰似"无米之炊"。种质资源及其描述信息（种质资源的基本特征、特性等数据信息）只有被其他科技人员获得并应用，这些资源的价值方能得到体现。简言之，作物种质资源共享利用是指在国家法律政策框架下的种质资源的交流和共用。

二、共享利用的目标及意义

我国现有法律规定，我国境内收集保存的作物种质资源隶属国家所有，即作物种质资源拥有国家主权属性。这些种质资源绝大多数都由国家级、省级农业科研单位或农业大学妥善保存。我国由科研教学等公共部门收集保存的 50 余万份的作物种质资源，只有实现了共享利用，才能实现其价值。

但国外情况有所不同，除了由国家公共部门收集保存的种质资源外，国外还有很多私人种业公司，这些公司创立早、发展快，也很壮大，拥有和保存了众多种质资源。当然企业的情况也千差万别，但通常情况下私人公司或企业拥有和保存的种质资源特别是创新的种质资源，其所有权属于公司或企业，交换或共享其种质资源是有条件的。

（一）为国家粮食安全提供基础材料支撑

粮食安全属于"国之大者"，古语称"民以食为天，食以种为先"，要解决众多人口的吃饭问题，粮食安全必须得到充分保障。确保粮食安全的要素很多，但品种是第一位的。作物的产量高低、品质优劣、营养与健康等都与品种密切相关。要培育高产、优质、抗病虫，耐受旱涝等极端灾害、营养健康的作物新品种，就必须具备数目众多、特征特性信息完备的种质资源，因为这些种质资源具备不同特征特性，或携带了众多的优异基因。科学家利用传统或现代的品种改良和育种技术，就有望培育出优良的新品种，加上优质高产栽培技术，实现良种良法配套，就可以较大幅度地提高作物产量，满足人类多元化的需求。

（二）种质资源是基因发掘的源泉

作物种质资源种类多、数量巨大、多样性丰富，每份种质资源都携带各具特色的基因，是数以万计基因的载体，毋庸置疑是基因发掘的材料基础。例如，科技人员从国家种质库保存的 6 500 余份普通菜豆种质资源中通过表型鉴定，筛选出核心种质 600 余份，温室条件下接种普通细菌性疫病菌株，待菌株充分发病后，调查统计每份种质资源的抗病等级，划分抗病类型，获得了一批抗细菌性疫病种质；进而利用抗病种质'HR45'和感病种质'秘鲁菜豆'配置杂交组合，建立作图群体，并在普通菜豆 8 号染色体上定位了 3 个抗细菌性疫病候选基因，进一步研究分析初步明确了其中的 *PvCBR1* 为抗病基因。抗细菌性疫病基因的发掘与功能验证为普通菜豆抗病育种提供了抗病材料和抗病基因。其他作物基因的发掘和功能解析也需要以数量巨大的优异种质资源为基础。由此可见，种质资源是基因发掘的重要源泉。

（三）共享利用是种质资源本身价值的体现

截至 2024 年 7 月，我国已建立 72 个农作物种质资源保存库、种质圃，保存种质资源 56 万余份。我们收集引进保存数量巨大的农作物种质资源的目的是利用。如果这些种质资源得不到共享利用，这些库（圃）将变成"死库"，种质资源的本身价值自然也无法体现。千百年来，各种作物在差异巨大的自然环境下，经过进化形成了数量巨大、特征特性各具特色的种质资源，国家花费巨大的财力物力把这些种质收集保存好，其最终目标就是充分实现共享利用，使之发挥最大作用，否则，就失去了收集保存种质资源的价值和意义。

作物种质资源具有可繁殖和可更新的特点，国家投入大量资金支持国家保存库（圃）繁殖扩增了大量种质资源，这些种质资源应积极开展依据现有法律法规下的共享利用，使之发挥最大化效应，同时也避免重复收集保存、鉴定评价等造成的国家财政资源的浪费，最大限度地发挥其研究和利用价值，获得经济效益和社会效益，提高利用效率。

三、共享利用的基本原则

作物种质资源共享利用应遵循以下几条基本原则。

（一）在国家政策法律框架下开展共享利用

依据国家相关政策和法规，对国家种质资源保存单位保存的已具备基本特征特性鉴定评价信息、种子或其他繁殖器官质量好、数量足的种质资源，鼓励开展共享利用。

（二）信息与实物应同步共享

我国目前保存的各类作物种质资源在入库（圃）保存前，都进行了基本特征特性鉴定编目，这些信息包括护照信息、基本农艺性状，以及部分抗病、耐旱、耐盐碱、品质性状等，数据量庞大的资源信息已储存于国家资源信息库，每份资源与其相对应的信息基本实现了有效匹配。因此，在提供种质资源实物时，连同其信息应一并提供，这样申请获取种质资源后利用时更有的放矢、更高效。

（三）共享利用应快捷高效

根据我国已发布实施的《农作物种质资源共享利用办法（试行）》规定，以科研、教学、生产示范为目的，可以向国家种质库（圃）申请获得种质资源。该办法要求国家库（圃）应在收到申请的 20 个工作日内审核完成相关申请内容并予以答复，能够提供的种质应尽快完成邮寄工作。提供国家库（圃）保存的种质资源通常不收取费用，为公益性共享利用。如果需要支付费用，应控制在邮寄、包装等最低成本费用。

（四）共享利用应及时反馈信息

种质资源获得者利用资源的结果或效果应及时反馈资源提供者，不宜延迟反馈信息，更不应隐瞒共享利用信息。一方面，资源提供者可以及时掌握这些资源共享利用的效果信息，为后续资源共享利用工作提供动力和方向；另一方面，反馈信息也应成为资源获得者的自觉诚信行为。供需双方建立良好的互信机制，对推进种质资源共享利用十分有利。

（五）不得对共享利用的种质资源直接申请知识产权保护

依据国家相关政策法规，对从国家库（圃）申请获取的种质资源不得直接申请植物新品种权或其他形式的知识产权。对利用这些种质资源获得的成果应予以标注资源提供者。如果利用这些种质资源产生了商业化利益，应遵循双方有关共享利用协议执行。

第二节　国外种质资源的共享利用

国外由国家公共部门收集保存的种质资源和国际机构收集保存的种质资源，通常实行公益性共享利用；但私人种业公司收集保存的种质资源通常不对外共享，如果要获取使用，应签署材料转让商业协议。

一、基于《粮食和农业植物遗传资源国际条约》的种质资源共享利用

《粮食和农业植物遗传资源国际条约》（the International Treaty on Plant Genetic Resources for Food and Agriculture，简称《国际条约》），由联合国粮食与农业组织（Food and Agriculture Organization of the United Nations，FAO）推动制定，于 2004 年正式生效，目前有缔约方 145 个。该《国际条约》首先界定种质资源属于国家主权范畴。该《国际条约》建立了一个粮食和农业遗传资源（即种质资源）多边体系，《国际条约》缔约方应把本国收集保存的公共领域种质资源纳入《国际条约》建立的多边体系，以方便其他缔约方获取使用，实现全球范围内的种质资源最大程度的共享利用，最终目标是推动世界粮食安全的解决和农业可持续发展。目前该《国际条约》在履行过程中还存在诸多问题，履约的效果也很有限，但国际社会还在继续推进《国际条约》的实施。

《国际条约》管理下的种质资源共享利用是基于附属于《国际条约》的《标准材料转让协定》（the Standard Material Transfer Agreement，SMTA）进行。也就是说要从《国际条约》建立的多边体系获取种质资源，首先需要签署 SMTA，它规定了种质资源提供

者和获得者各方的权利和义务。如果是为科研、教学、育种等目的，从多变体系中获取资源是免费、快捷的，属于公益性共享利用，产生的主要是社会效益。如果利用从多边体系获取的资源，利用后形成了产品并商业化，例如，育成了商业化品种，那么该品种商业化后，产生的总销售额的 1.1% 应反馈到由《国际条约》建立的财务体系，这些经费主要应用于全球种质资源的进一步收集保护与开发应用。综上，《国际条约》管理下的作物种质资源应基于 SMTA 规则的共享利用。

二、国际机构种质资源共享利用

涉及种质资源管理和共享利用的国际机构很多，包括联合国粮食与农业组织、全球植物新品种保护联盟、国际农业研究磋商组织（Consultative Group for International Agricultural Research，CGIAR）等，这里主要介绍国际农业研究磋商组织管理的种质资源共享利用情况。该组织属于非盈利国际科学组织，由 15 个国际农业研究中心组成，其中有 11 个中心涉及作物种质资源保护和利用工作，这些中心都分别建立了其种质库（共保存各类作物种质资源 76 万余份），并承担本中心相关作物种质资源的管理和共享利用。例如，国际水稻研究所主要承担全球稻类作物种质资源的保存与共享利用；国际玉米小麦改良中心主要承担全球小麦、玉米种质资源的保存与共享利用。CGIAR 成立于 20 世纪 70 年代初，自成立之日起，其国际研究所就组织开展了全球范围内作物种质资源的考察收集，经整理编目后保存于其种质库（圃），至 20 世纪 90 年代，这些国际研究机构的种质库（圃）均采用公益性共享的方式，向世界各国科学家、种业公司广泛提供种质资源，但资源申请者与这些国际种质库需要签署一份"材料转让协定"，不收取任何费用。我国从国际水稻研究所、国际玉米小麦改良中心、国际热带农业研究所、国际半干旱地区热带作物研究所等引进了水稻、小麦、玉米、大麦、普通菜豆、马铃薯、木薯、鹰嘴豆等几十种作物的种质资源数万份，为丰富我国作物种质资源库和作物育种及农业生产发挥了巨大作用。1994 年，CGIAR 各国际农业研究中心与 FAO 签署了委托协议，把 CGIAR 保存的种质资源纳入《国际条约》管理，资源获得者与提供者应签署 SMTA，之后，国际农业研究磋商组织保存的各类作物种质资源的共享利用一律按《国际条约》规定实行。

三、美国作物种质资源的共享利用

美国国家植物种质资源体系是一个公共部门和私人机构共同参与的合作网络，由 1 个长期库、29 个中期库和相关种质信息系统组成，其中中期库依托遍布美国各地的大学和研究机构建设，包括 3 个地区引种站、17 个特定作物种质和遗传材料种质库、9 个无性繁殖作物种质圃。美国国家植物种质资源体系的主要任务是开展收集、保护、鉴定评价、信息汇编和种质分发研究工作，目标是向公共和私人育种家提供所需要的资源，用于改良作物的产量和品质。截至目前美国共保存各类作物种质资源 60 万余份，每份资源都置于一个统一 PI 编号。

美国作物种质资源共享利用是为国内外所有需要者免费提供种质资源。需要者可以通过种质资源信息系统检索感兴趣的资源，然后提交申请，也可以直接向各个中期库提出申请，索取感兴趣的种质资源。如果是合作研究所需要的种质，则应签署相关合作协议，如果是直接索取，则需要签署材料转移协议。数据证明，我国各科研机构、大学及科技人员直接或通过合作研究从美国获取的种质资源数量最多，类型也最丰富。客观地讲，美国保存的作物种质资源为我国作物种质资源的收集、引进、保存、鉴定、评价，以及作物育种和科研教学发挥了重大作用。

四、巴西作物种质资源的共享利用

巴西的种质资源保护体系包括 1 个长期库、383 个遍布全国的中期库（圃）组成，其中有 140 个中期库（圃）隶属巴西农业科学院管理，主要由国家遗传资源与生物技术中心承担运营管理，该中心长期保存作物种质资源 25 万份，该中心还承担协调全国种质资源的工作。

巴西颁布了《生物安全法》《遗传资源与相关传统知识获取法》，强化了种质资源国家主权，任何组织和个人要想获取遗传资源（种质资源）都必须事先获得有关政府部门的批准，并签署相关协议。巴西对种质资源的管理比较严格，巴西还是《国际条约》的缔约方，要获取《国际条约》附录中列出的 64 种作物的种质资源，必须严格按照《国际条约》的有关规定实行。我国在 20 世纪 90 年代，曾经引进了一批巴西旱稻种质资源（品种），对推动我国旱稻品种改良和生产发挥了积极作用。

第三节　国内作物种质资源的共享利用

我国作物种质资源的共享利用依据《中华人民共和国种子法》《农作物种质资源管理办法》《农作物种质资源共享利用办法（试行）》等国内法律法规进行。共享利用方式以公益性共享利用为主，但国家也鼓励通过合作研究的方式共享利用种质资源。

一、作物种质资源保存体系

农业农村部已认证并公布的作物种质保存体系包括 1 个长期库、1 个复份库、15 个中期库和 55 个种质圃（含 2 个试管苗库），共计 72 个保存单元（表 9-1）。国家长期库和复份库一般不对外提供种质资源共享利用，定位于战略保存和备份保存；15 个中期库和 55 个种质圃保存了我国拥有的绝大部分种质资源，并授权对外提供其保存的作物种质资源共享利用。

上述国家种质资源保存库（圃）积极响应社会需求，确保其保存的作物种质资源数量足、质量好，对存量不足、活力低的种质资源要进行及时更新繁殖，尽量确保社会需求种质资源时，能够高效共享利用。

表 9-1　国家农作物种质资源库（圃）名单

类型	库（圃）名称	保存作物种质	依托建设单位	备注
长期库	国家农作物种质资源库	所有作物	中国农业科学院作物科学研究所	战略保存
复份库	国家农作物种质资源复份库（西宁）	所有种子类作物	青海大学农林科学院（青海省农林科学院）	备份保存
中期库	国家粮食作物种质资源中期库（北京）	粮食	中国农业科学院作物科学研究所	共享利用

类型	库（圃）名称	保存作物种质	依托建设单位	备注
中期库	国家蔬菜种质资源中期库（北京）	蔬菜	中国农业科学院蔬菜花卉研究所	共享利用
中期库	国家水稻种质资源中期库（杭州）	水稻	中国水稻研究所	共享利用
中期库	国家烟草种质资源中期库（青岛）	烟草	中国农业科学院烟草研究所	共享利用
中期库	国家棉花种质资源中期库（安阳）	棉花	中国农业科学院棉花研究所	共享利用
中期库	国家西瓜甜瓜种质资源中期库（郑州）	西瓜、甜瓜	中国农业科学院郑州果树研究所	共享利用
中期库	国家油料作物种质资源中期库（武汉）	油料	中国农业科学院油料作物研究所	共享利用
中期库	国家麻类作物种质资源中期库（长沙）	麻类	中国农业科学院麻类研究所	共享利用
中期库	国家北方饲草种质资源中期库（呼和浩特）	北方饲草	中国农业科学院草原研究所	共享利用
中期库	国家甜菜种质资源中期库（哈尔滨）	甜菜	黑龙江大学	共享利用
中期库	国家寒带作物及大豆种质资源中期库（哈尔滨）	寒带作物、大豆	黑龙江省农业科学院草业研究所	共享利用
中期库	国家都市特色作物种质资源中期库（上海）	都市特色作物	上海市农业生物基因中心	共享利用
中期库	国家特色杂粮作物种质资源中期库（太原）	特色杂粮作物	山西农业大学农业基因资源研究中心	共享利用
中期库	国家青藏高原作物种质资源中期库（拉萨）	青藏高原种子类作物	西藏自治区农牧科学院农业研究所	共享利用
中期库	国家中亚特色作物种质资源中期库（乌鲁木齐）	中亚特色作物	新疆农业科学院农作物品种资源研究所	共享利用
种质圃	国家多年生小麦野生近缘植物种质资源圃（廊坊）	多年生小麦野生近缘植物	中国农业科学院作物科学研究所	共享利用
种质圃	国家多年生及无性繁殖蔬菜种质资源圃（北京）	多年生及无性繁殖蔬菜	中国农业科学院蔬菜花卉研究所	共享利用
种质圃	国家多年生草本花卉种质资源圃（北京）	多年生草本花卉	中国农业科学院蔬菜花卉研究所	共享利用
种质圃	国家梨苹果种质资源圃（兴城）	梨、苹果	中国农业科学院果树研究所	共享利用
种质圃	国家多年生饲草种质资源圃（呼和浩特）	多年生饲草	中国农业科学院草原研究所	共享利用
种质圃	国家山葡萄种质资源圃（吉林）	山葡萄	中国农业科学院特产研究所	共享利用

类型	库（圃）名称	保存作物种质	依托建设单位	备注
种质圃	国家桑树种质资源圃（镇江）	桑树	中国农业科学院蚕业研究所	共享利用
种质圃	国家茶树种质资源圃（杭州）	茶树	中国农业科学院茶叶研究所	共享利用
种质圃	国家葡萄桃种质资源圃（郑州）	葡萄、桃	中国农业科学院郑州果树研究所	共享利用
种质圃	国家野生花生种质资源圃（武汉）	野生花生	中国农业科学院油料作物研究所	共享利用
种质圃	国家桃草莓种质资源圃（北京）	桃、草莓	北京市农林科学院林业果树研究所	共享利用
试管苗库	国家马铃薯种质资源试管苗库（克山）	马铃薯	黑龙江省农业科学院克山分院	共享利用
试管苗库	国家甘薯种质资源试管苗库（徐州）	甘薯	江苏徐淮地区徐州农业科学研究所	共享利用
种质圃	国家寒地果树种质资源圃（公主岭）	寒地果树	吉林省农业科学院	共享利用
种质圃	国家桃草莓种质资源圃（南京）	桃、草莓	江苏省农业科学院	共享利用
种质圃	国家果梅杨梅种质资源圃（南京）	果梅、杨梅	南京农业大学	共享利用
种质圃	国家南方草本花卉种质资源圃（南京）	南方草本花卉	南京农业大学	共享利用
种质圃	国家枣葡萄种质资源圃（太谷）	枣、葡萄	山西农业大学果树研究所	共享利用
种质圃	国家中原山地特色园艺作物种质资源圃（合肥）	中原山地特色园艺作物	安徽农业大学	共享利用
种质圃	国家龙眼枇杷种质资源圃（福州）	龙眼、枇杷	福建省农业科学院果树研究所	共享利用
种质圃	国家红萍种质资源圃（福州）	红萍	福建省农业科学院农业生态研究所	共享利用
种质圃	国家闽台特色作物种质资源圃（漳州）	闽台特色作物	福建省农业科学院亚热带农业研究所	共享利用
种质圃	国家东南山地作物种质资源圃（宜春）	东南山地作物	江西省农业科学院园艺研究所	共享利用
种质圃	国家核桃板栗种质资源圃（泰安）	板栗、核桃	山东省果树研究所	共享利用
种质圃	国家耐盐碱作物种质资源圃（东营）	耐盐碱作物	山东省农业科学院	共享利用
种质圃	国家山楂种质资源圃（沈阳）	山楂	沈阳农业大学	共享利用
种质圃	国家李杏种质资源圃（鲅鱼圈）	李、杏	辽宁省果树科学研究所	共享利用
种质圃	国家水生蔬菜种质资源圃（武汉）	水生蔬菜	武汉市农业科学院	共享利用
种质圃	国家猕猴桃种质资源圃（武汉）	猕猴桃	中国科学院武汉植物园湖北省农业科学院果树茶叶研究所	共享利用

类型	库（圃）名称	保存作物种质	依托建设单位	备注
种质圃	国家砂梨种质资源圃（武汉）	砂梨	湖北省农业科学院果树茶叶研究所	共享利用
种质圃	国家麻类作物种质资源圃（沅江）	多年生麻类	中国农业科学院麻类研究所	共享利用
种质圃	国家中小叶茶树种质资源圃（长沙）	茶树	湖南省茶叶研究所	共享利用
种质圃	国家野生稻种质资源圃（广州）	野生稻	广东省农业科学院水稻研究所	共享利用
种质圃	国家荔枝香蕉种质资源圃（广州）	荔枝、香蕉	广东省农业科学院果树研究所	共享利用
种质圃	国家甘薯种质资源圃（广州）	甘薯	广东省农业科学院作物研究所	共享利用
种质圃	国家热带果树种质资源圃（湛江）	热带果树	中国热带农业科学院南亚热带作物研究所	共享利用
种质圃	国家野生稻种质资源圃（南宁）	野生稻	广西壮族自治区农业科学院	共享利用
种质圃	国家芒果种质资源圃（田东）	芒果	中国热带农业科学院热带作物品种资源研究所	共享利用
种质圃	国家野生棉种质资源圃（三亚）	野生棉	中国农业科学院棉花研究所	共享利用
种质圃	国家热带饲草种质资源圃（儋州）	热带饲草	中国热带农业科学院热带作物品种资源研究所	共享利用
种质圃	国家橡胶种质资源圃（儋州）	橡胶	中国热带农业科学院橡胶研究所	共享利用
种质圃	国家木薯种质资源圃（儋州）	木薯	中国热带农业科学院热带作物品种资源研究所	共享利用
种质圃	国家热带棕榈种质资源圃（文昌）	热带棕榈	中国热带农业科学院椰子研究所	共享利用
种质圃	国家热带香料饮料作物种质资源圃（万宁）	香料、饮料	中国热带农业科学院香料饮料研究所	共享利用
种质圃	国家柑橘种质资源圃（重庆）	柑橘	西南大学	共享利用
种质圃	国家西南特色园艺作物种质资源圃（成都）	西南特色园艺作物	四川省农业科学院园艺研究所	共享利用
种质圃	国家云贵高原特色作物种质资源圃（贵阳）	云贵高原特色作物	贵州大学	共享利用
种质圃	国家云南特有果树及砧木种质资源圃（昆明）	云南特有果树	云南省农业科学院园艺作物研究所	共享利用
种质圃	国家甘蔗种质资源圃（开远）	甘蔗	云南省农业科学院甘蔗研究所	共享利用

类型	库（圃）名称	保存作物种质	依托建设单位	备注
种质圃	国家大叶茶树种质资源圃（勐海）	茶树	云南省农业科学院茶叶研究所	共享利用
种质圃	国家青藏高原作物种质资源圃（拉萨）	青藏高原无性繁殖作物	西藏自治区农牧科学院蔬菜研究所	共享利用
种质圃	国家柿种质资源圃（杨凌）	柿子	西北农林科技大学	共享利用
种质圃	国家枸杞葡萄种质资源圃（银川）	枸杞、葡萄	宁夏农林科学院枸杞科学研究所、宁夏农林科学院园艺研究所	共享利用
种质圃	国家新疆特有果树种质资源圃（轮台）	新疆特有果树	新疆农业科学院轮台果树资源圃	共享利用
种质圃	国家野生苹果种质资源圃（伊犁）	野生苹果	伊犁哈萨克自治州农业科学研究所	共享利用

二、种质资源申请与获取

国内科研、教学、企业、社会团体及个人（以下简称"申请人"）因科研、教学、育种或生产试种等需求，按照《农作物种质资源共享利用办法（试行）》，向国家种质保存库（圃）提出共享利用申请，获得适当数量的种质资源。但国外（境外）有关机构、科学家申请我国作物种质资源的，应依据《中华人民共和国种子法》《农作物种质资源管理办法》有关规定执行，严格履行申请和批准程序。

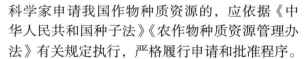

拓展阅读 9-1 农作物种质资源共享利用申请表（参考样式）

三、合作研究共享利用

国家鼓励国内科研教学单位及科技人员，通过合作研究的方式实现种质资源共享利用。为满足国家重大需求启动实施的重大科研项目，鼓励有实力的科研教学单位与国家种质资源保存单位开展合作，推动国家保存种质资源的共享利用，使之发挥最大效能。合作研究共享利用应事先讨论拟定合作协议，明确合作各方的权利义务以及成果共享的方式途径等。

四、公益性共享利用的信息反馈及约定

种质资源共享利用主要是以公益性共享利用为主。申请人从国家种质库（圃）获取的种质资源主要应用于科研、教学、育种或生产试种。未经资源提供方知情同意，不得向第三方转让这些种质资源。直接从国家种质库（圃）获取的种质资源不得申请专利、植物新品种权或其他知识产权。

申请人利用从国家种质库（圃）获取的种质资源，利用后的效果或形成的成果，应主动标注种质资源提供者，承认种质资源的贡献。另外，资源申请人应及时向资源提供单位反馈利用信息，对延迟甚至隐瞒共享利用成果

拓展阅读 9-2 农作物种质资源利用信息反馈表（参考样式）

者，国家种质库（圃）保留不再向其提供种质资源的权利。

五、共享利用典型案例

每年国家种质库（圃）向国内各单位、科技人员、研究生提供的种质资源数万份。共享利用后也获得了显著成效，下面列举几个典型案例。

（一）共享利用种质资源发表高水平研究论文

中国农业科学院作物科学研究所联合国际水稻研究所、上海交通大学、华大基因、深圳农业基因组研究所、安徽农业大学、美国亚利桑那大学等 16 家单位，共同利用 3 000 份栽培稻种质资源完成了其基因组研究，这些水稻种质来自全球 89 个国家和地区，代表了全球 78 万份水稻种质资源约 95% 的遗传多样性。研究结果于 2018 年 4 月发表于全球顶尖学术期刊《自然》杂志上，这是共享利用种质资源发表高水平研究论文的典型案例。

该研究针对水稻起源、分类和驯化规律进行了深入探讨，揭示了亚洲栽培稻的群体基因组变异结构，剖析了水稻核心种质资源的基因组遗传多样性。该研究对亚洲栽培稻群体的结构和分类进行了更为细致和准确的描述和划分，由传统的 5 个群体增加到 9 个；首次揭示了亚洲栽培稻品种间存在的大量微细结构变异；构建了亚洲栽培稻的泛基因组，发现了 1.2 万个全长新基因和数千个不完整的新基因。该研究还首次提出了籼、粳亚种的独立多起源假说。该研究是中国主导的国际科研协作的结果，将推动规模化水稻基因发掘和水稻复杂性状分子改良，提高全球水稻基因研究和分子育种水平，加快优质、广适、绿色、高产水稻的品种培育。

（二）小麦抗病种质有效支撑淮南麦区小麦赤霉病抗性的遗传改良

小麦是中国主要口粮作物，但近年来，小麦赤霉病在长江中下游麦区持续流行，并迅速向黄淮麦区蔓延，已成为我国小麦生产的一大隐患。小麦受赤霉病危害后，一是会造成大幅度减产，二是小麦品质下降，三是影响食用安全。培育种植抗赤霉病小麦品种，是解决这一问题的最有效途径。

通过共享利用抗病种质为上述问题的解决提供了有效途径。经过前期种质资源的鉴定、评价和创新，筛选出'宁麦资 67''宁麦 13''扬麦 158'等抗赤霉病病性强的种质资源，并在发病重灾区展示并提供利用，同时建立抗病种质表型和基因型评价数据库，构建了"小麦赤霉病信息共享服务系统"，为全国育种家提供信息查询服务。

通过小麦抗病种质和信息的共享利用服务，成效显著。例如，江苏小麦品种的抗赤霉病性得到了明显提高，江苏省审定的'宁麦资 126''宁麦 26''扬麦 27'等 8 个淮南小麦品种赤霉病抗性均达到中抗以上。抗赤霉病小麦种质有效支撑了小麦抗赤霉病性的遗传改良。通过抗病品种的推广应用和综合防控措施的实施，我国小麦赤霉病危害已经得到了有效遏制。

（三）共享利用玉米种质解决产业重大需求

玉米是重要的粮、经、饲兼用作物，近年来已成为我国种植面积最大的作物，黑龙江省已成为我国玉米的重要主产区。然而黑龙江省属于高寒区域，这里种植的玉米品种必须具有高产、抗寒、抗病，且成熟后期茎秆坚韧、不倒伏、适应机械化收获、籽粒脱水快，否则收获后玉米籽粒易受冻，影响玉米的品质。为解决玉米产业发展的这一瓶颈问题，中国农业科学院作物科学研究所牵头组织国内相关科研教学单位，对我国保存的玉米种质和国外引进的玉米种质开展大规模的深入鉴定，尤其针对玉米抗倒性和玉米籽粒脱水速率进行深入研究评价，获得 3 000 余份优异特性突出的玉米种质，并在适宜的生态区进行展示，全国科研教学单位、科技人员都可以到展示区观摩，发现需要的种质，可以登记，并经繁殖足量种子后，提供共享利用。该项玉米种质的鉴定评价与共享利用极大地推动了我国玉米急需品种的改良和新品种培育，为促进我国玉米产业的高效绿色发展和保障国家粮食安全提供了强有力的科技支撑。

（四）普通菜豆抗豆象资源的筛选和共享利用

普通菜豆又称芸豆，是发展中国家尤其是贫困国家人民植物蛋白的重要来源之一。在中国的东北、西北地区广泛种植，是重要的出口创汇农产品之一。然而，豆象危害严重，极大影响了普通菜豆的产品质量和商品品质。

科技人员从我国库存普通菜豆种质资源中选取数百份种质，在实验室条件下，通过人工接种豆象，鉴定筛选抗虫种质。调查发现我国保存的普通菜豆种质抗豆象种质资源十分匮乏，但也获得少量的抗虫资源。通过在云南、贵州等地种植应用这些抗豆象资源，能有效地抑制豆象的进一步发生发展，减少豆象的危害，促进普通菜豆产业发展和农民增收。

（五）桃种质的共享利用助力乡村振兴和农民致富

20 世纪 80 年代末，从国外引进桃种质资源（品种）'早红 2 号'，引种试种后发现该品种需要冷量较低（500 h），并且其综合性状优良，比较适宜我国北方温室条件下栽培，该品种一度成为我国北方地区设施桃栽培的主要品种。21 世纪，育种家充分利用这份种质资源作亲本，直接或间接培育桃新品种 40 多个，在中国桃主要产区广泛栽培，产生了巨大的经济和社会效益，为乡村振兴、增加农民收益发挥了重大作用。

第四节　种质资源共享利用的发展趋势

加强全球作物种质资源共享利用，努力解决世界贫困人口的饥饿问题，推进全球农业可持续发展，是作物种质资源共享利用的总体目标和发展趋势。

一、开展种质资源共享利用应关注农民利益的体现

国际社会逐步重视并承认世界各国农民在保存、传承或驯化作物种质资源方面所作出的重要贡献，因为目前全球收集保存的很多作物种质资源是从农民那里直接收集获得的。在积极推动作物种质资源共享利用，使之发挥其最大效益的同时，应关注和重视"农民权利"的体现。体现或实现"农民权利"的方式有很多，例如，给予适当的经济补偿；吸收农民参与种质资源的保存和应用等活动；给予农民更多技术培训，提高农民综合能力等。

二、开展种质资源登记推动共享利用

国家拥有并保存了数量巨大的作物种质资源，但当前保存主体很多，包括公共科研单位、涉农高校、种业公司、私人育种家、生命科学领域研究人员等，上述保存主体保存和拥有的种质资源数量、类型、能否共享等基本信息还不够系统全面，种质资源家底不清问题依然存在，很大程度上影响或制约了种质资源的共享利用效率。

为了落实和推进国家种业振兴行动和种质资源的共享利用，根据国家有关法律法

规，迫切需要开展种质资源登记。拟纳入登记范畴的种质资源包括以下五类：公共种质资源、鉴定优异种质、优异基因种质、杂交改良种质和创新种质。

公共种质资源是指通过收集、引进、汇交保存于国家种质库（圃）的地方品种、野生种等天然种质资源；鉴定优异种质指通过表型鉴定评价发现的具有突出农艺性状的优异种质；优异基因种质指通过遗传分析发现携带新基因或等位基因的优异种质；杂交改良种质指通过种内品种间杂交获得的优异种质；创新种质指通过远缘杂交或理化诱变获得的优异新种质。

种质资源登记主体包括从事种质资源收集保护、鉴定评价、种质创新、作物育种利用科研单位、大专院校、种业企业、社会组织、个人等，登记主体在登记系统上实名申请注册，审核通过后，方可进行资源登记。种质资源登记的流程主要包括注册、登记、审核、撤销、变更。国家鼓励种质资源拥有者积极开展资源注册登记工作，这有利于全国作物种质资源的共享利用。

三、种质资源共享利用由双边转向多边渠道已成发展趋势

目前国际上已依据《国际条约》建立的多边体系，全面推进全球种质资源的共享利用并取得积极进展。过去我国与其他国家的作物种质资源共享利用主要以双边合作的方式，通过双边国家讨论或合作研究，从目标国家引进需要的种质资源，通过双边合作，引进了数以万计的种质资源，在直接试种应用、改良当地品种、开展生命科学研究、技术培训等方面都发挥了重要作用，成效亦很显著。然而，随着《国际条约》的推进实施和种质资源多边体系的建立，通过多边体系获得种质资源的方式更加快捷高效。

中国拥有和保存了丰富的作物种质资源，但这些种质资源绝大部分都来自本国，从世界其他国家收集引进的种质资源还十分有限。从我国农业发展和品种改良的历史实践发现，我国很多作物（玉米、马铃薯、花生、番茄等）以及大量的种质资源是从国外引进利用的，这对推进我国作物品种改良、新品种的培育和生产应用已发挥了巨大作用。换句话说，我国今后作物育种、持久解决粮食安全问题以及农业现代化强国的建设，都离不开全球种质资源的共享利用。积极推进种质资源的共享利用从双边渠道转向多边渠道，更加高效地共享利用全球作物种质资源是大势所趋，也是我国种质资源共享利用的发展之路。

四、积极探索建立进一步提高共享利用效率的新机制

国内外种质资源的公益性共享利用，其效果和成绩是十分显著的。然而，实践发现，单纯的公益性共享利用也存在诸多问题，例如，种质资源提供者的积极性不够高、动力不足，资源提供也不够快捷、不够方便等。应积极探索建立进一步提高共享利用效率的新机制，包括适当有偿共享机制、成果共享机制、利益反馈机制等。种质资源的保存、繁殖更新都需要大量的资金支撑，通过资金补偿机制的建立，利用补偿的资金一定程度上缓解资源保存和繁殖更新的资金缺口具有其合理性和必要性；种质资源获取方在利用资源发表论文、专利等，如果经协商与资源提供者分享这些成果将极大提高资源工作者的积极性；如果利用种质资源形成了商业化的产品，例如，育成了新品种并予以商业化，反馈适当经济利益也是《国际条约》的法律约定。另外，通过种质资源的田间展示、优异种质资源信息或简报发布机制的建立，必将成为提高种质资源共享利用的有效途径。

推荐阅读

1. 刘旭.作物种质资源学［M］.北京：科学出版社，2024.

这是一本作物种质资源领域的学术性专著，系统阐述了作物种质资源学的基本理论、技术方法；介绍了种质资源调查收集、鉴定评价、安全保存、深入鉴定、积极创新、共享利用等方面的最新成就，是作物种质资源领域系统强、学术特色显著的专著。本专著也为本章内容提供了丰富的信息和资料。

2. FAO. The International Treaty on Plant Genetic Resources for Food and Agriculture［Z］. FAO，2004.

该《国际条约》从国际法律层面上建立了粮食和农业植物遗传资源的多边体系，缔约方应把其保存的公共领域种质资源纳入该多边体系，供其他缔约方共享利用，旨在推进解决全球粮食安全问题，实现农业可持续发展。延伸阅读本条约，有利于理解本章内容。

思考题

1. 简述种质资源共享的基本概念及重大意义。
2. 种质资源共享利用应遵循哪些基本原则？
3. 简述我国种质资源共享利用的主要程序。

主要参考文献

1. 农业农村部农作物种质资源保护利用中心.农作物种质资源共享利用管理办法（试行）［Z］.2023.
2. 王述民，张宗文.《粮食和农业植物遗传资源国际条约》实施进展［J］.植物遗传资源学报，2011，12（4）：493–496.
3. 武晶，郭刚刚，张宗文，等.作物种质资源管理：现状与展望［J］.植物遗传资源学报，2022，23（3）：627–635.
4. Wang W，Mauleon R，Hu Z，et al. Genomic variation in 3 010 diverse accessions of Asian cultivated rice［J］. Nature，2018，557（7703）：43–49.

网上更多资源

拓展阅读　　思考题解析

撰稿人：王述民　武晶　审稿人：万平

第十章

作物种质资源信息化

本章导读

1. 如何保证种质资源数据信息的标准化和规范化？
2. 如何获取作物种质资源的信息？

作物种质资源信息化指通过利用信息系统、互联网、大数据、人工智能等先进信息技术，开展作物种质资源数据信息的获取、管理、分析和共享等研究，为作物种质资源工作提供信息技术支撑。本章将详细介绍我国在作物种质资源信息化研究中的理论和实践，包括信息化相关概念、数据标准规范、数据获取与整合、数据分析与挖掘、信息系统等内容。

第一节 信息化相关概念

作物种质资源信息是作物种质资源工作中产生的所有相关数据与信息的集合，是开展作物种质资源研究、保护、利用和管理的重要基础，主要包括作物种质资源的基本信息、收集保存信息、鉴定评价信息和共享利用信息等。作物种质资源信息化贯穿了作物种质资源工作的全过程，对调查收集、整理编目、安全保存、繁殖更新、鉴定评价和共享利用等各个环节形成的数据信息，进行标准化整理整合、分析挖掘和共享利用，为作物种质资源的保护利用提供支撑。

> **拓展阅读 10-1** 信息化支撑作物种质资源调查收集

作物种质资源信息化是作物种质资源研究的重要手段，也是提升作物种质资源管理效率和水平的核心方法，能够帮助我们全面、深入地研究和掌握作物种质资源的全貌，确保各个工作环节、各个种质库（圃）之间的信息流通和协同，实现作物种质资源的统一管理和高效共享。

作物种质资源信息化融合了生物、信息和管理等多门学科的理论与方法，在研究中一般遵循以下思路。

（1）标准规范先行，确保数据真实可用 制定并贯彻统一的标准规范，对数据的产生过程进行标准化，规范数据的采集、记录、存储、加工、分析和共享，为研究和管理提供真实、准确、可靠的数据支撑。

（2）以应用为导向，着重解决实际问题 作物种质资源信息化有其独特的研究方法和手段，可通过数据分析挖掘、研发信息系统、网络信息共享等方式，解决作物种质资源研究和管理各个环节遇到的实际问题。

（3）坚持开放共享，促进资源深入利用　作物种质资源信息化属于学科交叉的研究领域，开放共享是其灵魂，需要不断吸收其他领域的先进思想、理念和工具，还要加大信息的共享交流，最终目的是要实现作物种质资源的广泛、深入利用。

作物种质资源信息化的主要研究内容包括以下4点。

（1）数据标准规范的制定　制定统一、完整、严格的标准规范，确保数据在结构、格式、质量和语义上的标准化，实现各工作环节数据的规范性、一致性和准确性，使数据可比较和互操作。

（2）数据获取与整合　各工作环节形成的数据，通过标准化的收集和整合，形成规范的、相互有序关联的数据库（数据集），为后续研究分析和管理决策提供可靠的数据源。

（3）数据分析与挖掘　数据分析与挖掘是连接作物种质资源原始数据和实际应用的桥梁，深入分析、挖掘与解读数据，充分发挥数据信息的价值，推动作物种质资源研究和利用。

（4）作物种质资源信息系统　研发各类应用信息系统，为作物种质资源研究提供分析挖掘工具，搭建网络化共享平台促进利用，实现高效的流程化管理。

第二节　数据标准规范

作物种质资源数据标准规范明确了作物种质资源数据的获取整合、分析挖掘和共享利用等环节中需要遵循的一系列规则和要求。利用标准规范能够规范作物种质资源各项业务工作、保障数据高质量收集与整合、提高数据可比性与可靠性、促进数据分析与挖掘、推动实物与信息共享。在作物种质资源实际工作中应用的数据标准规范主要包括编号与编码规范、描述规范、数据标准、数据质量控制规范和元数据标准等。

一、编号与编码规范

作物种质资源编号与编码规范，主要用于解决由于作物种类繁多、工作环节复杂带来的信息组织与查询的困难。

常用的编号主要有收集编号、引种编号、全国统一编号、库（圃）编号、库（圃）位编号等。收集编号，即种质资源在收集时赋予的编号；引种编号，即种质资源从国外引进时赋予的编号；全国统一编号，即编目时对入国家作物种质资源目录的每份种质资源给予的一个唯一永久的编号；库（圃）编号，即种质库（圃）赋予每份入库（圃）保存种质资源的编号；库（圃）位编号，即每份入库（圃）种质资源在种质库（圃）内保存的位置编号。

常用编码主要有分级归类编码和作物代码等。分级归类编码能够以层级的方式系统化地组织和识别种质资源的作物类别信息，一个分级归类编码代表一类作物，便于计算机识别和检索。在我国一般分为一、二、三级，均用数字表示编码，前两级取值11~99，第三级取值101~999，合并为7位数字编码。以栽培稻为例，一级为粮食作物，对应编码为11；二级为稻类，对应编码11；三级为栽培稻，对应编码101。因此，栽培稻的代码为 11 + 11 + 101 = 1111101（此处"+"号意为拼接）。作物代码通过拼音缩略字母表示作物，能够在保证计算机识别的同时，兼顾人工读写和记忆的需求。每个作物从中文名对应的汉语拼音中取 3 位字母作为作物代码，不同作物的代码不可重复。例如，水稻的作物代码采用汉语拼音"Shui Dao"中抽出的 3 个字母"SHD"表示。

二、描述规范

描述规范规定了统一的作物种质资源描述符及其分级标准。描述符指作物种质资源特征特性的规范化记录术语，只有采用统一的描述符，才能保证资源数据能够标准化整理、整合和共享。同一种作物采用相同的描述规范来记载信息，描述规范可分为共性描述规范和特性描述规范。共性描述规范是对所有作物种质资源的共性及身份进行描述，特性描述规范则是针对不同作物特点制定的更为详尽的、具体的特征和特性的描述。

（一）共性描述规范

共性描述规范针对所有作物的共性信息，规定了作物种质资源统一的共性描述符及其分级标准，适用于作物种质资源的收集、整理与保存，数据标准和数据质量控制规范的制定以及数据库和信息系统的建立。共性描述符类别分为 6 类：护照信息、标记信息、基本特征特性描述信息、其他描述信息、收藏单位信息、共享信息，每一类都有特定对应的编码，便于计算机检索和处理。目前，国际上应用最广泛的共性描述规范是多作物护照信息描述符（multi-crop passport descriptors，MCPD），为作物种质资源的国际间信息交换提供了可能。我国研制的共性描述规范在其基础上进行了兼容和扩展，使之更适用于我国作物种质资源工作。

（二）特性描述规范

特性描述规范针对每种作物的特性，规定了各种作物的种质资源基本描述符、特性描述符和分级标准。特性描述符一般分为 6 类：基本信息、形态特征和生物学特性、品质特性、抗逆性、抗病虫性、其他特征特性。描述符数量则根据作物自身需要记录的特性多寡而定。每个描述符包含了基本的定义或说明。例如，大麦的穗姿，特性描述规范中定义穗姿是穗子成熟时在茎秆上着生的姿势，分为直立、水平、下垂三种类型，并附对应的模式图，使用者参照模式图即可判断某份大麦资源的穗姿类型，并记录对应编码。

三、数据标准

数据标准规定了各描述符对应数据的规范化记录方法。借助作物种质资源数据标准，可以保证不同地点、不同单位、不同记录者采用统一的方式记录数据，保证数据的可比性和互操作性，为构建统一的作物种质资源数据库奠定基础。数据标准详细规定了各描述符对应记录的字段名、字段英文名、字段类型、字段长度、字段小数位、单位、代码、代码英文名和数据填写示例。

例如，《水稻种质资源数据标准》中规定了水稻茎秆长的字段类型为数值，字段长度为 1~5，小数位为一位，单位为 cm，并举例可记录为"116.0"。即一份茎秆长为1.16 m 的水稻资源，数据记录时，需要根据规范将其记录为"116.0"，而不是随意记录为"1 米 16""116.0 cm""大概 1 米多"等值。

四、数据质量控制规范

数据质量控制规范规定了作物种质资源在数据采集过程中的质量控制内容和方法，适用于种质资源的整理、整合和共享。数据质量控制规范以数据采集的过程控制为重点，兼顾结果控制。通过数据质量控制规范，能够增强采集数据的系统性、可比性和可靠性。数据质量控制规范中规定的方法需要具有可操作性，并以现行的国家标准和行业标准为首选依据，如无对应的国家标准和行业标准，则以国际标准或国内较公认的先进方法为依据。每个描述符的质量控制方法各不相同，根据每个描述符的特点和具体情况，其质量控制包括实验设计、样本数或群体大小、时间或时期、取样数和取样方法、计量单位、精度和允许误差、采用的鉴定评价规范和标准、采用的仪器设备、性状观测和等级划分方法、数据校验和数据分析等方面的相关内容。

例如，《小麦种质资源数据质量控制规范》中规定了在进行小麦种质资源苗期耐盐性数据采集时，需要参照《小麦耐盐性鉴定评价技术规范》（NY/PZT001—2002）的标准方法，测算所鉴定种质资源苗期耐盐性级别。

五、元数据标准

元数据的本义为关于数据的数据，是一种描述信息资源的特征和属性的结构化数据，可以理解为关于数据的摘要，常用于数据信息的检索、交换、整合与共享。作物种质资源数据的元数据可分为两类：针对作物种质资源数据集的元数据和针对作物种质资源实体描述的元数据。为了实现与其他农业领域数据的交互与共享利用，作物种质资源数据集元数据一般按照农业科学数据领域通用的元数据标准制定。针对种质资源实体描述方面，国际上通常采用 Darwin Core 元数据标准或是在其基础上拓展构建作物种质资源元数据标准。该标准由生物多样性信息标准组织（Biodiversity Information Standards，TDWG）来维护和管理，是一套用于描述生物有机体分布及其相关采集信息的规范，是生物多样性研究领域的重要元数据标准，在作物种质资源领域也有广泛应用。

拓展阅读 10-2 作物种质资源标准规范示例

第三节　数据获取与整合

一、数据获取

作物种质资源工作在各个环节均会产生相应的数据，将其按照统一的标准规范进行收集，即为作物种质资源数据获取。

（一）数据获取途径

作物种质资源数据获取途径可分为直接获取和间接获取。直接获取是指通过调查、观测、实验等方式获取数据，直接获取的数据称为直接数据或一手数据。间接获取是指通过各种媒介和手段，如通过统计年鉴、重采样、插值、数据汇交等方式获取数据，间接获取的数据称为间接数据或二手数据。需要注意的是，部分数据的直接获取和间接获取不是绝对的，而是与数据所处的生命周期有一定的相关性。在具体工作中，如考察收集、鉴定评价、监测预警等环节的数据，对于一线数据收集者来说是直接数据；当数据处于汇交阶段时，对于数据管理者，这些数据通过汇交的方式间接获取，属于间接数据。

（二）数据获取方式

作物种质资源数据获取方式可分为观测记录、检验检测、调查统计、高通量采集等。观测记录主要是在田间对种质资源的性状进行观察、测定并记载，以人工为主。检验检测通常是在实验室开展检测、化验，获取如蛋白质含量、淀粉含量等品质性状，主要依赖仪器设备。调查统计经常用于种质资源普查，获取种质资源相关的社会、经济、历史、文化等背景信息。高通量采集一般针对种质资源组学数据的获取，通常为大规模、自动化的方式，如通过测序仪获取基因组数据，通过表型平台获取表型组数据，或者质谱类仪器获取蛋白质组数据等。

二、数据汇交

作物种质资源在各工作环节产生的数据可汇交在一起进行统一的存储、分析、管理和共享。数据汇交流程包括数据采集、整理、上报、审核、入库等步骤，每个环节因其工作特点不同，数据汇交流程也有所差异。例如，考察收集一般以考察队为单位对数据进行采集与整理，一般经过一级或多级审核后汇交到指定数据中心；普查征集一般以县为单位经过市—省—国家三级审核、汇交；编目、鉴定评价、繁殖更新等数据由任务承担单位采集汇总后，交由作物牵头负责人审核后汇交数据中心。此外，根据国家科学数据汇交的有关要求，政府预算资金资助的科技计划项目形成的作物种质资源相关科学数据应按规定进行数据汇交。

三、数据处理

数据处理是指对原始资源数据进行数据校验、数据清洗和数据转换等一系列操作，以纠正错误数据，去除冗余数据，汇集所需数据，转换成一致格式，最终将统一、规范的数据存储到数据库中。

（一）数据校验

作物种质资源数据校验是数据处理的第一步，应在作物种质资源标准规范体系的范围内进行。首先，根据数据所附的元数据对数据的格式、精度、采集方式等进行校验，然后根据相应的数据标准对数据内容进行校验，确保数据符合标准规范要求，如必填的资源字段是否存在遗漏、数据值域是否在规定范围内等。

（二）数据清洗

数据清洗主要是对数据中存在的重复值、异常值等错误数据进行删除或更正等处理，最终获得准确、合理且规范的数据。数据清洗的方式有手工清洗和自动清洗。手工清洗是通过人工校对进行数据清洗。这种方式比较简单，但效率低下，在数据量大的情况下，手工清洗几乎不可行。自动清洗是通过编写专门的计算机应用程序来进行数据清洗。这种方式对于解决某个特定的问题比较高效，但不够灵活，一个程序一般只能解决一个问题，同时清理多个问题时，程序复杂，工作量也很大。在实际对作物种质资源数据进行清洗时，一般采用手工清洗和自动清洗相结合的方式，对于个别错误直接进行手工清洗，而大量相同错误则采用自动清洗。

（三）数据转换

数据转换指将数据变换为适合数据存储、整合和分析的规范、统一的描述格式，包括一致性处理、规范化处理和属性构造处理等方式。

（1）一致性处理　相同含义的值应具有统一的形式、统一的数据类型。例如，需要将写为"2012"和"二零一二"的数据统一转换为"2012"。

（2）规范化处理　将有关属性值按比例投射到特定小范围中。例如，一批资源的株高记录中，有"100.18 cm""171.22 cm"等数值，统一映射到 0～1 范围内，能够非常直观的比较出其中一份资源株高在这批资源中所处的位置。

（3）属性构造处理　根据已有的两个或多个属性构造新的属性，后续数据分析直接使用新构造的属性。例如，根据"单产"和"面积"计算出新属性"总产量"，后续可以直接使用"总产量"进行分析。

四、数据整合

数据整合是基于标准规范将不同来源的数据资源汇集到数据中心，形成整合的数据库并建立数据间关联的过程。数据整合能够打通数据孤岛，将不同单位、不同格式、不同语义的海量种质资源数据构建为统一的大数据体系，使作物种质资源数据产生更大价值，为后续分析挖掘和共享奠定基础。例如，通过数据整合形成跨越多个地理区域的整合数据集，开展大尺度多生态区的比较研究。整合过程中，既要结合数据的特征来设计策略，又要充分利用信息技术提高整合的自动化程度。对于不同数据源的种质资源数据，应当遵循标准规范对数据开展校验、清洗和转换，最终按时间、位置和作物类型等属性进行统一整合。对于异构数据，应当首先统一文件格式和数据结构，然后再进行整合。

第四节　数据分析与挖掘

对作物种质资源数据进行分析，挖掘隐藏在数据中的规律和知识，可更好地支撑作物种质资源相关研究。如通过基础统计分析方法，了解区域内种质资源的数量、分布等基本情况，通过多样性分析、空间分析、生物信息分析等方法深入挖掘种质资源的特征特性。

一、基础统计分析

基础统计分析指对规模、范围、程度等数量关系的分析研究，是数据分析最常用、最基本的方法，主要包括基本统计量计算、相关性分析、主成分分析、聚类分析等。

（一）基本统计量计算

作物种质资源的基本统计量主要包括平均值、极值、变化范围、中位数、标准差、变异系数等。对这些基本统计量的计算能够分析种质资源的基本特点，是最为简单实用的统计方法。例如，在种质资源性状的分析中，变化范围可反映总体水平，变异系数可说明其离散程度，中位数和平均值组合可反映性状的离群点多少。

（二）相关性分析

相关性分析用于分析变量之间的相互关系，以及如何随着彼此的变化而变化。相关性分析方法不仅可以研究不同性状间的影响和联系，而且还可以用于分析基因、性状和环境间的关系。例如，通过分析性状与环境因素之间的相关性，研究者可以确定哪些环境因素可能对性状表现产生重要影响，进一步理解种质资源的适应性和生长特点。

（三）主成分分析

主成分分析能够从一组相关性很高的变量中提取出少量的无关主成分，以便更好地理解和解释数据。主成分分析可以将难以进行直观比较的多维变量，转变为可以直接理解的二维或三维变量。例如，可以将一批种质资源的株高、千粒重、产量、抗病性等数十个性状，降维成为 2 个主成分，然后通过平面作图观察不同种质资源的空间距离，从而直观解释这批资源的特性。

（四）聚类分析

聚类分析能够将一批样品或变量按照它们在性质上的亲疏程度进行分类。在种质资源领域，聚类分析可以识别和划分具有相似性状特征的种质资源。例如，在玉米种质资源的品质性状上应用聚类分析，可以将不同玉米划分为不同分组，每个分组内资源的淀粉含量、蛋白质含量等品质指标的高低具有共性，育种家可以根据目标市场对品质指标的需求，在特定组内选择资源进行育种改良。

二、多样性分析

多样性分析主要用于研究、评估种质资源遗传和表型特性变异，主要包括基因型多样性分析和表型多样性分析，可以帮助我们深入了解种质资源的遗传多样性、形态多样性、变异丰度等信息，从而制定科学的保护和利用策略。

基因型多样性分析主要用于探索其基因水平的变异类型和丰度。一般可以通过全基因组、分子标记数据等遗传信息，计算多样性指数以确认变异丰度，并进一步开展种质资源的分类类群研究，以探索其遗传进化规律。

表型多样性分析主要用于丰产、抗性等关键表型的差异。一般需要通过多年多点的鉴定评价获取目的表型数据，计算遗传多样性指数，常服务于挖掘优异种质和育种应用。

三、空间分析

作物种质资源在被发现并收集保存前，分布在自然界中，具有明确的地理坐标，所以一份种质资源可看成一个地理要素，运用空间分析研究这个地理要素的分布特征及其相关因素，对于种质资源的保护利用具有重要作用。

空间分析是地理信息领域的概念和技术，可基于空间位置挖掘地理对象或现象的时空分布规律、构建专业地理统计模型或优化资源配置。相较于经典统计分析来说，空间分析能够从空间上更好地反映种质资源的分布特点和规律。作物种质资源的空间分析可概括为种质资源可视化、种质资源分布特征分析、种质资源与其他因素的空间相关性分析 3 个主要方面。

种质资源可视化即通过空间制图将种质资源的空间位置和属性信息等直观地展示出来的过程，可利用专业的地理信息系统软件实现。种质资源分布特征分析是指借助空间插值、空间聚类和地统计分析等方法，挖掘分析种质资源空间上存在的内在规律和特征，为种质资源的调查收集、保护利用等提供技术支持。种质资源与其他因素的空间相关性分析通过空间统计等分析方法，从空间角度揭示彼此的作用和联系。如通过空间相关性分析，寻找与种质资源分布具有重大空间相关性的环境因子，对于研究作物种质资源起源演化、收集保护方案的制订等具有重要参考价值。

四、生物信息分析

作物种质资源研究进入组学时代，面对海量的组学数据，只有通过生物信息分析才能从中快速挖掘关键信息。作物种质资源的生物信息分析主要包括泛基因组分析、表型组分析、全基因组关联分析、多组学联合分析等。

（一）泛基因组分析

泛基因组分析主要用于一个物种内多个个体基因组的分析和比较，不仅能够揭示种质资源多样性背后的遗传机制，而且能够识别与抗病、耐逆、优质等优良表型性状相关的重要等位基因，服务种质资源挖掘利用。

（二）表型组分析

表型组分析主要用于对特定环境条件下种质资源全部表型的全面分析和描述。利用表型组分析开展大规模的表型鉴定和筛选，快速获得目标资源。

（三）全基因组关联分析

全基因组关联分析（genome-wide association study，GWAS）指对多个个体在全基因组范围的遗传变异多态性进行检测，将基因型与表型进行群体水平的统计学分析。GWAS 根据统计量或显著性 P 值筛选出最有可能影响该性状的关键基因和位点。此外，表观基因组关联分析（epigenome-wide association study，EWAS）和转录组关联分析（transcripitic-wide association study，TWAS）与 GWAS 一同在种质资源的基因挖掘、育种利用等方面发挥着重要作用。

（四）多组学联合分析

基因组、转录组、代谢组、表型组和蛋白质组等多种组学分析技术联用可以更快、更精准地解析科学问题。例如，针对不同品质的种质资源联用泛基因组、转录组、蛋白质组和代谢组分析，可以辅助快速锁定影响关键品质化合物的基因。

第五节　作物种质资源信息系统

作物种质资源信息系统（crop germplasm resources information system，CGRIS）是一种利用计算机技术对作物种质资源信息进行收集、传输、存储、处理、使用和维护的系统。它既可以是具有某项单一功能的小型信息系统，也可以是由多个功能子系统相互耦合组成的大型信息系统。下面以作物种质资源信息管理系统和作物种质资源共享系统为例简单介绍。

拓展阅读 10-3　我国作物种质资源信息化发展历程

一、作物种质资源信息管理系统

作物种质资源信息管理系统能够实现作物种质资源日常工作信息化管理，使管理者深入了解各环节工作情况，实时掌握种质资源总体动态，进而做出更加科学合理的管理决策。

作物种质资源信息管理系统根据具体功能，分为业务管理系统、库圃管理系统等不同类型。业务管理系统面向作物种质资源考察收集、整理编目、库圃保存、鉴定评价、繁殖更新和共享利用等全环节、全流程的业务，实现不同库（圃）、不同环节间种质资源工作信息流动，业务管理实现实时化、流程化和数字化管理。库圃管理系统则主要针对单一的作物种质资源库（圃），在库（圃）内部构建业务工作流的统一管理、直观展示和智能预警平台，为库（圃）的高效、稳定和安全运转提供保障。

二、作物种质资源共享系统

作物种质资源共享系统能够向用户提供种质资源编目信息、鉴定评价信息等多种信息，提供一站式检索、申请、反馈等服务，通过"以信息共享带动实物共享"的方式，促进作物种质资源的共享利用。目前，多个国家和国际组织都建立了作物种质资源共享系统，如美国的 GRIN 系统、基于 GRIN 系统开发的 GRIN-Global 系统、农作物信托基金（Crop Trust）管理的 Genesys 系统、我国的中国作物种质资源信息网等。

> 拓展阅读 10-4　作物种质资源信息系统示例

第六节　作物种质资源信息化的未来发展与展望

计算机和信息科学飞速发展，大数据、人工智能、物联网等新技术层出不穷，为作物种质资源信息研究的发展持续注入强劲动力。

大数据是指具备规模化（volume）、多样化（variety）、高速性（velocity）、价值性（value）、准确性（veracity）等 5V 特征的海量数据集合，而作物种质资源大数据作为遗传信息的载体，还额外具有生命力（vitality）特征。随着并行计算、分布式文件系统等一系列大数据底层技术的加速融入，使得大规模、多维度的作物种质资源数据处理和分析变成可能。例如，可通过大数据技术实现数十万份作物种质资源全基因组数据的存储和检索，在新收集资源入库前，将新资源的基因组数据输入数据库进行快速检索比对，不仅可以了解该资源是否与某份库存资源重复，而且能够揭示与其他资源的血缘关系。

> 拓展阅读 10-5　作物种质资源大数据的 6V 特征

人工智能（artificial intelligence，AI）是通过计算机构建类人智能机器的技术。近年来，人工智能技术取得飞速突破，AlphaGo、ChatGPT、Alphafold 2、Stable Diffusion 等人工智能先后在多项测试中取得了接近甚至超过人类的成绩。可以预见，在不久的将来，人工智能将成为作物种质资源研究的重要工具，甚至改变研究方式。例如，基于人工智能开发的种质资源分布预测模型，能够预测未来几十年内可能因气候变化而濒危的野生资源及其分布区，帮助研究者提前布局保护工作；基于人工智能构建的表型预测模型，可以快速预测种质资源在产量、抗性、品质等各方面的应用潜力，大大加速资源挖掘利用的效率。

物联网指通过传感设备将物理实体的信息通过网络进行互联。物联网技术的融入将为作物种质资源数据采集带来巨大的变革。例如，在表型鉴定评价方面，可以借助物联网技术整合田间传感器、表型机器人、无人机、遥感卫星等，自动化获取多维度的表型信息；在种质保存方面，可以联用物联网与人工智能技术，开发种质库保存资源的智能监测与预警系统，提升安全保存能力。相信在未来，随着新技术的不断涌现、发展与融合，作物种质资源信息化将会出现跨越式的发展，也会更好地支撑作物种质资源其他各项研究。

推荐阅读

1. 科弗（Cover TM），托马斯（Thomas JA）. 信息论基础［M］. 2 版. 阮吉寿，张华，译. 北京：机械工业出版社，2005.

   本书描述了现代信息科学中的核心概念，系统阐述了信息科学在现代社会的重要作用。

2. 维克托·迈尔·舍恩伯格，肯尼思·库克耶. 大数据时代［M］. 盛杨燕，周涛，译. 杭州：浙江人民出版社，2012.

   本书是大数据系统研究的先河之作，讲述了大数据时代的思维变革、市场变革和管理理念变革，有助于激发读者对种质资源大数据前景的思考。

3. Hodgman TC，French A，Westhead DR. 生物信息学［M］. 2 版. 北京：科学出版社，2010.

   本书涵盖了生物信息学的各大主要领域，能够帮助读者初步认识生物信息学，进而思考生物信息学在作物种质资源研究中的应用潜力。

思考题

1. 如何利用信息化手段推动作物种质资源的管理、研究和利用？
2. 人工智能技术如何应用于作物种质资源研究？

主要参考文献

1. 方沩，曹永生. 国家农作物种质资源平台发展报告（2011—2016）［M］. 北京：中国农业科学技术出版社，2018.
2. 方沩，曹永生. 中国作物种质资源信息系统［J］. 科研信息化技术与应用，2012，3（6）：66–73.
3. 林子雨. 数据采集与预处理［M］. 北京：人民邮电出版社，2022.
4. 马占山. 生物信息学计算技术和软件导论［M］. 北京：科学出版社，2017.
5. 张贤珍. 农作物品种资源信息处理规范［M］. 北京：中国农业出版社，1990.
6. 张贤珍，曹永生，杨克钦. 国家农作物种质资源数据库系统［J］. 作物品种资源，1991（2）：1–2.

网上更多资源

拓展阅读　　　思考题解析

撰稿人：曹永生　方沩　陈彦清　闫燊　审稿人：刘哲

下 篇

第十一章

作物种质资源概论

📡 **本章导读**

1. 我国供人们食用和栽培的主要作物有哪些种类？
2. 为什么说玉米、水稻、小麦是我国的主要粮食作物？其播种面积各占我国耕地面积的多大比例？
3. 我国作物种质资源有哪些主要特征？

作物种质资源主要包括作物及其野生近缘植物，也就是说，作物种质资源不仅包括在任何时间、任何地区所栽培的植物及其所有品种的全部基因资源，还包括它们的半驯化种、野生祖先种和有较近亲缘关系的野生种；另外，种质资源还包括人们采集与放牧（含特种昆虫饲养）等手段为人所用的各种植物，田间杂草与有毒植物同样是不可忽视的重要部分。作物种质资源其本质特性是具有多样性的，因此它不仅是农业生物多样性的主体部分，也是生物多样性的重要组成部分；同时，这种生物多样性是地球上极为重要的财富，更是人类赖以生存与发展的重要物质基础。

第一节 作物种类概述

在史前植物采集与驯化时代，全世界人类先后利用（包括间接利用）了8万种植物，其中2.5万～3万种可以食用；人类在不同时期先后驯化或被野外采集用作食物的约有7 000种，最终被驯化成作物的有3 000余种，目前仍在栽培的作物占60%左右。中国目前还在被人类利用并被记载与描述的植物有10 443种（含206个变种和96个亚种）、菌类作物有871种，其中作物及其近缘植物（含菌类作物）有4 589种。

一、世界的食用作物种类

全世界目前仍在种植的作物约有1 800种，然而只有150种作物是大面积栽培的，其中29种作物占了目前人类食物生产的90%，7种谷物（水稻、小麦、玉米、高粱、大麦、粟类、黑麦）提供了食物总热量的52%；其他还包括3种薯类（木薯、马铃薯、甘薯），8种豆类（花生、豌豆、鹰嘴豆、大豆、蚕豆、菜豆、豇豆、木豆），7种油料作物（油棕、油菜、油葵、芝麻、胡麻、棉籽、蓖麻），2种糖料作物（甘蔗、甜菜），2种果树（香蕉、可可）。这是对全世界总体情况的分析结果，不排除在某些领域、某个时代的某个作物是当地人们赖以生存的主食，例如，埃塞俄比亚从古至今一直把一种名为"苔麸"[*Eragrostis tef*（Zucc.）Trotter]的作物作为主粮作物；位于南美洲安第斯山的土著居民，特别是在玉米传播至此以前，一直把藜麦（*Chenopodium quinoa* Willd.）作为主粮作物，以满足生存和发展的需要。

二、中国的食用作物种类

中国作物的总体情况与世界类似。关于在作物栽培历史长河中到底有多少种作物被驯化、被种植，并没有准确的统计数据。据估计，目前种植的作物有 870 种，其中可直接食用的占一半，大面积种植的重要食用作物有 80~100 种，其中主要食用作物有 42种，包括粮食作物 10 种（水稻、小麦、玉米、大麦、谷子、高粱、大豆、食用豆、甘薯、马铃薯）；油料作物 6 种（油菜、花生、芝麻、油葵、胡麻、棉籽），糖料作物 2 种（甘蔗、甜菜），蔬菜 10 种（白菜、辣椒、萝卜、黄瓜、番茄、甘蓝、菜用豆、菜用瓜、茄子、西瓜），果树 8 种（柑橘、苹果、梨、桃、葡萄、香蕉、核桃、枣）、菌类作物 6种（平菇、香菇、黑木耳、双胞蘑菇、金针菇、毛木耳），需要说明的是食用菌是微生物，不是植物。这里强调指出的是，在超过 50% 播种面积的农田中仅种植了 3 种谷物，即玉米、水稻和小麦。

三、中国作物种类的特色与优势

中国目前种植的作物类型占世界现有种植作物的近 50%，其中有一半是中国起源（含次生起源）的或在中国种植超过 2 000 年的史前作物。中国作物的分类按用途可以分为粮食作物、经济作物、蔬菜、果树、饲草与绿肥作物、花卉、林木、药用植物、菌类作物等九大类型，收集保存的种质资源份数超过 60 万（包括林木、药用植物、菌类作物种质资源），其多样性十分丰富，不仅是中国也是世界人类生存与发展的宝贵物质基础。

第二节　中国作物种质资源的物种多样性

物种多样性是指在某一特定区域内，生长的不同物种的数量，亦可指地球上生长的物种的丰富度。中国作物种质资源的物种多样性，指的是中国粮食与农业生产及民众生活利用的各种作物及其野生近缘植物、采集与放牧植物、田间杂草与有毒植物所有物种数量，即物种的丰富度。

一、作物及其野生近缘植物的物种多样性

中国是世界上农业大国，亦是作物种质资源大国，作物种类繁多。按农艺学和用途可分为九大类：粮食作物（谷类、豆类、薯类），经济作物[纤维类、油料类、糖料类、嗜好类（茶、烟等）、特用作物类（橡胶、胡椒等）]，蔬菜（根菜类、白菜类、甘蓝类、芥菜类、绿叶菜类、葱蒜类、茄果类、瓜类、豆类、薯芋类、水生菜类、多年生与杂类蔬菜、芽苗菜类、野生蔬菜），果树（仁果类、核果类、浆果类、坚果类、柑橘类、亚热带及热带果树类），花卉（木本类、宿根类、球根类、兰科类、一二年生类），饲用及绿肥作物（饲草类、饲料类、绿肥作物、蚕食类），药用植物（根及根茎类、果实及种子类、全草类、花类、皮类），林木（用材类、经济类、防护树类、能源类、观赏类、

竹藤类），菌类作物（香菇类、蘑菇类、侧耳类、磷伞类、灰树花类、灵芝类、虫草类）。

众所周知，中国是世界作物的重要起源中心之一。因此，中国不仅作物种类多，而且很多作物都有其野生近缘植物。随着中国农业的迅速发展、物种创新和国外引种及研究的深入，中国的作物数量和物种在逐渐增多，作物的野生近缘植物亦更加明了。目前，按上述九大类作物统计，将中国作物的数量、物种（栽培种和野生近缘种）的数量列入表 11-1。由表 11-1 可以看出，中国现有 870 种作物，栽培种 1 281 个，野生近缘种 3 309 个，隶属 176 科、619 属；以及菌类作物 86 个微生物物种。

表 11-1　中国作物种质资源的物种多样性

作物类别	作物数量 / 种	栽培种数量 / 个	野生近缘种数量 / 个
粮食作物	38（40）	64（67）	372（381）
经济作物	62（71）	99（111）	541（554）
蔬菜	176（213）	156（193）	209（250）
果树	86（87）	142（143）	501（501）
饲用和绿肥作物	80（96）	180（211）	196（207）
花卉	128（136）	203（223）	595（659）
林木	83（116）	166（221）	587（788）
药用植物	137（155）	191（210）	308（329）
菌类作物	80（86）	80（86）	
合计	870（1 000）	1 281（1 465）	3 309（3 669）

注：括号内的数字为未剔除作物大类间重复的数量

二、采集与放牧植物的物种多样性

中国是世界上生物多样性最为丰富的 12 个国家之一，而植物资源是其中种类最多、数量最大的，且在任何生态系统中，植物特别是高等植物总是起主导作用。植物是可再生资源，是人类生存的物质基础，人类在漫长的利用植物资源历史的过程中，通过采摘、割伐、挖收、放牧等收获（放养）手段，在不断满足自身需要的同时，也不断创造和发展了人类文化。广阔的植物界已成为人类不断探求新的食用和各种工业用与医药用原料的巨大宝库。

（一）植物种类众多，资源植物丰富

中国的植物种类众多，仅维管植物就有 30 000 余种，仅次于巴西和哥伦比亚，居世界第三位。共有 353 科、3 184 属植物，其中包括了极其丰富的可供开发利用的资源植物。根据《中国植物志》（126 册）统计，我国重要的纤维植物有 20 科、55 属、480 余种；淀粉植物有 39 科、70 余属、137 种；油脂植物含油分在 10% 以上的种类有 379 种，其中属饱和脂肪酸类的有 88 种，分属 16 科、36 属，属不饱和脂肪酸类的有 291 种，分属 86 科、190 属；蛋白质（氨基酸）植物有 35 科、200 余属、260 余种；维生素类含量较高的植物有 18 科、25 属、80 余种；非糖甜味剂植物有 19 科、25 属、35 种；色素植物经初步研究的有 33 科、45 属、近 70 种；芳香植物中含精油的芳香被子植物有 260

科、800 属、1 000 余种；鞣质植物有 35 科、80 属、700 余种；树脂类植物有 12 科、20 属、40 种；橡胶和硬橡胶植物有 8 科、17 属、近 30 种。另外，植物胶与果胶植物、环保植物、农药植物等也十分丰富。另外，我国已描述并记载了 871 种野生菌类作物，可采集食用。

（二）森林类型繁多，木本植物丰富

中国现有森林覆盖率虽不高，但类型繁多，是世界上木本植物资源最丰富的国家之一。包括乔木和灌木共有 115 科、302 属、8 000 余种，其中乔木树种有 2 000 余种，灌木树种有 6 000 余种。全球近 95%（特别是温带）的木本植物属，在中国几乎都有代表种分布。组成我国森林的重要经济树种有 1 000 余种，其中不少为珍贵优良材用树种。中国灌木种类分布更广，其中很多为观赏植物或工业原料等资源植物。我国竹类狭义而言有 70 余属、1 000 多种，许多是有价值的材用、食用或观赏用植物。

（三）草地面积大、类型多，饲用植物丰富

中国草地面积大，约占国土面积的 41.7%，居世界第二位。中国草地分布广、面积大、类型多，是世界上牧草资源最丰富的国家之一。中国有饲用植物 8 000 余种，其中草地饲用植物有 246 科、1 545 属、6 700 余种。在草地饲用植物中，有描述与记载的为 100 余科、650 属、4 000 余种，而其中研究较多、利用较好的仅有 1 000 余种。世界上栽培的各种牧草有 80 属、400 余种，在我国几乎均有相应的野生种分布，因此开发潜力很大。

据现有资料统计，目前我国能被蜜蜂利用的蜜粉源植物有 5 000 种以上，能取得商品蜜的蜜粉源植物也有 100 多种。据调查，我国 24 种主要蜜粉源植物分布面积约达 $2.67 \times 10^7 \, hm^2$，其中农田蜜粉源占 60%，林地草山蜜粉源占 30%，按四季分，春、夏、秋、冬蜜粉源植物依次占 35.8%、21.5%、27.4%、15.3%。另外，我国还有各类蚕饲植物 100 多种，其中主要蚕饲植物为桑、柞、蓖麻等十余种。因此，特种经济昆虫饲养潜力巨大。

（四）"世界园林之母"，观赏植物丰富

中国是世界上园林花卉植物资源最丰富的国家，拥有的种类占世界的 60% ~ 70%，许多世界名花或出自中国原产，或以我国为富集中心，特产种类很多，栽培历史悠久，因此中国有"世界园林之母"的美誉。我国园林花卉植物资源丰富，可供观赏的有 10 000 余种，目前已作为观赏用的种类还不足 4 000 种，其中纳入栽培的仅有 1 000 种左右。

（五）中医药发达，药用植物丰富

中国药用植物资源蕴藏十分丰富，民间应用历史悠久。根据普查统计，我国有药用植物 10 000 余种，而收载于《中华人民共和国药典》中的，包括少数低等植物和菌类作物在内有 6 000 余种，其中裸子植物近 100 种、被子植物 4 300 余种。中国重要的药用植物分属毛茛科、小檗科、罂粟科、蔷薇科、芸香科、唇形科、茄科、茜草科、豆科、菊科、十字花科、伞形科、马钱科、薯蓣科、百合科、石蒜科等。

三、田间杂草与有毒植物的物种多样性

一般来说，田间杂草及有毒植物不是人们利用的植物，而是为了更好进行粮食与农业生产需要铲除或避免的植物。但事情有时也有另一面，即可以利用的一面。因此，不

管是铲除还是利用，都需要认真对待，深入研究其物种多样性。从这个意义上讲，它们也是广义上需要研究的作物种质资源。

（一）田间杂草

在我国 1.2×10^8 hm^2 耕地中，每年有严重杂草发生的达 2×10^7 hm^2 以上。我国每年因草害发生而造成粮食减产达 7.5×10^6 t，损失巨大。据联合国统计，全世界杂草总数有 8 000 种（我国有 1 500 种），直接危害作物或传播病虫害、作为病虫害宿主的杂草近 1 200 种（我国有 800 余种）。我国有记载的杂草 106 科、591 属、1 380 种（含少量传入杂草）。杂草有其危害的一面，也有其可利用的一面。许多杂草是重要的药草，有的杂草可以作为纤维、淀粉、油脂和香料的原料，有的还可以引种驯化为有用的牧草，有的本身就是一种野生近缘植物，是一种种质资源。因此，合理清除杂草，避其危害，科学开发利用是资源研究的目的。

（二）有毒植物

我国幅员辽阔，资源植物十分丰富，其中有毒植物类型之多为世界罕见。有毒植物是植物界中一类具有特殊含义的植物，一般指含有毒化学成分、能引起人类或其他生物中毒的植物。这些有毒植物与农业、牧业以及医学关系密切，对它们的研究也是科学家感兴趣的领域之一。据统计，我国共有有毒植物 100 余科、1 000 余种。一般认为有毒植物是有害的，实际上许多有毒植物是重要的经济作物，或具有潜在的重要经济价值；有些植物既是有毒植物，又是可食用植物和药用植物。而且人类早就认识到"毒性"也有其积极有益的一面，许多有毒植物正是由于其强烈的生物活性，才把它们作为药物、杀虫剂、杀菌剂等使用，成为有特殊价值的重要经济植物。广义上讲，有人把恶性杂草（如草原的毒草、外来入侵植物）也归入这一类，这是从影响粮食与农业生产的角度来划分的，与传统的有毒植物并不是一个概念。

第三节　中国作物种质资源类型丰富

作物种质资源多样性可用作物及其野生近缘植物物种内品种（系）或变种（变型）之间的差异丰富度来衡量，因此，品种（系）或变种（变型）的数量多少可体现出作物种质资源的多样性。但对多年生作物，特别是对木本作物而言，一个品种表现为群与群不同、株与株有异。

中国作物种质资源多样性十分丰富，从以下三个方面可以说明。

一、作物的类型或变种多

中国作物种质资源的多样性很重要的一个方面是表现在物种的类型或变种多。如粮食作物中的水稻地方品种有 50 个变种、962 个变型，普通小麦含 127 个变种，大麦有 422 个变种；经济作物中的大豆分为 480 个类型，亚洲棉（曾称树棉）有 41 个形态类型，茶树分为 30 个类型；蔬菜中的芥菜分为 16 个变种，辣椒有 10 个变种，莴苣有 12 个变型；花卉中的梅花有 18 个类型，菊花分为 44 个类型，荷花有 40 个类型；饲用作物的苜蓿分为 7 个生态类型，箭筈豌豆有 11 个类型；果树中的苹果分为 3 个系统、21 个品种群，山楂共有 3 个系统、7 个品种群；药用植物的乌拉尔甘草有 7 个变型，地黄可划分出 5 个形态类型；林木中的毛白杨有 9 个自然变型，白榆有 10 个自然变型等。

二、作物的品种多

我国不仅作物的种类、类型或变种多，而且还有众多品种（品系）。在这一点上粮食作物更加突出，如稻在我国地方品种就有5万多个，这些品种从属籼稻、粳稻两个亚种，并且每个亚种都有水稻、陆稻，品质分糯性和非糯性，栽种期分早、中、晚，又各有早、中、晚熟品种；在谷粒形态和大小、颖毛和颖色、穗茎长短、植株高度等方面又呈现出多样性。20世纪40年代，我国种植的水稻品种有46 000余个，小麦品种有13 000余个，玉米品种有10 300余个。根据我国目前收录的各类作物品种（系）数量以及文献记载和研究发现，我国各类作物都有相当数量的品种（系）存在，表11-2列出了我国部分作物大约拥有的品种数，这也从另一方面反映了我国作物的遗传多样性非常丰富。

表 11-2　中国部分作物大约拥有的品种数（截至 2023 年底）

作物	学名	品种数 / 个
亚洲栽培稻	*Oryza sativa* L.	53 676
普通小麦	*Triticum aestivum* L.	14 186
大麦	*Hordeum vulgare* L.	8 840
玉米	*Zea mays* L.	21 109
高粱	*Sorghum bicolor*（L.）Moench	20 823
谷子	*Setaria italica*（L.）P. Beauv.	31 722
黍稷	*Panicum miliaceum* L.	8 783
大豆	*Glycine max*（L.）Merr.	21 769
棉花	陆地棉 *Gossypium hirsutum* L.；海岛棉 *Gossypium barbadense* L.；亚洲棉 *Gossypium arboreum* L.；草棉 *Gossypium herbaceum* L.	陆地棉 164；海岛棉 103；亚洲棉 493；草棉 19
落花生	*Arachis hypogaea* L.	5 228
芝麻	*Sesamum indicum* L.	5 436
向日葵	*Helianthus annuus* L.	1 119
苜蓿	*Medicago sativa* L.	17
冰草	*Agropyron cristatum*（L.）Gaertn.	153
紫云英	*Astragalus sinicus* L.	17
白菜	*Brassica rapa* var. *glabra* Regel	2 536
萝卜	*Raphanus sativus* L.	4 003
黄瓜	*Cucumis sativus* L.	2 842
普通菜豆	*Phaseolus vulgaris* L.	6 763
苹果	*Malus pumila* Mill., *Malus domestica* subsp. *chinensis* Y. N. Li, *Malus asiatica* Nakai, *Malus prunifolia*（Willd.）Borkh., *Malus robusta*（Carrisre）Rehder, *Malus micromalus* Makino, *Malus spectabilis*（Aiton）Borkh.	682

作物	学名	品种数 / 个
桃	*Prunus persica*（L.）Batsch，*Prunus ferganensis*（Kostina & Rjabov）Y. Y. Yao，*Prunus davidiana*（Carriere）Franch.	303
柿	*Diospyros kaki* Thunb.	887
杏	*Prunus armeniaca* L.，*Prunus mume* Siebold & Zucc.，*Prunus limeixing*（J. Y. Zhang & Z. M. Wang）Y. H. Tong & N. H. Xia，*Prunus sibirica* L.，*Prunus zhengheensis*（J. Y. Zhang & M. N. Lu）Y. H. Tong & N. H. Xia	791

注：不含国外引进的品种和该物种的野生类型

三、性状变异幅度大

中国作物种质资源遗传多样性的另一个特点是品种性状变异的幅度大。如株高有巨大差异：稻为 39～210 cm，相差 171 cm；小麦为 20～198 cm，相差 178 cm；玉米为 61～444 cm，相差 383 cm；大麦为 19～166 cm，相差 147 cm；大豆为 7.6～333.0 cm，相差 325.4 cm。粒重差异也很大：稻千粒重为 2.4～86.9 g，相差 84.5 g；小麦千粒重为 8.1～81.0 g，相差 72.9 g；玉米千粒重为 16～569 g，相差 553 g；大麦千粒重为 5.5～86.1 g，相差 80.6 g；大豆百粒重为 1.8～46.0 g，相差 44.2 g。单果（叶球、肉质根）重差异：茄子单果重 0.9～1 750.0 g，相差 1 749.1 g；梨单果重 23.7～606.5 g，相差 582.8 g；苹果单果重 25.0～262.9 g，相差 237.9 g；大白菜叶球重 130～7 000 g，相差 6 870 g。另外，种子、果实、叶、茎的性状和颜色更是丰富多样。现将部分作物的主要性状变异状况列于表 11-3。

表 11-3　中国部分作物主要性状变异状况

作物	性状	变异状况
稻	株高	39～210 cm
	千粒重	2.4～86.9 g
	穗长	1.86～83.89 cm
	糙米率	34%～92.3%
	直链淀粉含量	0.1%～45.7%
	蛋白质含量	4.9%～19.3%
	总淀粉含量	8.83%～89.50%
	叶色	浅黄色、黄色斑点、绿白色相间、浅绿色、绿色、深绿色、紫边、紫色斑点、紫色
	谷粒形状	短圆形、宽卵形、阔卵形、椭圆形、细长形
	种皮色	白色、红色、白红色、淡红色、褐色、黑色、黄色、绿色、紫色、青色
小麦	株高	20～198 cm
	千粒重	8.1～81.0 g
	穗粒数	10～120 粒

作物	性状	变异状况
	穗长	3.4~20.0 cm
	粗蛋白含量	24.15%~7.50%
	硬度	8.5~619.4
	粒色	白色、琥珀色、红色、紫黑色、青黑色
	芒型	无芒、短芒、长芒、钩曲芒、短曲芒、长曲芒
	壳色	白色、黑色、红色、褐色、黑褐色、黑红色、红褐色、灰红色、灰白色、黄色、紫色、紫黑色
玉米	株高	61~444 cm
	千粒重	16~569 g
	粒色	白色、黄色、红色、紫色、黑色、杂色等
	爆裂率	0.2%~87.9%
	粗脂肪含量	1.83%~15.59%
	粗蛋白含量	6.60%~24.62%
	总淀粉含量	24.41%~76.46%
	生育期	61~199 d
	穗形	扁头形、短锥形、圆锥形、长锥形、柱锥形、筒形、柱形、中间形
大麦	株高	19~166 cm
	千粒重	5.5~86.1 g
	芒型	无芒、微芒、等穗芒、短芒、长芒、无颈钩芒、短钩芒、长钩芒等 14 种
大豆	株高	7.6~333.0 cm
	百粒重	1.8~46.0 g
	生育期	70~214 d
	粗蛋白含量	29.3%~52.9%
	粗脂肪含量	10.7%~24.2%
	粒形	扁椭圆形、扁圆形、椭圆形、近圆形、卵圆形、肾形、长椭圆形、长圆形
	脐色	淡褐色、淡黄色、褐色、黑褐色、黑色、黄色、蓝色、深褐色
	生长习性	半蔓生、半直立生、蔓生、直立生
	花色	白色、白紫色、紫色、杂色
油菜	全株角果	5.4~3 324.8 个
	每角粒数	1~85 粒
	千粒重	0.5~18.7 g
	生育期	51~293 d
	株高	12~273 cm
	每果粒数	1~85 粒
	含油率	18.70%~54.24%
	花瓣色	白色、淡黄色、淡蓝色、红色、黄色、黄白色、金黄色、黄绿色、乳白色、深黄色、鲜黄色、紫色

作物	性状	变异状况
	种皮色	淡褐色、淡黄色、褐色、黑褐色、褐黄色、黑色、红色、红褐色、红棕色、黄色、黄绿色、灰黄色、黑紫色、棕色、棕褐色、杂色
棉花	花色	白色、乳白色、黄色、红色、红白色、粉红色、浅粉色
	叶色	浅黄色、绿色、深绿色、黄色、黄红色、黄白色、斑驳色
	铃重	0.7~9.8 g
	纤维长度	10~39 cm
	生育期	94~211 d
	株高	10.7~320.0 cm
	果枝数	1.0~51.8
	比强度	7.0~39.3
	短绒色	白色、灰色、绿色、棕色、绿棕色、灰绿色、浅绿色、杂色、褐色、浅棕色
茶树	叶长	3.3~26.1 cm
	叶形	近圆形、椭圆形、卵圆形、长椭圆形、披针形
	叶色	浅黄色、黄色斑点、绿白色相间、浅绿色、绿色、深绿色、紫边、紫色斑点、紫色
	株高	20~198 cm
	树型	灌木型、小乔木型、乔木型
	果形	椭圆形、长椭圆形、圆锥形、卵圆形、心形、长心形、歪心形、纺锤形
苜蓿	株高	30~160 cm
	叶长	5~40 cm
	叶宽	3~12 cm
	千粒重	1.4~3.5 g
黄花草木樨	株高	20~300 cm
	叶长	10~30 cm
	叶宽	4~17 cm
	千粒重	1.7~2.8 g
梅花	花香味	淡香、清香、甜香、浓香
	花外瓣形状	长圆形、圆形、扁圆形、阔卵圆形、阔倒卵形、倒卵形、匙形、扁形
	花瓣颜色（背面）	白色、乳黄色、浅黄色、浅粉色、粉红色、红色、肉红色、紫红色、酒金色
大白菜	叶球重	130~7 000 g
	叶球形状	卵形、长筒形、短筒形、倒卵形、倒圆锥形、近圆形、扁圆形、炮弹形、橄榄形
	叶球抱合方式	散叶、叠抱、合抱、拧抱、褶抱
茄子	单果重	0.9~1 750.0 g
	果皮色	紫色、黑紫色、紫红色、绿色、白色
	果形	圆形、扁圆形、卵圆形、长卵形、短棒形、长棒形、长条形

作物	性状	变异状况
普通韭菜	叶宽	0.3~1.8 cm
	叶长	15~50 cm
	分蘖力	弱、中、强
苹果	单果重	25.0~262.9 g
	果形	近圆形、扁圆形、椭圆形、长圆形、卵圆形、圆锥形、圆柱形、短锥形
	果肉颜色	白色、乳白色、黄白色、淡黄色、黄色、橙黄色、绿白色、黄绿色、浅红色、血红色、暗红色
梨	单果重	23.7~606.5 g
	果色	绿色、黄绿色、绿黄色、黄色、褐色、紫红色、鲜红色
	果形	扁圆形、圆形、长圆形、卵圆形、倒卵形、圆锥形、圆柱形、纺锤形、细颈葫芦形、粗颈葫芦形
乌拉尔甘草	每序花朵数	10~49 朵
	每序结荚数	1~37 荚
	每荚结籽数	1~9 粒
毛白杨	树高	5.7~21.2 m
	胸径	5.9~30.4 cm
	叶长	4.6~14.1 cm
	叶宽	3.9~14.2 cm
菊花	子叶形状	正叶、深刻正叶、长叶、深刻长叶、圆叶、葵叶、蓬叶、扣船叶（反转叶）、托叶（柄附叶）
	花瓣形状	平瓣形、匙瓣形、管瓣形、柱瓣状、畸瓣形
	花色	黄色系：浅黄色、深黄色、金黄色、橙黄色、棕黄色、泥黄色、绿黄色
		白色系：乳白色、粉白色、银白色、绿白色、灰白色
		绿色系：豆绿色、黄绿色、草绿色
		紫色系：雪青色、浅紫色、红紫色、墨紫色、青紫色
		红色系：大红色、朱红色、墨红色、橙红色、棕红色、肉红色
		粉红色系：浅红色、深粉色、双色系和间色系
	花型	单瓣型、荷花型、菊花型、蔷薇型、托桂型、皇冠型、绣球型
白榆	分枝类型	立枝型、垂枝型、稀生型、曲枝型、密枝型、扫帚型、鸡爪型
	树皮类型	光皮型、薄皮型、细皮型、粗皮型、栓皮型
	主干类型	高大型、通直型、微弯型、弯曲型
地黄	株高	5.5~23.1 cm
	叶片鲜重	3.82~12.90 g
	块根形状	薯状、细长条状、纺锤状、疙瘩状

第四节　中国农作物种质资源多样性研究与利用

目前，我国已收集保存作物种质资源 60 余万份，并对其绝大部分进行了农艺性状鉴定，部分进行了品质性状、抗病虫性状、抗逆性状的鉴定，积累了大量的数据和信息。同时，通过对其梳理、分析，并对其地理分布、多样性富集中心进行研究，初步揭示了我国是禾谷类作物某些特有基因的起源地之一，探明了主要农作物品种演变规律，明确了主要农作物野生近缘植物的优异性状及利用价值，部分反映了多样性在研究和利用方面的意义与价值。

一、禾谷类作物某些特有基因的演变

通过研究，揭示了中国既是禾谷类作物的糯性基因、裸粒基因的起源地，还是矮秆基因、育性基因的重要起源地之一。

1. 糯性基因

我国是糯稻的起源中心和多样性中心。糯玉米是玉米引入我国后突变产生的，起源于西南地区，该地区是糯玉米种质资源的多样性中心。糯性谷子为中国特有，主要分布于从东北到西南的狭长地带，多样性中心在山东、山西和河北一带。黍为糯性，在北方广泛种植，主要分布在山西、陕西、甘肃等地。糯高粱主要分布在西南地区。

2. 裸粒基因

燕麦裸粒基因为我国特有的基因类型，是在我国山西与内蒙古交界地带，由普通栽培燕麦（皮燕麦）发生基因突变产生的，形成的燕麦又称为裸燕麦（莜麦）。中国已用皮燕麦与裸燕麦杂交，培育出一批优良品种应用于生产。裸大麦又称元麦、淮麦，在青藏高原又称青稞，是大麦的一个特殊类型。青稞在距今 3 500 年前的新石器时代晚期就有栽培，也是我国青藏高原大部地区几乎唯一的谷类作物，是藏族人民的主食，同时又是宗教节日中藏族人民以示祝福的祭祀物，有着不可替代的属性。

3. 矮秆基因

水稻的矮秆基因起源于中国，代表品种是'矮脚南特''矮仔占''低脚乌尖'，它们具有同样的矮秆基因 $sd1$，该基因在世界水稻矮化育种中起到非常关键的作用。'南充一支腊'含有半矮秆基因 $sd\text{-}g$，'雪禾矮早'含有 $sd\text{-}s$（t）矮秆基因。小麦品种'大拇指矮'携带矮秆基因 $Rht3$，'矮变 1 号'携带 $Rht10$ 基因。大麦品种'尺八大麦''萧山立夏黄''沧州裸大麦'具有同样的矮秆基因 uz，该基因主要被亚洲国家大麦矮秆育种所利用。

4. 育性基因

在普通野生稻中发现的细胞质雄性不育基因，已被利用育成"野败型"不育系、"红莲型"不育系等，这些不育系均广泛用于杂交稻选育，显著提高了粮食产量；利用地方品种'马尾粘'培育的"马协型"不育系，以及利用云南水稻品种培育的"滇型"不育系也已用于杂交水稻选育。小麦广亲和基因 Kr 起源于中国，世界著名的品种'中国春'含有 $Kr1$、$Kr2$ 和 $Kr3$，具有较强广交配性，早已用于小麦远缘杂交中，并取得了显著成就；在广亲和性鉴定中，又筛选出品种'J–11'，其广交配性比'中国春'更强。显性雄性不育基因有小麦的太谷核不育显性基因 $Ta1$，已应用于小麦轮回选择，育

成一批优异种质和优良品种。谷子品种'矮宁黄'中含雄性不育基因，并育成雄性不育系'1066A'。

二、主要农作物品种演变状况

研究分析 20 世纪 50 年代至 21 世纪第一个 10 年逐年代不同作物生产上使用品种的更换和主要性状的改良和发展趋势，可以发现主要作物在生产上使用的品种分别经过 3~7 次更替，品种主要性状改良的总趋势是种子或果实变大，植株变矮，抗病性增强，品质优化，加之农业生产条件的不断改善，从而使单产逐年代提高。以水稻为例，水稻品种经历 4 次大规模更新换代，一是筛（评）选的地方（系选）品种代替众多老地方品种，单产从 1949—1951 年的 2 081 kg/hm^2 提高到 1957—1959 年的 2 542 kg/hm^2；二是矮秆（半矮秆）育成品种代替了高秆品种，单产提高到 1976—1980 年的 3 889 kg/hm^2；三是杂交稻的突破与推广，又使单产提升到 1996—2000 年的 6 303 kg/hm^2；四是超级稻的培育与应用，再次使水稻单产上升到 2007—2011 年的 6 564 kg/hm^2。小麦不同麦区品种更换了 5~7 次，主要性状的变化趋势是：植株由高变矮，籽粒由小到大，籽粒蛋白质含量由高到低又到高，冬性向偏春性发展，成熟期趋向早熟，抗病性不断提高，单产由 20 世纪 50 年代的 800 kg/hm^2，提升到 2010 年前后的 4 739 kg/hm^2。大豆在 20 世纪 70 年代以前主要种植地方品种，单产较低，如 1957 年为 788 kg/hm^2，20 世纪 70 年代以后育成品种逐渐代替地方品种，产量随之提高，如 1976 年单产为 994 kg/hm^2，1981—1985 年平均单产为 1 238 kg/hm^2，提升到 2007—2010 年的 1 681 kg/hm^2，与此同时，品种的蛋白质含量或含油量亦随之提高。油菜品种的更换主要是 20 世纪 80 年代以来，甘蓝型油菜和杂交油菜代替了白菜型油菜和芥菜型油菜，甘蓝型油菜和杂交油菜产量高，得以大面积推广；20 世纪 80 年代以前油菜产量最高仅 700 kg/hm^2，而 1991—1995 年达到了 1 303 kg/hm^2，2007—2011 年又提升为 1 837 kg/hm^2，加之品质选育，含油量不断提高，而芥酸和硫苷含量大大降低。棉花品种的更换主要是陆地棉和海岛棉代替了亚洲棉和草棉，陆地棉广泛种植，海岛棉种植地区狭窄，近年仅新疆南部栽培。陆地棉品种已经历了 5~7 次更替，1961—1979 年以系选品种代替了其原始品种，产量增加 15%；1980—1987 年丰产、抗病育成品种代替感病品种；1988—1994 年抗病品种或纤维品质较好品种，全部代替感病品种和纤维品质差的品种，因此品种的抗病性明显提高，纤维品质明显改善；1995 年以来，重点推广杂交品种和抗虫棉品种，使产量、抗病虫性和品质都得到进一步提高，全国棉花单产逐年代上升，1965 年以前产量为 300 kg/hm^2，1966—1980 年产量为 460 kg/hm^2，1996—2000 年产量为 992 kg/hm^2，2007—2011 年产量达到 1 283 kg/hm^2。

三、主要农作物野生近缘植物的优异性状及利用

通过对主要农作物重要野生近缘植物特征特性、分布地区、生长环境条件的研究，基本明确了它们的优异性状及利用价值。例如，普通野生稻具有雄性不育基因，我国早已利用野生稻育成多种细胞质雄性不育系，并实现三系配套，大批三系杂交稻投入生产，取得显著的增产效果，这对中国乃至世界的粮食生产做出了巨大的贡献。另外，野生稻还具有抗病性（白叶枯病、稻瘟病）和抗虫性（褐飞虱、白背飞虱等），以及品质优良、分蘖力强、丰产等优异性状，这些优异性状在水稻常规育种中，有的已获得利

用，并取得显著成效。小麦的野生种有野生一粒小麦、野生二粒小麦和阿拉拉特小麦，它们的籽粒蛋白质含量均超过 20%，抗小麦的多种病害（3 种锈病、白粉病、黑穗病等），且阿拉拉特小麦还具有细胞质雄性不育基因和恢复花粉育性基因，且耐旱性表现较好。另外，小麦近缘属野生植物与小麦杂交成功的有 11 个属的数十个种，其中成效最显著的是用偃麦草与小麦杂交育成了我国著名小麦品种"小偃号"系列和遗传材料，它们在小麦生产和育种中起到非常重要的作用。还有山羊草属、冰草属和簇毛麦属等的一些种具有抗小麦 3 种锈病、白粉病、黄矮病的基因，具有高度耐旱、耐寒性和较好的耐盐性，这些优异基因非常有利用价值。野生大豆广布于我国，蛋白质含量高，最高可达 55% 以上；对土壤适应性较强，在 pH 4.5~9.2 均可正常生长发育；有的野生大豆可与栽培品种杂交获得质–核互作胞质雄性不育系，因此在世界上率先实现三系配套。油菜的野生近缘植物较多，具有的优异性状包括抗多种病虫害，以及耐旱、耐盐碱和耐除草剂等；品质方面，有的亚油酸和亚麻酸含量高，有的物种光合效率高。棉花的野生近缘种也具有栽培棉种需要的优异性状，如高的铃重和结铃性，优质纤维、抗黄萎病、枯萎病、角斑病，抗棉铃虫、蚜虫、红铃虫、棉叶螨等，抗干旱、低温和盐害，苞叶早落性，种子无酚等。马铃薯野生近缘种的优异性状有抗病性，如抗晚疫病、癌肿病、青枯病、软腐病、黑胫病、轻花叶病毒病、重花叶病毒病、卷叶病毒病、纺锤块茎病毒病；抗虫性，如抗蚜虫、胞囊线虫、根结线虫；抗逆性，如耐霜冻、热害、干旱；优质特性，如抗块茎生理性变黑、还原糖含量低、耐低温糖化、干物质含量高、块茎抗氧化能力高等。

四、作物种质资源重点任务

作物种质资源多样性是粮食与农业生产可持续发展的物质基础。根据国家重大需求和学科发展需要，今后一段时间的重点工作和主要任务包括以下三点。

1. 加强种质资源基础调查收集与保护

定期或不定期对作物种质资源的种类、分布、数量及其动态时空变化状况、生态学和生物学特性、农民认知等进行基础调查并收集样品，作物野生近缘植物的原生境分布区一般每 10 年左右要开展一次，对农田保护和农民自繁自育的地方品种等区域一般每 15 年要进行一次，面对整个区域全面普查一般 20~30 年要进行一次。同时对异生境保护的种质资源要定期监测，对于种质资源活力水平降低至危及遗传完整性之前要按规程进行繁殖更新。

2. 强化种质资源精准鉴定

根据生产需求确定目标性状，通过多年多生态区的表型鉴定，结合基因型鉴定，准确鉴定出具有解决瓶颈问题与关键难点的新的种质资源，且具有目标性状突出、综合性状优良、遗传累赘较少、环境反应钝感等突出优势的种质资源。

3. 开展种质创新与开发利用

主要包括三方面重点工作：一是要努力开发新的栽培植物，地球上大约有 5 万种可利用的植物，其中人工驯化成作物的只有 1 200 种，大面积栽培的仅 150 种，因此开发新的食用植物、药用植物或工业原料植物尚有相当大的潜力。二是充分发挥未被充分利用作物的潜力，很多被忽视的作物适合在山区、干旱地区、盐碱地区等生态环境条件差的地区种植，如荞麦由于生长期短，经常被用作救灾作物，同时，由于人类对健康的要求越来越高，在燕麦、荞麦等作物的药用价值被发现后，很快受到公众的重视。三是应继续拓宽栽培品种的遗传基础，野生近缘植物和地方品种具有丰富的遗传多样性，并带有许多重要经济性状的优异基因，但由于这些优异基因常常与不良基因连锁，加上野生种鉴定困难，杂交不易，使育种家不愿意直接利用这些种质资源，因此，利用远缘杂交、导入、基因编辑等技术手段创制新种质，是种质资源研究工作今后需要长期坚持的最重要的任务之一，这也是农业可持续发展的基础所在。

📺 推荐阅读

1. 董玉琛，郑殿升. 中国作物及其野生近缘植物（粮食作物卷）［M］. 北京：中国农业出版社，2006. 本书介绍了粮食作物及其野生近缘植物的种类和多样性，重点阐述了13种粮食作物的起源、驯化及植物学特征特性等。

2. 方嘉禾，常汝镇. 中国作物及其野生近缘植物（经济作物卷）［M］. 北京：中国农业出版社，2007. 本书介绍了我国主要经济作物及其野生近缘植物的种类和多样性，重点阐述了17种经济作物的起源、驯化、植物学特征特性及栽培、生产概况等。

🔲 思考题

1. 本章重点介绍了哪些种类的作物？
2. 列举某种作物（如蔬菜、果树）可具体划分出哪些类别？
3. 举例说明起源于中国的某种作物基因。
4. 今后我国作物种质资源的重点工作或重点任务有哪些？

📖 主要参考文献

1. 阿尔贝·萨松. 生物技术与发展［M］. 邵斌斌，赵丹，译. 北京：科学技术文献出版社，1991.

2. 陈冀胜，郑硕. 中国有毒植物［M］. 北京：科学出版社，1987.

3. 董玉琛，郑殿升. 中国小麦遗传资源［M］. 北京：中国农业出版社，2000.

4. 顾万春，王棋，游应天，等. 森林遗传资源学概论［M］. 北京：中国科学技术出版社，1998.

5. 刘旭. 中国生物种质资源科学报告［M］. 北京：科学出版社，2003.

6. 刘旭，曹永生，张宗文. 农作物种质资源基本描述规范和术语［M］. 北京：中国农业出版社，2008.

7. 刘旭，董玉琛，郑殿升. 中国作物及其野生近缘植物·总论卷［M］. 北京，中国农业出版社，2020.

8. 刘旭，黎裕，曹永生，等. 中国禾谷类作物种质资源地理分布及其富集中心研究［J］. 植物遗传资源学报，2009，10（1）：1–8.

9. 刘旭，郑殿升，董玉琛，等. 中国农作物及其野生近缘植物多样性研究进展［J］. 植物遗传资源学报，2008，9（4）：411–416.

10. 王述民，李立会，黎裕，等. 中国粮食和农业植物遗传资源状况报告（Ⅰ）［J］. 植物遗传资源学报，2011，12（1）：1–12.

11. 王述民，李立会，黎裕，等. 中国粮食和农业植物遗传资源状况报告（Ⅱ）［J］. 植物遗传资源学报，2011，12（2）：167–177.

12. 吴征镒，陈心启. 中国植物志：第一卷［M］. 北京：科学出版社，2004.

13. 郑殿升. 中国作物遗传资源的多样性［J］. 中国农业科技导报，2000，2（2）：45–49.

14. 郑殿升，杨庆文，刘旭. 中国作物种质资源多样性［J］. 植物遗传资源学报，2011，12（4）：

497−500.

15. 中国农学会遗传资源分会 . 中国作物遗传资源［M］. 北京：中国农业出版社，1994.

16. 中国树木志编辑委员会 . 中国树木志［M］. 北京：中国林业出版社，1982.

17. Hawkes JW. The Diversity of Crop Plants［M］. Cambridge，London：Harvard University Press，1983.

e 网上更多资源 ————————————————————————————

思考题解析

撰稿人：刘旭　审稿人：黎裕

第十二章

稻类种质资源

本章导读

1. 作为中国人的第一大主粮，水稻是怎样进化来的？
2. 稻类种质资源纷繁多样，你知道有哪些种类吗？
3. 优异基因是新品种培育的基础，如何发掘稻类种质资源优异基因呢？

水稻是全球最主要的粮食作物之一，也是中国人的主粮，在我国具有悠久的种植历史，形成了独特的稻作文化。以 2022 年为例，中国水稻种植面积为 2.9×10^7 hm^2，稻谷总产量为 2.08×10^8 t，平均单产 7 080 kg/hm^2，单产常年稳居我国三大主粮之首。水稻产量和品质的不断提升，对于保障我国的粮食安全和提高人们的生活质量，具有举足轻重的作用。

自然界稻区分布广泛，稻种资源丰富，目前全球收集保存的稻属种质数量达到 80 万份（含部分重复）。如何有效地保护、管理和利用好丰富而多样的稻类种质资源，为稻类基础科学和育种应用等研究提供更好的实验材料支撑，是稻类种质资源研究工作者面临的重要课题。

第一节　稻类种质资源的多样性

一、稻属类型及其地理分布

稻属（*Oryza* L.）属于禾本科（Poaceae）的稻亚科（Oryzoideae），对其分类的研究由来已久。20 世纪 50 年代以前的分类学研究主要依据形态性状等表型的差异和杂交亲和力来判断，20 世纪 60—80 年代主要通过细胞遗传学、同工酶等方法，参考种间 F_1 在减数分裂时染色体配对状况进行分类，而 20 世纪 80 年代后随着分子生物学的发展，RFLP、SSR 和 SNP 等分子标记用于稻属的分类学研究。我国在水稻种质资源的研究领域取得了举世瞩目的成就，研究方法也已从直观的形态性状延伸到分子生物学水平。

（一）稻属的种类

在 2000 年国际水稻遗传学大会上，Khush 等提出了新版的稻属分类体系，即在前人研究的基础上，利用现代生物技术从分子水平上对染色体组进行归类，最终将自然界的稻属分为 23 个种，其中包括 21 个野生种，2 个栽培种。根据染色体组型，将 23 个稻属分为 10 个染色体组，分别为 *AA*、*BB*、*CC*、*BBCC*、*CCDD*、*EE*、*GG*、*HHJJ*、*FF*、*HHKK*（表 12-1）。

表 12-1　稻属各种的名称、染色体数目、染色体组和分布地域（Khush 和 Brar，2000）

种名	2*n*	染色体组	分布地域
普通稻区组			
亚洲栽培稻（*O. sativa*）	24	*AA*	全球
非洲栽培稻（*O. glaberrima*）	24	*AA*	西非
普通野生稻（*O. rufipogon*）	24	*AA*	亚洲热带、亚热带及大洋洲
尼瓦拉野生稻（*O. nivara*）	24	*AA*	亚洲热带、亚热带
长雄蕊野生稻（*O. longistaminata*）	24	*AA*	非洲
短舌野生稻（*O. barthii*）	24	*AA*	非洲
南方野生稻（*O. meridionalis*）	24	*AA*	大洋洲
展颖野生稻（*O. glumaepatula*）	24	*AA*	南美、中美
药用稻区组			
斑点野生稻（*O. punctata*）	24，48	*BB*，*BBCC*	非洲
小粒野生稻（*O. minuta*）	48	*BBCC*	菲律宾、巴布亚新几内亚
药用野生稻（*O. officinalis*）	24	*CC*	亚洲热带、亚热带及大洋洲
根茎野生稻（*O. rhizomatis*）	24	*CC*	斯里兰卡
紧穗野生稻（*O. eichingeri*）	24	*CC*	南亚、东非
阔叶野生稻（*O. latifolia*）	48	*CCDD*	南美、中美
高秆野生稻（*O. alta*）	48	*CCDD*	南美、中美
大颖野生稻（*O. grandiglumis*）	48	*CCDD*	南美、中美
澳洲野生稻（*O. australiensis*）	24	*EE*	大洋洲
疣粒稻区组			
疣粒野生稻（*O. meyeriana*）	24	*GG*	东南亚
颗粒野生稻（*O. granulata*）	24	*GG*	南亚、东南亚
马来稻区组			
马来野生稻（*O. ridleyi*）	48	*HHJJ*	南亚
长护颖野生稻（*O. longiglumis*）	48	*HHJJ*	印度尼西亚、巴布亚新几内亚
未分区组			
短花药野生稻（*O. brachyantha*）	24	*FF*	非洲
极短粒野生稻（*O. schlechteri*）	48	*HHKK*	印度尼西亚、巴布亚新几内亚

（二）野生稻的分布

　　亚洲是野生稻分布最多、最广的地区，共有 11 种野生稻。此外，大洋洲和非洲分布有 5 种野生稻，中、南美洲分布有 4 种野生稻。中国现存有 3 种野生稻，即普通野生稻、药用野生稻和疣粒野生稻。普通野生稻也是亚洲数量最多、分布最广的野生稻。在我国南方广泛分布，东起台湾桃园（但现已灭绝，目前福建漳浦是普通野生稻在我国分布的东界），西至云南景洪，南起海南三亚，北至江西东乡。在海拔300～600 m的河流两岸沼泽地、草塘和山洼低湿处均有分布。药用野生稻主要分布在广东、广西、海南和云南4地。疣粒野生稻仅分布在海南和云南。由于人类的生产活动和自然环境的改变导致许多野生稻群体正在消亡，野生稻的栖居地大幅缩小，如何做好野生稻原生境保护是一项具有重要战略意义的工作。

（三）栽培稻的类型及分布

稻属有两个栽培种，即亚洲栽培稻和非洲栽培稻。它们虽然具有相同的染色体组，但仍存在一定的形态差异和生殖隔离。非洲栽培稻主要分布在非洲西部，初级起源中心位于马里的尼日尔河河谷平原。非洲栽培稻的茎秆、叶片和稻壳光滑无稃毛，稻穗无二次枝梗，高秆，少蘖，易落粒，产量低，但耐瘠薄、耐旱、耐热能力强。由于栽培历史较短，栽培区域有限，在学术上还没有亚种的划分。

亚洲栽培稻起源于亚洲，现广泛分布于世界各地。由于亚洲栽培稻在漫长的演化过程中，受到了自然和人工的双重选择压力，发生了一系列适应人类生产需求的遗传变异。在不同纬度、不同海拔地域的传播过程中，受到了温度、日照时数、降水量、种植偏好等因素的影响，导致感温性、感光性、需水量、品质等发生分化，通过不同传播路径和自然隔离，逐渐形成了适应不同环境的栽培稻类型。

亚洲栽培稻主要有两个亚种：籼稻和粳稻。日本学者加藤茂范于1928年将栽培稻分为"印度"和"日本"两个亚种，以"*Oryza sativa* ssp. *indica*（印度型）"和"*Oryza sativa* ssp. *japonica*（日本型）"来命名，并被国际社会一直沿用至今。然而这一命名方式不能正确地反映籼稻和粳稻的亲缘关系、地理分布和起源。其实，在我国，亚洲栽培稻中"籼""粳（gěng）"两大亚种早在2 000多年前的汉代即已被人们所认知。2018年，中国科学家发表在*Nature*期刊的研究论文正式提出恢复使用籼（*Oryza sativa* ssp. *xian*）、粳（*Oryza sativa* ssp. *geng*）亚种的准确命名，使中国源远流长的稻作文化得到正确认识和传承。籼稻主要分布在我国长江流域及其南部的东南亚和南亚地区，粳稻主要分布在我国华北地区、东北地区、长江下游地区、西南高海拔地区，以及朝鲜、韩国和日本。

二、稻种资源的遗传多样性与群体结构

遗传多样性是衡量物种生存（适应）和发展（进化）的重要指标，一个物种的遗传多样性越高，其对环境的适应能力就越强，越容易扩展其分布范围。遗传多样性的研究对于种质资源的保存、核心种质的构建及遗传多样性中心的确定具有重要指导意义，同时为育种实践中的材料选择提供重要参考信息。

（一）普通野生稻的遗传多样性与群体结构

普通野生稻是亚洲栽培稻的祖先种，蕴含着丰富的遗传变异，其抗逆、抗病虫等基因资源在亚洲栽培稻的遗传改良中具有重要应用价值。中国作为亚洲栽培稻的起源地之一，拥有丰富的普通野生稻资源，而且对于中国的普通野生稻遗传多样性及其群体结构的研究也最为深入，这些研究成果不仅有助于发掘和利用野生稻中的优异基因，也有助于理解普通野生稻向亚洲栽培稻演化的规律。

我国科学家对中国的普通野生稻资源调查发现其主要分布在广东、广西，占中国普通野生稻资源的86%。广东的普通野生稻等位变异覆盖了普通野生稻等位变异的84%，

广西的普通野生稻等位变异覆盖率是 80.5%。海南的普通野生稻比较原始，遗传多样性丰富程度最高。各地区普通野生稻的遗传多样性与其生存地区的纬度有关，随着纬度的升高，普通野生稻的遗传多样性逐渐降低，如广东、广西的普通野生稻遗传多样性较高，而江西、湖南和福建的普通野生稻遗传多样性较低。从遗传关系来看，广东、广西和海南的普通野生稻之间具有最近的遗传距离，而偏北的普通野生稻（湖南和江西）之间有较近的遗传关系。除了云南的普通野生稻是一个比较特殊的群体外，我国南北地区的普通野生稻能够被清晰地划分为不同类群。

普通野生稻的群体结构最重要特征是出现籼－粳分化的趋势。我国科学家利用全球的普通野生稻资源，通过全基因组测序分析，将普通野生稻分为 *Or–Ⅰ*、*Or–Ⅱ* 和 *Or–Ⅲ* 三个亚群，其中 *Or–Ⅰ* 为偏籼类型，*Or–Ⅲ* 为偏粳类型，*Or–Ⅱ* 为比较原始的中间型。一系列研究表明普通野生稻的偏粳特征从低纬度到高纬度逐渐加强，但是普通野生稻的偏籼特征随着纬度、经度的改变没有明显的变化规律。北回归线以南的普通野生稻表现出较弱的籼－粳分化程度，这些群体中同时存在籼稻和粳稻的特征；北回归线以北的普通野生稻群体，如湖南和江西则表现为偏粳特征。

（二）亚洲栽培稻的遗传多样性与群体结构

亚洲栽培稻的种质资源最为丰富，目前我国编目的亚洲栽培稻种质有 8.5 万余份。我国的亚洲栽培稻种质地理分布广泛，变异类型丰富，是研究亚洲栽培稻遗传多样性和群体结构的理想材料。

我国科学家丁颖于 1957 年根据栽培品种的生态适应性、种植方式和稻米品质等提出了五级分类体系，即亚洲栽培稻分为籼、粳稻亚种—早、中、晚稻类群—水、陆稻类群—黏、糯稻变种和栽培品种等五级。近年来，利用全基因组序列进行群体结构分析，可将亚洲栽培稻划分为 5 个类群：籼稻、*Aus*、*Aro*、温带粳稻和热带粳稻，其中前两个类群为籼稻亚种，后三个类群为粳稻亚种。不管哪种分类方法，籼－粳分化是亚洲栽培稻最主要的遗传结构特征。

籼稻亚种的遗传多样性高于粳稻亚种。而在亚种内部，由于不同地域的亚种适应不同的自然环境，导致亚种内部会发生不同方向的分化。在粳稻亚种内，由于高纬度、高海拔地区的水分条件多样，对水分的适应导致粳稻中发生水－陆分化，水稻类群的遗传多样性显著低于陆稻类群；而在籼稻亚种内，由于其分布地域的光热资源丰富，雨水充沛，水分和温度不会成为分化的驱动力，但正因为光温适宜，才出现了一年 2～3 季的种植制度，日照的长短便成为了籼稻内分化的主要动力，早稻类群的遗传多样性显著低于晚稻类群。

从我国的地理分布来看，无论是等位基因变异数还是基因多样性指数，都表现出一致的规律，即华南＞华中＞西南＞华北＞东北，中国地方稻种的遗传多样性随着纬度或海拔的升高而逐渐降低。从全球来看，中国及南亚和东南亚地区亚洲栽培稻的遗传多样性最高。

第二节　栽培稻的起源、演化与传播

现代栽培的水稻是起源于何种类型的野生稻？我们的先民是从什么时间、什么地域开始对野生稻进行驯化，以及栽培稻又是如何分化与传播，才演变成现在种类繁多的稻种资源呢？探究这些重要的科学问题不仅有助于我们深入理解水稻从哪里来，以及如何利用好稻类种质资源，更有助于我们厘清中华农业文明兴起与发展的历史脉络。

一、栽培稻的起源

对于栽培稻的起源这一科学问题的研究由来已久，核心的问题是栽培稻起源于哪类野生稻物种，以及如何起源？科学家通过对野生稻种资源的分布与表型进行调查，结合考古发掘、分子生物学以及基因组学等研究，积累了比较翔实的数据，逐渐拓宽了人们对水稻起源的认识。

（一）栽培稻起源的祖先种

栽培稻包括亚洲栽培稻和非洲栽培稻两个不同的种，其中非洲栽培稻主要分布于非洲地区，普遍认为其起源于短舌野生稻，又名巴蒂野生稻。由于非洲栽培稻种植规模较小，基础研究相对较少，通常提及的栽培稻，一般指亚洲栽培稻。

自然界的野生稻与栽培稻具有同样 AA 型染色体组的有 6 种，分别为分布在亚洲的普通野生稻和尼瓦拉野生稻、分布在非洲的短舌野生稻和长雄蕊野生稻、分布在中南美洲的展颖野生稻以及分布在大洋洲的南方野生稻。通过对 6 个野生种的分布地域比较，发现多年生的普通野生稻和一年生的尼瓦拉野生稻的分布地域与亚洲栽培稻主要种植区域重叠，这两种野生稻很有可能是亚洲栽培稻的直接祖先。但是，尼瓦拉野生稻主要分布在南亚和东南亚，在我国境内没有分布，所以一般认为普通野生稻是亚洲栽培稻的直接祖先。

（二）栽培稻起源的时间

栽培稻起源的确切时间，至今还难以确定。由于野生稻被驯化的时间要远早于人类文字出现的时间，所以无法通过人类的文字记载来确定栽培稻起源时间，而比较有说服力的证据来自考古发掘。迄今为止，世界各国已发掘的带有水稻遗存的遗址很多，比较古老的遗址在中国、印度和泰国。我国已发现的水稻遗存历史最久远的遗址有 4 处，分别是湖南省的玉蟾岩遗址、江西省的仙人洞和吊桶环遗址、广东省的牛栏洞遗址，这些遗址均距今 1 万年以上。从江西仙人洞遗址出土的野生稻植硅体，经 ^{14}C 测定已距今 1.2 万 ~ 1.5 万年，而栽培稻的植硅体主要在上层文化段的地层中，距今 9 000 ~ 12 000 年。而印度和泰国考古发掘的栽培稻最早出现在 8 500 年前和 8 000 年前，比我国栽培稻的出现时间晚 2 000 ~ 3 000 年。

古气候学和地质学研究证实，野生稻被驯化可能与新仙女木事件（发生在距今 1.1 万年的寒冷气候事件，为期 1 000 年）有关。当时的地球平均气温下降 7 ~ 8℃，导致生活在较高纬度的大量动植物死亡。与此同时，生长在热带和亚热带地区的野生稻引起古人的注意，成为古人类的重要食物来源。科学家在我国长江口外海床沉积物的考古中发现，距今 13 900 年的沉积层中开始出现栽培稻的植硅体，但在距今 13 050 ~ 13 470 年的沉积层中突然消失，而后在距今 9 470 年及其以后的沉积层中又大量出现，这一趋势与古气候的变化规律吻合。

据此推算，长江流域的水稻早期驯化在 13 000 年前即已开始，后来经历地球气候寒冷和回暖过程，古人类对野生稻的驯化逐渐加强，这一过程可能延续了近 2 000 年的时间。

（三）栽培稻的起源学说

栽培稻由普通野生稻驯化而来，那么具体是由什么地区的野生稻，经历了什么样的驯化过程，才演变为如今的栽培稻，即籼稻和粳稻两个不同亚种呢？在过去的很多年，这一直是大家备受关注且极具争议的科学问题。不同年代、不同学者提出了各种起源学说，如单起源学说、多起源学说、独立起源学说等。但是，近十年来，随着DNA测序技术和基因组学的快速发展，通过对野生稻和栽培稻的全基因组序列进行演化分析，栽培稻的起源路径以及演化规律逐渐变得清晰起来。

现在学术界普遍比较接受的是籼－粳独立起源的观点。我国科学家利用千余份野生稻和栽培稻的全基因组序列进行演化分析，发现自然界的普通野生稻群体出现了偏籼、偏粳野生稻类群的分化。其中，我国珠江流域的偏粳野生稻首先被驯化，成为原始粳稻；随后，这些原始粳稻与东南亚及南亚地区的偏籼野生稻杂交，产生了籼稻亚种。但是国外科学家利用同一套基因组数据，采取不同的分析方式，得出结论认为籼稻和粳稻是完全独立起源，其中粳稻起源于我国华南地区和长江流域，而籼稻起源于中南半岛和雅鲁藏布江大峡谷（喜马拉雅山南麓）。也有观点认为栽培稻是多起源单驯化，即籼稻与粳稻起源于不同地区的野生稻，但是经历了单一驯化路线。普通野生稻首先驯化为原始粳稻，然后驯化位点传入原始籼稻，进而产生了籼稻亚种。我国科学家最新研究中利用普通野生稻和尼瓦拉野生稻的基因组序列进行群体结构和演化分析，发现两种野生稻内部均存在分化，不同类群在地理分布上有一定的趋势。粳稻的祖先是中国的普通野生稻，而籼稻的祖先是东南亚地区的尼瓦拉野生稻。栽培稻的多数驯化基因来自中国的普通野生稻，少数驯化基因来自南亚和东南亚地区，体现出多次驯化的特征。

 拓展阅读 12-1 水稻起源假说

各种起源学说都有证据支持，但通过基因组学和考古学的权威研究结果，我们至少可以归纳出两点结论。一是栽培稻的两个亚种籼稻和粳稻是独立起源的；二是粳稻起源于我国的南方地区，极有可能是长江流域。而籼稻的起源比较复杂，特别是我国的籼稻如何起源尚无定论，仍然是一个开放的话题，需要更多的研究来揭示。

二、栽培稻的演化与传播

野生稻经历漫长的自然选择和人工驯化，演化出了适宜人类种植生产的栽培稻。而随着农业文明的不断演进和社会的持续发展，水稻的种植地域也在不断扩大，如今已覆盖整个亚洲地区，并在其他各大洲也有零星分布。栽培稻在全球的传播过程中，不断演化形成了大量性状各异，能够适应不同地域、不同环境的亚群或独特类型。这种适应性的分化结果，又进一步扩展了栽培稻的地理传播边界。深入理解自然界中栽培稻的分化和传播规律，解析其环境适应性的亚群特征，对于培育适应极端气候变化、满足人类多样化需求的水稻品种，具有十分重要的意义。

（一）栽培稻的演化

从稻种资源分类来看，籼型和粳型的分化其实在野生稻中即已发生，但由于没有人工选择的介入，这种分化只停留在初级阶段。而随着普通野生稻驯化成为栽培稻，籼、粳分化加剧，表现出两个不同亚种水平的差异。如籼粳杂交 F_1 代普遍存在不育现象，直接反映出亲本间的遗传分化程度较高。此外，籼稻与粳稻在株型、籽粒形状、叶形、光温适应性等方面也具有明显的区别。但随着现代育种的发展，籼稻与粳稻之间发生广泛的基因交流互渗，使得籼粳之间的一些表型诸如株型、粒型等形态性状的差异逐渐变得模糊，而温度和光照的适应性差异仍然是籼粳之间重要的分化性状。

栽培稻在籼粳分化的基础上，还进一步演化出其他独特的亚型。近年来，我国科学家对全球范围的 3 000 余份栽培稻种质进行全基因组测序分析，发现栽培稻可以细分为 9 类，其中最主要类群仍然是籼稻和粳稻亚群。籼稻进一步划分为 4 个独立主要类群（东亚籼稻、南亚籼稻、东南亚籼稻和现代籼稻）以及南亚 *Aus* 类群，粳稻划分为 3 个主要类群（东亚温带粳稻、东南亚亚热带粳稻和东南亚热带粳稻）以及 *Basmati/Aro* 类群。这些不同类群的栽培稻除了基因组发生分化外，都具有各自独特的性状，这是栽培稻在不断演化与传播过程中适应本地环境的结果。比如温带粳稻和热带粳稻亚群的分化是由发生在 4 200 年前的地球降温事件所导致，温带粳稻由于较强的耐冷性而逐渐向我国北方乃至整个东北亚地区扩展，而热带粳稻向东南亚以及附近海岛扩展。

栽培稻在演化过程中，除了基因组水平发生分化而形成不同亚群，也随着环境变化而发生适应性分化。例如，为了适应不同水分环境，栽培稻分化出水稻和陆稻两种独特的生态类型。水稻生长需要有水的环境，这是大部分栽培稻的生长方式；而陆稻生长在干旱或半干旱地区的通透性土壤，靠自然降水即可维持生长，主要分布在我国云南、海南等地以及东南亚季节性干旱地区。陆稻在籼稻和粳稻亚种中都有分布，但在粳型亚种中的水、陆稻具有明显的基因组分化特征，属于两个独立的类群，而在籼稻中，水、陆稻基因组分化特征不明显。栽培稻的这种水、陆分化特性是几乎所有作物中唯一的代表，为作物抗旱遗传研究提供了独一无二的材料和研究范式。除旱生适应性外，栽培稻还演化出一类适宜在深水环境，如水潭或河道中生长的深水稻。这类水稻一般节间伸长量大，如遇洪涝可通过伸长节间来浮出水面，正常生长。深水稻主要分布在印度、孟加拉国和泰国等地，在我国种植的地域很少，主要在广东西江地区。

（二）栽培稻的传播

原始栽培稻的传播与人类的活动、迁徙密切相关，它不是一条连续的、单向的传播路线，而是由起源中心向外周扩散、多向的、曲折而又交叉重叠的路线。近年来的考古和水稻基因组学研究表明，水稻起源可能存在两个中心：一个是我国的长江中下游，另一个是喜马拉雅山南麓。由于两个起源地之间有山脉阻隔，地域沟通受限，所以出现在我国和南亚的栽培稻不可能是从其中一个地方起源后向另一地域扩张的，极有可能是两个起源中心都有独立向外传播栽培稻的历史。毕竟我国和印度都是文明古国，早期兴起的农业文明为栽培稻的起源与传播提供了原动力。

喜马拉雅山南麓的印度阿萨姆邦这一起源中心地理位置独特，属于温暖的亚热带气候，而且我国境内的三条江河（西藏的雅鲁藏布江、云南的怒江和澜沧江）均出境流经这一起源中心，因此该区域的水稻具备向南亚和东南亚传播的得天独厚的优势。所以，南亚的印度、孟加拉国和斯里兰卡等地的栽培稻（多为籼稻）均可能来自这一起源中心。而东南亚地区的缅甸、老挝、泰国和柬埔寨的水稻除了可能是由喜马拉雅山南麓传入，也有可能是从中国传入。因为东南亚地区与我国山水相连，文化相通，自古以来人员迁徙频繁，所以我国南方的栽培稻传播到东南亚具备非常便利的条件。

粳稻在我国长江中下游起源中心完成驯化后，一路向北扩张，传播到我国北方地区，并由此传入朝鲜、韩国和日本。据考证，水稻从我国传入日本是在公元前 300 年—公元前 250 年，可能是由长江口出海到日本九州北部，也可能是从山东半岛出海，经朝鲜半岛东传至日本。不管哪种传播路径，都是先到达日本九州北部，而后一直北上，直到17世纪才传播进入日本北海道地区。粳稻中的另一支向东南亚及其附近岛屿扩张，成为热带粳稻。

第三节 稻种资源收集与保存

稻种资源收集与保存是一项长期性、公益性、基础性工作。通过普查收集、专项调查收集、国内征集、国外引种（国际交换）等多种收集途径，采集对我国水稻育种和基础研究有价值的稻种资源，通过低温库、种质圃等多种方式对新收集的稻种资源进行保存，既不断丰富国家种质库的稻种资源类型、数量和多样性水平，又为我国稻种资源优异种质的发掘利用、推动水稻育种发展提供极为重要的资源支撑。

一、收集与保存方法

（一）调查收集

针对野生稻资源，通过对其原生环境的实地调查，收集稻种资源的采集地点、生境（海拔、经度、纬度、环境）、特征特性、分布、丰富程度和濒危状况等信息，并采集种子或种茎样本。

针对地方稻种资源，除调查稻种资源的基本信息和收集种子外，还需要收集民族生物学信息。随着我国水稻育种的快速发展，目前绝大多数省份已不再种植地方稻种，只有滇黔等极少数省份边远山区和少数民族地方零星种植，这些地方稻种的种植传承与当地少数民族的传统文化息息相关。为了有效推进地方稻种资源的保护与发掘利用，在地方稻种的调查收集中，应重视有关少数民族传统文化对地方稻种的种植影响。调查收集当地农户对稻种资源的叫法、名称的含义、种植历史、栽培方式、用途、民族及宗教习俗等，为资源价值的深入发掘与利用提供丰富的资源属性及民族生物学信息。

针对育成品种、遗传材料等，征集方式除收集种子实物外，还采集种质名称、系谱、选育单位、来源国家、来源省等基本信息。

（二）整理编目

对新收集的稻种资源经登记、归类后，开展整理编目工作，以便于对种质资源的保存和信息化管理。整理编目的稻种资源应具备以下条件：具有一定的科学和应用价值；具有生命力；遗传性状稳定；种质来源的基本信息齐全；与目录（含在编目录）中的种质没有重复；具有形态特征和生物学性状的鉴定评价数据。

整理编目基本信息包括全国统一编号、引种号（国外种质）、采集号（野生稻和地方品种）、种质名称、种质外文名称、学名、原产地、保存单位、保存单位编号、系谱（选育品种或品系）、育成年份（选育品种或品系）、选育方法（选育品种或品系）、主要性状等。其中，全国统一编号是按水稻种质类型、原产地对稻种资源赋予的一种编号，由8位字符串组成，具有唯一性。

（三）繁殖保存

稻种资源的保存方式包括原生境保护和异生境保护。

原生境保护主要用于对野生稻和地方稻种的保护。野生稻原生境保护是通过围墙、围栏等隔离措施，使野生稻生长环境得到保护，避免畜禽和人类生产活动的侵扰，以保护野生稻资源在生态系统中的稳定性和多样性。地方稻种的保护是农民在原有农业生态系统中对地方稻种持续种植与管理的一种方式。这些地方保护品种在其生境中受自然环境与人工选择的影响，不断发生演化，产生新的遗传变异，因此地方保护可称动态保护。

异生境保护（又称异位保护、迁地保护、非原生境保护）包括种质圃和种质库。种质圃用于保存野生稻资源的活体植株或种茎，种质库用于保存稻种资源的种子。国家种质库保存要求栽培稻种（地方品种、选育品种、品系、遗传材料）每份入库保存 250 g，普通野生稻每份入库保存 500~1 000 粒，药用野生稻和疣粒野生稻每份入库保存均为 500 粒。

二、收集与保存状况

（一）收集历史

我国稻种资源的考察与收集，大致可分为 5 个阶段。

（1）初期调查收集　20 世纪初期至 20 世纪 40 年代，对我国长江流域和长江以南的江苏、安徽、湖南、广东、四川等省的地方稻种资源进行调查收集，收集稻种资源约 2 万份。

（2）地方品种普查与收集　1956—1957 年，农业部组织全国力量进行了全国性地方品种大规模征集，通过对广东、江苏和四川等 15 省（自治区、直辖市）的普查，收集稻种资源 5 700 余份；通过全国性的征集，整理编目的稻种资源达 4.1 万份。

（3）补充征集与重点考察　1979—1983 年，中国农业科学院组织全国科研力量对农作物种质资源进行了大规模的补充征集，并对全国野生稻资源和云南省稻种资源进行了重点考察收集，共收集稻种资源约 1.5 万份，其中包括 3 种野生稻资源 3 238 份。

（4）重点地区的考察收集　在国家"七五"（1986—1990 年）、"八五"（1991—1995 年）和"九五"（1996—2000 年）三个五年计划科技攻关期间，由中国农业科学院原作物品种资源研究所组织开展神农架和三峡地区，以及海南、四川、陕西、贵州、广西、云南、江西和广东等省（自治区）的稻种资源考察收集，收集稻种资源约 3 500 份。2007—2012 年由中国农业科学院作物科学研究所牵头组织开展"云南及周边地区生物资源调查"，收集稻种资源 571 份；2012—2014 年开展"贵州农业生物资源调查"，收集稻种资源 400 余份。另外，2001—2020 年通过全国性征集，收集选育品种、品系、杂交稻等稻种资源约 1.5 万份。2002—2013 年，中国农业科学院作物科学研究所组织南方 7 省（自治区）对野生稻种质资源进行了系统考察，收集野生稻种质资源 1.9 万余份。

（5）第三次全国农作物种质资源普查　2015—2022 年，农业农村部组织开展了第三次全国农作物种质资源普查与收集行动，对 31 个省（自治区、直辖市）开展各类作物种质资源的全面普查和部分县（市）的系统调查与抢救性收集，共收集稻种资源 4 300 余份。

（二）保存现状

稻种资源的收集保存日益受到各国政府和国内外农业科研机构的重视。据不完全统计，目前全球保存稻种资源数量超过 80 万份（包括部分重复），其中国际水稻研究所（IRRI）13 万份、印度 8.5 万份、日本 4.5 万份、韩国 3.9 万份、泰国 2.4 万份、西非水稻发展协会（WARDA）2 万份、美国 2 万份、巴西 1.4 万份、老挝 1.2 万份、热带农业国际研究所（IITA）1.2 万份。

截至 2022 年 12 月，在我国国家种质库编目保存的稻种资源数量达 92 336 份，其中野生稻 6 497 份（7.0%）、地方稻种 52 934 份（57.3%）、选育稻种 11 258 份（12.2%）、国外引进稻种 19 732 份（21.4%）、杂交稻资源 1 468 份、杂草稻资源 329 份、遗传材料 118 份，保存稻种资源总量仅少于国际水稻研究所。

野生稻资源除种子形式保存在低温种质库外，还以种茎形式保存于种质圃。我国目前已建立了广东广州、广西南宁、云南昆明和海南三亚 4 个国家级野生稻种质资源圃，保存野生稻资源数量达 2 万余份，位居世界第一。我国还在广东、广西、海南、云南、湖南、江西和福建建设了 24 个野生稻原生境保护点，其中 14 个为普通野生稻，3 个为药用野生稻，6 个为疣粒野生稻，1 个既有药用野生稻又有疣粒野生稻。

第四节 稻种资源鉴定与评价

对收集、保存好的稻种资源如何有效利用，首先要对每份种质资源的表型进行鉴定与评价，了解其特征。鉴定是指在适宜的生态环境或者特定田间试验条件下，依据相关的标准和规范，对稻种资源的形态特征、生物学特性、抗逆性、抗病虫性和品质特性等表型进行调查记载，同时对种质资源的基因组 DNA 进行测序鉴定。评价是指对表型赋予数值或级别，描述其特性优劣，同时借助基因型对种质资源进行分类。对稻种资源的鉴定与评价，为其编目保存提供基础数据，也为优异稻种资源的发掘与利用提供重要的材料信息支撑。

一、表型鉴定与评价

（一）形态特征和生物学性状

形态特征和生物学性状是对稻种资源鉴定评价的最基本方面。水稻形态特征主要包括器官颜色、芒性、叶舌、叶耳、护颖长度等，生物学性状主要包括株高、生育期、茎秆性状、穗形态、穗粒数、籽粒大小、叶片形态等。此外，在调查生物学性状时也应明确评价水稻亚种生态型特性，包括籼粳性、水陆性、黏糯性、光温性和熟期性。形态特征和生物学性状的鉴定与评价方法遵循农业行业标准《水稻种质资源鉴定技术规范》（NY/T 4019—2021）。

在历次稻种资源鉴定工作中，通过形态特征及生物学性状鉴定，筛选出株高小于 75 cm 的矮秆资源'矮仔占''矮麻''矮鬼''黑里壳'等，成为水稻矮化育种的矮源；筛选出每穗粒数大于 250 粒的大穗资源'驼儿糯''八百粒糯''黄瓜谷''大杯子谷''毫刚'等，以及千粒重大于 40 g 的大粒种质资源'二寸粒''天鹅谷''洪巢鼠尾''宝大粒'等，这些优异种质资源都可以应用于高产品种培育。

（二）抗病虫性

抗病虫性是指种质资源对各种生物胁迫的适应或抵抗能力。抗病性主要包括真菌病抗性（如稻瘟病、稻曲病、纹枯病等）、细菌病抗性（如白叶枯病、细菌性条斑病等）、病毒病抗性（如黑条矮缩病、条纹叶枯病等）。抗虫性主要包括稻飞虱、二化螟、三化螟抗性等。

对抗病虫性的鉴定一般有田间自然诱发鉴定和人工接种鉴定。田间自然诱发鉴定选择病虫害发生较严重的自然病虫圃进行种植，设置诱发感病品种对照。人工接种鉴定选择特定时期的植株，对其进行人工注射接种病原生理小种或将病菌撒播于植株生长空间。待侵染一定时间后，根据发病率、病斑大小等相关指标分为 1~9 共 9 个等级，1 级为高抗，9 级为高感。因不同抗病性状表现不同，评价标准有所差异。

鉴定出抗稻瘟病种质资源'地谷''羊毛谷''旧地糯''小白谷''丹 137'等，其中'地谷'是我国杂交水稻育种中重要的稻瘟病抗性来源之一；抗白叶枯病种质资源'CBB23''千斤糯''碑子糯''春丰红占'等；抗南方水稻黑条矮缩病种质资源'天星早''早香 17''R5'等；抗褐飞虱种质资源'Rathu Heenati''DV85''OM6073''W41123'等。

（三）非生物逆境抗性

非生物逆境抗性通常简称抗逆性，是指稻种资源对各种非生物胁迫的适应或抵抗能力。抗逆性主要包括抗旱性、耐盐性、耐碱性、耐冷性、耐热性、抗穗发芽性等。

抗逆性鉴定包括室内鉴定和大田环境下鉴定，通过二者相结合的方式确定每份种质的抗逆性。室内鉴定通过评价幼苗存活率确定，大田环境下鉴定是评价每份材料的抗逆性等级。根据标准鉴定结果分为 1 级（极强抗）、3 级（强抗）、5 级（中间型）、7 级（敏感）、9 级（极敏感）。

通过对稻种资源抗逆性鉴定，新筛选出抗旱种质资源'IAPAR-9''CARA01''中旱 363''R9000'等；耐盐种质资源'垦育 88''宜矮 1 号''滦平小白稻子''营稻 1 号'等；耐冷种质资源'昆明小白谷''合系 19''太平稻''松粳 12'等；耐热种质资源'香优早''早香玉''沙科晚 1 号''金早 47'等；抗穗发芽种质资源'N22'等。

（四）品质特性

稻米品质特性主要包括碾米品质、外观品质、蒸煮食用品质、营养品质等。碾米品质指稻谷在碾磨后保持的特性，包括糙米率、精米率、整精米率和加工精度。外观品质指精米的外形和外观特征，包括米粒长度和宽度、米粒形状、垩白粒率、垩白大小、垩白度、透明度等。蒸煮食用品质指稻米在蒸煮过程中表现出的特性，包括直链淀粉含量、糊化温度（碱消值）、胶稠度、香味、蛋白质含量等。营养品质指稻米中富含的营养成分，如花青素、微量元素等。

鉴定出品质性状优良的水稻种质资源有'越光''五优稻 4 号''美香占 2 号'和'天隆优 619'等；富含铁、锌、硒、花色苷成分的功能性种质资源有'红金米''麻线谷''陆种糯'等；低谷蛋白含量种质资源'W3660''W088'等。

（五）其他性状

随着现代农业发展，高光效、养分高效利用、适宜轻简栽培（耐直播、抗倒伏、再生能力强）、耐贮藏等特性的鉴定评价越来越受到重视。此外，针对特殊人群和酿酒业对稻米的需求，还对稻米的抗性淀粉含量、谷蛋白含量等指标进行鉴定评价。

鉴定出高光效种质资源'镇稻 99''淮稻 9 号''楚粳 39 号''大珍稻''春阳'等；耐低氮种质资源'双桂 36''大香糯''三八占 1''双朝 25'等；耐直播种质资源'兴国''合系 36 号''云冷 25''小毛稻''明水香稻'等；耐镉积累种质资源'江二矮''品资 16'等。

二、基因型鉴定

水稻基因组大小为 370~430 Mb。基因型鉴定主要包括两方面，一是针对单个基因或者基因组中特定区域的 DNA 鉴定，明确单个基因在不同种质间的 DNA 序列差异；二是在全基因组水平的 DNA 鉴定，明确不同种质在全基因组水平的 DNA 序列差异。

基因型鉴定方法早期运用分子标记技术（如 RFLP、CAPS 和 SSR 等），随着全基因组测序技术的发展，SNP 和 InDel 标记被广泛应用于基因型鉴定。近些年，随着三代测序技术的推广普及，全基因组 SV、CNV 等信息，也逐渐被用于对种质材料的基因组分型。

第五节　稻种优异基因资源发掘

基因资源是作物遗传育种改良的基础。现代育种实践证明，突破性育种往往依赖于对优异基因资源的有效利用，而优异基因往往蕴藏在丰富的种质资源中。因此，利用种质资源进行重要农艺性状的遗传解析，克隆具有重要育种价值的基因，系统建立水稻种质资源基因库，将为我国水稻种业创新提供重要科技支撑。

一、优异基因的种质来源

水稻种质资源极为丰富，从中发掘的重要农艺性状基因的优异自然变异将是育种应用的重要基因源。① 野生稻是栽培稻的祖先种，具有较强的环境适应能力，蕴含着许多在栽培稻中因驯化而丢失的如抗病、抗虫、抗旱等优异基因。② 生态适应性种质资源中也蕴藏着丰富的优异基因，如非洲栽培稻具有优异的耐热、耐瘠薄基因资源；在我国高海拔和高纬度地区种植的粳稻对低温的适应性显著优于籼稻，具有优异的耐冷基因资源；旱稻中具有优异的抗旱基因资源。③ 稀有种质资源中往往蕴藏特色基因。如云贵地区的黑米种质资源中蕴含着调控稻米种皮花青素合成的关键基因。

二、优异基因及其自然变异发掘

水稻基因组中约有 3.8 万个基因，从中发掘出具有重大育种价值的基因，一直是水稻分子生物学研究的重点。据不完全统计，目前水稻中已克隆 3 000 多个基因，但是基于稻种资源、通过正向遗传学方法发掘的可供育种利用的优异基因偏少。尽管利用水稻种质资源发掘的基因资源数目不多，但其中不乏具有优异自然变异，能够发挥重要育种价值的基因。

（一）生物胁迫相关基因

水稻生产中遇到的生物胁迫主要是各类微生物和昆虫侵扰诱发的危害，而水稻自身也蕴含着抵抗这些生物胁迫的相关基因。

稻瘟病被认为是水稻的"癌症"，我国科学家从高抗稻瘟病品种'地谷'中克隆到广谱抗稻瘟病基因 *BSR-D1* 基因，该基因编码一个 C2H2 转录因子，启动子的 SNP 自然变异导致基因表达量下调，通过减弱过氧化氢的降解来提高广谱抗病性。'谷梅 4 号'是水稻抗病育种的重要供体材料，已被广泛使用超过 50 年。科学家利用'谷梅 4 号'构建近等基因系，分离鉴定到水稻中的广谱持久抗稻瘟病的位点 *-Pigm*，该位点包含多个 NBS-LRR 类基因簇，其中 2 个基因 *PigmR* 和 *PigmS* 通过竞争机制减缓了病原菌的进化选择压力，使得该位点具有持久抗病能力。已针对该基因开发分子标记，用于育种中筛选含有 *Pigm* 基因的材料。在已鉴定的水稻抗白叶枯病基因中，*Xa21*、*Xa23*、*Xa27*

（t）、$Xa29$（t）、$WBB2$ 均是从野生稻中发掘得到，其中 $Xa23$（t）达到免疫级别，极大改良了水稻品种的白叶枯病抗性。

野生稻资源和栽培稻地方种中蕴含多个抗虫基因位点。$Bph14$ 是水稻中第一个克隆的抗虫基因，其抗性基因来源于药用野生稻，$Bph14$ 在褐飞虱侵染之后激活了水杨酸信号转导通路，诱导韧皮部细胞的胼胝质沉积以及胰蛋白酶抑制剂的产生，从而表现出褐飞虱抗性。$Bph3$ 是从斯里兰卡籼稻品种'Rathu Heenati'中克隆得到，该位点由 3 个编码质膜凝集素受体激酶的基因簇组成，具有褐飞虱抗性。研究人员从孟加拉国地方水稻品种'Swarnalata'中克隆到显性褐飞虱抗性基因 $Bph6$，其表达会增加胞吐作用，并参与细胞壁的维持和强化，从而提高褐飞虱抗性。

（二）非生物胁迫相关基因

水稻在生长过程中，会遇到多种非生物逆境如低温、高温、干旱、盐碱等的影响，其中比较突出的是低温和干旱。因此，关于水稻对温度和水分敏感性的遗传解析和基因克隆一直是研究热点。

我国科研人员利用耐冷粳稻品种'日本晴'与冷敏感籼稻品种'93-11'杂交构建遗传分离群体进行耐冷性遗传解析，克隆了 $COLD1$ 基因，其编码一个 G 蛋白信号调节因子，过表达该基因能够显著提高水稻的耐寒性。研究人员利用云南高原地区耐冷粳稻品种'昆明小白谷'和冷敏感品种'Towada'构建高代回交群体，通过连锁分析定位并克隆 $CTB4a$ 基因，该基因编码一个类受体激酶，粳稻中的优异单倍型能够显著提高水稻耐冷性。非洲栽培稻蕴含丰富的耐热基因资源，利用非洲稻构建遗传分离群体，发掘一系列具有优异自然变异的耐高温基因，如 $TT1$、$TT3.1$ 和 $TT3.2$ 等。

目前已克隆的水稻抗旱基因有 300 余个，但其中利用自然种质资源发掘的基因为极个别。日本科学家利用具有深根系的陆稻种质与浅根系的水稻种质杂交构建近等基因系，定位克隆了一个控制水稻根生长角度的基因 $DRO1$，其编码一个转录因子，受到生长素负向调控，通过改变根系形态而提高水稻避旱能力。我国研究人员利用水、陆稻种质资源进行大田干旱环境下的表型鉴定，利用综合抗旱指数进行关联分析，定位并克隆抗旱基因 $DROT1$，该基因编码一个 COBRA 家族蛋白，通过调节维管组织细胞壁中纤维素含量来正向调控水稻抗旱性。通过种质资源单倍型发掘，从陆稻中鉴定出 $DROT1$ 的优异自然变异，可用于分子标记辅助育种。

（三）株型和产量相关基因

水稻株高是影响株型的重要因素之一，矮化育种引领了"第一次绿色革命"。其中主导矮秆革命的基因是半矮秆基因 $sd1$。2002 年，多个研究团队相继报道了利用不同株高的种质材料进行遗传分析，定位并克隆了 $sd1$。该基因编码 GA20 氧化酶，编码区的变异导致水稻发生不同程度的矮化。后续的研究发现自然界的 $sd1$ 至少有 5 种不同的等位变异，可以作为矮化育种新的基因资源。

产量构成要素包括穗粒数、千粒重和有效穗数。利用稻种资源进行遗传解析发掘出很多与产量性状相关的具有优异自然变异的基因。穗粒数的主效遗传位点 $Gn1a$ 是利用籼粳稻杂交构建遗传分离群体，通过连锁分析定位得到。其编码一种细胞分裂素氧化酶，种质资源中该基因的功能变异导致花序分生组织中细胞分裂素的含量发生变化，进而影响穗粒数。千粒重通常由籽粒大小和灌浆程度决定，水稻中通过种质材料构建遗传分离群体克隆的调控籽粒大小的基因很多，说明水稻粒型在种质资源中具有丰富的遗传变异。其中 *GS3* 是水稻中非常重要的负向调控籽粒大小的主效基因，其编码区的自然变异导致蛋白质功能缺少，最终导致籽粒变大。有效穗数也称为有效分蘖数，适度的分蘖被认为是塑造水稻理想株型的重要因素。我国研究人员利用粳稻少分蘖种质与籼稻多分蘖品种杂交构建遗传群体，定位克隆了控制水稻理想株型的关键基因 *IPA1*，该基因编码一个 SPL 转录因子，可控制水稻分蘖数、穗粒数以及抗逆等一系列性状。

（四）育性相关基因

杂交水稻是新中国成立以来中国在农业科技领域的一项举世瞩目的成就，极大地解决了我国人民的温饱问题。三系杂交水稻育种理论主要是细胞质雄性不育理论和杂种优势学说，所利用的原始育种材料均来自自然界的不育系和恢复性，其中主要利用的基因是水稻"野败"细胞质不育基因 *WA352* 和雄性不育恢复基因 *Rf3* 和 *Rf4*。而主导两系法育种的基因是光温敏雄性核不育基因 *pms3* 和温敏雄性核不育基因 *tms5*。此外，研究人员以亚洲栽培稻品种'滇粳优 1 号'和南方野生稻构建的群体为研究材料，克隆了水稻中的"自私基因"位点 *qHMS7*，揭示了水稻的籼粳杂种不育现象的分子调控机制。广亲和基因 *S5-n* 以及其紧密连锁基因组成的"杀手 – 保护者"系统的发现与利用，也为克服籼粳亚种间杂种的不育性，找到了技术解决途径。

（五）品质相关基因

稻米品质是决定水稻品种是否优良的重要指标之一，其中蒸煮食用品质、外观品质具有比较稳定的遗传特性。直链淀粉含量是蒸煮食用品质的重要指标，*Wx* 是控制直链淀粉合成的主效基因，从水稻种质资源中至少已经发掘出 10 种不同的 *Wx* 功能等位变异，对稻米的糯性有不同程度的影响。香味也是重要的蒸煮食用品质，受到 *BADH2* 基因的调控，其编码一个甜菜碱醛脱氢酶。香米中的该基因突变导致香味主要成分 2- 乙酰基 –1– 吡咯啉的前体物质 4- 氨基丁醛不能被氧化，进而促进了 2- 乙酰基 –1– 吡咯啉的合成，使稻米产生香味。外观品质（如垩白率）也是影响品质的重要因素。利用不同垩白率的种质材料杂交构建遗传群体，定位克隆了控制垩白的主效基因 *Chalk5* 和 *WCR1*，分别通过影响内膜转运系统 pH 稳态和胚乳氧化还原稳态，从而调控水稻籽粒垩白的形成。

（六）驯化基因

野生稻驯化为栽培稻的过程中，其形态发生了较大变化，包括株型、落粒性、芒形态、籽粒颜色等。我国科学家利用野生稻与栽培稻杂交构建遗传群体，通过连锁分析定位克隆了多个重要驯化基因，取得了显著的成就。*PROG1* 是控制野生稻匍匐生长习性的关键基因，该基因突变后水稻茎秆变为直立生长，在驯化过程中受到强烈人工选择而使得栽培稻株型直立。野生稻普遍具有长芒，栽培稻无芒或其极短的顶芒，这一性状的转变受到 *An–1*、*LABA1/An–2* 和 *GAD1/GLA/RAE2* 等基因的控制。由于这些基因的突变导致水稻芒发育不正常，在驯化过程中逐次受到选择，最终导致栽培稻中芒性消失。落粒性是野生稻的一个重要特征，而在栽培稻中消失，这一驯化性状受到 *SH4* 和 *qSH1* 的调控，这些基因的自然变异导致水稻离层不能形成而丧失落粒性。野生稻具有黑色颖壳，但在栽培稻中普遍消失，这是由于 *BH4* 基因突变而受到强烈人工选择所致。野生稻的红色种皮在栽培稻中消失，受到 *Rc* 基因的调控，该基因的移码突变导致蛋白质功能丧失，原花青素合成受阻，种皮颜色消失，在驯化过程中受到人工选择而得以保留。

🖱 **拓展阅读 12-2**　稻种优异基因资源发掘

第六节　稻种资源创新与育种利用

稻种资源是水稻育种的基础材料，在我国水稻育种的发展历程中，每一次品种改良的重大突破都离不开优异种质资源的发掘、创新与利用。20世纪50年代末的'矮仔占''矮脚南特'等水稻种质资源的创新与利用，实现了我国水稻品种的矮秆化，被称为水稻育种的第一次绿色革命。20世纪70—80年代，"野败"不育系等雄性不育种质资源的发现和在杂种优势中的利用，使得我国水稻单产提高了20%以上，是水稻育种的第二次绿色革命。如何持续创新稻种资源，更好地为水稻育种服务，是稻种资源学家们面临的重要课题。

作物种质创新与育种有所不同。种质创新是指以遗传多样性丰富的地方品种、野生近缘植物为研究对象，将生产需要的性状或目的基因转移到中间材料中，创制出可作为育种亲本的新种质。水稻种质的创新就是将地方品种或野生种中特定的遗传特性（如丰产性、抗病性、抗逆性、优良品质等），通过杂交导入，拓宽现代主栽品种的遗传多样性。通过种质资源创新，可为优质、高产、多抗水稻新品种的培育提供重要遗传材料。

拓展阅读12-3 我国杂交水稻育种中的种质创新之路

一、从地方种中直接筛选优异性状的自然变异株

我国早在20世纪初就开始进行地方品种的征集和比较试验，从自然群体中选择优异变异单株或单穗，即纯系育种。1929年从安徽当涂的地方品种'帽子头'中筛选变异株，选育成'中大帽子头'品种，成为我国第一个大面积推广的良种。

1933—1936年，当时的中央农业试验所先后从国内外征集到2 120份水稻品种，在12个省的28个试验场进行3年的"全国各地著名品种比较试验"，成为我国大规模水稻品种区域试验的开端。其中，由原江西省农业试验场从地方品种'鄱阳早'中选出变异单穗，选育成的中熟早籼品种'南特号'，成为新中国成立以前推广面积最大、使用年限长、生产贡献显著的良种，也是新品种选育的重要亲本来源。

二、通过有性杂交导入优异性状

利用水稻地方品种创新种质的主要方法就是通过杂交导入或聚合优异基因位点，创制出具有优异农艺性状的新种质。20世纪50年代后期，携带半矮秆基因 *sd1* 的矮化种质资源的利用，拉开了水稻第一次绿色革命的序幕。其中具有划时代意义的代表性品种有'广场矮''低脚乌尖''IR8'。广东省农业科学院黄耀祥利用'矮仔占'（由广西华侨甘利南从马来西亚引进稻种并从中选育），通过系统育种方法选育出'矮仔占4号'矮源种质，并以此与高秆品种'广场13'杂交，于1959年培育出'广场矮'，成为我国第一个人工育成的高产稳产的矮秆品种。'低脚乌尖'是我国台湾地区的地方品种，台湾台中区农业试验场以'低脚乌尖'为母本、'菜园种'为父本组配，于1956年育成'台中在来1号'。国际水稻研究所以'低脚乌尖'和印尼高秆品种'Peta'杂交，1966年选育出'IR8'。通过杂交对地方种质的不同 *sd1* 变异矮源进行创新利用，最终选育出的矮化品种解决了水稻不抗倒伏的问题，显著提高了产量。

稻属的 21 个野生种都是水稻种质创新的宝贵遗传资源。将野生稻与栽培稻杂交，通过构建染色体片段置换系、渗入系、导入系群体，

拓展阅读 12-4 我国三系杂交水稻重要成就

是对野生稻种质创新利用的主要方法。早在 20 世纪 20 年代，我国著名水稻科学家丁颖利用野生稻与栽培稻杂交的后代，选育出'中山 1 号'及其衍生品种，广泛种植达半个世纪。20 世纪 70 年代，袁隆平院士利用在海南发现的一株雄性不育野生稻，联合国内多家单位进行不育系种质创制，最终选育出了"野败"雄性不育系和保持系，成功实现了水稻的三系配套。朱英国院士利用'红芒野生稻'与'莲塘早'杂交，创制了"红莲"型不育系种质，以此培育出的红莲型杂交稻成为世界三大杂交稻品系之一。国际水稻研究所从尼瓦拉野生稻中发现了抗草丛矮缩病的唯一抗源，培育出多个'IR'系列品种，解决了水稻抗草丛矮缩病的难题。20 世纪 80 年代，我国科学家利用广州增城发现的野生稻与'桂朝 2 号'杂交，培育出高产、抗病品种'桂野占'系列品种，有效应用于我国南方病害严重的地区。Khush 等将长雄蕊野生稻中抗白叶枯基因 Xa21 导入栽培稻'IR24'，经过 12 年转育，于 1990 年获得了以'IR24'为遗传背景的籼稻近等基因系'IRBB21'，创造了世界上第一个高抗白叶枯病的水稻品种。

此外，由于异源染色体组间的远缘杂交（栽培稻与非 AA 组野生稻）存在着严重的生殖障碍，因杂交不亲和、杂种败育等现象，通常采用受精后的胚拯救、原生质体融合、多倍体化等手段，从而转移野生稻染色体片段至栽培稻获得能稳定遗传的优良性状的新种质。我国科学家利用多年生的长雄蕊野生稻与一年生的栽培种杂交，通过胚拯救方法把野生稻控制地下茎无性繁殖特性的染色体片段成功导入一年生栽培稻中，创制出多年生的粳稻新种质，最终选育出可以连续种植生长 4 年 8 季的优异新品种。

三、通过诱变技术创新种质

诱变是人为地利用物理、化学或生物的方法对种子或其他器官进行处理，以诱发基因突变或染色体变异，从而获得特定优异性状的新种质。20 世纪 50 年代，日本科学家利用射线诱变创制出了早熟、矮秆的水稻种质，培育出优良品种'黎明'，在日本北部稻区种植。我国水稻诱变技术的运用起步于 20 世纪 60 年代，成效较大的是浙江省农业科学院利用 $^{60}Co\ \gamma$ 射线辐照水稻种子，从突变体中筛选出早熟、矮化、广适的新种质，育成了早籼品种'原丰早'和'浙辐 802'，成为 20 世纪 80 年代长江中下游稻区的主栽早籼品种。'原丰早'于 1983 年获得国家技术发明一等奖，'浙辐 802'成为常规稻中推广种植面积最大的品种。

四、通过基因编辑定向创制新种质

随着水稻中克隆的功能基因数目越来越多，利用基因编辑技术对水稻种质材料的特定性状直接进行改良、定向创制新种质成为可能。

由于地方种质具有某些优良性状如抗逆、优质，适合作为育种改良的优异性状供体。但是由于其综合农艺性状较差，通过杂交导入费时费力，且容易导入不利性状，而通过基因编辑辅助改良不利农艺性状，可以使其定向、快速地成为育种改良的新底盘种质。栽培稻地方种'Kabre'具有非常强的再生力，但其产量低，不适宜直接用于育种。科学家对该材料的株高基因 *HTD1*、产量基因 *GS3/GW2/Gn1a* 进行多重编辑，创制出矮

化抗倒伏、产量提高、保留强再生能力的新种质。

也有通过基因编辑创制的新种质直接用于水稻新品种选育。如在水稻抗除草剂新种质创制中，对 *ALS*、*ACCase*、*EPSPS* 基因进行编辑，创制了多种抑制剂类除草剂抗性的水稻新种质，为稻田杂草防控提供了育种新材料。*BADH2* 基因发生突变，促进了稻米香味物质的产生，通过基因编辑对水稻中的 *BADH2* 基因进行敲除，可以直接创制出具有香味的水稻新种质。

在 21 种野生稻中，只有 *AA* 基因组的野生稻可以与栽培稻有性杂交，用于创制新种质。其他大量优异的野生稻种质资源尚未被充分利用，尤其是异源多倍体野生稻，它们的环境适应性强，具有巨大的驯化潜力和开发空间。得益于作物驯化基因的克隆和基因组编辑技术的不断发展，对特定野生稻材料进行基因组编辑，可以实现快速从头驯化，成为新种质。中国科学家联合国内外多家单位，对异源四倍体高秆野生稻的驯化相关基因进行多靶点精准基因编辑，在保持多倍体野生稻优异抗逆性状的前提下，创造出全新的多倍体水稻新种质。

第七节 稻类种质资源的发展趋势与展望

目前，我国水稻基础科学与育种应用研究均取得了巨大成就，走在了世界的前列，为端牢中国人的饭碗发挥了强有力的科技支撑作用。面向未来，要有效应对极端气候频发、我国农业可持续发展的使命以及主粮绝对安全的国家战略，就必须对稻类种质资源的基础创新研究予以高度重视。

首先，对稻种资源的收集和保存，今后应该在以下三个方面重点突破。第一，加强对尚未考察、收集过稻种资源地区的普查工作，特别是野生稻资源。第二，加强对稻种资源的征集工作。育种单位和育种工作者拥有许多自行创制或收集的具有特色和重要育种价值的材料，值得收集保存和加以广泛利用。第三，加强杂草稻资源的收集保存工作。杂草稻是一种滋生在栽培稻田里的杂草性作物，对水稻生长具有危害性，但它具有早期生长速度快、抗逆（冷、盐碱、旱）、抗病虫等优异特性，在育种和新基因发掘中具有较大的利用价值。

对稻种资源开展深度鉴定与评价，是对其加以利用的前提。我国稻种资源的鉴定与评价已经从传统的表型鉴定向全基因组水平鉴定、从小规模鉴定向高通量鉴定、从常规鉴定向精准鉴定方向发展。精准鉴定作为发掘育种亟须优异种质的重要手段，可助力推动我国水稻育种产业升级。迄今已完成或正在开展精准鉴定的稻种资源数量不足国家种质库保存稻种资源总数的 20%，今后应在表型精准鉴定技术方法中结合常规鉴定技术与表型组学技术，在鉴定通量、效率、精度上不断提高。

稻种资源的创新与利用是一项探索性、引领性的工作，要源源不断地创制出丰富的具有优良特性的新种质，为水稻育种工作提供可利用的遗传资源。未来稻种资源创新与利用，应注重体现种质创新的前瞻性和高效性。第一，随着全球气候的不断变化，水稻生长环境将愈发受到如干旱、高温、冷害、盐碱等环境胁迫。因此，对于抗逆水稻新品种的培育将是未来育种的一项重要战略性工作。稻种资源创新应该走在前面，充分利用野生稻或地方种的优良抗逆性状进行种质创制，及时推出可供水稻育种家利用的优异抗逆新材料。第二，我国水稻育种水平的持续提升，对稻种资源的创新水平和效率也提出了更高的要求。水稻功能基因的研究以及基因编辑技术的迭代应用，使得对水稻种质定向、高效创制变得可行。如通过对水稻 *Wx* 基因的自然变异进行分析，结合基因编辑技术，实现精确调控 *Wx* 表达和直链淀粉合成，以培育满足不同口感需求的新种质。未来，如何将新技术与传统种质创制方法融合，提高种质创新水平和效率，是水稻种质资源创新的重要目标。

📺 推荐阅读

顾铭洪，程祝宽.水稻起源、分化与细胞遗传［M］.北京：科学出版社，2020.
本书作者长期从事水稻遗传学研究与教学工作，比较系统和完整地总结了水稻起源、演化，归纳了近一个世纪以来水稻细胞遗传学的研究成果。著作提供的数据翔实，涵盖最新研究成果。适合本科生、研究生以及对水稻种质资源感兴趣的初学者精读。

🔖 思考题

1. 为什么普通野生稻被认定为栽培稻的祖先种？
2. 如果在野外发现一株特殊（"不一样"）的水稻，该怎么做才可能让它成为宝贵的种质资源？
3. 由于极端气候的频发，水稻育种家急需要利用极端抗旱、耐冷的种质材料来组配选育抗逆性强的水稻新品种。作为种质资源研究人员，你如何合理地为育种家提供这些材料？
4. 为什么要利用种质资源发掘重要农艺性状基因，以及发掘的基因如何用于育种实践？
5. 水稻种质创新利用未来应在哪些领域进行突破？

📇 主要参考文献

1. Chen R，Deng Y，Ding Y，et al. Rice functional genomics：decades′ efforts and roads ahead［J］. Science of China Life Science，2022，65：33–92.
2. Huang L，Sreenivasulu N，Liu Q. Waxy editing：old meets new［J］. Trends in Plant Science，2020，25（10）：963–966.
3. Huang X，Kurata N，Wei X，et al. A map of rice genome variation reveals the origin of cultivated rice［J］. Nature，2012，490，497–501.
4. Khush GS，Brar DS. Rice genetics from Mendel to functional genomics. In：Khush GS，Brar DS，Hardy B. Rice Genetics Ⅳ［G］. International Rice Research Institute，Manila，2000：3–28.
5. Wang MX，Zhang HL，Qi YW，et al. Genetic structure of *Oryza rufipogon* Griff. in China［J］. Heredity，2008，101：527–535.
6. Wang W，Mauleon R，Hu Z，et al. Genomic variation in 3 010 diverse accessions of Asian cultivated rice［J］. Nature，2018，557（7703），43–49.
7. Zhang D，Zhang H，Wang M，et al. Genetic structure and differentiation of *Oryza sativa* L. in China revealed by microsatellites［J］. Theoretical and Applied Genetics，2009，119（6）：1105–1117.

🌐 网上更多资源

📚 拓展阅读　　📺 彩图　　📝 思考题解析

撰稿人：李自超　孙兴明　乔卫华　马小定　审稿人：刘向东

第十三章

麦类种质资源

本章导读

1. 麦类种质资源包含哪些作物，是如何演化形成的？
2. 麦类种质资源如何被育种有效利用？

麦类种质资源是指携带麦类作物遗传信息的载体，具有实际或潜在利用价值，其表现形态主要为种子。麦类作物种质资源主要包括单子叶植物小麦族（Triticeae）的小麦、大麦、黑麦，以及人工创造的小黑麦及燕麦等粮食作物，其基因组构成为含有7条染色体的单个染色体组。其中，小麦主要用于烘烤食品（面包、糕点、饼干）、蒸煮食品（馒头、面条、饺子）和各种方便面食。大麦主要用于酿制啤酒和饲料。燕麦富含 β-葡聚糖等功能营养成分，具有降低血脂功能，主要用于制作高膳食纤维的食品。黑麦和小黑麦的籽粒可用于烘烤食品，其秸秆主要作为动物饲草。当前生产上种植的麦类作物是由其野生种经过长期栽培、驯化而形成。研究麦类作物种质资源起源、演化与多样性分布特征对于种质资源收集、保护及育种利用具有重要的指导意义。

第一节 麦类种质资源的多样性

一、麦类种质资源的起源与演化

麦类种质资源的起源与演化以遗传多样性理论为基础，从形态学、细胞遗传学和分子生物学等多角度研究不同种或者亚种的亲缘关系和系统进化，并结合其生长环境与自然气候特征进行科学分类，以便准确把握其利用潜能。同时，麦类种质资源演化过程也受到人文环境的重要影响，在人类饮食、生活习俗及民族文化的内在需求驱动下，不断对麦类作物进行驯化、传播和改良，推动了麦类种质资源的协同演变。

（一）小麦种质资源的起源与演化

小麦属于禾本科（Poaceae）早熟禾亚科（Pooideae）小麦族（Triticeae）小麦属（*Triticum* L.），有27个种，一年生草本植物，是世界上最早栽培的作物之一。小麦属由二倍体、四倍体和六倍体组成，从分类学上包括一粒小麦、二粒小麦、提莫非维小麦、普通小麦等类型。小麦起源于公元前9 600年的西亚新月沃地区（包括以色列、巴勒斯坦、黎巴嫩、约旦、叙利亚、伊拉克东北部和土耳其东南部）。大约3 800年前的新石器时代晚期至青铜器时代早期，小麦被引入中国河西走廊地区，作为春麦种植，逐步引种到祁连山以南地区，之后进入关中平原逐步在中国传播种植。

最早驯化的野生一粒小麦于 10 000 年前在土耳其东南部被首次种植，尽管其产量偏低但在该地区仍然持续种植了数千年，成为主要粮食作物，目前意大利、西班牙和土耳其的山区仍将野生一粒小麦作为饲料作物。此外，还有一些小麦及其近缘野生种进化于新月沃地区周围的中东地区，其每个染色体组包含 7 条染色体，多数为二倍体。现代种植的多倍体小麦是由乌拉尔图小麦（*Triticum urartu*，基因组构成为 *AA*）与目前还不太清楚的二倍体拟斯卑尔脱山羊草（*Aegilops speltoides*，基因组构成为 *BB*）杂交，并自然加倍形成四倍体小麦（*Triticum turgidum*，又称圆锥小麦，基因组构成为 *AABB*），然后大约在 1 万年前被驯化为野生二粒小麦和硬粒小麦。四倍体小麦具有更高的生物量、产量和适应性，在全球广泛种植，当前制作意大利面的主要原料就是四倍体小麦。当四倍体小麦流传到黑海沿岸国家后，通过与二倍体的粗山羊草（*Aegilops tauschii*，又称节节麦，基因组构成为 *DD*）杂交和自然加倍后，大约在 8 000 年前形成当前种植的六倍体普通小麦（*Triticum aestivum*，基因组构成为 *AABBDD*）。由于 D 基因组携带适应中亚气候特点的大量等位基因和使四倍体硬粒小麦变为软质的基因，并携带促使面粉发酵的蛋白质，因此形成了当前烘烤品质优良的六倍体普通小麦，其产量约占当前世界小麦产量的 90%。

（二）大麦种质资源的起源与演化

大麦在植物学分类系统中属于禾本科早熟禾亚科小麦族大麦属（*Hordeum* L.），染色体基数为 7，倍性水平有二倍体、四倍体和六倍体，有 30 多个种。大麦是世界上最古老的作物之一，在人类农业文明和文化发展中起重要作用。野生大麦是栽培大麦的祖先。关于大麦起源中心主要是近东起源中心学说，认为早期大麦的驯化和栽培发生在西亚的新月沃地区（Fertile Crescent）。考古学家对调控大麦脆穗、落粒性两个连锁基因的遗传学研究表明，在 1.1 万年前大麦在新月沃地区的黎凡特（Levant）北部和南部分别被独立驯化后向世界各地传播。目前，大麦已经演化为多种生理形态，依据用途可分为饲用大麦、啤用大麦、食用大麦及保健用大麦。

（三）燕麦种质资源的起源与演化

燕麦在植物学分类系统中属于禾本科早熟禾亚科燕麦族（Aveneae）燕麦属（*Avena* L.），约 30 个种，染色体基数为 7，倍性水平有二倍体、四倍体和六倍体。当今比较公认的燕麦起源学说认为普通栽培燕麦（*A. sativa*）、地中海燕麦（*A. byzantina*）和砂燕麦（*A. strigosa*）起源于地中海沿岸，均由野红燕麦（*A. sterilis*）演变而来；埃塞俄比亚燕麦（*A. abyssinica*）起源于非洲；大粒裸燕麦起源地为中国。普通栽培燕麦为六倍体，染色体组成为 *AACCDD*，现代基因组学研究表明，栽培燕麦是以 *Al/As* 基因组二倍体祖先为父本，*CD* 基因组以四倍体 *A. insularis* 为母本杂交加倍后形成。

关于燕麦的传播路径，一种说法是燕麦经黑海北岸进入德国莱茵地区，而另一种则认为经小亚细亚传到欧洲，传入时间比大麦、小麦都晚，大约是在青铜器时代（公元前 2200 年—公元前 1300 年）的德国，燕麦因作为军马饲料和贫民粮食而受到重视，从德国传到希腊、罗马，作为栽培作物引入。公元前一世纪罗马科学家普林尼（Pliny）记述燕麦是日耳曼民族的一种食物，当初多用作饲料和医药，只有在饥荒年间才被人们食用，此后栽培面积逐步扩展到欧洲全境，中世纪前进入英国，约在 1600 年前在西欧固定下来。1602 年由移民首次带入美国，而后逐渐扩大到加拿大。我国裸燕麦于元代初期由成吉思汗及其子孙在将中国疆域扩大的同时传入欧洲。

（四）黑麦和小黑麦种质资源的起源与演化

黑麦在独联体国家及东欧国家是仅次于小麦的重要粮食作物，在我国是重要的饲料作物。黑麦在抗寒、耐旱性方面优于其他粮食作物，能够在沙地、低熟化土地正常生长，在同等农技条件下产量优于小麦。瓦维洛夫研究证明，栽培黑麦起源于"田间杂生黑麦"，其混生于小麦和大麦行间、渠边，并夹杂在小麦和大麦种子中向高山和更高纬度地区北移，与小麦和大麦相比，当地较低的温度条件更有利于黑麦生长，因此在某些地区黑麦开始"挤兑"主要作物，逐渐被人们所注意和认识并成为独立作物。大量考古资料可以断定，在青铜器时代（公元前 3000 年—公元前 2000 年），其起源中心北部和西部的某个地方黑麦成为独立作物。黑麦类型包括多年生、一年生、野生型、栽培型、亚种及其变种（地方品种和育成品种），这些类型及其近缘植物都是黑麦种质资源的研究范畴。

栽培黑麦有 3 个可能的传播迁徙途径。从初级起源中心（东阿纳托利和高加索），通过黑海北岸向北、向西传播。从阿纳托利中部通过博斯普鲁斯海峡、巴尔干半岛，沿着多瑙河传播。从次级起源中心（伊朗、阿富汗和中亚）传到亚洲北部和中欧及北欧。根据 A. Kranz（1973）报道，考古发现栽培黑麦种 *Secale cereale* 出现的时期始于 10 000 年前的阿纳托利山区，止于 5 000 年前青铜器时代的欧洲东部。在所有黑麦物种中，栽培黑麦在人类社会发展史中是最年轻的种。在栽培种范畴内育成了广泛分布的多年生亚种和经人类参与分化、固定的四倍体亚种。

尽管有关黑麦的植物学性状研究已开展很久，但是黑麦属分类学研究仅是近几十年的事。植物学家关于黑麦属种的构成及黑麦属的发育生物学尚未达成一致意见，一些学者认为黑麦属可分为 14 个种，而另一些学者认为其独立的种只有 3～6 个。以前的黑麦分类系统主要是建立在类型学基础上，主要考查形态学性状。近 25 年来，人们在研究分类学时越来越关注植株的生物学和细胞学性状，因此扩大了种的内涵，减少了种的数量。在黑麦属分类系统中实现了种的概念从"单类型种"向"多类型种"的转变。

小黑麦为人工合成新物种。从开始提出小麦和黑麦杂交至今百余年，已创制出八倍体小黑麦和六倍体小黑麦并广泛应用于生产，但关于小黑麦的分类至今尚无定论。

（五）麦类种质资源多样性

麦类种质资源多样性是指一个地区内栽培小麦、大麦、燕麦、黑麦及其野生近缘植物的多样性。在小麦族中，大约包含 30 个属，350 个种，其中有 19 个属约 111 个种被人类直接或间接利用。在小麦属、大麦属、燕麦属和黑麦属中，除了栽培种外，还包括多个野生近缘植物，如小麦属野生近缘植物山羊草属、旱麦草属、无芒草属、异形花属、棱轴草属、簇毛麦属、偃麦草属、披碱草属、鹅观草属、冰草属、赖草属、新麦草属、猬草属等，以及燕麦属野生近缘种野红燕麦、野燕麦等。这些物种之间在形态、生物学特性和生态适应性等方面存在差异，每个物种都具有独特的适应性和生态功能，构成了不同属的物种多样性。因此保留物种多样性有助于增强麦类作物的生态系统稳定性、抗逆性和适应性。

生态多样性一般是指生态型的多样性，生态型是某一物种在特定生态环境条件下分化形成的特定基因类型。我国幅员辽阔，适应不同生态条件和耕作制度的麦类品种类型多样。麦类作物可以在不同的气候、土壤和海拔条件下生长，因此在全球范围内存在着丰富的生态多样性。保护和利用生态多样性有助于发掘适应性强、产量高和品质优良的麦类种质，供不同地区种植选择。例如，中国地跨高原寒带、寒温带、温带、亚热带、热带气候带，使中国小麦形成丰富多彩的品种类型。生育期短的只有 75～80 d，长的可达 350 d。株高矮的仅 30 cm，高的达 150 cm 以上。在中国黄土高原有抗旱性很强的品种，在长江中下游形成耐湿性极强的类型。在沿海盐碱地分布着耐盐品种，而在南方红壤地带有耐酸品种，中国小麦形成适应不同气候生态条件的多样性。

遗传多样性是指种内的基因变化，包括种内不同种群之间或同一种群不同个体间的遗传变异，也称基因多样性。在麦类种质资源中，不同品种和近缘种之间存在着丰富的遗传多样性，这些遗传差异决定了植株的形态特征、产量、耐逆性和抗病虫性等重要性状。遗传多样性差异是长期进化的产物，是作物生存适应和发展进化的前提。所以，遗传多样性研究是种质资源保护利用研究的核心之一，不了解种内遗传变异的大小、时空分布及其环境条件的关系，我们就无法采取科学有效措施来保护人类赖以生存的遗传资源。基因组学技术和理论的发展给种质资源多样性研究带来了深刻变革。目前，小麦、大麦、黑麦、燕麦的高质量参考基因组已公布，基于参考基因组、重测序数据的泛基因组比较，为揭示种内及种间全基因组结构变异，麦类作物遗传多样性及驯化历程研究提供了新线索，也为解析重要性状形成、优异基因发掘、育种改良利用奠定了重要基础。

第二节　麦类种质资源收集与保存

通过开展麦类种质资源收集保护，不仅能够防止有重要潜在利用价值种质的灭绝，而且通过妥善保存能够为未来国家麦类产业发展提供源源不断的基因资源，提升国际竞争力。新中国成立以来，我国先后开展了三次大规模的种质资源征集和考察收集。

一、麦类种质资源收集

（一）小麦种质资源收集

在 20 世纪前半叶，只有少数农业科学家进行一些零散的主要作物地方品种的比较、分类及整理工作，如金善宝曾进行小麦地方品种的整理工作，但没有人进行系统的研究，绝大部分作物种质资源或散存在育种家手中，或散落在田间及农户家中。20 世纪50 年代，农业部组织全国力量进行了第一次大规模收集，将当时麦类种质资源称为麦类资源原始材料。1978 年经原农林部批准成立中国农业科学院作物品种资源研究所，从此我国作物种质资源学科走上了全面发展时期，并在收集保存与评价利用方面取得了重大进展与突破，系统开展了第二次大规模收集活动，提出了"广泛收集、妥善保存、深入研究、积极创新、充分利用"的种质资源工作方针，组织建设了国家作物种质资源长期保存库，制定了全国种质资源发展规划，明确了全国各级单位的分工与职责，率领全国同行将 4 万余份麦类作物种质资源编目、繁殖、入国家长期库保存，为我国作物种质资源学科的进一步发展奠定了基础。2015 年我国又启动了第三次全国农作物种质资源普查与收集行动，对全国 2 228 个农业县进行农作物种质资源全面普查，对其中 665 个县的农作物种质资源进行抢救性收集。

目前，世界各国及国际机构保存小麦种质资源依据数量大小排列依次为：国际小麦玉米改良中心（CIMMYT）149 697 份、美国 62 184 份、俄罗斯 54 000 份、中国 51 606 份、澳大利亚 42 624 份、国际干旱地区农业研究中心（ICARDA）42 278 份、英国 19 440 份、意大利 13 162 份。其余国家保存小麦种质资源不足 5 000 份。从保存种质资源类型上，CIMMYT 保存的种质资源以高代品系和春性品种居多，ICARDA 保存种质资源以抗旱耐热为特色，美国保存的小麦种质以面包加工品质的优质强筋为特色，英国、意大利保存的小麦种质资源的产量性状较为突出。小麦野生近缘植物在国际上同时建有原生境保护站（点），主要在亚美尼亚、以色列、黎巴嫩、叙利亚、土耳其等，围绕小麦起源中心建有野生乌拉尔图小麦、一粒小麦、提莫非维小麦、山羊草、黑麦、大麦、野生二粒小麦等近缘植物原生境保护站（表 13-1）。

表 13-1　原生境保护麦类种质资源（引自 Reynolds MP 和 Braun HJ，2022）

保护国家	保护属种
亚美尼亚	野生小麦（乌拉尔图小麦、一粒小麦、提莫非维小麦），山羊草，瓦维洛夫黑麦，野大麦
以色列	小麦属、大麦属野生近缘植物
黎巴嫩	小麦属（乌拉尔图小麦），大麦属，山羊草属（欧山羊草、卵穗山羊草、钩刺山羊草）
叙利亚	野生二粒小麦、大麦
土耳其	小麦属、山羊草属、燕麦属、大麦属

（二）大麦种质资源收集

大麦种质资源的收集目前主要通过普查、专类收集、国内征集和国际交换等途径进行，未来应加强种质资源收集和登记数据信息化，逐步实现大麦种质资源共享利用。全球作物多样性信托基金（the Global Crop Diversity Trust，GCDT）近些年也十分关注并通过资助设立项目调查、记录、收集、保存全球大麦栽培种及野生近缘植物种质资源，取得显著成效。中国国家种质库保存栽培大麦种质及一年生野生种资源共计 2.4 万余份，其中本土种质资源占比 54% 左右。

（三）燕麦种质资源收集

自 19 世纪开始，国外就已开展了燕麦种质资源收集工作，苏联和美国不定期派遣考察队到世界各地进行燕麦种质资源收集征集，至今俄罗斯和美国分别保存燕麦种质资源 3 万份和 1.4 万份。加拿大、日本和丹麦等国也通过不同途径收集了大量燕麦种质资源。我国通过 3 次大规模的作物种质资源收集征集，获得一批燕麦种质资源。20 世纪 80 年代，中国农业科学院组织有关单位开展了西藏、云南等特定地区的作物种质考察收集。此外，我国也通过不同途径从其他国家引进了大量燕麦种质资源，据统计，我国收集保存了燕麦种质资源约 5 500 份，其中本国种质 3 000 份，引进种质约 2 500 份。

（四）黑麦种质资源收集

黑麦收集途径与大麦类似。目前保存黑麦种质资源较多的国家是俄罗斯，为 3 000 余份，包括野生种、栽培种和中间类型。我国 20 世纪 60 年代从美国、加拿大等国家陆续引进了 'Oklon' 'Winto.g.70' 'Bates' 'Oregon-B' 'Snoopy' 'AR47' 'AR54' 'Prolifi c' 'C.W.N2' 等一批黑麦种质资源。同时从山西、陕西、宁夏、甘肃等省（自治区）考察收集黑麦种质资源。另外，我国还从国外引进保存了一年生、自花结实的野生种 *Secale silvestre*；在青海海北刚察县还收集到抗三锈、抗白粉病、株高达 170 cm 的饲草黑麦类型。我国保存黑麦种质资源不多，约 100 份。

二、麦类种质资源保存

（一）麦类种质资源保存的主要方式

麦类种质资源保存主要采用原生境保护和异生境保护两种方式。原生境保护也称原位保护，即在植物原来的生态环境中建立保护区（点）或保护地，使其完成自我繁衍，达到保护目的。原生境保护主要包括主流化保护法和物理隔离保护法。异生境保护也称异位保护，不是在植物原来的生长环境中保存，而是将种质资源转移到一个相对适合的环境条件中集中保存。多数是通过建设低温种质库、种质圃、试管苗库、超低温库等设施来进行种质资源的妥善保存。

小麦及其野生近缘植物种质资源保存包括以种子为载体入低温种子库保存和一些野生近缘植物的种质圃保存为主。保存种子的低温种质库有长期库和中期库，长期库温度通常为 –18℃，中期库温度控制在 5～10℃。为保存科研材料，有时还设置临时库，温度控制同中期库。长期库定位于战略保存，一般不对外提供种子。中期库定位于种质的分发与共享利用，种子不足或质量下降后应及时开展种子的繁殖更新。小麦种质资源入库保存的主要程序包括：基本性状的观察记载，收获数量足、质量好的种子，编制种质资源目录，种子的接纳与登记，种子清选，种子生活力测定，干燥与包装，入库保存。同时，我国于 2003 年建立了占地 1.33 hm² 的小麦野生近缘植物种质圃，即国家小麦野生近缘植物种质资源圃（廊坊），由中国农业科学院作物科学研究所管理运行。该种质圃包括隔离池种植区（0.33 hm²）保存赖草属、偃麦草属等属种资源；非隔离种植区（1 hm²），保存不具根状茎的小麦族野生近缘植物种质资源。该种质圃共收集保存种质资源 3 042 份，其中包括国外引进种质 644 份。

大麦种质资源的保存方式基本与小麦相同。全球共约保存了 29 万份种质，其中近缘野生种 15%、地方品种 44%、育种材料 17%、遗传材料 9%、主栽大麦品种 15%。全球共有 20 个主要的大麦种质资源保存库，最大的种质库位于加拿大，依托加拿大植物资源研究所（PGRC）管理运行，其保存种质约占世界总量的 10%。大麦野生种也同样采用原生境保护方式，然而，一些野生大麦种质资源没有形成固定、稳定的群落，曾经出现的群落也会随时消失，对其进行原生境保护难度更大。我国在青藏高原地区通过建立近缘野生大麦自然保护区域的方式进行野生大麦的保护。

我国燕麦种质资源主要是以异生境保护形式在国家库种质保存。编入《中国燕麦品种资源目录》的种质材料主要是国内外收集的地方品种、育成品种、具有突出特点并遗传稳定的品系，以及野生近缘植物，通常要有两年以上的农艺性状鉴定结果。繁殖种子量为 250 g 以上，种子发芽率在 80% 以上（野生种为 70%），纯度为 98% 以上，含水量 13% 以下，并且要求入库种子无病虫损害、无破碎粒、无胚粒，秕粒、瘦小粒都不符合入库标准。按上述要求，目前编入目录的燕麦种质资源共 3 488 份，其中国内 2 404 份、国外 1 082 份，未知来源 2 份；包括裸燕麦种质 2 033 份，皮燕麦种质 1 455 份。国内燕麦种质来自 15 个省（自治区），其中来自山西和内蒙古的居多，分别有 1 216 份和 530 份。除长期库战略保存外，我国中期库也繁殖更新了 3 000 多份高质量的燕麦种质，供分发共享利用。

（二）麦类种质资源的保护成效

2015 年以来，我国组织开展了第三次全国农作物种质资源普查与收集行动，一是基本查清了我国作物种质资源的本底，二是抢救性收集保护了一大批濒危和有特色的地方品种、野生种等重要种质，成效显著。

小麦地方品种濮阳'莛子麦'收集于河南濮阳的清丰县、南乐县，该种质麦莛、麦秆等适宜制作工艺品，麦秆画制作传统手工技艺，被列入第四批国家级非物质文化遗产代表性项目名录。此外，经过数百年演变，'莛子麦'表现出耐盐碱、耐瘠薄、抗旱能力强、高秆但韧性强等特点；再如，巴塘四倍体小麦'甲着'，收集于四川甘孜巴塘县，'甲着'是十分稀有的四倍体小麦地方品种，该地方品种因适应当地饮食习惯长期驯化而来，适宜于高海拔条件种植，曾为当地群众的主要口粮，营养价值高，品质好。其黄酮含量是一般小麦的 2~3 倍，富含类胡萝卜素，特别是叶黄素含量显著高于其他四倍体小麦，具有重要的开发利用前景。

青稞是我国藏族人民的主食作物，糌粑、青稞酒、糕点成为藏民族日常生活及文化的象征。甘肃青稞优良地方品种'肚里黄'，适应性广、抗逆性强、产量高，是甘、青、川青稞产区的主栽品种。青海省农业科学院以'肚里黄'作亲本，培育出'青稞福系''昆仑号'等多个新品种，以'肚里黄'为骨干亲本选育的品种还有'甘青 1号''甘青 2 号'等 10 余个系列品种。由此可见，国家收集保存的这些优良地方品种等种质资源是我国今后作物育种，推动乡村振兴和农业现代化的重要战略物资支撑。

第三节　麦类种质资源鉴定与评价

为了充分利用保存种质资源的遗传多样性，必须经过鉴定评价，才能挖掘保存种质的潜在利用价值。麦类种质资源鉴定评价包括表型鉴定与基因型鉴定。表型鉴定根据其鉴定目标和技术方法的不同，又区分为编目性状鉴定、田间生产环境下的综合性状鉴定和人工控制条件下的单项性状鉴定。麦类种质资源表型鉴定评价旨在从大量收集保存的库存种质资源中筛选出目标性状突出、综合性状优良，同时不含有难以克服的遗传累赘的优异种质资源。基因型鉴定是基于核酸序列差异的分子标记，解析种质资源的基因型组成和分布，其理论基础是 DNA 序列在种质资源之间存在多样性。

一、麦类种质资源表型鉴定评价

小麦种质资源的表型鉴定一般包括生育期调查（开花期、抽穗期、成熟期）、苗期习性、冬春性、株高、穗长、小穗数、穗粒数、千粒重、芒性、壳色、粒色、抗倒伏性和抗病性等，针对冬性或春性特点，分别在最佳种植区域鉴定，分田间生产环境下的综合性状鉴定和人工控制条件下的单项性状鉴定两种。田间生产环境下的综合性状鉴定是在正常季节播种麦类种质，完全在大田生产条件下，全生育期考察不同种质资源的产量构成因子（亩穗数、穗长、总小穗数、有效小穗数、不育小穗数、每小穗粒数、小穗密度、千粒重等）、抗病性（白粉病、条锈病、叶锈病、茎基腐病、纹枯病、全蚀病、赤霉病、黄花叶病、黑胚等）、抗逆特性（冬季抗寒性、春季倒春寒抗性、抗倒伏性、耐热性、成熟落黄特性等），在不喷施杀菌剂任其自然发病，并进行综合性状调查，测定小区产量。人工控制条件下的单项性状鉴定包括抗旱、节水、耐热、耐盐碱、耐高温、抗花期低温、抗穗发芽、抗冬季冻害、抗各种病害、加工品质特性（容重、粗蛋白质、湿面筋、粉质特性、拉伸性能、面包评分、沉降值）的测定。上述性状的鉴定评价依据《小麦种质资源描述规范和数据标准》实施。

大麦种质资源表型鉴定的形态性状和生物学特性鉴定包括播种期、出苗期、成熟期、幼苗生长习性、冬春性、光周期反应、分蘖力、叶耳颜色、叶片长度、叶片宽度、叶片姿势、叶片颜色、茎叶蜡质、株型、当地熟期、株高、茎秆直径、单株穗数、穗姿、穗和芒色、棱型、穗长、穗密度、穗分支、芒型、芒性、侧小穗、护颖宽窄、穗轴茸毛、每穗粒数、带壳性、籽粒颜色、籽粒形状、千粒重和种子休眠期等；大麦品质特性鉴定包括籽粒饱满度、籽粒皮壳绿、籽粒质地、淀粉含量、蛋白质含量、赖氨酸含量、浸出物、β-葡聚糖含量、糖化力和水敏性。另外，还有抗逆性（如抗寒性、抗旱性、耐湿性、耐盐性和耐酸性）和抗病虫性（如黄花叶病抗性、黄矮病抗性、赤霉病抗性、白粉病抗性、条纹病抗性、根腐病抗性、网斑病抗性和蚜虫抗性等）鉴定，上述若干性状中，产量、饲用和啤用品质以及抗逆性相关性状是大麦育种需求的主要表型鉴定性状。

燕麦种质表型鉴定评价的性状一般包括生育期调查（抽穗期、成熟期）、皮裸性、幼苗颜色、幼苗习性、株高、穗长、小穗数、小穗形状、芒性、芒型、芒色、皮裸性、壳色、粒型、粒色、穗粒数、千粒重、抗倒伏性和抗病性等。田间生产环境下的综合性状鉴定是在正常季节播种燕麦种质，完全在大田生产条件下，全生育期考察不同种质资源的产量构成因子（亩穗数、有效分蘖数、主穗长、主穗小穗数、轮层数、单株粒重、千粒重）、抗病性（黑穗病、白粉病、条锈病、叶锈病、叶斑病、黄叶病）、抗逆特性（抗旱性、抗寒性、抗倒伏性、耐热性、成熟落黄特性），在不施用杀菌剂条件下任其自然发病，并进行综合性状考察，测产小区产量。人工控制条件下的单项性状鉴定包括抗旱、耐热、耐盐碱、耐高温、抗寒性、加工品质特性（淀粉含量、蛋白质含量、β-葡聚糖含量、赖氨酸含量、不饱和脂肪酸含量）的测定。燕麦表型性状鉴定评价依据《燕麦种质资源描述规范和数据标准》进行。

二、麦类种质资源基因型鉴定

麦类种质资源基因型鉴定，因其基因组比较庞大、测序成本高，一般采用分子标记（AFLP 和 SSR 等）、固相芯片、液相芯片检测技术及基于简化基因组测序完成基因型鉴定。基因型鉴定的技术途径是利用遗传标记包括细胞标记、生化标记、免疫标记和 DNA 分子标记。其中 DNA 分子标记直接反映 DNA 水平上的遗传变异，能稳定遗传，信息量大，可靠性高，不受环境影响，在种质资源基因型鉴定中广泛应用，成为基因型鉴定的核心。随着基因组测序成本的下降，单个种质资源的泛基因组测序成为重点，解决不同种质资源之间基因组存在倒位、易位、缺失和插入等结构变异和品种特异基因的分离，还包括特异转座子驱动基因组多样性的分析。

在小麦种质资源等位变异和新基因发掘方面，利用突变体和图位克隆技术克隆了小麦隐性细胞核雄性不育基因 *Ms1*、显性细胞核雄性不育基因 *Ms2*，通过单染色体分离技术和长的测序片段组装，并结合突变体分析克隆了小麦抗叶锈病基因 *Lr22a*，图位克隆了抗秆锈病基因 *Sr13*、抗白粉病基因 *Pm21* 和 *Pm60*、抗赤霉病基因 *Fhb1* 和 *Fhb7*，以

及产量相关基因 *Rht-B1/EamA-B/ZnF-B*。

三、麦类种质资源鉴定评价的主要成效

小麦种质资源的大规模鉴定受到世界各国的重视，如英国的小麦 2020 计划、法国的 BredWheat 计划、美国的 Wheat-CAP 计划、CIMMYT 的 WYN 计划等，试图通过大规模、多年、多点的表型鉴定，结合高密度的基因型分析，从小麦及其近缘种属中发现优异种质资源，发掘高产、抗病、抗逆等重要基因应用于育种。一些代表性工作包括 CIMMYT 先后对 44 624 份和 79 191 份小麦种质进行大规模鉴定，检测到与产量、抗病、品质等 50 个性状紧密关联的 QTL 和 18 个影响籽粒蛋白质含量的 QTL。德国莱布尼茨植物遗传与作物研究所对 6 575 份杂交种和 6 283 份高代品系在 125 000 个小区的产量试验大数据分析，将杂交种产量基因组预测精度提高到 0.69～0.73。美国堪萨斯州立大学对 3 990 份小麦种质进行基因分型，探究了野生种质渐渗、遗传改良、环境适应等不同因子对小麦基因组重塑的贡献。中国对 3 037 份小麦种质通过 4 年 6 个环境共 18 个小麦重要农艺性状的精准鉴定，筛选获得 320 份优异种质资源，建立了包含 5.5 万条表型数据、1.25 Gb 基因型数据的数据库，从遗传构成和携带优异性状上阐明了每份种质资源的利用价值。

大麦种质资源鉴定在加工品质、非生物逆境抗性和抗病性上取得进展。大麦麦芽的品质优劣是影响啤酒风味的重要因子，确定了编码富含甘氨酸的 RNA 结合蛋白（HvGR-RBP1）和两个 NAC 转录因子（HvNAM1 和 HvNAM2）影响大麦麦芽质量。将种质‘Karl’的两个 *NAC* 基因的等位基因与种质‘Lewis’的 *HvGR-RBP1* 等位基因相结合，可以延长籽粒填充期和增加丰满籽粒的比例，降低籽粒蛋白质含量并提升麦芽品质和稳定性。

世界很多国家也重视燕麦种质资源的鉴定工作，美国和加拿大主导成立了全球性的燕麦研究协作组（Collaborative Oat Research Enterprise，CORE），在美国、加拿大、英国、挪威、巴西等全球各地开展了大规模的燕麦种质资源品质和农艺性状评价鉴定研究，已经完成了上千份燕麦种质资源的表型鉴定工作。同时该协作组还制定了一个开放式的燕麦 SNP 标记发掘计划，全球协作开发燕麦 SNP 标记，为燕麦分子育种提供标记手段。通过种质资源鉴定和标记发掘，迄今已鉴定出 50 多个性状相关的 400 多个 QTL，构建了全球首个燕麦分子鉴定平台。

四、麦类种质资源精准鉴定

麦类种质资源的鉴定评价已取得巨大进展，但随着育种目标的不断提高，麦类种质资源鉴定评价需要解决三个主要问题：一是如何将优异种质资源转变为育种可利用的亲本资源；二是深入揭示种质资源遗传多样性及可利用性，以便拓宽遗传基础；三是进一步收集鉴定麦类产业发展缺乏和亟须的种质资源，切实回答育种家能用、怎么用的问题。因此，麦类种质资源的鉴定评价逐渐应由单项鉴定向综合性状鉴定，由抗病、抗逆、品质性状鉴定向以产量为核心的绿色多抗优质综合性状协调表达鉴定转变。麦类作物种质的精准鉴定就是以种业发展重大需求为导向，精选目标性状优异种质，通过多环境大群体全生育期表型专项鉴定与综合鉴定（小区测产）、重测序与关联分析，揭示优异种质遗传构成，同时以骨干亲本遗传构成为标尺，准确评估有效利用的技术途径。

第四节　麦类种质资源创新与育种利用

在广泛收集的麦类种质资源基础上，经过鉴定评价筛选出产业急需的优异种质，可用于亲本进行麦类作物的品种改良和创新利用。为了拓宽育种利用的新基因源，从地方品种、野生近缘植物中挖掘和创制育种家想用、育种上好用的优良资源，促进主推品种产量、株型、营养品质、生物和非生物胁迫耐受性等重要性状的遗传改良，以确保国家粮食高产、稳产，满足人民营养健康需求。

一、麦类种质资源创新的基因源

按照麦类作物改良过程中对基因源的利用难易程度，可以将麦类种质资源分为一级、二级和三级基因源。一级基因源包括麦类作物的各类变种、品种、高代品系，以及具有与麦类作物染色体组相同的原始种、野生种和杂草种，彼此杂交亲和、可育。二级基因源包括与麦类作物具有相近染色体组的物种，或与多倍体作物具有一至数个相同染色体组的物种，它们与麦类作物杂交产生部分结实的后代，通过杂种后代的自交或回交能够向小麦转移基因。三级基因源是指那些与麦类作物系统发育关系较近，但具有与麦类作物完全不同的染色体组，与麦类作物杂交不亲和的物种，通常杂交不结实、杂种 F_1 甚至 BC_1 需要经幼胚拯救，杂种 F_1 再生植株一般完全不育，向麦类作物转移遗传信息极其困难。一般麦类种质资源的改良主要是利用一级基因源，对二级和三级基因源应进行深入创新和改造，以便于进一步利用。

小麦种质改良最成功的例子是绿色革命基因的利用。19 世纪 50 年代早期，Norman E. Borlaug 从日本品种'NORIN 10'转移矮秆基因（*Rht1*、*Rht2*）到墨西哥小麦品种，使之株高变矮、抗倒伏性增强，产量得到大幅度提高，称为绿色革命。我国在小麦种质创新和改良中，也有若干成功案例，如利用陕西关中地方品种'蚂蚱麦'与引进品种'碧玉麦'杂交育成骨干亲本'碧蚂 1 号'和'碧蚂 4 号'；利用地方品种'成都光头'等 11 个亲本聚敛杂交而培育出骨干亲本'繁六'及其姐妹系；利用携带有地方品种'蚂蚱麦''关中老麦''小佛手'等血缘的'矮丰 3 号'，培育出小麦骨干亲本'矮孟牛'。上述小麦创新种质在我国小麦新品种选育及生产应用中发挥了巨大作用。

 拓展阅读 13-1　小麦赤霉病抗性育种

利用单倍体育种与基因编辑技术有效地提高了青稞主栽品种'喜马拉 22 号'的胚性愈伤产量；通过杂交结合 F_1 小孢子培养及氮胁迫筛选获得了耐低氮性超亲的纯合新品系。1957—1966 年，中国以普通小麦'中国春'为桥梁亲本与二倍体黑麦杂交，杂种植株通过染色体加倍后在国内首次育成八倍体小黑麦。

二、麦类种质资源创新的方法和途径

麦类种质创新主要有三种方法：包括基于常规杂交遗传重组的基因转移、基于理化处理诱导的变异创制和基因转移、基于现代生物技术的种质创新。

（一）基于常规杂交遗传重组的基因转移

麦类地方品种与栽培品种容易杂交且具有亲和性，所以采用常规的杂交和遗传重组

方法就可以把目标性状基因转移到现代品种中。而对于麦类作物的野生近缘植物，由于远缘杂交的不亲和性、杂种不育和疯狂分离等难题，转移外源优异基因较为困难。但基于常规杂交遗传重组的方法仍然是外源基因转移的有效方法，尽管该方法转移野生种基因到栽培品种的频率较低，但其自发易位产生的后代已经在生产中显示出应用价值，获得的小片段渗入系或者大片段外源染色体易位系，具有遗传平衡、补偿效应好的特点。另外，由于麦类作物同源群之间具有遗传补偿效应，利用断裂－融合机制诱导罗伯逊整臂易位系及部分同源群之间发生易位，是诱发易位的一个有效方法。小麦－黑麦 T1BL·1RS 易位系就是利用融合－断裂机制创制的。此外，在小麦染色体工程中，位于 5B 染色体的抑制部分同源染色体配对基因 *Ph1* 突变体，也被作为遗传工具材料用于诱导和创制野生种的小片段易位系，能够有效提高重组频率。

拓展阅读 13-2　小麦－黑麦 T1BL·1RS 易位系的创制

（二）基于理化处理诱导的变异创制和基因转移

利用射线辐照、化学诱变剂处理、组织培养、原生质体融合细胞工程等方法，也可以诱导受体材料发生遗传变异或辅助外源基因转移到受体作物。例如，山东省农业科学院与中国农业科学院作物科学研究所合作，采用诱变育种技术育成了小麦突变品种'鲁原 502'，解决了重穗型品种易倒伏的生产难题，具有高产、抗倒伏优良特性，大面积推广应用于小麦生产。然而，因诱变获得的后代通常呈现出随机性，遗传平衡、补偿性好的后代种质可以被利用，但很多诱导后代的特性与育种目标是相左的，根本无法利用。在燕麦上采用 ^{60}Co 照射，也选育出一些新品种推广应用。

（三）基于现代生物技术的种质创新

单倍体技术、分子标记辅助选择技术、全基因组选择技术、转基因技术和基因编辑技术等现代生物技术成为麦类作物种质创新的重要手段。单倍体技术的优势在于能够快速获得稳定的纯系，大幅缩短种质创新年限并提高创新效率。转基因技术可以将目的基因整合到受体基因组中，使受体品种产生优异的目标性状，其优势在于可以突破生殖隔离，将二级或三级基因源的优异基因转移到栽培种。以 CRISPR/Cas9 为代表的基因编辑技术可以进行基因定点敲除、单碱基编辑、等位基因替换或外源基因定点插入等，通过对目的基因的精准操作实现对目标性状的精准改良，是种质创制的新兴生物育种技术。该技术具备便捷高效、靶向精准等突出优势，在不改变受体种质基因组结构情况下定向创制基因的遗传变异，打破了传统杂交选育种质创新面临的连锁累赘、杂交不亲和、外源片段追踪困难等技术瓶颈。借助基因编辑技术，在小麦中对同源基因 *TaMLO* 和 *TaPDIL5-1* 进行定点敲除，创制出高抗小麦白粉病和黄花叶病的新种质。在燕麦中，采用降低激素用量的单倍体技术，对幼苗分化采取不同激素与生长素的适宜配置比等一系列措施和方法，提高了燕麦花药出愈率和幼苗分化率，较大地提高了具有目标性状幼苗的选择效率，育成了新品种'花中 21 号'。

（四）野生近缘植物染色质遗传成分的检测和追踪

利用野生近缘植物进行麦类种质资源创新依赖于有效的检测手段，才能保证高效、准确地获得携带外源基因的新种质。实践中已经形成以形态学标记、染色体核型分析、细胞遗传学鉴定、分子标记鉴定和测序技术等多种方法综合鉴定的技术体系，为利用多样化的野生种基因开展作物种质创新工作提供了技术支撑。

形态学标记如利用株高、穗形、叶被毛、颖壳绒毛、籽粒、芽鞘和叶耳颜色、有芒、无芒或芒长短等性状来鉴定作物远缘杂交后代是否含有外源遗传物质是一个简单好用的方法。在鉴定小麦和冰草、小麦和簇毛麦的远缘杂交后代中，发现冰草 1P 染色体和簇毛麦的 2V 染色体，均表现出颖壳带有绒毛的外源染色体显性形态学标记，该标记区别于小麦受体材料，易于鉴别后代是否携带相应的外源染色体。长穗偃麦草 4E 染色体上携带的蓝色糊粉粒基因也被用来鉴定导入的外源染色体。

染色体核型分析是指通过对根尖体细胞染色体计数、形态特征观察和花粉母细胞减数分裂染色体配对行为等染色体数目和结构变异进行观察，判定衍生后代是双二倍体、异附加系或异代换系等，是传统的细胞遗传学鉴定方法。作物花粉母细胞减数分裂时期的染色体配对分析，包括单价体、二价体、多价体的有无及出现频率，可进一步分析外源染色体的同源性。核型分析方法虽然比形态标记鉴定准确性高，但不能识别区分开染色体，只能作为外源染色体鉴定的初步判定。随着显微操作技术的进步，染色体显带技术包括 C 分带、N 分带、G 分带、R 分带、Q 分带，基于不同个体间的染色体带型的差异，揭示了染色体的内部结构分化，用于区分和鉴别外源染色体片段。对于染色体形态无较大差异，但带纹明显的近缘物种的染色体区分十分有效。

基因组原位杂交（genomic *in situ* hybridization，GISH）技术是细胞学和现代分子生物学成功结合的产物，目前在外源遗传物质鉴定中广泛应用，它是根据核酸碱基互补配对原则，将标记的外源核酸探针与染色体制片上的特异染色体进行杂交，通过荧光显微镜进行检测，以确定是否携带外源染色体或片段。荧光原位杂交（fluorescence *in situ* hybridization，FISH）技术是 20 世纪 80 年代末期产生的荧光素标记的原位 DNA 杂交技术，传统采用缺刻平移法将荧光素标记的核酸探针与待测样本中的核酸序列按照碱基互补配对的原则进行杂交，通过荧光杂交信号来检测 DNA 序列在染色体或拉长染色体上定位的技术。常以重复序列标记的探针实施 FISH 检测，可以区分和识别不同染色体以及它们的排列顺序和相互距离。

Oligo-FISH 技术是近年发展起来的新技术，较传统的缺刻平移法标记探针简化了步骤，随着 DNA 人工合成的便利，研究者可以利用任意合成的寡核苷酸直接在末端加上荧光修饰标记（如 FAM、HEX、TAMRA、cy5 等），完成原位杂交实验。与传统的 GISH 技术相比，Oligo-FISH 技术省去了探针制备过程，探针和染色体不需要变性过程，杂交时间短、成本低，克服了 GISH 技术步骤烦琐和成本高的缺点。随着分子生物学的发展，分子标记技术成为检测外源染色质成分的重要方法，其具有高通量、检测方法简单、快速等优点。分子标记也由早期的 RFLP、AFLP、RAPD 标记过渡为微卫星 SSR 标记、EST-STS 标记，近年又出现了转座子插入标记（IT）、InDel 和 SNP 标记等。另外，简化基因组测序技术及重测序和基因组测序从头组装技术也加快了外源遗传物质渗入的检测精度，并提高了检测分辨率。其中简化基因组测序技术是通过限制性内切酶切开基因组 DNA，经过高通量测序后得到大量遗传多态性标签序列的方法（SLAF-seq、RAD-seq、GBS），具有减少基因组的复杂度、实施过程简便、费用少，同时不依靠参考基因组也能得到全基因组中的遗传多态性标签的优点。

三、麦类种质资源的共享利用

麦类种质资源的主要用途包括用作育种亲本、直接筛选利用、科学研究、博物馆标本及对外交换等，利用者主要包括育种家、科研人员、教师、学生、农民、科普工作者等。种质库（圃）也作为大中小学的教学、参观和实习基地，正在发挥科普教育的作用。

小麦种质资源分发和共享利用持续推进，国家粮食作物种质资源中期库每年向全国近 200 家科研单位及大专院校分发利用小麦种质 3 000 余份（次），已从这些优异种质中发掘新基因和主效 QTL 67 个，并开发出紧密连锁的分子标记，为传统育种向分子育种的转变提供了新的基因源。通过表型和基因型鉴定相结合，还发掘出包括半矮秆、高粒重、紫色籽粒、高分子量谷蛋白、抗纹枯病、抗条锈病、抗白粉病、抗赤霉病、抗禾谷孢囊线虫、抗褐斑病、抗麦长管蚜、抗穗发芽、耐盐、水分高效利用、氮素高效利用等性状的新基因或 QTL。其中从圆锥小麦发掘的抗麦长管蚜新基因 *RA-1* 填补了我国缺乏抗麦蚜基因的空白。利用引进种质经综合鉴定评价，在育种和生产中发挥了积极作用。例如，利用日本引进的'西风小麦'经鉴定评价后具有抗纹枯病、抗赤霉病、抗条纹花叶病、耐湿等多个优良性状。利用该种质育成了'宁麦 13'等 10 个新品种；利用从美国引进的携带 *Pm4a* 抗白粉病亲本'Yuma/8* Chancellor'，育成 3 个新品种，其中抗白粉病小麦新品种'扬麦 11'成为长江中下游地区的主栽品种。利用创新种质'冀 84–5418'为亲本培育出 9 个小麦新品种。利用小麦种质'泰农 2413'培育的高产优质抗倒伏新品种'泰农 18'一度成为山东省的主栽品种。另外，在野生种质资源利用上，南京农业大学利用染色体工程技术创造了一批携带簇毛麦优异性状的新种质。其中高抗白粉病和条锈病的小簇麦易位系 T6VS·6AL 成为我国西南麦区和长江中下游麦区的主要抗源，以其作为杂交亲本已育成'石麦 15'等 18 个小麦新品种。始于 20 世纪末，中国农业科学院作物科学研究所历时 30 年攻关，首次获得小麦与冰草属间杂种，将冰草携带的多花多实、高千粒重、广谱抗白粉、条锈和叶锈病基因、小旗叶性状、氮素高效利用等基因转入小麦，培育了'普冰'系列新种质，为小麦品种改良和新品种培育提供了新的优异种质。

在大麦种质资源共享利用方面，国外引进的大麦种质资源在丰富我国种质资源库及大麦种质创新、大麦品种改良中发挥了积极作用。1966 年我国从日本引进的'早熟 3 号'大麦品种，由于其在早熟性、适应性、丰产性以及抗赤霉病等方面的优良表现，在江苏省迅速推广并替代了当时的地方品种。1980 年我国从日本引进的'西引 2 号'具有较强的抗倒伏能力及耐旱性，多年来一直是江苏省主推的饲料大麦品种。与此同时，我国也从美国引进了大量的大麦种质资源，并从中鉴定筛选出了广泛种植于北方春麦区的 3 个四棱皮大麦品种（'Mayt B32''Maytl44'和'Falyt2110'）。到 20 世纪 90 年代初期，又筛选获得了一批适应黑龙江省种植并得到大面积推广的美国大麦品种，如'Morex''Manker''Azure'等。我国科技人员通过对国外引进的 300 份啤酒大麦的农艺性状和抗逆性调查，鉴定出了一批千粒重高、植株矮、籽粒外观品质好且抗大麦黄花叶病的种质。对引自约旦不同地区的 40 份野生大麦种质材料的农艺性状鉴定分析表明，这些种质之间具有广泛的遗传多样性，可以作为大麦遗传改良的亲本。这些大麦种质的引进与利用，极大地推动了我国大麦育种和大麦产业的发展。

燕麦育种家利用我国的优异燕麦种质培育出了很多优良品种。例如，山西利用地方品种'三分三'为亲本培育出了'晋燕 3 号'；甘肃利用当地的优良品种'宁远莜麦'为亲本培育出了'定莜 4 号'。为促进燕麦种质资源的有效利用，中国农业科学院作物科学研究所组织建立了燕麦核心种质，包括 458 份核心种质，其中裸燕麦 281 份、皮燕麦 177 份。同时对该燕麦核心种质进行遗传多样性分析、优异特性鉴定及其基因发掘，旨在推动燕麦核心种质的有效利用。燕麦含有丰富的 β– 葡聚糖、维生素 E 等有效成分，有益于降低血脂、控制血糖，是典型的药食同源作物。我国从 20 世纪 80 年代开始，开发出若干种燕麦保健产品，包括燕麦片、燕麦米、燕麦方便面、燕麦糕点、燕麦麸圈、燕麦饮料等。中国农业科学院研发的"世壮"牌燕麦保健片为畅销产品，"世壮"牌燕麦保健片的原料是从 1 400 多份燕麦种质中鉴定筛选出的高 β– 葡聚糖专用品种，并在特定的生态环境下生产，以确保该产品的降血脂效果。

四、麦类种质资源展望

随着人口不断增长和气候变化带来的干旱、热害等逆境灾害的风险增加，预计未来全球对麦类粮食作物的刚性需求越来越大，然而，目前麦类作物的产量又进入平台期，在现有遗传资源的多样性已被挖掘到接近极限的条件下，依赖育成品种和地方品种的常规育种来提高麦类资源的产量越来越困难。野生近缘植物在长期适应环境的进化中，通过自然选择蕴含着丰富的遗传变异，可供人类挖掘利用，因此被世界各国育种家认为是麦类种质资源研究和利用的巨大基因库，实践也已经证实利用远缘杂交改良麦类作物取得突出的成就。在野生种优异基因快速检测、外源基因定向和高效转移技术的应用下，有效克服生殖隔离障碍、提高野生种与栽培种间染色体间的遗传重组频率以及消除野生种供体的连锁累赘，使远缘杂交技术创制麦类作物新种质的周期越来越短，已成为麦类作物种质创新、品种改良的重要途径。

基因编辑和全基因组选择育种技术等现代生物技术已广泛应用于麦类作物种质资源创新中，各类定向、高效的变异创制和聚合技术有助于提高种质创新的效率，未来可能成为麦类作物种质研究的热点技术。例如，利用 CRISPR/Cas9 敲除 RING 型 E3 连接酶编码基因 *TaGW2* 增加了小麦籽粒的长度和宽度，从而提高了籽粒产量。利用 CRISPR/Cas9 编辑小麦 *TaMLO* 基因获得抗白粉病小麦材料。麦类作物的从头驯化将逐渐成为种质创新的重要方式。将新技术与传统种质资源研究方法融合，充分发挥二者的优势，从而提高种质改良效率，缩短优异种质创新周期，是未来麦类作物种质资源保护和利用的重要方向。

💻 **推荐阅读** ————————————————————————————————

1. 董玉琛，郑殿升 . 中国小麦遗传资源 [M] . 北京：中国农业出版社，2000.

本书是我国小麦种质资源学科奠基人董玉琛院士组织编写的第一部中国小麦遗传资源学术专著。全书共 12 章，第 1 ~ 2 章概述了小麦遗传资源及其重要性、研究内容、中国小麦遗传研究的历史现状、世界小麦遗传资源研究概况。第 3 ~ 10 章分别论述了中国小麦的分类、起源与演化、生态区划、野生近缘植物及其遗传组成、保存技术及数量、主要形状鉴定和筛选、种质创新、国外引种成就。第 11 ~ 12 章介绍了生物技术在中国小麦遗传资源研究中的应用，以及小麦遗传资源的数据库和信息系统。

2. Able JA，Langridge P，Milligan AS. Capturing diversity in the cereals：many options but little promiscuity [J]. Trends in Plant Science，2007，12（2）：71-79.

本综述系统介绍了小麦族植物的遗传多样性资源利用特点，从改良小麦族作物的基因源上科学划分种质资源为育成品种、地方品种、野生近缘种和其他资源四大类群，并分别就每一类群提出改良和利用途径。

3. Reynolds MP, Braun Hans-Joachim. Wheat improvement, food security in a changing climate [M]. Cham: Springer, 2022.

本书是小麦遗传领域最权威的专著，集成遗传资源利用、育种方法、数据分析、生物和非生物抗逆性、产量势、小麦基因组、营养和加工品质、种质创新和种子繁育、未来改良小麦的新技术等32章内容。全书涵盖遗传学、分子育种、表型组、生物信息分析和大数据4个领域，既可作为本科生和研究生的专业教材，又适于小麦研究者、小麦育种家、推广专家、农产品加工专家、农民和政府机构人员等作为参考。

思考题

1. 麦类作物包含哪些常规物种？
2. 麦类种质资源的保存方式有哪些？
3. 怎么开展麦类种质资源的鉴定与评价？
4. 麦类种质资源创新的基因源有哪些？
5. 麦类种质资源的创新方法有哪些？

主要参考文献

1. 李立会，杨欣明，李秀全，等.通过属间杂交向小麦转移冰草优异基因的研究［J］.中国农业科学，1998，31：1-5.

2. 刘旭.种质创新的由来与发展［J］.作物品种资源，1999，2：2-5.

3. 魏益民.中国小麦的起源、传播及进化［J］.麦类作物学报，2021，41（3）：305-309.

4. Chen P, Qi L, Zhou B, et al. Development and molecular cytogenetic analysis of wheat–*Haynaldia villosa* 6VS/6AL translocation lines specifying resistance to powdery mildew［J］. Theoretical and Applied Genetics, 1995, 91: 1125-1128.

5. Friebe B, Zhang P, Linc G, et al. Robertsonian translocations in wheat arise by centric misdivision of univalents at anaphase Ⅰ and rejoining of broken centromeres during interkinesis of meiosis Ⅱ［J］. Cytogenetic and Genome Research, 2005, 109（1）: 293-297.

6. Gao A, Hu M, Gong Y, et al. Pm21 CC domain activity modulated by intramolecular interactions is implicated in cell death and disease resistance［J］. Molecular Plant Pathology, 2020, 21（7）: 975-984.

7. Li G, Zhou J, Jia H, et al. Mutation of a histidine-rich calcium-binding-protein gene in wheat confers resistance to *Fusarium* head blight［J］. Nature Genetics, 2019, 51, 1106-1112.

8. Love A. Conspectus of the Triticeae［J］. Feddes Repertorium, 1984, 95: 425-521.

9. Lukaszewski AJ. Reconstruction in wheat of complete chromosomes 1B and 1R from the 1RS · 1BL translocation of 'Kavkaz' origin［J］. Genome, 1998, 36（5）: 821-824.

10. Ma HH, Zhang JP, Zhang J, et al. Development of P genome-specific SNPs and their application in tracing *Agropyron cristatum* introgressions in common wheat［J］. The Crop Journal, 2019, 7（2）: 151-162.

11. Moore G. Strategic pre-breeding for wheat improvement［J］. Nature Plants, 2015, 1: 15018.

12. Sears ER. Misdivision of univalents in common wheat［J］. Chromosoma, 1952, 4: 535-550.

13. Song L, Liu J, Cao B, et al. Reducing brassinosteroid signaling enhances grain yield in semi-dwarf wheat［J］. Nature, 2023, 617: 118-124.

14. Su Z, Bernardo A, Tian B, et al. A deletion mutation in *TaHRC* confers *Fhb1* resistance to *Fusarium* head blight in wheat［J］. Nature Genetics, 2019, 51（7）: 1099–1105.

15. Tanksley SD, McCouch SR. Seed banks and molecular maps: unlocking genetic potential from the wild［J］. Science, 1997, 277: 1063–1066.

16. Thind AK, Wicker T, SimkovaH, et al. Rapid cloning of genes in hexaploid wheat using cultivar-specific long-range chromosome assembly［J］. Nature Biotechnology, 2017, 35: 793–796.

17. Tucker EJ, Baumann U, Kouidri A, et al. Molecular identification of the wheat male fertility gene *Ms1* and its prospects for hybrid breeding［J］. Nature Communications, 2017, 8（1）: 869.

18. Wang LS, Zhang Y, Zhang MQ, et al. Engineered phomopsis liquidambaris with *Fhb1* and *Fhb7* enhances resistance to *Fusarium graminearum* in wheat［J］. Journal of Agricultural and Food Chemistry, 2023, 71: 1391–1404.

19. Xia C, Zhang LC, Zou C, et al. A *TRIM* insertion in the promoter of *Ms2* causes male sterility in wheat［J］. Nature Communications, 2017, 8: 15407.

20. Zhang W, Chen S, Abate Z, et al. Identification and characterization of *Sr13*, a tetraploid wheat gene that confers resistance to the *Ug99* stem rust race group［J］. Proceedings of the National Academy of Sciences of the United States of America, 2017, 114（45）: 9483–9492.

21. Zou S, Wang H, Li Y, et al. The NB–LRR gene *Pm60* confers powdery mildew resistance in wheat［J］. New Phytologist, 2018, 218: 298–309.

网上更多资源

📚 拓展阅读　　🖥 彩图　　📝 思考题解析

撰稿人：张锦鹏　郭刚刚　吴斌　孟凡华　陈丹　审稿人：孔令让

第十四章
玉米和杂粮作物种质资源

 本章导读

1. 玉米和主要的杂粮作物起源于哪里？
2. 玉米种质资源有哪些保护方式和利用途径？
3. 我国土生土长的杂粮作物种质资源有什么性状上的优势？

粮食作物主要分禾谷类作物、豆类作物和薯类作物三种类型。禾谷类作物均属于禾本科，其中水稻、小麦和玉米一并称为"主粮作物"，而除稻、麦、玉米之外的其他禾谷类作物（如高粱、谷子），以及一些类似禾谷类作物的作物（如荞麦、藜麦、籽粒苋）称为杂粮作物。

近几十年来，玉米及多种杂粮作物的遗传育种取得了突破性进展。玉米和高粱是世界上最早成功利用杂种优势的作物，珍珠粟和谷子也通过杂种优势利用大幅度提高了单产。如我国玉米单产在 20 世纪 60 年代仅 $1\ 500\ \text{kg/hm}^2$，通过良种和良法配套，目前单产达到 $6\ 450\ \text{kg/hm}^2$。这些作物遗传改良的每一次重要突破，都与优异种质资源的发掘与利用息息相关。

拓展阅读 14-1 玉米和杂粮作物多样性图示

第一节　玉米种质资源的形成、演化与多样性

据 2021 年 FAO 统计数据，玉米栽培面积（超 $2 \times 10^8\ \text{hm}^2$）占三大主粮作物的 34.8%，总产量（超 $1.2 \times 10^9\ \text{t}$）占 43.7%。玉米在全球 160 多个国家种植，其主产国包括中国、美国、巴西、印度、阿根廷、墨西哥、尼日利亚、乌克兰、坦桑尼亚和印度尼西亚等。玉米是我国的重要粮饲兼用作物，也是一种极其重要的工业原料作物，栽培面积超 $4.3 \times 10^7\ \text{hm}^2$，在世界上居第一位（占全球 21.1%），在三大主粮作物中占 44.7%。由此可见，玉米对全球和我国的粮食安全起到至关重要的作用。玉米成为全球如此重要的作物的主要原因归功于其广泛适应性和多元化用途，其根本原因在于玉米种质资源的多样性为现代玉米育种的发展奠定了重要的基础。

一、玉米的植物学分类

玉米是单子叶植物，在植物学分类上属于禾本科黍亚科玉蜀黍族玉蜀黍属（*Zea* L.）。

与玉蜀黍属同属玉蜀黍族的摩擦草属（*Tripsacum* L.）植物与玉米杂交很困难。

　　根据 1980 年 Iltis 和 Doebley 的分类系统，玉蜀黍属分为 2 个组，即繁茂组（*Luxuriantes*）和玉蜀黍组（*Zea*）。繁茂组包括 4 个种，即繁茂大刍草（*Z. luxuriantes*），分布于墨西哥南部、危地马拉东南部、洪都拉斯、萨尔瓦多；多年生大刍草（*Z. perennis*），分布于墨西哥 Michoacan 和 Jalisco 州；二倍体多年生大刍草（*Z. diploperennis*），分布于墨西哥 Jalisco 和 Mayarit 州；尼加拉瓜大刍草（*Z. nicaraguensis*），分布于尼加拉瓜西北部少数地区。后来又有学者描述了一个新种 *Z. vespertilio*，分布于哥斯达黎加 Murcielago 群岛。

　　玉蜀黍组只有一个种，即玉米（*Z. mays*，也称玉蜀黍）。玉米分 4 个亚种，即栽培玉米亚种（*Z. mays* subsp. *mays*）；一年生大刍草亚种（*Z. mays* spp. *mexicana*），分布于墨西哥中部和北部高地；小颖大刍草亚种（*Z. mays* ssp. *parviglumis*），分布于墨西哥西部；韦韦特南戈大刍草亚种（*Z. mays* spp. *huehuetenangensis*）分布于危地马拉西部狭窄区域。玉蜀黍属中除栽培玉米亚种里的玉米外，其余均统称为大刍草。

二、玉米的起源与传播

　　玉米起源于墨西哥西南部，驯化历史已有至少 9 000 年，其野生祖先为小颖大刍草。在大刍草驯化成玉米的过程中，尽管基因组中有 3% ~ 5% 的基因受到选择，但控制籽粒外壳发育的基因 *tga1*、控制侧枝生长和雌穗形成的基因 *tb1* 等少数几个基因起到了关键作用，才使大刍草与现代玉米的形态大不相同。在原始玉米从墨西哥西南部低地向墨西哥高地传播过程中，一年生大刍草对玉米有基因渗入，也可以认为是现代玉米的祖先。玉米从热带向温带地区传播过程中，调控光周期敏感性的基因（如 *ZmCCT*）起到了重要作用。

　　在 7 500 年前玉米传到中美，6 500 年前传入南美，传播过程中还伴随着进一步的驯化过程；公元前 2000 年北美就已有很多地方种植玉米。1494 年哥伦布发现美洲大陆并把玉米传入南欧和北非，17 世纪传入俄国；16 世纪葡萄牙人把玉米传播至印度和东南亚各国。玉米传入我国的时间大约在 16 世纪初期，其最可能的传播路线是通过西南陆路先传入西南。在此后的 500 余年栽培历史中，由于自然选择和人工选择的双重作用，玉米在我国形成了丰富多彩的地方品种，特别是我国云南及周边地区成为糯玉米的起源中心。

三、玉米种质资源的多样性

　　玉米是典型的异花授粉作物，种内多样性非常高。玉米基因组很大（2.3 ~ 2.7 Gb），有 4.2 万 ~ 5.6 万个基因，而且 85% 以上是重复序列，不同种质资源携带的基因数目和重复序列数目存在很大差异，从而带来丰富的多样性。栽培玉米的多样性非常高可归因于两方面，一是其野生祖先小颖大刍草就已具有非常高的遗传多样性，二是一年生大刍草对栽培玉米的基因渗入。研究发现，相比小颖大刍草，玉米地方品种的遗传多样性只降低了 30%，两个玉米地方品种之间基因组存在 1.4% 的差异。玉米基因组中核苷酸多样性水平可达到其他禾谷类作物的 2 ~ 5 倍、人类的 14 倍，甚至两个玉米品种之间的遗传差异相当于人类和黑猩猩之间的遗传差异。

　　玉米基因组丰富的遗传多样性带来了玉米的表型多样性，植株、雌穗、雄穗、籽粒、适应性等性状变异十分丰富，如株高有从 50 cm 到 6 ~ 8 m 的巨大变异，生育期有 42 ~ 400 d 的巨大变异。其生态适应性很广，从海拔仅几米的加勒比地区到海拔 3 800 m 的高原、从 58°N 的加拿大和俄罗斯到 40°S 的南美地区均可种植，热带、亚热带、温带均有分布。按籽粒胚乳质地和稃壳，玉米可分为硬粒型、马齿型、粉质型、爆粒型、甜质型、甜粉型、糯质型、有稃型等。根据植株、雄穗、雌穗等形态学性状以及其他生理、遗传和细胞学特征，玉米地方品种可划分为大约 350 个种族。玉米传入中国后，形成了多种独特的类型，中国农业科学院曾将我国玉米地方品种划分为 5 个种族（包括北方马齿种族、北方八行硬粒种族、硬粒和马齿品种间杂交的衍生种族、宽扁穗种族、南方糯质种族）和 4 个待定的类群（包括中晚熟硬粒类群、早熟橙色硬粒类群、中早熟白粒硬粒类群、墩子黄硬粒类群）。

第二节　玉米种质资源的收集与保存

　　玉米的野生近缘种主要分布于中美洲，在其驯化及后续全球传播过程中形成了丰富多彩的地方品种，在现代育种过程中形成了多种多样的育种群体、自交系和杂交种，在现代基础研究过程中形成了千差万别的遗传材料和基因组学材料。国际组织和各国政府及科学家对玉米种质资源的收集和保存给予了高度重视，并取得了显著成效。

一、玉米种质资源收集概况

　　国际上对玉米种质资源的收集最早可追溯到种质资源学科开创者瓦维洛夫博士。他领导的全球种质资源考察在 20 世纪上半叶就收集到 25 万余份种质资源，其中玉米就有 1 万余份。20 世纪初美国成立种子和植物引进局，在全球广泛收集和引进了大批玉米种质资源，如在 20 世纪 40 年代，美国和墨西哥的科学家对中美洲和南美洲的地方品种进行了收集，但由于没有种质库等设施条件妥善保存，大多数地方品种都丢失了。在 1966 年成立国际玉米小麦改良中心（CIMMYT）后，又重新进行了收集。

　　在我国，1955—1956 年由农业部组织全国农作物种质资源征集行动，共征集各类作物种质资源 21 万余份，其中玉米地方品种 1 万余份。在 20 世纪 80—90 年代，我国组织了多次针对专门地区的专项考察，补充收集到一批玉米种质资源。2015 年农业农村部组织实施了第三次全国农作物种质资源普查与收集行动，又收集到玉米种质资源 6 000 余份。在 1978 年中国农业科学院原作物品种资源研究所成立后，还从各科研院校收集到大量玉米自交系。此外，通过广泛的国际交流，还引进了一批玉米的野生近缘种、地方品种和自交系，成为我国玉米育种发展的重要支撑。

　　需要注意的是，由于玉米野生近缘植物和地方品种以及育种群体是遗传杂合的，而自交系是遗传纯合的，在收集策略和技术方法上也有差异。

二、种质资源保存的主要方式及成效

　　玉米种质资源保存主要方式是采用种子低温库保存，主要对象是地方品种和自交系。由于地方品种是遗传上杂合的群体，在种子繁殖时要求有一定的群体规模（150 ~ 200 株），在种质库长期保存时也要求种子量较大（如我国要求 400 g 以上）；自交系是遗传上纯合的材料，保存种子则相对较少一些（350 g 以上）。据 2007 年的统计数据，全球

玉米种质资源保存约 32.8 万份，其中 33% 为地方品种。到 2022 年底，国际玉米小麦改良中心（CIMMYT）保存了接近 2.9 万份玉米种质资源，其中来自拉丁美洲和加勒比地区玉米地方品种 2.6 万余份，这些种质资源也送到位于挪威的斯瓦尔巴全球种子窖备份保存。中国在国家作物种质库保存玉米种质资源 3.6 万份，其中 70% 以上为地方品种；美国在中北部植物引种站保存玉米种质资源近 3 万份。其他保存玉米种质资源较多的国家包括葡萄牙（近 2.5 万份）、塞尔维亚（1.5 万余份）、墨西哥（1.4 万余份）、俄罗斯（1.4 万余份）、法国（1.2 万余份）、印度（1.1 万余份）、巴西（7 000 余份）、秘鲁（7 000 余份）、哥伦比亚（5 000 余份）。

玉米地方品种的另一种保护方式是农田保存。由于玉米在美洲可制作成各种不同的食物，地方品种食味品质一般较好，加之在边远地区地方品种产量甚至超过现代杂交种，农民迄今为止还喜欢种植地方品种，也就是通过不间断地种植，使这些地方品种得到保存。这些地方品种往往与食用豆和瓜类作物混种，总体来看地方品种的农田保存效果良好。此外，拉丁美洲多国政府出台了系列措施积极推动农民和村社对地方品种的种植保存。

大刍草种质资源保存较多的有 4 个种质库，即 CIMMYT、墨西哥国立农林牧研究所（INIFAP）、墨西哥 Guadalajara 大学、美国中北部植物引种站的种质库，如美国保存了大刍草种质资源 430 余份。最近几十年来，由于过度放牧、施用除草剂、机械耕作、开荒种地等多种原因，大刍草居群消失速度加快。原生境保护是大刍草种质资源保护的另一个重要途径，但目前仅建立两个原生境保护点，一个在墨西哥 Jalisco 州的二倍体多年生大刍草保护点，另一个是尼加拉瓜的尼加拉瓜大刍草保护点。

三、繁殖更新需要注意的问题

由于种质资源入库保存需要繁殖足够的高质量种子，库存种质分发利用后也需要繁殖足够种子充实种子库，因此，在玉米种子繁殖更新过程中，应遵循的原则是遗传完整性不丢失，这就要求不同类型种质资源的繁殖和更新要有适宜的技术方法。例如，玉米是异花授粉作物，地方品种繁种时要采用隔离区种植，一份种质一个隔离区，隔离区相距 600 m 以上，或要求人工套袋授粉；对自交系繁殖要严格自交；地方品种和育种群体的繁殖，每份种质应种植 150～250 株，进行链式杂交（上一株花粉授于下一株），或行间混粉授粉，避免自交，至少收获 100 个雌穗，每穗收取 50 粒混合成一份种质送交种质库保存。

2014 年出版的《作物种质资源繁殖更新技术规程》详细规定了玉米种质资源繁殖更新的技术流程和程序。

第三节　玉米种质资源鉴定评价与基因资源发掘

玉米种质资源编目性状鉴定是入库保存的基本要求，其主要目的是通过鉴定待保存种质形态学性状和基本农艺性状对其进行分类，并评估其唯一性和特异性。主要的编目性状包括播种期、出苗期、出苗数（特指间苗前，以计算出苗率）、幼苗叶色、幼苗鞘色、抽雄期、散粉 – 吐丝期、花药颜色、吐丝期、花丝颜色、成熟期、株高、穗位高、雄穗长、雄穗分枝数、株型、穗型、粒型、粒色、轴色、穗长、秃尖长、穗粗、轴粗、穗行数、行粒数、千粒重等。

在玉米种质资源鉴定评价基础上筛选出满足育种需求的优异种质是新种质创制和新品种培育的前提。2006 年出版的《玉米种质资源描述规范和数据标准》中，对物候期、植物学形态特征、产量性状、品质特性（包括蛋白质、脂肪、淀粉、赖氨酸含量等）、抗逆性（包括耐旱性、耐寒性、耐涝性、耐密性、耐盐性等）、抗病虫性（包括大斑病、小斑病、弯孢菌叶斑病、茎腐病、穗腐病、纹枯病、矮花叶病毒病、玉米螟等）、配合力等性状的鉴定技术要点和鉴定指标体系进行了规定。另一方面，随着近年来基因组测序技术和芯片技术的不断成熟以及成本大幅度降低，对种质资源开展全基因组水平和基因水平的基因型鉴定已在玉米上展开；同时，针对重要性状的基因及其等位变异挖掘在玉米上取得了一系列重要进展。

一、玉米种质资源鉴定评价

玉米种质资源鉴定评价开展历史已久。例如，美国和拉丁美洲各国合作于 20 世纪 80 年代实施了拉丁美洲玉米计划（LAMP），从 12 113 份南美地方品种中初选出来自 11 个国家的 813 份种质材料，通过在 21 个试验点进行农艺性状评价，又进一步筛选出 270 份种质材料进行配合力分析（用当地的优良自交系、单交种和综合种作为测验种），鉴定出了 51 份可用于温带玉米育种的热带、亚热带种质。2012 年开始，CIMMYT 和多国合作实施了称为"发现种子"（SeeD）的计划，对库存的 28 000 余份玉米种质资源进行了多环境重要农艺性状鉴定和基因型鉴定，筛选出了一批优异种质。从 2016 年开始，我国也启动实施了玉米种质资源精准鉴定项目，也取得显著进展。

（一）抗逆性鉴定评价

CIMMYT 开展玉米种质资源耐旱性、耐热性和耐瘠性（特别是耐低氮）鉴定历史较长，其主要原因在于拉丁美洲和非洲大部分玉米产区土地瘠薄，还经常受到旱灾高温的威胁。科学家们建立了一整套玉米耐旱、耐热、耐低氮鉴定技术体系，并对库存种质资源进行了多环境的精准鉴定，发现热带、亚热带种质资源相比温带种质来说对旱、热、低氮耐性较好，如通过对 600 多份地方品种进行鉴定后分别筛选出 52 个耐旱品种和 51 个耐热品种，也发现一批自交系耐旱性很强，如'CIMBL55''CML444'等。我国对上万份玉米种质资源进行鉴定，也筛选出 200 余份强耐旱地方品种和自交系，如'掖52106''英64'等。

（二）品质性状鉴定评价

普通玉米种质资源的不同品质性状变异程度不同。经对我国国家作物种质库 7 609 份种质资源进行鉴定评价，发现粗蛋白、粗脂肪、粗淀粉和赖氨酸平均含量分别为 11.92%、4.80%、68.31% 和 0.29%，直链淀粉含量平均 28.67%，其中粗脂肪含量变异最大。而对于甜玉米、糯玉米、高油玉米、青贮玉米、优质或高蛋白玉米、高直链淀粉玉米、爆裂玉米等专用玉米来说，种质资源中特定品质性状呈现较大差异。

（三）抗病虫鉴定

病虫害是玉米生产中的主要限制因子，全球因病虫害造成的玉米产量损失达 20% 以上。在我国四大玉米产区，茎腐病和穗腐病均为品种审定中的"一票否决"病害，亚洲玉米螟、蚜虫等是我国玉米主要虫害，草地贪夜蛾近年来给生产带来重大损失；此外，在华北地区东部大斑病、灰斑病和丝黑穗病危害严重，在黄淮海地区小斑病、南方锈病危害严重，在西南地区纹枯病、灰斑病等危害严重。我国自"八五"以来就一直不间断地开展玉米种质资源抗病虫性鉴定工作，取得了显著成效。如2003—2009年，对1 440份玉米种质资源进行6种病害的抗性鉴定，发现不同生态区玉米种质的抗性强弱及抗性多样性存在明显差异，抗大斑病种质较为丰富，如'陇0207'对大斑病1、2和 N 号生理小种均表现高抗；抗弯孢菌叶斑病资源较少，仅地方品种'本地白玉米'对辽宁菌株高抗；对腐霉茎腐病高抗的种质较多，如'X178''黄 C''旅28''沈137''沈135'等；穗腐病抗源相对匮乏，'沈137'和少数地方品种有较好抗性；高抗瘤黑粉病的种质不少，包括多个地方品种和'X178''沈137'等自交系；高抗玉米螟的种质资源非常匮乏。2016—2019年，对2 000份玉米种质资源进行了多年多点的田间自然条件下发生的抗病性鉴定，筛选出一批在不同环境条件下对多种病害均具有稳定抗性的种质材料，如'JN15''953''沈977''K21''SC24-1''郑591'等。

（四）基因型鉴定

玉米是较早利用 RFLP、AFLP 和 SSR 等分子标记开展基因型鉴定的作物，应用这些标记技术广泛开展了玉米种质资源遗传多样性评估、杂种优势类群划分、重要性状基因定位、种质资源形成与演化规律等研究，并澄清了一系列基础科学问题。到21世纪后，SNP 标记成为玉米基因型鉴定的主要分子标记类型。

在玉米上，已完成'B73''Mo17'等多个代表性自交系的全基因组测序，已对近5 000份种质资源开展了基因组重测序工作，构建了4个版本的单倍型变异图谱，产生的基因型大数据已用于玉米种质资源形成与演化研究、杂种优势群形成与演化研究、重要性状基因资源挖掘等。例如，通过对1 600余份玉米自交系进行重测序，发现玉米育种中用到的母本群和父本群多个表型性状和基因存在趋同选择和趋异选择，对未来杂种优势群改良有重要指导意义。由于玉米的基因组较大，基于简化基因组测序的高通量基因型鉴定（genotyping by sequencing，GBS）技术应用较为广泛。最典型的例子是应用GBS 技术对 CIMMYT 库存的近3万份玉米种质资源进行了基因型鉴定，以及对美国种质库中的自交系进行了基因型鉴定。在后一个例子中，利用简化基因组测序后获得的68万余个 SNP 标记，对2 815份自交系进行了全基因组水平的遗传多样性评估，发现大半标记为稀有等位基因，并且这些稀有等位基因在商业化育种中大多数没有得到利用，同时发现这些自交系存在明显的群体结构。

SNP 芯片技术在玉米上也得到较为广泛的应用。目前在玉米上开发的 SNP 芯片不少，如 Illumina 开发的含1 536个 SNP 的 GoldGate 芯片、Affymetrix 与德国慕尼黑理工大学合作开发的含60个 SNP 的 Axiom 芯片、法国农业科学院开发的50 K 芯片、北京市农林科学院开发的含3 072个和6万个 SNP 的两款芯片、中国农业科学院开发的含5万个SNP 的芯片等。特别是中国农业科学院开发的芯片已用于国家作物种质库玉米种质资源的基因型鉴定，分析结果显示我国玉米种质资源已形成一个独特的类型。

近年来，基因组中的结构变异鉴定成为基因型鉴定的重要内容，其主要技术方法是构建种质资源的泛基因组。在玉米上，已对40余个基因组进行了全基因组测序，其中美国用巢式关联作图（nested association mapping，NAM）群体的26个亲本自交系的基因组数据构建了泛基因组，发现玉米基因组中存在10万余个基因，典型自交系'B73'只携带有其中的63%，所有26个自交系都有的基因约58%；与'B73'相比，存在79万余个结构变异，这些结构变异大多数与重要性状都有关系。

二、玉米基因资源发掘

（一）重要性状基因发掘

利用自然变异和突变体等种质资源，应用连锁分析、关联分析以及图位克隆和同源克隆等技术手段，发掘获得控制重要性状的关键基因，是玉米基因资源发掘的重要内容。总体来看，玉米在产量、抗病虫、抗逆、品质等性状的基因发掘方面均取得了重要进展。特别要提到的是，在玉米上，除常规利用各种双亲群体和多亲本高代互交系群体（MAGIC）外，还创造性地构建了 NAM 和 CUBIC（完全双列杂交设计加不平衡类育种互交系群体）多亲群体，并利用其对多种性状进行了遗传基础研究。

总体来看，在玉米中抗逆和抗病基因发掘进展最为显著，品质性状相关基因发掘进展明显，产量基因发掘较难，但取得一定进展。例如，发现 *ZmVPP1*（编码液泡型 H^+ 焦磷酸酶）、*ZmNAC111* 的遗传变异与抗旱性有关，*ZmRR1*（编码一个携 MPK 磷酸化位点的蛋白）与耐冷性有关，*ZmNSA1* 与耐盐性有关。已发掘出兼抗小斑病和灰斑病基因 *ZmCCoAOMT2*（编码咖啡酰辅酶 A O– 甲基转移酶）、抗丝黑穗病基因 *ZmWAK*（编码一种受体类激酶）、抗纹枯病基因 *ZmFBL41*（编码 F-box 蛋白）、抗南方锈病基因 *RppK*、抗粗缩病基因 *ZmGLK36* 和 *ZmGDIα* 等。*qHO6* 编码酰基辅酶 A：二酰基甘油酰基转移酶，在该酶 469 bp 处插入一个苯丙氨酸能显著提高油分和油酸含量。在产量基因发掘方面，玉米穗行数基因 *KRN2* 编码 1 个 WD40 家族蛋白，在水稻中也得到趋同选择；其他产量基因包括控制籽粒大小和籽粒重的 *ZmEXPB15*（编码 β– 扩展蛋白）、影响雌穗长度和籽粒多少的 *qEL7*（编码 ACO2 蛋白）、影响穗长和行粒数的 *KNR6*（编码丝氨酸/苏氨酸蛋白激酶）等。

（二）有利等位变异发掘

针对重要性状关键基因的等位变异发掘是玉米种质资源深入研究的核心任务之一。例如，针对与密植有关的叶片直立基因 *UPA2*，发现在 508 份玉米自交系和 50 份地方品种中均不存在可降低叶夹角的 S2 等位变异，但在 45 份小颖大刍草中发现有 2 份存在该稀有变异，将其转入不耐密植的大穗品种'农大 108'中，发现在 105 000 株 /hm² 的种植密度下比原来的'农大 108'产量显著提高。在小颖大刍草中克隆到的籽粒高蛋白基因 *THP9* 编码天冬酰胺合成酶 4，发现在 420 份自交系中 25.7% 携带有与小颖大刍草中相同的单倍型，其平均蛋白质含量最高，46.4% 的自交系在第 10 个内含子上缺失 22 bp，27.9% 的自交系在此处缺失 48 bp，其平均蛋白质含量最低。*crtRB1* 编码 β– 胡萝卜素羟化酶，与玉米籽粒中的 β– 胡萝卜素含量和转化有关，该基因及其调控区域有 3 个位点存在多态性差异，针对每个位点发掘出了对应的有利等位变异，组成的最佳单倍型是在 5′ 端有 206 bp 的转座子插入、InDel 4 位点处和 3′ 端均没有转座子插入的等位变异。在玉米上克隆到耐铝基因 *MATE1*，发现该基因拷贝数增多与基因高表达有关，仅仅在 3 个自交系中存在 3 个拷贝串联重复的等位变异，这些自交系耐铝性强，来自酸性土壤地区。

此外，在全基因组水平上发掘有利等位变异近年来也取得重要进展。例如，德国科学家利用 3 个玉米地方品种创制了上千个双单倍体（DH）系，对其进行了高通量高密度基因型鉴定和多环境的表型鉴定，在地方品种中发掘出比现代育种品系中携带的单倍型有更好性状表现的单倍型。

第四节　玉米种质资源改良与创新

由于育成品种的推广，在全球范围内作物生产中应用的地方品种消失速度不断加快，如我国玉米栽培面积的 95% 以上均使用杂交种，并且多个杂交种具有相似的血缘，给玉米生产带来一定的风险。同时，育种中利用的外来种质占比不高，据估计，20 世纪中期美国玉米育种中外来种质占美国种质比例不到 1%，尽管近年来跨国公司玉米育种项目中利用外来种质比例在上升，但绝大多数原始种质资源仍未得到有效利用。因此，对种质资源进行改良和创新对现代玉米育种至关重要，其目的是拓宽作物育种遗传基础，一方面要降低生产上玉米品种的遗传脆弱性，另一方面要为育种提供新的基因源。

一、主要途径和技术路线

玉米种质资源改良和创新的主要途径有两条：一是充分利用野生近缘植物、地方品种、自交系和杂交种等自然变异，聚合有利等位基因，创制新种质；二是应用理化诱变、生物技术等技术方法，人工创造新变异，创制新种质。

由于野生近缘植物和地方品种遗传异质性高，重要农艺性状往往不好，并且存在严重的遗传累赘，需要对其进一步改良和创新，才能变成育种中好用能用的新型种质资源（可称为"桥梁种质"），这个过程也称为"前育种"。在玉米野生近缘植物利用方面，主要通过远缘杂交和回交导入的方法；在地方品种利用方面，主要通过回交或构建群体的方法，这里特别提到的是，把玉米热带、亚热带种质资源转换成温带种质资源的工作已卓有成效，其技术路线是在温带材料中导入不超过一半的热带、亚热带种质血缘，然后沿地理纬度逐代选择提高其适应性和其他性状表现。

创造自然变异中不存在的新变异也是种质创新的一条重要途径。其技术路线主要有三条，一是通过物理、化学或遗传操作（如引入转座子）等手段来人工诱变，二是通过基因编辑手段改变作物中已有基因的 DNA，三是通过转基因手段引入作物中没有的外来基因。

二、实践案例

（一）基于野生近缘植物的种质创新

大刍草具有如抗逆、耐瘠薄、抗病虫等多种优良特性，还具有分蘖多、可再生能力强、生长繁茂等特点，用其拓展玉米育种遗传基础应用潜力很大，并取得了进展。例如，利用玉米自交系'掖 515'为父本、墨西哥大刍草为母本，通过多次回交和自交，获得了一批具有广泛多样性的渐渗系，半数渐渗系组配的杂交种比对照'掖单 12'（'掖515'为其亲本之一）产量高，少数渐渗系组配的杂交种的产量比'农大 108'和'郑单958'高。利用二倍体多年生大刍草，经过 9 个世代的杂交、回交和自交选择，获得了抗逆、抗病虫、农艺性状优良、配合力高的 14 个玉米自交系。

摩擦草属与玉米属亲缘关系较近，但与玉米杂交不容易成功。国内外科学家先用摩擦草与二倍体多年生大刍草杂交，获得完全可育的桥梁重组体后再与玉米杂交，可获得可育后代。四川农业大学依照该技术路线培育的多年生饲草材料，即玉淇淋草，是玉米、多年生大刍草和摩擦草的三种属杂种，聚合了多物种的优势，拥有产量高、品质优、耐刈割、易繁殖、适应性强、多年生等特点，并且在 –4℃ 的极端天气可正常越冬，表现出较强的耐旱、耐寒、抗病、抗倒特性，是利用玉米野生近缘植物的成功范例。

（二）基于地方品种的种质创新

1994 年，美国在 LAMP 基础上实施了玉米种质创新计划（GEM），其技术路线是用优良热带、亚热带种质与温带的优良自交系杂交，创制出携带 25% 或 12.5% 的热带、亚热带血缘的新种质，在温带玉米育种中得到广泛利用。

2012 年，CIMMYT 在墨西哥政府资助下组织启动实施了种质资源精准鉴定和种质创新计划"发现种子"（SeeD），其目的是鉴定和利用地方品种遗传多样性，其技术途径是创制含 75% 或更多成分的优良自交系基因组、25% 或更少的地方品种基因组的桥梁种质。这些桥梁种质携带有来自地方品种的遗传变异，目标性状是营养成分、耐热性、抗旱性、抗病性、耐瘠薄等。

利用地方品种作为种质创新基因源，在我国玉米育种中曾经是主要途径之一，其中最为成功的是地方品种'大金顶'和'唐四平头'的利用，从中衍生出大量自交系（分别称为'旅系'和'黄改系'），形成了中国特色的玉米杂种优势群，并育成不少杂交种。同时，利用这些衍生自交系，构建新的育种基础群体，进一步开展种质创新，在我国多家科研单位均有成功的先例。如辽宁丹东农业科学院利用'黄改系'和'旅系'构建的'黄旅'群体，经一个轮回的改良后，发现克服了原自交系的缺点，抗倒伏和耐密植能力得到提高。

（三）基于生物技术的种质创新

近年来，利用转基因和基因编辑等生物技术创制新种质已成为种质创新重要途径。例如，创制的转基因抗虫、耐除草剂新种质经进一步开展遗传改良，新品种已大面积产业化；利用来自枯草杆菌的 *cspB* 基因创制的转基因耐旱新种质也已得到产业化应用。在基因编辑技术应用方面，对 *waxy* 基因进行编辑获得的糯玉米新种质得到产业化应用，还创制了基因编辑的甜玉米和甜糯玉米新种质；对 *ZmFER1* 基因进行编辑获得了抗穗腐病新种质，对 *ZmGDIα* 基因进行编辑获得了抗粗缩病新种质；对调控油菜素内酯和叶夹角的基因 *ZmRAVL1* 进行编辑，创制的新种质叶夹角减小，在种植密度 90 000 株 /hm² 以上时比野生型产量显著提高。

第五节　杂粮作物种质资源

杂粮作物往往具有特殊适应性或品质特征，成为主粮作物之外不可或缺的补充。例如，高粱全球栽培面积近 4.1×10^7 hm²，是排在玉米、水稻、小麦、大麦后的第五大禾谷类作物，总产量超 6.1×10^7 t，主产国包括苏丹、尼日利亚、尼日尔、埃塞俄比亚、布基纳法索、马里、乍得等非洲国家，印度等南亚国家，美国、墨西哥等美洲国家。我国的高粱栽培面积仅占全球的 1.5%，食用仅限于东北西部的局部地区，但作为重要的酿酒原料作物具有重要产业价值。

粟类作物是杂粮作物中的大类，其典型特征是均为 C_4 植物，籽粒偏小，如珍珠粟、谷子、黍稷、龙爪稷等，全球栽培面积近 3.1×10^7 hm²，总产量超 3.0×10^7 t，主产国包括印度、中国等亚洲国家，以及尼日尔、苏丹、马里、尼日利亚、乍得、塞内加尔、布基纳法索、埃塞俄比亚等非洲国家。珍珠粟是主要的粟类作物，栽培面积达

$2.7 \times 10^7\ hm^2$，其典型特点是抗旱、耐瘠薄。谷子和黍稷在中国北方曾是主要粮食作物，目前我国谷子总产占世界 90% 以上，在北美则主要作为饲草和鸟食，由于其生育期短（75~90 d），也常常用作救荒作物。龙爪稷在印度和非洲半干旱热带地区有重要的社会和经济价值，在印度栽培面积达 $1.8 \times 10^6\ hm^2$，在非洲东部也有一定面积。

荞麦全球栽培面积近 $2.0 \times 10^6\ hm^2$，主产国包括俄罗斯、乌克兰、白俄罗斯等东欧国家，我国栽培面积占全球的 31.3%，在西南高海拔地区是一种重要的粮食作物。藜麦全球栽培面积不到 $2.0 \times 10^5\ hm^2$，主产国为玻利维亚、厄瓜多尔和秘鲁，我国近年有引入。此外，苋属植物中有三个种（*Amaranthus cruentus*、*A. caudatus*、*A. hypochondriacus*）在拉丁美洲、亚洲热带地区或非洲也作为粮食作物种植，统称为籽粒苋，但种植面积较小。

一、杂粮作物的植物学分类

根据 2016 年被子植物 APG Ⅳ 分类法，绝大多数杂粮作物属于单子叶植物的禾本科，其中黍亚科中有多种重要的杂粮作物，包括来自高粱属的高粱和来自薏苡属的薏苡，以及多种粟类作物，如狼尾草属的珍珠粟、狗尾草属的谷子、黍属的黍稷和小黍（又称细柄黍）、稗属的日本食用稗和印度食用稗、雀稗属的科多粟、尾稃草属的尾稃粟、臂形草属的几内亚粟、马唐属的白马唐和黑马唐；虎尾草亚科的杂粮作物包括穇属的龙爪稷、画眉草属的苔麸（图 14-1）。此外，有 3 种杂粮作物为双子叶植物，其中荞麦来自蓼科荞麦属、藜麦来自苋科藜属、籽粒苋来自苋科苋属。

根据 1978 年 de Wet 的分类系统，高粱属（*Sorghum* Moench）可分为 5 个组，即多毛高粱组（*Chaeotosorghum*）、异高粱组（*Heterosorghum*）、近似高粱组（*Parasorghum*）、有柄高粱组（*Stiposorghum*）和高粱组（*Sorghum*）。高粱组包括 2 个根茎类种，即 *S. halepense* 和 *S. propinquum*，以及 1 个一年生种 *S. bicolor*。*S. bicolor* 又分为 3 个亚种，它们是 *S. bicolor* subsp. *bicolor*（包括所有栽培高粱）、*S. bicolor* subsp. *drummondii*（包括

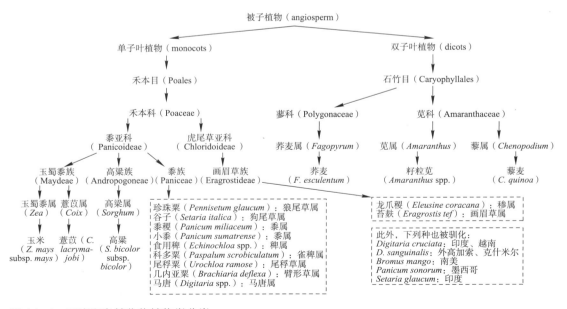

图 14-1　玉米和杂粮作物植物学分类

栽培高粱及其最近的野生近缘植物的杂交后代）、*S. bicolor* subsp. *arundinaceum*，第三个亚种又称为 *S. bicolor* subsp. *verticilliflorum*，是栽培高粱的野生祖先。

二、杂粮作物的起源与传播

杂粮作物主要起源和驯化于亚洲、非洲和美洲不同地区。在亚洲起源的作物包括荞麦、薏苡、谷子、黍稷、小黍、食用稗、科多粟、尾稃粟；在非洲起源的作物包括高粱、珍珠粟、龙爪稷、苔麸、马唐、几内亚粟；在美洲起源的杂粮作物包括藜麦和籽粒苋。

> **拓展阅读 14-2** 玉米和杂粮作物起源、驯化与分布

高粱起源于埃塞俄比亚、苏丹、乍得等非洲东北部地区，驯化于 4 000~7 000 年前。栽培高粱的野生祖先来自同种的野生亚种（*S. bicolor* subsp. *arundinaceum*）中的 4 个种族（来自非洲草原的 verticilliflorum、来自非洲热带森林地区的 arundinaceum、来自非洲萨赫勒干旱地区的 aethiopicum、来自非洲东北部的 virgatum）之一。之后，高粱通过埃塞俄比亚高原和半干旱萨赫勒地区传遍非洲，3 000 年前到达非洲南部，公元前 8 世纪到达近东地区和印度，19 世纪后半叶到达美洲各国和澳大利亚。中国高粱的来源有争议，卢庆善（2006）认为当非洲的栽培高粱经印度传入我国后，与本地野生高粱拟高粱（*S. propinquum*）和光高粱（*S. nitidum*）杂交，其后代逐渐被栽培驯化成为现代的中国高粱。

谷子（*Setaria italica*，又称粱）的野生祖先是青狗尾草（*S. viridis*），但二者之间存在经常性的种间杂交和基因交流。谷子的起源地尚未有定论，一是认为谷子在中国黄河流域 1 万年前得到驯化，之后再传到亚洲、欧洲最后传到北美等地区；二是谷子在欧洲是独立驯化的，证据是来自不同地区的谷子和该地区的青狗尾草聚类先聚到一起。

三、杂粮作物种质资源的多样性

杂粮作物种质资源涉及面广，包括野生近缘植物、地方品种、育成品系、育成品种、遗传材料等。每种作物的繁育特性不一，有自花授粉的，有常异花授粉的，还有异花授粉的；其产品用途多种多样，包括食用、饲用、工业用、药用等，根据用途创制出的种质资源也多种多样；每种作物在不同环境下的生态地理适应性不一样，其种质资源形态学性状、农艺性状、生理生化性状等均表现各异，形成丰富多彩的生态型或类型。杂粮作物种质资源的多样性随作物不同而有显著差别。

高粱的多用途体现出其多样性，它在非洲大部、亚洲和中美用作粮食，非洲甚至是主粮，在美国和澳大利亚是重要的动物饲料，在半干旱热带地区是建筑材料和燃料，在我国还用作酿酒原料和工艺材料（帚用），甜高粱还用作糖和生物燃料原料。高粱具有丰富的遗传多样性，根据形态学性状可把栽培高粱分为 5 个基本种族（Bicolor、Kafir、Caudatum、Durra、Guinea）和 10 个中间种族（具有至少 2 个基本种族的特征）。高粱传入中国后形成了独特的类型，王富德等（1981 年）建议增加 Kaoliang 种族，下分软壳型、双软壳型、硬壳型和新疆型 4 个类型。

谷子的一级基因源为栽培谷子及其野生祖先青狗尾草；二级基因源包括 *Setaria adhaerans*（$2n = 2x = 18$）、2 个异源四倍体种轮生狗尾草（*S. verticillata*，又称倒刺狗尾草）和法式狗尾草（*S. faberii*，又称大狗尾草）（$2n = 4x = 36$）；三级基因源包括金色

狗尾草（*S. glauca*）（4*x* 和 8*x*）以及其他野生种。形态学和分子证据表明，栽培谷子和青狗尾草有丰富的遗传多样性。根据形态学性状，青狗尾草可分为 Minor 种族（野生类型）和 Major 种族（谷莠子，为杂草类型），而栽培谷子可分为 3 个种族，一是来自中国东部、日本、朝鲜、尼泊尔、印度北部、格鲁吉亚等地的 Maxima 种族（下分 Compacta、Spongiosa、Assamense 亚种族），二是来自欧洲、俄罗斯、阿富汗和巴基斯坦的 Moharia 种族（下分 Aristata、Fusiformis、Glabra 亚种族），三是来自印度南部和斯里兰卡的 Indica 种族（下分 Erecta、Glabra、Nana、Profusa 亚种族）。经过数千年的栽培，谷子在形态学性状和农艺性状上具有极其丰富的多样性，如穗形就有纺锤形、圆筒形、圆锥形、棍棒形、鞭绳形、龙爪形、猫足形、鸭嘴形等，在刺毛、粒色、米色、粒形、粒大小、生育期等方面也变异丰富。

四、杂粮作物种质资源收集与保存

国际上对杂粮作物种质资源的收集历史也十分悠久，前苏联和美国是收集保存最早也较多的国家。20 世纪后半叶，随着日本和欧洲发达国家经济实力增强，也相继派出多个考察队，到非洲、亚洲和美洲不发达国家边远地区广泛收集杂粮作物种质资源。在我国，1955—1956 年由农业部组织的全国农作物种质资源征集行动中收集谷子、高粱、黍稷等作物的地方品种 2 万余份。20 世纪 80—90 年代，又补充收集到一批杂粮作物种质资源。2015 年实施的第三次全国农作物种质资源普查与收集行动中，又收集到杂粮作物种质资源一万余份。

杂粮作物种质资源保存的主要方式是种子的低温库保存，但在不同作物的起源地国家也存在零星的包括野生近缘植物原生境保护点和地方品种农田保存等在内的原生境保护方式。

高粱是世界上重要的粮食作物之一，保存的种质资源数量也最多。国际半干旱热带作物研究所（ICRISAT）保存 4.3 万份，美国 4.7 万余份，印度 2.6 万余份、中国近 2.2 万份，俄罗斯近 1 万份。

全球共有珍珠粟种质资源 5.6 万余份，分别保存在 46 个国家 70 个种质库中，保存最多的是 ICRISAT，保存有来自 51 个国家的 2.4 万余份种质资源，其中主要是地方品种；在各国种质库中，保存数量相对较多的是印度 8 400 份，美国 2 100 余份。

除珍珠粟外的其他粟类作物种质资源全球保存了 16.4 万余份，其中主要是谷子、黍稷和龙爪稷 3 种作物的种质资源。

谷子种质资源近 5 万份，其中栽培谷子亚洲保存最多，为 3.8 万多份（中国 2.8 万余份、印度 4 300 余份、日本近 1 300 份），其次是欧洲（俄罗斯 4 700 余份、法国 4 300 余份），狗尾草属（*Setaria*）的其他物种种质资源 1 900 余份主要保存在非洲各国和美国。

黍稷种质资源全球保存近 3 万份，其中欧洲保存近 1.6 万份，主要由俄罗斯和乌克兰保存，近 1.4 万份，亚洲近 1.3 万份（中国 1 万余份，印度 2 800 份）。小黍种质资源全球有 3 200 余份，其中亚洲保存了 2 800 余份，美国保存了 460 余份。黍属（*Panicum*）其他物种种质资源 1.6 万余份，其中亚洲保存了近 9 600 份、非洲 3 800 余份、美国 2 100 余份。

龙爪稷种质资源共计近 3.7 万份，主要保存在亚洲（近 2.9 万份）和非洲（6 700

份）。其中，位于印度的 ICRISAT 保存了 7 500 余份，并构建了核心种质（622 份）和含微核心种质（80 份）；印度国家种质库保存了 1.6 万余份，肯尼亚、埃塞俄比亚、乌干达、美国均保存有上千份龙爪稷种质资源。

科多粟种质资源 7 600 余份，栽培科多粟主要保存在亚洲，有 4 000 余份，其中印度保存 3 300 份，雀稗属（Paspalum）其他物种种质资源近 4 000 份，主要保存在美国（2 800 余份）。

苔麸种质资源 9 000 余份，栽培苔麸主要保存在非洲，有 5 000 余份，大多由埃塞俄比亚生物多样性研究所保存，画眉草属（Eragrostis）其他物种近 3 200 份种质资源中，非洲保存了约 1 300 份。

食用稗种质资源 8 600 余份，其中栽培食用稗亚洲保存了 7 400 多份（其中中国 970 余份、印度 540 余份），稗属（Echinochloa）其他物种种质资源 700 余份，亚洲保存了 370 余份、非洲 250 份。

马唐种质资源共计 3 300 余份，其中栽培白马唐 860 余份主要保存在西非各国农业研究中心以及法国研发所，黑马唐则收集保存极少，来自全球的马唐属（Digitaria）其他物种种质资源近 2 500 份。

薏苡种质资源保存数量仅 1 000 余份，并且均为栽培薏苡，主要保存在中国，近 650 份。

中国是荞麦起源中心和生产消费大国，种质资源保存也较多，目前保存 2 800 余份；俄罗斯保存了 2 200 余份，印度 1 100 余份。

藜麦种质资源主要保存在玻利维亚国立农林研究所等 6 个种质库中，共 6 700 余份；秘鲁共保存了 6 300 余份，厄瓜多尔保存了 670 余份。

籽粒苋种质资源主要保存在印度（近 6 500 份）、美国（3 300 余份）、巴西（2 300 余份），中国保存了上千份的籽粒苋种质资源。

此外，几内亚粟种质资源仅保存了 3 份，尾稃粟仅 31 份。但尾稃草属其他物种保存了近 2 000 份种质资源，其中 60% 以上保存在美国。

由于在种质资源入库保存前需要繁殖足够高质量种子、保存过程中因生活力降低或因分发种子导致保存量不够时需要及时更新，遵循遗传完整性原则，不同作物和不同种质资源类型的繁殖和更新技术方法有所不同。例如，荞麦中的甜荞是异株异花授粉作物，要求采取套罩隔离、网室隔离、空间隔离、种植隔离等多种方式进行种子繁殖更新，而苦荞虽有人认为是自花授粉作物，其自交结实率仅为 85%，天然杂交率仍然较高，因此需要在繁殖更新时，不同品种间保持空间隔离距离 30 m 以上。

2014 年出版的《作物种质资源繁殖更新技术规程》详细规定了高粱、谷子、黍稷、荞麦等作物种质资源繁殖更新的技术流程和程序。

五、杂粮作物种质资源鉴定评价

我国针对高粱、谷子、黍稷、荞麦和籽粒苋出版了类似的种质资源描述规范和数据标准。国际农业研究磋商组织（CGIAR）下属各国际农业研究中心还对珍珠粟、龙爪稷、科多粟、食用稗等作物的种质资源描述标准进行了规定。

杂粮作物有其自身的特点（如抗逆性、适应性强，品质等性状好），因此相关性状的鉴定评价做得更多。

（一）抗逆性鉴定评价

高粱耐旱能力强，与玉米生长季需水 500～600 mm 相比，高粱仅需水 400 mm；高粱较耐瘠薄，对 9 883 份高粱地方品种进行耐瘠性鉴定，发现 592 份达到"1 级"水平。粟类作物比玉米和高粱具有更高的水分利用效率和氮利用效率，更耐干旱和瘠薄，比主粮作物更适合在水肥资源短缺的环境下种植。例如，珍珠粟只需要水 250～300 mm；谷子是一种耐旱作物，水分利用效率高，生产 1 g 干物质约需要水 250 g，而小麦和玉米则分别需要水 450 g 和 500 g。黍稷对干旱土壤有强适应性，在年降水量 330～350 mm 的干旱条件下，就能形成产量，也可能是东亚旱作农业中利用最早的作物；黍稷生育期短，仅 60～90 d，这既有利于抗旱，也有利于成为一种救荒作物。黍稷比其他粟类作物更适应高纬度地区环境，甚至在 54°N 也可种植，在 3 500 m 的高海拔地区也可生长。黍稷耐瘠薄，是一种开荒的先锋作物，较为耐盐碱，但耐盐碱能力品种间差异很大。

（二）品质性状鉴定评价

高粱籽粒不含面筋，是一种富含生物活性物质的作物，如含有较高含量的类黄酮（黄烷酮、黄酮醇、黄烷醇等）、ρ- 香豆酸、阿魏酸、咖啡酸、羟基肉桂酸、羟基苯甲酸、芥酸、花青素，具有降血糖、消炎和抗氧化等特性，可视为一种功能型作物。粟类作物最大的优势也是具有更好的营养品质，如可提供人体不能合成的必需氨基酸、含有更多的由醇溶蛋白构成的种子贮藏蛋白等。粟类作物籽粒中蛋白质含量一般都在10%以上（谷子12.3%、薏苡15.4%），且含有较高的慢消化淀粉和抗性淀粉含量，如谷子品种中的抗性淀粉含量达 13.35%～14.56%，可用作糖尿病患者控制血糖水平的膳食补充。同时，粟类作物有助于降低血浆胆固醇和甘油三酯浓度，降低人体胰岛素敏感性。由此可见，粟类作物是防治糖尿病和心血管疾病的功能型作物。此外，粟类作物籽粒还含有丰富的铁、钙、锌、镁、磷和钾等矿物质，如龙爪稷每 100 g 含 350 mg 钙、320 mg 钾，苔麸每 100 g 含 159 mg 钙，仅次于龙爪稷，小黍和食用稗每 100 g 含 9.3～18.6 mg 铁。谷子是一种营养丰富的粮食作物，对上百个谷子地方品种进行籽粒品质性状鉴定的结果表明，与水稻、小麦和高粱相比，有 8 个品种的大量矿物质元素（K、Ni、Ca、B、Mg、P、S、Zn、Mg、Fe）要高 2～3 倍；此外，谷子富含多种维生素，如维生素 A、维生素 B1、维生素 B2、维生素 Eα 和维生素 Eβ。

藜麦籽粒蛋白质含量高达 18%，且含 9 种必需氨基酸，纤维、油分和矿物质元素含量高，富含维生素 E 和抗氧化物质，是一个典型的功能型作物。例如，藜麦种子富含多酚类物质和植物蜕皮类固醇，具有降血脂、保肝和保护神经的作用；种子富含膳食纤维多糖，具有调节肠道微生物、血脂和血糖能力；藜麦富含植物雌激素，有助于防治慢性疾病和妇科病等。

（三）基因型鉴定

目前，在高粱、荞麦、藜麦、籽粒苋、珍珠粟、谷子、黍稷、龙爪稷、食用稗、苔麸、薏苡等多种杂粮作物上已完成全基因组测序，并在主要杂粮作物上开展了重测序工作。通过利用重测序和芯片技术开展全基因组水平的基因型鉴定，进一步明确了多种作物种质资源的遗传多样性本底，对杂粮作物的起源、传播和演化有了更深刻的认识。例如，在荞麦上，通过对 510 份苦荞种质资源进行重测序，提出苦荞在中国西南和北方是独立驯化的。通过对 916 份谷子种质资源进行重测序，构建了谷子的单倍型变异图谱，发现可将这些种质资源划分为早熟和晚熟两个组。对 994 份珍珠粟种质资源进行重测序，证实了珍珠粟起源于西非中部地区，珍珠粟种质资源的群体结构不明显，而其野生祖先特别是来自东非和西非的野生居群多样性高，在育种中有重要利用价值。由于测序成本不断降低以及对标记数量的要求，在一些基因组较小的高粱和谷子等杂粮作物上也有应用 GBS 的成功案例。如美国对上万份高粱种质资源应用 GBS 获得的近 46 万个 SNP 标记进行了基因型鉴定，发现在全基因组水平上确实存在与种族相对应的群体结构。

第六节　玉米和杂粮作物种质资源的发展趋势与展望

种质资源的共享利用是种质资源工作的根本目的。如何发挥玉米和杂粮作物种质资源在育种和基础研究中的引领性作用一直是相关国际组织和各国科技界关注和聚焦的问题。尤其是对很多发展中国家来说，玉米和杂粮作物是多数人口的粮食作物甚至是口粮作物，通过种质资源共享利用推动育种进步，从而大幅度提升杂粮作物产量和品质，对解决粮食安全尤其是欠发达国家的粮食安全至关重要。

一、玉米和杂粮作物种质资源的共享利用

（一）种质资源的共享

在国际上的玉米和杂粮作物种质资源共享体系主要以 CGIAR 下属国际农业研究中心牵头建设的网络为抓手。截至 2022 年底，CIMMYT 保存了 28 000 余份玉米种质资源，另一个国际农业研究中心国际热带农业研究所（IITA）也保存了 2 000 余份玉米种质资源。ICRISAT 保存有 11 种作物来自 144 个国家的 129 091 份种质资源，其中高粱 42 880 份、珍珠粟 24 663 份、龙爪稷 7 513 份、谷子 1 542 份、黍稷 849 份、小黍 473 份、科多粟 665 份、食用稗 749 份。为了便于种质共享分发，ICRISAT 还在尼日尔尼亚美、津巴布韦布拉瓦约和肯尼亚内罗比建立了地区性种质库。

拓展阅读 14-3　五大国家种质库中玉米和杂粮作物种质资源保存情况

这些国际农业研究中心加入了植物遗传资源国际条约（ITPGRFA），所有种质资源可对全球用户共享开放，用户与其签订标准材料转移协议（SMTA）并得到所在国批准后，即可获得所需种质资源。国际农业研究中心有种质资源全球共享的责任与义务，其卓有成效的工作得到世界各国的广泛赞誉。例如，CIMMYT 向全球 150 多个国家分发了玉米种质资源。在 1973 年到 2023 年期间，ICRISAT 共向全球 150 个国家分发了 1 613 400 份次种质资源，52 个国家直接用 114 份资源创制新品种 153 个，81 个国家利用这些种质资源培育了 1 019 个作物新品种。

我国玉米和杂粮作物种质资源保存于国家粮食作物种质资源中期库（北京），由中国农业科学院作物科学研究所管理运行，承担玉米杂粮作物种质资源分发共享任务。据初步统计，每年有近万份次的玉米和杂粮作物种质资源向全国用户分发，并与国外相关机构有正常的国际交流合作。

（二）种质资源的利用

全球玉米生产上应用的品种均经历了从地方品种、品种间杂交种、双交种、三交种到单交种的演变过程。在我国，从玉米传入到 20 世纪 50 年代中期，作为种质资源重要组成部分的地方品种一直是生产上的主角，一直到 21 世纪 20 年代，在我国边远地区甚至在经济发达地区，还有不少地方品种在生产上直接利用。从培育品种间杂交种开

始的现代玉米育种过程中，玉米的野生近缘种、地方品种和自交系等均起到关键的基础支撑作用。例如，20世纪60年代，我国第一个单交种'新单1号'的亲本之一来自地方品种。20世纪70年代，中国农业科学院和北京市农林科学院在'塘四平头'自交系（选自唐山地方品种'唐四平头'）和地方品种'黄四平头'天然杂交后，与'塘四平头'再次回交，经人工选育，创制出我国玉米育种骨干亲本'黄早四'，该自交系具有适应性强、配合力高、株型紧凑、生育期短、灌浆速度快等多种优良性状。科技人员又以'黄早四'为基础材料，陆续选育衍生出数以百计的黄改系，形成我国特有的塘四平头杂种优势群，利用黄早四及其衍生系组配的杂交种已累计推广数亿公顷，为解决我国粮食安全问题作出了重大贡献。早在20世纪20年代，利用辽宁大连本地地方品种'大金顶'与引进的马齿型'大红骨'杂交而形成改良品种'旅大红骨'，根系发达抗倒伏，抗叶斑病和丝黑穗病，耐涝；20世纪60年代用其育成'旅28'和'旅9'自交系，1972年育成'丹玉6号'杂交种，此后又创制出'E28''丹340''丹598'等重要自交系，育成了年推广面积6 700 hm² 以上的杂交种59个，累计推广面积达 3.3×10^7 hm² 以上，在我国玉米育种和生产中发挥了重要作用。但需要注意的是，我国杂交玉米育种的历史就是引进、吸收、再创新美国玉米带种质的历史，最初从美国引进'Mo17''C103'等优良自交系，到后来引进美国杂交种，在此基础上开展种质创新和自交系培育，形成了具有中国特色的玉米杂种优势利用模式，大幅度提高了我国玉米育种水平。

谷子在中华文明孕育和发展中发挥了巨大作用，在新中国成立初期栽培面积一度达到 9.0×10^6 hm²。在生产上的谷子品种同样经历了从地方品种到常规品种再到杂交品种的过程。为了克服谷田除草的难题，培育耐除草剂谷子品种至关重要。但栽培谷子中没有除草剂抗源，通过广泛鉴定筛选，在青狗尾草中发现为数不多的几份耐除草剂种质材料，我国科学家通过综合采用远缘杂交、快速回交等技术，成功地将存在于青狗尾草细胞核中的抗除草剂"拿捕净"和"氟乐灵"的基因转移到栽培谷子中，特别是将存在于野生种细胞质中的抗除草剂"莠去津"基因，创造性地利用花粉作载体，转移到栽培谷子细胞质中，开辟了雄配子携带细胞质基因导入的技术途径，创新出单抗或复抗除草剂"拿捕净""氯乐灵"和"阿特拉津"的谷子新种质，并在后来育种和生产中得到广泛利用，特别是为谷子杂种优势利用奠定了技术和种质基础。

二、玉米和杂粮作物种质资源发展前景

种质资源收集保护多元化趋势将愈加明显。到目前为止，世界上大多数玉米和杂粮作物野生近缘种和地方品种已收集入库。今后的种质资源收集重点应由国家/地区之间、研究机构之间的种质资源交换，转向广泛收集育种家手中的创新种质和基础研究工作者手中的遗传/基因组材料。尽管未来的种质资源国际交换需要更好的国际环境和政策法律支撑，但在大方向上要进一步加强从起源中心和多样性中心收集玉米和杂粮作物种质资源。

种质资源鉴定评价是今后工作重点。为了盘活种质库中"沉睡"的种质资源，加强重要育种性状的多环境鉴定评价和全基因组水平基因型鉴定，从基因型与环境互作角度阐析种质资源育种利用潜力，以及应用基因组学理论和方法预测和鉴定种质库中种质资源利用潜力等，已成为国际发展前沿。未来玉米和杂粮作物种质资源更要聚焦精准鉴

定，一是体现出种质资源的"量"，即鉴定工作有一定规模；二是体现出鉴定过程和结果的"精准"，即在性状鉴定中要多环境下的鉴定、基因型鉴定中突出全基因组水平或基因水平的鉴定，最大程度减小误差；三是体现出多种性状多个环境多个遗传背景下的综合评价。

基因资源挖掘和种质创新成为今后种质资源重点工作内容。拓宽育种遗传基础是玉米种质资源工作者甚至育种工作者的永恒目标，种质创新是实现这一目标的主要途径，基因资源挖掘是高效种质创新的有力支撑。如何把种质库中的野生近缘植物、地方品种、外来种质等变成"育种中好用、育种家想用"的新种质，已成为科技界重点关注的问题。因此，首先要加强重要性状关键基因的等位变异挖掘，明确种质资源中等位变异多少、分布及其遗传效应，提出种质资源高效利用方案；其次要综合应用多种技术路线，利用现有变异和创造新变异相结合，把种质库中不好利用的种质资源变成育种中好用的种质资源。

📺 推荐阅读

1. 刘纪麟. 玉米育种学 [M]. 2 版. 北京：中国农业出版社，2001.
   本书系统介绍了玉米起源与进化、重要性状遗传学基础、遗传改良等理论和方法。

2. Singh M，Kumar S. Broadening the genetic base of grain cereals [M]. New Delhi：Springer（India）Pvt. Ltd.，2016.
   本书系统介绍了玉米、高粱、珍珠粟、谷子等作物的起源、分布、多样性和改良方法。

3. Srivastava S. Small millet grains：the superfoods in human diet [M]. Singapore：Springer Nature Singapore Pte. Ltd.，2022.
   本书系统介绍了粟类作物利用历史、生产技术和营养特性。

❓ 思考题

1. 玉米种质创新的主要思路和技术路线有哪些？
2. 试举例说明玉米种质资源对玉米育种和粮食安全有哪些突出贡献。
3. 试举例说明我国一种杂粮作物种质资源的优势。

📑 主要参考文献

1. 董玉琛，郑殿升. 中国作物及其野生近缘植物：粮食作物卷［M］. 北京：中国农业出版社，2006.

2. 石云素，黎裕，王天宇，等. 玉米种质资源描述规范和数据标准［M］. 北京：中国农业出版社，2006.

3. 王述民，卢新雄. 作物种质资源繁殖更新技术规程［M］. 北京：中国农业科学技术出版社，2014.

4. Al-Khayri JM，Jain SM，Johnson DV. Advances in plant breeding strategies：cereals［M］. Vol. 5. Switzerland：Springer，2019.

5. Buckler ES，Thornsberry JM，Kresovich S. Molecular diversity，structure and domestication of grasses［J］. Genetical Research，2001，77：213-218.

6. Geervani P，Eggum BO. Nutrient composition and protein quality of minor millets［J］. Plant Foods and Human Nutrition，1989，39：201-208.

7. Muthamilarasan M，Pradad M. Small millets for enduring food security amidst pandemics［J］. Trends in

Plant Science，2021，26（1）：33–40.

8. Ortiz R，Taba S，Tovar VHC，et al. Conserving and enhancing maize genetic resources as global public goods：a perspective from CIMMYT［J］. Crop Science，2010，50：13–28.

9. Prasanna BM. Diversity in global maize germplasm：characterization and utilization［J］. Journal of Bioscience，2012，37：843–855.

10. Smith JS，Trevisan W，McCunn A，et al. Global dependence on corn belt dent maize germplasm：challenges and opportunities［J］. Crop Science，2021，62：2039–2066.

11. The Angiosperm Phylogeny Group. An update of the Angiosperm phylogeny group classification for the orders and families of flowering plants：APG Ⅳ［J］. Botanical Journal of the Linnean Society，2016，181：1–20.

12. Vetriventhan M，Vania C，Azevedo R，et al. Genetic and genomic resources，and breeding for accelerating improvement of small millets：current status and future interventions［J］. The Nucleus，2020，63：217–239.

13. Wanous MK. Origin，taxonomy and ploidy of the millets and minor cereals［J］. Plant Variety and Seeds，1990，3：99–112.

ℯ 网上更多资源 ————————————————————

📚 拓展阅读　　🖥 彩图　　📄 思考题解析

撰稿人：黎裕　审稿人：李建生

第十五章

豆类种质资源

● ● ● ● ● ●

本章导读

1. "种豆南山下，草盛豆苗稀"，这是东晋陶渊明描写大豆田间长势的诗句，说明大豆在我国已有很长的种植历史，那么大豆的故乡是哪里呢？现在世界各国种植的大豆又是从哪里来的，是如何传播的？

2. 我国传统上有夏季喝绿豆汤解暑的风俗习惯，早在《本草纲目》中就有记载，那么，绿豆起源于哪里？俗语中也常常将绿豆、芝麻比作微小不值得一提的事，那么绿豆在我国农作物生产中到底处于什么地位？

3. 从鲁迅先生笔下《孔乙己》的茴香豆，到《社戏》里的罗汉豆，我们看到蚕豆在我国种植历史悠久且深受人民群众喜爱，那么蚕豆的资源保护和利用情况如何，有什么工作成效？

4. 备受消费者青睐的四季豆、芸豆是不是一种豆，究竟含有什么营养元素？

豆类作物种类繁多，分布广泛。因富含蛋白质、膳食纤维及保健因子等成分，豆类越来越受到人们的青睐。豆类作物同时因其具有固氮能力，在促进作物可持续生产中具有特殊作用。根据《中国植物图鉴》记载，豆科（Leguminosae）植物共有435属，13 000余种，在我国主要栽培的食用豆种均属于蝶形花亚科（Papilionoideae），包括大豆（soybean）和食用豆类（food legumes）等。世界上栽培的食用豆类作物包括15属、27个栽培种（图15–1）。根据种植季节不同，我国食用豆类作物又分为三大类：一是冷季豆类（cool season food legumes），一般在南方冬季前播种，第二年春季收获，或者北方早春顶凌播种，夏初收获，包括蚕豆、豌豆、鹰嘴豆等；二是暖季豆类（warm season food legumes），一般在南北方春季播种，夏秋季收获，包括普通菜豆、利马豆、扁豆等；三是热季豆类（hot season food legumes），一般在北方夏季播种，秋季收获，包括绿豆、小豆、豇豆等。但在国外，通常对食用豆类仅划分为两大类，即冷季豆类和热季豆类。大豆的分类详见本章第一节中相关内容。本章仅以大豆、绿豆、蚕豆、普通菜豆为例，叙述豆类作物种质资源。

第一节　豆类种质资源的起源、演化与多样性

作物驯化发生在世界不同的地方，并且有聚集现象，但作物多样性中心与起源中心

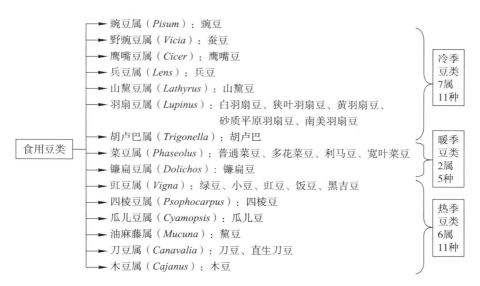

图 15-1　食用豆类分类

可能并不完全一致，作物起源中心理论可指导作物种质资源的调查收集。栽培作物由野生植物驯化而来，由于种植环境不同和人工选择，形成了丰富多彩的地方品种类型。在孟德尔遗传学定律指导下，作物品种改良速度加快，创制了适合不同环境和市场需求的新种质和新品种。

一、大豆种质的起源、演化与多样性

大豆是世界重要的粮油兼用作物，其蛋白质和脂肪的含量约占干重的 60%，为世界提供了 30% 的脂肪和 60% 的植物蛋白质。同时，大豆根瘤菌具有固定空气中氮素的作用，因此大豆是良好的用地养地作物。因此，大豆在国民经济和人民生活中具有重要地位。

大豆原产我国，在我国农业产业结构中占有特殊且重要的地位，是仅次于玉米、水稻、小麦的第四大作物。大豆先后传入东亚、东南亚、欧洲、美洲和非洲等世界各地。中国大豆种质资源不仅在国内大豆育种和生产中发挥了重要作用，也为世界大豆育种和生产作出了重大贡献。

（一）大豆种质资源的分类

大豆 [*Glycine max*（L.）Merr.] 属于豆科（Leguminosae），蝶形花亚科（Papilionoideae），大豆属（*Glycine*）。大豆属包括 *Soja* 和 *Glycine* 2 个亚属，*Glycine* 亚属包括 30 余个多年生野生种，*Soja* 亚属包括栽培大豆种 [*G. max*（L.）Merr.] 和一年生野生大豆种（*G. soja* Sieb. et Zucc.）。大豆种质资源包括栽培大豆种、一年生野生大豆种和多年生野生大豆种。栽培大豆和一年生野生大豆为自花授粉作物，染色体数均为 $2n = 40$，两者间不存在生殖隔离现象，能够正常杂交，后代可育。大部分多年生野生大豆种与栽培大豆种之间杂交存在各种生殖障碍，目前只有短绒野大豆（*G. tomentella* Hayata）等个别野生大豆种通过胚挽救技术成功与栽培大豆杂交。

中国地域广阔，地形地势多变，南北气候差异大，耕作制度极为复杂。由于栽培大豆的变异大、品种类型广，以及不同条件的长期定向选择，使生长在不同光温条件下的不同类型生育期差别很大，配合不同的耕作制度，形成了不同的大豆品种生态类型，所以对大豆种质资源的分类，要与种植的地区及在该地区的播种期等条件结合起来。北方一年一熟制地区的大豆种质属于春大豆；黄淮流域多为二年三熟或一年二熟耕作制，大豆多麦收后夏播，属于黄淮夏大豆，同时也有少量春大豆；长江流域及其以南地区多一年三熟或二年五熟耕作制，配合不同的耕作制度就有不同播种期类型的春大豆、夏大豆和秋大豆；在低纬度地区（主要是北回归线以南）的广东、广西和云南等省（自治区）南部还有冬大豆。

美国发展了一套大豆品种熟期组的划分方法，共分为000、00、0、Ⅰ、Ⅱ、Ⅲ、Ⅳ……Ⅹ 13个熟期组，其分布大体与纬度线平行，每组品种在其适应地区早晚相差10～15 d，如美国大豆的第Ⅲ熟期组位于38°N—42°N，40°N纬度线平行横贯其间。目前，北美品种熟期组的划分逐渐被世界各国采纳，成为国际通用方法，尤其适用于一熟制大豆的地区。经过几代人的努力，我国已建立起与国际接轨且适合我国产区分布、耕作制度和品种类型的大豆生育期组区划方案，42°N以北地区，我国和美国大豆生育期组分布情况基本一致，而在42°N以南地区，因我国种植制度复杂，两国同纬度大豆生育期组差异较大。

还可根据一些重要特性进行大豆种质资源分类，如按结荚习性可分为无限结荚、亚有限结荚和有限结荚类型；按籽粒大小可分为大粒（百粒重18.0 g以上）、中粒（百粒重12.0～17.9 g）和小粒（百粒重11.9 g以下）类型等。

（二）栽培大豆种质资源的起源与演化

栽培大豆由一年生野生大豆驯化而来，中国是世界公认的大豆起源国，但具体起源于我国何地，目前学术界还没有定论，有黄淮地区起源说、南方起源说、东北地区起源说、多中心起源说等。一年生野生大豆为草本，茎细长而蔓生，荚果窄小，成熟时易炸荚，种皮黑色，百粒重常不足3 g；栽培大豆主茎发达、秆强抗倒、叶片宽大、种皮多为黄色、百粒重20 g左右，两者形成鲜明对比。

大约在公元前2世纪，大豆由我国传入朝鲜，而后又自朝鲜传至日本。在公元6世纪，中国南方晚熟大豆又经海路引种至日本九州一带。1737年之前大豆传入荷兰，1765年由中国途经英国传入美国。大豆传入阿根廷的最早记载是1882年，巴西大豆引种相对较晚。由于世界各国大豆均直接或间接引自中国，许多国家的语言中至今仍保留着大豆古语"菽"的发音，如拉丁文（soja）、英文（soy）、法文（soya）和德文（soja）等，间接证明了中国是大豆的原产地。

（三）大豆种质资源的多样性

大豆是短日照作物，每份种质资源的适应区域相对比较狭窄，但大豆的分布又极为广泛，凡有作物栽培的地方多有大豆种植。大豆是以多种多样的种质资源去适应不同地区、不同气候和不同耕作制度的，这就决定了大豆种质资源的遗传多样性。

随着科学技术的进步，大豆种质遗传多样性的研究经历了从形态学、细胞学、同工酶向多种分子标记的转变，分子标记可以直接反映DNA上的遗传变异。利用大豆初选核心种质的简单重复序列（simple sequence repeat，SSR）标记鉴定发现，我国栽培大豆种质资源的遗传多样性分布以陕西南部为主要中心，呈辐射状向四周扩散，并随着与遗传多样性中心实际距离加大，遗传多样性呈降低趋势。在湖南北部、河北北部和吉林北部，分别形成3个遗传多样性次生中心，但次生中心的遗传多样性显著低于主要中心及其邻近地区。地理来源相同的种质多聚在一起，但来源相同的种质也有分别聚在不同类别的情况，存在明显的遗传结构差异，这也说明大豆种质资源的遗传多样性广泛存在。因此，在相同生态区种质资源之间存在的遗传多样性是我国拓宽大豆品种遗传基础最常用的一种方式，但还应充分重视不同生态区种质资源之间的遗传多样性在育种中的利用。需要特别注意的是，在利用不同生态区品种时，应选择遗传结构有差异的品种。

一年生野生大豆遗传变异往往表现为大的地理空间区域内变异和小的区域间变异，或大的天然群体间变异和小的群体内变异；在个别生态系统或特定地理位置的群体间也出现小的群体间和大的群体内变异，这可能是高强度的基因流超过了环境选择压力、人工干扰和遗传漂变的作用；一年生野生大豆基因流与地理距离也存在密切关系。一年生野生大豆种群遗传结构始终在自然选择、人工干扰、遗传突变、遗传漂变和基因流的作用下维持动态平衡。

研究表明，从野生大豆到地方品种再到栽培品种，遗传多样性急剧降低。

二、绿豆种质的起源、演化、传播与多样性

（一）绿豆种质资源的分类及作用

绿豆，顾名思义，绿色的豆子。其实不然，绿豆种皮不仅仅是绿色的，还有黑色、墨绿色、黄色、褐色等，一般野生绿豆多为褐色。根据种皮光泽，还可以分为明绿豆、毛绿豆，市场上以明绿豆较多。根据生长习性，绿豆又分为直立型和蔓生型，随着农业机械化的需求，生产上主栽品种多为直立型绿豆。绿豆荚色多为黑色，仅有少量为黄荚。根据籽粒大小又分为大粒和小粒，一般大粒种多用于原粮食用或豆沙加工，小粒种多用于豆芽生产。

绿豆富含蛋白质、矿物质和维生素等营养物质，同时兼具药用价值，是典型的药食两用作物。绿豆生育期短、耐旱、耐瘠薄，是填荒救灾的首选作物，也是经济欠发达地区发展乡村振兴的重要作物。我国种植绿豆的历史已逾 2 000 年，产区主要集中在黄河流域、淮河流域及东北地区，其中内蒙古、吉林、河南、山西等地种植面积较大。作为绿豆传统生产国和出口国，我国绿豆品牌在国内外市场久享盛誉。随着人们生活水平、健康意识的提高和膳食结构的改变，国内外市场对绿豆及其加工食品的需求量正逐渐增加。因此，绿豆产业前景可观。

（二）绿豆种质资源的起源、演化与传播

根据野生绿豆的分布和考古记录，Fuller 等（2007）认为绿豆于 4000~6000 年前在南亚被驯化和栽培。但是，关于绿豆的起源众说纷纭。最早是瑞士植物学家康多尔于 1886 年在《栽培作物的起源》中指出绿豆起源于印度及尼罗河流域。1935 年，苏联植物学家瓦维洛夫提出绿豆起源于印度起源中心（包括缅甸和印度东部的阿萨姆）以及中亚起源中心（包括印度西部、阿富汗、塔吉克斯坦等）。1991 年，Tomooka 等通过种子蛋白质电泳分析认为绿豆多样性中心在西亚，并提出绿豆从印度西部传到东部的两条可能途径：一是从印度到东南亚国家，二是从印度或西亚经丝绸之路传到中国。最近，Kang（2014）和 Liu 等（2022）从基因组学的角度证实了绿豆从南亚经丝绸之路引入西亚和东亚。但是，我国广西、云南、河南、山东等地也发现过绿豆野生种，故推断我国可能也在绿豆起源中心内。

（三）绿豆种质资源的多样性

形态标记是研究植物遗传多样性最直观、最有效的方法。绿豆种质资源的形态学标记包括株型、茎、叶、荚、籽粒等表型性状及生育期、产量等。对我国库存 5 072 份绿豆种质资源的 14 个农艺性状分析表明，其遗传多样性中心在 35°N—43°N，111°E—119°E，来源于山西和河北的绿豆种质资源遗传多样性最高。多年多点农艺性状的评价发现，绿豆种质资源主要表型性状的遗传多样性指数为 1.573～2.078，以株高和百粒重的遗传多样性指数较高。

分子标记技术可以从 DNA 水平上反映绿豆种质间的亲缘关系。国外学者利用 18 对 SSR 标记对来自亚洲及非洲地区的 415 份绿豆栽培种的研究发现，南亚地区的栽培种遗传多样性最高。国内利用 SSR 引物对绿豆种质资源的分析表明，相同来源的种质具有相似的遗传背景，同时发现国外及我国各地区之间的绿豆种质资源均存在明显的遗传背景差异。

三、蚕豆种质的起源、演化与多样性

（一）蚕豆种质资源的分类

蚕豆（*Vicia faba* L.）又称罗汉豆、胡豆等，是世界上重要的豆科作物，也是中国主要的食用豆类作物之一。蚕豆在植物学上属于野豌豆属（*Vicia* L.），蚕豆种质资源的分类可以根据它的粒型、生态型、种皮颜色等进行分类。按照蚕豆大小及百粒重，可分为大粒蚕豆（百粒重高于 120 g）、中粒蚕豆（单粒重大于 70 g 小于 120 g）、小粒蚕豆（单粒重低于 70 g）；按照生态型和播种期可分成春性蚕豆和冬性蚕豆；按照种皮颜色分为青皮蚕豆、白皮蚕豆、红皮蚕豆、黑皮蚕豆等。另外，根据蚕豆的不同用途，还可划分为菜用、粒用、饲用和绿肥用等四种类型；按成熟时间不同，又可划分为早熟型、中熟型、晚熟型三种。

（二）蚕豆种质资源的起源与演化

关于蚕豆起源，学术界一直存在争议，至今都没有定论。1931 年，Muratova 认为大粒蚕豆的起源在北非，小粒蚕豆的起源在里海南部；1935 年，苏联瓦维洛夫认为蚕豆最初的起源地是中亚的中心地区，推测大粒蚕豆的次生起源地位于埃塞俄比亚以及地中海沿岸地区。1974 年，Cubero 等提出近东地区为蚕豆种质资源的起源中心，并有 4 条传播路径分别为：向北传播至欧洲；沿北非海岸传播至西班牙；沿尼罗河传播至埃塞俄比亚；从美索不达米亚平原传播至印度，再从印度传播至中国。

在中国，蚕豆何时被传入没有确切的记载。可能早在新石器时代的 4 000～5 000 年前，人们就开始种植蚕豆了，在一些早期的文化遗址和墓葬中也发现了蚕豆残存物，如 1956 年和 1978 年均在浙江省湖州市吴兴区的钱山漾文化遗址中发掘出新石器时代晚期的蚕豆半炭化种子。关于蚕豆种质资源的起源和传播问题至今尚没有准确的结论，有待深入研究。

（三）蚕豆种质资源的多样性

蚕豆在种植和生产过程中受到环境因素的影响，表现出了丰富的遗传多样性，对于蚕豆种质资源的保存和利用有着至关重要的作用。根据分子标记、主成分分析及聚类分析结果，国外秋播蚕豆种质与国内秋播蚕豆种质明显分为两大类群；国内春播蚕豆和国内秋播蚕豆也明显分为两个类群，表明其遗传多样性与地理环境密切相关。另外，研究发现中国蚕豆种质资源与来自国外的种质资源遗传差异明显，利用国外种质可以有效拓宽我国蚕豆种质的遗传基础。

四、普通菜豆种质的起源、演化与多样性

普通菜豆是重要的食用豆类之一，广泛分布于世界各地。在非洲等欠发达国家和地区，是人类摄取植物蛋白质的重要来源。普通菜豆按照生长习性可以划分为矮生直立型、半蔓生型和蔓生型三大类型；以食用器官可划分为粒用、荚用两大类型。我国大面积栽培的粒用菜豆以适宜机械化生产的矮生直立型为主，主要分布于贵州、云南、山西、陕西、内蒙古、黑龙江等省（自治区）；而荚用菜豆则以蔓生型为主，分布范围更广泛，全国各省（自治区、直辖市）均有种植。

（一）普通菜豆种质资源的起源与演化

普通菜豆（*Phaseolus vulgaris* L.）是豆科（Leguminosae）蝶形花亚科（Papilionoideae）中的一年生草本植物，起源于中南美洲，主要有两大起源中心：一是位于秘鲁南部、玻利维亚和阿根廷的安第斯中心；二是包括墨西哥、危地马拉、巴拿马、洪都拉斯、尼瓜拉加、哥斯达黎加和哥伦比亚在内的中美中心。

据考证，普通菜豆在哥伦布发现美洲大陆以前，已经在美洲广泛传播，之后由西班牙人带入欧洲，又传播至亚洲及世界其他地区。15世纪传入中国后，作为粒用豆类在国内逐步扩散种植，此外为适应中国的饮食需求，经长期驯化和人工选择形成荚用类型，荚用菜豆作为一种日常蔬菜被大众普遍接受。

普通菜豆在驯化过程中其生长习性、光周期敏感性、种子休眠、豆荚特性等形态特征发生了明显的变化。与野生菜豆相比，栽培种的分枝减少、节间缩短、籽粒增大、花数和荚数增多、炸荚性逐渐消失等。籽粒颜色以黑色、褐色为主，不断演化出人类喜欢的白色、红色、斑纹等粒色类型。

（二）普通菜豆种质资源的多样性

普通菜豆种质资源具有丰富的多样性，从起源中心来看，安第斯中心的种质资源叶片普遍较大，籽粒较大（百粒重大于40 g），花白色，而中美中心的种质其苞片为心形或椭圆形，籽粒属中小类型（百粒重小于40 g），花多为彩色。从形态上来看，粒色、百粒重、株高、开花期等性状的遗传多样性要高于生长习性、花色、主茎分枝等性状；从种质资源的来源地来看，我国的普通菜豆种质资源形态多样性要高于国外种质资源，我国贵州、山西、四川和云南的种质资源遗传多样性要高于其他省（自治区、直辖市）的种质资源。SSR和SNP等分子标记研究表明，安第斯中心种质资源的遗传多样性要高于中美中心种质资源的遗传多样性。同时，基因流从中美中心基因库野生资源到安第斯中心基因库野生资源的平均迁移率要高于安第斯中心基因库到中美中心基因库野生资源的平均迁移率。

第二节　大豆种质资源

一、大豆种质资源的收集与保护

（一）收集保存概况

大豆种质资源收集的类型包括栽培大豆的地方品种、育成品种、国外种质、人工创

造的新类型和特殊变异材料、一年生野生大豆种和多年生野生大豆种等。据 FAO 估计，全世界保存大豆种质资源数量在 20 万份以上（含重复）。

栽培大豆种质的收集，主要采用考察收集及全国征集等方式。自 20 世纪中期开始，我国先后组织多次全国范围的大豆种质资源征集、收集工作，国家作物种质库保存的栽培大豆种质资源已有 43 000 余份，此外，通过国际合作，还从国外引进收集了大豆种质资源 3 000 余份，这些引进种质包括从美国引入的近等基因系、遗传材料、育成品种等。

野生大豆主要分布在中国、朝鲜、日本以及俄罗斯远东与我国东北相连的部分地区，以我国分布最为广泛。一年生野生大豆收集，主要通过野外考察，以居群为单位进行采集收集，现已收集保存一年生野生大豆种质 10 000 余份。

 拓展阅读 15-1　野生大豆收集方法

Glycine 亚属的多年生野生豆包括 30 余种，主要分布于热带、亚热带地区，在我国仅有 3 个种分布，其中 2 个种（*G. tabacina* 和 *G. tomentella*）分布于福建和广东，*G. clandestina* 分布于台湾。多年生种具有中日照性、抗逆、对大豆锈病免疫等优异特性，将多年生种的优异性状导入栽培大豆中有广阔的应用前景，应加强多年生野生大豆收集保存和利用。

美国原不产大豆，全部大豆均引自其他国家，现收集大豆种质 19 648 份，包括栽培大豆 18 480 份，野生大豆 1 168 份，来自 84 个国家，保存于伊利诺伊州的 Urbana。巴西将美国的大豆种质资源全部引进，加上本国培育品种，大豆种质资源总数已超过 1.9 万份。日本大豆种质资源主要保存于日本国立农业生物资源研究所，有 3 700 多份。位于我国台湾的亚洲蔬菜研究发展中心（Asian Vegetable Research and Development Center，AVRDC）保存大豆种质资源 12 000 余份，主要来自美国、日本、泰国等国家。

（二）大豆种质资源保护的主要方式及成效

我国大豆种质资源主要通过低温库（包括长期库、复份库、中期库）进行异生境保护。长期库（保存温度 −18℃，相对湿度 50% ± 7%）定位于战略保存，一般不对外提供利用；位于青海西宁的国家种质资源复份库，定位于备份保存，保存条件与长期库一致；中期库贮藏温度为 −4 ~ 4℃，定位于共享利用。除国家作物种质库保存的大豆种质资源外，南京农业大学、吉林省农业科学院等省市科研单位和高校也分别收集和保存了部分大豆种质资源。

随着全球气候变化和我国城镇化步伐的加快，野生大豆的生存环境日趋恶化。我国高度重视野生大豆保护，除了收集保存野生大豆种子外，还对一年生濒危野生大豆集中分布区建设了一批原生境保护区（点），开展野生大豆的原生境保护，共在 18 个省（自治区、直辖市）建有原生境保护区（点）49 个，有效保护了我国野生大豆的遗传多样性。

在广泛开展大豆种质资源考察收集的同时，我国对大豆种质资源的生育期类型、籽粒性状（粒色、粒形、脐色、百粒重、一年生野生大豆泥膜）、植株性状（生长习性、结荚习性、茸毛色、花色、叶形和株高）进行了系统鉴定与评价（图 15-2），并编入《中国大豆品种资源目录》，包括栽培大豆 4 册，一年生野生大豆 2 册。

二、大豆种质资源的鉴定评价与基因发掘

（一）我国大豆种质资源鉴定评价

大豆种质资源是开展大豆起源、遗传和进化等研究的基础材料，也是大豆育种优异

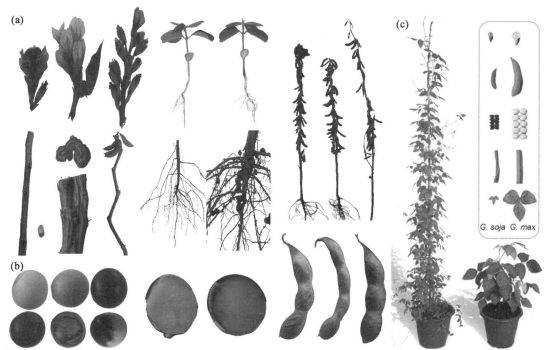

（a）大豆植株形态差异；（b）大豆籽粒豆荚形态差异；（c）栽培大豆与一年生野生大豆形态差异

图 15-2　我国丰富多样的大豆种质资源

图 15-2 彩图

亲本的物质基础。美国利用中国的黑豆抗源 Peking 等，先后育成一批高抗大豆孢囊线虫病的品种，扭转了线虫病区大豆生产的不利局面。种质资源是新品种选育的基础，如何高效地鉴定发掘大豆优异种质，提高大豆种质的利用效率，推动我国突破性大豆新品种的选育，已成为我国大豆科研工作者的重要研究课题。

收集保存的大豆种质资源，除对基本农艺性状进行鉴定外，还要针对目前和未来我国大豆育种和生产急需性状，进行深入鉴定和评价，调查和记载方法参照《大豆种质资源描述规范和数据标准》。

（1）产量性状的评价　对大豆产量相关性状如主茎有效节数、有效分枝数、底荚高、株型、倒伏性、裂荚性、单株荚数、单株粒数、单株粒重、叶柄长短及与主茎夹角、最适宜种植密度、收获指数等进行观察鉴定，为大豆高产育种提供亲本和信息。

（2）抗病虫性鉴定　抗病虫性鉴定是种质资源鉴定评价的重要内容，危害大豆的主要病虫害包括大豆花叶病毒病、大豆灰斑病、大豆孢囊线虫病、根腐病、大豆疫霉根腐病、大豆菌核病、炭疽病、大豆食心虫、大豆蚜虫、斜纹夜蛾、豆荚螟等。此外，条件允许时，还应对大豆霜霉病、细菌性斑点病、豆秆黑潜蝇、造桥虫、豆天蛾等开展鉴定。抗病性鉴定通常按生理小种进行接种鉴定，以筛选优异抗性种质，其中多抗种质的筛选尤为重要。

（3）抗逆性鉴定　我国大豆产区旱灾时有发生，筛选耐旱性强的大豆种质资源，尤其是花荚期耐干旱的种质十分必要。我国有大片盐碱地，筛选适于盐碱地种植的大豆种质资源，对扩大大豆生产意义重大。研究表明，大豆种质的耐盐性有较大差异，除在芽期、苗期进行耐盐鉴定筛选外，还要开展成株期和花荚期耐盐碱筛选，以筛选全生育期耐盐高产种质。

（4）品质特性检测　除脂肪含量和蛋白质含量外，其他重要品质性状还包括高含硫氨基酸、高维生素 E、低亚麻酸含量等。

（5）优异种质的综合评价　在抗病虫、抗逆性、品质特性等鉴定评价的基础上，还应对具有优异特性的种质开展综合评价，筛选出的优异特性突出、综合性状优良的种质才是育种家愿意利用、方便利用的种质。

基因型鉴定方面，美国率先完成了大豆基因组测序，构建了大豆参考基因组，带动了大豆单核苷酸多态性（single nucleotide polymorphism，SNP）高通量发掘，开发了 5 万 SNP 芯片，对美国保存的 1.9 万份种质资源进行了基因型鉴定，结果表明具有不同地理来源的大豆种质往往有不同的遗传背景，从野生大豆到地方品种再到北美栽培品种的遗传多样性急剧降低。为了降低鉴定成本，美国在 1.9 万份大豆种质资源分析结果的基础上，根据形成的单倍型区段选择 6 000 个代表性 SNP 标记，开发了可广泛用于连锁分析和关联分析的全基因组基因型鉴定 SNP 芯片（SoySNP6K），该芯片在美国已用于构建大豆高密度遗传图谱和大豆脂肪含量、蛋白质含量、异黄酮含量和蚜虫抗性等重要农艺性状的关联分析，发掘了一系列重要性状相关的 SNP 标记。

我国研发的新一代大豆基因型鉴定芯片——“中豆芯”系列芯片是在 2 000 余份大豆核心种质全基因组数据的基础上，选取代表性位点，纳入已克隆的重要性状功能基因和 QTL 位点等信息，经过 3 代更迭打磨而成，可广泛应用于新基因发掘、分子进化分析、分子身份证构建、真假杂交种鉴定、定向改良育种、聚合育种及全基因组选择育种等领域。我国已利用“中豆芯”芯片对国家作物种质库保存的大豆种质资源进行基因型鉴定，研究结果可助力大豆种质遗传基础的解析，加速大豆突破性新品种选育，提升大豆产业竞争力。

为解决长期存在的大豆种质资源数量庞大、深入研究和有效利用效率低的难题，我国在综合利用表型、SSR 标记基因型和地理来源等信息和数据评价种质资源的基础上，以平方根法确定取样量，构建了遗传多样性丰富、可根据需求进行选择的系列核心种质，包括初选核心种质 2 794 份，代表 100% 的总体遗传多样性；核心种质为 1 179 份，代表 83.8% 的总体遗传多样性；微核心种质为 236 份，代表 63.5% 的总体遗传多样性。大豆核心种质的构建，为大幅度提高大豆种质资源研究效率提供了材料支撑。

（二）大豆种质资源的深入鉴定及新基因发掘

种质资源精准鉴定综合集成表型与基因型鉴定技术，系统鉴定相关表型与基因型，揭示遗传构成与综合性状间的协调表达，并依据育种与生产需求，比较准确地评判各种质资源的可利用性并说明有效利用途径。“十三五”期间，我国完成 2 000 余份大豆种质资源多年多点产量相关性状、特性性状精准鉴定，筛选出遗传背景清楚优异种质，结合全基因组基因型鉴定信息，精细定位了重要农艺性状位点、克隆相关基因并开发实用分子标记，利用远缘杂交等手段创制优异新种质，为拓宽我国大豆育成品种遗传基础、培育突破性品种提供了优异亲本和基因信息。

自 2010 年大豆基因组论文在 *Nature* 正式发表以来，以中国为主的多国科学家已对众多不同地理来源的野生大豆、地方品种及栽培种进行了基因组重测序，并通过比较基因组学等技术手段，揭示了大豆基因组在进化与驯化过程中的基本规律。为解决高效发掘优异基因，我国科学家组装了植物领域第一个大豆泛基因组，构建了高质量的基于图形结构泛基因组，发掘大量的基因组变异，包括单核苷酸多态性、拷贝数变异（copy number variation，CNV）、存在/缺失变异（present and absent variation，PAV）等不同类型结构变异。

利用大豆基因组信息，科学家已成功克隆了调控大豆生育期、结荚习性、种子形态性状与组分、结瘤与养分利用效率、生物及非生物胁迫抗（耐）性等重要农艺性状的功能基因，并初步揭示了其相关的作用机制，取得了一系列突破性进展，为今后进一步精细解析大豆基因组与相关性状的基因调控网络奠定了坚实的基础，同时为通过分子（模块）设计育种来培育新品种创造了必要条件。

大豆种质资源中蕴含着大量优异等位基因，如何鉴定并将这些变异应用于大豆遗传改良是种质资源研究的重大任务之一。我国盐渍化土壤面积大，通过培育耐盐大豆品种，拓展大豆种植面积无疑是提高大豆产能的有效途径之一。我国科学家在耐盐大豆品种'铁丰8号'的第3号染色体定位了耐盐基因，并利用图位克隆技术获得耐盐基因 *GmSALT3*。研究发现，*GmSALT3* 在野生大豆种质资源中有 8 种单倍型。在栽培大豆中检测到 *GmSALT3* 的 5 种单倍型，其中'铁丰8号'的 H1 为耐盐单倍型，其余4种（H2～H5）为盐敏感单倍型。与 H1 单倍型相比，盐敏感单倍型 H2 第 3 外显子有 3.8 kb 反转录转座子的插入，盐敏感单倍型 H3～H5 在启动子区均有 148～150 bp 的片段插入，根据这些序列变异开发了 2 个 InDel 分子标记，可高效区分敏感单倍型和耐盐单倍型，为耐盐大豆资源鉴定和耐盐品种培育提供支撑。大豆结荚习性决定株高、主茎节数和荚分布等农艺性状，是大豆株型的决定因素，与产量和生态适应性密切相关。2010 年和 2014 年，控制结荚习性主要基因 *Dt1* 和 *Dt2* 被克隆，*Dt1* 表达水平决定大豆的结荚习性，*Dt2* 与大豆中其他因子调控 *Dt1* 的表达。

三、大豆种质资源改良与创新

（一）主要目标

我国大豆种质资源的主体是地方品种，尽管地方品种适应性较强，但大多综合性状不好，直接利用于大豆育种比较困难，因此应加强大豆种质资源创新。基于我国大豆生产和育种的主要目标，种质创新的重点方向包括以下四方面。

（1）高产种质 创造高产种质，首先要拓宽大豆种质来源，应充分利用国内外的高产品种及不同来源的高产种质。产量构成因素复杂，为多基因控制的数量性状，因此要通过不同方式聚集相关产量性状。同时，创新种质要有较高的配合力，优良性状易于遗传给后代。

（2）抗病虫种质 针对我国大豆生产的主要病虫害，如大豆孢囊线虫病、大豆花叶病毒病、大豆灰斑病、大豆蚜虫、大豆食心虫等，创制高抗一种病害或兼抗多种病害或虫害的新种质。另外由于致病菌生理小种的不断变异，种质抗病性易于丧失，因此，要不断创制抗新生理小种的大豆种质，培育新的抗病品种。

（3）抗逆种质 耐盐碱种质方面，既要筛选高耐盐和高耐碱的资源，也要创制同时耐盐和耐碱的新种质。创制耐旱性强的种质包括两个方面，一是创造适于干旱地区种植的大豆抗旱种质，二是创造通常生产条件下遇旱时耐旱性强的种质。我国南方还需要耐涝性、耐高温性和耐阴性（高光效）强的大豆种质和大豆品种。此外，针对我国南方红黄土壤，创造耐酸或耐铝离子毒害的大豆种质，对开发利用红黄土壤，发展南方大豆生产十分必要。

（4）优质大豆种质　一方面是提高籽粒中重要的营养成分，如脂肪和蛋白质的含量；另一方面是改良脂肪和蛋白质的品质。应针对不同产区对脂肪和蛋白质含量的要求，提出不同的指标，同时考虑生态特点。

（二）大豆种质创新的主要方法及技术措施

有性杂交是大豆种质创新最有效的方法。利用有性杂交，实现基因分离、重组和转育，从后代中筛选具有某一特定性状的创新种质；利用有性杂交也是拓宽种质遗传基础的有效途径。利用栽培大豆与一年生野生大豆杂交回交，创制优良中间种质材料，可将野生大豆高蛋白含量、抗病耐逆性及高产基因转移至栽培大豆中，且能克服野生大豆蔓生、倒伏、小粒炸荚等缺点。我国培育出纳豆型小粒大豆品种如'吉林小粒3号'、综合性状好的大粒品种如'中野2号'等，就是利用一年生野生大豆与栽培大豆种间杂交创造新种质、培育新品种的成功案例。

辐射诱变或化学诱变并与杂交技术相结合也是创新大豆新种质、培育大豆新品种的有效手段。例如，我国利用辐射诱变品种'黑河43'，已选育出适于东北北部推广应用的'中黄610''中黄615'等。

利用分子标记辅助选择，可以缩短种质创新的周期。国外利用抗草甘膦转基因大豆品系'40-3-2'为供体，以'Bening'为受体，借助SSR标记检测快速选择恢复轮回亲本'Bening'遗传背景，育成了抗草甘膦商业品种'Bening RR'，缩短了育种周期。

大豆杂种优势利用可提高大豆单产。我国在大豆杂种优势理论研究及实践应用方面处于世界领先水平，利用野生大豆和栽培大豆杂交，并通过回交转育，育成了世界上第一个野生型大豆细胞质雄性不育系和同型保持系，并筛选出恢复系，实现了"三系"配套，育成世界上第一个杂交大豆品种。从栽培大豆中也发现了细胞质雄性不育材料，并在杂交育种中得以利用。开发出多个细胞质雄性不育恢复基因紧密连锁的分子标记，并应用于恢复系的辅助选育；建立了杂交种和不育系分子标记纯度鉴定方法，已应用于种子纯度鉴定。

第三节　绿豆种质资源

一、绿豆种质资源的收集与保存

截至目前，全世界收集和保存的绿豆种质资源有3万多份。其中我国绿豆资源保存量最多，已收集保存7 000余份，亚洲蔬菜研究发展中心亚洲区域中心保存绿豆种质资源约6 800份；此外，菲律宾、美国、印度尼西亚等也是保存绿豆种质资源较多的国家。我国保存的绿豆种质资源超过90%为国内地方品种，国外引进种质占比较低，因此进一步加强国外绿豆种质资源引进，是丰富我国绿豆种质资源多样性的有效途径。

二、绿豆种质资源的鉴定评价

自20世纪80年代初开始，我国开展了绿豆种质资源的鉴定评价，从4 000余份绿豆种质中鉴定筛选出一批早熟、大粒、高产、高蛋白、高淀粉、抗逆性强的种质资源，鉴定发现早熟绿豆品种主要来源于河南省，大粒种质主要集中分布于山西、山东、内蒙古等省（自治区），来自河北、安徽、吉林等省的绿豆种质产量比较高。在种质资源鉴定评价基础上，构建了绿豆核心种质。在绿豆抗逆性鉴定方面，开展了包括抗虫、抗旱、耐盐和抗病等特性鉴定评价。例如，来源于山东的绿豆种质耐盐性较强，而抗豆象、抗叶斑病种质多引自国外。随着现代生物技术的发展，DNA 标记在绿豆种质鉴定种中也被广泛应用。例如，利用 RAPD 标记对绿豆抗/感豆象基因混池的分析，发掘出 6 个可能与抗虫有关的标记。利用 SSR 连锁标记对绿豆抗病、抗虫基因分析，为新基因发掘及利用奠定了基础。

三、绿豆基因资源发掘

分子标记技术的发展为绿豆基因资源发掘开辟了新途径。国内外先后利用 SSR、InDel 标记对绿豆抗病虫、耐逆及重要农艺性状等相关基因进行了定位，为绿豆分子遗传学研究奠定了坚实的基础。随着高通量测序技术发展和绿豆参考基因组的释放，高密度遗传图谱构建及关联分析等成为新基因发掘的主要技术手段。通过高密度遗传图谱发掘到 49 个与叶形、株高、百粒重等 16 个农艺性状相关的 QTL；还鉴定到与抗豆象相关的候选基因 *VrPGIP1*、*VrPGIP2* 等。基于关联分析鉴定出绿豆 26 个耐旱相关 QTL，及 7 个与绿豆开花相关的 SNP。此外，基于集团分离分析（bulked segregation analysis，BSA）的全基因组重测序，鉴定出调控绿豆种皮颜色的候选基因 *MYB90*。

四、绿豆种质资源创新

相对于主粮作物，绿豆种质创新与遗传育种研究起步较晚，始于 20 世纪 70 年代。据不完全统计，截至 2021 年，我国共选育出绿豆新品种约有 230 个，其中通过国家农作物品种审（鉴）定的有 27 个，通过有关省农作物品种审（鉴）定的有 126 个。主要育种手段由传统的系统选育逐渐向杂交育种、诱变育种转变。

例如，20 世纪 90 年代，'中绿 1 号''中绿 2 号'就是从国外引进品系'VC1973A'中系统选育而来，陆续实现了我国绿豆品种的更新换代。高抗豆象品种'中绿 4 号'和抗叶斑病品种'中绿 5 号'都是通过杂交育种而成，实现了我国绿豆抗病虫育种的突破。'中绿 8 号''中绿 12 号'是卫星搭载诱变育种的新品种，而'晋绿豆 2 号'是 Co^{60}-γ 诱变选育的新品种。

绿豆虽然单产水平不高，但其生育期短，是重要的填闲、救灾作物。进一步提高单产水平并提高种植效益是稳定绿豆播种面积和产量的关键。虽然我国绿豆种质资源丰富，但利用率相对偏低，大量潜在的优异种质资源尚未被发掘利用，因此，在常规技术手段基础上，深入开展遗传学研究，基于现代生物技术充分发掘野生种质优异基因，借助分子标记辅助选择，培育直立、抗倒伏、抗生物逆境和非生物逆境、适应机械化收获的新种质，培育新品种是今后的重点任务。

第四节　蚕豆种质资源

一、蚕豆种质资源的收集与保护

全球至少有 43 个国家的种质库以及国际干旱地区农业研究中心（ICARDA）共保存

着 38 000 多份蚕豆种质资源。目前我国国家作物种质库已收集保存国内外蚕豆种质资源 6 257 份，其中国内种质 4 417 份、国外种质 1 840 份。

我国先后曾组织了三次作物种质资源的征集收集行动，征集收集了一大批蚕豆种质资源。早在 20 世纪 80 年代，我国就参加了国际干旱地区农业研究中心（ICARDA）的蚕豆品种优化研究，从国际机构也引进了大量蚕豆种质资源。目前，全国蚕豆种质资源主要保存方式是国家种质库保存，蚕豆主产省的省级和地区级科研单位也通过低温库保存了部分蚕豆种质资源。在种质资源安全保存、鉴定评价基础上，云南、青海等省还开展了蚕豆育种工作。例如，青海省农林科学院，应用当地地方品种'马牙'和引进的蚕豆品种'戴韦'杂交，选育出早熟、耐旱、单株双（多）荚数多的小粒蚕豆品种'青海 13 号'，解决了西北地区旱作区无蚕豆品种的历史，该品种耐寒性较强，可以在海拔 2 900 m 的区域种植，产生了良好的社会效益和经济效益。

二、蚕豆种质资源的鉴定评价与基因发掘

蚕豆种质资源鉴定评价包括表型和基因型两个方面，表型是基因型和环境双重作用下形成的，主要包括基本农艺性状和产量性状、品质抗性、生物抗性及非生物抗性等，依据不同的表型特异性，可以在田间自然条件、人工设施条件或通过仪器分析进行精准鉴定。对蚕豆主要农艺性状（包括生长习性、生育天数、花旗瓣颜色、株高、分枝数、单株产量、粒型、粒色等）进行表型鉴定，应参照《蚕豆种质资源描述规范和数据标准》进行。2021 年研究发现 VC1 基因是蚕豆种子中蚕豆嘧啶葡糖苷和伴蚕豆嘧啶核苷生物合成的关键基因。2023 年国际上发表蚕豆高质量参考基因组，发现 VfPPO-2 基因的表达可控制蚕豆种脐的颜色变化。另外，我国还利用无人机观测平台，采集了蚕豆 3 个重要生育期（结荚期、灌浆早期和灌浆中期）的红绿蓝（red green blue，RGB）影像，并结合机器学习算法，成功实现了对蚕豆株高、生物量和产量的估测。

三、蚕豆种质资源改良与创新

20 世纪末，欧洲国家和国际干旱地区农业研究中心（ICARDA）对蚕豆的遗传变异和农艺性状改良进行了大量研究，但蚕豆与其他野豌豆属（*Vicia* L.）植物存在生殖隔离，限制了对蚕豆作物改良遗传变异的利用。引入蚕豆新变异的两种主要方法是诱变和遗传转化。人们利用 X 射线等一系列诱变方法获得了许多由隐性等位基因控制的突变表型。突变体的性状包括成熟期、株型、产量、矮化、蛋白质含量、抗病性和抗倒伏性等。蚕豆迄今为止尚未建立一套成熟的体外再生和农杆菌介导的遗传转化体系。

由于长期的驯化和遗传改良，目前优良蚕豆品种遗传基础变窄，迫切需要从育成品种外部导入新基因或引入新的等位变异。蚕豆地方种的遗传多样性高于育成品种，因此，精准鉴定地方种质资源优异特性并成功转移创新种质是培育现代蚕豆品种的有效途径。高产、优质、抗生物逆境和非生物逆境、适应机械化收获等是蚕豆种质创新的主要目标。我国云南、青海等省农业科研单位，通过深入鉴定评价地方种质及国外种质，利用杂交育种途径，培育出适合当地种植的蚕豆新种质、新品种，极大地推动了我国蚕豆产业的发展壮大。

第五节　普通菜豆种质资源

一、普通菜豆种质资源的收集与保护

普通菜豆种质资源的保存主要是以种子的形式在低温库进行保存。国际热带农业中心（International Center for Tropical Agriculture，CIAT）是世界上保存普通菜豆种质资源最多的机构，保存有普通菜豆种质资源 32 420 份。截至 2022 年 12 月 31 日，我国国家作物种质库保存有菜豆属种质资源 7 477 份，其中普通菜豆 7 188 份，多花菜豆 227 份，利马豆 62 份。库存种质资源中来源于国内种质资源占比 75%，来源最多的省（自治区）依次为贵州、内蒙古和山西；国外种质资源仅有 1 866 份，占比较低。

二、普通菜豆种质资源的鉴定评价与基因发掘

种质资源的鉴定评价是认识和利用种质资源的基础，对作物种质资源的鉴定评价包括表型评价和基因发掘。普通菜豆的表型评价重点包括产量、抗病性、抗逆性和品质方面，其中病害和逆境鉴定评价是两类主要性状。

（一）表型鉴定

普通菜豆产量、病虫害抗性、抗旱等的鉴定评价，为新种质的创制和新品种的培育提供目标性状和优异种质资源。在产量性状鉴定方面，如对 646 份普通菜豆核心种质进行表型鉴定，筛选出 35 份具有大粒、多荚、单株产量高等性状的种质资源。在品质性状鉴定方面，蛋白质、淀粉、叶酸等是普通菜豆种质资源营养品质鉴定的重点性状。如从 149 份普通菜豆种质资源中鉴定出高蛋白含量种质资源 13 份。非生物逆境抗性鉴定方面，由于非生物逆境抗性受环境影响较大，不同的生育期抗性机制也不同，因此大多数的鉴定基本是按照芽期、苗期、全生育期进行。芽期采用 PEG–6000 渗透溶液模拟干旱进行，鉴定出‘跃进豆’等芽期抗旱种质；苗期主要采用反复干旱法，统计存活率来评价抗旱性，如鉴定出‘白金德利豆’等苗期抗旱种质；全生育期的抗旱性鉴定是在降雨量较少的自然环境条件下进行，如在新疆奇台（年降雨量约 85 mm），以产量性状评价抗旱性，鉴定出‘奶花芸豆’等抗旱种质。病虫害抗性鉴定方面，主要是针对普通菜豆细菌性疫病、炭疽病、镰孢菌枯萎病、豆象等生产中主要的病虫害抗性鉴定评价。如采用针刺叶片接种法结合温室地面水层保湿方式，鉴定到 2 份细菌性疫病抗性种质资源。

（二）基因发掘

普通菜豆中已经定位到大量的遗传位点，但是对其进行克隆和利用的实例还较少，特别是对种质资源中的优异等位变异的研究则更少。对控制性状的遗传位点进行定位的方法是连锁分析，随着普通菜豆基因组数据越来越丰富，关联分析也已经成为开展基因定位的主要方法。

产量性状方面，株高、粒重、单株荚数、单荚粒数等产量性状是研究人员重点关注的性状，已经定位到多个遗传位点。例如，以重组自交系（recombinant inbred lines，RIL）群体为材料，鉴定到 3 个与单株荚数相关的 QTL。

生物逆境方面，普通菜豆在生产上遇到的生物胁迫包括病害和虫害，其中病害主要包括病毒病、真菌病和细菌病 3 类。如共鉴定到 28 个菜豆普通细菌性疫病抗性位点。

非生物逆境方面，普通菜豆在生长过程中受到的非生物胁迫主要包括干旱、微量元素缺乏以及重金属胁迫等。如水通道蛋白 *PvXIP1;2* 在普通菜豆苗期干旱处理后被诱导，且过表达后可增强植株抗旱性。

品质性状方面，种子中蛋白质、锌、叶酸等营养元素含量的相关遗传位点的研究较为集中，如第 1 连锁群发现编码 E3 泛素连接酶的基因 *Phvul001G233500* 与种子中锌元素含量显著相关，第 6 连锁群编码类黄酮 3′,5′ 羟化酶的基因 *Phvul.006G018800*，控制种子中的类黄酮含量，第 7 连锁群上定位到一个与蛋白质含量相关的 QTL。

三、普通菜豆种质资源改良与创新

当前，普通菜豆种质资源改良与创新主要是利用育种价值高的抗病、抗旱等优异种质，采用物理或化学诱变、常规杂交等技术手段；主要方向为适合加工专用、广适多抗、适合机械化生产及特异功能营养型等种质资源改良与创新。

（一）利用物理或化学诱变方法创制新种质

操作方法简便，专一性强，突变频率高，周期短。诱变后的种质材料适应性强、可克服远缘杂交不育等特性，能够很好地满足品种改良的需求。例如，黑龙江省农业科学院通过 Co^{60}-γ 射线处理，创制出极早熟、抗病的 'L-F-08-3' 'L-F-09-05' 'L-F-05-2' 'L-F-03-31' 'L-F-03-12' 等新种质。

（二）常规杂交

常规杂交是目前普通菜豆中创制新种质的主要技术。国内科研院所以杂交育种为手段，改良及创制普通菜豆新品种 40 余个，并培育出 '龙芸豆 5 号' '龙芸豆 10 号' '新芸 6 号' 等在生产上大面积应用的主栽品种。再如 '龙芸豆 6 号' '龙芸豆 14 号' 等极早熟品种填补了我国高寒地区缺乏普通菜豆品种的空白。

第六节　大豆种质资源的发展趋势与展望

（一）国际发展前沿

在种质资源研究方面，美国居世界领先地位，到 20 世纪 80 年代，美国已对大豆种质资源的农艺性状进行了系统鉴定，培育出 'Clark' 'Williams' 'Harosoy' 等 3 个品种的近等基因系 600 余份，收集鉴定出一批特殊遗传材料。通过农艺性状鉴定，发掘出一批抗病、优质、高产等重要性状优异种质，明确了抗性基因位点。进入 21 世纪，美国率先完成了大豆基因组测序，构建了大豆参考序列，带动了大豆 SNP 的高通量发掘，促进了大豆重要性状新基因的发掘与应用。美国特别重视大豆种质创新研究，通过物理或化学诱变（甲磺酸乙酯、快中子）创制突变体、转基因（转座子插入）和创建杂交群体等方法创制了一大批遗传育种研究材料，发掘新的优异资源，促进了大豆育种和生产发展。

（二）我国大豆种质资源发展方向与趋势

加强大豆种质资源的收集，特别是国外大豆种质资源的引进；推进大豆种质资源精准鉴定进程。基因型鉴定方面，在完成所有国家农作物种质资源库库存大豆种质全基因组 SNP 鉴定的基础上，逐渐向结构变异鉴定转变，在分子水平上摸清我国大豆种质资源家底；表型鉴定方面，面向耐密植高产、高油、耐盐碱、耐阴等大豆种业和产业急需的性状开展工作，鉴定技术由人工测量向高通量自动化转变；采用多组学联合分析等高通量现代技术发掘重要性状相关优良基因、阐明性状形成演化规律、鉴定优异单倍型并估算其育种效应；大力推进优异种质发掘与育种利用，利用理化诱变技术结合目标基因精准突变技术创制新种质，为现代化大豆育种提供遗传基础广泛的亲本、优良基因及高效选择方法。针对不同生态区主要育种目标，建立区域化的种质资源性状信息、分子数据和载体品种等信息数据库，实现平台共享。

（三）大豆种质资源在国家粮食安全中的作用与地位

在我国，大豆提供约70%蛋白质及50%脂肪的需求，是饲用蛋白和植物油脂的重要来源。我国大豆对外依存度高，大豆产能提升问题受到格外关注。为缓解进口压力，我国出台了一系列政策振兴国产大豆，大力实施大豆产能提升工程。如果说种子是农业的芯片，那么种质资源是芯片的核心。大豆种质资源可为高产、优质、多抗大豆新品种培育提供丰富的亲本来源，是选育突破性新品种的关键。因此，做好大豆种质资源收集保存、鉴定评价、创新与利用研究，尽快补齐大豆种质资源研究短板，提高自主创新能力，对提高我国大豆单产水平和自给能力，保障国家粮食安全意义重大。

📺 推荐阅读

1. 程须珍，王素华，王丽侠．绿豆种质资源描述规范和数据标准［M］．北京：中国农业出版社，2006.
   本书是重要的绿豆专著，系统阐述了绿豆种质资源评价鉴定的方法和标准等。
2. 王连铮，王金陵．大豆遗传育种学［M］．北京：科学出版社，1992.
   本书是大豆遗传育种基础理论著作，系统阐述了大豆的起源、演化和传播、分类，育种程序和方法，品种的演变和良种繁育等。
3. 王述民．普通菜豆生产技术［M］．北京：北京教育出版社，2016.
   本书主要内容包括普通菜豆的生产与消费现状、种质资源与新品种选育、高产高效栽培技术、病虫害综合防控技术、收获与贮藏，以及农产品加工技术等。
4. 郑卓杰．中国食用豆类学［M］．北京：中国农业出版社，1997.
   本书是重要的食用豆专著，系统阐述了各豆种的起源、生物学特性及利用等。
5. 宗绪晓，包世英，关建平，等．蚕豆种质资源描述规范和数据标准［M］．北京：中国农业出版社，2006.
   本书是重要的蚕豆专著，系统阐述了蚕豆种质资源评价鉴定的方法和标准等。

❓ 思考题

1. 绿豆、蚕豆、普通菜豆种质资源有哪些类型？
2. 菜豆属主要栽培种的起源及分类情况如何？
3. 普通菜豆种质资源如何进行有效利用？
4. 为什么要进行种质资源创新，其目标和手段分别有哪些？
5. 我国大豆种质资源保存数量众多，面对数量巨大的种质资源，如何筛选出"育种上好用，育种家想用"的优异种质？

📖 主要参考文献

1. 常玉洁，王兰芬，王述民，等．菜豆属野生资源概述［J］．植物遗传资源学报，2020，21：1424–1434.

2. 刘长友，程须珍，王素华，等. 中国绿豆种质资源遗传多样性研究［J］. 植物遗传资源学报，2006（4）：459-463.

3. 邱丽娟，李英慧，关荣霞，等. 大豆核心种质和微核心种质的构建、验证与研究进展［J］. 作物学报，2009，35（4）：571-579.

4. 王丽侠，程须珍，王素华. 绿豆种质资源、育种及遗传研究进展［J］. 中国农业科学，2009，42（5）：1519-1527.

5. 叶茵. 中国蚕豆学［M］. 北京：中国农业出版社，2002.

6. Bitocchi Elena, Rau Domenico, Bellucci Elisa, et al. Beans（*Phasolus* ssp.）as a model for understanding crop evolution［J］. Frontiers in Plant Science, 2017, 8: 722.

7. De la Vega Marcelino Pérez, Santalla Marta, Marsolais Frédéric. The common bean genome［M］. Berlin: Springer, 2017.

8. Guan Rongxia, Qu Yue, Guo Yong, et al. Salinity tolerance in soybean is modulated by natural variation in *GmSALT3*［J］. Plant Journal, 2014, 80（6）: 937-950.

9. Ji Yishan, Liu Rong, Xiao Yonggui, et al. Faba bean above-ground biomass and bean yield estimation based on consumer-grade unmanned aerial vehicle RGB images and ensemble learning［J］. Precision Agriculture, 2023, 24: 1439-1460.

10. Kang Yang Jae, Kim Sue K, Kim Moon Young, et al. Genome sequence of mungbean and insights into evolution within *Vigna* species［J］. Nature Communication, 2014, 5: 5443.

11. Li Yinghui, Zhou Guangyu, Ma Jianxin, et al. *De novo* assembly of soybean wild relatives for pan-genome analysis of diversity and agronomic traits［J］. Nature Biotechnology, 2014, 32: 1045-1052.

12. Liu Changyou, Wang Yan, Peng Jianxiang, et al. High-quality genome assembly and pan-genome studies facilitate genetic discovery in mung bean and its improvement［J］. Plant Communication, 2022, 3（6）: 100352.

13. Song Qijian, Hyten David L, Jia Gaofeng, et al. Fingerprinting soybean germplasm and its utility in genomic research［J］. G3: Genes-Genomes-Genetics, 2015, 5（10）: 1999-2006.

14. Takahashi Yuya, Li Xiang-Hua, Tsukamoto Chigen, et al. Phenotypic and genotypic signature of saponin chemical composition in Chinese wild soybean（*Glycine soja*）: revealing genetic diversity, geographical variation and dispersal history of the species［J］. Crop and Pasture Science, 2018, 69: 1126-1139.

15. Wu Jing, Wang Lanfen, Fu Junjie, et al. Resequencing of 683 common bean genotypes identifies yield component trait associations across a north-south cline［J］. Nature Genetics, 2020, 52: 118-125.

16. Zong Xuxiao, Liu Xiuju, Guan Jianping, et al. Molecular variation among Chinese and global winter faba bean germplasm［J］. Theoretical and Applied Genetics, 2009, 118: 971-978.

e 网上更多资源

📚 拓展阅读　　🖥 彩图　　📝 思考题解析

撰稿人：邱丽娟　武晶　王丽侠　杨涛　刘章雄　　审稿人：万平　赵团结

第十六章

薯类作物种质资源

· · · · · ·

本章导读

1. 三大薯类具体指哪三类？起源地分别在哪里？

2. 三大薯类亲缘关系很近吗？在植物学分类上分别属于哪个科、属、种？

3. 我国三大薯类种质资源发展方向与趋势如何？

薯类作物又称根茎类作物，主要包括甘薯、马铃薯、木薯、山药、芋类等。其中以马铃薯、甘薯和木薯为代表的三大薯类作物是重要的粮食作物和工业原料，因其高产和广适特点被广泛种植于世界大部分国家和地区，为中国和世界的粮食安全提供了重要保障。三种主要薯类作物都以收获地下部器官为栽培目标，通常情况下以无性繁殖为主，基因组均高度杂合，这些遗传特性致使薯类作物种质资源在收集、保存、评价和创新等方面不同于大多数的种子作物，有其独特性。中国是薯类生产大国，马铃薯和甘薯的产量常年居世界第一位，但是中国并非薯类作物的起源中心，在薯类作物种质资源的收集和保存数量与质量方面仍有待提高。全面了解和掌握薯类作物种质资源现状，进一步推进薯类作物种质资源的收集保护和创新利用，助力薯类作物新品种选育和国家粮食安全战略实施。

第一节　薯类作物种质资源概述

马铃薯、甘薯和木薯的起源中心都位于中南美洲附近，在不同的时间点经过不同的方式传入中国，因其高产、广适的特点，在中国迅速扩散开来，为之后中国的人口增长作出了巨大的贡献。关于三种主要薯类作物种质资源的起源和演化一直存在着多种假说，至今仍未有定论，随着全基因组测序技术的快速发展，薯类作物的起源和进化也越来越明晰。

一、薯类作物种质资源的分类

马铃薯（*Solanum tuberosum* L.）属于茄科（Solanaceae）茄属（*Solanum*），马铃薯"种"的定义为生物分类基本单位，是具有一定自然分布区、形态特征和生理特性的生物类群。由于茄属中种的数量众多，分类学家建立了不同的亚属（Subgenus），其中马铃薯亚属（*Potatoe*）包含了马铃薯和其他与其有一定程度类似的种群。马铃薯亚属又可细分为不同的组（Section），其中马铃薯组（*Petota*）又进一步分为两个亚组，基节亚组（*Basarthrum*）和基上节亚组（*Hyperbasarthrum*）。随着分子生物学的发展和生物技术在植物分类学上的应用，最新研究结果将 *Petota* 组划分为 3 个进化枝，共含有110 个结块茎的种，马铃薯栽培种重新划分成 4 个种：*S. tuberosum*（其中含有 2 个品种类群，Andigenum 和 Chilotanum）、*S. ajanhuiri*（二倍体）、*S. juzepczukii*（三倍体）和*S. curtilobum*（五倍体）。

甘薯［*Ipomoea batatas*（L.）Lam.］属于旋花科（Convolvulaceae）番薯属（*Ipomoea*），也称番薯，一年生或多年生草本植物。甘薯种质资源的分类有多种方式，根据其来源分类，主要分为地方种、育成种、引进种和野生种等。根据生产用途划分，甘薯又可分为淀粉型、鲜食型、菜用型、观赏型和特用型等。甘薯野生种是指番薯属中非栽培种质资源，也是甘薯种质创新和品种改良的重要资源，主要为二倍体和四倍体，也有少量六倍体。番薯属有 800～900 种，栽培甘薯被划分在甘薯组（Section *Batatas*），该组中其他的种被称为甘薯的野生近缘种。根据与甘薯杂交的亲和性，甘薯及其野生近缘种可分为两个群，与甘薯杂交不亲和的称为 A 群，如三裂叶野牵牛（*I. triloba*）、多洼野牵牛（*I. lacunosa*）等；与甘薯杂交亲和的则称为 B 群，如三浅裂野牵牛（*I. trifida*）、海滨野牵牛（*I. littoralis*）等。

木薯（*Manihot esculenta* Crantz）别名木番薯、树薯等，在植物分类学上属大戟科（Euphorbiaceae）木薯属（*Manihot*）植物，该属有 98 个种，其中栽培种仅有一个种。通过对木薯属间与属内种的鉴定及相互杂交分析，木薯三级基因源分类包括：① 一级基因库，即由木薯栽培种 *M. esculenta* 所有基因型、亲缘关系很近的亚种 *M. flabellifolia* Pohl及易杂交的近缘野生种 *M. peruviana* Mueller 构成；② 次级基因库，即由另外十多个与木薯杂交相对容易的近缘野生种组成，包括 *M. glaziovii*、*M. dichotoma*、*M. pringlei*、*M. aesculifolia*、*M. pilosa* 与 *M. triphylla* 等；③ 三级基因库，即由木薯属其余种及其近缘属的种组成。

二、薯类作物种质资源在国家粮食安全与种业创新中的作用与地位

马铃薯是我国和世界的第四大粮食作物，其产量仅次于玉米、小麦和水稻。马铃薯已成为许多国家粮食安全战略的重要组成部分。马铃薯营养丰富且齐全，含有大量的糖类、丰富的维生素和矿物质、人体必需的 18 种氨基酸，其蛋白质分子结构与人体的蛋白质分子结构基本一致，极易被人体吸收利用，其吸收利用率几乎达到 100%。马铃薯及其加工转化制品具有良好的贮藏性能。种质资源利用在马铃薯品种培育中起到了明显效果，如我国'合作 88''冀张薯 8 号'和'青薯 9 号'等即是利用国际马铃薯中心种质资源培育出来的重大品种。

中国是世界上最大的甘薯生产国，近年来种植面积达 2.206 1 × 10⁶ hm²，占全球的29.77%，鲜薯年产量达到了 4.783 49 × 10⁷ t，占世界总产量的一半以上。甘薯起源于中南美洲，种质资源在甘薯品种选育中起到了极其重要的作用，我国 20 世纪 90 年代前选育的品种中 94% 以上都与来自美国的种质'南瑞苕'和来自日本的种质'胜利百号'有血缘关系。

木薯是世界三大薯类之一，是全球第六大粮食作物，有"淀粉之王""地下粮仓"之美称。木薯单位面积产量高，全株可饲料化利用。木薯每公顷产干片约 15 t，干片淀

粉含量约 70%，每公顷产淀粉 10.5 t。鲜木薯作为饲料原料，可部分替代玉米、小麦等使用。木薯适种地区广，发展木薯种植可有效填补饲料粮缺口。木薯种质资源在种业创新上发挥了重要作用，如泰国利用国际热带农业中心（CIAT）提供的种质资源，选育出全球种植面积最大的木薯品种'KU50'。据估算，从 1993 年至 2011 年，通过种植'KU50'获利高达 15.6 亿美元；我国利用 CIAT 提供的种质资源选育出"华南系列"国审木薯品种 15 个，累计推广面积约占我国木薯新品种种植面积的 90%。

第二节　马铃薯种质资源

一、马铃薯种质资源的起源与演化

关于栽培马铃薯的起源长期以来有两种假说，但一直都备受争议。一种是多中心假说（multiple origin hypothesis），因为马铃薯基因型的多样性主要位于秘鲁至玻利维亚高原和智利南部，有研究认为栽培种有两个主要的地理隔离起源中心，分别由不同的野生种进化而来。另一种是限制中心假说（restricted origin hypothesis），认为南美洲的马铃薯驯化发生在哥伦比亚和玻利维亚之间的某个区域，从二倍体野生种的多倍化而来。这两种假说矛盾之处主要是关于智利四倍体地方品种的起源和分类。

近年来，随着现代基因组学分析技术的快速发展，使得研究者对探究马铃薯起源与演化有着更多的途径和方法。四川农业大学利用二代测序技术对 201 份马铃薯种质材料进行基因组测序和系统发育比较分析（图 16-1），结果表明马铃薯野生种的成员可分为两个进化枝：一个进化枝的成员位于秘鲁（北部野生亚群，即分支 4 北方），而另一个进化枝的成员位于阿根廷、玻利维亚和智利（南部野生亚群，即分支 4 南方）。中国农业科学院农业基因组所科学家挑选了 *Petota* 组有代表性的二倍体种质 44 份（24 份野生种和 20 份栽培种）及 *Etuberosum* 组 2 个不结块茎种（*S. etuberosum* 和 *S. palustre*），利用三代测序平台进行基因组测序和组装，系统发育树分析表明 *Etuberosum* 在 830 万年前与 *Lycopersicon* 和 *Petota* 的共同祖先分化，*Etuberosum* 是番茄和马铃薯共同祖先的姐妹系，这与 *Etuberosum* 在亲缘关系上与 *Petota* 的关系比 *Lycopersicon* 更密切的假设相反，该结果再次证明马铃薯种质资源演化的复杂。

二、马铃薯种质资源的多样性

栽培马铃薯的原始形态及其野生近缘种提供了丰富、独特和多样化的遗传变异源，这可能成为马铃薯育种的各种特征来源。这是因为它们适应广泛的栖息地和生态位，如纬度（从美国西南部到阿根廷）、海拔（从海岸到安第斯山脉）、栖息地（在森林、耕地、悬崖、沙漠和太平洋岛屿上）、土壤（从森林地面到砂质土壤，从火山土壤到肥沃壤土）和降水程度。它们在形态特征上同样多样化，如植株高度、叶片形状、花色、匍匐茎长度以及块茎大小、颜色和形状等。马铃薯有许多野生近缘种和原始栽培品种，这些遗传资源在育种计划中已被证明对于抗病性、环境适应性和其他农艺性状以及加工品质具有重要价值。野生资源的抗病性用于马铃薯育种计划已有 100 多年历史。尽管大多数马铃薯野生种并不适应较高海拔的栽培，但由于其抗病性状，许多野生种已被整合到欧洲和北美马铃薯栽培品种的亲本中。基因组测序结果表明，马铃薯野生种群具有很高

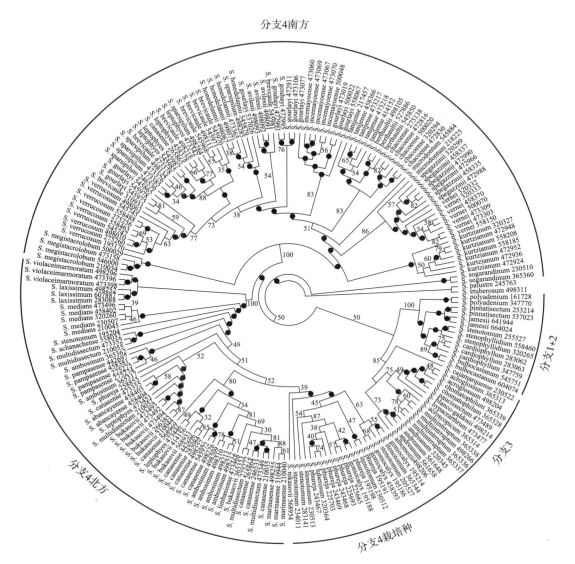

图 16-1　*Petota* 组所有进化枝的系统发育关系（Li et al.，2018）

的遗传多样性，马铃薯野生种的遗传多样性显著高于栽培种，尤其在抗病基因上表现出极高的多态性。

三、马铃薯种质资源的收集与保存

马铃薯种质资源以丰富、多样著称。为了保存其生物多样性，全世界的许多国家和国际组织与机构在收集、保存马铃薯种质资源方面做了大量工作。目前世界上保存了大约 30 大类共 65 000 份马铃薯种质资源。主要的马铃薯种质资源收集和保存机构有国际马铃薯中心（International Potato Center，CIP）、荷兰遗传资源中心（the Centre for Genetic Resources，the Netherlands，CGN）、英联邦马铃薯资源库（Common-wealth Potato Collection，CPC）、德国马铃薯种质资源库（the IPK Potato Collection sat Gross Luesewitz，

GLKS）、俄罗斯瓦维洛夫全俄植物遗传资源研究所（the Vavilov All-Russian Institute of Plant Genetic Resources，VIR）、美国马铃薯基因库（National Research Support Project-6，NRSP-6）（表16-1）。

表16-1　主要马铃薯资源库及其保存的种质资源数量

机构名称	机构代码	所在国家	W-L-V-B*	种植资源总数
遗传、环境和植物保护研究所	FRA010	法国	5%-2%-10%-83%	12 120
俄罗斯瓦维洛夫全俄植物遗传资源研究所	RUS001	俄罗斯	24%-40%-29%-7%	8 150
国际马铃薯中心	PER001	秘鲁	35%-60%-5%-0%	7 467
莱布尼茨植物遗传和作物研究所	DEU159	德国	22%-37%-31%-10%	6 247
美国马铃薯基因库	USA004	美国	69%-20%-5%-6%	5 900
中央马铃薯研究所	IND665	印度	8%-3%-69%-20%	4 257

注：W-L-V-B*分别代表：野生种（wild specie，W）、地方品种（landrace，L）、改良品种（improved variety，V）和育种品系（breeding line，B）的百分比

我国马铃薯种质资源规范的收集、整理工作始于20世纪50年代。至今我国开展了3次种质资源普查、收集和整理工作，使许多优良基因型品种得以保存。目前，我国马铃薯种质资源主要由国家马铃薯种质资源试管苗库（克山）保存，由黑龙江省农业科学院克山分院管理运行，该库共保存了5 000余份马铃薯种质资源；中国农业科学院蔬菜花卉研究所保存了3 000余份马铃薯种质资源。另外，河北北方学院也保存着品种和种质资源1 500余份，青海省农林科学院生物研究所保存了400余份马铃薯种质资源，华中农业大学保存了2 000份马铃薯种质资源。各研究单位保存的资源可能存在重复。

与大多数通过实生种子繁殖的作物不同，马铃薯种质资源的保存具有其特殊性。生产和研究中使用的大部分原始栽培种以及育成种和改良的种质资源以营养体生长方式进行繁殖，即通过块茎或试管苗保存。块茎保存主要是通过控制温度、光照等环境条件来延长保存时间，但一般不超过一年，仍然需要通过种植并收获新块茎来实现保存的目的。试管苗保存又称离体保存，是目前马铃薯资源保存中应用最普遍的方式，主要是利用组织培养方式将试管苗保存在固体培养基中，为了减少继代次数，可以降低温度至5～8℃，或者在高渗透压（80 g/L蔗糖溶液）环境中缓慢生长。自然界中原本通过有性方式繁殖后代的野生种，则可以通过实生种子保存物种的遗传信息，部分原始栽培种也通过实生种子群体保存，实生种子主要保存在低温库，需要对种子进行干燥处理，含水量降低至7%～8%，密封于铝箔袋、铝瓶或玻璃瓶中，在-20℃黑暗环境下可保存50年以上，保存期间每间隔一定时间需要对种子进行生命力监测。

四、马铃薯种质资源鉴定评价

我国马铃薯种质资源鉴定评价的主要目标是确定和评估不同马铃薯种质资源的遗传特性和农艺性状，以及抗病性、抗逆性等重要农艺性状。这样的评价能够帮助马铃薯育种工作者选择合适的亲本材料，提高育种效率，培育出更具抗病抗逆能力、高产优质的新品种。

中国马铃薯种质资源鉴定评价的主要内容包括形态特征、生物学特性、农艺性状、品质特性和抗性评价。形态特征涵盖株高、叶形、花形态等方面的评价。生物学特性评价包括生长周期、开花期、结实性等方面的观察和记录。品质特性评价主要对马铃薯干物质含量、淀粉含量、还原糖含量、食味等性状进行测定和评价。农艺性状评价主要涉及产量、块茎数目、块茎大小、块茎形状等的测定和比较。抗性评价是对马铃薯病害、虫害和逆境的抗性进行评估，包括对病害的抗性、虫害的抗性以及对环境胁迫的适应性等。

五、马铃薯种质资源的深入鉴定与新基因发掘

马铃薯的种质资源是进行马铃薯育种工作的基础，因此对这些资源进行深入和精准的鉴定具有重要意义，这有助于更好地利用和保护这些资源。目前，鉴定马铃薯资源的主要方法有表型鉴定、细胞学鉴定和基因型鉴定。

表型鉴定是通过对马铃薯的质量性状和数量性状进行观察来判断马铃薯的性状差异。根据马铃薯的外部指标，如株高、株型、结薯量、薯皮薯肉颜色、薯形和芽眼深浅等特征，可以区分具有不同性状的后代。这种鉴定方法的应用场景广泛，使用频率高。然而，该方法容易受到育种人员经验水平和主观判断的影响。此外，植株的表现不仅受遗传因素影响，还与当地环境相关。另外，该方法也难以鉴定基因突变因素的影响。细胞学鉴定是通过观察马铃薯细胞的染色体组数、总数、单条染色体的大小等形态特征，以及减数分裂时染色体的配对行为来对马铃薯植株进行鉴定和分类的方法。通过细胞学鉴定可以更深入地了解马铃薯的遗传信息。基因型鉴定方法主要关注 DNA 水平的差异比对。杂交后代和亲本的每个细胞都含有完整的基因序列，这种检测方法不受外界环境、作物生长时期和部位等多种限制的影响。

六、马铃薯种质资源改良与创新

轮回选择（recurrent selection）是马铃薯种质资源改良的主要措施，是在原始群体内通过互交，并按其配合力或表型的鉴定结果，将其中具有优良基因型的个体重新混合在一起，通过相互自由授粉或混合授粉，形成第一轮的改良群体。应用轮回选择的目的是改良基础群体，而又使改良群体保持有一定的遗传变异性。对改良马铃薯产量、熟性和晚疫病水平抗性等一些数量遗传性状更为有效。群体改良的轮回选择程序如图 16-2 所示，这个程序包括了对两个群体（优良群体和后备群体）的选择。优良群体即通过不同育种计划入选的品种和优良无性系基因库，或无性系间的杂交群体后代，经过 4～6 个轮回选择周期产生的。

除此之外，马铃薯种质资源的改良和创新方法还有杂交聚合、体细胞融合、诱变以及基因工程等四类。杂交聚合是指不同基因型马铃薯个体间进行杂交，杂交可以使双亲的基因重新组合，形成各种不同的类型，为选择提供丰富的资源。马铃薯等无性繁殖作物的混合杂交法也是一种杂交聚合，即选 10～20 个能自然开花和结实率高的种质为亲本，种植在隔离区内，亲本间相互杂交。各结实株上取等量种子混合，随机取样，种植成 150～200 株的 F_1 群体，任其 F_1 株间自然杂交或混合授粉。

体细胞融合等方法在马铃薯种质创新方面起着重要作用。Butenko 和 Kuchko 首次利用体细胞杂交技术成功获得了对马铃薯病毒 Y 具有抗性的体细胞杂种。Carrasco 通过体细胞融合得到了野生种 *S. verrucosum* 和栽培种 *S. tuberosom* 的体细胞杂种，其中 80% 的

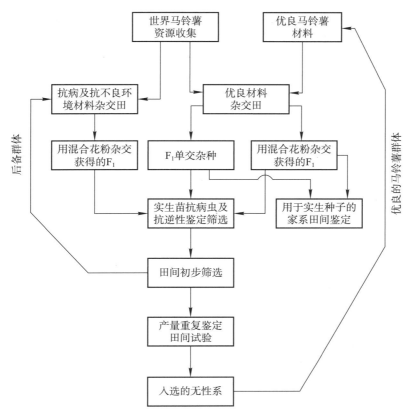

图 16-2　群体改良的轮回选择程序（孙慧生，2003）

杂种对马铃薯卷叶病毒具有抗性。Szczerbakowa 应用体细胞杂交技术将 *S. tuberosum* 与 *S.michoacanum* 融合，成功将晚疫病的抗性转移到了栽培种 *S. tuberosum* 中。Cardi 通过体细胞杂交技术将野生种 *S. commersonii* 的抗寒性状导入栽培种中，体细胞杂种植株获得了优于栽培种的抗寒能力。此外，马铃薯体细胞杂交技术还能实现优良性状的种间转移。

　　基因工程技术的兴起为马铃薯种质创新提供了有效手段，缩短了育种时间，加快了新品种培育进程。与传统技术相比，基因工程技术能够突破物种间基因交流限制，实现不同物种之间的基因交流。通过转基因技术，可以将外源基因引入马铃薯中，弥补遗传资源的不足，丰富基因库，实现遗传重组，推动了马铃薯育种的发展。

第三节　甘薯种质资源

一、甘薯种质资源的起源与演化

　　目前学界普遍认为甘薯起源于中南美洲，一般认为是秘鲁、厄瓜多尔、墨西哥一带。植物学研究证明，该地区有着丰富的甘薯野生种质资源，而基于分子标记的遗传分析也证明该地区的甘薯种质资源具有较高的遗传多样性。甘薯的祖先种学界尚未有定论，但普遍认为 *I. trifida* 或者其祖先种参与了甘薯的演化过程，全基因组测序也证明该种与甘薯的亲缘关系较近。关于甘薯的起源目前有 3 种假说：①同源多倍体假说，甘薯

由二倍体 *I. trifida* 同源加倍而来；②异源多倍体假说，*I. trifida* 和 *I. triloba* 的祖先种均参与甘薯染色体加倍；③同源异源多倍体假说，甘薯的 3 个亚基因组来源于同一个物种，但相互之间又有分化，即二倍体加倍先形成四倍体种，然后四倍体种与二倍体种杂交获得三倍体种，之后三倍体种加倍形成六倍体种，进而演化成栽培种。

二、甘薯种质资源的多样性

甘薯种质资源有着丰富的多样性，从其农艺性状而言，叶片有圆形、心形、单缺刻、复缺刻以及混合叶形等，地上部分有紫色、绿色、淡绿色等，茎有直立型和匍匐型、长蔓型和短蔓型，根有纺锤形、圆筒形、球形等，薯肉颜色有白色、黄色、橘色、紫色等。这些农艺性状的差别可以用来研究甘薯种质资源多样性，除此之外，分子标记也可以用来区分不同的甘薯种质资源，近些年研究人员使用不同的分子标记研究了甘薯种质资源遗传多样性，总体来讲，甘薯与其野生种之间的种群差异较为明显，但是在栽培种内，不同的群体之间界限不够明显，尚未形成独立的亚群。甘薯有着丰富的野生种质资源，而且随着研究的不断深入，这个群体的规模还在不断增加。

三、甘薯种质资源的收集与保存

国际上保存甘薯种质资源数量和种类最多的是位于秘鲁的 CIP，保存有共计 68 个种的 7 317 份甘薯种质资源，其中野生种质资源 1 299 份。其次为印度，保存种质资源 3 778 份，日本保存种质资源数量为 2 580 份，美国保存 1 799 份（表 16-2）。我国的甘薯种质资源主要保存在国家甘薯种质资源试管苗库（徐州）和国家甘薯种质资源圃（广州），分别由江苏徐淮地区徐州农业科学研究所和广东省农业科学院作物研究所管理运行。目前，国家甘薯种质资源试管苗库（徐州）保存有甘薯种质资源 1 300 余份，其中包含甘薯野生种质资源 70 份；国家甘薯种质资源圃（广州）现保存甘薯种质资源共 1 400 余份，这两个库圃保存的种质资源存在部分重复。

表 16-2 世界甘薯种质资源保存数量较多的国家和机构（马代夫等，2021）

国家或机构	保存数量 / 份	近缘野生种质资源数量 /（种 / 份）
国际马铃薯中心（CIP）	7 317	70/1 299
印度	3 778	6/78
日本	2 580	—/271
美国	1 799	—/385
巴布亚新几内亚	1 750	—
印度尼西亚	1 518	—
菲律宾	1 299	—
中国	2 609	16/70

甘薯种质资源的保存方式主要有 3 种，分别是田间种质圃保存、试管苗保存和温室盆栽保存。田间种质圃保存是较为常规的保存方式，即根据甘薯自身的生长习性结合当地的自然环境进行种植 – 收获这样的循环操作。该方法的优点是易操作、容易普及，缺

点则是每年都要重复操作，工作量大且容易出错。试管苗保存是将离体的茎尖或者茎段，通过组织培养的方式保存于试管中，辅以温度、激素等理化处理方法，构建甘薯试管苗缓慢生长体系，延长继代保存时间，该方法优点是占地面积小、不受环境影响、稳定性较好，缺点则是需要无菌操作，对操作人员要求较高。温室盆栽保存是通过在温室中对薯苗进行盆栽保存，主要针对不结薯或结薯性较差的种质资源采取的保存方法，防止因环境条件的不适宜而丢失，也方便资源周年提供利用。除了上述 3 种主要的保存手段之外，甘薯的野生种质资源茎蔓细弱，且一般不结薯块，用上述方法不易保存，故利用其开花结籽特性，用种子保存是目前较为适宜的保存方法。

四、甘薯种质资源鉴定评价

甘薯种质资源的鉴定评价涉及多学科的交叉融合。甘薯的基本农艺性状鉴定主要包括顶叶形、顶叶色、叶色、叶形、叶脉色、脉基色、柄基色、茎色、茎端绒毛量、茎基部分枝数、最长蔓长、薯形、薯皮色、薯肉色等，与产量相关的性状包括单株结薯数、单薯重等，与品质相关的性状包括烘干率、花青素和类胡萝卜素含量等。另外，鉴定性状还包括根腐病、茎线虫病、黑斑病、薯瘟病抗性等以及非生物胁迫抗性抗旱性、耐盐性等。

甘薯种质资源评价的主要依据是行业标准，在 2007 和 2012 年，农业部公布了《农作物种质资源鉴定技术规程　甘薯》（NY/T 1320—2007）和《农作物优异种质资源评价规范　甘薯》（NY/T 2176—2012），使甘薯种质资源的评价更具科学性、准确性和规范性。2016 年，由江苏徐淮地区徐州农业科学研究所主持，中国农业科学院茶叶研究所和广东省农业科学院作物研究所协助，制定了《甘薯种质资源描述规范》（NY/T 2939—2016）。此标准的制定，是目前甘薯种质资源评价重要的参考标准。此标准对甘薯种质资源表型评价鉴定有着详细的描述，如通过室内接病虫及病圃地自然诱发或者接种的方法对甘薯的抗病虫性进行鉴定，对照相应的公式对数据进行处理，最终获得抗性级别；采用盐渍地、耐旱池、附加灌溉的方法对抗逆性进行鉴定，同样依据公式换算得到抗逆性级别。

五、甘薯种质资源的深入鉴定与新基因发掘

随着现代技术的不断更新，对种质资源的鉴定精准度要求也越来越高，无论是甘薯的表型鉴定还是基因型鉴定，都逐步地走向深入。例如，通过创建非损伤微测技术（NMT）耐盐评价方法，可以在不损伤组织器官的前提下测定盐胁迫下甘薯根细胞 K^+ 外流活性，从而判断不同甘薯品种耐盐性。全基因组关联分析（GWAS）可以同时完成甘薯种质资源的基因型精准鉴定、等位基因及新基因的发掘，近年来基于全基因组重测序技术获得了甘薯种质资源的高密度单核苷酸多态性（SNP）图谱，并调查多个重要农艺性状，通过 GWAS，发掘到了影响块根花青素含量的基因 *IbMYB1*、影响类胡萝卜素含量的基因 *IbZEP1*、影响块根发育的基因 *IbEXP4A*、影响叶形的基因 *IbYABBY1* 和 *IbFWB2*。历经 3 年攻关，科研人员在虫害严重的华南地区进行田间筛选，获得了两份珍贵的甘薯小象甲高抗种质，这是全世界首次筛选到的有效高抗种质，之后，利用抗感种质构建 F_1 遗传群体，同时克服了控制条件下抗虫表型难检测、不稳定的困难，建立了稳定的甘薯小象甲抗虫可控评价体系，最终成功定位并克隆了两个甘薯小象甲抗性关

键基因 *SPWR1* 和 *SPWR2*，进一步的研究证明，*SPWR1* 和 *SPWR2* 依赖一种名为奎尼酸的代谢物及其衍生物，正向调控甘薯对小象甲的抗性。

六、甘薯种质资源改良与创新

甘薯种质资源的改良目前主要以有性杂交、种间杂交和体细胞杂交为主。有性杂交包括定向杂交和随机集团杂交。例如，盛家廉等以美国品种'南瑞苕'和日本品种'胜利百号'为亲本进行正反交，先后育成了一系列的甘薯新品种（系），利用这些品系为亲本进行集团杂交或者回交，最终培育出新品种'徐薯18'，该品种的推广应用为粮食短缺年代中国人吃饱饭作出了巨大贡献，1982年该品种荣获国家发明一等奖。甘薯的野生种具有抗病、抗逆等优良基因，利用甘薯野生种质进行种间杂交是甘薯种质改良的重要手段。日本于1975年通过六倍体 *I. trifida* 与栽培种杂交，最终获得了高淀粉、高产、抗茎线虫病的品种'南丰'。2014年，中国科研人员利用栽培种'徐薯18'分别与3个野生种 *I. hederacea*、*I. muricata* 和 *I. lonchophylla* 进行杂交，获得了3个新的种间杂交品种，新的杂交种可以作为种间桥梁，将野生种优异基因导入栽培种。体细胞杂交也是改良甘薯种质资源的重要手段。例如，利用栽培种'徐薯18'和二倍体近缘野生种 *I. lacunosa* 进行体细胞杂交，获得了种间杂种'XL1'，进一步的研究发现'XL1'对铝和铬的耐受性要高于亲本'徐薯18'。

此外，甘薯的种质资源创新可以通过诱变和基因工程等方式进行，如通过 ^{60}Co γ 射线辐照甘薯品种'高系14'和'栗子香'的胚性悬浮细胞，获得了薯皮色同质突变体和一批干物率高或食味优的新品系。近些年，基因工程也普遍应用于甘薯种质资源的创新。基因工程主要是利用遗传转化技术，将目的基因导入受体品种，或者针对受体品种的目的基因进行基因编辑。2019年，科技人员针对淀粉生物合成途径基因 *IbGBSSI* 和 *IbSBEII* 分别设计编辑靶点，首次利用 CRISPR/Cas9 技术在六倍体甘薯中实现了定点编辑，获得了高直链和蜡质淀粉，为今后甘薯分子育种及多倍体作物基因编辑提供了新方向。2023年，科学家开发了一种新型无须组织培养的甘薯转基因技术，该方法利用甘薯块根和茎段的无性繁殖特点，通过农杆菌介导的遗传转化，避开了愈伤培养转基因植株的烦琐步骤，降低了甘薯转基因的准入门槛，提高了甘薯遗传转化的效率，将极大地促进通过基因工程创新甘薯种质资源的步伐。

第四节　木薯种质资源

一、木薯种质资源的起源与演化

木薯属植物最初分布区域在热带美洲，木薯起源地在巴西及热带美洲其他低纬度地区。木薯栽培种形成的两个地理起源中心：一是墨西哥西南部和危地马拉的干旱地区，二是巴西东北部的干旱地区。大量形态学、遗传学与生态学研究表明 *M. esculenta* ssp. *flabellifolia* 与 *M. esculenta* ssp. *peruviana* 为木薯栽培种的2个亚种，而 *M. pruinosa* 为亲缘关系最近的野生种。这些野生种集中分布在亚马孙盆地东南部的巴西几个州。考古学发现栽培木薯最初出现在公元前7000年至公元前5000年亚马孙地区，那里也是栽培木薯的起源地。

在哥伦比亚和委内瑞拉，最早出现栽培木薯是在 3 000 ~ 7 000 年前。相关遗迹表明，公元前 4 000 年木薯栽培种被引入秘鲁沿岸。在 11 世纪木薯由巴西中部传播到了加勒比地区和中美洲；在 16 世纪末由葡萄牙人通过贝宁湾和刚果河海湾将木薯传播到非洲西海岸，在 18 世纪末通过留尼旺岛、马达加斯加和桑给巴尔海岛沿非洲东海岸扩展。大约在 1800 年栽培种传播到印度，1860 年被西班牙人带入了太平洋，但在当地没有广泛被用作食用作物。中美洲地区从墨西哥西北沿海和危地马拉、萨尔瓦多和尼加拉瓜的部分地区是一个潜在早期栽培种地区，这一地区的木薯可能由野生种 *M. aesculifolia*、*M. pringlei* 和 *M. isoloba* 广泛的杂交产生，虽然这种理论并未被证实。直到 18 世纪，木薯才被引入亚洲，到了 19 世纪，木薯已经在南亚和东南亚一带得到普遍种植。

二、木薯种质资源的多样性

木薯具有雌雄同株异花习性，是一种典型的异花授粉作物，无性繁殖的方式决定了其群体间基因型高度杂合。木薯具有不稳定的开花习性，其蒴果在成熟后裂开，种子自然地分散，它的种子容易适应许多环境。许多木薯品种是从种子自然扩散在农田中，在农业生态系统中得到重组或新变异，形成不同自然群体以及人为选择形成各种类型的农家品系。

20 世纪初期，一些野生的木薯种（如 *M. glaziovii* 和 *M. tristis*）被引入非洲和亚洲地区，有的最初认为是橡胶树，后来作为可可种植园和家庭种植的遮阴树，在非洲则被认为是篱笆。在非洲地区的自然条件下，*M. glaziovii* 的基因侵入木薯，这种现象丰富了木薯的遗传变异。至今，全球收集木薯栽培种的种质资源超过 8 000 份，其中绝大部分来自热带美洲，少部分来自非洲和东南亚国家。木薯在其起源中心附近有着最大的遗传多样性，在各个栽培中心也会适应不同环境过程中产生一些变异类型。

三、木薯种质资源的收集与保存

全球有 70 多个保存木薯种质的基因库，初步统计资源保存量超过 20 000 份，主要集中在南美洲、中非、西非和东南亚。表 16-3 列出了国际农业研究磋商组织（CGIAR）下设两个国际研究中心和各个国家种质库保存的木薯种质资源数量。其中，国际热带农业中心（CIAT）、国际热带农业研究所（IITA）及巴西国家农业研究公司（Embrapa）是世界主要的木薯种质资源保存中心。CIAT 收集和保存世界 141 个国家传统的、新培育的和野生的种质资源约 6 641 份，资源保存量居世界之首。初步统计，在全球 70 多个木薯基因库中有超过 10 000 份特异种质资源实现了异位保存。此外，Embrapa 和 CIAT 等少数基因库具有种子库，用以保存野生种或育种材料的种子，少数基因库启动了 DNA 库保存。中国国家木薯种质资源圃（儋州）收集保存来自国内外的木薯栽培种、野生种、特异种质资源及本地种质资源等共 3 000 余份，由中国热带农业科学院热带作物品种资源研究所管理运行（表 16-3）。此外，广西壮族自治区亚热带作物研究所保存木薯资源 620 份。

木薯的保存方式主要有种质圃保存、离体保存、种子保存、超低温保存、原位保存等。种质圃保存、原位保存都是在田间进行无性繁殖，但这种方法存在繁殖系数低、周期长、退化快等缺点，同时也不能保证种质资源的安全。离体保存主要是试管苗保存，将木薯幼嫩茎尖或茎段接种到无菌培养基上，进行离体培养，然后再移入无菌环境中保

表 16-3　世界主要木薯种质资源保存数量和保存机构

国家/地区	数量	保存机构
哥伦比亚	6 641	国际热带农业中心（CIAT）
巴西	4 132	巴西国家农业研究公司（Embrapa）
加纳	2 000	植物遗传资源中心/加纳作物研究所（PGRC/CRI）
尼日利亚	3 700	国际热带农业研究所（IITA）/尼日利亚国家块根作物研究所（NRCRI）
中国	3 000	中国热带农业科学院热带作物品种资源研究所（CATAS-TCGRI）
印度	1 507	印度中央块茎作物研究所（CTCRI）
菲律宾	112	菲律宾块根作物研究与培训中心（PRCRTC）/菲律宾植物育种研究所（IPB）
泰国	36	泰国罗勇作物研究中心（RFCRC）

存。此方法可以获得大量再生植株，从而使种质资源得到有效保存，此方法已广泛应用于木薯种质资源的保存。

四、木薯种质资源鉴定评价

木薯种质资源鉴定评价的项目主要包括株型、产量、收获指数、淀粉含量、淀粉品质、早熟性、抗病虫性和抗逆性等。种质资源鉴定的基本原则包括尽量减少环境误差、持续多年鉴定评价、科学分析性状间的关系，现代技术和多学科方法应综合应用。

木薯种质资源鉴定方法包括农业性状描述、抗病性、抗虫性、抗逆性、氰苷含量等依据农业行业标准或国家标准进行，包括《植物品种特异性、一致性和稳定性测试指南　木薯》（NY/T 3055—2016）、《热带块根茎作物品种资源抗逆性鉴定技术规范　木薯》（NY/T 2036—2011）、《木薯细菌性叶斑病菌检疫鉴定方法》（GB/T 36808—2018）、《木薯叶片中黄酮醇的测定　高效液相色谱法》（GB/T 42114—2022）、《农产品中生氰糖苷的测定　液相色谱–串联质谱法》（GB/T 42113—2022）、《木薯种质资源描述规范》（NY/T 1943—2010）、《木薯种质资源抗虫性鉴定技术规程》（NY/T 2445—2013）等。

运用传统方法对木薯种质资源的鉴定已开展多年，近年来利用分子标记加速了木薯种质资源的鉴定评价。例如，高通量测序技术已快速应用于木薯基因型分析中。中国热带农业科学院构建了木薯野生种和栽培种基因组草图，并进行了比较基因组分析，取得了一批重要成果。

五、木薯种质资源的深入鉴定与新基因发掘

针对木薯高杂合性的遗传基础及其进化驱动力，研究人员绘制了木薯栽培种'SC205'高质量参考基因组图谱，构建 18 对同源染色体单体型基因组图谱，鉴定 24 128 个复等位基因，发现双等位基因间广泛发生表达不平衡，揭示基因组快速进化可能是木薯高杂合性形成的重要驱动力，且基因组方向性选择驱动等位基因表达分化。利用深度重测序方法，研究人员绘制了来自 15 个国家 388 份木薯种质资源（14 份野生种、38 份地方品种和 336 份栽培品种）的全基因组变异图谱，识别 1 344 463 个 SNPs 和 1 018 832 个 InDels，利用进化和遗传距离分析证实 *M. esculenta* ssp. *flabellifolia* 是木薯野生祖先种的假说，同时结合考古学证据提出木薯从南美洲到非洲再到亚洲的传播驯化路径。近

期研究发现，木薯 AP2 转录因子 MeRAV5 促进过氧化物酶活性和肉桂酰醇脱氢酶基因 *MeCAD15* 的表达，引起细胞内过氧化氢含量降低和内源木质素积累，导致木薯植株的抗旱性增强。过表达 *WRKY27* 和 *WRKY33* 能增强拟南芥植株对木薯细菌性枯萎病（CBB）的抗性，沉默 *WRKY27* 和 *WRKY33* 表达的木薯植株对 CBB 敏感。研究发现木薯细胞壁转化酶基因 *MeCWINV3* 可调节蔗糖从源向库的分配，该基因在维管束中表达，在成熟叶片中高表达，当木薯中过表达 *MeCWINV3*，叶片中合成的蔗糖向块根运输被抑制，进而引起块根中淀粉合成相关酶基因的表达量降低，淀粉积累量降低，块根发育延迟。

六、木薯种质资源改良与创新

木薯种质资源改良与创新的主要途径是杂交育种。传统杂交育种主要是利用同一基因型不同分支或不同植株上同时开花的雌花和雄花进行授粉，获得杂交种，经过多年田间筛选，综合性状优良的品系最终形成品种。目前木薯的优良品种大都通过传统杂交培育而成，如中国热带农业科学院育成的"华南系列"国审木薯品种。杂交育种的基本程序以《热带作物品种审定规范　木薯》（NY/T 2669—2014）为标准。生产上广泛应用的'华南 12 号'（'SC12'），即利用泰国罗勇大田作物研究所的'OMR36–34–1'为母本、'ZM99247'为父本进行杂交，F_1 杂种后代经过上述育种程序选育而成。其鲜薯平均产量 40.12 t/hm^2，比主栽品种'华南 205'增产 28.06%。

目前分子标记技术与转基因技术等现代生物技术逐渐应用到木薯种质资源的改良和创新中，概括起来分为 3 类：①充分利用丰富的自然变异和常规杂交育种方法，将优异性状或优异基因遗传重组，创制携带优异性状的品系；②通过现代分子生物学技术手段，如创制人工的基因突变、对目标种质进行 CRISPR 基因编辑，创造新的变异，并使之稳定遗传；③通过加倍单倍体培育与体细胞再生技术，发掘新的优异基因位点，丰富木薯种质资源。

第五节　薯类种质资源的发展趋势与展望

一、薯类种质资源研究的国际发展前沿

随着现代自动化技术、机器视觉技术和机器人技术在薯类作物表型组鉴定领域的应用，高通量、精准高效的植物大数据表型组测定技术是一种未来"精准农业"技术，是遗传学、传感器以及机器人的结合体。其次，高质量的全基因组图谱绘制及泛基因组完成为薯类作物的起源进化及优异基因发掘带来了新的机遇。此外，薯类作物核心种质资源数据库、种质资源指纹库建设与共享也会成为未来发展的热点方向。

二、我国薯类种质资源发展方向与趋势

（一）加大薯类种质资源引进、收集与保存

尽管我国拥有较多的薯类种质资源，但是无论是种类还是数量，与国际组织或起源地国家种质库相比还有较大差距，我国急需的薯类种质资源种类还不够多、数量也不够大，因此一方面要加大国外种质资源的收集引进力度，重点应从薯类起源地中南美洲的各个国家收集和引进，另一方面还要强化国内种质资源尤其是地方品种和野生种的收集

力度。同时，应加强薯类种质保存技术研究，进一步提升离体保存技术水平，努力突破超低温保存技术瓶颈，推进薯类种质资源持续安全保存。

（二）加大薯类种质资源的精准鉴定和优异基因发掘

尽管我国收集保存和鉴定了一大批薯类种质资源，但对这些种质资源鉴定还不够深入，关键性状基因发掘相比其他作物明显滞后。基于基因组学、泛基因组学、代谢组学、表型组学等多种手段，对现有的薯类种质资源进行深度鉴定评价，剖析表型与基因型之间关联特征，构建相应数据库，为育种提供优异种质、基因及信息。

（三）加大薯类种质创新和新品种选育

薯类野生种及其近缘植物蕴藏众多栽培种缺乏的优异基因，基于种间杂交技术、基因组学和基因工程技术的快速发展，加速发掘和利用野生种中优良基因，助力薯类新品种选育。群体重测序与简化基因组测序已成为精准评价的基本技术手段，能够对物种在全基因组水平的 DNA 多态性绘制单倍型图谱和最大的遗传多样性图谱。随着薯类作物种质资源表型评价的精准化和全基因组水平基因鉴定的高通量化，种质资源表型组、基因型关联分析与基因深度发掘的利用，构建薯类种质资源精准评价技术体系，建立分子育种技术体系，缩短育种周期，进一步加速薯类作物种质创新和新品种选育。另外，薯类"优薯计划"提出的基于全基因组设计的杂交薯类新品种培育也已成为薯类品种培育获得重大突破的新途径。

推荐阅读

Cao X，Xie H，Song M，et al. Cut-dip-budding delivery system enables genetic modifications in plants without tissue culture［J］. Innovation（Camb），2023，4（1）：100345.

本文介绍了一种不经过愈伤组织培养的"CDB"甘薯遗传转化技术。

思考题

1. 薯类作物种质资源野生近缘植物的利用方式有哪些？
2. 薯类作物种质资源保存的主要方式有哪些？有哪些保存方法能够延长其保存时间？
3. 试述薯类作物鉴定评价的内容。
4. 薯类作物种质创新的方法有哪些？

主要参考文献

1. 吕文河，王晓雪，白雅梅，等. 马铃薯及其野生种的分类［J］. 东北农业大学学报，2010，41（7）：143-149.

2. Chen M，Fan W，Ji F，et al. Genome-wide identification of agronomically important genes in outcrossing crops using outcross-seq［J］. Molecular Plant，2021，14（4）：556-570.

3. Hu W，Ji CM，Liang Z，et al. Re-sequencing of 388 cassava accessions identifies valuable loci and selection for variation in heterozygosity［J］. Genome Biology，2021，22：316.

4. Hu W，Ji CM，Shi HT，et al. Allele-defined genome reveals biallelic differentiation during cassava evolution［J］. Molecular Plant，2021，14：851-854.

5. Li Y，Colleoni C，Zhang J，et al. Genomic analyses yield markers for identifying agronomically important genes in potato［J］. Molecular Plant，2018，11（3）：473-484.

6. Liu X，Wang Y，Zhu H，et al. Natural allelic variation confers high resistance to sweet potato weevils in sweet potato［J］. Nature Plants，2022，8（11）：1233–1244.

7. Qi WH，Lim YW，Patrignani A，et al. The haplotype-resolved chromosome pairs of a heterozygous diploid African cassava cultivar reveal novel pan-genome and allele-specific transcriptome features［J］. Giga Science，2022，11：1–21.

8. Spooner DM，Nunez J，Trujillo G，et al. Extensive simple sequence repeat genotyping of potato landraces supports a major reevaluation of their gene pool structure and classification［J］. Proceedings of the National Academy of Sciences of the United States of America，2007，104：19398–19403.

9. Wang WQ，Feng BX，Xiao JF，et al. Cassava genome from a wild ancestor to cultivated varieties［J］. Nature Communications，2014，5：5110.

10. Xiao S，Dai X，Zhao L，et al. Resequencing of sweetpotato germplasm resources reveals key loci associated with multiple agronomic traits［J］. Horticulture Research，2023，10（1）：234.

 网上更多资源

 彩图　　 思考题解析

撰稿人：曹清河　蔡兴奎　肖世卓　审稿人：陈松笔

第十七章

经济作物种质资源

本章导读

1. 丰衣足食，"衣"在先。"衣"的来源植物有哪些？

2. 天天"打卡"油、糖、茶，它们的源头在哪里？

3. 中国是农业大国，也是经济作物生产大国。经济作物种质资源也"大"吗？

经济作物，又称工业原料作物，栽培目的是给加工业或其他工业生产提供原材料。经济作物的种质资源，就是指这些作物的植物遗传资源，包括栽培品种、地方品种、野生类型及其近缘植物等。经济作物种质资源的研究，主要探讨其多样性、起源、演化，以及各自栽培品种的形成、种类、传播和演变。还包括其种质资源的利用对作物生产的贡献等。

第一节 经济作物种质资源概述

一、经济作物种质资源的重要性、类型及其用途

（一）重要性

经济作物的产品具有特殊的使用价值，许多还是人类生存的最基本、最必需的生活资料，有些（如棉花）是带动世界工业革命、推动世界农业和工业的产业结构布局与调整、催生世界社会文明的纽带物质。这些作物的种质资源，是构成各自作物生产品种的基本物质基础。其收集、保存、鉴定、评价和发掘利用，是各个经济作物新品种的更新换代、科学研究实验、科普教育等的基本保障，继而支撑经济发展和社会的稳定。

（二）种类及其主要用途

经济作物按照用途可分为以下五大类：① 纤维作物，包括棉花、苎麻、黄麻、红麻、大麻、茼麻、亚麻、剑麻、蕉麻及棕榈等，主要用于纺织、制作绳索等；② 油料作物，包括油菜、花生、芝麻、向日葵、胡麻（油亚麻）、苏子、红花、油茶、油棕、油椰等，主要作为食用油的原料；③ 糖料作物，包括甘蔗、甜菜、甜叶菊等，主要提供生活用糖；④ 嗜好作物，主要指茶、烟草、可可等，主要适用于人们的嗜好习惯产品原料；⑤ 特用作物，主要包括橡胶、胡椒和咖啡等，各具独特的用途。

二、经济作物的起源、传播与种质资源的多样性

（一）经济作物的起源与传播

经济作物多数起源于热带、亚热带，如棉花、苎麻、黄麻、花生、芝麻、甘蔗、甜菜、烟草和热带作物等。糖料作物、特用作物和多数嗜好作物的栽培品种及其野生近缘种，具多年生习性，以营养繁殖为主，非整倍体较多。但它们的栽培化及其传播，仍然以种子为主。我国起源的经济作物较多，包括茶树、苎麻、黄麻、大麻、青麻、罗布麻、白菜型和芥菜型油菜、竹蔗等。

（二）中国经济作物种质资源的多样性

作物种质资源的基本特性是多样性，包括物种多样性、生态多样性和遗传多样性等。

1. 物种多样性

在植物分类学上的多样性，为物种多样性。起源中国的经济作物，都有丰富野生资源。如中国起源的苎麻属，野生近缘种多达 31 个、变种 12 个。原产我国的圆果型苎麻，有 41 种形态类型。我国栽培的苎麻，演化成 36 种生育类型。亚麻属在中国有 9 个种，其中 1 个是栽培种（栽培亚麻），其余都是野生种。茶树原产我国，类型丰富，已收集保存种质资源近 4 000 份。

棉花是非中国起源的经济作物，但 4 个栽培种中国都有。其中亚洲棉 2 000 年前就传入中国，有"中棉"之称，在全国各个棉区都有栽培，演化出的类型非常多，其种质资源有 40 余个形态类型。

2. 生态多样性

从地理分布角度讨论的多样性即为生态多样性。中国土地辽阔，生态多样，农业历史悠久，为各种各样的植物生长、演化提供了丰富的自然生态条件。同种植物在不同环境下长期自然选择或人工驯化，形成了不同类型或品种的多样性，从而形成了作物的生态多样性。如野生茶树，在中国发现最多、最早，已涵盖了 10 个省（自治区），200 多个分布点（处）。中国经济作物种类很多，有的起源于中国，有的从国外传入中国，形成了许多独特的种或类型，使中国成为次生起源中心。

三、中国经济作物收集保存现状

中国政府历来重视包括经济作物在内的植物资源收集。特别是农作物，近年来完成了第三次全国作物种质资源的调查。截至 2022 年，我国收集保存的经济作物种质资源有 26 种，达到 80 858 份（表 17-1，各作物的种质资源数量包括其品种、品系、地方品种、创新的种质材料以及该作物的野生种、近缘植物等），占国家保存作物种质资源总量 53 万份的 15.26%。

表 17-1　经济作物种质资源表

作物	份数	作物	份数	作物	份数
棉花	11 545	油菜	9 326	甘蔗	3 616
苎麻	2 131	花生	8 948	甜菜	1 849
亚麻	7 033	芝麻	7 223	茶	3 915

作物	份数	作物	份数	作物	份数
红麻	1 628	向日葵	3 127	烟草	4 122
黄麻	1 205	红花	3 702	咖啡	173
大麻	667	苏子	538	胡椒	203
青麻	103	蓖麻	3 024	椰子	214
龙舌兰麻	4	橡胶	6 195	可可	162
油棕	87	槟榔	118		

第二节　棉麻作物种质资源

一、棉花种质资源

（一）棉花的分类、起源与演化

1. 分类

棉花是国内外最重要的天然纤维栽培植物，属于双子叶植物纲（Dicotyledoneae）、锦葵科（Malvaceae）、棉属（*Gossypium*）。棉属定名的种（亚种）共 54 个，其中二倍体 47 个，四倍体 7 个。据细胞学和地理分布特征，二倍体棉种分 $A \sim G$ 和 K 等 8 个染色体组（genome），四倍体棉种由 A 和 D 组成（$AADD$，简为 AD）。栽培种 4 个：二倍体 A 染色体组的草棉（*G. herbaceum* L.，A_1）和亚洲棉（*G. arboreum* L.，A_2），四倍体 AD 染色体组的陆地棉（*G. hirsutum* L.，A_1D_1）和海岛棉（*G. barbadense* L.，A_2D_2）。

2. 起源与演化

棉花原产于热带、亚热带的干旱地区和荒漠草原，是多中心起源。阿非利加棉（*G. herbaceum* subsp. *africanum* Hutchinson，A_{1-a}）是 A 染色体组两个栽培种的共同祖先，在非洲南部，人工引种扩散后形成不同的地理种系。阿非利加棉引种到亚洲阿拉伯地区和印度后，演变为亚洲棉的起源中心。四倍体棉种是在白垩纪后期或第三纪初期，由 D 染色体组的美洲野生棉与 A 染色体组的非洲野生棉经过天然杂交并染色体加倍而成。四倍体棉种的 A 亚组染色体来源于非洲的阿非利加棉（A_{1-a}），而 D 亚组染色体的来源有单元发生和多元发生之争，单元发生即四倍体棉种 D 亚组染色体都来自 D 染色体组一个共同的棉种，多元发生则为不限于一个种。

（二）棉花的野生种及其近缘植物

1. 野生种及其分布

棉属野生种分布在 3 个起源中心：① 非洲，包括 A、B、E 和 F 染色体组的棉种，共 14 个；② 美洲，包括 D 染色体组 13 个和 AD 染色体组的 5 个；③ 澳大利亚，包括 C、G 和 K 染色体组的棉种，共 18 个。

2. 近缘植物

棉族有 8 个属，均为棉花的近缘植物。在我国常见的只有桐棉属（*Thespesia*）的 3 个种：桐棉〔*T. populnea*（Linn.）Solander ex Correa〕、肖桐棉〔*T. populneoides*（Roxburgh）

Kosteletzky〕（又名长梗桐棉，*T. howii* S. Y. Hu）、白脚桐棉〔*T. lampas*（Cav.）Dalzell & A. Gibson〕。前两个种植株高大，可达 5 m，光滑无毛；白脚桐棉为灌木，全身密被灰白色茸毛。

（三）棉花种质资源的收集、保存及鉴定评价

1. 国际收集保存概况

（1）收集　全球棉花生产大国比较重视棉花种质资源的收集和保存，包括美国、前苏联、中国、印度、巴基斯坦、澳大利亚等。前苏联很重视包括棉花在内的植物遗传资源的考察、收集和保存，其收集范围涵盖全球棉花产区和棉属植物原产地。20 世纪 90 年代苏联解体后，棉花种质资源工作主要由现在的乌兹别克斯坦承担，工作不够得力，很多材料转移到了美国。类似于苏联，美国收集范围也很广泛，引进苏联的棉花种质资源后，成为棉花种质资源最丰富的国家。澳大利亚、印度、巴基斯坦等也分布有野生棉，但这些国家主要保存的是本地区原产的种质资源。

（2）保存　棉花种质资源保存的方式主要是以低温库为主的种子保存，其次是宿生保存。宿生保存是指在适宜的环境气候条件下，以宿生植株为种源的一种繁殖保存方式，主要保存的是多年生棉花种质材料。宿生保存有的是在温室条件下保存，如美国；有的是在室外保存，即通过种质圃，利用热带地区的天然条件保存，如中国、印度、巴基斯坦等。美国在墨西哥曾经建有多年生棉花种质圃，20 世纪 90 年代撤销。澳大利亚虽然有很好的天然条件，但没有建设棉花种质圃，野生棉种以国家公园方式实施原生境保护。

2. 中国的收集保存和鉴定评价情况

（1）收集　我国在 1949 年前主要收集国内的亚洲棉品种和引进一些陆地棉品种。20 世纪 50 年代以后，多次在全国范围内收集棉花地方品种，同时从国外引进大量品种和种质资源材料。20 世纪 70—80 年代，是收集与引进资源的高峰期，先后赴墨西哥、埃及等国考察收集，还引进了一些棉属野生资源。2011—2017 年连续 7 年，中国农业科学院棉花研究所赴美国、厄瓜多尔、巴西、澳大利亚、肯尼亚等棉花原产地进行野外实地考察，采集到一批毛棉、达尔文氏棉、克劳茨基棉等棉属原始种质资源。

（2）保存　全国棉花种质资源集中保存在 3 个国家平台：国家农作物种质资源库（长期库），在北京，由中国农业科学院作物科学研究所管理运行；国家棉花种质资源中期库，在河南安阳，由中国农业科学院棉花研究所管理运行；国家野生棉种质资源圃，在海南三亚，由中国农业科学院棉花研究所管理运行。长期库定位于长期战略保存，不进行种质资源分发共享。中期库定位于中长期保存（10～15 年），承担种质资源的繁殖更新和分发共享利用，通常每 5～10 年开展一次种质资源的繁殖更新，确保库存种质数量足，质量高。迄今国家棉花种质资源中期库保存棉花种质资源近 12 000 份，其中国外种质资源占 30%。种质圃主要保存宿生棉花种质材料，包括野生棉、近缘植物、栽培棉的野生类型、种间杂种和工具材料等。棉花种质圃宿生保存的棉花种质材料涵盖 40 余个种，约占全球可收集棉种的 80% 以上。

（3）鉴定、评价与推荐利用　种质资源鉴定的内容主要包括植物学性状、农艺性状、经济性状、对生物和非生物逆境的抗性耐性等。种质资源主要应用于新品种选育、遗传分析、特异性状表达的机制研究等。种质资源利用通常有直接利用和间接利用，大多数保存的种质资源兼具直接和间接利用双重特性。例如，野生棉在应用于品种改良

时，要通过远缘杂交等技术得以间接利用，也就是说直接利用很困难。

（四）棉花种质资源的改良创新与应用

野生棉具有高产、抗逆、纤维品质优等潜在利用特性，通过远缘杂交，应用于棉花新品种选育或品种改良。美国 20 世纪 50—60 年，从棉花野生种瑟伯氏棉通过导入黄萎病抗性和优质纤维等优良特性，培育释放了'爱字棉'和"PD 系列"棉花新品种或新种质。20 世纪 80 年代，我国利用野生棉育成了两个陆地棉新品种'石远 321'和'晋棉 21 号'，提高了纤维品质和黄萎病抗性水平，优质、抗病特性均源于野生棉种。

二、麻类种质资源

麻类是一类天然纤维作物的总称，从经济意义上来说，最主要的有苎麻、黄麻、红麻和亚麻等，另外麻类作物还包括大麻、青麻等十几种。

（一）苎麻种质资源

1. 苎麻的分类与分布

苎麻为荨麻科（Urticaceae）、苎麻属（*Boehmeria*）多年生草本宿根植物，栽培的 2 个种为苎麻［*B. nivea*（L.）Gaudich.］和青叶苎麻［*B. nivea* var. *tenacissima*（Gaudich.）Miq.］。苎麻属下有 120 个种，其中 75 种在亚洲，约 30 种在美洲。主要分布于热带、亚热带，少数在温带。

2. 苎麻的起源演化

苎麻起源于中国，其他国家栽培的苎麻是直接或间接地引用于我国。我国有 31 个种、12 个变种，主要分布在云南、广西、广东、四川、贵州等 21 个省（自治区），由南向北，北界达河北北部及辽宁南部。分 6 个组（Section），我国有其中 5 个组。苎麻的形态学演化趋势：木本→草本；叶互生→对生→近轮生，叶缘无齿→顶端 2～5 裂；雄花 4 基数→5 或 6 基数。

3. 苎麻的纤维

苎麻的纤维中空；长度变幅很大，24～300 mm；细度越小，品质越优。1 500 支（公制支数）以下的为劣质，1 500～1 800 支的为中质，1 800～2 000 支的为优质，大于 2 000 支的为特优。纤维化学成分以纤维素为主，含量占比 65%～75%，远低于棉花（90%）。纤维弹性（断裂伸长度，2.10%）也远差于棉花（7.16%）、蚕丝（23.4%）和羊毛（42.70%）。

4. 苎麻种质资源的保存鉴定

在苎麻种质资源的保存和鉴定方面，其保存以营养繁殖为主，因种子繁殖易产生变异。我国苎麻种质资源主要保存于国家麻类作物种质资源圃（沅江），由中国农业科学院麻类作物研究所管理运行。

目前已经完成的种质资源鉴定主要性状和种质份数包括：单纤维支数，921 份，变幅 940～2 644 支，特优和优质等级的占 33.76%；单纤维拉力，917 份，高低拉力的占比分别为 65.75% 和 34.25%；抗根腐线虫病，高抗的仅占 4.34%，多数为感或高感种质。

（二）黄麻及其他麻类作物种质资源

1. 黄麻

黄麻属于椴树科（Tiliaceae）、黄麻属（*Corchorus*）一年生草本植物，栽培种有长果种长蒴黄麻（*C. olitorius* L.）和圆果种黄麻（*C. capsularis* L.）两个。黄麻属约有 40 个种，非洲最多，主要分布在热带和亚热带地区。栽培种都有野生类型，我国均有。我国黄麻野生近缘种有 11 个，均为一年生草本植物，其中仅三室种（*C. trilocularis* L.）有多年生草本。黄麻的根属于直根系，深达 1 m 多；圆果种有气生根。茎为主要的经济产品（韧皮部纤维）载体，直立，或螺旋状弯曲，圆柱状；高可达 4 m，基部茎粗 2~3 cm，自下而上逐渐变细。纤维，细度 300~700 支，粗于苎麻；纤维素含量占比 57%~60%，低于苎麻。我国收集黄麻种质资源 1 200 余份，其中国内栽培品种 700 多份。

2. 其他麻类

其他麻类作物，包括红麻、亚麻、大麻、青麻、罗布麻、龙舌兰麻、蕉麻等，都是天然韧皮部（维管束）纤维，草本；多为一年生，但蕉麻和罗布麻为多年生；这些麻类多为茎纤维，而龙舌兰麻和蕉麻为叶纤维。纤维的纤维素含量均比较高，占比为 40%~80%，与苎麻类似。纤维素是这些麻类作物的重要化学成分，其含量占比（%）差异很大：红麻 55%~61%；纤维亚麻 70%~80%；大麻 66.81%（'六安大麻'）；青麻 40.7%~66.0%；罗布麻 71%；蕉麻 64%~74%。

中国是全球最大的红麻生产国之一，收集保存的种质资源有 1 600 余份，其中栽培品种 1 300 余份。亚麻还有一个重要用途为食用油，亚麻籽含油率为 30%~48%，是我国华北、西北地区主要食用油。大麻、罗布麻和红麻，还大量用于医药行业。

第三节　油料作物种质资源

一、油菜种质资源

食用油是人们不可或缺的日常生活物资。油菜是世界性的重要油料作物，总产量仅次于大豆。除非洲少数地区外，全球各国均种植油菜。目前中国是全球第二大油菜生产国。

（一）油菜植物学分类及栽培种类型

油菜是十字花科（Brassicaceae）芸薹属（*Brassica*）几种油用作物的通称，凡是采茎叶后收籽榨油的，均为油菜（oilseed rape）。因此，"油菜"仅为栽培学上的作物分类概念，并非严格的植物分类学名称。芸薹属栽培作物主要有 6 个，其中二倍体基本种 3 个、异源四倍体复合种 3 个。二倍体种包括：芸薹或称白菜型油菜（*B. campestris* L. 或 *B. rapa* L.），$2n = 2x = 20$，AA；甘蓝（*B. oleracea* L.），$2n = 2x = 18$，CC；黑芥（*B. nigra* Koch.），$2n = 2x = 16$，BB。复合种是基本种两两杂交后加倍演化而成，包括甘蓝型油菜（*B. napus* L.），$2n = 4x = 38$，$AACC$；芥菜型油菜［*B. juncea*（L.）Czern.］，$2n = 4x = 36$，$AABB$；埃塞俄比亚芥（*B. carinata* A. Braun.，又称龙骨芥），$2n = 4x = 34$，$BBCC$。有一个禹氏三角（U's triangle）模式，清晰说明了 6 个种之间的起源与进化关系（图 17-1）。

（二）油菜栽培种的起源与进化

1. 基本种的分布与起源进化

芸薹分布广泛，由地中海西部延伸到中亚各国和中国，表明可能是最早被驯化的芸薹属植物。有两条进化途径，彼此独立。一是西线途径，起源中心在欧洲，由欧洲到中亚再到印度次大陆；一是东线途径，起源中心在中国及其周边地区，包括中亚各国、阿富汗以及邻近印度西北部。甘蓝起源中心在地中海的西西里，向地中海海边悬崖、西班牙北部、法国西部和英国南部及西南部演化。黑芥自然分布中心在地中海周边的温暖地带，向中亚和中东地区延伸。

2. 复合种的起源进化

甘蓝型油菜由两个基本种芸薹与甘蓝的祖先种自然杂交后经染色体加倍而成（*AACC*）。芥菜型油菜是来源于两个基本种芸薹与黑芥的原始种自然杂交的异源四倍体（*AABB*），向油用和叶用两个方向演化。埃塞俄比亚芥由甘蓝和黑芥天然杂交经染色体加倍而成的异源四倍体（*BBCC*），发生于埃塞俄比亚。

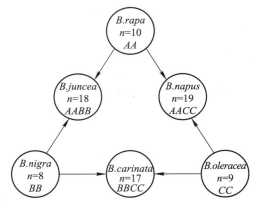

图 17-1　禹氏三角表示芸薹属油菜基本种与复合种染色体组间的关系

（三）中国油菜品种的演变

我国油菜种植历史有 6 000～7 000 年。白菜型和芥菜型油菜是早期栽培的品种。甘蓝型油菜于 20 世纪 30 年代从国外引种，20 世纪 50 年代中期开始大面积推广应用，进入 20 世纪 80 年代，甘蓝型油菜已占主导地位。这之后油菜品种改良以高产、优质为主要育种目标，同时开展杂交优势利用，培育出以'中油杂 2 号''中双 9 号'等为代表的系列甘蓝型油菜新品种，其突出特点是高产、优质。优质主要体现于芥酸含量低、硫苷含量低或两个指标含量都低，称之为"双低"油菜品种，油菜新品种的推广应用极大地推动了中国油菜产业的变革与发展。

（四）中国油菜的野生近缘植物

我国芸薹属植物有 8 属约 23 种，为一年生、二年生或多年生草本。野生近缘植物的角果形态比栽培种的更多，甚至有线形。这些近缘种与栽培油菜具有一定的可交配性，可作为油菜遗传改良的基因资源。

（五）中国油菜种质资源的鉴定和野生资源的利用

1. 油菜种质资源鉴定

我国已经完成了超过 1 万份次的油菜种质资源鉴定，包括千粒重（3 230 份）、生育期（1 766 份）、脂肪酸组成（6 500 余份）、硫苷葡萄糖苷含量及组成（2 000 余份）；菌核病抗性（5 049 份）、霜霉病抗性（5 053 份）、病毒病抗性（5 052 份）。

2. 野生近缘植物利用

油菜野生近缘植物的直接利用，以案例示之。一是十字花科南芥族（Arabideae）鼠耳芥属（*Arabidopsis*）的拟南芥［*A. thaliana*（L.）Heynh.］，是植物基因组学模式植物，被广泛应用于植物基因组学研究，并取得众多成果；二是芸薹族诸葛菜属（*Orychophragamus*）的诸葛菜［*O. violaceus*（L.）O. E. Schulz］的低芥酸、高油酸等特性，通过远缘杂交或体细胞融合技术，得以成功利用。

二、其他油料作物种质资源

除油菜外，其他油料作物还有花生、芝麻、蓖麻、向日葵、红花、苏子和油棕等。花生和芝麻，不仅富含脂肪，而且不饱和脂肪酸比例更高，并含有丰富的蛋白质。花生和芝麻已被世界各国广泛种植和消费。花生和芝麻主产区在亚洲、非洲和美洲。中国是花生和芝麻生产大国，单产和总产均居全球第一。

（一）分类与起源

1. 花生分类与起源

花生是豆科（Fabaceae）蝶形花亚科（Papilionoideae）花生属（*Arachis*）的一个栽培种（*A. hypogaea* L.）。花生属共 80 余种，依据细胞学分为二倍体（$2n = 2x = 20$）、四倍体（$2n = 4x = 40$）和非整倍体（$2n = 2x = 18$），按生育特性分为一年生、二年生和多年生。植物形态学上分为 9 个组（Section），最大为花生组（Section *Arachis*），已经定名了 27 个种，包括一年生栽培种。花生起源于南美洲，栽培花生是异源四倍体，由二倍体野生种杂交演化而来，但其二倍体的祖先种尚未取得共识。

2. 芝麻分类与起源

芝麻为芝麻科（Pedaliaceae）芝麻属（*Sesamum*）的一年生草本植物。该属 36 个种，芝麻（*S. indicum* L.）是唯一的栽培种，其余为野生种或半栽培种。栽培种染色体为二倍体（$2n=26$），野生种的染色体数有 $2n=26$、32、58、64 等。野生种多数起源于非洲，少数起源于印度。

（二）中国花生和芝麻品种的演变

1. 花生

中国栽培花生引进于南美。20 世纪 50 年代以前都是地方品种，由古老品种自然（非人工）演化而来。20 世纪 50—60 年代，从地方品种鉴定筛选出 30 多个优良品种，大面积推广，其他地方品种退出，实现了第一次品种更新。此后我国花生经过了 4 次品种更换，其中第 3 次更新换代主要是我国自己选育的'徐州 68-4'等新品种代替了一些老品种。第 5 次品种更新换代发生于 2005—2010 年，这阶段推广的品种主要是提高了黄曲霉病的抗性。

2. 芝麻

我国栽培的芝麻品种，早期都是地方品种，后来从地方品种直接鉴定筛选优良品种推广应用。20 世纪 60 年代后，以'中芝 7 号'为代表的杂交培育品种迅速替代了地方品种。20 世纪 70—80 年代，先后以'中芝 8 号'和'中芝 9 号'为代表的新品种得以推广利用，提高了产量、抗病性和耐逆境性。20 世纪 90 年代以来，芝麻新品种更加突出了优质特性。

（三）花生野生近缘种及其利用

花生属 8 个组都有野生种，近 80 个，其中花生组最多，26 个。有的花生野生近缘种可直接得以利用，如 *A. villosulicarpa* Hoehne 和 *A. stenosperma* Krapov & Gregory，因产种子而被广泛栽培；又如 *A. pintoi* Krapov & Gregory 等 3 个种用作饲料或园艺作物；有的可通过远缘杂交转育优良性状，如从 *A. diogoi* Hoehne 转育高抗青枯病特性，育成品种'远杂 9102'。

第四节　糖料作物种质资源

食用糖是重要的日常生活物资。甘蔗是主要糖料作物之一，其产区遍布美洲、大洋洲、亚洲和非洲。我国甘蔗有 2 000 多年的栽培历史，种植于 11 个省（自治区），是全球除巴西和印度之后的第三大生产国。甜菜也是重要的糖料作物，约占糖源的 40%。我国种植甜菜历史悠久，公元 5 世纪就引种。目前我国甜菜种植面积不大，主产区在东北、西北地区。

一、甘蔗种质资源

（一）甘蔗的分类

甘蔗属于禾本科（Poaceae）高粱族（Andropogoneae）甘蔗亚族（Saccharinae）甘蔗属（*Saccharum* L.）植物。甘蔗亚族设一个"甘蔗属复合体"，包括与甘蔗相关的 5 个主要属：甘蔗属（*Saccharum* L.）、蔗茅属（*Erianthus* Michx.）、河八王属（*Narenga* Bor.）、芒属（*Miscanthus* Andersson）、硬穗茅属［*Sclerostachya*（Hack）A. Camus］。

甘蔗属共 6 个种：热带种（*S. officinarum* L.）、印度种（*S. barberi* Jesw.）、中国种（*S. sinense* Roxb.）、食穗种（*S. edule* Hassk）、细茎野生种（*S. spontaneum* L.）和大茎野生种（*S. robustum* Brandes et Jeswiet），其中前 3 个种是栽培种。

（二）甘蔗的起源、传播与演化

甘蔗是地球上的古老植物。甘蔗原产地包括印度、南太平洋新几内亚群岛和中国 3 个原产地。热带种和大茎野生种从南太平洋的群岛向西传播到印度洋和印度半岛、南北美洲，向东传播至爪哇、婆罗洲和中国。印度种和细茎野生种自印度沿孟加拉国南端传播到印度锡金邦。

大茎野生种在新几内亚演化出食穗种，并有芒属（*Micanthus* Andersson）种质渗透。热带种也是从大茎野生种演化来的。热带种传播到中国后，与细茎野生种发生种质渗透，产生中国种。

（三）中国甘蔗栽培品种的分类

我国甘蔗品种很多，其类型丰富。依据生态条件分为热带与亚热带两个类型；根据甘蔗茎干大小分为大、中、细等 3 类，一般茎径大于 3 cm 为大茎种，2.5～3.0 cm 为中茎种，2.5 cm 以下的为细茎种；根据糖分含量的高低分高、中、低等 3 类，含糖量 15% 以上为高糖品种，含糖量 12.5% 以下的为低糖品种，介于其间的为中糖品种；根据工艺成熟早晚分早、中、晚熟等 3 类；按用途分糖料蔗、果蔗、能源蔗和饲用蔗 4 类。

（四）中国甘蔗栽培品种的演变

我国甘蔗品种的演变经历从地方品种、引进品种到自己选育品种 3 个阶段。地方品种主要有竹蔗、芦蔗和罗汉蔗等，这些都是中国种。引进与自育品种呈交替状态。1951—1995 年，为引进品种与自育品种并行阶段，之后，以自育品种为主。我国甘蔗品种生产发生了 3 次品种换代：1950—1975 年，自育品种'台糖 134'等与引进品种'Co419'等替换了竹蔗和罗汉蔗等老品种；第二次品种更新是在 20 世纪 70 年代中期到 20 世纪 90 年代初，'选三''福引 79-7'等引进品种与'粤糖 63-237'等自育品种得以大面积推广应用；第三次品种更新是 20 世纪 90 年代至 2005 年，以自育品种为主，良种种植面积达到 80% 以上。

二、甜菜种质资源

（一）甜菜的分类、起源与演化

1. 甜菜分类

甜菜属苋科（Amaranthaceae）、甜菜属（Beta）。该属分 4 个组（Section），包括普通

甜菜组（Beta Transhel 又称 Beta Vulgaris）、白花甜菜组（Beta Corollinae）、矮生甜菜组（Beta Nanae）和平伏甜菜组（Beta Procumbentes 又称 Beta Patellares）。每个组包括若干个种，共分 12 个种。

2. 起源与演化

甜菜属植物起源于数千年前的地中海沿岸及加那利群岛一带。大约 2 500 年前，分别向东、向西传播。东线经伊朗、黑海东岸、土库曼斯坦、乌兹别克斯坦及中国的丝绸之路，传入中国西北及内陆，成为中国叶用甜菜的来源；西路经叙利亚、埃及、西西里及地中海沿岸，逐渐向北欧大陆迁移，形成不同的种和生态地理型。

（二）甜菜属的野生近缘种

普通甜菜是普通甜菜组中的唯一的栽培种，进一步分 3 个亚种：普通甜菜亚种（*B. vulgaris* subsp. *vulgaris*）、滨海甜菜亚种（*B. vulgaris* subsp. *maritima*）和阿丹甜菜亚种（*B. vulgaris* subsp. *adanensis*）。前一亚种分为 4 个品种群，后面两个亚种是栽培甜菜的野生近缘植物。

甜菜的野生近缘种共有 11 个：大果甜菜（*B. macrocarpa* Guss.）、蔓生甜菜（*B. patula* Aiton）、白花甜菜（*B. corolliflora* Zosimovic ex Buttler）、花边果甜菜（*B. lomatogona* Fisch. & C. A. Mey.）、粗根甜菜（*B. macrorhiza* Steven）、三室甜菜（*B. trigyna* Waldst. & Kit.）、中间型甜菜（*B. intermedia* Bunge ex Boiss.）、矮甜菜（*B. nana* Boiss. & Heldr.）、碗状花甜菜（*B. patellaris* Moquin）、平伏甜菜（*B. procumbens* Chr. Smith）、维比纳甜菜（*B. webbiana* Moquin）。

（三）甜菜种质资源的保纯

甜菜是异交作物，无限花序，花期时全天候开花，非常容易异交。不同品种在同一地区种植，需要相距 100～200 m。二倍体与多倍体品种之间要相距 1～2 km，单粒种与多粒种的地理隔离需要 3 km 以上。对种质资源繁殖更新，地理隔离很困难，需要套袋或设置大型网罩隔离。我国甜菜种质资源已安全保存于国家甜菜种质资源中期库（哈尔滨），由黑龙江大学管理运行。

（四）中国甜菜品种群和糖用甜菜品种的分类

根据甜菜用途可分为糖用、菜用、饲用和叶用 4 个品种群（cultivar groups）。

我国糖用甜菜依据细胞学特点分为二倍体多粒、二倍体单粒、四倍体多粒、四倍体单粒和胞质雄性不育 5 类；按经济性状划分有丰产型、高糖型及标准型等 3 类，标准型品种为前两类的中间类型。

第五节　茶树和烟草种质资源

一、茶树种质资源

茶与咖啡、可可被称为世界三大饮料作物。我国饮茶历史悠久，饮茶者众多。茶树的生长范围遍及世界五大洲 50 多个国家。我国包括台湾有 20 个省（自治区、直辖市）种植茶树，茶园面积和茶叶产量均位居世界前列。

（一）茶树的分类、起源与演化

茶树为杜鹃花目（Ericales）、山茶科（Theaceae）、山茶属（*Camellia*）植物。山

茶属下分两个组，即茶组和非茶组。茶组共 5 个种，其中茶［C. sinensis（L.）Kuntze］种下还包括 3 个变种，非茶组共 7 个种。茶树原产中国西南部。茶树的演化，主要是"树"的形态演变，而非植物学及其分类学上的内涵。形态上主要是树形由乔木变向小乔木和灌木，树干由中轴变为合轴，叶片和花冠由大变小，花瓣由丛瓣到单瓣，果实从多室到单室，果壳从厚到薄，等等。栽培茶有野生型茶树和栽培型茶树之分，这仅是树形上的分类，非植物学分类。

（二）茶树栽培品种的演变及其分类

茶树从野生型茶树演变栽培品种，主要有两个途径：一是从乔木大叶、子房 5 室无茸毛的大厂茶到小乔木、子房 3 室无茸毛的秃房茶演化；二是从乔木大叶、子房 5 室有茸毛的厚轴茶、大理茶到小乔木、子房 3 室有茸毛的白毛茶、普洱茶演化。

茶树品种分类，一是依据生态区分类；二是按照茶树特征特性划分。按照特征特性划分：按树形分为乔木型、小乔木型、灌木型；按叶片分为特大叶、大叶、中叶、小叶等；按物候期分为特早生、早生、中生、晚生等；按适制茶类可以划分出绿茶、红茶、乌龙茶、白茶和兼制型茶。

（三）茶种质资源的保存特点

茶树可以有性繁殖也可无性繁殖。有性繁殖是野生茶树、地方品种、引进种质资源等得以保存的主要手段，有性繁殖就是杂交种子。因杂交种茶树主体性状趋向母本，后代有分离，但不影响主体性状的母本特质。为了尽可能保持种质资源的遗传完整性，在种质圃里每份茶树种质至少要保存 20 个单株。茶树无性繁殖主要手段是"短穗扦插法"，即利用带有叶片、腋芽的初步木质化的嫩茎进行扦插。扦插后代没有分离，所以无性繁殖是茶树种质资源最佳的繁殖和种质资源保存手段。我国茶树种质资源安全保存于国家茶树种质资源圃（杭州），由中国农业科学院茶叶研究所管理运行。

（四）中国茶树种质资源的改良创新与应用

我国对茶树"品种"概念上的认识，早至 3 000 多年前。到唐代，就已经规模化栽培茶树，形成最早的地方品种，包括浙江的龙井种。1780 年，铁观音品种就是通过优选单株经过扦插繁殖而成。20 世纪 60 年代，我国对地方品种进行鉴定和改良，育成 17 个国审品种，包括'龙井 43'等。此后又陆续培育出系列优良品种，包括源于自然杂交后代或地方品种、人工杂交选育品种、辐射诱变品种等。

二、烟草种质资源

烟草属全球性经济作物，在世界 120 多个国家和地区种植，其中我国面积最大，总产量最高。烟草是我国重要的税收来源，也是部分省（自治区、直辖市）乡村振兴的重要经济作物。

（一）烟草的分类、起源、演化与传播

1. 烟草分类

烟草属于茄科（Solanaceae）烟草属（Nicotiana）植物。该属分为 3 个亚属（Subgenus）共 14 组（Section）66 个种，其中栽培的只有 2 个种：普通烟草，又名红花烟草（N. tobacum L.）和黄花烟草（N. rustica L.）。普通烟草栽培品种分 9 个生态类群，黄花烟草分为 6 个变种。在我国，栽培烟草按调制方法划分又分为 6 大类：烤烟、晒烟、晾烟、白肋烟、香料烟、黄花烟，前 5 类均源于普通烟草。

2. 烟草起源与演化

烟草起源于美洲、大洋洲和南太平洋的某些岛屿，两个栽培种都是在南美洲安第斯山区起源。烟草属植物进化在细胞学上经历了3个阶段：① $2n=6\,\mathrm{II}=12$ 的类群形成；② $2n=6\,\mathrm{II}_1+6\,\mathrm{II}_2=12\,\mathrm{II}=24$ 的双二倍体形成；③ 现代种形成，包括二倍体（ $2n=12\,\mathrm{II}=24$ ）、双二倍体（ $2n=24\,\mathrm{II}=48$ ）、非整倍体（ $2n=9\,\mathrm{II}$ 、$10\,\mathrm{II}$ 、$16\,\mathrm{II}$ ……$22\,\mathrm{II}$ ）3类。两个栽培种均为双二倍体（异源四倍体），其中普通烟草（ $2n=48$ ），染色体组 *SSTT*，来源于两个二倍体种（ $2n=24$ ）*N. sylvestris* 和 *N. tomentosae* 两个种的祖先，经过杂交并染色体加倍。黄花烟草（ $2n=48$ ）染色体组型 *PPUU*，来源于 *N. paniculata* 和 *N. undulata* 两个种的祖先。

公元5世纪，美洲开始普遍种植烟草，15世纪末至16世纪中叶传入欧洲，16世纪后期传入亚洲。烟草传播到我国大概是在明嘉靖年间，从葡萄牙引入。先传入我国的是晾晒烟，1900年才引进烤烟。

（二）中国地方烟草品种的演变及种质资源

晾晒烟是早期传入我国品种，多用作斗烟、旱烟袋吸用。随人们吸食习惯以及因地制宜地驯化，形成很多各具特色的类型，如四川的"贡烟"、吉林的"关东烟"、甘肃的"水烟"等。至21世纪初期，我国收集保存的晾晒烟种质资源（地方品种）有2 000多份，多数具地方特色或特殊用途。烤烟传入我国120余年，是卷烟需求带动的，成为种植面积最大的烟草类型。因各地生态不同，烤烟品种也很快产生较大变异，包括"青州烟""许昌烟"等，类似的地方烟草品种多达1 000余个。截至2022年，全国收集保存烟草种质资源共4 100余份，保存于国家烟草种质资源中期库（青岛），由中国农业科学院烟草研究所管理运行。

（三）野生烟草的遗传多样性

烟草属植物多为一年生，株高1 m左右。但野生种有多年生的，株高达3~5 m。一年生野生种之间的形态差异很大，如单株叶片数10~20片，相差一倍；叶片形状多达17个种类；花冠形状20余种，花粉管形状18种；蒴果多达14类。可见，烟草的形态多样性丰富。

野生烟草抗病性强。此外，虽然在染色体倍性上差别较大，但多数野生种与普通烟草具有杂交结实的杂交亲和性，包括非整倍体种。因此，利用野生烟草种质资源改良栽培烟草具有可行性和重大意义。

（四）野生烟草种质资源的发掘利用

野生种与普通烟草具有一定的杂交亲和性，发掘和转育野生烟草的优异特性改良栽培品种是烟草品种改良的重要途径。可转育的优良特性包括抗病性、雄性不育性等，另外，两者体细胞易于融合获得杂种、易于离体培养等特性，对转育和利用野生烟草优异性状也提供了便捷的途径。典型的烟草野生种包括二倍体的粉蓝烟草（ *N. glauca* Graham，又称光烟草）等10个种、双二倍体的浅波烟草（ *N. repanda* Willd. ex Lehm.，又称白花烟草）等9个种、非整倍体的蓝茉莉叶烟草（ *N. plumbaginifolia* Viv.，又称皱叶烟草）等7个种。

第六节　橡胶及其他特用作物种质资源

橡胶树是生产天然橡胶的热带经济作物。橡胶广泛用于各行各业，其制品达 7 万多种。天然橡胶生产遍布亚洲、非洲、南美洲的许多热带国家，但橡胶树种植面积最大的是亚洲，占全球总面积 90% 以上。我国于 1904 年开始引种种植橡胶，目前为世界第五产胶大国。

（一）橡胶的起源及其传播

橡胶树为大戟科（Euphobiaceae）橡胶树属（*Hevea*），有十几个不同的树种，其中巴西橡胶树种［*H. brasiliensis*（Willd. ex A. Juss.）Mull. Arg.］是唯一的栽培种，其余均为野生种。天然橡胶起源于巴西亚马孙河流域的热带雨林中，称之为巴西橡胶树。以前的天然橡胶都是采集于野生橡胶树，直到 19 世纪 70 年代中叶，才开始人工引种，将橡胶树从亚马孙河流域传播到欧洲和亚洲的一些植物园。19 世纪末，由于汽车制造业的兴起，推动了橡胶树的人工栽培，在亚洲、非洲、南美洲的热带国家形成了许多专业的橡胶园。

（二）橡胶属的野生种

在亚马孙河流域，除巴西橡胶树这个栽培种外，还有其他的野生种。目前已经查明的有 10 个：① 矮生小叶橡胶树，*H. camargoana* Pires，矮生，株高仅 2～3 m，分布于亚马孙河河口贝伦附近的马拉若（Marajo）岛；② 少花橡胶树，*H. pauciflora*（Spruce ex Benth.）Mull. Arg.，产胶量低，但抗病性强，在亚马孙河中上游治内格罗河一带；③ 本氏橡胶树，*H. benthamiana* Mull. Arg.，能与栽培种巴西橡胶树自然杂交，抗病性强；④ 光叶橡胶树，*H. nitida* Mart. ex Mull. Arg.，叶面蜡质多，生命力强；⑤ 草原橡胶树，*H. camporum* Ducke，也属于矮生种；⑥ 硬叶橡胶树，*H. rigidifolia*（Spruce ex Benth.）Mull. Arg.，叶片小且边缘硬；⑦ 圭亚那橡胶树，*H. guianensis* Aubl.，分布于亚马孙河北部地区；⑧ 小叶橡胶树，*H. microphylla* Ule，叶较小而光滑；⑨ 亚马孙橡胶树，*H. spruceana*（Benth.）Mull. Arg.，树皮薄，产胶量低；⑩ 巴路多橡胶树，*H. paludosa* Ule。

（三）中国栽培橡胶的种类及其来源

中国非橡胶原产地，种质资源均引自国外。我国橡胶种质资源可分为两大类：① 大面积栽培的橡胶树品种，包括普通实生树和无性系；② 新引进的种质资源。这些橡胶种质资源保存于国家橡胶种质资源圃（儋州），由中国热带农业科学院橡胶研究所管理运行。

1. 实生橡胶树

我国现有的实生橡胶树品种是 1904 年从巴西引进的巴西橡胶树种子萌发的实生苗后代，在海南、广东和云南等地种植。到大规模种植橡胶树的 1954 年，仅海南宿生保留下了 64 万余株普通实生橡胶树，但这些橡胶树的产胶量很低，平均单株年产干胶仅 1 kg。

2. 无性系橡胶树

无性系（clone）品种就是通过嫁接繁殖的橡胶树。从树冠切取接穗嫁接成活橡胶树，也称之为"熟态无性系"（mature type）。通过花药培养的或通过自生根的幼苗，直接种植的橡胶树，称为幼态自根无性系（juvenile self-rooting clone）。目前我国种植的无性系橡胶树基本是我国自主培育的品种，但也包括少数从国外引进的品种。

（四）我国橡胶种质资源的鉴定评价及其改良应用

对我国宿生保存下来的普通实生橡胶树进行了产胶量鉴定，产胶量高于 2 kg 以上的单株有 1 185 株。继而从这些高产单株上切取枝条嫁接，但单株产胶量仅比亲本树提高了 6%，然而，科技人员从这些高产单株鉴定筛选出 '天任 31–45' 等耐寒新种质，为我国橡胶树耐寒育种奠定了良好基础。20 世纪 60—70 年代，对从国外引进的一批初生代无性系，在华南地区 21 个试验区进行产胶量、抗风、耐寒等特性鉴定，筛选到 'PR107' 和 'GT1' 两个抗风和耐寒性强、产胶量也提高一倍的优良种质，为品种改良和推广应用提供了材料支撑。

（五）其他热带经济作物的种质资源

胡椒和咖啡是重要的热带经济作物，对于我国热带地区发展农业经济、丰富人民生活有着支撑作用。

1. 胡椒

胡椒是日常生活重要调味品。我国胡椒主要产区在海南，其次是广东、云南、福建、广西等地区。胡椒是胡椒科（Piperaceae）胡椒属（*Piper*）植物，我国栽培的是大叶种类型的印尼大叶椒（*P. nigrum* L.），又称南榜。胡椒原产于印度，有 2 000 余年的栽培历史。全球胡椒属有 2 000 多个野生种，主要分布在热带地区。我国也比较丰富，有 60 余种，分布在台湾、云南、广东、贵州和海南等地。

2. 咖啡

咖啡是重要的饮料作物。我国于 1884 年开始引种咖啡，目前产区主要在云南和海南两省。咖啡为茜草科（Rubiaceae）咖啡属（*Coffea*）植物，多年生常绿灌木或小乔木。该属约有 90 个种，栽培的主要是阿拉伯咖啡（*C. arabica* L.）和甘佛拉咖啡（*C. canephora* Pierre ex Froehner），前者我国称为小粒咖啡，后者称为中粒咖啡。小粒咖啡是全球主要栽培种，原产埃塞俄比亚，有 3 个变种，我国小粒咖啡主要产区在云南。甘佛拉咖啡（中粒咖啡）起源于刚果，我国从国外引进后经鉴定筛选出若干个高产无性系，主要在海南种植应用。

第七节　经济作物种质资源的发展趋势与展望

一、经济作物种质资源对农业发展的贡献

经济作物种质资源具有其独特优势，对我国乡村振兴乃至世界社会经济都作出了较大贡献，有些贡献是其他作物种质资源不可替代的。

（一）对世界农业发展的贡献

经济作物种质资源对世界农业的发展贡献巨大。以茶树为例，茶树原产中国，茶文化具有中国特色。现今世界主要产茶国的种质资源、栽培技术、制茶工艺，甚至饮茶习俗，都直接或间接来自中国。日本在我国唐代（公元 805 年）就试种中国茶树，茶业和茶文化得到深度发展。印度于 1780 年、1834—1835 年、1850 年，分 3 批次从中国南方引进茶籽或茶苗，成为世界最大的产茶国。另外苎麻、甘蔗等经济作物对全球农业发展的贡献也很大。

（二）对中国农业发展的贡献

我国经济作物种质资源的利用分直接利用和改良品种等间接利用，油菜就是很好的例子。白菜型和芥菜型油菜，起源于中国，形成了丰富多彩的种质资源，一方面直接栽培，生产食用油；另一方面作为亲本材料，与引进的甘蓝型油菜杂交，育成了系列高产优质油菜新品种，推动了我国油菜产业的快速发展。黄萎病号称棉花的"癌症"。20世纪80年代，鉴定并利用高抗黄萎病的种质资源改良棉花品种，极大提高了棉花生产的产量和品质，稳定了棉花产业。棉花耐病品种在新疆大规模的推广应用，致使新疆成为我国最大的植棉区，实现了农业科技"开疆拓土"的效果。另外，其他纤维类作物（苎麻、黄麻、大麻、亚麻等）和经济作物茶树、竹蔗等都对中国农业产业、乡村振兴作出了重大贡献。

二、经济作物种质资源的发展趋势

我国对作物种质资源的考察收集和保存利用高度重视，近年来组织实施了全国作物种质资源第三次普查与收集行动，进一步调查、发现和收集了一大批未曾收集保存的作物种质资源。然而，目前作物种质资源利用率还不够高，很多作物现有栽培品种遗传基础日趋狭窄，两者形成了巨大的反差。此外，种质资源的鉴定评价和创新利用仍难以支撑新品种改良的紧迫需求。针对上述这些问题和挑战，种质资源工作的持续推进和深入研究创新就凸显出其重大意义和迫切性。

经济作物及其种质资源在国民经济发展和改善人类生活水平方面有不可代替的作用，尤其是现阶段我国推进实施的乡村振兴战略，专、精、特、新的农业产品的需求和研制都离不开经济作物及其种质资源的支撑。然而当前的形势也异常严峻，如经济作物与粮食作物争地问题，国家优先要稳定粮食作物生产面积，苎麻、甜菜等经济作物种植面积必然受到挤压。还有棉花种植不仅总面积压缩较大，主产区也由原来长江流域、黄河流域与西北内陆3大棉区被迫向西转移到新疆，目前新疆产棉区面积和总产量均占全国80%以上，长江流域、黄河流域产棉区沦落为补充地位。同时，产棉区不断被边缘化，在荒坡、滨海及次生盐碱地种植棉花也成为无奈之举。

经济作物及其野生近缘植物种质资源主要采用种质圃形式保存，因为经济作物多为多年生，或以营养体繁殖为主，个体生活周期长。经济作物多为大株群体生产，机械化管理比粮食作物难度更大。逐步推进生产全程机械化、产后加工机械化，是经济作物产业发展趋势。例如，棉花、油菜等已经基本实现耕种、采收机械化。适应机械化新品种培育与应用就需要相应种质资源的创新利用。如油菜新品种的单株成熟要趋于一致，不裂荚、少落粒等，棉花新品种的单株要自然封顶，避免机械打顶，苞叶应自动脱落，这有利于规避虫害，容易机械采收等，发掘、创新具有这些优异特性的种质资源就呈现出紧迫性和必要性。

三、经济作物种质资源的展望

（一）持续加强收集保存与和创新利用是经济作物种质资源工作的重中之重

我国经济作物多为"舶来品"，特别是其野生种质资源，需要从国外考察引进。加强国际合作与交流，从国外考察采集和引进经济作物种质资源应予以持续推进。

经济作物种质资源创新应注重产量提升与品质改良并重，更要突出抗病虫性和耐逆境抗性。例如，甘蔗主产区已向西南部转移，且更多是在坡地上种植，耐瘠薄、耐干旱就成为新品种、新种质的突出特性。再如棉花，产区西移，耐盐碱、耐低温、耐高温，已成为种质资源创新的重点。

（二）进一步强化经济作物种质资源及其创新种质的产权保护

国内外都高度重视知识产权的保护。农作物新品种通过品种审定或植物新品种权予以保护，但创新的种质权益保护还不够重视。特别是经济作物，由于个体生活周期长，创新种质形成新品种的周期长，其权益保护难度更大。另外，经济作物大多种植于边远欠发达地区，知识产权保护意识普遍比较淡薄；许多经济作物的种质载体以枝条等营养器官为主，被侵权使用更容易便捷，如橡胶、甘蔗，一个枝条或一条根就可以实现繁殖种植，其知识产权也难以保护。

（三）发挥经济作物种质资源优势，助推乡村振兴

乡村振兴优先要稳定粮食生产，确保粮食安全。然而，那些基于经济作物及其种质资源的专、精、特、新农产品更容易产生经济效益，强大经济效益支撑推动乡村振兴。

推荐阅读

1. Paul A. Fryxell. 棉族自然史［M］. 刘毓湘，乔海清，王淑民，等译. 上海：上海科学技术出版社，1986.

   本书阐述棉族的分类与演化传播，是以进化的观点把遗传学、生态学和分类学贯穿起来，强调系统发育，强调自然条件的影响与人工选择的巨大作用。

2. Seven Beckert. 棉花帝国：一部资本主义全球史［M］. 徐轶杰，杨燕，译. 北京：民主与建设出版社，2015.

   全球工业革命、美国南北战争，甚至人类文明时代的到来，可谓人人皆知。但可能想不到这些都是棉花"惹的祸"。本书较厚，但值得细读。

思考题

1. 什么是经济作物，其种质资源研究主要有哪些内容？

2. 试举例说明一种我国原产经济作物种质资源对国内和国外农业发展乃至产业文化作出了哪些突出贡献？

3. 试举例说明一种非我国原产经济作物种质资源推动了国内农业发展，这种种质资源在世界占有何种优势？

4. 什么是禹氏三角（U's triangle）模式？试采用一经典简图说明油菜基本种与复合种之间的起源与演化关系。

5. 橡胶属已经明确的种有几个？栽培种是什么？天然橡胶起源于哪里？如何传播的？

主要参考文献

1. 方嘉禾，常汝镇. 中国作物及其野生近缘植物：经济作物卷［M］. 北京：中国农业出版社，2007.

2. 华南亚热带作物科学研究所. 中国橡胶栽培学［M］. 北京：中国农业出版社，1961.

3. 李宗道. 麻作的理论与技术［M］. 上海：上海科学技术出版社，1980.

4. 蒋予恩. 中国烟草品种资源［M］. 北京：中国农业出版社，1997.

5. 闵天禄. 世界山茶属的研究［M］. 昆明：云南科技出版社，2000.

6. 苏广达，叶振帮，吴伯烇，等 . 甘蔗栽培生物学［M］. 北京：中国轻工业出版社，1983.

7. 王坤波，杜雄明，宋国立 . 棉花种质创新的现状与发展［J］. 植物遗传资源学报，2004，5（增刊）：23–38.

8. 中国农业科学院麻类作物研究所 . 中国麻类作物栽培学［M］. 北京：中国农业出版社，1993.

9. 中国农业科学院油料作物研究所 . 中国油菜栽培学［M］. 北京：中国农业出版社，1990.

10. Bedigian DJR Harlan. Evidence for cultivation of sesame in the ancient world［J］. Economic Botany，1986，40（2）：137–154.

11. Holbrook CC，Stalker HT. Peanut breeding and genetics［J］. Plant Breeding Reviews，2003，22：297–356.

12. Wendel JF，Grover CE. Taxonomy and evolution of the cotton genus. In：Fang D，Percy R. Cotton，Agronomy Monograph 24［G］. Madison：ASA–CSSA–SSSA，2015：25–44.

---

e 网上更多资源 ————————————————————————

🖥 彩图　　📄 思考题解析

撰稿人：王坤波　审稿人：马峙英

第十八章

饲草与绿肥作物种质资源

本章导读

1. 类型多样的饲草及绿肥种质资源是如何起源的？
2. 作为栽培植物的一种，饲草与天然草原有什么关系？
3. 饲草通过何种方式转化成人类必需的肉蛋奶？

我国草种质资源丰富，各类草地植物有 9 700 多种。其中饲草指茎叶可作为食草动物饲料的草本植物。饲草主要来源于天然草地和人工草地，其中，天然草地面积占陆地面积的约 24%，是全球最大的自然生态系统之一；人工草地饲草包括苜蓿（*Medicago sativa* L.）、黑麦草（*Lolium perenne* L.）、白三叶（*Trifolium repens* L.，又称白车轴草）等栽培为主的植物，其种质主要来源于天然草地。绿肥作物是指提供作物肥源和培肥土壤的作物，我国绿肥作物多达 60 多种。作为生物资源的重要组成部分，饲草与绿肥作物均具有十分丰富的遗传多样性，对缓解饲料资源短缺，优化粮食结构起着至关重要的作用，也是人类生存及自然环境可持续发展的重要战略性资源。饲草与绿肥作物种质资源为饲草与绿肥作物基础研究及育种实践提供了丰富的种质材料。

第一节　饲草类种质资源

饲草以禾本科、豆科及其他草本饲用植物为主，多数观赏草和草坪草也兼作饲草或起源于饲草，草地中的有毒、有害植物在多数情况下也是重要的饲草资源。饲草主要利用方式为收获茎叶饲喂家畜，同时兼有改良土壤理化性状、维持土壤肥力、防风固沙、保持水土、绿化环境和调节气候等生态作用，对优化农业结构有不可或缺的重要作用。近年来饲草种质资源在育种基础性研究方面的作用越发重要，尤其是在促进草牧业发展，生态修复及加快农业结构调整等方面与农作物种质资源发挥着同样重要的功能。

一、饲草种质资源的发展

我国饲草种质资源研究始于 20 世纪 60 年代，除在不同气候带及青藏高原等全国 15 个重点省（自治区）进行详细布点和采样调查外，还面向全国征集不同种质资源，收集的饲草分属 5 门 246 科 1 545 属 6 704 种（包括 29 亚种、296 变种、13 变型），基本摸清了我国饲草种质资源的主要种类及分布概况。此阶段，一些主持饲草种质资源收集、保存工作的机构也相继建立，如在中国农业科学院草原研究所成立了牧草种质资源中期保存库和牧草资源标本室；在全国畜牧总站建立了畜禽牧草种质保存利用中心；同时建立多处国家级种质圃及自然保护区来进行种质资源的原生境保护。

随着人民饮食结构调整升级和对优质蛋白质需求量增加，致使饲草产量需求大幅增加，这极大地推动了我国对优异饲草种质资源及饲草种子的需求量，饲草种质资源发展迎来新机遇。经统计，我国现有饲草植物 2 358 种（其中豆科 1 231 种、禾本科 1 127 种），种质资源十分丰富。然而，不同于粮食及经济作物，饲草种质资源研究基础薄弱，遗传背景研究不深入，种质资源利用及育种相对滞后。我国累计已鉴定评价了 1.6 万余份饲草种质资源的农艺性状，育成饲草品种 227 个。

二、饲草种质资源的种类与分布

美国学者 J. R. Harlan 在 20 世纪 80 年代将饲草的起源划分为 4 个中心：① 欧洲中心，以耐寒的旱生禾草为主，如燕麦（*Avena sativa* L.）和黑麦草等；② 地中海盆地和近东中心（冬霜地带），代表性饲草有野豌豆（*Vicia sepium* L.）和羽扇豆（*Lupinus micranthus* Guss.）等一年生豆科饲草及苜蓿和黄香草木樨（*Melilotus officinalis* Pall.）等多年生或越年生饲草；③ 非洲萨旺纳中心（热带干草原），以高大禾草为主，有大黍（*Panicum maximum* Jacq.）、象草（*Pennisetum purpureum* Schumach.）等；④ 热带美洲中心，以热带豆科饲草为主，包括落花生（*Arachis hypogaea* L.）、菜豆属（*Phaseolus* L.）植物以及饲用玉米（*Zea mays* L.）等。世界饲草分布总体上以野生原种产地为轴心向周围辐射扩散，遍布非洲、大洋洲、欧洲、亚洲和美洲大陆。

我国是饲草资源大国，拥有草原面积约 $4 \times 10^8 \ hm^2$，占我国陆地总面积的 41.7%，是耕地面积的 3.2 倍，养活近 1 亿人口。我国饲草以本土野生种质为本源，也引入了世界 4 个中心的多种优质饲草，如苜蓿和饲用玉米，经过长期驯化，形成了我国特色饲草种质。目前，我国饲草种质资源主要分布于新疆、内蒙古、甘肃、山西、陕西和整个西南地区。一些优良栽培饲草遍布北方温带、青藏高原高寒地区和南方次生饲草地区。此外，依据气候 – 植被和植被 – 饲草关系，我国饲草分布区域可分为 6 个系统区，分别为冷湿饲草、温湿饲草、暖湿饲草、草原饲草、荒漠饲草和寒旱饲草气候系统区。其中，冷湿饲草气候系统区生态适应的饲草作物起源于寒冷区，生长最适温度为 20 ~ 25℃，多为 C_3 植物，以沙打旺（*Astragalus adsurgens* Pall.，又称斜茎黄芪）和老芒麦（*Elymus sibiricus* L.）等冷季饲草为主。温湿饲草气候系统区多开垦为农田，多数暖季以及冷季饲草作物可在此区种植，如饲用玉米等。暖湿饲草气候系统区生态适应的饲草作物起源于热带地区，生长最适温度为 25 ~ 30℃，以 C_4 植物为主，主要有狗牙根［*Cynodon dactylon*（L.）Persoon］、柳枝稷（*Panicum virgatum* L.）等。草原饲草、荒漠饲草和寒旱饲草气候系统区的降水量均小于 320 mm，这些区域自然生态适应的饲草有羊茅（*Festuca ovina* L.）、花苜蓿［*M. ruthenica*（L.）Trautv.］等。上述饲草区划分为草地改良、人工草地建设及饲草作物引种奠定了基础。

在饲草种质资源中，豆科和禾本科种类最丰富，利用率也最高。1 231 种豆科饲草包括优等饲草 90 种和良等饲草 234 种，1 127 种禾本科饲草中包括优等饲草 157 种和良等饲草 404 种，其他常见的饲草种类还包括莎草科、菊科和藜科等。

三、饲草（苜蓿）种质资源的收集、保存、鉴定评价与种质创新

我国苜蓿种质资源以低温种质库保存种子为主。美国保存苜蓿属植物种质资源7 846份；前苏联保存苜蓿属植物种质资源3 402份（5种）；欧洲保存苜蓿属种质2 888份（32种）；澳大利亚保存苜蓿种质3.8万份以上（159个属、731个种），成为全球保存苜蓿种质（一年生、多年生）最多的国家。中国是苜蓿属种质资源分布最丰富的地区之一，已记载的种类较多。截至2019年，保存苜蓿属种质资源3 979份（28种），其中来自本土种质1 530份，占比38.5%，引进种质2 449份，占比61.5%。中国农业科学院草原研究所收集保存国内外野生苜蓿及育成苜蓿种质资源2 300余份，其中有600余份保存于种质圃。国家北方饲草种质资源中期库（呼和浩特）和国家多年生饲草种质资源圃（呼和浩特）均由中国农业科学院草原研究所管理运行。

饲草种质资源目前已建立农艺性状综合评价指标体系和抗旱、耐盐、抗寒、耐热、抗病及抗虫性鉴定评价技术规范，累计完成农艺性状评价1.8万余份次。重点包括苜蓿、燕麦、黑麦草和狼尾草［*Pennisetum alopecuroides*（L.）Spreng.］等主要饲草，开发了分子标记，开展了遗传多样性分析、功能基因发掘、优良种质鉴定筛选及新品种选育工作。以苜蓿为例，截至2021年，已培育并注册登记了113个苜蓿品种，其中包括育成品种52个，地方品种21个，引进品种35个，野生栽培品种5个。这些品种具有下列优良特性，如高产、抗虫、抗寒、抗旱、抗霜霉病、耐盐等。例如，内蒙古自治区的野苜蓿（*M. falcata* L.），能够耐–40℃低温，抗寒苜蓿品种'草原1号'和'草原2号'就是以野苜蓿为亲本育成的，为高寒地区苜蓿生产提供了品种支撑。利用野生二倍体花苜蓿与地方品种四倍体肇东苜蓿远缘杂交育成了"龙牧系列"苜蓿品种。近年来，通过转基因技术也获得一批新种质，如把高含硫氨基酸蛋白（HNP）基因转入苜蓿；聚合霸王（*ZxNHX*、*ZxVP1-1*、*ZxABCG11*等）抗逆基因，培育苜蓿品种（系），表现出抗旱、耐盐、耐瘠薄等优异抗逆境特性。我国还完成了苜蓿全基因组序列测序，建立了苜蓿的遗传转化与基因编辑体系，发展了单基因与多基因转化、CRISPR/Cas介导的基因编辑，创制了多个高产优质抗逆新材料。

第二节　饲料类种质资源

以生产饲料为主要栽培目的的作物称为饲料作物（forage crop），通常收获籽实作为精饲料，茎、叶作为粗饲料。人工栽培作为家畜饲料用的各种作物和牧草，包括大麦（*Hordeum vulgare* L.）、玉米、高粱［*Sorghum bicolor*（L.）Moench］、黑麦（*Secale cereale* L.）、饲用甜菜（*Beta vulgaris* L.）、胡萝卜（*Daucus carota* var. *sativus* Hoffm.）等饲料作物，是我国传统所指的饲料作物，而美国、日本及欧洲各国统称为饲用作物，或直接称为作物。

一、饲料作物种质资源的发展

早在新中国成立之前，就有国内学者利用远缘杂交方法选育饲料作物品种。新中国成立至今，在内蒙古、新疆、西藏等省（自治区）的天然草场发现具有饲用价值植物1 000多种，优质、适口性好的植物有100多种。2001年底农业部出台的《关于加快畜

牧业发展的意见》中指出"加快畜牧业发展是农业发展新阶段的战略任务","在积极发展牧区畜牧业的同时,加快牧草与饲料作物发展是畜牧业发展的物质基础,没有充足的饲草饲料,就不会有优质、高产、高效的畜牧业的发展"。这表明此时经国家审定的饲料作物品种远不能满足畜牧业生产的需要,相关政策的出台使饲料作物种质资源基础研究及遗传育种迎来快速发展时期。

二、饲料作物种质资源的种类与分布

饲料作物根据其所生产出的产品特性、利用部位及可利用部分水分含量的高低等特点,可以划分为:谷物籽实类、豆科籽实类、豆科饲草类、禾本科饲草类、叶菜类、块根与块茎类六大类主要饲料作物。

(1)谷物籽实类饲料作物主要包括粮食作物中的高粱、小麦和大麦等,有些既是人的粮食,也是高质量饲料,可以收获籽实为畜禽提供饲料粮,也可以同时收获籽实、茎、叶用作饲草料。

(2)豆科籽实类饲料作物包括饲用大豆 [*Glycine max*(L.)Merr.]、豌豆(*Pisum sativum* L.)、蚕豆(*Vicia faba* L.)、鹰嘴豆(*Cicer arietinum* L.)等。

(3)豆科饲草类饲料作物是由豆科饲用植物组成的类群,主要有红豆草(*Onobrychis viciifolia* Scop.,又称驴食豆)、紫云英(*Astragalus sinicus* L.)等,其中紫云英种植较多。

(4)禾本科饲草类饲料作物是一个主要类群,是重要的糖类即能量饲料,包括禾本科植物 60 个属,200 多种,如羊草、冰草 [*Agropyron cristatum*(L.)Gaertn.]、披碱草(*Elymus dahuricus* Turcz.)、新麦草 [*Psathyrostachys juncea*(Fisch.)Nevski] 等。

(5)叶菜类饲料作物如牛皮菜(*Beta vulgaris* var. *cicla* L.,又称莙荙菜)、苦荬菜(*Ixeris polycephala* Cass. ex DC.)、饲用甘蓝(*Brassica oleracea* var. *capitata* L)等。

(6)块根与块茎类饲料作物包括甜菜(*Beta vulgaris* L.)、胡萝卜(*Daucus carota* var. *sativus* Hoffm.)、菊芋(*Helianthus tuberosus* L.)、马铃薯(*Solanum tuberosum* L.)、饲用南瓜 [*Cucurbita moschata*(Duchesne ex Lam.)Duchesne ex Poir.] 等。

生产上分布最广与饲用意义较大的除谷物籽实类作物外,还有豆科与禾本科饲草类饲料作物,如羊草、青贮玉米、燕麦草 [*Arrhenatherum elatius*(L.)P. Beauv. ex J. Presl & C. Presl]、苏丹草 [*Sorghum sudanense*(Piper)Stapf]、黑麦草、冰草等,这些饲料作物包括野生和栽培两类,涵盖一年生、二年生和多年生饲料作物。饲料作物作为生产饲料的原材料,在牛羊饲料中约占 60%,在猪饲料中占 10%~15%,在鸡饲料中占 3%~5%。我国地域广阔,在全国各气候带均有不同类型饲料作物的栽培利用,由于海拔、经纬度及地形影响,生态环境复杂,导致野生饲料种质资源非常丰富。2001—2015 年的 15 年间,饲料作物由原主产区向华北、东北、西北和西南区域转移聚集,多种外界因素如家畜养殖量、政策扶持等改变了饲料作物原有的空间集散程度。

三、饲料作物(羊草)种质资源的收集、保存、鉴定评价与种质创新

羊草又名碱草,是北方湿润、半湿润草原的主要建群种,分布于欧亚大陆草原区的东部,在我国主要分布于吉林、黑龙江、内蒙古和河北北部地区。羊草是优良的天然放牧和饲料作物。我国羊草种质资源调查收集始于 20 世纪 50 年代,中国科学院系统收集

评价了 800 多种牧草种质资源，包括根茎发达的羊草种质。1986 年，国家种质多年生牧草种质圃在呼和浩特建立，中国农业科学院草原研究所开展羊草种质资源的种质圃保存。随后建立的国家牧草种质中期库也保存了羊草种子，截至 2022 年，国家种质多年生牧草种质圃保存羊草种质 899 份；国家牧草种质中期库低温保存羊草种质 308 份。另外，黑龙江省农业科学院还收集保存了羊草野生种质资源 283 份，通过野生资源驯化、杂交选育、辐射诱变、空间搭载等技术创制羊草种质材料 1 800 余份，同时进行了部分种质的抗性如耐寒、耐盐碱等方面的鉴定评价。中国科学院已向国家牧草种质中期库提交入库羊草种质 200 多份。

羊草根据叶色可划分为黄绿型和灰绿型两种生态型，由于其分布范围非常广，横穿欧亚大陆草原东部，可在多种土壤和气候条件下生长，不同的环境条件造就了羊草丰富的遗传多样性。羊草种质鉴定评价的主要农艺性状见表 18-1。有研究利用 AFLP 分子标记对两种生态型羊草种质资源进行遗传多样性分析，发现羊草是一种形态变异较大而遗传变异较小的物种，其遗传多样性与长期栽培驯化和地理分布有密切相关性。

我国东北师范大学较早开展羊草种质创新和品种选育工作，已选育出通过国家审定的羊草品种'吉生 1 号'等系列羊草品种，并推广应用至吉林、内蒙古、黑龙江等地。后来，国内有关科研单位还陆续选育出'东北羊草''农菁 4 号''农菁 11 号''菁牧 3 号'等羊草新品种，并在饲草生产中推广应用。2021 年'西乌珠穆沁'羊草通过了国家品种审定。此外，中国科学院植物研究所选育的羊草品种'中科 1 号''中科 2 号''中科 3 号'等表现出高产抗逆境等特性，同时，还采用高通量测序技术对羊草逆境胁迫下转录组进行了深度测序，建立了国际首个羊草基因组数据库，发掘了一批羊草未知功能基因序列，并对基因功能进行了全面系统研究。2014 年底，我国也启动了羊草全基因组测序计划，全基因组图谱的构建，将助力加速羊草分子育种，有效解决其结实率低、发芽率低、繁殖率低等瓶颈问题。

表 18-1　羊草农艺性状鉴定评价（刘公社等，2011）

编号	性状	性状描述
质量性状		
1	叶色	1. 灰绿；2. 黄绿
2	2 月龄单株分蘖	1. 无；2. 有
3	2 月龄单株根茎	1. 无；2. 有
4	根茎状况	1. 无；2. 有
5	分蘖状况	1. 很少；2. 稀疏；3. 较少；4. 丰富
6	叶锈发病率	1. 无；2. 中度；3. 显著
7	虫害发病率	1. 无；2. 中度；3. 显著
8	顶端第三叶的形态	1. 直立；2. 半直立；3. 接近水平
数量性状		
9	千粒重 /g	
10	3 月龄单株分蘖数	
11	6 月龄单株分蘖数	

编号	性状	性状描述
12	6 月龄单株根茎数	
13	6 月龄单株根茎数平均长度 /cm	
14	顶端第三叶长度 /cm	
15	顶端第三叶宽度 /cm	
16	叶片大小	
17	叶片形状	
18	营养枝高度 /cm	
19	营养枝叶片数	
20	每平方米分蘖数	
21	每平方米生殖枝数	
22	抽穗率 /%	
23	地上生物量鲜重 / (g·m^{-2})	
24	第二年地上生物量风干重（80℃）/ (g·m^{-2})	
25	两年地上生物量总鲜重 / (g·m^{-2})	
26	穗长 /cm	
27	小穗数	

第三节　绿肥作物种质资源

绿肥是以绿色植物体直接或间接翻压到土壤中作肥料，或者是通过它们与主作物的间套轮作，促进主作物生长、发育，改善土壤性状、保护生态环境的一种天然绿色无污染肥料。把能够用作绿肥的作物统称为绿肥作物。绿肥作物利用主要是将生长至一定阶段的作物绿色茎叶切断直接翻入土壤或沤制土肥施用，其与土壤充分结合后能够将大量有机质及养分分解于土壤中，改善土壤结构，促进土壤熟化，增强地力。

一、绿肥作物种质资源的发展

中国是世界上利用绿肥历史最悠久的国家之一，至今已逾 3 000 年，人工栽培与利用绿肥亦近 2 000 年。悠久的绿肥利用发展史，也成为绿肥种质资源不断丰富的历史。利用绿肥，最早可追溯至先秦时期，《诗经·周颂·良耜》载："以薅荼蓼。荼蓼朽止，黍稷茂止。"薅，即拔去田草之意。早在公元前 1000 年的西周时期，古人就认识到田间清除的杂草腐烂后能使作物生长茂盛。战国后期以前，在黄河流域，除草肥田已演变成有意识地养草肥田，亦为栽培绿肥奠定了基础。

20 世纪 80 年代起，绿肥作物研究步伐一度减缓，许多绿肥作物的种质收集、品种的提纯复壮和选育工作基本停止。因此，在 20 世纪 90 年代广泛种植的绿肥作物品种大多仍为老品种，且品种混杂严重，产草量偏低，优良品种退化严重。步入 21 世纪后，由于国家政策支持，绿肥作物发展获得重要转机。绿肥种质资源研究也随之得到发展，考察收集得到加强，同时也建立绿肥种质资源库及绿肥作物种质圃，开展了短期速生绿肥作物优异种质资源鉴定筛选评价以及绿肥作物新品种选育等研究工作。

二、绿肥作物种质资源的种类与分布

我国地域辽阔，各区域气候环境、土壤类型多样，孕育了多样性丰富的绿肥种质资源。通常按照来源地、植物学、种植季节、利用方式以及生长环境等予以分类。按植物学分类，可分为豆科、禾本科、十字花科和菊科绿肥作物等；按栽培季节分为冬季绿肥、春季绿肥、夏季绿肥、秋季绿肥和多年生绿肥作物；按用途划分为绿肥作物和兼用绿肥作物；按生长环境分为旱地绿肥作物和水生绿肥作物。此外，根据主作物不同分为稻田用、棉田用、麦田用以及果、茶、桑园和经济林木和园林用绿肥作物等。当前各区域种植的绿肥以豆科、十字花科、禾本科绿肥作物品种为主（表 18-2），紫云英、箭筈豌豆（*Vicia sativa* L.，又称救荒野豌豆）和毛苕子（*Vicia villosa* Roth，又称长柔毛野豌豆）是我国种植和应用较多的绿肥作物。

表 18-2　我国夏季绿肥主要栽培种

区域	分布地区	种名
华北	河北、山西	箭筈豌豆、油菜、大豆、绿豆、毛苕子、白三叶、黑麦草、苜蓿、草木樨、田菁、柽麻、印度豇豆、高丹草、籽粒苋等
西北	甘肃、新疆、陕西	箭筈豌豆、油菜、大豆、绿豆、白三叶、黑麦草、毛苕子、苜蓿、草木樨、花生、鹰嘴豆、鸭茅、紫云英、沙打旺、红豆草、肥田萝卜等
东北	辽宁、黑龙江	苜蓿、毛苕子、田菁、籽粒苋、苦荬菜、高丹草、柽麻、乌豇豆、山藜豆等
华南	广西、广东	大豆、绿豆、苜蓿、柱花草、百喜草、田菁、花生、雀稗、白花藿香蓟、猫豆、赤小豆等
西南	云南、贵州、重庆	大豆、绿豆、白三叶、田菁、豇豆、硬皮豆、小葵子、百日草、柽麻、矮生菜豆、红三叶等
华东	山东、江西、浙江、上海、福建	白三叶、黑麦草、大豆、苜蓿、鼠茅草、菊苣、百喜草、高羊茅、圆叶决明、猪屎豆等
华中	湖北	黑麦草、白三叶、早熟禾、红三叶、紫羊茅、毛苕子、波斯菊、百日草等

由于各区域气候和土壤等环境类别多样，因此绿肥种质资源有较强的地域性。北方以黑龙江、内蒙古、甘肃、青海和新疆为主，其中黑龙江省主要有苜蓿（润布勒苜蓿、肇东苜蓿等多个品种）、草木樨、沙打旺、白羽扇豆、红三叶等；内蒙古有苜蓿（多个种和品种）、箭筈豌豆、毛苕子、草木樨（黄花草木樨、白花草木樨）、马层子、沙打旺、三萼齿野豌豆、黄芪（达乌里黄芪、斜茎黄芪）、野大豆（包括由野大豆与栽培大豆杂交育成的饲用大豆系列品种）、苦豆子、苦马豆等；甘肃省主要有香豆子、箭筈豌豆、红豆草、多变小冠花、沙打旺、毛苕子、田菁、山黧豆、鹰嘴豆、草木樨、苜蓿、豌豆等；青海省有箭筈豌豆、毛苕子、山藜豆、蚕豆、香豆子、苜蓿、油菜、燕麦、扁豆、苦苕子、红三叶、沙打旺、红豆草等；新疆维吾尔自治区主要有草木樨、苜蓿等。以秦岭淮河为界线的南方地区主要种植箭筈豌豆、油菜、红花草、白三叶、黑麦草、紫云英、苕子、柱花草、绿萍、肥田萝卜、蚕豆、决明、刺毛黧豆、狸尾草、

猪屎豆等。

三、绿肥作物（紫云英）种质资源的收集、保存、鉴定评价与种质创新

绿肥是一大类作物，经长期的自然选择、人工选育和境外引种，我国绿肥种质（品种）资源（栽培和野生）比较丰富。20世纪60年代开始，中国就启动了绿肥种质（品种）资源征集与整理工作；1981年，全国绿肥试验网开始有组织地进行主要绿肥种质（品种）资源征集和整理工作。首先对生产中应用较广、栽培面积较大的紫云英、箭筈豌豆、草木樨、苕子、田菁［*Sesbania cannabina*（Retz.）Pers.］、菽麻（*Crotalaria juncea* L.）和满江红（*Azolla pinnata* subsp. *asiatica* R. M. K. Saunders & K. Fowler）等7种绿肥种质资源进行了收集、整理和初步研究。收集常用绿肥作物种质916份，整理鉴定后归并为4科20属26种共617份。包括90个紫云英地方品种和选育品种、135份箭筈豌豆种质材料、47个田菁品种、44个苕子品种（系）（其中毛苕子14个、光叶紫花苕子14个、兰花苕子16个）、63份草木樨种质（品种或系）（其中一年生白花草木樨23份、黄花草木樨14份、二年生白花草木樨12份）及35份柽麻种质资源。

我国植物标本资源库中保存有1 562份紫云英标本，这些标本的采集地主要是陕西及陕西以南的17个省（自治区）。此外，早期在北京、河北张家口、青海大通回族土族自治县、新疆等地也有标本采集的记录。近年来关于紫云英野生种质资源收集的报道记录较少，经科研人员调查发现，我国南方各省紫云英种植较多，栽培品种多，野生种已少见，而陕西南部紫云英栽培品种种植较少，收集到紫云英野生种质资源的可能性较大。科研人员在陕西南部的4个县（市）进行考察，收集到2份具有强耐寒性和长生育期特性的紫云英野生种质资源。目前，国家农作物种质资源库长期保存的紫云英种质资源共112份，其中地方品种64份、引进品种1份、育成品种18份、育种品系材料29份。除国家农作物种质资源库之外，还有部分紫云英种质资源保存在国内某些科研单位。

1979—1982年，研究人员对近百份紫云英种质资源的物候期、生物学产量、植株养分、抗性和主要数量性状等进行了鉴定评价，按开花和成熟期将紫云英种质资源分为特早熟种、早熟种、中熟种和晚熟种。2008年，绿肥专项实施以来，在不同区域开展了主要绿肥种质资源的鉴定评价工作，初步建立了绿肥作物种质资源性状数据库、主要性状的图像信息数据库。近年来，对紫云英种质资源鉴定评价与品种选育工作取得了新进展，重点关注的特性包括物候期、产量及营养品质，旨在筛选适合当地种植的品种。通过不同地区紫云英品种比较试验发现，同一品种在不同地区的表现差异很大，地方品种或本地选育的品种更适宜当地种植。不同种植制度对于紫云英物候期的长短需求不同，单季稻产区需要晚熟紫云英品种，双季稻区更需要早熟紫云英品种。因此紫云英的物候期和鲜草产量、营养成分等均是种质资源评价的重点。此外，对紫云英的鉴定评价还涉及抗逆性和养分利用效率等，如对不同紫云英品种进行抗旱性、抗寒性、抗病性和耐低磷能力等评价分析。

紫云英种质创新和新品种选育主要通过传统技术包括系统选育、杂交育种、诱变育种进行，这些新品种包括安徽的早熟品种'皖紫1号'、湖南的'湘肥1号''湘肥2号''湘肥3号''湘紫系列'，福建选育的'闽紫系列'。杂交育种是人工创造新种质、新品种的重要途径，紫云英通过品种间杂交育种的方式育成的品种有'萍宁3号''萍

宁 72 号'‘浙紫 5 号'‘闽紫 4 号'‘闽紫 5 号'‘闽紫 6 号'‘闽紫 7 号'等。通过诱变育种（^{60}Co 辐射）育成了‘萍宁 3 号'。另外我国学者利用紫云英的子叶和下胚轴作为外植体，成功地建立了紫云英农杆菌遗传转化体系，并将酵母脯氨酸合成酶基因 2（PRO2）导入紫云英，获得了脯氨酸含量和耐盐性提高的转基因植株。

除了对紫云英种质资源的鉴定评价和新品种培育外，对其他绿肥种质材料的研究也取得一定成效。1980 年，内蒙古通辽市利用当地野大豆与栽培大豆品种‘大白眉'进行杂交，选育出系列绿肥、饲草、饲料兼用的饲用大豆杂交品系。包括‘S001'草实兼用杂交野大豆、内农‘S002'饲用大豆、蒙农‘S003'饲用大豆、蒙农‘S004'饲用大豆等，应用于轮作、间作、翻压绿肥等均产生良好效果。

第四节　蚕食类种质资源

蚕食种质资源指用于养殖桑蚕、柞蚕的一类植物（桑树、柞树等）种质资源。丰富的蚕食种质资源在果桑产业开发、畜禽饲料研制、生态环境修复等方面均有重要作用。

一、蚕食类作物种质资源的发展

中国是世界上最早种桑养蚕的国家，据考证，我国桑树栽培有 5 000 多年的历史，我国汉代及以前、北魏、唐代、宋代、元代、明代、清代等朝代的重要科技和农事古籍中，发现了大量关于桑树历史文化和种质选育成果的记载和描述。柞蚕，也称山蚕，是一种喜食柞树叶的吐丝昆虫。中国是最早利用柞蚕和放养柞蚕的国家，山东半岛是放养柞蚕的发源地，早在公元前 40 年山东蓬莱、莱州一带的人们就已经采收野生的柞蚕茧制成丝绵，后来逐渐利用柞蚕茧丝来织绸。我国东北作为柞蚕的主要产地，尤其辽宁柞蚕产量占全国 75%，也有着悠久的柞蚕放养和丝绸纺织历史。

我国是桑树的重要起源中心，根据出土实物和甲骨文记载，早在三四千年前，在黄河和长江流域就已种桑养蚕并利用蚕丝织绸。我国古代桑树品种形成南北两个中心。南北朝以前，山东是蚕桑种植与品种培育的中心。古籍中记载的鲁桑，就是山东地区多种桑树地方品种的总称。《齐民要术》中载："黄鲁桑不耐久，谚曰：‘鲁桑百，丰绵帛'。言其桑好，功省用多"。这里说的黄鲁桑，就是鲁桑中的一个丰产、叶质优良的品种。从宋代起，全国蚕桑业重心已转移到杭嘉湖一带，出现众多桑树优良品种，统称为湖桑。

蚕食类种质资源在中国的收集、整理与利用工作起始于 20 世纪 50 年代，20 世纪 70 年代中国先后对西藏、湖北、海南等省（自治区）进行了蚕食种质资源考察，基本整理了中国桑树种质资源概况及分布情况。

二、蚕食类作物种质资源的种类与分布

我国蚕食类作物种质资源现有 15 个种，4 个变种，尤其是桑树种质是世界上分布最多的国家。迄今为止，国内已考察收集各种类型桑树种质资源 3 000 余份，其中国家桑树种质资源圃（镇江）由中国农业科学院蚕业研究所管理运行，现保存桑树种质资源 1 900 余份，其余部分种质分散保存于国内有关高等院校及省属蚕业科研机构。国家蚕桑产业技术体系桑树种质资源数据库现收录有原产地不同的桑树品种 507 个。例如，表

18-3列出了新疆桑种质资源分布情况，桑树分布覆盖全疆环境适宜地区，其中白桑、鞑靼桑分布较为普遍，广度和密度也较高。

表18-3 新疆桑种质资源分布情况（窦子微等，2022）

分布区	种类	土壤
昆仑山北坡	白桑、黑桑、鞑靼桑	棕漠土、盐土、风沙土
天山南坡	白桑、黑桑、鞑靼桑	栗钙土、棕漠土
天山东部山间盆地	白桑、黑桑、鞑靼桑	棕漠土、绿洲黄土、盐土
天山西部伊犁河谷盆地	白桑、黑桑、鞑靼桑	灰钙土、风沙土、黑钙土
天山以北温凉气候地带	白桑、鞑靼桑	灰棕漠土、棕漠土、栗钙土

三、蚕食类作物（蚕桑）种质资源的收集、保存、鉴定评价与种质创新

我国桑树种植历史悠久，在多样的自然环境下，通过人工选育、自然选择，形成了丰富的桑树种质资源，《中国桑树品种志》整理、收录了共720个中国桑品种，其中，通过国家、省级审定的桑树品种93个、地方桑树品种572个、果桑类品种44个，以及特殊用途品种11个。

我国对蚕桑种质资源开展了鉴定评价。其中，国家桑树种质资源圃（镇江）已完成了899份桑种质染色体倍性鉴定，鉴定出多倍体种质73份，其中22倍体种质1份，八倍体种质4份，六倍体种质10份，四倍体种质8份，三倍体种质50份。完成了800余份桑种质农艺性状鉴定，筛选出18份综合性状优异的桑种质，完成了813份桑种质叶质鉴定，筛选出28份优异桑种质，完成500余份桑种质对桑黄化型萎缩病和部分种质对桑黑枯型细菌病的抗性鉴定，筛选出高抗桑黄化型萎缩病种质17份，抗黑枯型细菌病种质11份，建立了桑树种质资源基本特性数据库。桑树种质资源鉴定与评价包括92项性状指标，其中形态特征与生物学特性性状63项，品质性状23项，抗逆性状4项及其他性状2项。在表型性状鉴定的基础上，分子标记技术也应用于桑树种质资源多样性、系统进化、分类、亲缘关系鉴定等方面，为构建桑树遗传图谱、分子辅助育种、重要农艺性状基因定位、桑品种（品系）的鉴定及亲缘关系遗传分析奠定基础。

杂交育种是桑树新品种培育的重要途径。通过杂交方法培育的新品种有'中桑5801''育2号''湘7920''吉湖4号''川7637''农桑12号'等优良桑树品种，其中部分优质高产桑树品种已成为新一代当家品种，推广应用收效巨大。近年来，桑树多倍体种质资源研究、四倍体人工诱导、人工三倍体品种培育及三倍体杂交组合研究方面取得显著进展，培育出多个优质、高产、抗逆性强的多倍体品种，其中有人工三倍体品种'嘉陵16号''陕桑305''嘉陵20号'，人工无性系四倍体品种'陕桑402'和三倍体杂交组合'粤桑2号'，填补了我国栽培品种无人工三倍体的空白。

第五节 草类植物种质资源的发展趋势与展望

草类植物种质资源是国家战略资源。目前，我国共收集草种质资源6.5万份，保存6.2万余份，收集保存总量居世界第3位。然而，草类种质资源与其他作物种质资源相

比，其精准鉴定和规模化基因发掘相对薄弱，主要工作还处于收集阶段，其鉴定评价也仅集中于植物学特征、生态生物学特性和主要农艺性状等，总体上草类种质资源本底不清、保存数量较少，鉴定评价不够深入等问题还比较突出。据统计，目前仅对30%的库存草种质资源开展了农艺性状评价，16%开展了部分抗性鉴定评价，完成遗传评价的种质资源不足2%，种质创新与应用也仅处于起步阶段。今后，草类植物种质资源的发展趋势与展望主要包括以下三个方面。

一、进一步加强种质资源考察收集、安全保存和创新利用

在种质资源保护工作方面，需要组织协调各方力量，加大草类植物种质资源考察收集与保护力度，构建完善草类植物种质资源库、种质圃及原生境保护区（点）为一体的完整保存体系。进一步加强国外种质引进，尤其注重不同类型草种质资源引进保存与开发利用。避免同质化重复引进、仅追求数量淡化质量问题。强化对库存种质和引进种质的深入、系统鉴定，筛选优异种质，创新优良种质，解析优异特性的遗传机制，为培育草优良新品种提供基础支撑。

二、加强多学科交叉融合研究及多单位协作

草种质精准鉴定是高效利用的基础和前提。通过种质资源表型鉴定和基因鉴定及关联分析，深入解析优良特征特性的遗传机制，助力品种改良和新品种选育。当前草类育种目标已由高产转向优质、综合抗性兼顾，那么多学科融合、多单位协作势在必行。同时，应加强与"一带一路"合作伙伴以及国外草类种质资源保存的大国开展交流合作，开展种质资源的联合考察、种质交换、学术交流，共建联合实验室，共享研究成果，推进草种质及草产业快速发展。

三、推进草类植物种子产业化

草类植物产业是现代农业的重要组成部分，加快草类植物产业发展，加速种子产业化是前提。国际种业集团具有强大的市场拓展及科技创新能力，凭借其先进的技术和品种不断抢占我国草产业市场份额。面临激烈的草产业市场竞争，首先要推动种质资源利用与企业经营一体化发展问题，科研要从纯基础研究逐步转向应用技术研究，草种业企业应逐步成为种质资源收集保存、新种质创制和新品种选育的主体，实现科技创新驱动种业快速发展，提升草类植物种业在国际市场的竞争力。另外，还应建立草种专业生产集中区域，完善生产技术体系建设，加强草种专业教育与人才培养。

📺 **推荐阅读** ————————————————————————————————

1. 刘公社，李晓霞.羊草种质资源研究（第二卷）［M］.北京：科学出版社，2015.
   本书对近五年微观领域的羊草种质资源最新研究成果进行了系统性整理，对从事草种质资源和基因资源研究的科研工作者有重要参考价值。
2. 彭远英.燕麦种质资源及西南区燕麦育种与栽培管理［M］.北京：中国农业大学出版社，2019.
   本书系统介绍了燕麦种质资源以及在西南区不同生态类型下燕麦的育种和栽培技术，适合从事燕麦及相关禾本科作物研究和种植生产的农业、草业和畜牧业的科研人员、生产者、管理者等参考使用。

?/ 思考题

1. 饲草可分为哪几类？简述饲草与牧草的异同。

2. 简述我国饲料作物的栽培类型。

3. 若将紫云英作为绿肥作物进行种质创新与品种选育，应重点培育哪些性状？

4. 简述目前蚕桑种质资源鉴定与评价研究进展及未来发展方向。

5. 简述种质资源保护与创新利用的必要性及意义，对于更好利用饲草种质资源有什么思考？

主要参考文献

1. 陈山. 中国草地饲用植物资源［M］. 沈阳：辽宁民族出版社，1994.

2. 陈志宏，李新一，洪军. 我国草种质资源的保护现状、存在问题及建议［J］. 草业科学，2018，35（1）：186-191.

3. 窦子微，杨璐，程平，等. 新疆桑种质资源的分布、表型多样性及保存利用研究进展［J］. 安徽农业科学，2022，50（17）：9-13.

4. 洪军，陈志宏，李新一，等. 我国牧草种质资源收集保存现状与对策建议［J］. 中国草地学报，2017，39（6）：99-105.

5. 刘公社，李晓峰. 羊草种质资源研究［M］. 北京：科学出版社，2011.

6. 刘铁梅，张英俊. 饲草生产［M］. 北京：科学出版社，2012.

7. 刘杨. 科尔沁草原文化旅游整合研究［J］. 农业经济，2015（12）：37-39.

8. 全国绿肥试验网品种资源协作组. 全国主要绿肥品种资源征集与整理工作简结［J］. 作物品种资源，1985（2）：2-3.

9. 任继周. 我对"草牧业"一词的初步理解［J］. 草业科学，2015，32（5）：710.

10. 徐丽君，徐大伟，逄焕成，等. 中国苜蓿属植物适宜性区划［J］. 草业科学，2017，34（11）：2347-2358.

11. 徐柱，王照兰，肖海俊. 中国牧草种质资源研究利用及牧草种子生产［J］. 中国草地，2000（1）：74-77.

12. 谢华玲，杨艳萍，董瑜，等. 苜蓿国际发展态势分析［J］. 植物学报，2021，56（6）：740-750.

13. 张亮，张红香，周道玮. 中国与国外饲草育种研究现状分析［J］. 土壤与作物，2018，7（3）：324-330.

14. 周道玮，王婷，王智颖，等. 中国草地农业气候分区及其饲草栽培适宜性［J］. 地理科学，2020，40（10）：1731-1741.

15. Hanson J, Ellis RH. Progress and challenges in *ex situ* conservation of forage germplasm: grasses, herbaceous legumes and fodder trees［J］. Plants（Basel），2020，9（4）：446.

16. Priyanka V, Kumar R, Dhaliwal I, et al. Germplasm conservation: instrumental in agricultural biodiversity: a review［J］. Sustainability，2021，13：6743.

17. Smith RW, Harris CA, Cox K, et al. A history of Australian pasture genetic resource collections［J］. Crop and Pasture Science，2021，72：591-612.

e 网上更多资源

🖥 彩图　　📝 思考题解析

撰稿人：宫文龙　武自念　李志勇　审稿人：毛培胜　王明玖

第十九章

果树种质资源

本章导读

1. 世界主要果树的起源中心在哪里？
2. 为什么我国被称为"世界园林之母"？
3. 如何发掘与利用野生果树种质资源？

果树是指能提供食用果实、种子的多年生植物及其砧木的总称。人类自远古即以采集野果为食，果树经人工驯化逐渐形成了特有的形状和风味，随后有了果树栽培。果品以其外观鲜艳、风味独特、营养丰富、品类众多，在人类食品中占有不可取代的重要地位。2021 年，全球水果种植面积达 6.65×10^7 hm^2，产量 9.10×10^8 t，其中我国种植面积 1.54×10^7 hm^2，产量 2.56×10^8 t，是世界上最大的水果生产国和消费国。果树产业发展在保障我国食物安全、生态安全、人民健康，促进农民增收和农业可持续发展发挥了重要作用。

第一节　果树种质资源及其起源、演化与多样性

一、果树种质资源基本概念

（一）植物学分类

按照植物分类学，果树涵盖 134 科 659 属 2 792 种，其中蔷薇科最多，有 476 种，如苹果、梨、山楂、桃、李、杏、樱桃、扁桃、草莓、树莓等；其次是芸香科果树，如柑橘、柚、柠檬等（表 19–1）。

（二）种质资源分类

按照叶片生长期特性，果树又可分为落叶果树和常绿果树；而根据果实形态和利用特征又可以将果树分为仁果类、核果类、浆果类、坚果类、柑橘类、亚热带及热带果树类等六类。

1. 落叶果树

（1）仁果类　食用肉质为花托发育而成，心皮形成果心，果心内有数个小种子，如苹果、梨、山楂、木瓜、榅桲等；枇杷在植物学上为仁果，但在果树学中多列为亚热带果树。

表 19-1　主要果树的植物学分类

科	属 / 个	种 / 个	主要树种
蔷薇科	15	476	苹果、梨、山楂、桃、李、杏、樱桃、扁桃、稠李、榅桲、枸子、枇杷、悬钩子、花楸、草莓、树莓
虎儿草科	1	64	黑穗醋栗
猕猴桃科	1	62	猕猴桃
芸香科	12	51	柚、柠檬、佛手、柑橘、甜橙、黄皮、枳
山毛榉科	3	50	板栗、毛栗
葡萄科	1	33	葡萄
桑科	6	32	菠萝蜜、无花果、桑
桃金娘科	6	28	番石榴
胡颓子科	2	24	沙枣、沙棘
杜鹃花科	3	22	越橘（蓝莓）
柿树科	1	22	柿、君迁子
漆树科	7	21	腰果、阿月浑子、杧果
鼠李科	4	21	酸枣、枣、青枣
忍冬科	2	20	忍冬
胡桃科	2	16	核桃、山核桃、核桃楸
藤黄科	2	15	山竹
番荔枝科	4	14	番荔枝
芭蕉科	3	13	芭蕉、香蕉
茄科	4	12	枸杞
木通科	4	11	八月炸（三叶木通）
樟科	2	11	油梨
无患子科	7	10	龙眼、荔枝、红毛丹、文冠果
梧桐科	3	9	可可
大戟科	5	7	余甘子、木奶果
西番莲科	1	7	西番莲
山龙眼科	3	6	澳洲坚果
杨梅科	1	4	杨梅
木棉科	2	4	榴莲
仙人掌科	2	3	刺梨
炸酱草科	1	2	杨桃
番木瓜科	1	1	番木瓜
石榴科	1	1	石榴
凤梨科	1	1	菠萝

（2）核果类　食用肉质为中果皮和外果皮发育而成，内果皮木质化成核，如桃、李、杏、梅、樱桃等。杨梅、橄榄、枣等在植物学上也称为核果。

（3）浆果类　果实多浆汁，种子小而数量多，散布在果肉中，如葡萄、猕猴桃、无花果、草莓、蓝莓、树莓、醋栗、穗醋栗等。在植物学上，草莓和树莓聚合果或多心皮果，无花果和桑葚为复果或多花果，因此浆果的果实结构差别很大，不易一个名称概括。

（4）坚果类　果实外面多具坚硬的外壳，食用部分多为种子，含水量较少，通称干果，如核桃、山核桃、板栗、榛子、扁桃、阿月浑子、银杏、香榧等。在植物学上核桃视为核果，而香榧属于裸子植物，称为坚果只是为食用便利。

（5）杂果类　刺梨、文冠果、枸子等。

2. 常绿果树

（1）柑橘类　果实外面具有厚皮，内分为多数肉质囊瓣，囊瓣内含汁胞，柑、橘、橙、柚、杂柑、金柑、佛手瓜等。

（2）荔枝龙眼类　荔枝、龙眼。

（3）坚果类　香榧、腰果、澳洲坚果。

（4）蒲桃类　蒲桃、莲雾、番石榴。

（5）草本类　香蕉、菠萝、番木瓜。

（6）其他热带、亚热带果树　杨梅、枇杷、橄榄、油橄榄、杧果、鳄梨、面包树、榴莲、杨桃、番荔枝、罗汉果、三叶木通、余甘子、火龙果、西番莲、百香果等。

二、果树种质资源的起源与传播

（一）果树种质资源的起源

远在原始农业之前，人类的祖先就在森林里采集野果，在北京山顶洞遗址和陕西半坡遗址中发现过榛、栗等，说明至少 6 000 年前，人类已经把果实当成食物了。在世界范围内，栽培果树有中国、中亚中东、中南美、南亚等四大起源中心。

1. 中国起源中心

该地区是世界果树最大起源中心。我国幅员辽阔，种质资源丰富，栽培历史悠久。全世界 45 种主要果树的 3 893 个植物学种中，野生近缘种起源中国有 725 种，占世界近 20%；有 15 个主要果树栽培种起源中国或部分起源于中国，包括东方梨、山楂、桃、李、杏、梅、柿、枣、栗、猕猴桃、柚类、柑类、橘类、枇杷、杨梅、荔枝等。

2. 中亚中东起源中心

起源于该地区的果树包括苹果、西洋梨、榅桲、甜樱桃、酸樱桃、欧洲李、无荆子李、扁桃、油橄榄、海枣、阿月浑子、葡萄、无花果、石榴等。

3. 中南美起源中心

起源于该地区的果树包括菠萝、番木瓜、鳄梨、番石榴、草莓、蓝莓、树莓等。

4. 南亚起源中心

起源于该地区的果树包括香蕉、杧果、柠檬、椰子等。

（二）果树种质资源的演化与传播

果树的演化是指果树如何由野生状态演变为当今栽培果树的过程，以及现存的野生果树种类之间的进化关系，其对果树资源的利用和果树栽培具有重要的指导作用。果树演化的动力既有内部原因也有外部因素，前者即变异，同样受到自然遗传因素（如基因重组、突变等）以及外部环境的变化（光、温、水、土壤、生物等）驱使，变异在生物体内具有绝对性和普遍性，是物种演化的先决条件。而演化的外部因素主要来自选择压，包括自然选择和人工选择，前者对应物种的适应性形成，称为自然演化；后者称为人工演化即驯化，历时时间虽短，但方向更加明确。如美国能源部联合基因组研究所分析了 60 种不同柑橘品种的基因组，发现当今的柑橘类果树至少源于 10 种天然柑橘物种。在 600 万 ~ 800 万年前的中新世晚期，柑橘发生分化并快速在东南亚扩散，这种转变与亚洲夏季季风减弱相关。

与演化不同，果树的传播是在人类活动参与下，将其从一个地方迁移到另外一个地方的现象，如民族迁徙和贸易往来，都是种质资源传播的原因。2000 年前，张骞出使西域，将我国原产的枣、栗、桃、梨等果树传播到中亚及西方国家，同时将那里的葡萄、无花果、石榴等带回中国；1904 年，新西兰从中国引进猕猴桃，培育出著名品种‘海沃德’（Hayward），销往世界各地；起源于巴西的凤梨，却在美国的夏威夷被大量栽培；以上均是果树传播的例子。

三、果树种质资源收集、保存、鉴定与利用

（一）收集

新中国成立以来，中国组织了多次大规模、专业化的农作物种质资源考察，历次考察均包括果树，其中规模最大和影响最深远的是 1956—1957 年、1979—1983 年和 2015—2023 年的 3 次全国农作物资源普查。此外，还有西藏（1981—1984 年）、三峡库区（1981—1988 年）、大巴山区（1991—1995 年）、黔南桂西山区、三峡库区、赣南、粤北山区（1996—1999 年）、沿海地区（2008—2010 年）等包含果树在内的农作物种质资源考察；同时还开展了多次果树种质资源专项考察，如全国猕猴桃种质资源考察（1978—1989 年）、西北罐桃种质资源考察（1978—1989 年）、山楂种质资源考察（1978—1984 年）、李杏种质资源考察（1981—1988 年）和中国果树地方品种考察与收集（2013—2019 年）等。

我国从国外引进果树种质资源 3 000 多份，来源于近 70 个国家和地区，来源最多的为美国，其次为日本、俄罗斯、法国和意大利；按照树种划分，引入葡萄品种 734 份、柑橘 713 份、桃 372 份、苹果 321 份、梨 226 份、李 126 份、草莓 105 份、樱桃 57 份、杏 53 份、猕猴桃 12 份。

美国是种质资源保存大国，于 1987—1999 年开展了美国、加拿大、乌兹别克斯坦、塔吉克斯坦、哈萨克斯坦、吉尔吉斯斯坦、中国、俄罗斯和土耳其等共 8 次大规模的果树资源考察收集，如在哈萨克斯坦收集接穗种质 892 份、种子 13 万粒；在中国四川收集接穗种质 101 份、种子 7 200 粒。如在美国 Davis 的国家果树种质资源圃中，保存了从全球范围内收集而来的超过 2 000 份桃种质资源。此外，其他一些种质资源大国也非常重视种质资源的收集，如苹果起源于欧洲东南部、中亚地区以及我国新疆，但瑞士经过全世界范围的考察收集，成为目前世界保存苹果种质资源份数最多的国家，达到 8 878 份，高于美国的 7 064 份。枣属植物的普通枣和酸枣起源于中国，国外的枣均直接或间接引自我国。目前，亚洲、欧洲、美洲、非洲和大洋洲五大洲 40 多个国家都有果树种植和果树种质资源保存，主要国家包括韩国、日本、俄罗斯、乌克兰、罗马尼亚、意大利、美国、以色列、澳大利亚等。其他一些单位如意大利农业和农业经济研究理事会、西班牙农业研究所、俄罗斯瓦维洛夫全俄植物遗传资源研究所以及日本的农林水产

省果树试验场等，也保存了数目不等的收集自世界各国的果树种质资源。

（二）保存

果树作为多年生无性繁殖作物，以田间种质资源圃保存为主，离体试管苗库、超低温保存也是果树种质保存的有效方式，此外，在野生种质资源的富集区可建立原生境保护区或保护点进行原生境保护。国际生物多样性组织、《粮食和农业植物遗传资源国际条约》秘书处和全球作物多样性信托基金于 2008 年启动的全球种质资源数据库中记载，76.71% 的苹果、72.37% 的梨、66.42% 的葡萄、23.14% 的香蕉、46.84% 的柑橘和95.96% 的桃种质资源实施田间种质圃保存。

中国农业科学院于 1979 年 6 月主持召开了全国果树科研规划会议，会议决定建立国家果树种质资源圃和编写果树志。1989 年，建成了包含 19 个树种的 16 个果树种质资源圃。此后，山葡萄、果梅和杨梅、猕猴桃、野苹果、热带果树等种质圃也陆续建成。截至 2022 年底，中国共建立了 23 个国家级果树种质资源圃（表 19-2），保存的果树种质资源达 2.4 万余份，位居世界第二位。

香蕉种质试管苗保存、草莓种质网室盆栽保存等已实用化；国家葡萄桃种质资源圃（郑州）利用 −20℃ 低温库保存野生桃种子 400 多份，最长已达 17 年；国家农作物种质资源库超低温保存落叶果树种质资源 540 份。2003 年至今，我国共建成野生果树原生境保护点 37 个，其中包括新疆野苹果，吉林野生海棠，河北野生梨，河南、陕西和湖北野生猕猴桃，湖南野生柑橘等。综上，目前中国建成了以种质资源圃异生境保存为主，试管苗、网室盆栽、超低温库、原生境保护为辅的国家果树种质资源保护体系。

表 19-2　中国国家果树种质资源圃保存种质数量

资源圃名称	保存份数	资源圃名称	保存份数
国家梨苹果种质资源圃（兴城）	2 394	国家荔枝香蕉种质资源圃（广州）	642
国家葡萄桃种质资源圃（郑州）	2 908	国家龙眼枇杷种质资源圃（福州）	1 071
国家柑橘种质资源圃（重庆）	1 753	国家桃草莓种质资源圃（北京）	865
国家核桃板栗种质资源圃（泰安）	888	国家李杏种质资源圃（鲅鱼圈）	1 439
国家桃草莓种质资源圃（南京）	1 070	国家山楂种质资源圃（沈阳）	470
国家新疆特有果树种质资源圃（轮台）	829	国家山葡萄种质资源圃（吉林）	415
国家云南特有果树及砧木种质资源圃（昆明）	1 274	国家果梅杨梅种质资源圃（南京）	500
国家柿种质资源圃（杨凌）	817	国家猕猴桃种质资源圃（武汉）	1 200
国家枣葡萄种质资源圃（太谷）	1 448	国家野生苹果种质资源圃（伊犁）	222
国家砂梨种质资源圃（武汉）	1 107	国家热带果树种质资源圃（湛江）	468
国家寒地果树种质资源圃（公主岭）	1 430	国家芒果种质资源圃（田东）	657
国家枸杞葡萄种质资源圃（银川）	320	总计	24 187

美国现有 8 个保存苹果、梨、葡萄等果树种质资源的无性繁殖作物种质资源保存圃，每个种质资源圃侧重保存的树种不同，其中苹果的保存数量最多，为 7 064 份（不包括种子保存），其次为葡萄 5 155 份、柑橘 1 841 份、梨 2 390 份、香蕉 291 份。瑞士有 13 个田间种质资源圃，其中保存苹果种质 8 878 份，梨种质 5 558 份，葡萄种质

7 000 份。法国保存的葡萄种质资源最多，达到 11 742 份，主要保存在 3 个地点，其中位于蒙彼利埃的葡萄生物资源中心保存 7 868 份。香蕉保存最多的国家是比利时，保存种质资源 1 683 份，主要保存在比利时鲁汶大学国家香蕉种质交换中心（以上为截至 2022 年 2 月 13 日 Genesys 网站公布的数据）。

除了采用无性繁殖进行异生境保护外，世界上对于类型多样的野生资源通常采用种子保存。在国际公开数据库中，4.1 万份苹果种质资源中采用种子保存的达到 5 051 份，其中长期保存 140 份，中期保存 239 份；1.7 万份梨种质资源中采用种子保存 1 991 份；5.3 万份葡萄种质资源中采用种子保存 532 份；3 708 份柑橘资源中采用种子保存 18 份。

超低温液氮保存（liquid nitrogen preservation）用于储存花粉、种子、愈伤组织和茎尖分生组织等。美国国家和种质贮藏实验室从 1984 年起进行超低温液氮保存的研究，在 2004 年之前已完成 2 146 份苹果、李属等果树种质资源的超低温保存，其中苹果保存最多，为 1 264 份，保存 4 年后嫁接成活率在 90% 以上。日本利用液氮进行了苹果、梨、樱桃、桃、葡萄、猕猴桃、树莓等果树的花粉超低温保存实验。果树种质资源数据库显示，香蕉 33.34% 的种质资源进行了超低温保存，而其他果树均较低。国际生物多样性中心（Bioversity International）目前香蕉种质的试管苗保存较多，占保存总数的 61.40%。

（三）鉴定与评价

1. 描述规范的制定

20 世纪 80 年代，在充分吸收国际植物遗传资源委员会（IBPGR）和国内相关研究经验的基础上，我国完成了 18 种果树种质资源描述符的制定。2006 年，我国组织编著了果树种质资源描述规范和数据标准 26 册，包括苹果、梨、山楂、桃、杏、李、柿、核桃、板栗、枣、葡萄、草莓、柑橘、龙眼、枇杷、香蕉、荔枝、猕猴桃、穗醋栗、沙棘、扁桃、樱桃、果梅、树莓、越橘和榛，统一了我国果树种质资源鉴定评价的"度量衡"。2007 年和 2011 年农业部分别颁布了包含苹果、梨、桃、杏、李、柿、葡萄、草莓、柑橘、龙眼、枇杷、香蕉 12 个果树树种的农业行业标准《果树种质资源鉴定技术规程》和《果树优异种质资源评价规范》，将中国果树种质资源评价和优异种质资源筛选纳入科学规范化的轨道。

2. 种质资源的评价鉴定

在制定果树种质资源描述规范的基础上，研究者对果树的果实性状、植物学性状和生物学特征等进行评价、分类和利用的过程即为种质资源的鉴定，其目的是确定种质资源的种类、特征、遗传背景、适应性和利用价值，其方法包括形态学鉴定、生理生化鉴定和分子生物学鉴定等。

利用传统的形态学鉴定，我国出版了《中国果树志》苹果、梨、山楂、桃、李、杏、果梅、枣、葡萄、草莓、板栗、榛子、核桃、龙眼、枇杷、荔枝、石榴等 17 卷，共描述种质资源 6 934 份。其他的果树品种资源专著，如《中国果树分类学》《中国猕猴桃》《中国野生果树》《中国作物及野生近缘植物（果树卷）》《中国柑橘品种》《中国桃遗传资源》等，以及各省市出版的以地方果树资源工作为主的《甘肃果树志》《西藏果树种质资源志》《福建省野生果树图志》等书籍相结合，基本厘清了我国果树种质资源遗传多样性的家底。据上述著作记载，起源中国的果树植物学种为 725 种，占世界的 18.62%；45 个主要果树栽培种中有 15 个起源于中国或部分起源于中国。在果树野生近缘种的分布密度上呈现南方多于北方，西部多于东部，华南、西南最为丰富的特点。

随着科技的进步，对种质资源进行深度发掘和利用越来越重要，迫切需要利用新的方法进行精准鉴定。精准鉴定则特指通过基因组测序、生物信息学、分子标记等技术，对种质资源的遗传信息进行分析和评估，从而选择出优良的亲本，为高产、优质、抗病新品种的培育奠定基础。

3. 优异种质发掘

通过系统评价与鉴定，发掘出大量优异种质，包括一批可直接应用于大面积生产的优异种质，如'金红'抗寒苹果、'砀山酥'梨、'灰枣''赞皇冬枣''巫山脆李''南华李''妃子笑'荔枝和'富平尖柿'等；可作为优良育种亲本的种质，如'扁桃'蟠桃、'火把梨''无核龙眼'等；可直接或间接利用的重要砧木资源，如柑橘中的'枸头橙'、柿的近缘种君迁子等；抗病虫的种质，如桃中高抗桃蚜的'帚形山桃'和'红花寿星桃'、抗南方根结线虫的'红根甘肃桃1号'，苹果中抗缺铁的'小金海棠'等；一批富含功能性成分的资源，如名贵中药材'化橘红'和枳、富含花色苷的红肉新疆野苹果等；具有特殊性状的种质资源，如苹果中无融合生殖类型的'平邑甜茶'、柑橘中早花且种子单胚的'山金柑'、能在广东深圳栽培的低需冷量桃种质'南山甜桃'等。

4. 基因组研究

世界上最早进行基因组测序的果树是葡萄，由法国领衔于2007年完成。在已测序的果树基因组中，排名前两位的为蔷薇科和葡萄科树种，分别有66个和21个基因组，约占已测序水果基因组总数的一半。随着主要物种单个参考基因组的完成，研究者进一步构建了果树"泛基因组"，如桃、草莓等。利用丰富的种质资源与基因组数据进行关联分析（GWAS），越来越多的关键育种目标性状如果实品质、抗性与产量基因被发掘，名特优果树种质资源的精准鉴定得到前所未有的重视。

（四）利用

果树种质资源的利用最早可以追溯到新石器时代，与谷物和豆类的利用一样，经历采集野生—保护管理野生—栽培这一过程而扩大利用，最早的利用形式是采集野生果实作为食品生产的补充。据现有资料记载，果树资源由野生到栽培的利用最早为6 000年前的无花果、葡萄，5 000年前的石榴，3 000~4 000年前的苹果、梨、李、杏、桃、枣、扁桃、梅、桑、榛、栗、阿月浑子，3 000年前的核桃，2 000年前的中国樱桃、柿、西洋梨、山楂、欧洲李等；利用较晚的为16世纪的树莓和醋栗，20世纪的猕猴桃。

总之，从利用方式看，果树种质资源的利用分为直接利用和间接利用。而从利用途径上看，果树种质资源可用于育种、生产（砧木、品种、鲜食、加工或特定用途）和观赏等。在考察收集（包括引种），并经充分鉴定、评价后，将具有某些优良性状（丰产性、稳产性、品质优良性状、抗性和适应性强等）的种质直接推广应用于生产的方式称为直接利用。例如，在苹果上，野生种质山定子可以作为抗寒性砧木，在东北、华北地区使用；河南海棠作为苹果砧木，具有抗旱、矮化、结果早的特性。利用收集、评价的果树种质资源作为亲本材料，然后对其后代进行长期选育、研究和鉴定评价后推向生产的过程，称为对资源的间接利用。如'喀什黄肉李光''撒花红蟠桃''奉化蟠桃'等是我国地方名特优亲本种质，以这些资源为亲本培育出的'中蟠桃11号''中油蟠7号''中油蟠9号'成为主栽品种，引领了桃产业发展。

除了野生种的驯化，从国外引进的果树品种进行直接或间接利用，对我国果树产业或育种也产生了较大的影响，如苹果中的'红富士''新红星'、矮化砧木 M 系和 MM 系等，梨中的'丰水''新水''金二十世纪'等，桃中的'明星''五月火''早红 2 号'等，葡萄中的'巨峰''黑奥林''红地球'等，柑橘中的'朋娜''纽荷尔'等，柿中的'富有''伊豆''阳丰'等，草莓中的'宝交早生''女峰'等，香蕉中的'罗姆邦''埃那罗'等。

随着大数据、云计算等现代信息技术的发展，各国纷纷开始建立果树种质资源专业化大数据，加强数据分析和资源发掘，提供个性化、定制化和专业化知识服务，加快了种质资源利用信息化的进程。美国建立了种质资源信息网（GRIN），欧洲建立了农作物种质资源协作网（ECPGR），专门成立了仁果类、核果类、浆果类等协作小组。我国则通过农作物种质资源基础性工作、农业农村部物种保护项目和作物种质资源信息系统（CGRIS）等项目的支持，果树种质资源共享利用体系建设取得长足进展。为进一步完善科技资源共享服务体系，科技部、财政部于 2019 年 6 月正式批准成立国家园艺种质资源库，建立了国家园艺种质资源库门户网站，其中涉及 20 个国家果树种质资源库（圃）和 11 个地方特色资源库（圃），为果树作物提供信息共享服务，取得显著的社会经济效益。

第二节　仁果类种质资源

一、苹果

（一）种质资源概况

苹果（*Malus pumila* Mill.），蔷薇科（Rosaceae）苹果属（*Malus*）落叶乔木，广泛分布于北温带的亚洲、欧洲及北美洲。本属有 35 种，原产中国的苹果属植物有 21 个野生近缘种和 6 个栽培种，其中苹果野生近缘种的自然分布区，在我国 20 多个省（自治区）均有分布，并且在云南、贵州、四川及西藏东南部形成了最为丰富的密集分布中心。在新疆伊犁，也有大范围的新疆野生苹果自然分布群落。

苹果属植物种间多数可以进行杂交。染色体基数为 17，栽培品种绝大多数是二倍体，即 $2n = 34$，也有少量以三倍体、四倍体等类型存在。二倍体'寒富'花粉培养纯系的基因组大小为 656.52 Mb。

我国苹果属野生种有两大密集分布地区，分别为新疆伊犁密集分布区和横断山脉自然分布区，前者以分布野苹果为主，后者自然分布有西蜀海棠、滇池海棠、丽江山荆子、沧江海棠、小金海棠和马尔康海棠以及湖北海棠、山荆子、变叶海棠、河南海棠、陇东海棠和花叶海棠等苹果属植物的野生种，是选育抗性种质的重要材料。

（二）起源与演化历史

我国本土的栽培苹果（绵苹果）最早可能是从新疆塞威士苹果开始，逐渐向东传播到中原。西方栽培苹果则起源于中亚塞威士苹果，在向欧洲传播过程中，与森林苹果等其他古苹果杂交渗透后逐步发展演化形成现代丰富多样的西方栽培苹果品种。1871 年，西洋苹果品种被引入中国，百余年来逐步取代了中国苹果（绵苹果）和沙果等栽培种。

（三）种质资源保存

中国有 5 个保存苹果属植物种质资源的单位，分别位于辽宁兴城、吉林公主岭、新疆轮台、新疆伊犁和云南昆明，截至 2022 年底，保存苹果种质资源的份数分别为 2 252、497、218、222 和 114 份，总量达 3 303 份，居世界第四。

（四）重要种质及其产业应用

我国从苹果'小金海棠'中选育出抗缺铁种质'中砧 1 号'，从无融合生殖类型'平邑甜茶'中选育出种子繁殖的'青砧'系列。美国在 1990—2003 年完成了 2 351 份苹果种质的抗火疫病鉴定筛选，其中抗火疫病优异种质'PI286613'和'R5'被广泛应用在苹果鲜食及砧木育种上。美国对收集保存的 13 万粒塞威士苹果种子逐步进行鉴定评价以筛选抗黑星病种质资源，克隆出 4 个不同的抗性基因（*Vr*、*Vm*、*Vf* 和 *Vb*），其中'GMAL4327'同时携带这 4 个抗性基因，以此为亲本的杂交后代中 38% 具有黑星病抗性。

二、梨

（一）种质资源概况

梨（*Pyrus* spp.），蔷薇科（Rosaceae）苹果亚科（Maloideae）梨属（*Pyrus* L.）落叶乔木，极少数为半常绿乔木或灌木。梨染色体基数 $2n = 2 \times 17 = 34$，基因组的杂合度高，'砀山酥梨'基因组大小为 512 Mb。

随着长期的自然选择和生产发展，形成了华北白梨产区、西北白梨产区、黄河故道白梨和砂梨产区、长江流域砂梨产区 4 个优势梨产区，以及东北、渤海湾、新疆、西南 4 个特色梨产区。

（二）起源与演化历史

梨原产中国，有 3 000 多年的栽培历史。梨起源于第三纪中国西部或西南部的山区，由于种间没有生殖隔离，杂交普遍存在，种、变种和类型命名众多。目前国内外学者普遍认可的梨属植物有 30 多种，基本种 20 个左右，其余则为这些种之间的杂种。梨属植物从起源中心向东传播，经中国大陆延伸至朝鲜半岛和日本，形成东方梨种群，包含 13 ~ 15 种，如杜梨（*P. betulifolia*）、豆梨（*P. calleryana*）、川梨（*P. pashia*）、砂梨（*P. pyrifolia*）和秋子梨（*P. ussuriensis*）；向西传播，分别到达中亚及周边，以及欧洲，形成西方梨种群，包含 20 个种左右。在梨的传播过程中，形成了 3 个栽培梨的多样性中心，即中国中心、中亚中心和近东中心。目前，我国梨的栽培品种分属于砂梨（*P. pyrifolia*）、白梨（*P. bretschneideri*）、秋子梨（*P. ussuriensis*）、新疆梨（*P. sinkiangensis*）和西洋梨（*P. communis*）5 个种，栽培面积较大的品种超过 130 个。

（三）收集与保存

梨的种质资源保存于 5 个国家果树种质资源圃及 1 个国家园艺种质资源库分库，分别是国家梨苹果种质资源圃（兴城）、国家砂梨种质资源圃（武汉）、国家寒地果树种质资源圃（公主岭）、国家新疆特有果树种质资源圃（轮台）、国家云南特有果树及砧木种质资源圃（昆明）和国家园艺种质资源库梨分库（郑州），保存的种质材料包括地方品种、野生种质资源、选育品种和国外引进种质资源等类型，总计保存梨种质资源 3 000 余份，多样性在世界上位居前列。

（四）重要种质及其产业应用

地方优良品种作为栽培品种直接应用于生产的非常普遍，如'砀山酥梨''库尔勒香梨''雪花梨''鸭梨''南果梨''苹果梨'等。这些地方品种也是重要的育种亲本，培育出'早酥''红香酥''玉露香''新梨 7 号'等一批重要栽培品种。国外引进品种在我国梨育种中也有诸多应用，其中'新世纪'和'幸水'衍生的品种较多。我国梨栽培中使用的砧木多为野生种质资源，如杜梨、豆梨和山梨。

第三节　核果类种质资源

一、桃

（一）种质资源概况

桃（*P. persica*），蔷薇科（Rosaceae）李属（*Prunus*）桃亚属（*Amygdalus*）落叶乔木。已报道能够与桃进行杂交的有 24 个种，其中与桃密切相关、可以产生可育种子的物种有 4 个近缘种：光核桃（*P. mira* Koehne）、山桃［*P. davidiana*（Carriere）Franch.］、甘肃桃（*P. kansuensis* Rehder）和新疆桃［*P. ferganensis*（Kostina & Rjabov）Y. Y. Yao］。桃染色体基数 $2n = 16$，二倍体种质'Lovell'基因组 227 Mb，以自花授粉为主，童期 2～4 年，是果树遗传学研究的模式树种。

（二）起源与演化历史

桃原产于中国西部山区，西藏东部、四川西部、云南西北部的青藏高原是野生近缘种起源中心，云贵高原区和西北高寒区是栽培起源中心。观赏桃是普通桃的野生类型，新疆桃是普通桃的地方类群。

桃在中国有 4 000 多年的栽培历史，根据地理分布及品种特征形成了华南低需冷量硬肉桃品种群、长江中下游水蜜桃和硬肉桃品种群、华北硬肉桃和蜜桃品种群、东北抗寒品种群和西北黄桃品种群等；利用全基因组重测序构建的系统发育树，研究者提出普通桃种内由南向北的演化路线，华南品种群和长江中下游品种群较为原始，西北品种群较为进化。

早在公元前 1 世纪，桃经丝绸之路由中国传播到波斯乃至西亚各国，然后传至欧洲地中海国家；随着新大陆的发现，桃被带到南美，然后引入墨西哥。对世界桃产业发展起到关键作用的是 19 世纪中期美国从中国引入的'上海水蜜'（Chinese Cling）桃，以该品种为基础，在美国和欧洲衍生了上千个桃品种。日本古代就从中国引进桃种质，但直到 19 世纪末从上海引进'上海水蜜'和'天津水蜜'，随之产生了日本桃品种群。因此，'上海水蜜'奠定了世界桃育种的基础。同样中国的抗寒种质、低需冷量种质以及其他抗性种质也均为世界桃育种作出了重要贡献。

（三）种质资源保存

目前，我国有 3 个国家桃种质资源圃；截至 2022 年底，保存桃种质资源 2 932 份，其中国家葡萄桃种质资源圃（郑州）1 520 份、国家桃草莓种质资源圃（南京）827 份、国家桃草莓种质资源圃（北京）585 份。

（四）重要种质及其产业应用

丰富的桃野生近缘种自然群体，是我国桃、李、杏和扁桃等核果类果树重要砧木来源。'奉化雨露''湖景蜜露''肥城桃''深州蜜桃''紫胭桃''红叶桃''碧桃'等一批名特优地方品种仍在生产中发挥作用。近 60 年来，我国还从国外引进桃种质资源 400 多个，也为我国桃产业和新品种培育作出了重要贡献。在优异种质育种的利用方面，'白花''喀什黄肉李光''扁桃''奉化蟠桃'等地方品种，国外引进的'早红 2

号''五月火''NJN76''NJN78''大久保'等在我国桃育种中发挥了重要作用，是我国桃育种的基础品种。

二、樱桃

（一）种质资源概况

樱桃（*Prunus pseudocerasus* Lindl.），蔷薇科（Rosaceae）李属（*Prunus*）樱桃亚属（*Cerasus*）落叶乔木。在世界各国广泛分布的150多个种和亚种中，分布于中国的有70多个。作为果树栽培的樱桃种类仅有欧洲甜樱桃［*Prunus avium*（L.）L.］、欧洲酸樱桃（*Prunus cerasus* L.）、中国樱桃（*Prunus pseudocerasus* Lindl.）、欧李（*Cerasus humilis* Bunge）、毛樱桃（*Prunus tomentosa* Thunb.）、圆叶樱桃（*Prunus mahaleb* L.）、灰毛叶樱桃（*Prunus canescens* M. Vilm. et Bois）等。樱亚属染色体基数 $n = 8$，二倍体种之间的基因组大小差异明显，在 274~371 Mb。甜樱桃 $2n = 16$、24、32，酸樱桃 $2n = 32$，欧李、圆叶樱桃、毛樱桃 $2n = 16$。

（二）起源与传播

欧洲甜樱桃和欧洲酸樱桃原产于欧洲黑海沿岸和西亚，有2 000多年的栽培历史，随着移民传播到英国及北欧各国，然后传至北美洲和亚洲。经过长期的自然选择、人工驯化及遗传育种，世界各国保存樱桃种质资源6 000余份，但广泛栽培的商业品种却很有限。甜樱桃绝大多数品种具有自交不亲和性，1968年加拿大通过辐射诱变培育出世界上第一个自交亲和品种'斯坦勒'（Stella）。

（三）收集与保存

国内收集保存樱桃种质资源的单位主要有山东省果树研究所、中国农业科学院郑州果树研究所、北京市林业果树科学研究院、大连市农业科学院、西北农林科技大学、四川大学等，目前共收集樱桃种质资源500余份。几十年来，我国从国外引进甜樱桃种质资源200多份，为我国樱桃产业和新品种选育作出了重要贡献；1970年，我国育成第一个甜樱桃新品种'红灯'，之后国内多家单位先后培育甜樱桃新品种40余个，储备优系300余个，极大地推动甜樱桃栽培品种本土化的发展。

（四）重要种质及其产业应用

我国樱桃遗传资源丰富，为种质创新、突破性育种工作提供了得天独厚的条件。'黑珍珠''诸暨短柄''红妃樱桃''广元大黄''崂山大樱''滕县大红樱桃''太和大紫樱桃''南京东塘樱桃'等一系列优异中国樱桃地方品种在国内产业中发挥重要作用，也为世界樱桃砧木品种选育提供了优异种质资源。德国利用我国原产的灰毛叶樱桃为亲本培育出著名的'Gisela 5''Gisela 6''Gisela 12'等矮化砧木，英国利用中国樱桃培育出'考特'乔化砧木。近40年来，我国利用从国外引进的甜樱桃品种，筛选出'美早''萨米脱''布鲁克斯''桑蒂娜'等适宜国内气候条件栽培的优良品种10余个，国内多家单位先后培育甜樱桃新品种40余个，其中'红灯'栽培面积占我国甜樱桃栽培总面积的40%。近年来，国内一些单位培育出不同熟期甜樱桃新品种，如'春露''春雷''春晖''齐早''蜜露''五月红''玲珑脆'等，将逐步改变甜樱桃产业中主栽品种以国外引种为主的格局。

三、杏

（一）种质资源概况

杏（*Prunus armeniaca* L.），蔷薇科（Rosaceae）李属（*Prunus*）李亚属（*Prunus*）杏组（*Armeniaca*）落叶乔木。全世界杏组有 11 个种，起源于中国的有普通杏（*Prunus armeniaca* L.）、山杏（*P. sibirica* L.）、东北杏［*P. mandshurica*（Maxim.）Koehne］、梅（*P. mume* Siebold & Zucc.）、藏杏［*P. holosericea*（Batal.）Kost.］、紫杏［*P.×dasycarpa*（Ehrh.）Korkh.］、李梅杏［*P. limeixing*（J. Y. Zhang & Z. M. Wang）Y. H. Tong & N. H. Xia］、政和杏［*P. zhengheensis*（J. Y. Zhang & M. N. Lu）Y. H. Tong & N. H. Xia］、洪平杏［*P. hongpingensis*（T. T. Yu & C. L. Li）Y. H. Tong & N. H. Xia］与背毛杏（*P. hypotrichodes* Cardot）共 10 个种，其中普通杏分布最广、类型最多，是世界上主要的鲜食、加工栽培种类。山杏主要分布于东北和华北各地，耐瘠薄、抗旱和抗寒。东北杏主要分布于辽宁、吉林和黑龙江等，抗寒性强。杏为二倍体，基因组大小为 222～251 Mb。

（二）起源与传播

杏原产于我国，在 5 000～6 000 年前就被我国古代人民采食和利用。新疆天山野生普通杏被认为是世界栽培杏的原生起源种群，该地区的原始野杏种群为熟期育种、耐晚霜及抗病育种提供了非常重要的种质资源。也有许多学者根据黄河中上游地区杏遗传多样性丰富的特点，提出栽培杏起源于中国北方的假说。

杏资源的传播被认为是从中国北方和新疆地区传播到伊朗、土库曼斯坦、高加索等中亚地区，而后由罗马人将其带到意大利、希腊等南欧和环地中海地区。1626 年，杏被西班牙人带到美国，自此在世界各地栽培。目前，多名学者经过考证和分析，认为栽培的普通杏可划分为中亚生态群、欧洲生态群、准噶尔 - 伊犁生态群、华北生态群、华东生态群和东北亚生态群等 6 个生态群。

（三）收集与保存

杏种质资源的保存受到世界各国的重视。20 世纪初苏联建立了世界上第一个杏种质资源圃，保存种质资源近千份。法国国家农业研究院保存有来自法国、东欧各国、中亚各国和中国等世界各地杏种质资源 450 份。土耳其马拉蒂亚国家杏研究所共收集保存有 286 份杏种质资源，主要以中亚加工制干杏品种为主。我国的国家李杏种质资源圃共收集保存杏种质资源 782 份，包含了杏组的 10 个种，是目前世界上规模最大的杏种质资源圃。

（四）重要种质及其产业应用

我国杏资源丰富，但在育种领域起步较晚。目前生产中基本上以地方品种为主，如新疆的'小白杏'、河北的'串枝红'、北京的'骆驼黄'、陕西的'张公园杏'和'华县大接杏'，辽宁以'沙金红'等品种为主，山东、河南、河北等地则大面积种植国外引进的'金太阳'杏。目前，各单位育成新品种中大都以'金太阳'为亲本以提高杏的果实硬度和丰产性。此外，由于李杏杂交种具有果实外观鲜艳、果肉质地硬以及成熟后的特殊香气等特点，美国育种家 Zaiger 通过李与杏杂交，成功选育出'风味皇后''恐龙蛋''味帝''味厚'等系列李杏种间杂交品种，在国内也有一定的栽培面积。

第四节 干果类种质资源

一、枣

（一）种质资源概况

枣 [*Ziziphus jujuba*（L.）Lam.]，鼠李科（Rhamnaceae）枣属（*Ziziphus* Mill.）植物。该属约有 170 种、12 变种。我国原产的枣属植物至少有 14 种、9 个变型。具有经济价值较高的枣属植物主要有枣 [*Z. jujuba*（L.）Lam.]、酸枣 [*Z. spinoza*（Bunge）Hu ex F. H. Chen] 和毛叶枣（*Z. mauritiana* Lam.）。其中，枣为栽培种，分布最广、数量最大；毛叶枣（又称滇刺枣、缅枣和台湾青枣）在我国为半野生种，主要分布于华南和西南的热带地区，在台湾、海南、云南等地也有规模化商品栽培；酸枣为野生种，仅有少量栽培或人工养护，主要分布于北方各省山区。枣和酸枣通常为二倍体，$2n = 24$，鲜食品种'冬枣'基因组大小为 444 Mb。毛叶枣通常为四倍体，个别品种 $2n = 60$ 或 $2n = 96$。

（二）起源与演化历史

枣原产我国黄河中下游地区，以晋陕黄河峡谷栽培最早，已有 7 000 多年的历史，除黑龙江外，其他省（自治区、直辖市）均有分布。枣和酸枣适应性和抗逆性强，适宜山、沙、滩、碱、旱等恶劣瘠薄的生态环境下生存。公元前 100 年前后，枣传播到韩国、日本等亚洲邻国，后沿丝绸之路传播到欧美。毛叶枣原产于小亚细亚南部、北非、印度东部一带，在印度、越南、缅甸、斯里兰卡、马来西亚、泰国、印度尼西亚、澳大利亚，以及非洲地区均有分布和栽培。在我国主要分布于台湾、云南、海南等地。根据来源不同，毛叶枣可分为缅甸品种群、印度品种群和中国台湾品种群等。

（三）种质资源保存

国家枣葡萄种质资源圃（太谷）保存枣和酸枣种质资源 900 余份，是全球保存枣种质资源数量最多的种质资源库。其次是国家林业和草原局在河北沧县建立的枣良种基因库，收集了 640 个全国各地枣种质资源及当地主栽品种金丝小枣和无核枣的优良类型。

（四）重要种质及其产业应用

中国枣品种繁多，但大部分品种遗传背景比较简单，以群体内或地理区域内变异为主。山西或陕西的枣品种在不同群体间的基因交流中发挥了重要作用。目前，已得到较系统评价的枣品种达 500 个、酸枣类型 100 个左右。先后发现自然三倍体品种'赞皇大枣''苹果枣'，二倍体和四倍体混倍品种'冬枣 2 号'以及雄性不育、曲枝、高抗枣疯病、高营养等一大批优异种质。

二、核桃

（一）种质资源概况

核桃（*Juglans regia* L.，又称胡桃），胡桃科（Juglandaceae）胡桃属（*Juglans* L.）植物，多年生中型乔木。我国作为世界核桃的起源地之一，种质资源极其丰富，通过长期的自然选择和人工选育形成了许多具有显著地方特色的品系和地方品种。国家核桃种质资源圃保存有普通核桃、野核桃、心形核桃、铁核桃、麻核桃、核桃楸、吉宝核桃、黑核桃等 8 个种。核桃 $2n = 32$，西藏品种'Zhongmucha–1'基因组全长 667 Mb。

（二）起源与传播

栽培核桃原产于中亚到东欧地区，包括中国的新疆和西藏，以及哈萨克斯坦、乌兹别克斯坦、尼泊尔、印度北部、伊朗、阿塞拜疆等地。在汉武帝时期，核桃由中亚地区传入中国东部，后传入朝鲜和日本。中国也是世界核桃栽培起源地之一，在长期自然杂交和演化过程中形成了十分丰富的种质资源。据《中国植物化石》第三册新生代植物研究资料，在第三纪（距今 4 000 万—1 200 万年）和第四纪（距今 1 200 万—200 万年）中国已有核桃属植物中的 6 种核桃分布。

（三）收集与保存

据《中国核桃种质资源》记载，中国现有优良品种 106 个，实生农家类型 36 个，优良无性系 25 个，优良单株 49 个，特异种质资源 7 个，被列为地理标志产品的有 7 个。自 20 世纪 90 年代中国推出第一批 16 个早实核桃品种后，各地陆续又选育出一些新的核桃优良品种。目前，国家核桃板栗种质资源圃（泰安）保存核桃种质资源 489 份。

（四）重要种质及其产业应用

核桃是我国乃至世界性的重要坚果和木本粮油树种，同时又是优良的用材树种，也是一种抗衰老食品。自 2010 年以来，我国种植面积和产量均位居世界首位，主产省有云南、山西、陕西、四川和甘肃等。新疆是我国早期的核桃主产区，以丰产性强、结果早、果个大、壳薄和味香的特点驰名中外，但引入内地后，则容易感染黑斑病、炭疽和枝枯病，育种家将其与华北核桃种群杂交，部分后代表现出较强的抗性。此外，我国将铁核桃与普通核桃杂交，选育出耐寒冷霜冻的品种，同时解决了普通核桃在南方高温多湿条件下易衰老、多病害的缺陷。美国非常重视核桃的新品种选育工作，目前主栽品种为‘培尼’‘哈特利’‘福兰克蒂’，同时积极发展以‘Sexton’‘Gillet’‘Fode’为代表的新品种，完全实现了良种化栽培，使美国成为世界核桃生产和出口的强国。

第五节　浆果类种质资源

一、葡萄

（一）种质资源概况

葡萄（*Vitis vinifera* L.），葡萄科（Vitaceae）葡萄属（Vitis L.）的多年生木质藤本植物，有卷须，果实为浆果，染色体基数 $n = 19$ 或 20。葡萄属包括真葡萄亚属（Subgen. *Euvitis* Planch.）和麝香葡萄亚属（或圆叶葡萄亚属）（Subgen. *Muscadinia* Planch.），后者包括乌葡萄（*V. munsoniana* Simposon）、圆叶葡萄（*V. rotundifolia* Michx.）和波葡萄（*V. popenoei* J. L. Fennell）等 3 个种，染色体基数均为 $2n = 40$，全部分布在美国的东南部地区。真葡萄亚属有 70 多个种，染色体基数 $2n = 38$，亚属内种间杂交容易，二倍体种质‘黑比诺’基因组大小为 495 Mb 左右。栽培葡萄即属于真葡萄亚属，生产上应用最多的是 3 个种以及它们的种间杂交种，即欧亚种葡萄、美洲种葡萄、山葡萄和欧美杂交种及欧山杂交种。葡萄自然状态下多为二倍体，生产中的多倍体是通过秋水仙碱诱导或自然突变获得不同倍性品种，如‘巨峰’和‘玫瑰香’均为四倍体、‘夏黑’为三倍体。

（二）起源与演化历史

葡萄主要分布在北半球的温带地区，并且集中起源于西亚、北美和东亚 3 个起源中心，即欧洲—西亚分布中心、北美分布中心和东亚分布中心。中国是世界上野生葡萄资源最丰富的起源中心之一，包含了东亚起源中心的所有野生葡萄种类，抗性类型极其丰富，是东亚种群的主要原产地，有 39 个种、1 个亚种和 13 个变种起源于中国。据《史记》记载，西汉时期张骞出使西域时将葡萄栽培种引入中国。根据新疆尼雅遗址的考古成果，中国开始栽培葡萄的时间比张骞出使西域早，是在 2 300～2 500 年之前。随着栽培范围扩展，品种不断增加，又形成了诸多各具地区特色的品种群。1949 年以后的 70多年，中国从东欧、西欧各国及苏联、日本、美国等国家和地区先后引进葡萄品种约2 000 份次。对于美洲葡萄，早在欧洲人抵达北美之前就已经在美洲大陆广泛分布。19世纪，美洲葡萄和其他一些美洲本地品种传入欧洲。目前，美洲葡萄主要分布于北美洲东海岸，从新斯科舍省到佐治亚州，向西到密西西比河流域。

最新的基因组学研究表明，栽培葡萄存在两个驯化中心，为双起源中心模式，即在距今约 11 000 年前的农业起源时期，在西亚和高加索地区分别产生了食用和酿酒葡萄。

（三）种质资源保存

我国国家级葡萄种质资源库（圃）已有 4 个，其中位于郑州的国家葡萄桃种质资源圃是以南方不埋土葡萄品种保护为主的综合性种质资源圃，保存葡萄种质资源 29 个种共 2 004 份；位于吉林左家山的国家山葡萄种质资源圃共保存葡萄种质资源 4 个种共435 份，其中野生山葡萄资源 368 份，是目前世界上保存山葡萄种质资源最多的种质资源圃；此外，国家枣葡萄种质资源圃（太谷）保存葡萄种质资源 14 个种共 741 份。

（四）重要种质及其产业应用

野生葡萄蕴含丰富的抗病基因源，抗寒性极强的有山葡萄，抗寒、抗旱性极强的有燕山葡萄，耐湿热的有刺葡萄、毛葡萄，抗霜霉病强的有华东葡萄、瘤枝葡萄、复叶葡萄和秋葡萄等，抗根癌病强的有燕山葡萄、瘤枝葡萄、复叶葡萄和蘡薁葡萄。

二、猕猴桃

（一）种质资源概况

猕猴桃（*Actinidia chinensis* Planch.），猕猴桃科（Actinidiaceae）猕猴桃属（*Actinidia* Lindl.）的多年生木本植物，该属植物共有 54 种和 21 变种，其中原产我国的猕猴桃属植物有 52 种，44 种为中国特有。栽培猕猴桃主要包括美味猕猴桃和中华猕猴桃两种，西南地区和华南地区是我国猕猴桃资源种类最丰富的区域，仅云南省就有 45 个种和变种。

猕猴桃属植物的倍性变异十分丰富，染色体基数为 29，在自然界中主要以二倍体（$2n = 2x = 58$）、四倍体、六倍体的形式出现，少有单倍体。其中中华猕猴桃二倍体和四倍体均有，美味猕猴桃多为六倍体，野生种多为二倍体。二倍体猕猴桃'红阳'基因组大小约 600 Mb。

（二）起源与演化历史

我国是猕猴桃属植物的原生中心，拥有极为丰富的种质资源，但在古代中国，猕猴桃并未作为商品栽培。自 1904 年新西兰人从湖北宜昌引种猕猴桃野生资源，经过人工驯化、育种和栽培，至今已有 100 多年的历史。

（三）种质资源保存

国家猕猴桃种质资源圃（武汉）共计收集保存猕猴桃科种质资源 1 471 份，属于猕猴桃 75 个分类单元的 51 个种或变种，加上变型累计达 66 个。另外，在国家园艺种质资源库（郑州）猕猴桃分库保存种质资源 435 份。

（四）重要种质及其产业应用

通过大量资源调查，研究者发现猕猴桃不同种各具特点，软枣猕猴桃、葛枣猕猴桃、对萼猕猴桃等果皮光滑无毛；毛花猕猴桃、阔叶猕猴桃维生素 C 含量极高。不同类型猕猴桃抗寒能力有明显差异，软枣猕猴桃、狗枣猕猴桃和葛枣猕猴桃的抗寒性通常强于中华猕猴桃，而毛花猕猴桃的抗寒能力相对最差。大籽猕猴桃、对萼猕猴桃资源抗涝性较强，生产中可被用作砧木，而软枣猕猴桃最不耐涝。在猕猴桃细菌性溃疡病抗性评价方面，'徐香'表现为高抗，'秦美'表现为感病。

利用收集的资源，研究者对优良的野生株系进行遗传评价和选育，筛选出美味猕猴桃品种'翠香'、中华猕猴桃品种'金桃'、全红型软枣猕猴桃品种'红宝石星'和'天源红'，在生产中广泛栽培。四川苍溪县农业农村局选育出红心猕猴桃品种'红阳'，推广面积占全国红心猕猴桃栽培面积的近一半，并成为后期育种的骨干亲本。而新西兰自 1910 年培育出世界著名的'海沃德'（Hayward）品种后，1991 年选育出'金色猕猴桃'（Hort16A），引领猕猴桃成为新西兰的第二大支柱产业，其栽培面积占除中国以外世界栽培面积的 95%。

三、草莓

（一）种质资源概况

草莓［*Fragaria* × *ananassa*（Weston）Duchesne ex Rozier］，蔷薇科（Rosaceae）草莓属（*Fragaria* L.）多年生草本植物。全世界草莓属植物有 24 个种，有三大起源中心，分别是亚洲中心、欧洲中心和美洲中心。目前，全世界广泛栽培利用的是由 2 个八倍体美洲种弗州草莓（*F. virginiana* Mill.）和智利草莓［*F. chiloensis*（L.）Mill.］杂交而得到的八倍体凤梨草莓［*F.* × *ananassa*（Weston）Duchesne ex Rozier］。除凤梨草莓外，草莓属中其余均为野生状态或半野生状态。草莓染色体基数为 $x = 7$，24 个种中 12 个为二倍体种、5 个四倍体种、1 个五倍体种、1 个六倍体种、3 个八倍体种、2 个十倍体种。八倍体栽培草莓'艳丽'基因组大小约 824 Mb。

（二）起源与演化历史

栽培草莓来自 1714 年法国人在智利将大果的智利草莓（*F. chiloensis*）带回法国，于 1750 年与弗州草莓（*F. virginiana*）杂交，产生了二者的自然杂交种凤梨草莓。19 世纪中期，欧洲人将凤梨草莓引种到东南亚各地。我国栽培凤梨草莓开始于 1915 年，至今已有 100 多年历史。

（三）种质资源保存

栽培草莓种质资源主要保存于南京和北京两个国家级草莓种质资源圃，共收集保存各类草莓种质资源 1 000 余份，其中包括栽培草莓种质资源 400 余份、野生种质资源 500 余份。保存方式多以田间种植、盆栽保存为主，同时对部分种质资源进行了离体保存。

（四）重要种质及其产业应用

我国的野生草莓种质资源有 13 个种，包括 8 个二倍体种和 5 个四倍体种，约占世界草莓属植物的 1/2。西南地区、西北地区和东北地区分布着丰富的野生草莓种质资源，是我国野生草莓的分布中心。黄毛草莓具有抗旱、抗高温、抗炭疽病强等优点，但抗寒性差；五叶草莓具有抗寒、抗旱、抗病性强等特点；纤细草莓具有抗旱、抗寒性强的优点；森林草莓果实香味浓厚，抗旱性强，但抗寒性差；新疆草莓抗寒及抗病性较强。

第六节　柑橘类种质资源

柑橘类为柑橘属、金柑属和枳属植物的总称，染色体基数为 $n=9$，可互相杂交。除枳为落叶果树外，其他均为常绿果树。

（一）种质资源概况

柑橘（*Citrus reticulata* Blanco），芸香科（Rutaceae）柑橘亚科（Aurantioidae）柑橘族（Citreae）柑橘亚族（Citrinae）中的真正柑橘果树组多年生常绿小乔木，包括柑橘属（*Citrus*）、金橘属（*Fortunella*）、枳属（*Poncirus*）、指橙属（*Microcitrus*）、澳沙檬属（*Eremocitrus*）、多蕊橘属（*Clymenia*）等 6 属植物。其中，柑橘属种类繁多，是目前生产中栽培的主要类型，又包括宽皮柑橘（*C. reticulata* Blanco）、柚 [*C. maxima*（Burm.）Merr.]、香橼（*C. medica* L.）、宜昌橙（*C. ichangensis* Swingle）等 4 个基本种以及由 4 个基本种通过种间及属间杂交衍生出的酸橙（*C. × aurantium* Siebold & Zucc. ex Engl.）、甜橙 [*C. sinensis*（L.）Osbeck]、柠檬 [*C. × limon*（L.）Osbeck]、香橙（*C. × junos* Siebold. ex Tanaka）、葡萄柚（*C. paradise* Macf.）等 16 个种。另外金橘属中的金弹（*F. crassifolia* Swingle）、枳属中的枳 [*P. trifoliata*（L.）Raf.]在生产中也有广泛栽培。柑橘的染色体基数 $x=9$，其中宽皮柑橘多为二倍体，$2n=18$；柚则有二倍体和四倍体；橙子除了二倍体，也有三倍体、四倍体和六倍体；二倍体'瓦伦西亚'甜橙基因组大小约 320 Mb。

（二）起源与演化历史

大约 800 万年前，柑橘起源于喜马拉雅山地区，其中我国云南的西部、印度的阿萨姆地区及其相邻区域是起源的中心。中新世后期（600 万年前），柑橘发生分化，并向东南亚快速传播，向西进化出香橼（又称枸橼、佛手），向南进化出柚，向东进化出小花橙。第二次扩张发生在上新世早期（400 万年前），越过华莱士线传播到澳大利亚，分化出澳洲指橙、澳洲来檬、澳洲沙地橘。200 万年前，宽皮柑橘出现。

（三）种质资源保存

国家柑橘种质资源圃（重庆）现保存有 9 属 24 种 14 变种共 1 880 份柑橘种质资源，保存数量仅次于美国国家柑橘种质资源圃，位列世界第二。近年来广西特色作物研究院（原广西柑橘研究所）开展柑橘种质资源收集，截至 2022 年底，该院的良繁基地拥有柑橘品种（系）600 多个、柑橘脱毒品种（系）90 多个 300 多株。

（四）重要种质及其产业应用

柑橘的不同类群虽然相互间生殖隔离不强，但类群间的遗传多样性差异仍然较大。我国科研工作者非常重视种质资源的收集和评价工作，如 20 世纪 60 年代，发掘出道县野橘（*C. daoxianensis*）、莽山野橘（*C. mangshanensis*）和云南红河大翼橙（*C. hongheensis*）等一批野生资源，在云南富民县还发现了常绿枳，在重庆江津和湖北秭归分别从实生甜橙中发掘出优良的地方品种'鹅蛋柑'（后命名为锦橙）和'桃叶橙'，发掘并培育出一批具有产业价值的品种如湖南的冰糖橙和大红甜橙等；确定了一批地方名特优品种，如浙江的本地早橘、江西的南丰蜜橘、福建和广东的芦柑（椪柑）、广东的新会橙、广西的沙田柚和融安金柑。20世纪90年代，通过发掘地方资源，选育出了'琯溪蜜柚'和'红江橙'等品种，还发掘到极其稀有的单胚'山金柑'资源。

第七节　香蕉种质资源

（一）种质资源概况

香蕉（*Musa* spp.），芭蕉科（Musaceae）芭蕉属（*Musa* L.）多年生热带亚热带大型草本果树。香蕉原产于东南亚，我国也是香蕉起源的边缘地带。香蕉有30~40种，可分为5组，即Eumusa（真蕉组）、Rhodochlamys、Australimusa（南蕉组）、Callimusa（美蕉组）和Ingentimusa。前两者染色体$2n = 22$，Australimusa和Callimusa的染色体$2n = 20$，Ingentimusa的染色体$2n = 14$。真蕉组内种群众多，大部分可食用蕉属于此组。三倍体栽培香蕉'巴西蕉'的3个单倍型基因组的大小分别为477.16 Mb、477.18 Mb和469.57 Mb。

（二）起源与演化历史

香蕉栽培品种是由尖叶蕉和长梗蕉这两个原始野生蕉种内突变和种内或种间杂交进化而成，栽培香蕉大致可分为AA、AAA、AB、BB、AAB、ABB、BBB、AAAA、AAAB、AABB等基因型（组）。AA、AAA、AAB、ABB等都有很多亚组，如Cavendish亚组、Plantain亚组。栽培香蕉及其野生种也有可能与近缘种杂交，形成一些新的基因型。

尖叶蕉具有丰富的种内多样性，已报道的有10个亚种，而长梗蕉则没有任何亚种的报道。尖叶蕉的亚种各自具有独立的分布区域，如班克氏芭蕉主要分布在新几内亚、昆士兰的布鲁姆菲尔德河流域和萨摩亚群岛。长梗蕉起源于印度、缅甸北部、中国南部和马来西亚中部的一些群岛，在亚洲的热带、亚热带地区广泛分布。对于栽培香蕉的传播，通常认为是在公元5世纪时，由马来西亚的水手把香蕉带到马达加斯加，再传到非洲东岸及整个非洲大陆。大约在15世纪香蕉被引种到美洲大陆。我国有芭蕉属的野生自然群体分布，且遗传多样性丰富、类型较多，证明了我国是香蕉起源中心的边缘地带。

（三）种质资源保存

截至2022年12月底，国家荔枝香蕉种质资源圃（广州）保存香蕉种质资源382份。除该圃外，中国热带农业科学院南亚热带作物研究所、品种资源研究所保存近200份，广东省东莞市农业科学研究中心保存140余份，云南热带作物研究所保存110份，华南农业大学保存约70份。

（四）重要种质及其产业应用

香蕉在热带、亚热带地区经过长期的生物演化和人工选择，已形成了一个包括野生蕉和栽培蕉在内的巨大的种质基因库。研究者对包含三倍体及二倍体类型的栽培蕉进行了遗传变异分析，显示在二倍体栽培蕉中表现出较大的变异，且发现二倍体栽培蕉（AA）与野生蕉（AA）可能具有共同的起源，但野生蕉的遗传多样性低于栽培蕉。枯萎病防控是香蕉植物保护领域研究的热点，中国亚热带地区广泛分布的香蕉野生近缘种云南香蕉（阿宽蕉，*M. itinerans* Cheesman），是芭蕉属中最具香蕉枯萎病菌热带 4 号生理小种（FocTR4）抗性和耐寒性的物种之一，这为香蕉抗病和抗寒育种提供了宝贵种质资源。

第八节　果树种质资源的发展趋势与展望

一、野生果树不断被驯化为新兴果品

野生果树在长期自然选择下，适应性强，多样性丰富，用途广泛。随着野生果树资源不断驯化，新树种、新产品涌现。过去一直认为美洲大陆没有对果树起源做出重大贡献，但现在美洲草莓属的草莓种，部分或全部原产于美洲的葡萄种，蓝莓、树莓、油梨、菠萝和山核桃均已成为世界性的重要果树树种。新西兰从我国引进野生猕猴桃，育成了'海沃德'等品种，成为 20 世纪世界果树品种改良史的典型案例。我国野生果树种质资源极其丰富，数量庞大，在枸杞、刺梨、沙棘等野生果树驯化及砧木品种选育方面，取得了一些成绩，但与我国丰富的、庞大的野生种质资源以及发达国家对野生种质资源的利用能力相比，差距很大。21 世纪以来，随着市场、产业变化和生物育种技术进步，农作物从头驯化成为当今的热点，要抓住机遇，强化野生果树的驯化和利用势在必行。

二、果树产业对种质资源发展的新需求

目前，我国果树产业的功能定位正在发生历史性变革，果树产业呈现新的发展趋势，包括上山上坡，西移南移，热带、亚热带水果发展迅速，进口水果快速增加，对砧木以及接穗品种抗性要求更高；劳动力持续紧缺，生产成本大幅上涨，生产模式要求宜机宜业；产品供给要求营养健康，食用方式要求方便快捷。因此，必须根据产业变化，不断发掘新种质、新基因，为新品种培育提供源源不断的材料支撑。

三、果树种质资源研究的展望

（一）加强野生资源收集和国外种质交流

目前，我国果树野生种质的收集多数停留在植物学"种"的层面，多样性丰富的野生种质的考察、收集力度严重不足。与发达国家相比，中国仅有 15% 的库存种质资源来自国外，数量不足、覆盖面不够、栽培品种居多，因此进一步加大国外考察收集力度是未来种质资源研究的主要工作之一。

（二）加强种质多元化保存技术研究与应用

为确保种质资源安全保存，西方发达国家相继建成了由种质圃、超低温库、试管苗库、低温种子库、DNA 库等方式方法相结合的、多元化的保存体系。而我国目前仍然以露地种质圃保存为主，果树种质资源保存水平亟待提高。未来需要进一步加大超低温保存以及种质无病毒检测技术研究和应用，提升安全保存水平。

（三）果树种质资源的精准鉴定

功能基因组学研究飞速发展，起源进化分析更加可靠，很多质量性状和数量性状的主效 QTL 等关键基因得到克隆，通过开展基因型鉴定，将能够筛选出以往没有发现的优

异种质，这些种质可能含有稀有的优异等位基因变异，在育种中发挥重要作用。

（四）完善种质资源共享服务平台

我国已经建立了较为完善的果树种质资源共享服务平台，向全社会有需求的单位和个人开展实物资源和数据资源的共享服务，举办优异种质资源展示和技术培训等活动，有效支撑了科技和产业发展。但目前共享服务平台的宣传仍不到位，社会对平台的关注度较低；其次，平台的智能化程度较低，个别研究单位对表型数据的汇交积极性不高，有待通过机制创新，鼓励种质资源共享利用。

📺 推荐阅读

1. 贾敬贤，贾定贤，任庆棉.中国作物及其野生近缘植物（果树卷）［M］.北京：中国农业出版社，2008.

   果树卷包括导论和各论两部分。导论部分论述了果树作物的种类、分类学、遗传多样性、起源与进化的理论。各论部分概述了果树作物在世界以及中国农业中的重要性、国际贸易与加工情况、中国果树分类、野生果树及其营养价值等。

2. Sueli Rodrigues，Ebenezer de Oliveira Silva，Edy Sousa de Brito. Exotic fruits reference guide［M］. Pittsburgh：Academic Press，2018.

   本书重点介绍异域水果的起源、植物学性状、栽培和收获、生理学和生物化学特征、化学成分和营养价值，包括酚类和抗氧化剂化合物。各论部分论述了世界各地区特色水果，如巴西莓、西印度樱桃、面包果、卡姆果、接骨木、指橙等。

❓ 思考题

1. 通过不同树种间的比较，提出种质资源有效利用的主要方法。
2. 世界不同起源中心的果树树种与人文地理环境有何关系？
3. 我国如何加强与国外开展果树种质资源的交流合作。
4. 鲜食水果未来的育种方向是什么？

📇 主要参考文献

1. 崔致学.中国猕猴桃［M］.济南：山东科学技术出版社，1993.

2. 贾敬贤，贾定贤，任庆棉.中国作物及野生近缘植物（果树卷）［M］.北京：中国农业出版社，2006.

3. 韩振海.落叶果树种质资源学［M］.北京：中国农业出版社，1994.

4. 黄宏文.猕猴桃高效栽培［M］.北京：金盾出版社，2009.

5. 刘孟军.中国野生果树［M］.北京：中国农业出版社，1998.

6. 蒲富慎.果树种质资源描述符——记载项目及评价标准［M］.北京：中国农业出版社，1990.

7. 王大江，高源，孙思邈，等.世界果树种质资源科技发展动态与趋势［J］.中国果树，2022，8：103-108.

8. 王力荣.我国果树种质资源科技基础性工作30年回顾与发展建议［J］.植物遗传资源学报，2012，13（3）：343-349.

9. 王力荣，朱更瑞，方伟超，等.中国桃遗传资源［M］.北京：中国农业出版社，2012.

10. 俞德浚.中国果树分类学［M］.北京：中国农业出版社，1979.

11. 章秋平，刘威生. 杏种质资源收集、评价与创新利用进展［J］. 园艺学报，2018，45（9）：1642–1660.

12. 中国柑橘学会. 中国柑橘品种［M］. 北京：中国农业出版社，2008.

13. Dong Y，Duan SC，Xia QJ，et al. Dual domestications and origin of traits in grapevine evolution［J］. Science，2023，379：892–901.

14. Duan N，Bai Y，Sun H. Genome re-sequencing reveals the history of apple and supports a two-stage model for fruit enlargemen［J］. Nature Communications，2017，8：249.

15. Wang X，Xu Y，Zhang S，et al. Genomic analyses of primitive，wild and cultivated *Citrus* provide insights into asexual reproduction［J］. Nature Genetics，2017，49（5）：765–772.

16. Wu GA，Terol J，Ibanez V，et al. Genomics of the origin and evolution of *Citrus*［J］. Nature，2018，554：311–316.

17. Xu Q，Chen LL，Ruan X，et al. The draft genome of sweet orange（*Citrus sinensis*）［J］. Nature Genetics，2013，45（1）：59–66.

网上更多资源

📺 彩图　　📄 思考题解析

撰稿人：王力荣　曹珂　吴金龙　审稿人：韩振海

第二十章
蔬菜种质资源

本章导读

1. "宁可三日无肉，不可一日无蔬。""蔬"有哪些？从何而来？
2. 如何保护和辨识丰富的蔬菜物种和遗传多样性？
3. 如何深入认识蔬菜种质资源的价值，以及挖掘和创新利用优异种质，支撑庞大且市场需求万变的中国蔬菜产业可持续发展？

蔬菜是指可以生食、烹饪或加工成食品供佐餐的植物和微生物，包括一年生、二年生和多年生草本植物，少数木本植物，蕨类植物，以及菌、藻类等。蔬菜是人体所必需的多种维生素、矿物质、膳食纤维以及特殊功能性成分等的主要来源。据不完全统计，至2022年底，中国蔬菜种植面积 $2.2 \times 10^7 \ hm^2$，总产量达 $7.9 \times 10^8 \ t$，是事关国计民生的重要经济作物，在中国城乡经济发展和人民生活保障中发挥着重要的作用。

第一节　蔬菜种质资源的多样性、起源演化及资源研究概况

一、蔬菜作物的多样性

蔬菜种类繁多，有植物学分类、食用器官分类和农业生物学分类三种分类方法。蔬菜植物学分类主要根据其形态特征、系统发育中的亲缘关系进行分类。《中国农业百科全书·蔬菜卷》（1992）载明，中国可食用的蔬菜涉及红藻门、褐藻门、蓝藻门，真菌门、蕨类植物门、被子植物门等6个门，其中数量最多的是被子植物门的高等植物。中国栽培蔬菜有200余种。其物种（含亚种）繁多，变种和类型丰富。此外，中国还开发利用了数百种野生蔬菜，可见中国蔬菜具有丰富的多样性。

根据蔬菜食用器官的不同，可以将蔬菜作物分为根菜类、茎菜类、叶菜类、花菜类、果菜类5类。

蔬菜农业生物学分类主要根据生物学特性和食用器官的不同，结合栽培技术特点，将蔬菜分为14类，即根菜类、白菜类、甘蓝类、芥菜类、绿叶菜类、葱蒜类、茄果类、瓜类、豆类、薯芋类、水生蔬菜、多年生与杂类蔬菜、芽苗菜类、野生蔬菜。

二、蔬菜作物的起源与演化

丰富多样的蔬菜作物从何而来？瓦维洛夫（1935）提出的全球 8 个栽培植物起源中心被近代一些学者拓展为 12 个中心，其中 11 个起源中心均为一部分栽培蔬菜的起源地。

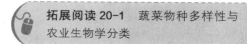

拓展阅读 20-1 蔬菜物种多样性与农业生物学分类

1. 中国中心

包括中国的中部和西部山区及低地，是世界农业最古老的发源地和栽培植物的重要起源中心。起源的蔬菜主要有菜用大豆、竹笋、山药、草石蚕、东亚大型萝卜、牛蒡、荸荠、莲藕、茭白、蒲菜、慈姑、菱、芋、百合、白菜类、芥蓝、芥菜、黄花菜、苋菜、韭、葱、薤、莴笋、茼蒿、食用菊花、紫苏等。该中心还是豇豆、甜瓜、南瓜等的次生起源中心。

2. 印度－缅甸中心

包括印度、缅甸和老挝等地，是世界栽培植物重要起源中心。主要有茄子、黄瓜、苦瓜、葫芦、有棱丝瓜、蛇瓜、芋、田薯、印度莴苣、红落葵、苋菜、豆薯、刀豆、矮豇豆、四棱豆、扁豆、绿豆、胡卢巴、长角萝卜、莳萝、木豆、双花扁豆等。该中心还是芥菜、印度芸薹、黑芥等蔬菜的次生起源中心。

2a. 印度－马来亚中心

包括中南半岛、马来半岛、爪哇岛、加里曼丹岛、苏门答腊岛，以及菲律宾等地。起源的蔬菜包括姜、冬瓜、黄秋葵、田薯、五叶薯、印度藜豆、巨竹笋等。

3. 中亚细亚中心

包括印度西北的旁遮普和西北边界，克什米尔地区，阿富汗和塔吉克斯坦、乌兹别克斯坦，以及天山周边，也是一个重要的蔬菜起源地。主要有豌豆、蚕豆、绿豆、芥菜、芜菁、胡萝卜、亚洲芜菁、四季萝卜、洋葱、大蒜、菠菜、罗勒、马齿苋、芝麻菜等。该中心还是独行菜、甜瓜、葫芦等蔬菜的次生起源中心。

4. 近东中心

包括小亚细亚内陆、外高加索、伊朗和土库曼斯坦的山地。主要有甜瓜、胡萝卜、芜菁、小茴芹、阿纳托利亚甘蓝、莴苣、韭葱、马齿苋、蛇甜瓜、阿纳托利亚黄瓜（特殊小种）等。该中心还是豌豆、芸薹、芥菜、芜菁、甜菜、洋葱、香芹菜、独行菜、胡卢巴等蔬菜的次生起源中心。

5. 地中海中心

包括欧洲和非洲北部地中海沿岸地带，为世界重要蔬菜起源地之一。主要有芸薹、甘蓝类及其野生种、芜菁、黑芥、白芥、芝麻菜（主要起源地）、甜菜、香芹菜、朝鲜蓟、冬油菜、马齿苋、韭葱、细香葱、莴苣、石刁柏、芹菜、菊苣、防风、婆罗门参、菊牛蒡、莳萝、食用大黄、酸模、茴香、洋茴香、豌豆（大粒）、雪维菜。该中心还是洋葱（大型）、大蒜（大型）、独行菜等蔬菜的次生起源中心。

6. 埃塞俄比亚中心（又称非洲中心）

包括埃塞俄比亚和索马里等。主要有豇豆、豌豆、扁豆、西瓜、葫芦、芜菁、甜瓜、胡葱、独行菜（主要起源地）、黄秋葵等。

7. 中美中心

包括墨西哥南部及安的列斯群岛等。主要有普通菜豆、多花菜豆、菜豆（又名利马豆）、刀豆、黑子南瓜、灰子南瓜、南瓜、佛手瓜、甘薯、大豆薯、竹芋、辣椒、树辣椒、番木瓜、樱桃番茄等。

8. 南美中心

包括秘鲁、厄瓜多尔、玻利维亚等。主要有马铃薯、秘鲁茄、树番茄、普通多心室番茄、笋瓜、浆果状辣椒、多毛辣椒、箭头芋、蕉芋等。该中心还是普通菜豆、菜豆的次生起源中心。

8a. 智利中心　为普通马铃薯和智利草莓的起源中心。

8b. 巴西–巴拉圭中心　该中心起源的蔬菜作物很少。为多种热带果树的起源中心。

9. 北美中心

为菊芋的起源中心。

可见，中国栽培蔬菜作物的来源一是中国中心起源的蔬菜作物，二是通过陆路或海路从世界其他起源演化地引进的蔬菜作物。无论是来源于本土还是国外，栽培蔬菜都是从野生种经过漫长的自然进化、人工驯化和选择而来的，并演化出丰富多样的变种、类型和品种。

三、蔬菜种质资源的保护和研究现状

蔬菜种质资源包括蔬菜栽培种、野生种、野生近缘种和半野生近缘种，以及人工创制的品种（品系）或遗传材料等，它们不仅是生物多样性的重要组成部分，也是蔬菜作物遗传改良和产业发展的战略物资。加强种质资源的保护，开展鉴定评价和创新利用研究，是促进蔬菜科学研究和产业可持续发展的重要保障。

据联合国粮食及农业组织（FAO，2010）的统计，全球有基因库 1 750 个，收集保存种质资源 740 多万份（含重复），18% 属于野生和野草资源。蔬菜种质资源约占全部种质资源的 7%，计 50 余万份，其中野生种及野生近缘种约占 5%。美国、俄罗斯、德国、印度、荷兰、日本等国家的蔬菜种质资源保护工作起步较早。美国国家植物种质体系（the National Plant Germplasm System，NPGS）保存了 17 科 900 多个种或变种的蔬菜种质资源 10.9 万余份（包括瓜类和除大豆的食用豆类）。俄罗斯瓦维洛夫全俄植物遗传资源研究所（the Vavilov All–Russian Institute of Plant Genetic Resources，VIR）收集保存蔬菜（包括瓜类，不含食用豆类）种质资源 4.9 万多份，分属 25 科 93 属 282 种。德国莱布尼兹植物遗传与作物研究所（Leibniz Institute of Plant Genetics and Crop Plant Research，IPK）保存了 776 属 3 212 种 15 万份植物种质资源，其中蔬菜种质资源 21 645 份。印度国家植物遗传资源局（National Bureau of Plant Genetic Resources，NBPGR）保存种质资源 38 万余份，其中蔬菜种质资源 24 436 份。荷兰国家基因库（Center for Genetic Resources，CGN）保存 30 种作物种质资源 2.5 万份，以蔬菜为主。日本国家农业资源保护机构（National Agriculture and Bio-oriented Research Organization，NARO）收集保存蔬菜种质资源 10 220 份。

中国自 20 世纪 50 年代开启了蔬菜种质资源的保护工作，建立了国家蔬菜种质资源中期库、国家西瓜甜瓜种质资源中期库、国家水生蔬菜种质资源圃和国家多年生及无性繁殖蔬菜种质资源圃。至 2022 年底，累计收集保存蔬菜种质资源 240 余种（含变种）4

万余份（不包括粮用和油用豆类和油菜），约 85% 属于本土种质资源，这些种质资源来源于中国主要农业区和世界其他 60 多个国家或地区。在保存方式上，除了低温种质库和田间种质圃外，还对大蒜、食用百合、菊芋等蔬菜进行了低温和超低温保存。另外，位于我国台湾的亚洲蔬菜研究发展中心（Asian Vegetable Research and Development Center，AVRDC）保存蔬菜种质资源 6.5 万余份，其中来源于台湾本地种质资源 12 000 份。

在蔬菜种质资源保护体系建立的基础上，中国还编撰出版了蔬菜种质资源描述规范和数据标准系列丛书。对入国家作物种质库种质资源的基本农艺性状进行了鉴定和编目；对 20 种蔬菜约 4.5 万份次种质的抗病（虫）性、抗逆性进行了鉴定和品质分析，发掘出 3 000 多份优异种质。在表型和分子水平，广泛开展了主要蔬菜作物遗传多样性及其演化关系研究、优异基因资源发掘利用研究、优异种质资源的创新和利用研究。对外分发种质资源 3.5 万余份次，为蔬菜产业作出了积极贡献。

第二节　十字花科蔬菜种质资源

全世界有十字花科（Brassicaceae）植物约 351 属 3 977 种。中国有 95 属，包括 425 种、124 变种和 9 变型。其中，萝卜属的萝卜和芸薹属的白菜在中国蔬菜产业中占有重要地位。

一、萝卜种质资源

萝卜是世界上古老的栽培蔬菜作物之一，欧美国家以栽培小型萝卜为主，亚洲国家则以栽培大型萝卜为主。中国是全球萝卜生产第一大国。

（一）起源、演化与多样性

1. 萝卜的多样性与分类

萝卜属有两个种，即栽培萝卜（*Raphanus sativus* L.）和野生萝卜（*R. raphanistrum* L.）。栽培萝卜包括 5 个变种，它们是樱桃萝卜［*R. sativus* var. *radicular*（European small radish）］，东亚大萝卜［*R. sativus* var. *longipinnatus*（East Asian big radish）］，黑萝卜［*R. sativus* var. *niger* Kerner（black radish）］，油萝卜［*R. sativus* var. *oleiformis*（oil radish）］和鼠尾萝卜［*R. sativus* var. *caudatus* Hooler & Anderson（rat-tail radish）］。野生萝卜包括 *R. raphanistrum* subsp. *raphanistrum*、*R. raphanistrum* subsp. *landra*、*R. raphanistrum* subsp. *maritimus* 和 *R. raphanistrum* subsp. *rostatus* 4 个亚种。

按照栽培季节和园艺学性状的不同，栽培萝卜可以分为秋冬萝卜、冬春萝卜、春夏萝卜和夏秋萝卜；按照冬性强弱，栽培萝卜还可以分为春性品种类型、弱冬性品种类型、冬性品种类型和强冬性品种类型。

2. 萝卜的起源、传播和演化

栽培萝卜起源于欧亚温暖海岸（地中海、里海和黑海沿岸）以及中西亚的野生萝卜。这些地区被认为是萝卜的初生基因库。

萝卜在进化中被传播，在传播中被驯化。4 500 年前，萝卜已经是古埃及人的重要食品之一。萝卜在公元前 500 年左右传到中国，公元前 400 年传到朝鲜，公元 700 年传到日本。萝卜于 16 世纪初引入英国和法国，1806 年引入美洲。萝卜有多个相对独立的驯化中心，欧洲、东亚（中国、日本和韩国）、南亚（印度）被认为是萝卜的次生基因库。

（二）种质资源的收集保存

野生萝卜和地方品种受到急剧变化的生态、气候环境以及人类因素的威胁逐步消失。因此，收集保存萝卜种质资源对于保护和可持续利用萝卜遗传多样性具有重要价值。

据不完全统计，全球主要基因库保存萝卜种质超过 10 000 份。收集保存量比较多的有俄罗斯（2 810 份，来自 75 个国家或地区，含少量野生萝卜）、中国［2 370 份，来自中国 30 个省（自治区、直辖市）及世界 31 个其他国家或地区］、英国（1 393 份，来自 43 个国家和地区，包含 29 份野生萝卜）、美国（1 273 份，来自 40 个国家或地区，包含 8 份野生萝卜）、德国（852 份，来自 59 个国家或地区，165 份野生资源，几乎涵盖了所有的萝卜种、亚种和变种）、日本（489 份，来自 14 个国家和地区）。

（三）鉴定评价

1. 表型鉴定评价与优异种质发掘

种质资源表型鉴定主要是对那些稳定遗传的植物学特征进行标准化观测记录，是种质资源编目的基本内容。萝卜基本特征的描述及其数据采集可参考《萝卜种质资源描述规范和数据标准》。中国萝卜种质资源的基本信息可查阅《蔬菜种质资源目录》和作物种质资源信息系统（CGRIS）。

更多与经济和营养价值有关的重要性状的鉴定评价主要包括环境适应性，如耐热和耐寒性（高温 40～45℃，低温 −5～2℃）、延迟抽薹（低于 10℃）；抗生物逆境的能力，如对芜菁花叶病毒病（TuMV）、霜霉病、黑腐病、黑斑病、根肿病、白锈病、蚜虫和甲虫等的抗性；产品的商品品质、早熟性和产量，如根叶比、肉质根形状和大小、表面光滑程度等；营养或功能性成分含量，如维生素 C、可溶性糖、花青素、萝卜硫苷、萝卜子素等。

变异丰富的种质资源和稳定可靠的鉴定方法是筛选优异种质的基础。中国科技人员开展了近千份萝卜种质的苗期人工接种和田间病圃自然诱发相结合的鉴定，筛选出一批对 TuMV 的相对抗性指数大于 3.0、田间抗性强的种质，如甘肃'翘头青'、山东'邹平水萝卜'、河北'邢优 1 号'、辽宁'翘头青'、山西'晋城白''秦菜 2 号'、河南'791 萝卜'等；筛选出苗期黑腐病相对抗性指数大于 1.0 的材料 22 份，其中，'金良青'和'秦菜 2 号'的抗性最好。人工接种鉴定从 349 份种质中筛选出 13 份免疫、5 份高抗和 21 份抗根肿病种质，这些都是萝卜抗病育种优异种质。另外，科研人员还对萝卜品质开展了鉴定评价。如俄罗斯对 278 份种质进行鉴定分析，其中 15 份种质维生素 C 含量高于 35.0 mg/100 g，最高达 73.3 mg/100 g。中国对 73 份萝卜种质资源的硫苷种类、含量及其降解产物含量进行了检测，发现肉质根中总硫苷含量分布范围为每克干重 0.206～22.728 μmol，莱菔子素含量每克干重分布范围为 34.445～1 446.9 mg，品种间差异极显著。

2. 基因型鉴定和优异基因资源发掘

利用 RAPD、RFLP、AFLP 等传统分子标记进行萝卜种质资源遗传变异的鉴定和演化研究，效率相对较低。传统或基于测序的 SSR 和 InDel 标记相对稳定可靠，应用较多。例如，韩国利用 25 个 InDel 标记对韩国、日本和德国 3 个种质库的 886 份萝卜种质材料的 70 个等位基因进行分型，构建了 125 份核心种质，解释了 94% 的总方差。中国利用 38 对 SSR 标记对 939 份野生、半野生和栽培萝卜遗传变异的鉴定及基因流和演化关系分析，阐明了其遗传多样性分布、演化路径和机制。

2014 年以来，多个萝卜基因组精细图谱和泛基因组先后问世。这些研究为有效开展萝卜种质资源的基因分型、起源驯化研究以及优异基因发掘提供了参照基因组信息和更高效的全基因组分子标记。中国在构建萝卜属水平泛基因组的基础上，分析揭示了 11 个东亚、南亚、欧洲和美洲的驯化、野生和杂草萝卜从单核苷酸多态性（SNPs）到整个祖先核型（AK）的倒位和易位的遗传变异，全基因组水平的基因交换，以及基因组进化的特点和机制。美国学者对不同地理来源的 500 份栽培萝卜和野生萝卜的 2 624 个 SNP 位点的分析，将它们分成东亚、南亚和东南亚、欧洲、美洲和近东地区萝卜群。

优异基因资源发掘的传统方法多是基于常规分子标记和具有相对目标性状的作图群体（如 F2、RILS、ILs 等）进行性状的基因定位和基因鉴定。基于全基因组遗传变异鉴定以及各种作图群体或自然群体的优异基因发掘变得更加有效。中国利用抗根肿病的‘BJJ’、抗黑腐病的‘KB12-1’、抗枯萎病的‘YR4’和‘B2’等抗源材料与感病材料杂交，构建 F$_2$ 群体；采用与限制性内切核酸酶识别位点相关的 DNA（restriction-site associated DNA tags，RAD）测序或全基因组重测序鉴定群体基因型，构建高密度连锁图谱；结合表型鉴定，通过连锁分析（linkage analysis）或关联分析（association analysis），精细定位到多个主效抗病基因位点，结合表达分析和比较基因组分析鉴定到相关候选抗病基因。

（四）种质改良创新与应用

萝卜属于组织培养和植株再生顽拗型作物，在种质创新中应用比较成功的还是以传统技术为主。

1. 利用自然变异创新雄性不育材料

通过发现和利用自然变异拓宽栽培植物的遗传背景或改良其目标性状是种质创新的常用方法。Ogura（1968）在日本萝卜栽培品种中发现了雄性不育株，其不育性是由细胞质基因 S 和一对同质结合的不育核隐性基因 msms 相互作用控制。由于此类不育株早期花蕾易黄化，利用受到了限制。之后，在萝卜和芸薹属作物中，Ogura CMS（细胞质雄性不育）系统被改良和广泛转育到各种不同遗传背景的材料中，并被商业化应用。

2. 属间 / 种间杂交实现不同物种间的基因交流或新物种形成

属间 / 种间杂交一直是遗传育种家用来拓展十字花科作物遗传背景或实现物种间基因交流的重要手段。德国学者将萝卜分别与大白菜和甘蓝杂交、染色体加倍，产生两个异源四倍体（RRAA，2n = 38 和 RRCC，2n = 36），二者杂交并与 RRCC 回交、姐妹交和选择。再与油菜杂交回交，结合萝卜染色体特异探针原位杂交和特异 RAPD 标记选择，获得携带萝卜 d 染色体抗孢囊根结线虫基因的油菜种质材料。

拓展阅读 20-2 　萝卜染色体附加系及抗孢囊根结线虫材料创制

二、白菜类蔬菜种质资源

白菜属于十字花科（Brassicaceae）芸薹属（Brassica）芸薹种（Brassica rapa L.）的一类蔬菜作物，在中国蔬菜生产中，面积最大，供应量最多，实现了周年供应。

（一）起源、演化与多样性

1. 白菜类蔬菜的起源、演化和传播

早在西周时代的《诗经·邶风·谷风》（公元前 6 世纪中期）中有关于"葑菜"的记载，根叶兼食，被认为是白菜类蔬菜的原始栽培类型。而"葑菜"的野生种可能是分

布于高加索地区、西伯利亚地区，以及意大利的野生资源。

"葑菜"在古代中国北方地区，因寒冷和干旱，为了贮藏的需要，经人工选择，逐渐成为具有较大肉质根的芜菁；而在南方湿润条件下，"葑菜"经过长期的自然和人工选择，在2—3世纪前后进化成为叶菜类的菘菜（白菜的古名）。菘菜进一步分化，形成牛肚菘、紫菘和白菘三种类型。牛肚菘被公认为是大白菜的原始种。在11世纪前后，形成了结球类型的初级形态，后演变出多种类型的大白菜地方品种。

关于大白菜演化假说主要有三种。一是杂交起源假说，即大白菜可能是由小白菜（不结球白菜）和芜菁通过自然杂交产生的后代。二是分化起源假说，认为大白菜可能是由不结球白菜，在南方向北方传播栽培中逐渐产生的。三是多元杂交起源假说，认为大白菜是小白菜进化到一定程度分化出不同生态型以后，与塌菜、芜菁杂交后在北方不同生态条件下选择产生的。

2. 白菜类蔬菜的多样性与分类

白菜多样性丰富，分为8个亚种，即芸薹 [*B. rapa* ssp. *campestris* （L.） A. R. Clapham]、小白菜 / 不结球白菜 [*B. rapa* ssp. *chinensis* （L.） Hanelt]、棕沙逊油菜 [*B. rapa* ssp. *dichotoma* （Roxb.） Hanelt]、分蘖白菜 [*B. rapa* ssp. *nipposinica* （L. H. Bailey） Hanelt]、芜菁油菜 [*B. rapa* ssp. *oleifera* （DC.） Metzg]、大白菜 [*B. rapa* ssp. *pekinensis* （Lour.） Hanelt]、芜菁 （ *B. rapa* ssp. *rapa* ）、黄沙逊油菜 [*B. rapa* ssp. *trilocularis* （Roxb.） Hanelt]。

其中，不结球白菜亚种的植物学形态特征分化明显，分成6个变种，即普通白菜（小白菜）[*B. rapa* var. *communis* Tsen et Lee （ *B. rapa* var. *erecta* Mao ）]、乌塌菜 [*B. rapa* var. *rosularism* Tesn et Lee （ *B. rapa* var. *atrovirens* Mao ）]、菜薹 [*B. rapa* var. *tsai-tai* Hort. （ *B. rapa* var. *purpurea* Mao ）]、薹菜 （ *B. rapa* var. *tai-tsai* Hort ）、多头菜 [*B. rapa* var. *multiceps* Hort. （ *B. rapa* var. *nipponsinica* Hort. ）]、油菜 [*B. rapa* var. *utilis* Tsen et Lee （ *B. rapa* var. *oleifera* Makino ）]。大白菜亚种分为4个变种，包括散叶大白菜变种 （ *B. rapa* var. *dissoluta* Li ）、半结球大白菜变种 （ *B. rapa* var. *infarcta* Li ）、花心大白菜变种 （ *B. rapa* var. *laxa* Tsen et Lee ）、结球大白菜变种 （ *B. rapa* var. *cephalata* Tsen et Lee ）。结球大白菜变种是大白菜的高级变种，产生了3个基本生态型，即卵圆大白菜类型 （ f. *ovata* Li ）、平头大白菜类型 （ f. *depressa* Li ）、直筒大白菜类型 （ f. *cylindrica* Li ）。

（二）种质资源收集保存

收集保存白菜种质资源较多的国家或地区包括欧盟（EURISCO，4 164份）、中国（CGRIS，3 664份）、澳大利亚（AGG，2 694份）、美国（NPGS，2 058份）、俄罗斯（VIR，1 268份）、日本（NARO，825份）。另外，位于中国台湾的亚洲蔬菜研究发展中心（AVRDC）保存白菜种质资源1 119份。这些种质资源为白菜作物起源演化研究和优异基因资源的发掘利用奠定了物质基础。

（三）鉴定评价

1. 表型性状鉴定与优异种质的筛选

（1）基本植物学形态性状鉴定　白菜类蔬菜种质资源的编目性状因作物种类的不同而不同，其鉴定内容和方法参照《不结球白菜种质资源描述规范和数据标准》《大白菜种质资源描述规范和数据标准》和《菜薹和薹菜种质资源描述规范和数据标准》。中国白菜种质资源的形态性状等基本信息可查阅《蔬菜种质资源目录》和中国作物种质资源信息系统（CGRIS）。

（2）抗生物逆境鉴定和抗性种质筛选　芜菁花叶病毒（TuMV）病、霜霉病、软腐病、黑腐病、黑斑病、小菜蛾等是白菜类蔬菜的重要病（虫）害。抗病（虫）性的鉴定方法主要包括基于不同生理小种的人工接种苗期鉴定和田间病（虫）圃鉴定。中国对国家蔬菜种质资源中期库保存的 1 000 余份大白菜种质资源通过苗期人工接种对多种病害进行抗性鉴定，发现不同种质抗病性差异很大，筛选出对 TuMV 相对抗病指数 RRI > 2.05 的抗病优良种质 15 份；对霜霉病相对抗病指数 RRI > 1.2 的优良抗病种质 176 份；抗黑腐病的种质 100 份。采用苗期网室接种幼虫对 276 份不结球白菜的小菜蛾抗性进行鉴定，获得抗虫种质资源 17 份。

（3）抗非生物逆境鉴定与抗逆种质筛选　耐热性、耐寒性和耐抽薹性等特性直接与白菜类蔬菜的周年生产和经济产量密切相关。中国采用苗期人工气候室控温鉴定，从551 份大白菜种质资源中筛选耐热资源 9 份；利用自然低温条件对 474 份不结球白菜耐抽薹性鉴定，筛选出耐抽薹优异种质 73 份。

（4）品质性状鉴定评价与优质种质筛选　白菜产品的品质包括感官品质和营养品质。感官品质性状主要包括帮叶比、叶球紧实度、质地、风味等。营养品质性状主要包括维生素 C（V_C）、可溶性糖、硫苷葡萄糖苷含量等。中国对 82 份小白菜种质 V_C、蛋白质及可溶性糖等含量进行测试分析，V_C 含量分布于 123.123 ~ 3 513.108 mg/100 g；蛋白质含量为 0.443 ~ 33.056 mg/g；可溶性糖含量为 1.301 ~ 4.845 mg/g。可见，种质间上述营养成分含量差异很大，多样性丰富。

2. 基因型鉴定与优异基因资源发掘

白菜种质资源基因型的鉴定旨在解析其遗传变异，发掘优异种质及优良基因。在前基因组时代，多采用传统的分子标记，如 RAPD、AFLP、SRAP 等，其通量和效率偏低。随着基因组技术的发展和白菜基因组的解析，极大推动了白菜种质高通量变异检测和新基因发掘。

（1）基于基因组和变异组研究的白菜种质资源的遗传多样性解析　大白菜、油用白菜和小白菜全基因组精细图谱以及白菜泛基因组的构建，为白菜遗传学研究提供了丰富的基因组序列信息。如中国学者通过对 524 份白菜种质资源进行全基因组重测序，共检测到 3.97 M 个 SNPs，1.14 M 个 InDels 以及 57 877 个结构变异；通过选择性清除（selective sweep）或关联分析鉴定出与白菜生态型驯化相关和参与叶球形成的关键基因。此外，利用基因组序列变异信息开发出基于多重 PCR 扩增子测序的白菜分子标记系统，可用于大量白菜种质资源的遗传多样性、亲缘关系和群体结构等的分析。

（2）重要性状的基因定位与优异基因资源的发掘　利用自然群体或人工群体重测序鉴定高通量分子标记，并开展关联分析或连锁分析已经成为鉴定优异基因的高效方法。中国学者利用白菜自然群体，通过重测序获得全基因组大量 SNPs，同时在不同环境下调查其开花期。结合表型和基因型数据，通过关联分析鉴定出 33 个显著关联信号，并预测到 14 个与开花期相关的候选基因。此外，以 EMS 诱导的叶形态突变体卷曲杆状叶为材料构建人工群体，从中选择具有极端性状的单株分别构建混池，利用竞争等位基因特异性 PCR（KASP）进行混池和野生型的基因分型，通过突变位点图谱（MutMap）分析，证实基因 *BraA02g016100.3C* 的第 8 外显子发生了一个非同义 SNP 突变（C 到 T），说明该基因可能是控制叶形态的候选基因。

（四）种质改良创新与应用

1. 雄性不育的发现与利用

雄性不育是实现白菜类蔬菜杂种优势有效利用的关键性状。白菜的雄性不育来源 4 个不同的途径。其一，从白菜自然群体中发现的由单隐性基因控制的核不育系（不育株率 50%）和由两对核基因控制的显性核不育系统（不育株率 100%）。其二，从 Ogura 萝卜胞质不育源转育的雄性不育材料，其不育性完全且稳定，没有育性恢复基因；但存在植株黄化、生长迟缓和蜜腺退化的缺陷，后通过回交转育得到改良。其三，来自甘蓝型油菜 'Polima' 的胞质不育。其花蕾不黄化，蜜腺发育和结籽正常，但有轻度败蕾和育性温度敏感。其四，来自芥菜的胞质不育，其蜜腺正常，缺绿较轻，生长势较好。应用较多的是第二类。

2. 杂交、远缘杂交以及分子标记辅助选择创新种质

种内亚种或变种间的杂交能实现亲本间基因自由交流，是种质创制的重要传统方法。在特殊情况下，需要通过种间或属间远缘杂交实现基因的跨物种交流。因为远缘杂交的不亲和性和远缘杂种的不稔性，通常需要进行离体胚、胚珠和子房培养以及染色体加倍，以克服远缘杂交障碍。Warwick 等（2009）在 *Guide to the Wild Germplasm of Brassica and Allied Crops* 中列出了大量的芸薹属及其近缘种的远缘杂交实例。

远缘杂交结合分子标记辅助选择，提高了物种间基因的转移效率。中国学者通过大白菜与甘蓝种间杂交，结合胚挽救，获得种间杂种及其同源四倍体植株。使用甘蓝品系 'Plimio' 作为轮回亲本，利用 6 个抗根肿病（CR）基因座特异性分子标记进行辅助选择，将大白菜品系 'LCR36' 的 6 个 CR 基因座转移到 'Plimio' 中。

拓展阅读 20-3 通过远缘杂交和分子标记辅助选择将大白菜抗根肿病基因转移到甘蓝中

3. 细胞工程和基因工程在种质创新中的应用

倍性育种中多倍体诱导是传统种质创新的有效手段。中国学者用秋水仙碱处理，创制了四倍体白菜新种质（$2n = 4x = 40$），并选育出系列四倍体雄性不育系和新品种，在全国 20 多个省（自治区、直辖市）大面积推广。

单倍体技术是白菜种质创新中应用较多的技术。游离小孢子培养与花药培养均可以得到单倍体，但前者具有明显优势，可以排除花药壁和绒毡层组织的干扰；能够在较宽的基因型范围内以较高的胚状体发生率获得小孢子胚和再生植株；同时还具有自然加倍成为二倍体的特点，能快速纯化杂合体材料。河南省农业科学院园艺研究所应用游离小孢子培养技术育成了一批优良自交系，并育成新品种 '豫白菜 11 号' '豫白菜 7 号' 等白菜新品种。

基因工程以及基因编辑技术在白菜种质创新中的研究应用得益于白菜组织培养与高频植株再生体系的建立。科技人员尝试了转芜菁花叶病毒 CP 蛋白基因、豇豆胰蛋白酶抑制基因（*sck*）、韧皮部特异表达启动子 RSs21（水稻蔗糖合酶）与雪花莲凝集素（GNA）的嵌合基因等，获得了抗病毒病、小菜蛾和菜青虫植株。基因编辑技术作为精准和高效的基因工程方法，是一种可以通过靶向敲除、替换以及插入目的基因来改变生物性状的新兴技术。科技人员在白菜抽薹开花基因（*FLC*）、花青素合成基因（*BEE1*）等的编辑上做了有益的尝试。

第三节　茄科蔬菜种质资源

茄科分为两个亚科，即茄亚科和亚香树亚科。茄亚科又分为 15 个族或族级分支。茄族是该亚科中最大的一个族，包括茄属、辣椒属等。

一、番茄种质资源

番茄（*Solanum lycopersicum* L.）（$2n = 24$）属茄科茄属番茄组（Sect. *Lycopersicum*），草本或半灌木状一年生草本植物，是全球性蔬菜作物。

（一）番茄的起源、演化与多样性

1. 番茄的起源、演化与传播

番茄原产于南美洲西部的高原地带，即如今的秘鲁、厄瓜多尔和玻利维亚一带。番茄的栽培种是由野生醋栗番茄在墨西哥或秘鲁被驯化而来。1521 年西班牙探险者将番茄从墨西哥带到欧洲。在 16 世纪，地中海地区的国家开始食用番茄；在 17 世纪，欧洲开始大面积商品化生产。约于 17 世纪传入中国，大面积栽培始于 20 世纪 20 年代。17 世纪番茄传入中国后又传入日本。在 18 世纪，番茄传入美国。现在，番茄的栽培遍及世界各地。

2. 番茄的多样性和分类

番茄组有 13 个种，其中 1 个栽培种和 12 个野生种。与番茄组亲缘关系较近的还有 4 个野生近缘种。具体可参见 J. A. Labate 等（2007）的分类。

栽培番茄及其野生种包括：

S. lycopersicum L.（栽培番茄），自交亲和；

S. pimpinellifolium L.（醋栗番茄），自交亲和；

S. cheesmaniae（L. Riley）Fosberg（契斯曼尼番茄），自交亲和（严格自交）；

S. galapagense S. C. Darwin & Peralta，自交亲和（严格自交）；

S. arcanum Peralta，多数典型自交亲和；

S. chmielewskii（C. M. Rick，Kesicki，Fobes & M. Holle）D. M. Spooner，G. J. Anderson & R. K. Jansen（克梅留斯基番茄，又称赫氏番茄），自交亲和；

S. neorickii D. M. Spooner，G. J. Anderson & R. K. Jansen（小花番茄），自交亲和；

S. huaylasense Peralta，典型自交不亲和；

S. peruvianum L.（秘鲁茄），典型自交不亲和；

S. corneliomulleri J. F. Macbr.，典型自交不亲和；

S. chilense（Dunal）Reiche（智利番茄），自交不亲和；

S. habrochaites S. Knapp and D. M. Spooner（多毛番茄），典型的自交不亲和；

S. pennellii Correll（潘那利番茄，又称彭氏番茄），通常自交不亲和。

番茄的野生近缘种包括：*S. juglandifolium* Humb. & Bonpl. ex Dunal（自交不亲和）、*S. ochranthum* Humb. & Bonpl. ex Dunal（自交不亲和）、*S. lycopersicoides* Dunal（类番茄茄，自交不亲和）、*S. sitiens* I. M. Johnst.（自交不亲和）。

番茄栽培种经过人类漫长的栽培和驯化选择，在不同地区产生了许多新的类型和品种。在株型、叶形、果形、果色、果实大小、用途等方面出现了很大的分化。

（二）种质资源收集保存

作为全球种植面积最大的蔬菜作物和模式研究植物，世界各国非常重视番茄种质资源的收集保存。据不完全统计，全世界收集保存种质资源约 7.5 万份，收集保存量比较多的国家有：美国（约 2 万份）、俄罗斯（7 250 份）、西班牙（6 546 份）、菲律宾（4 793 份）、中国（3 349 份）、以色列（3 076 份）、印度（2 739 份）。位于中国台湾的亚洲蔬菜研究发展中心（AVRDC）保存 8 859 份番茄种质资源。

另外，美国加利福尼亚大学戴维斯分校的番茄遗传资源中心（the C. M. Rich Tomato Genetic Resources Center，TRGC）保存有 13 种野生番茄和 4 种茄属野生近缘种资源 1 000 多份。在美国农业部东北地区植物引种站（USDA-PGRU）和中国台湾的 AVRDC 分别保存野生番茄资源 458 份和 659 份。野生番茄具有栽培番茄所缺乏的一些重要性状，如抗虫性、抗病性等。

（三）鉴定评价

1. 表型鉴定评价与优异种质筛选

为深入发掘番茄种质资源的遗传变异，有效辨识不同种质，进而认识开发其利用价值，需要对番茄植物学形态性状和农艺性状进行鉴定和评价。

（1）基本植物学性状鉴定　基本植物学性状的鉴定是番茄种质资源编目入库的前提条件。其内容及其鉴定方法依据《番茄种质资源描述规范和数据标准》进行。中国番茄种质资源的基本性状、特性信息详见《蔬菜种质资源目录》和作物种质资源信息系统（CGRIS）。

（2）重要农艺性状鉴定评价　通常需要针对不同时期的番茄育种目标性状，如与产量、抗病（虫）性、抗逆性、品质等有关的重要生物学特性进行鉴定评价。

在抗生物逆境方面，重点包括枯萎病、早疫病、晚疫病、青枯病、南方根结线虫、叶霉病、灰叶斑病、黄瓜花叶病毒病、番茄病毒病、黄化曲叶病毒病等。中国研究人员对野生种秘鲁茄、多腺番茄和多毛番茄、野生型亚种醋栗番茄与普通番茄进行晚疫病和烟草花叶病毒抗性苗期人工接种鉴定，发现在 670 份种质资源中，较抗晚疫病的种质资源占 27.3%，特别是野生种多毛番茄抗晚疫病；在 534 份种质资源中，高抗和抗烟草花叶病毒种质资源分别占 13.5% 和 30.3%，其中 OhioMR-9 和 OhioMR-13 是很好的抗源，秘鲁茄和醋栗番茄高抗烟草花叶病毒。

与商品品质和营养品质有关的性状主要包括裂果率、风味、可溶性固形物、番茄红素含量等。有研究表明品种间的果实品质差异明显，如一个选育的优质口感番茄品种的可溶性糖、可滴定酸、可溶性蛋白、维生素 C、矿物元素含量以及氨基酸总量和酚类化合物的含量均在不同程度上高于传统的樱桃番茄和普通番茄。

2. 基因型鉴定评价与优异基因资源发掘

继栽培番茄‘亨氏 1706’全基因组和番茄超级泛基因组遗传信息的发布，番茄种质资源的基因型鉴定和优异基因发掘由传统分子标记的开发应用阶段上升到全基因组遗传变异鉴定的新阶段。例如，中国研究人员运用 KASP 技术和 60 对多态性 SNP 引物在 504 份番茄种质中检测到 181 个等位基因；等位基因频率变幅为 0.375 ~ 0.905；基因多样性为 0.178 ~ 0.658；多态性信息值变异范围为 0.171 ~ 0.583。通过 Corehunter 软件，以优选 10% 种质构建番茄核心种质。中国还对 360 份番茄种质进行重测序，鉴定到 11 620 517 个 SNPs 和 1 303 213 个 InDels，分析阐明了番茄种质资源丰富的基因多样性和系统演化关系。对番茄果实大小和果皮颜色进行关联分析，揭示了 5 个和 13 个果重基因在果实从小到中、从中到大的过程中受到了人类的定向选择，决定粉果果皮颜色的关键变异位点是 SIMYB2。

（四）种质改良创新与应用

番茄种质资源的创新途径和方法主要包括种内近缘杂交和种间远缘杂交、物理和化学诱变、原生质体融合、分子标记辅助基因转移聚合和基因工程等。

1. 以常规技术为主的种质创新

番茄自交系的选育，以及从野生番茄向栽培番茄骨干亲本转入抗病虫、抗逆、高品质等优异基因，目前仍然主要依靠常规杂交、回交、自交等传统技术方法。

美国采用秘鲁茄（*S. peruvianum*）、醋栗番茄（*S. pimpinellifolium*）、多毛番茄（*S. habrochaites*）进行复合杂交和自交选育，获得'H.E.S.2603'抗病毒病种质；并通过连续 9 次回交将抗病基因 *Tm-2* 及其连锁基因 *nv*（netted viresent）导入'Manapal'中，创制出抗病毒种质'Manapal Tm-2^{nv}'。该种质被中国、日本等国家的科研人员广泛引种并有效利用。中国农业科学院蔬菜花卉研究所通过常规技术与分子标记辅助选择相结合，创制了含 4~5 个抗病基因以及将高番茄红素含量、高可溶性固形物含量的基因相聚合，且综合园艺性状优良的新种质材料。

2. 远缘杂交创新种质

番茄野生种具有普通番茄欠缺的抗病性、抗逆性，以及高可溶性固形物含量等优异性状。番茄远缘杂交通常面临杂交不亲和、杂种不育等困难。科技人员研究并提出了有效解决方案，如采用①不同品种系的亲本试配；②低剂量的射线辐照和混合授粉法；③重复授粉；④种胚培养等。在远缘杂交中，利用较多的野生番茄主要有秘鲁茄、多毛番茄、智利番茄和醋栗番茄。如美国利用秘鲁茄远缘杂交获得了抗番茄叶霉病的种质（品种或品系）'Improved Bay State''Walthan''V$_{121}$''Moldproof''Forcmg''Globeel''Vetom old''Bay State'等。

3. 利用诱变技术创新种质

美国加州大学的 CM Rick 番茄遗传资源中心保存了 978 份经自然突变、物理和化学诱变而获得的番茄单基因突变体，这些突变体涵盖了番茄 12 条染色体上的 607 个基因位点，各突变体的遗传背景、基因型和表型特征均被详细记载。其中微型番茄'Micro-Tom'从播种至成熟仅需 70~90 d，每年可繁殖 3~4 代，而且容易进行遗传转化，得到了广泛应用。

4. 利用基因工程和基因编辑技术创新种质

基因工程技术在番茄种质创新中的研究和应用取得了较大进展。1994 年，美国加利福尼亚基因公司培育出转 *PGcDNA* 基因番茄'Flavr Savy'，成为首例转基因商品化番茄。基因编辑技术在番茄种质创新方面也展现出良好的前景。中国学者通过 CRISPR/Cas9 系统在番茄中同时敲除了类胡萝卜素代谢途径中的多个基因，实现了番茄果色的快速定制；通过精准靶向野生番茄的开花光周期敏感性、株型、果实成熟、果实大小和维生素 C 合成控制基因，在保留野生种对盐碱和疮痂病抗性的同时，消除了野生番茄开花的温光敏感性，使果实变大，提高了维生素 C 含量，显著改良了番茄品质。

二、辣椒种质资源

辣椒为茄科（Solanaceae）茄亚族（Solaninae Dunal）辣椒属（*Capsicum*）一年生或

多年生草本或灌木、半灌木植物（$2n = 2x = 24$）。全球普遍栽培的为 *Capsicum annuum* L.，以中国栽培面积最大。

（一）起源、演化与多样性

1. 辣椒的起源、演化与传播

辣椒原产中南美洲热带地区的墨西哥、秘鲁、玻利维亚等地，具有丰富的野生种和野生近缘种资源。公元前 6500 年至公元前 5000 年在墨西哥被驯化栽培，现今广泛分布于热带、亚热带、温带地区。辣椒的 5 个栽培种起源于 3 个不同的中心。墨西哥是 *C. annuum* 的初级起源中心。亚马孙河流域是 *C. chinense* 和 *C. frutescens* 的初级起源中心。秘鲁和玻利维亚是 *C. baccatum* var. *pendulum* 和 *C. pubescens* 的初级起源中心。

辣椒的传播始于哥伦布（1493 年）从美洲新大陆带回西班牙，传播到南欧。1548 年由地中海地区传播到英国，1558 年传入中欧，之后在欧洲各地传播开来。1542 年传到印度。1583—1598 年传入日本，17 世纪传入东南亚各国，于明代末年（1640 年）经由丝绸之路从东南亚海道进入中国。辣椒在长期自然选择、人工驯化过程中，逐渐演化出各种不同的变种和类型。

2. 辣椒的多样性与分类

辣椒属（*Capsicum*）物种多，遗传多样性丰富，包括 32 个栽培种及野生近缘种，其中栽培种有 5 个。

（1）一年生辣椒（*C. annuum*） 花冠一般为白色，花萼锐尖、有纵脉。全世界均有分布。

（2）灌木状辣椒（*C. frutescens*） 野生种或半驯化植物，广泛分布于美洲热带低凹地区以及东南亚。花冠绿白色，果实纺锤状，味极辣。多抗疫病和黄萎病。

（3）中国辣椒（*C. chinense*） 亚马孙河流域栽培最为广泛。花萼和花梗之间有收缩，花冠暗白色。多抗黄萎病。

（4）下垂辣椒（*C. baccatum* var. *pendulum*） 花冠黄色，具褐色和棕色斑点，萼齿突出。多抗 TMV、CMV 和疫病。

（5）柔毛辣椒（*C. pubescens*） 广泛种植于安第斯山区。花紫色，基部有白环，果实黄色或橘黄色，种子黑色。

此外，辣椒属还有 20 多个野生近缘种，其中，已被利用的野生种有 *C. cardenasii*，*C. eximium*，*C. tovari*，*C. praetermissum*，*C. chacoence*，*C. coccineum*，*C. galapagoense* 等。

我国辣椒种质资源丰富，有一年生辣椒（*C. annuum*）、灌木状辣椒（*C. frutescens*）和中国辣椒（*C. chinense*），以一年生辣椒为主。以果实的形态特征为主要依据，将一年生辣椒分为 6 个变种：长角椒（*C. annuum* L. var. *longum* Sent.）、指形椒（*C. annuum* L. var. *dactylus* M.）、灯笼椒（*C. annuum* L. var. *grossum* Sent.）、短锥椒（*C. annuum* L. var. *breviconoideum* Haz.）、樱桃椒（*C. annuum* L. var. *cerasiforme* Irish）、簇生椒（*C. annuum* L. var. *fasciculatum* Sturt.）。灌木状辣椒（*C. frutescens*）主要分布在云南西双版纳热带地区，包括半野生或栽培小米辣、栽培大米辣、云南涮辣椒。中国辣椒（*C. chinense*）主要分布在海南省。

（二）收集保存

全球收集保存辣椒种质 7.35 万余份。收集保存量较多的国家或地区有美国（5 795 份）、印度（5 328 份）、墨西哥（4 461 份）、中国（2 464 份）、俄罗斯（1 746 份）、德国

（1 538 份），另外欧盟（EURISCO）保存 11 745 份。位于中国台湾的亚洲蔬菜研究发展中心保存辣椒种质资源 8 553 份。

（三）鉴定评价

1. 表型鉴定评价和优异种质发掘

（1）基本植物学性状的鉴定　辣椒种质在编目、入库保存前也同其他蔬菜一样需要做基本植物学性状鉴定。辣椒种质资源的编目性状及其鉴定方法可参见《辣椒种质资源描述规范和数据标准》。中国辣椒种质资源的编目信息可查阅《蔬菜种质资源目录》和作物种质资源信息系统（CGRIS）。

（2）重要农艺性状的鉴定评价　辣椒种质资源重要农艺性状包括物候期、熟性、单株果数、单果重等生物学特性，果实辣椒素含量、维生素 C 含量等品质性状，对生物逆境的抗性［如烟草花叶病毒（TMV）、黄瓜花叶病毒（CMV）、青枯病、疫病、炭疽病、疮痂病、马铃薯病毒 Y（PVY）、南方根结线虫等］，以及抗逆性（包括耐低温、耐高温等）。中国对 150 份辣椒种质资源的 34 个形态学性状，熟性、光合特性等生物学特性，维生素 C、辣椒碱、辣椒红素含量等品质性状进行了鉴定分析，发现青熟果重的变异最大，为 62.75%。维生素 C（Vc）含量分布在 53.97 ~ 226.37 mg/100 g，筛选出高 Vc 含量（>180 mg/100 g）的辣椒种质材料 17 份。辣椒碱含量变幅为 0.001% ~ 0.119%，果实色价范围在 0.73 ~ 7.78。果实熟性分为极早（< 31 d）、早（31 ~ 35 d）、中（36 ~ 50 d）、晚（51 ~ 55 d）、极晚（> 55 d），其中中熟种质资源占 72.67%，筛选出极早熟种质资源 6 份。苗期光补偿点（LCP）、光饱和点（LSP）、表观量子效率（AQY）、暗呼吸（Rday）以及最大光合速率（A_{max}）的变异系数分别是 41.51%、23.82%、16.44%、51.33%、29.64%，筛选出 11 份耐弱光（AQY > 0.050）种质资源和 13 份光合速率高（>20.000$^\lambda$ $\mu mol \cdot CO^2 \cdot m^{-2} \cdot s^{-1}$）的种质资源。

2. 基因型鉴定评价

随着辣椒分子生物学和基因组学的发展，辣椒种质资源基因型鉴定已由传统的 RAPD、AFLP、RFLP 等分子标记逐步过渡到全基因组高效分子标记，加快了鉴定效率。中国研究人员利用 29 对均匀分布在染色体上的 SSR 标记对 1 904 份辣椒种质资源进行鉴定，共发掘出 459 个等位基因，其中，有 159 个稀有等位基因（频率为 0.1% ~ 1%），133 个极稀有等位基因（频率小于 0.1%）。群体基因多样性指数和多态性信息指数（P/C）变化范围分别为 0.016 ~ 0.883 和 0.02 ~ 0.87。群体结构和进化分析将中国辣椒种质资源划分为长角形辣椒（41%）、灯笼椒（49%）和中间类型（10%），已构建含 248 份种质的核心样本。通过对来源于世界各地的 12 个种 347 份种质的重测序和比较基因组分析，获得 18 372 022 个单核苷酸多态性（SNPs）和 802 875 个插入 / 缺失（InDels）变异。另外，选择性清除 / 关联分析揭示，果实形状和辣度的分化、果实变大、从直立到下垂的转变均与两个大基因组区域的渐渗及其关键等位基因的强选择有关。

（四）种质改良创新与应用

辣椒种质资源创新主要技术包括杂交后代定向选择、单倍体培养、分子标记辅助选择等。

1. 种内杂交和定向选择

利用不同亲本间的基因重组，获得优异基因聚合的优良材料是种质改良的主要途径。例如，中国农业科学院蔬菜花卉研究所在 20 世纪 80 年代育成的'中椒 3 号'就是采用了上述技术途径，该品种优质、高产、耐病毒病。

2. 通过单倍体培养创新种质

中国通过花药培养技术选育出'海花3号'辣椒新品种，该品种早熟，株型紧凑，果实长灯笼，结果集中，耐涝性强，在长江流域以北地区大面积推广。

3. 分子标记辅助选择创新种质

分子标记辅助选择提高了传统回交选育创新种质的效率。中国开发了与抗疮痂病 *Bs3* 基因连锁的特异标记 Bs3F/R 和与 *Bs2* 基因连锁的 SCAR 标记 14F/14R；以线椒核心种质为受体材料，携带 *Bs2* 和 *Bs3* 基因的甜椒种质为供体进行杂交，以线椒种质为轮回亲本进行回交，辅助分子标记选择，结合苗期人工接种鉴定，创制出抗疮痂病的优良种质。另有研究者采用类似的策略，以'CM334'（抗 PVY，含 *Pvr4* 基因）和'200375'（抗 PMMoV，含 *L4* 基因）为抗源，以优良的甜椒自交系'83-163'（中抗疫病和 CMV）为回交亲本，进行多代回交并自交，结合分子标记辅助选择、苗期抗病性鉴定、形态选择，最终选育出聚合烟草花叶病毒病抗性基因 *L4* 和马铃薯病毒 Y 抗性基因 *Pvr4* 的早熟、大果型甜椒自交系'PT83-163'（中抗疫病和 CMV）。

第四节　葫芦科蔬菜种质资源

葫芦科是世界上最重要的食用植物科之一，约 113 属 800 种，大多数分布于热带和亚热带，少数分布到温带。中国有 32 属 154 种 35 变种。黄瓜和西瓜是全球性蔬菜和水果作物，中国的生产面积和产量均居世界首位。

一、黄瓜种质资源

黄瓜是葫芦科（Cucurbitaceae）黄瓜属黄瓜亚属中的一个种（*Cucumis sativus* L.）（2*n* = 2*x* = 14），属于一年生攀缘性草本植物。中国是黄瓜种质资源最为丰富的国家之一，黄瓜生产在中国蔬菜产业结构中占据重要地位。

（一）起源、演化与多样性

1. 起源、传播与演化

黄瓜起源于喜马拉雅山南麓的印度北部、尼泊尔和中国云南。野生"哈氏"黄瓜（*C. sativus* var. *hardwickii*）是栽培黄瓜（*C. sativus*）的祖先，二者杂交亲和。大约 3 000 年前，印度开始栽培黄瓜。在公元前 300 年至公元前 200 年，黄瓜从印度传到罗马。在公元前 122 年汉武帝时期传入中国。公元前 1 世纪传到希腊和北非各国。大约在 9 世纪传入法国和俄罗斯。公元 10 世纪以前，由中国传入日本。直至 1327 年，英国才有黄瓜的栽培记载。黄瓜传入美洲是在发现新大陆之后，1494 年首先在西印度群岛种植，1535 年传到加拿大，1584 年传到美国。在公元 1600 年前后，黄瓜已被传播到世界各地。在长期的自然演化和栽培选择过程中，形成了丰富多样的类型和品种。

2. 多样性与分类

黄瓜亚属（Subgen. *Cucumis*）有 2 个种，即栽培黄瓜（*Cucumis sativus* L.）（2*n* = 14），主要分布在东南亚和东亚，全球广泛引种栽培；亲缘关系相对较近的野黄瓜（*Cucumis hystrix* Chakr.）（2*n* = 24）分布于缅甸、中国（云南省）、印度（阿萨姆邦）和泰国。

栽培黄瓜包括普通栽培变种黄瓜（*C. sativus* var. *sativus*），野生变种野生"哈氏"黄瓜（*C. sativus* var. *hardwickii*）和半野生变种西双版纳黄瓜（*C. sativus* var. *xishuangbannanensis*）。普通栽培黄瓜分化出丰富多样的类型，有欧洲温室型、欧美露地型、华北型、华南型、南亚型、加工型等。

（二）种质资源收集保存

全球收集保存黄瓜种质资源较多的国家有俄罗斯（3 118 份）、美国（2 141 份）、中国（1 550）、印度（865 份）、德国（621 份）。另外，欧盟保存 5 847 份，位于中国台湾的亚洲蔬菜研究发展中心保存黄瓜种质资源 408 份。黄瓜种质资源在中国的分布十分广泛。

（三）鉴定评价

1. 表型鉴定评价与优异种质的发掘

（1）基本植物学性状鉴定　黄瓜种质资源主要编目性状包括子叶苦味、生长类型、结瓜习性、性型、第一雌花节位、瓜形、瓜把形状、瓜长、瓜横径、瓜把长、瓜皮色、果刺颜色、瓜斑纹类型、瓜棱、瓜刺类型、瓜瘤有无等植物学性状。鉴定方法参照《黄瓜种质资源描述规范和数据标准》。中国黄瓜种质资源的编目性状数据信息可查阅《蔬菜种质资源目录》和作物种质资源信息系统（CGRIS）。

（2）重要农艺性状的鉴定评价　黄瓜重要农艺性状包括与生长发育和产量形成有关的性状，如单性结实、单株成瓜数、单瓜重、产品熟性、物候期等；抗病性，如霜霉病、白粉病、枯萎病、根结线虫等；抗虫性，如蚜虫、红蜘蛛等；抗逆性，如耐热性、耐冷性、耐旱性、耐盐性等；品质性状，如畸形瓜率、心腔大小等外观品质，质地、风味和营养等内部品质。中国对国家蔬菜种质资源中期库保存的 1 000 余份黄瓜种质资源的苗期抗病性人工接种鉴定显示，对枯萎病的相对抗性指数（RRI）分布在 –10.76 ~ 10.85，抗病种质（RRI ≥ 1.5）占 27 %；对霜霉病的 RRI 分布在 –11.04 ~ 6.98，抗病种质（RRI ≥ 1.5）占 14 %；对疫病的 RRI 分布为 –5.48 ~ 12.63，抗病种质（RRI ≥ 3.0）约占 17 %；对白粉病的 RRI 分布在 –3.25 ~ 7.54，抗病种质（RRI ≥ 1.5）占 9.6 %，这些抗病优异种质将支撑黄瓜抗病品种改良和新品种选育。

2. 基因型鉴定与优异基因资源发掘

20 世纪末到 21 世纪初，黄瓜分子遗传多样性分析主要以传统的同工酶和 RFLP、AFLP、SSR 等标记为主。随着栽培黄瓜和野生黄瓜基因组问世，稳定且高效的遗传变异鉴定技术得到广泛应用。中国农业科学院蔬菜花卉研究所利用 23 个均匀分布在基因组上的多态 SSR 标记对来自中国、荷兰和美国的 3 342 份黄瓜种质进行了指纹鉴定和分析，清晰地区分了不同地理区域的种质，即中国、欧洲、美洲、中亚和西亚种质，印度和中国西双版纳种质。根据其遗传关系，构建了含 115 份种质的微核心收集品。对上述核心种质的深度重测序，获得了 360 万个 SNP 变异，选择性清除分析确定了 112 个驯化区域，并鉴定到一个与栽培黄瓜果实苦味丧失有关的基因，还发现 β– 胡萝卜素羟化酶基因的自然遗传变异导致了西双版纳黄瓜胡萝卜素的积累。

（四）种质改良创新与应用

黄瓜种质创新的策略和方法主要有种内和种间杂交、诱变、细胞工程和基因工程等。

1. 通过远缘杂交创新种质

中国南京农业大学利用野黄瓜（*Cucumis hystrix* Chakr.，$2n = 2x = 24$）与栽培黄瓜（$2n = 2x = 14$）进行种间杂交，采用胚胎拯救方法，获得了种间杂交 F_1 植株（$2n = 19$）。进而通过染色体加倍，获得了黄瓜属异源四倍体新物种 *Cucumis* × *hytivus* Chen et Chirkbride，

其基因组为 *HHCC*，染色体数为 $2n = 4x = 38$。该物种表现出极强的结果能力，可一次性采收；抗霜霉病、角斑病，中抗南方根结线虫，耐高温和低温；多应用于腌制类型黄瓜品种的选育。

2. 通过种内杂交创新种质

黄瓜野生变种与栽培变种杂交可育，因此，国内外研究者一直致力于将野生变种中的分枝性强、结果数多、高抗某些病虫害等的优良基因转移到栽培品种中。野生"哈氏"黄瓜（*C. sativus* var. *hardwickii*）的一个株系'LJ90430'侧枝多、种子小、具短日照习性，在美国北加州地区通常每株能产约 80 个成熟果实。美国学者利用'LJ90430'与栽培种质杂交、回交和自交，鉴定筛选出抗北方根结线虫和爪哇根结线虫的种质'NC42 ~ NC46'等，广泛应用于品种改良和生产。威斯康星大学的研究人员以美国种质'SMR18'为母本，以中国的西双版纳黄瓜（XIS）为父本，进行杂交和回交，选择果肉颜色深的半姐妹系，通过 3 代的姐妹交和混合选择，获得后代种质材料'104'。以美国种质'Addis'为母本，西双版纳黄瓜为父本，采用同样的策略，获得后代种质材料'101'。用'104'与'101'杂交后，分别经多代姐妹交和选择，或连续五代自交、单株选择和混合选择，获得新种质'EOM 400'和'EOM 402'；其胡萝卜素含量高达 25 mg/kg。

拓展阅读 20-4 高胡萝卜素黄瓜种质资源的创新

3. 通过诱变创新种质

物理诱变常应用于黄瓜种质创新。天津科润黄瓜研究所利用 23.22 C/kg ^{60}Co γ 射线辐射处理优良黄瓜自交系种子，从变异后代群体中，筛选出综合性状优良的单株。经 3 代系选，创制一个性状稳定的株系'辐 M-8'。研究者还通过卫星搭载黄瓜自交系，后代植株即发生叶片大小和株型变异，经过自交分离，后代果实大小、果形指数、雌花节率均发生较大变异，经多代纯化获得特小型强雌性黄瓜自交系'CHA03-10-2-2'。

4. 利用细胞工程创新种质

细胞工程技术在黄瓜种质创新中的应用主要集中在大孢子培养。天津科润黄瓜研究所的专家通过对黄瓜离体雌核培养、染色体倍性鉴定及加倍技术研究，建立了一套高效、稳定的黄瓜未受精子房培养的技术体系，再生频率达 25%，加倍频率达 16.9%，并在育种中得到应用。

二、西瓜种质资源

西瓜［*Citrullus lanatus*（Thunb.）Matsum. & Nakai］是世界十大水果之一。西瓜为一年生蔓生作物，通过不同生态区域与设施栽培方式，可以四季生产、周年供应，在全球范围内广泛种植。中国是全球西瓜生产与消费的第一大国，西瓜播种面积及产量分别约占全球的 50% 和 60%。

（一）起源、演化与多样性

1. 西瓜起源与演化

西瓜的起源和多样性中心在非洲。栽培西瓜的直接祖先曾被认为是在非洲北部生长的多年生药西瓜（*C. colocynthis*）及非洲南部生长的饲用西瓜（*C. amarus*）。通过西瓜种质资源全基因组重测序分析，认为栽培西瓜可能直接起源于非洲西部生长的黏籽西瓜（*C. mucosospermus*）。进一步通过比较基因组学与考古分析，发现来自于苏丹和非洲东北部的科尔多凡西瓜（*C. lanatus* subsp. *cordophanus*）与现代栽培西瓜有着比黏籽西瓜（*C. mucosospermus*）更近的亲缘关系，科尔多凡西瓜（*C. lanatus* subsp. *cordophanus*）是现代西瓜最直接的野生祖先种。

西瓜的传播与驯化早在古埃及就已开始。公元前 4360 年至公元前 4350 年，古埃及就有西瓜种植的记载，而后向西传到希腊、罗马，1629 年从欧洲引到了美洲；向东传到西亚地区，在南北朝初期（946—953 年）传入中国。在中国的传播沿着一条由西向东、由北及南的路线，最早由回鹘（今新疆、内蒙古以及甘肃等地）传入中原地区，其后逐渐向南传播，并最终遍布全国。

2. 西瓜的分类与多样性

西瓜（*Citrullus lanatus*）属于葫芦科（Cucurbitaceae）西瓜属（*Citrullus*）。西瓜属有 7 个种，分别为罗典西瓜（*C. naudinianus*）、缺须西瓜（*C. ecirrhosus*）、药西瓜（*C. colocynthis*）、热迷西瓜（*C. rehmii*）、饲用西瓜（*C. amarus*）、黏籽西瓜（*C. mucosospermus*）和普通西瓜（*C. lanatus*）。其中，普通西瓜包括 2 个亚种，科尔多凡西瓜亚种（*C. lanatus* subsp. *cordophanus*）和栽培西瓜亚种（*C. lanatus* subsp. *vulgaris*）。栽培西瓜亚种又分 3 个变种，东亚栽培变种（*C. lanatus* subsp. *vulgaris* var. *East Asia*）、美洲栽培变种（*C. lanatus* subsp. *vulgaris* var. *America*）和本土栽培变种（*C. lanatus* subsp. *vulgaris* var. *Landrace*）。栽培西瓜按熟性可分为早、中、晚熟 3 种类型。按果实大小，可分为大、中、小 3 种类型。同时，西瓜在株型、叶型、果实形状与外观、果肉颜色、质地与含糖量，以及病虫害抗性方面存在丰富的变异。

（二）种质资源收集保存

目前世界各国保存的西瓜种质资源总数量为 1 万余份（含重复），其中美国种质资源信息网（GRIN）收录保存记录信息的种质资源 3 896 份，有种子的种质资源 1 957 份。中国保存的西瓜种质资源总量约 5 000 份以上（含重复），其中国家西瓜甜瓜种质资源中期库保存西瓜种质 2 900 份，国家蔬菜种质资源中期库保存 105 份；另外，各省市科研单位也保存了数量不等的种质资源，如北京市农林科学院蔬菜研究所收集保存美国和欧洲西瓜种质资源 2 000 余份，新疆农业科学院保存了 250 多份西瓜种质资源。目前中国已建立了较为完善的西瓜种质资源保存体系，推动了西瓜种质资源的研究与共享利用。

（三）种质资源的鉴定与评价

国内外围绕西瓜种质资源的物候期、植物学性状、经济学性状、病虫害抗性及耐逆性开展了鉴定与评价，并将鉴定评价信息录入种质信息数据库中，为种质利用提供基本信息。中国已制定了《西瓜种质资源描述规范和数据标准》及农业行业标准《农作物优异种质资源评价规范　西瓜》，从形态特征、品质特性（包括果肉质地、纤维、酸味、异味及果肉含糖量等）、抗逆性、抗病虫性等方面开展鉴定评价。在抗性种质鉴定方面，国外已鉴定出同时抗枯萎病 3 个生理小种的野生西瓜种质资源'PI 296341-FR'，抗炭疽病种质'PI 189225''PI 271775'和'PI 299379'等，以及抗白粉病生理小种 1W 的种质'USVL531-MDR'。近年来国内对保存种质也开展了抗性评价，筛选出抗枯萎病、白粉病的优良种质。随着西瓜基因组精细图谱和变异组信息的发布，为西瓜种质资源鉴定提供了更丰富的遗传信息。中国科学家通过高质量的西瓜基因组序列图谱和 414 份代表性西瓜种质的基因组变异与群体结构分析，发掘出果实大小、果肉含糖量、苦味等重要品质性状的候选基因，为西瓜品种改良提供了基因信息。

（四）种质资源的创新利用

通过常规技术与分子标记辅助选择技术相结合，创制出一批优质、抗病或具有特殊性状的优异种质，并育成一批新品种在生产上推广应用。

果实含糖量和类胡萝卜素含量是重要品质性状。研究表明糖分转运及卸载过程中的碱性 α- 半乳糖苷酶 ClAGA2、糖转运蛋白 ClVST1、ClTST2 及 ClSWEET3 是西瓜驯化变甜的重要基因；八氢番茄红素合成酶 ClPSY1 是瓤色形成的限速酶，番茄红素环化酶 ClLCYB 是西瓜红瓤控制基因。同时明确了株形（分权和短蔓）、果形指数、条纹性状、果皮颜色、蜡粉和性别决定等相关基因。利用特异种质结合目的基因分子标记，中国科研人员高效开展了优异种质的创新利用。利用美国野生硬肉种质 'PI 482307' 与优良自交系杂交，通过分子标记辅助选择，高效聚合高含糖量与野生硬果肉基因区段，获得硬脆果肉综合性状优良父本自交系"京 RWF"，培育出耐贮运丰产西瓜品种 '京美 10K03'；利用少权的种质资源 '安无权'，进一步创制出 '无权早' 及其他少权种质，种植改良后西瓜品种明显减少了田间整枝打权的用工；此外，利用雌性种质材料 'XHBGM' 转育出一批优良雌性系母本，明显简化了杂交种制种程序，节约了用工成本。

枯萎病是西瓜生产中最严重的病害。西瓜枯萎病病原菌为尖镰孢菌西瓜专化型 [*Fusariurn oxysporum* Schtf. sp. *niveum*（E. F. Smith）Snyder & Hansen]，目前报道存在 0、1、2、3 号生理小种，中国流行的主要是 1 号生理小种。美国利用野生种 'Citron'（*C. amarus*）为抗源，育成 'Conqueror' 'Calhoun gray' 'Sugarlee' 等抗性品种。中国利用 'Sugarlee' 为亲本成功选育出抗病品种 '西农 8 号' 与 '金城 5 号' 等主栽品种；通过转育 'Calhoun gray' 枯萎病抗性，创制抗病亲本自交系，培育出 '京抗 2 号'；利用抗西瓜枯萎病 1 号生理小种紧密连锁的分子标记，转育出抗枯萎病亲本 '京 XYY'，并培育出抗病丰产优质且适合轻简化栽培的新品种 '京美 10K02' '京美 10K03' 等。在抗枯萎病 2 号生理小种种质创制方面，美国利用高抗种质材料 'PI 248252'，创制了抗西瓜枯萎病 2 号生理小种的自交系 'USVL252-FR2' 'USVL246-FR2' 和 'USVL335-FR2'。

炭疽病是西瓜生产中另一个重要病害，已知炭疽病原菌（*Colletotrichum lagenarium*）有 7 个生理小种。美国选育出抗 1 号生理小种的 'Jubilee' 'Sugarlee' 和 'Dixielee' 等品种，随后利用野生抗源与 'Jubilee' 和 'Crimson sweet' 杂交选育出了抗 2 号生理小种的品种 'AU-Producer' 和 'AU-Jubilant'。中国以国外抗性品种为抗源转育出一批早熟、优质，适合早春保护地的抗性种质材料，并培育出 '浙蜜 1 号' '抗病 948' 等新品种。

由专性寄生菌单囊壳白粉菌（*Podosphaera xanthii*）引起的白粉病也是西瓜生产的重要病害，存在多个生理小种。中国科研人员在野生种质资源 'Arka Manik' 的 2 号染色体上发现了对生理小种 2F 抗性的显性候选基因，采用高通量分子标记辅助选择技术，转育出抗白粉病 '京 RWF' 'M16' 'M11' 和 'M49' 等西瓜种质，并育成抗白粉的优良西瓜品种。

第五节　蔬菜种质资源的发展趋势与展望

世界各国对蔬菜种质资源保护和创新利用都高度重视，在蔬菜种质资源收集保存、鉴定评价和创新利用方面取得了良好进展。但是在新时代，人类对蔬菜产品提出了更多更高的要求，同时，自然环境和生产环境的变化也对蔬菜产业提出了新的挑战。蔬菜种质资源研究与利用的发展趋势及重点任务主要体现在以下四个方面。

一、拓展蔬菜多样性收集和保护

为更全面地收集保护蔬菜物种及其遗传多样性，需要进一步拓展考察收集地域范围，加强野生近缘种、杂草、原始栽培品种、未充分改良地方品种以及特殊遗传材料的收集，提高收集总量和扩大多样性。同时，加强种质资源的系统深度整理，合理处理生物学混杂以及同名异物或同物异名的种质，提高收集和保存种质资源的质量。此外，还应加强对收集种质资源的安全保存技术研究，改善保护策略，通过原生境保护与异生境保护相结合，低温、超低温保存相补充，确保种质安全保存，避免得而复失。

二、通过表型精准鉴定，全面解析优异种质资源遗传背景和利用价值

种质资源的深度鉴定评价是全面和充分了解它们的遗传背景、遗传关系和利用价值的基础。在不同生态环境下的全生育期表型性状的系统和精准鉴定不可或缺。培养高素质的专业技术人员，在科学田间试验设计的基础上，按照相关标准或规范，开展田间数据采集，结合数字化和人工智能技术，利用各种表型组学、代谢组学的先进技术平台，提高鉴定效率，获取高质量数据。

三、深入开展种质资源的基因型鉴定和基因资源的深度发掘

随着越来越多蔬菜作物基因组信息的发布，基于基因芯片和大规模全基因组重测序的种质资源变异组解析和基因发掘成为可能。依据基本表型性状信息完备的种质资源群体，搭建多组学信息整合平台，开展蔬菜种质资源的基因型鉴定和深度发掘，实现种质资源到基因资源的跨越发展，同时加强优异基因资源的产权保护。

四、立足经典有效的传统技术，跟踪和应用前沿技术，创新优异种质资源

传统的近缘或远缘杂交、回交是大多数有性繁殖蔬菜种质创新中的经典有效方法。物理和化学诱变、组织和细胞培养以及细胞融合等技术适用于不同蔬菜的种质创新。对于容易组织培养、细胞培养和植株再生的有性和无性繁殖蔬菜作物而言，有效的诱变、细胞工程和基因工程等创新技术体系的建立和应用仍然是重要的发展方向。随着蔬菜作物全基因组信息的释放，基因工程和基因编辑技术在蔬菜种质创新中的研究应用将更加广泛。

💻 **推荐阅读**

1. 朱德蔚，王德槟，李锡香.中国农作物及其野生近缘植物（蔬菜作物卷）[M].北京：中国农业出版社，2008.
   蔬菜作物卷包括导论和各论两部分。导论部分论述了蔬菜作物的种类及植物学、细胞学和农艺学分类，以及起源演化的理论。各论部分概述了蔬菜作物的重要性以及生产与供应概况，主要蔬菜的植物学特征与生物学特性及其多样性，起源、传播、分布与分类，种质资源研究与创新利用。

2. Warwick SI, Francis A, Gugel RK. Guide to wild germplasm of *Brassica* and allied crops（Tribe

Brassiceae，Brassicaceae）［M］. 3rd Ed. Ottawa：Agriculture and Agri-Food Canada，Eastern Cereal and Oilseeds Research Centre，2009.

系列丛书包括五卷，第一卷：十字花科芸薹族的分类学和基因组状况；第二卷：十字花科芸薹族的染色体数目；第三卷：十字花科芸薹族的种间和属间杂交；第四卷：作为农艺性状来源的十字花科芸薹族野生种；第五卷：十字花科芸薹族野生种的生活史和地理数据。

?☰ 思考题

1. 简述中国蔬菜物种和遗传多样性及其来源。
2. 简述基因组学发展与蔬菜种质资源基因型鉴定和优异基因资源发掘的关系。
3. 简述蔬菜种质创新的主要方法及其在主要蔬菜作物中的应用优势和局限。

▤ 主要参考文献

1. 李锡香，杜永臣. 番茄种质资源描述规范和数据标准［M］. 北京：中国农业出版社，2006.
2. 李锡香，邱杨. 菜薹和薹菜种质资源描述规范和数据标准［M］. 北京：中国农业出版社，2008.
3. 李锡香，沈镝. 不结球白菜种质资源描述规范和数据标准［M］. 北京：中国农业出版社，2008.
4. 李锡香，沈镝. 黄瓜种质资源描述规范和数据标准［M］. 北京：中国农业出版社，2005.
5. 李锡香，沈镝. 萝卜种质资源描述规范和数据标准［M］. 北京：中国农业出版社，2008.
6. 李锡香，孙日飞. 大白菜种质资源描述规范和数据标准［M］. 北京：中国农业出版社，2008.
7. 李锡香，张宝玺. 辣椒种质资源描述规范和数据标准［M］. 北京：中国农业出版社，2006.
8. 瓦维洛夫. 主要栽培植物的世界起源中心［M］. 董玉琛，译. 北京：中国农业出版社，1982.
9. 郑殿升，杨庆文，刘旭. 中国作物种质资源多样性［J］. 植物遗传资源学报，2011，12（4）：497-500，506.
10. 中国农业百科全书蔬菜卷编辑委员会，中国农业百科全书编辑部. 中国农业百科全书·蔬菜卷［M］. 北京：中国农业出版社，1990.
11. 中国农业科学院蔬菜花卉研究所. 中国蔬菜品种资源目录（第一册）［M］. 北京：万国学术出版社，1992.
12. 中国农业科学院蔬菜花卉研究所. 中国蔬菜品种资源目录（第二册）［M］. 北京：气象出版社，1998.
13. Cai X，Chang L，Zhang T，et al. Impacts of allopolyploidization and structural variation on intraspecific diversification in *Brassica rapa*［J］. Genome Biology，2021，22（1）：166.
14. Cao YC，Zhang K，Yu HL，et al. Pepper variome reveals the history and key loci associated with fruit domestication and diversification［J］. Molecular Plant，2022，15（11）：1744-1758.
15. Chen JF，Staub JE，Tashiro Y，et al. Successful interspecific hydridization between *Cucumis sativus* L. and *C. hystrix* Chakr. Euphytica［J］. Agricultural and Food Sciences，1997，96：413-419.
16. Kirkbride JH. Biosystematic monograph of the genus *Cucumis*（Cucurbitaceae）：botanical identification of cucumbers and melons [M]. North Carolina：Parkway Publishers，1993.
17. Lin T，Zhu G，Zhang J，et al. Genomic analyses provide insights into the history of tomato breeding［J］. Nature Genetics，2014，46：1220-1226.
18. Peterka H，Budahn H，Schrader O，et al. Transfer of resistance against the beet cyst nematode from radish（*Raphanus sativus*）to rape（*Brassica napus*）by monosomic chromosome addition［J］. Theoretical and Applied Genetics，2004，109：30-41.

19. Simon PW，Navazio JP. Early orange mass 400，early orange mass 402，and late orange mass 404：high-carotene cucumber germplasm［J］. Horticulture Science，1997，32（1）：144-145.

20. Song S，Hong JE，Hossain MR，et al. Development of clubroot resistant cabbage line through introgressing six CR loci from Chinese cabbage *via* interspecific hybridization and embryo rescue［J］. Scientia Horticulturae，2022，49：300.

21. Zhang XH，Liu TJ，Wang JL，et al. Pan-genome of *Raphanus* highlights genetic variation and introgression among domesticated，wild，and weedy radishes［J］. Molecular Plant，2021，14（12）：2032-2055.

网上更多资源 ─────────────────────

拓展阅读　　　彩图　　　思考题解析

撰稿人：李锡香　许勇　审稿人：韩振海　陈劲枫

第二十一章

花卉种质资源

📢 **本章导读**

1. 绿水青山、美丽中国，哪些代表性花卉装点了祖国的大好河山？
2. 中国被誉为"世界园林之母"，哪些花卉为世界花卉发展作出了巨大贡献？

广义的花卉定义与观赏植物、园林植物相近，是泛指花朵、果实、叶片、茎干等任何一个器官有观赏价值的草本或木本植物。花卉是美的象征，也是社会文明进步的标志。我国花卉栽培历史悠久，在人类历史文化的发展中有着不可磨灭的贡献，丰富的花卉种质资源在世界园林建设中发挥了重要作用，花卉产业已成为人类生存和发展的重要产业之一。2023 年，我国花卉种植面积 $1.389\ 9 \times 10^6\ hm^2$，销售额 2 167.95 亿元，进出口贸易额 7.10 亿美元，已成为世界上最大花卉生产国、重要花卉贸易国和花卉消费国。花卉的单位面积产值高，在农业产业结构调整、乡村振兴和美丽中国建设中的作用越来越重要。

第一节　花卉种质资源的起源、演化与多样性

一、花卉种质资源基本概念

（一）植物学分类

按照植物分类学，我国目前常见栽培的花卉 5 600 余种，其中有 113 科 523 属产于我国。最多为兰科，如春兰、建兰、寒兰、蕙兰、大花蕙兰、蝴蝶兰、石斛兰、兜兰等；其次是蔷薇科（表 21–1）。

表 21–1　我国常见栽培花卉的植物学分类

科	属 / 个	种 / 个	主要种类
兰科	72	431	春兰、寒兰、蕙兰、大花蕙兰、蝴蝶兰、兜兰、石斛兰
蔷薇科	45	340	月季、梅花、玫瑰、木香、木瓜海棠、珍珠梅、海棠
百合科	56	282	百合、郁金香、风信子、萱草、百子莲、大花葱、玉簪、文竹、吊兰
菊科	84	266	菊花、翠菊、万寿菊、紫菀、荷兰菊、木茼蒿、蓍草、藿香蓟、矢车菊

科	属/个	种/个	主要种类
豆科	76	223	羽扇豆、大花香豌豆、紫藤、紫荆、红车轴草、含羞草
毛茛科	29	186	花毛茛、金莲花、银莲花、大花飞燕草、楼斗菜、乌头
杜鹃花科	16	162	马银花、羊踯躅、迎红杜鹃、春花欧石南、吊钟花、灯笼花
禾本科	50	120	狼尾草、花叶芦竹、高羊矛、荻、芒、芦苇
鸢尾科	17	100	唐菖蒲、鸢尾、花菖蒲、小苍兰、番红花
木樨科	12	100	丁香、桂花、茉莉花、连翘、迎春花、金叶女贞
木兰科	13	88	玉兰、紫玉兰、含笑、鹅掌楸
天南星科	24	86	花烛、火鹤、黛粉叶、龟背竹、绿萝、白鹤芋、马蹄莲
玄参科	28	85	金鱼草、蒲包花、洋地黄、婆婆纳、柳穿鱼、猴面花、钓钟柳、夏堇
报春花科	9	84	仙客来、报春花、多花报春、点地梅、过路黄
石蒜科	21	81	朱顶红、水仙、晚香玉、石蒜、君子兰、文殊兰
唇形科	33	81	一串红、鼠尾草、迷迭香、薰衣草、香薷、荆芥、丹参
景天科	13	65	八宝、长寿花、佛甲草、燕子掌、石莲花、落地生根
山茶科	10	59	山茶、金花茶
芍药科	1	24	牡丹、芍药
秋海棠科	1	44	秋海棠、球根秋海棠

（二）按生态习性分类

按形态和生态习性将花卉分为木本花卉和草本花卉。

1. 木本花卉

木本花卉包括乔木、灌木和竹类；蔷薇科、杜鹃花科、山茶科、木樨科等；如梅花、月季、牡丹、杜鹃、山茶、桂花等我国著名的花卉。

2. 草本花卉

（1）多年生花卉

①宿根花卉　菊科、毛茛科等。

②球根花卉　百合科、石蒜科等。

③兰科花卉　兰属、蝴蝶兰属、石斛属等。

④蕨类植物　铁线蕨科、鹿角蕨科等。

⑤多浆植物　仙人掌科、景天科等。

⑥水生花卉　莲科、睡莲科等。

（2）一二年生花卉　凤仙花科、堇菜科、茄科等。

（三）按主要用途分类

主要划分为鲜切花（鲜切花、鲜切叶、鲜切枝）、盆栽植物类（盆栽植物、盆景、花坛植物）、观赏苗木、食用与药用花卉、工业及其他用途花卉、草坪、种子用花卉、种苗用花卉、种球用花卉、干燥花等十大类。

二、花卉种质资源的起源、传播与多样性

（一）花卉的起源

中国是有记载以来利用和种植花卉最早的国家之一。我们的祖先最初采集和种植植物，是为了食用或药用，或者种植植物以防止动物的侵害，之后发现其花、叶、枝、果等的美丽用途，后逐渐演变成花卉，供观赏用，如海棠、梅花、蔷薇、菊花等。

1. 花卉（园林植物）的起源中心

主要有中国、西亚、中南美三个起源中心。

（1）中国起源中心　中国地域辽阔，自然生态环境复杂，植物种质资源极为丰富，是很多著名花卉的起源中心。山茶、蜡梅、菊花、中国兰、银杏、萱草类、扶桑、紫薇、木兰、海棠类、荷花、桂花、芍药（次生起源中心在欧洲）、牡丹、报春类、梅花、杜鹃花类、月季（次生起源中心在欧洲）、丁香类等许多世界名花或商品花卉及其野生近缘种起源于中国。

（2）西亚起源中心　番红花类、鸢尾类、突厥蔷薇、郁金香类等起源于该区，该区起源的花卉随着十字军东征而对欧洲园林产生了较大的影响。

（3）中南美起源中心　大丽花、朱顶红类、万寿菊、百日草类等起源于该区，随着新大陆的发现而成为常见栽培的花卉。

随着南半球植物资源的开发与利用，南非和澳大利亚可能成为另外两个起源中心。如天竺葵类、帝王花类等起源于南非，银桦类、蜡花类等起源于澳大利亚。

2. 花卉起源中心的动态变化

中国的中部和西部山区及附近平原被认为是栽培植物最早和最大的独立起源中心，不仅是很多亚热带花卉和一部分热带花卉的自然分布中心，而且还是很多著名花卉的栽培中心。研究表明花卉的起源中心常与自然分布中心相一致，如野生牡丹的自然分布中心在陕西、山西、甘肃、河南等地，它的起源中心也在西安、洛阳、临洮一带。也有起源中心与分布中心有一定距离的，如梅花的分布中心在四川、云南、西藏交界的横断山区，而其起源中心却在长江中下游地区。起源中心与分布中心重合或相近的，可称为原生起源中心。有些植物还有次生起源中心，如月季的分布中心和原生起源中心都在中国，但现代月季的形成却在法国等欧洲国家，欧洲亦称为月季的次生起源中心。

花卉的起源中心有着各自不同的发展和转移。如中国起源中心，梅花、牡丹、月季、百合、山茶等，经过唐宋等极盛时期的发展后，近几百年逐渐向日本及欧美转移；而西亚起源中心，罂粟、郁金香、鸢尾、丁香等，经过希腊、罗马以及阿拉伯文化时期后，逐渐出现了欧洲的次生起源中心；西亚起源中心是中世纪欧洲花卉发展的起源。16世纪前欧洲栽培的花卉数目非常有限，16世纪初时约90种，而到16世纪末至少已有300种。欧洲现代花卉园艺的发展得益于18—19世纪从中国、土耳其、日本以及世界其他地区引进的花卉资源，使得荷兰、英国、法国成为欧洲花卉培育的主要国家。19世纪初，美国加入西欧的次生起源中心，使花卉栽培有了快速的发展。

（二）花卉的传播

我国花卉栽培历史悠久。远在春秋时期，吴王夫差建梧桐园时，已有栽植观赏花木海棠的记载。至秦汉时期（前221年—220年），王室富贾营建宫苑，广集各地奇果佳树、名花异卉，植于园内。如汉武帝兴建上林苑，不仅栽培露地花卉，还建保温设施，

种植各种热带、亚热带的花卉,《西京杂记》中记载达 2 000 余种。我国的传统名花大多有 1 000 年以上的栽培历史,有的更长,如梅花、牡丹有 2 000 年以上的栽培历史。这些传统名花品种丰富,并有深厚的花文化积淀。

1. 中国原产的花卉种质资源的对外传播

公元前 5 世纪,荷花经朝鲜传至日本;7 世纪茶花传入日本,后又传入欧美;约 8 世纪起,梅花、牡丹、芍药、菊花等也相继传入日本。大量的花卉和其他园艺作物交流始于 16 世纪,石竹于 1702 年首次传入英国,翠菊于 1728 年传入法国,紫薇于 1747 年传至欧美;现代月季的关键性杂交亲本'月月红''月月粉''淡黄'香水月季、'彩晕'香水月季等也先后于 1791—1824 年引入英国。自 19 世纪初开始有大批欧美植物学工作者来华收集花卉种质资源。100 多年以来,仅英国爱丁堡皇家植物园栽培的我国原产植物就达 1 500 种之多。威尔逊(E. H. Wilson)自 1899 年起先后 5 次来华,收集栽培的和野生的花卉达 18 年之久,包括乔木、灌木 1 200 余种,还有许多种子和鳞茎。1929 年,他出版了在中国采集的纪实《中国,园林之母》(China,Mother of Gardens)。北美引种的我国乔木、灌木就达 1 500 种以上,意大利引种的我国观赏植物约 1 000 种,已栽培的观赏植物中德国有 50%、荷兰有 40% 来源于我国。综上,凡是开展花卉引种的国家,几乎都栽培有我国原产的花卉,或作为杂交育种的亲本。

2. 国外引进花卉丰富了我国花卉种质资源

陆路引种从西汉张骞开始到元代末年(前 134 年—1368 年),主要通过丝绸之路从中亚、近东国家引入。从明代起海运畅通,加上新大陆的发现,促进了花卉种质的交流。到新中国成立之前(1368—1948 年),美国一些区系的观赏植物相继引入我国。特别是 19 世纪中叶以后,我国从国外引进的观赏植物及花卉种类大大增加。如桉树于 1890 年引入广州等地,刺槐于 1877 年引入南京,湿地松和火炬松从 1933—1946 年在我国亚热带地区有少量引种。大量观赏植物、花卉都是由华侨、留学生、外国传教士、商人、外交使节等陆续携带进来的。引种地区多为沿海城市,并多为零星栽培,或偶见于庭园、植物园。新中国成立后,我国花卉引种工作逐步发展。尤其是近 30 年来,我国从世界各地引进了大量的花卉种质资源或花卉品种。据初步统计,我国从国外引进的花卉超过 500 种 4 000 多个品种,极大丰富了我国花卉种质资源多样性,也促进了我国花卉产业的快速发展。

(三)花卉种质资源多样性

全世界高等植物约 30 万种,有观赏价值的植物估计占 20%,约 6 万种。中国是世界重要栽培作物的起源中心,高等植物 3 万余种,有观赏价值的植物约 5 600 种。其中有近百个属中的多半数种原产于我国,如山茶属、杜鹃花属、兰属、菊属、报春花属等。虽然有些属我国原产种的数目不及半数,但却具有很高的观赏价值,如乌头属、银莲花属、耧斗菜属、紫菀属、百合属、独蒜兰属、蔷薇属、景天属、万代兰属、堇菜属等,这些属中有些种是世界重要花卉、是常见栽培或极具观赏潜力尚待开发利用的花卉种质资源。可见我国是世界花卉种质资源宝库之一。

我国的花卉种质资源具有以下突出的特点。

1. 物种和品种多样性丰富

中国拥有许多北半球其他地区早已灭绝的古老孑遗植物,特有的属、种很多,如著名的观赏植物银杏、银杉、水杉、猬实、南天竹、羽叶丁香等。

中国原产和栽培历史悠久的花卉，常具有变异广泛、类型丰富、品种多样的特点，许多类型世界少有。如梅花枝条有直枝、垂枝和曲枝等变异，花有洒金、台阁、绿萼等变异。

2. 具有独特的优良性状

（1）花期　早花和特早花类型多，如迎春、瑞香、迎红杜鹃、二月蓝、山桃、连翘、寒兰等；四季或两季开花类型多，如四季桂、月季花等。

（2）花香　如蜡梅、梅花、水仙、春兰、米兰、玉兰、栀子、玫瑰、桂花、茉莉、结香、月见草、百合、丁香、含笑等，香者众多，且各具特色。

（3）花色　许多科或属缺少黄色的种质，因此黄色的种和品种被视为珍贵的资源，而中国有很多重要的黄色花基因资源。如金花茶、梅花品种'黄香'梅、黄牡丹、大花黄牡丹、蜡梅、黄凤仙等资源对我国乃至世界花卉新品种育种起到了重要作用。

（4）类型　奇异的类型丰富，如菊花的畸瓣类、牡丹的台阁类、梅花的垂枝类、月季的微型与巨型等种质资源。

（5）抗性　如抗寒的疏花蔷薇、弯刺蔷薇、'耐冬'山茶；抗旱的锦鸡儿；耐热的紫薇、深水荷花；抗病耐旱的玫瑰；耐盐的楝树、沙枣；适应性强的水杉、圆柏等。

三、花卉作物种质资源的收集和保存

农业农村部 2004—2023 年建立了包括野生兰花、野生牡丹、野百合、野生杜鹃等在内的 21 个花卉原生境保护点；2018—2022 年分别在北京和南京建立了国家多年生草本花卉种质资源圃（北方）和国家南方草本花卉种质资源圃（南京）两个国家级花卉种质资源圃，收集和保存了芍药、百合、蝴蝶兰、兜兰、菊花等 20 个属 6 000 余份种质资源。国家林业和草原局、中国花卉协会 2016—2022 年开展了两批国家花卉种质资源库申报、评定工作，批准命名了包括梅花、牡丹、芍药、菊花、兰属、天南星科、球根花卉、暖季型草坪草等 46 个包括科、属、种、类型的 70 个国家花卉种质资源库。

美国农业部农业研究机构（USDA-ARS）在俄亥俄州立大学园艺和作物科学系设立了观赏植物种质资源库（OPGC），进行多年生草本植物种质资源的管理，包括种子、球根、茎尖和其他活体。主要涉及秋海棠、萱草、鸢尾、百合、蝴蝶兰、万寿菊等 25 个属。

第二节　木本花卉种质资源

木本花卉种质资源包括乔木、灌木和竹类。著名的花卉种类有梅花、牡丹、月季、杜鹃花、山茶花、桂花等。我国 2 000 多年前就有关于桃、梅、海棠等木本花卉种植的记载，在长期的栽培应用中，形成了独具特色的中华（国）名花，及博大精深的中国花文化。它们原产中国，有的以中国为分布中心，在国际上有较高的知名度；观赏性强，适应性广，在园林应用中占有重要位置。

一、梅花种质资源

（一）梅花起源、演化、多样性
梅花（*Prunus mume*）为蔷薇科李属（*Prunus*）木本植物，是我国特有的传统名花，

其傲雪开放的生物学习性被赋予了不屈不挠、奋发向上的中国花文化，对中华民族传统文化、民族精神和人格的塑造发挥了巨大作用。

1. 梅花的起源

梅花原产我国，主要分布亦在中国，以四川、云南、西藏为分布中心。从物种起源看，梅与杏亲缘关系最近，一般认为梅是杏南迁之后保留下来的一个分支。从栽培起源看，梅花既有单种起源，也有杂交起源。

单种起源即野生种的引种驯化。在云南、西藏、贵州等地发现的野梅、半野生梅、栽培梅，甚至分不清起源的梅，即是梅花引种驯化不同阶段的代表。目前研究认为梅花的栽培起源中心在长江中下游地区。

杂交起源即通过人工杂交产生的新物种梅花。例如，梅与杏杂交形成了'杏梅'，花可赏，果可食。'杏梅'，其名称暗示更像梅，可能梅是母本。还有'陕梅杏'，应该更像杏，杏是母本。'陕梅杏'比'杏梅'更耐寒，在东北可正常越冬。梅与紫叶李也有杂交种，如'美人'梅，紫叶李是母本，梅花是父本。'美人'梅与紫叶李的显著区别是，前者重瓣，后者单瓣。在我国梅花主要栽培于长江流域的大中城市，南达台湾、海南等地，北达江淮流域，最北北京也有栽培，但冬季需要采取防寒措施。

古籍记载梅最初是利用果实调味及食用，《诗经》有"若作和羹，尔唯盐梅"。1975年在安阳殷墟商代铜鼎中发现有梅核，证明我国在 3 200 年前已有梅的应用，是以果作食用。后来才逐渐有栽培记载，为花、果兼用。初汉的《西京杂记》载有"汉初修上林苑，远方各献名果异树，有朱梅、胭脂梅"，并记有'朱'梅、'胭脂'梅、'紫花'梅、'同心'梅、'紫蒂'梅、'丽枝'梅等品种，可知当时已把梅作名果及奇花栽培了。之后南北朝、隋、唐、宋、元、明直至近代，艺梅、赏梅、咏梅之风不衰，留有众多咏梅佳句及专著。

2. 梅花的演化及多样性

梅花是典型的中国花卉，国外栽培不多，仅见于植物园或树木园作标本栽培；在日本栽培较普遍。梅花于 710—784 年传入日本，日本的梅花属于人工引种后"逸生"的"归化"种，不是原产地自然分布。梅果在日本的日常生活中占有重要地位。朝鲜、韩国也有少量栽培。美国于 1844 年引入梅花，只在大植物园中才能见到。英国威斯理植物中心等十几家苗圃有梅花品种苗木销售。

中国梅花依据品种演化与实际应用分为真梅种系、杏梅种系、樱李梅种系。其中真梅种系在株型、枝形、花型、花色上多样性最丰富，此种系品种占 80% 以上。

（二）梅花收集、保存、鉴定与评价

作为无性繁殖的木本植物，梅花种质资源保存的主要途径是建立种质资源圃。陈俊愉院士于 20 世纪 50 年代协同武汉磨山植物园，从四川成都和重庆收集梅花品种，于 1994 年建立中国梅花品种资源圃，从此我国对梅花种质资源的收集与保存从未间断。随后，南京梅花山、无锡梅园也收集保存了大量的梅花种质资源，包括很多日本梅花品种。《中国梅花品种图志》收录梅花品种 318 个。日本梅田操著《梅之品种图鉴》（2009）收录梅花品种 340 个，其中日本品种 250 个左右。世界梅花品种以中国、日本品种为主，总数约 560 多个。国内三大梅园中，无锡梅园约 400 个；南京梅花山保存360 余个；武汉东湖梅花 340 个。

对梅花各种观赏性状、抗逆性、抗病性、经济性状及生产性状的评价的相关报道很

多，包括形态、生态、生理生化、分子生物学等各个方面。但目前比较缺乏的是各种性状的遗传学鉴定和评价。即对各种性状的鉴定和评价，仅限于当代；而对某一性状在后代的遗传和变异知之甚少。

（三）梅花改良创新及应用

梅花种质资源创新的主要途径是开放授粉的实生选种，主要在种质资源圃开展。辐射诱变和离体诱变也有报道，但未见育成品种，可能是对突变体的分离存在障碍。

梅作为第一个被测序的我国传统名花，分子生物学的研究日趋深入，已经分离、鉴定了不少功能基因，但因梅花的植株再生和遗传转化体系尚未建立，这一"瓶颈"限制了种质创新的分子改良的快速发展。

二、牡丹种质资源

（一）牡丹种质资源概况

牡丹为芍药科（Paeoniaceae）芍药属（Paeonia）牡丹组（Section Moutan）的多年生灌木或亚灌木，分为革质花盘亚组（Subsection Vaginatae）和肉质花盘亚组（Subsection Delavayanae），共9个野生种，全为二倍体，都原产中国。革质花盘亚组包括杨山牡丹（P. ostii，又称凤丹）、中原牡丹（P. cathayana）、紫斑牡丹（P. rockii）、矮牡丹（P. jishanensis）、卵叶牡丹（P. qiui）、四川牡丹（P. decomposita）、圆裂牡丹（P. rotundiloba）等7个种，集中分布在秦巴山地、陕甘黄土高原和川西北高原地区；肉质花盘亚组包括滇牡丹（P. delavayi）和大花黄牡丹（P. ludlowii）两个种，主要分布在四川、云南、西藏等地。

牡丹最早在中国被驯化栽培，隋唐时期被引种到日本等国家，18世纪传入欧洲，之后又被引种到北美洲。全球现有栽培品种3 000个以上，其中中国栽培牡丹品种1 300余个。

（二）牡丹起源与演化历史

牡丹最初作为药用植物被我国先民所认识，之后作为观赏植物被栽培。中国野生牡丹分布广，各地由山区直接引种、驯化栽培形成早期原始品种，因此一般认为中国栽培牡丹属于多地起源。唐代之前一些地方已经有零星牡丹栽培，初唐（618—712年）时期牡丹进入宫苑，在唐宋时期迅速发展，牡丹也从宫苑进入寻常百姓家。

经过上千年的栽培驯化，迄今在中国已经形成了中原牡丹、西北牡丹、西南牡丹、江南牡丹四个品种群以及延安牡丹、保康牡丹等小的牡丹品种群。基于叶绿体基因和单拷贝核基因片段的研究结果，认为紫斑牡丹、卵叶牡丹、凤丹、矮牡丹和中原牡丹等5个野生种参与了传统栽培牡丹的形成。牡丹栽培品种和野生种传入日本、欧洲和北美之后，当地的育种者通过杂交等方式培育出了有别于中国栽培牡丹的类群，主要包括日本牡丹品种群和欧美牡丹亚组间杂种品种群。

（三）牡丹种质资源保存

20世纪90年代，中国开展了牡丹野生资源的调查，在摸清家底的基础上引进各地资源建立牡丹种质资源圃。1992年国家林业局（现国家林业和草原局）批准在洛阳国家牡丹园中建立了国家牡丹基因库。甘肃省林业科技推广站和北京林业大学分别在兰州和栾川建立了野生牡丹迁地保育基地。中国科学院植物研究所、北京林业大学、中国农业科学院蔬菜花卉研究所、中国林业科学研究院林业研究所、西北农林科技大学、洛阳市农林科学院等单位，分别在国家植物园（南园）、北京鹫峰国家森林公园、北京延庆、河北承德、陕西杨凌和河南洛阳等地建立了牡丹种质资源圃。此外，洛阳国家牡丹园、洛阳国际牡丹园、洛阳神州牡丹园、菏泽曹州牡丹园、菏泽百花园等都保存有一定数量的国内外栽培品种。2016 年中国花卉协会公布了首批国家花卉种质资源库，其中包括中国科学院植物研究所国家牡丹种质资源库和菏泽瑞璞牡丹产业科技发展有限公司国家牡丹与芍药种质资源库；2020 年又批准了洛阳市农林科学院国家牡丹芍药种质资源库。

（四）牡丹优异种质发掘与利用

牡丹组野生资源遗传多样性丰富，具有非常大的开发潜力，其中滇牡丹种内花色变异丰富，利用其与其他牡丹品种杂交，是获得黄色、橙色、复色等新花色品种的重要育种方式；四川牡丹是分布在四川西部地区的一个特异种质，极少参与到现有栽培牡丹的形成，可利用其培育新叶型、抗旱的牡丹新品种；紫斑牡丹植株高大、花香馥郁、耐寒性强，而且一年生枝条较长，在彩斑育种、切花品种选育及庭院绿化中具有重要应用前景。利用牡丹亚组间高代杂交，可选育出适应性更强、花梗更坚硬、花型更饱满、花色更艳丽的优良新品种。牡丹组与芍药组的组间杂交后代具有花色丰富、抗逆性强等优点，充分利用牡丹与芍药进行杂交育种，也是创制新品种的重要手段。其次，牡丹还是传统药用植物、新型木本油用植物，其部分品种的花瓣还可以茶用或作为化妆品原料，具有较大的应用潜力。

三、月季种质资源

（一）月季种质资源起源演化与多样性

月季为蔷薇科蔷薇属植物，是以四季开花的月季花（*Rosa chinensis*）为重要亲本，和其他同属种反复杂交，演化而成的一类连续开花的杂种品种群的通称。目前全世界已登录有 30 000 多个月季品种。月季观赏价值高，花色丰富，除蓝色外几乎涵盖了色谱上所有的颜色；有盆花、切花、庭院用等多种应用类型，是全世界栽培面积最大、产值最高的花卉作物。

蔷薇属原产于北半球，分布在 20°N—70°N 的欧亚大陆及北美、北非各处，其中中亚和西南亚是蔷薇属植物的分布中心，中国是蔷薇属种质资源最丰富的国家。全世界约有 200 个种，亚洲有 105 种，其中《中国植物志》中记述了 82 个种，分成 2 个亚属、7 个系、9 个组；欧洲有 53 种；北美有 28 种，其中美国 24 种，加拿大 4 种；非洲约 4 种；南半球至今未发现野生蔷薇属植物。

1. 中国古代月季的起源及演化

西汉汉武帝（前 140 年—前 87 年）曾在宫廷中栽种蔷薇。北魏（386—534 年）吴普的《神农本草经》中提到了蔷薇属的木香；从晋朝开始王室普遍栽培蔷薇。唐代诗人白居易、刘禹锡等均有咏蔷薇诗。宋代宋祁《益部方物略记》最早提到月季，当时仅洛阳一地，就有'蓝田碧玉'等极品月季品种 41 个；《月季新谱》中记载 1300 年前中国就已有 100 多个月季品种。王象晋《群芳谱》中把蔷薇属植物最早分为蔷薇、玫瑰、刺蘼、月季、木香等五类。北宋初期 960 年至清代中期 1760 年的 800 年是中国古代月季选育的时期。'月月粉''月月红'是著名的月季花类品种；'淡黄'香水月季、'彩晕'香水月季是著名的香水月季类品种。月季花类和香水月季类这两类月季又通称中国月季。在 18 世纪以前，中国月季已发展到领先水平，品种及栽培技术均居世界前列。

2. 欧洲古代蔷薇的起源及其演化

欧洲的蔷薇最早在公元前 600 年古希腊时候就有文字记载。自 9 世纪希腊荷马时代直至 1800 年左右，用于栽培育种的蔷薇属植物主要是法国蔷薇（*R. gallica*）、百叶蔷薇（*R. centifolia*）和突厥蔷薇（*R. damascena*）以及上百个它们的杂交种和古老品种。那时欧洲的蔷薇花期短，除秋花突厥蔷薇具有不稳定的二次开花外，其他每年只开一次花，且颜色单一。

3. 现代月季的形成

1789 年，中国的'月月红'和'月月粉'首先传入英国；1809 年，'彩晕'香水月季传入英国；1824 年'淡黄'香水月季传入英国。与欧洲的蔷薇种和古老品种反复杂交，先后产生了波特兰蔷薇、波旁蔷薇和香水蔷薇类群。约在 1837 年中国杂种月季品种和波特兰蔷薇或波旁蔷薇杂交产生了具有生长势强、植株高大、花香、红色或粉红色的杂种长春月季品种群，但每年只开一两次花。直到法国育种家 M. Guillot 用杂种长春月季品种与香水月季品种再次杂交，于 1867 年育成了真正四季开花的月季新品种'法兰西'，成为现代月季的杂种香水月季的新起点，亦是古代月季演化进入现代月季的转折点。至今，形成了色彩缤纷、芳香四溢、四季开花的现代月季品种群。

（二）中国蔷薇种质资源对现代月季形成的贡献

参与现代月季起源的原始种约有 15 个，其中 2/3 原产中国；古代月季品种几十个，中国的品种发挥着重要作用，而且至今仍是月季育种重要的种质资源。这些种质资源的引入，创造了月季品种新类群，奠定了现代月季的遗传基础。

1. 连续开花

蔷薇属中四季开花的特性起源于亚洲南部的原生种，原产中国；此特性可能由突变而来。'月月红'和'月月粉'是中国园艺家从单瓣的月季花中选出的连续开花的重瓣品种，它们在与欧洲的蔷薇杂交中将连续开花的特性遗传给了杂交后代。

2. 黄色花

在中国月季未传入欧洲以前，欧洲育种家经过 200 年的努力仍未育出黄色系月季。'淡黄'香水月季、黄蔷薇的引入为黄色系月季的培育作出了重大贡献。

3. 芳香

主要来自中国原产的玫瑰和香水月季。

4. 攀援

野蔷薇、巨花蔷薇、木香、光叶蔷薇引入欧美，参与种间杂交，赋予现代月季攀援性状，增添了姿态美。

（三）月季种质资源的保护与利用

1. 月季种质资源的收集保存

目前，我国有 5 个月季园主要收集保存月季品种资源，深圳人民公园 300 份、常州紫荆公园 1 200 份、国家植物园月季园 1 300 份、北京大兴区魏善庄世界月季主题园 2 300 份、上海辰山植物园月季园 1 025 份。国家多年生草本花卉种质资源圃（北京）收集保存蔷薇属植物及月季品种资源 2 230 份。

2. 鉴定、评价与利用

蔷薇属染色体基数 $x = 7$，属内有多种多倍体 $2n = 2x, 3x, 4x, 5x, 6x, 8x = 14$，

21，28，35，42，56。月季在驯化过程中发生多倍体化及经历频繁的种间杂交等导致其基因组高度杂合。现代月季品种中含有月季花、香水月季、玫瑰、木香、黄刺玫、峨眉蔷薇、法国蔷薇、百叶蔷薇和突厥蔷薇的血统。现代组学研究表明月季花、野蔷薇、光叶蔷薇、巨花蔷薇和法国蔷薇属于一个分化枝，这为远缘杂交育种亲本的选择提供了参考。

目前认为参与现代月季形成的种约有 15 个，相较于蔷薇属的 200 个种来讲，还有丰富的资源可以利用。月季育种者正在利用更多的蔷薇属种质资源改良现代月季品种，创制新的变异。如单叶蔷薇的融入创造花瓣带彩斑的眼睛系列新类群；弯刺蔷薇、疏花蔷薇的引入创造耐寒品种和耐寒种质等。

第三节　宿根花卉种质资源

一、宿根花卉概述

宿根花卉指多年生没有木质茎或仅基部稍木质化的园林植物，地下部分形态正常，不形成肥大的球状或块状的茎或根等。

宿根花卉分为喜温型、不耐寒型和耐寒型三类，分别原产热带、亚热带地区，温带温暖地区和温带寒冷地区。

1. 喜温型

如四季秋海棠和彩叶草等，越冬温度在 5~10℃。

2. 不耐寒型

如天门冬、香石竹和长寿花等。能耐 –5℃ 以上的短期低温。

3. 耐寒型

如菊花、铃兰和荷包牡丹等。能耐 –30~–10℃ 的低温。

二、菊花种质资源

（一）菊花起源演化与多样性

1. 菊花起源与演化

菊花（*Chrysanthemum morifolium*）是多年生草本植物，宿根花卉，属于菊科菊属。目前已知的菊属植物超过了 41 种，分布在中国、俄罗斯、日本、朝鲜、韩国、蒙古国等。我国是菊属植物的分布中心，特有种类繁多，分布广泛，生境多样，从海拔数十米的海滨到海拔 3 500 m 的长白山都有菊属种质资源的分布。

菊花起源于中国，是我国十大名花之一。关于菊花的文字记载最早见于先秦时期，《夏小正》中"荣鞠树麦"的表述说明早期人们利用菊（鞠即菊）的开花习性作为时令的标志，此时的菊花生于田间，并逐渐发现了菊花的食用和药用价值。自东晋时期，开始了菊花的园林栽培，先人们开启了养菊、赏菊、赞菊时代。"采菊东篱下，悠然见南山"，陶渊明的赏菊思想至今影响着中国人对菊花的审美意向。唐宋时期进入菊花全面发展阶段，菊花的栽培技艺日臻完善，"菊花市"的雏形也开始形成。明清时期是快速发展阶段，品种层出不穷，大量菊花专著涌现。近现代因历史和人文原因，菊花种质资源流失严重。综上所述，菊花在我国经历了近 4 000 年的发展历史，逐渐从原始的野生种经过漫长的人工栽培、杂交和选育，形成了丰富的品种类群。菊花先后于唐代、清代传入日本和欧美等国，成为全世界种植、应用形式最为广泛的著名观赏植物之一。

菊花是异花授粉植物，种内、种间甚至属间杂交现象频繁，产生了广泛的遗传重组与性状分离，其自身又可通过芽变产生新的性状，经过自然及人工选择，形成了现在的栽培菊花。所以，关于栽培菊花的起源有多种假说，中外学者先后从杂交与分类、地理分布、细胞遗传学、分子标记、基因组学等多个层面探讨菊花的起源，发现菊属的野菊、毛华菊、菊花脑、菱叶菊、紫花野菊、异色菊等都可能参与了菊花起源。最新的基因组研究结果表明，栽培菊花与南京野菊、菱叶菊关系最近，并且在菊花中发现了广泛而多重的基因组渗入现象，推测它们可能参与了栽培菊花的形成以及菊花物种复杂的网状进化史。

2. 菊花种质资源多样性

在 1 600 多年的栽培、应用历史过程中形成了大量色彩丰富、姿态各异的菊花种质资源及栽培品种。菊花品种按照自然花期分为：夏菊、秋菊、冬菊和四季菊。按照头状花序大小分为小菊（6 cm 以下）、中菊（6～10 cm）和大菊（10 cm 以上）。按照瓣型分为：平瓣、匙瓣、管瓣、桂瓣和畸瓣，瓣型 – 花型又再细分为 30 种花型（中外分类方式略有不同）。按照功能用途分为观赏菊和经济菊两大类。观赏菊再细分为切花菊、盆栽菊、花园菊（地被菊）、造型菊；经济菊主要指茶用菊，如杭白菊、贡菊等。

（二）菊花种质收集保存与鉴定评价

1. 菊花种质收集与保存

菊花栽培历史悠久，种质资源丰富。秦代以前只有黄色菊花，汉代出现白色菊花，南北朝又出现了墨菊和紫菊。宋代刘蒙的菊花专著记载了 35 个品种，到了明代的菊花专著记载了 200 多个品种，清代品种达 2 000 余个。据考证从 1104—1900 年近 900 年间的 26 部菊谱中，共记载 2 886 个菊花品种，其中 1 776 个品种得到确认。

近现代菊花品种的数量很多，从各地历年菊展中可见一斑。如 1958 年杭州菊展展出品种 900 个，1963 年上海菊展展出 1 200 个。1981—1988 年，南京农业大学等对全国菊花品种资源进行了全面调查，共收集整理了 3 000 多个品种。20 世纪 90 年代后，南京农业大学建立了"中国菊花品种资源保存中心"，截至 2022 年，收集保存各类菊花品种及近缘种属种质资源 5 000 余份。此外，国内还有很多农林大学及科研单位都保存了数量不等的菊花种质资源。

2. 菊花种质资源鉴定与评价

菊花作为观赏花卉，鉴定评价主要以观赏性状为主，包括花色、花型、花期等。北京林业大学收集了 880 个中国传统菊花品种，连续 10 年进行反复表型数据观察和栽培试验，最终确认了 735 个品种，并建立了菊花的"分子身份证"。我国还对菊花野生种质资源抗性开展精准评价。菊属及其近缘种属野生种质资源具有很多栽培菊花所缺乏的优良性状，如耐盐、抗旱、抗蚜虫等。南京农业大学针对菊属野生种质资源的耐涝性进行了综合评价，获得了耐涝种质，中国农业大学、四川农业大学对菊花种质资源抗寒性进行了深入鉴定，解析了菊花抗寒的分子机制。华中农业大学对菊花近缘种的抗蚜虫机制研究发现，抗蚜种质在植物组织结构和酶活性方面与敏感种质存在显著差异。

（三）菊花改良创新及应用

近十年来，我国科技人员充分利用菊属野生种质资源推动了菊花育种进程，开展了菊花及其近缘种属的杂交和胚拯救工作，发现菊属可以与矶菊、女蒿属、亚菊属、太行菊属等近缘植物杂交，通过远缘杂交，提高菊花品种的抗盐性、耐涝性，培育出了'钟山金桂''钟山紫荷'等远缘杂交品种。除常规杂交育种（包括远缘杂交）和诱变育种以外，分子育种技术也开始运用到菊花品种改良种，包括转基因、基因编辑、分子标记辅助选择、全基因组关联分析等。例如，通过转基因已培育出蓝色菊花。截至 2023 年 6 月，菊属植物中已有菊花脑、甘菊、日本野菊 3 个野生种和 1 个菊花栽培种完成了全基因组测序，为菊属种质资源研究与利用、品种改良与种质创新奠定了坚实的基础。

第四节　球根花卉种质资源

球根花卉是指具有膨大的根或地下茎的多年生草本花卉。种类丰富，花色艳丽，适应性强，常应用于花坛、花境、专类园等。也可作为切花、盆花等商品化生产，做切花生产的如百合、唐菖蒲、郁金香、小苍兰、球根鸢尾、晚香玉等；做盆花生产的如仙客来、朱顶红、水仙、大丽花、球根秋海棠等。

一、球根花卉概述

（一）球根花卉形态特征及分类
根据球根的来源和形态可分为以下 5 类。

1. 鳞茎

地下茎短缩为圆盘状的鳞茎盘，其上着生多数肉质膨大的鳞片，整体球状。又分有皮鳞茎和无皮鳞茎。有皮鳞茎，如水仙和郁金香等，较耐干燥，不必保湿贮藏。无皮鳞茎，如百合、贝母等。有的百合（如卷丹），地上茎叶腋处产生小鳞茎（珠芽），可用以繁殖，贮藏时必须保持适度湿润。

2. 球茎

地下茎短缩膨大成实心球状或扁球形，其上有环状的节，节上着生膜质鳞片和侧芽。如唐菖蒲、小苍兰等。

3. 块茎

地下茎的先端部或地上茎肥大形成不规则实心块状或球状，上面具芽眼。如马蹄莲、仙客来等。

4. 根茎

地下茎呈根状膨大，通过分枝增殖，横向生长，而在地下分布较浅。如美人蕉、鸢尾等。

5. 块根

不定根异常生长呈块状，繁殖时须带有能发芽的根颈部，如大丽花、花毛茛等。

（二）球根花卉的生物学特性
球根花卉有两个主要的原产地区，按其特性分春植球根、秋植球根。

1. 地中海沿岸的冬雨地区

秋、冬、春季降雨，夏季干旱，秋季至春季是生长季节，是秋植球根花卉的主要原产地区。这类球根花卉秋天栽植，秋冬生长，春季开花，夏季休眠。

2. 南非的夏雨地区

春季栽植，夏秋季开花，冬季休眠。生长期要求较高温度，不耐寒。

春植球根花卉一般在生长期（夏季）进行花芽分化；秋植球根花卉多在休眠期（夏季）进行花芽分化。

二、百合种质资源

目前普遍栽培的观赏百合是由很多野生种，以及多次杂交而成的品种，可以归为几个杂种系（品种群），百合的学名 *Lilium* cvs.。

（一）百合起源、演化及多样性

百合属全球有 157 种（120 spp. + 37 var.），我国有 63 种（49 spp. + 14 var.）。属下分为 7 组：① 百合组 Sect. *Lilium*，② 轮叶组 Sect. *Martagon*，③ 根茎组（北美组）Sect. *Pseudolirium*（North American section），④ 具叶柄组（东方组）Sect. *Archelirion*（oriental section），⑤ 卷瓣组（亚洲组）Sect. *Sinomartagon*（Asiatic section）、⑥ 喇叭组 Sect. *Leucolirion*（trumpet section），⑦ 钟花组（Sect. *Lophophorum*）。这是国际上常用的百合属分组，与《中国植物志》的分组基本一致。国产百合主要分布在百合组、轮叶组、卷瓣组和钟花组。

世界范围内栽培的百合品种都是百合属各组内或组间的种间杂交而来的。至 2007 年，国际登录的百合品种共 14 350 个；加上 2009、2010、2012、2014、2017 年 5 次增补，目前登录的百合品种总数应接近 16 000 个。主要分为 9 个杂种系（品种群）：Division Ⅰ 亚洲百合 Asiatic hybrids（AS），主要由卷瓣组的野生种杂交而成；Division Ⅱ 星叶百合 Martagon hybrids；Division Ⅲ 欧洲百合 Euro-Caucasian hybrids；Division Ⅳ 美洲百合 American hybrids；Division Ⅴ 麝香百合 Longiflorum（LO），主要由喇叭组和卷瓣组的野生种杂交而来；Division Ⅵ 喇叭百合 Trumpet lilies；Division Ⅶ 东方百合 Oriental hybrids（O），主要由具叶柄组（东方组）的野生组杂交而来；Division Ⅷ 其他杂种系 other hybrids；Ⅸ 其他种及品种。其中杂种系间的杂种属于Ⅷ其他杂种系；尚未参与以上杂种系杂交的野生种及其品种，属于Ⅸ其他种和品种。Ⅷ是目前百合育种的趋势，Ⅸ则是百合育种的潜力。

百合的栽培起源有两条途径：一是引种驯化的单种起源，以Ⅸ其他种和品种为主；二是杂交起源，其余 Ⅰ~Ⅷ 杂种系都是杂交起源。

百合品种的多样性主要体现在子叶出土或留土、花芽分化时期、叶形、叶序、花色、花型、花姿等方面。其中比较重要的一是花芽分化的时期，种和品种之间差异很大，从秋季鳞茎采收前开始，经冬季贮藏，直到翌年春季种植之后，多半年的时间里，都有品种在进行花芽分化。而且切花采收之后，有的品种可二次开花和多茬采收，这也是花芽分化的问题。二是花姿，即花朵的朝向。野生百合大多花头向下（down facing，避雨），栽培百合花头朝外（out-facing）或向上（up-facing），人工选育对此发挥了巨大作用。三是花型，即花被片着生的方向，包括喇叭型（trumpet-shaped）、碗型（bowl-shaped）、平盘型（flat）和反卷型（recurved）。栽培品种最多的是喇叭型。

（二）百合收集保存与鉴定评价

百合种质资源收集的难度不大，但保存的难度比较大。因为百合均原产于高海拔的山区或高原，喜欢凉爽的夏季；而建设的种质资源圃通常位于低海拔的平原或城市，无法满足百合对生态环境的要求。迄今为止，我国已建立两个百合种质资源圃：一是北京市农林科学院的国家百合种质资源圃，保存国内外的野生种和变种64种、品种400多个。二是辽宁省农业科学研究院的百合种质资源圃，保存国产百合种和变种48个、品种400多个。

中国对百合种质资源的鉴定主要集中于种质资源分布、核型与基因组、遗传多样性、育种亲本、病虫害抗性等。在国产全部63个种（变种）中，尚未开展鉴定评价的仅包括短柱小百合、报春百合、黄绿花滇百合、无斑滇百合、小百合、黄斑百合、藏百合等7个种。其他的百合种均进行了不同程度、不同深度的鉴定评价。目前对百合的鉴定多侧重于种间或品种间的花色、花香等观赏性状的差异比较，另外对百合耐热性、耐盐性、抗病性等也有比较深入的鉴定评价。对百合重要特征特性的遗传规律研究还不多，种质创新还难以支撑百合品种改良的需求。

（三）百合改良创新及应用

在育种应用方面，参与亚洲百合杂种系形成的我国百合种质有秀丽百合、条叶百合、垂花百合、川百合、卷丹、柠檬色百合、山丹、卓巴百合、渥丹等9种；参与东方百合杂种系形成的有美丽百合1种；参与麝香百合杂种系形成的有台湾百合、麝香百合等2种；参与喇叭百合杂种系形成的有野百合、宜昌百合、岷江百合、泸定百合、淡黄花百合、南川百合等6种；参与欧洲百合杂种系形成的有竹叶百合、欧洲百合、浙江百合、青岛百合等4种。

作为杂交亲本利用的有台湾百合、宜昌百合、麝香百合、淡黄花百合、卷丹、柠檬色百合、大花卷丹、紫斑百合、山丹、美丽百合、大理百合、竹叶百合、欧洲百合、青岛百合、线叶百合、毛百合等16种。其中大花卷丹、紫斑百合、大理百合、线叶百合、毛百合等5种是新增加的杂交亲本。

第五节　兰科花卉种质资源

一、兰科花卉起源演化及多样性

广义的兰花是指兰科观赏价值较高的植物，主要来源于兰属、蝴蝶兰属、石斛兰属、兜兰属、文心兰属。狭义的兰花也称国兰，是指兰科兰属植物，兰属植物在我国有着悠久的栽培历史。兰科是单子叶植物中最大的一个科，广泛分布于世界各地，主要产于热带地区，全世界约有800属，25 000～30 000种，仍然不断有新种或新属被发现。兰科分为5个亚科，即拟兰亚科、香荚兰亚科、杓兰亚科、树兰亚科和兰亚科。兰科大多为珍稀濒危植物，属于《野生动植物濒危物种国际贸易公约》的保护范畴，占该公约应保护植物的90%以上，是当前保护植物多样性的重要组成部分。

兰属植物在全世界约有48种，其分布中心为喜马拉雅山地区。我国是兰属植物的分布中心之一，已知的兰属植物有29种，占全球兰属的一半以上，以地生兰为主。国兰起源于我国，在中国的古代典籍上有关兰蕙的记载已有2 000多年的历史。陈心启和吉占（1998）与吴应祥和吴汉珠（1998）认为中国最早涉及真正兰花的记载是唐代末年唐彦谦的《咏兰》。多数学者认为我国开始栽培兰花至少可以追溯到唐代末年。中国兰花很早就传入了日本，据田边贺堂的《兰栽培之枝节》记载："建兰由秦始皇使者徐福带来"，"素心兰由中国唐代传来"。此外，日本的秋兰和抱岁兰中的许多著名品种，也是由中国引进的，而且至今仍保持原名。

蝴蝶兰属（*Phalaenopsis*）是兰科植物中最具有园艺价值的类群，共有约80个野生种，其分布范围北从印度和我国西南地区向南延伸到整个热带亚洲、澳大利亚、巴布亚新几内亚和太平洋一些岛屿，分布中心在东南亚各国，我国约有22种。蝴蝶兰属花卉自19世纪40年代开始在欧洲引种栽培，人们最初是从野外采集野生植株，后来通过人工繁殖技术进行扩繁栽培。1970年后，组织培养技术的不断进步，促使蝴蝶兰真正地实现了大规模的市场化生产。我国台湾地区在20世纪80年代就逐渐打造了世界蝴蝶兰育种中心的地位，产业上也享誉全球。20世纪80年代，蝴蝶兰逐渐进入中国大陆市场，并开始建立蝴蝶兰育种体系及产业化开发应用，目前中国已成为世界最大的蝴蝶兰生产区和消费区。

二、兰科花卉种质收集保存与鉴定评价

我国最早栽培兰属植物至少可以追溯到唐代，古人一直有养兰、赏兰的传统，并且保存了许多珍贵种质或品种。改革开放以后的几十年，过度开发利用野生兰属植物，对种质资源保护造成极大破坏。欧洲自19世纪40年代开始在全世界范围内广泛考察收集蝴蝶兰、卡特兰等兰科植物并带到欧洲进行种植保存，目前英国邱园是世界上保存兰花最悠久种类最多的植物园之一，数目达几千种。我国台湾地区在20世纪80年代大力开展蝴蝶兰种质的收集保存及利用。在中国大陆，众多科研院所和植物园也开展了兰属植物的收集保存工作。国家多年生草本花卉种质资源圃（北京）收集蝴蝶兰、兜兰等野生种和品种600余份。对兰花种质的鉴定评价主要侧重于花型、花期、花色、香气等特征特性。国际上通过组建兰花协会、举办兰花展览等措施持续推动兰花的研发应用及产业化发展。

三、兰科花卉种质资源改良创新及应用

兰花种子没有胚乳，在自然界与真菌共生才能萌发，人工杂交获得的种子在常规条件下播种难以萌发，阻碍了兰花的种质创新，随着组织培养技术的发展，人们通过无菌播种获得了大量的兰花杂交后代。兰科植物种类繁多，近缘属间杂交也较容易，从而形成了大量的种间、属间杂交后代。英国皇家园艺学会（RHS）负责兰科植物新品种的登记和发表工作，截至2024年2月，已登录兰属17 928个、蝴蝶兰属39 626个、兜兰属29 582个、石斛兰属16 699个、文心兰属8 655个。

第六节　一二年生花卉种质资源

一、一二年生花卉的起源演化及多样性

在一个或两个生长季节内完成从播种、萌芽、开花结实、衰老直至死亡的完整生活周期的观赏植物，一二年生花卉多是异花授粉植物，以种子繁殖。常见应用形式是种植在花坛和花境中，形成彩色图案；或植于栽培箱（柱）、吊篮、窗台花池等，用于各类装饰。近年来，用作盆栽和切花生产的种类和品种也越来越多。

一年生花卉多原产热带或亚热带，不耐0℃以下低温。常春季播种，夏、秋季开花，在冬季到来之前死亡。如翠菊、鸡冠花、凤仙花、紫茉莉、半枝莲、百日草等。部分植物需要春化和短日照诱导开花。春化阶段要求较高的温度，在5~12℃的温度下，5~15 d可完成春化。秋季在每日8~12 h短日照下可完成其光周期。

二年生花卉多原产温带或寒冷地区，耐寒性较强，常秋季播种，当年只生长营养体，露地越冬或稍加覆盖防寒过冬，翌年春季开花结实。如雏菊、香豌豆、虞美人、三色堇等。在0~10℃低温下，经30~70 d可完成春化；在每日14~16 h长日照下，可完成其光周期。

生产中也常将一些多年生花卉作一二年生栽培，如金鱼草、四季秋海棠、石竹、一串红、万寿菊等。

二、凤仙花种质资源

凤仙花（*Impatiens balsamina* L.）别名指甲花、急性子等，是凤仙花科、凤仙花属一年生草本植物。原产中国、印度及马来西亚。性健壮，耐炎热，生长周期较短，花期长，花色丰富，株型多变，宜在庭院作花坛、花境或花篱等用。易于自播繁衍，常于花朵未开时完成自花授粉，异花授粉率低。花朵娇嫩，套袋易霉烂，采取地区隔离。蒴果成熟时开裂，弹出种子；种子千粒重约9 g。染色体数$2n = 2x = 14$或$2n = 4x = 28$。

（一）凤仙花的起源演化及著名品种

凤仙花在中国的栽培历史悠久，因雅俗共赏而流行民间。在我国南北均有栽培，分布极广，尤以江南民间及山野、宅旁为多。唐代（618—907年）时已作为花卉栽培供观赏（吴仁璧《凤仙花》诗），彼时女子已用凤仙花瓣染指甲；至宋代（960—1279年）、明代（1368—1644年）品种续增，已有多色及洒金、双台或一本开二色花等品种；并有单瓣、重瓣之分；清代（1644—1911年）中国第一部凤仙花专著《凤仙谱》（1790年）由药物学家赵学敏编著，书中阐述了凤仙花的名称渊源、演变过程，记录242个品种，并描述了栽培、育种方法。珍奇优异品种有花大如碗的'鹤顶红'、植株甚高的'一丈红'、香似茉莉的'香桃'、开绿色花的'倒挂么凤'、开金黄色花的'黄玉球''金杏'等，不幸的是目前这些优良品种大部分已丧失。凤仙花1596年传入欧洲，1694年前后传入日本，现已在全球很多国家栽培应用。

（二）同属其他类群

同属植物约1 200种，我国约有350种。主要栽培的有非洲凤仙花和新几内亚凤仙花。非洲凤仙花（*I. walleriana*），又称玻璃翠、温室凤仙，是将原苏丹凤仙（*I. sultanii*）与何氏凤仙（*I. holstii*）合并为一种。多年生草本，四季开花不断；染色体数为$2n = 2x = 16$。原产非洲，喜温暖湿润，花多色丽，品种丰富，是优美的盆花，常用于花坛、路边、庭园。新几内亚凤仙花（*I. hawkeri*）是多年生草本植物，常为一年生栽培。1995年前后引入中国。盆栽生产，亦广泛用于花坛布置、庭院栽植等。

三、三色堇种质资源

三色堇（*Viola tricolor*）别名蝴蝶花、鬼脸花，堇菜科堇菜属多年生草本植物，常为一二年生栽培。每花常具3种颜色，因而得名。染色体数为$2n = 2x = 26$或$2n = 4x = 52$。原产欧洲。植株矮生，品种繁多，色彩鲜艳丰富，花期长，适用于盆栽、地栽，是著名的早春花卉，优良的花坛材料。耐寒，喜凉爽和阳光充足环境，怕高温和多湿。播种至开花需要 100～110 d。千粒重 1.40 g。种子易散落，制种时品种之间隔离距离 500 m，需要分批及时采收。

（一）三色堇的起源演化和多样性

三色堇原产欧洲，世界各地均有栽培。1629 年将野生种引种于庭园栽培。19 世纪开始进行品种改良，1830 年将长形花（马头状）改良成圆形、大花、色彩鲜艳的优良品种。1890 年育成了品种'珍贵三色堇'（Fancy Pansy）。19 世纪末到 20 世纪初欧洲着重于抗寒品种的选育，并育成四倍体植株，著名品种'Magic Carpet'问世。1950 年左右瑞典人育出'瑞士大花系'（Swiss Giant）；美国人育出了花径达 8～9 cm 的品种'奥勒冈大花'（Oregon Giant）和'槭叶大花'（Maple Leaf Giant）；以及混合色波状花瓣的杂种群（Butterfly Hybrids）等。1970 年以后，美国、法国、德国、英国等国在三色堇的种质创新和育种方面进展很快。我国自 20 世纪 20 年代初从英国、美国引种以来，到 1960 年品种严重退化，1980 年至今从欧美引种大量新品种、新类型。

（二）同属植物与品种群

堇菜属植物约 500 种，广布于温带、亚热带及热带，大部分集中在北温带，我国约有 120 种。常见观赏栽培的有香堇菜（V. odorata）、角堇（V. cornuta）等。以三色堇为中心选育出的三色堇杂种类型，融合了香堇菜、角堇和阿尔泰堇菜（V. altaica）等亲本的特点，使花径达到 10 cm 以上；以角堇为主选育出的多花性小花丛生三色堇杂种类型，育出有花径 3 cm 以下的三色堇系列。已创制出耐寒、耐热、抗病等抗性种质，花色已由纯色经过杂交改良产生双色、多种彩斑等新种质。

第七节　花卉种质资源的发展趋势与展望

我国的花卉产业起步较晚，许多主栽品种是直接从国外引进的。存在两个主要问题：一是品种权保护的问题，一般引进的是保护期过后的老品种；二是品种的适应性问题，明显加大了生产成本。这已成为制约我国花卉业持续、健康发展的重要问题。随着人们生活水平的不断提高，对花卉提出了更高的要求。保护、研究和利用好花卉种质资源，培育出满足市场需要的新品种，使资源得到持续利用，是资源工作者的责任。

一、建立花卉种质资源保护保存体系

种质资源保护的方式主要有原生境保护和异生境保护两种。目前，在我国还没有专为花卉设立的自然保护区，野生花卉原生境保护点也很少；未建国家级花卉种质资源基因库，只建立了 2 个花卉作物资源圃，花卉种质资源的异生境保护工作亦迫在眉睫。

将花卉种质资源保存研究纳入国家基础性、长期性工作，给予稳定持续的支持已迫在眉睫。学习农作物种质资源保护利用经验，按照花卉种质资源特点，整合目前中央和地方的现有力量，分类建立花卉种质资源保护库、圃、点，收集、保存花卉种质资源，建立资源数据库及共享平台，对外交换应慎重、稳妥，严格依法交换，原则上是有出有进、对等交换。形成完整的花卉种质资源保护体系。

二、深入开展花卉种质资源基础研究

花卉种质资源研究涉及遗传学、生态学、园艺学等多学科领域，基础研究较为薄弱，可开展重点花卉品种测序与重测序；通过转录组结合代谢组，阐明花香、花色等性状的网络调控机制。利用基因编辑技术、转基因技术等体系，结合传统育种手段，提高远缘杂交成功率，创制花色或花型新颖、抗病虫、抗逆、低能耗等优点的育种新种质，推动新品种选育进程，加速产业发展，建立稳定的、高水平的花卉种质资源创新利用团队。

三、培育中国本土花卉

一份种质资源从收集、驯化开始，到性状精准评价，到相关基因的克隆与转化，再到高效育种的应用，最后形成品种或成果，并转化应用，需要完善的产学研、育繁推体系支撑。中国植物种质资源极为丰富，是很多著名花卉的起源中心。未来仍将是主栽花卉的品种更新和新花卉诞生的资源基础。持续开发利用好野生花卉资源，培育有自主知识产权的品种，方能发挥野生花卉资源的最大潜力，成就真正的"园林之母"。

📺 推荐阅读

1. 刘仲健.世界蝴蝶兰属植物［M］.北京：高等教育出版社，2021.

   本书全面系统介绍了蝴蝶兰属植物的研究历史、生态习性与地理分布、形态特征、分类和栽培方法，详细介绍了81个种，并附大量照片。

2. 张树林，戴思兰.中国菊花全书［M］.北京：中国林业出版社，2013.

   本书全面系统介绍了中国菊属资源，菊花育种、栽培历史与现状，并附大量品种图谱。

🔖 思考题

1. 什么是花卉？其种质资源研究主要有哪些内容？

2. 我国花卉种质资源有何特点与利用价值？举例说明，我国的花卉种质资源对国内外花卉产业发展作出了哪些突出贡献？

3. 列举一种国外引进花卉（非我国原产），其种质资源的引进如何推动我国该花卉产业的发展？

4. 野生种质资源在花卉新品种选育中起到什么作用？

📇 主要参考文献

1. 包满珠.花卉学［M］.3 版.北京：中国农业出版社，2021.

2. 陈俊愉.关于我国花卉种质资源问题［J］.园艺学报，1980，7（3）：57–64.

3. 陈俊愉.菊花起源［M］.北京：安徽科学技术出版社，2012.

4. 陈俊愉.中国花卉品种分类学［M］.北京：中国林业出版社，2000.

5. 陈俊愉.中国梅花品种图志［M］.北京：中国林业出版社，1989.

6. 陈俊愉，程绪珂.中国花经［M］.上海：上海文化出版社，1990.

7. 费砚良，刘青林，葛红.中国作物及其野生近缘植物：花卉卷［M］.北京：中国农业出版社，2008.

8. 高俊平，姜伟贤.中国花卉科技进展［M］.北京：中国农业出版社，2001.

9. 贺善安，顾姻.中国和美国主要树种相互引种的研究［G］.南京中山植物园研究论文集，1990，

1–21.

10. 黎盛臣．中国野生花卉［M］．天津：天津教育出版社，1996.

11. 李嘉珏．中国牡丹种质资源研究与利用［M］．郑州：中原农民出版社，2023.

12. 李鸿渐．中国菊花［M］．南京：江苏科学技术出版社，1993.

13. 潘志刚，游应天．中国主要外来树种引种栽培［M］．北京：科学技术出版社，1994.

14. 苏雪痕．英国引种中国园林植物种质资源史实及应用概况［J］．园艺学报，1987，14（2）：133–138.

15. 王国良．中国古老月季［M］．北京：科学出版社，2015.

16. 武全安．中国云南野生花卉［M］．北京：中国林业出版社，1999.

17. 薛达元．中国生物遗传资源现状与保护［M］．北京：中国环境科学出版社，2004.

18. 应俊生，张玉龙．中国种子植物特有属［M］．北京：科学出版社，1994.

19. 俞德俊．中国植物对世界园艺的贡献［J］．园艺学报，1962，1（2）：99–108.

20. Boase MR，Miller R，Deroles SC. Chrysanthemum systematics，genetics，and breeding. In：Jules Janick. Plant breeding reviews［M］．New York：John Wiley and Sons，Inc，1997.

21. Gudin S. Rose：genetics and breeding［J］．Plant Breed Review，2000，17：159–189.

22. Hong DY. Peonies of the world：taxonomy and phytogeography［M］．London：Royal Botanic Gardens，Kew，2010.

23. Hong DY. Peonies of the world：polymorphism and diversity［M］．London：Royal Botanic Gardens，Kew，2011.

24. Song A，Su J，Wang H，et al. Analyses of a chromosome–scale genome assembly reveal the origin and evolution of cultivated chrysanthemum［J］．Nature Communication，2023，14（1）：2021.

25. Su J，Jiang J，Zhang F，et al. Current achievements and future prospects in the genetic breeding of chrysanthemum：a review［J］．Horticulture Research，2019，6：109.

26. Wilson H Ernest. China，mother of garden［M］．Boston：the Stratford Company，1929.

27. Zhou S，Xu C，Liu J，et al. Out of the Pan–Himalaya：evolutionary history of the Paeoniaceae revealed by phylogenomics［J］．Journal of Systematics and Evolution，2020，59，1170–1182.

 网上更多资源 ————————————————————————————

 彩图　　　 思考题解析

撰稿人：葛红　贾瑞冬　王亮生　刘青林　赵鑫　审稿人：韩振海

第二十二章

林木种质资源

本章导读

1. 什么是种质？什么是林木种质资源？种质资源的核心是什么？
2. 林木种质资源有什么用途？按照用途大致可分为几类？
3. 国家公园和国家植物园有何区别？

　　林木种质资源作为生物种质资源的重要组成部分，是国家的重要战略资源，是社会经济发展的重要基础，具有重要的科学、经济和生态价值。全球有5万余种林木，中国约有8 000种，绝大多数林木种内遗传多样性丰富，为遗传改良和新品种选育提供了基础支撑。林以种为本、种以质为先，林木种质资源不仅影响生物多样性保护与利用，还关系到国家生态文明建设和可持续发展。

第一节　林木种质资源的起源、演化与多样性

一、林木种质资源基本概念与重要性

　　种质是生物通过生殖细胞或体细胞传递给下一代的遗传物质。林木种质资源泛指能够把种质传递给下一代的林木繁殖材料，包括营养繁殖材料（接穗、插条、根、茎等）和生殖繁殖材料（花粉、种子、果实等）。按照起源，可分为野生种质资源、栽培种质资源（优树、品种、无性系、育种材料等）。按照用途，可分为用材树种、经济树种、防护树种、能源树种、观赏树种与竹藤类物种六大类。

　　林木种质资源是重要的战略性资源，是供应人类社会发展所需木材、竹材及藤条等可再生生物资源的主要来源，也是提供木本粮油、树源饲料和蜜源、工业原料等生物质产品的物质源泉。我国高度重视加快林业发展、推进生态建设，提出了许多新方向、新要求，明确提出"绿水青山就是金山银山"的理念，推动我国林业生态建设从认识到实践发生了历史性变化。林木种质资源对于保障生态安全、改善人居环境、助力乡村振兴与实现"双碳"目标（力争2030年前二氧化碳排放达到峰值，努力争取2060年前实现碳中和）具有重要意义。

二、林木种质资源的起源与演化

裸子植物作为一类最古老的木本植物,在距今约 3 亿年前的古生代石炭纪便已出现。距今 1.7 亿年前的侏罗纪时期,被子植物开始出现,由于其适应性较裸子植物强,逐渐取代裸子植物占据主导地位。2023 年,中国科学院南京地质古生物研究所发现的美丽青甘宁果序化石,证实了白垩纪之前的侏罗纪便有被子植物出现。

中国地域辽阔,气候类型多样,复杂多样的地貌环境类型孕育了生物种类繁多、植被类型多样的森林。我国对林木的驯化历史悠久,最早可追溯至公元前 7 世纪,早在 2 300 年前《山海经》中便有对油茶的介绍:"员木(即油茶),南方油实也"。然而,早期的驯化主要是农作物和蔬菜作物,如稻、黍等,后续才逐渐开始了对茶、桑等经济作物,以及苹果、梨等果树的驯化。新中国成立后,工业与经济的快速发展需要大量的木材,果树之外的用材树种与能源树种的引种驯化也被高度重视。

三、林木种质资源多样性

林木种质资源收集保存的核心内容是保护其多样性,包括物种多样性和遗传多样性。

根据国际植物园保护联盟(BGCI)2021 年发布的《世界树木状况报告》(the State of the World's Trees),全球共有 58 497 种树种,主要分布于新热带区(Neotropics,包括中美洲和南美洲),有 23 631 种;其次是其他热带地区:印度 – 马来亚区(Indo-Malaya,包括热带亚洲,13 739 种)和非洲热带区(Afrotropics,包括撒哈拉沙漠以南的非洲与马达加斯加,9 237 种)。新北区(Nearctic,包括北美洲,1 432 种)和大洋洲区(Oceania,1 602 种)是树种数量最少的地区。树种数量最高的国家是巴西,达 8 847 种,其次是哥伦比亚(5 868 种)和印度尼西亚(5 716 种),中国有 4 800 余种。然而,《中国树木志》指出,中国原产与引进的木本植物共约 8 000 种,与《世界树木状况报告》的数据相比仅次于巴西。

全世界气候与环境复杂多样,经过长期的适应、进化和发育形成了林木物种内丰富的遗传变异。一般而言,与草本植物相比,生活史较长的林木可积累更多的遗传变异,具有更高的种内遗传多样性。大多数树种种内变异大、遗传多样性高,为遗传改良提供了基础,在培育新品种、提高产量和改良质量等方面发挥了巨大作用。

中国植物资源居地球北半球地区的首位,是地球同纬度地带物种多样性及种内遗传多样性最富集的地区,中国有高等植物 3 万多种,其中原产与引进的木本植物共约 8 000 种,乔木类树种 2 000 多种。中国特有树种种类多,华南、华中、西南大多数山地未受第四纪冰川影响,从而保存了许多在北半球其他地区早已灭绝的古老孑遗物种,如水杉、银杏、银杉、水松、珙桐、香果树等。

四、林木种质资源保存体系

1. 原生境保护

随着中国自然保护地体系的建立,中国林木种质资源原生境保护(又称原地保存)取得了很大进展。2021 年 10 月,中国正式设立三江源、大熊猫、东北虎豹、海南热带雨林、武夷山等第一批国家公园,保护面积达 2.3×10^5 km²,涵盖近 30% 的陆域国家重点保护野生动植物种类。截至 2021 年底，我国共有国家级自然保护区 474 个；各类森林公园总数达到 3 571 处，森林公园总面积达 $1.858 \times 10^7 \ \mathrm{hm}^2$，其中国家级森林公园 906 处，总面积达 $1.277 \times 10^7 \ \mathrm{hm}^2$；国家级风景名胜区数量上升为 244 处，其中 26 处国家级风景名胜区已被联合国教科文组织列为世界自然遗产或世界自然与文化双遗产。

2. 异生境保护

异生境保护（又称异地保存）分为野外种植的活体保存和设施内储存的离体保存两种方式。2021 年，我国启动国家植物园体系建设，截至目前，已经正式批复在北京、广州设立国家植物园，并正在编制国家植物园体系规划和相关规范。截至 2023 年 9 月，全国已建设 161 处国家林木种质资源保存库，其中绝大多数为异生境保护，仅有少量为原生境保护。此外，还建立 70 处国家花卉种质资源库。根据《全国林木种质资源调查收集与保存利用规划（2014—2025 年）》的安排，中国将建立一个林木种质资源设施保存国家主库（雄安）、6 个区域分库（山东、新疆、湖南、内蒙古、青海和海南），截至 2022 年 10 月，山东分库、新疆分库已投入运行，湖南分库、内蒙古分库、青海分库和海南分库正在建设中。近年来，自然灾害和极端气候频发，对野外活体库的威胁加剧，急需建设技术先进、库容足够的现代化林木种质资源设施保存库，以实现林木种质资源的安全、长期保存。

第二节　用材树种种质资源

中国用材树种种类繁多，为用材林培育及其良种选育提供了坚实基础。目前广泛应用的用材树种（属）主要有杉木、马尾松、油松、侧柏、杨树、泡桐、落叶松、红松、云杉等。中国也是世界上最早进行珍贵用材树种栽培的国家之一，并积累了丰富经验。根据《中国主要栽培珍贵树种参考名录（2017 年）》，第九次全国森林资源清查识别出并列入名录的珍贵树种有 101 种。

一、杨树

1. 杨树的起源与演化

杨树（*Populus* spp.）是杨柳科（Salicaceae Mirb.）杨属（*Populus* L.）植物的统称。杨属植物 100 多种，我国拥有 53 种，还有许多变种、变型，是世界杨树分布中心之一，也是杨树栽培面积最大的国家，人工林主要分布范围北至松嫩平原北界，南至鄱阳湖平原，东至沿海滩涂，西至新疆西部边界，分布范围约占我国国土面积的 40%。

我国杨树栽培历史悠久，文字记载可追溯至公元前 7 世纪，"东门之杨，其叶牂牂"和"阪有桑，隰有杨"之句出自《诗经》，《周易》有"枯杨生稊"之句，当时已经广泛种植杨树。《韩非子》一书对杨树埋条和插条的繁殖方法有详细记载。1 300 多年前《晋书》中有"长安大街，夹树杨槐"之句，说明当时杨树栽培已从农村进入城市成为绿化树种。新中国成立后，杨树被用于营造防风固沙林和农田林网，栽培面积逐步扩大。20世纪 50 年代以杨树为主建成了豫东、冀西、东北西部和内蒙古东部大型防护林体系。20 世纪 60—70 年代，以河南鄢陵和山东兖州为代表，形成农田生态系统，并开展丰产集约栽培。20 世纪 80 年代，开始在平原地区大面积营造杨树速生丰产林，并逐步形成生产基地并得到大力发展。21 世纪以来，杨树纸浆原料林和速生丰产用材林基地建设迅猛发展，为国内生产用材提供了巨大补充。

2. 杨树种质资源的收集、鉴定与评价

在杨树遗传改良和引种栽培过程中，保存了大量的种源、优树、家系、无性系及品种等，建立 6 个国家林木种质资源库，包括辽宁省凌海市杨树国家林木种质资源库，山西省桑干河杨树丰产林实验局杨树国家林木种质资源库，江苏省泗洪县陈圩林场国家杨树种质资源库，湖南省泰格林纸集团有限责任公司国家杨树种质资源库，西宁市湟水林场杨树国家林木种质资源库，甘孜州康巴高原杨树、云杉国家林木种质资源库。辽宁省凌海市杨树国家林木种质资源库现保存黑杨派、青杨派、白杨派等国内外种质资源 900 余份，是我国东北最大的国家级杨树种质资源库。山西省桑干河杨树丰产林实验局杨树国家林木种质资源库，是山西首家国家级林木种质资源异生境保护的保存库，目前已收集保存杨树种质资源 963 份，其中，无性系 793 份，家系 99 份，种源 71 份。目前，我国已基于表型、同工酶、DNA 分子标记（RAPD、SSR、SNP 等标记）等对杨树多样性进行了系统评价，发现杨树表型变异与遗传变异较为丰富。

3. 杨树的种质创新与利用

我国已通过杂交、辐射育种、倍性育种、化学诱变、太空诱变、基因工程等多种技术手段开展杨树种质创新与遗传改良，获得了大量优异的种质和育种材料，并以此为基础支撑遗传育种，开展进一步品种选育。目前我国通过审定的国家级良种有 19 个，获得植物新品种权的有 57 个。

中国杨树良种选育起步较晚，最早是叶培忠教授于 1946 年在甘肃天水首次进行了杨树杂交育种，成功选育出'银毛杨'（银白杨 × 毛白杨）、'南林杨'〔（河北杨 × 毛白杨）× 响叶杨〕。20 世纪 70 年代之前，主要以乡土树种为亲本，选育出具有速生性的'北京杨''合作杨''群众杨'等杨树品种。我国目前形成了中林抗虫系列和速生系列、南林系列、北林系列、中金系列、山东窄冠系列、辽宁系列、黑龙江系列、廊坊系列、白城系列、陕西系列等十大杨树品种系列，基本使中国各生态区杨树栽培实现了品种化，推动了中国杨树产业化的发展。

杨树中天然三倍体广泛存在，并且在纤维长度、木材力学和对病虫害抗性等方面都优于同种二倍体，在短期内可产生"多快好省"的效果。20 世纪 60—80 年代国外学者分别利用秋水仙碱及高温诱导成功获得欧洲山杨、美洲山杨、欧美山杨杂种的三倍体和四倍体。中国于 1983 年开始毛白杨三倍体育种工作。截至 1998 年，获得的毛白杨三倍体无性系已有 31 个，其中天然三倍体 5 个，用秋水仙碱诱导的 6 个，用选择 $2n$ 大花粉授粉杂交的 20 个。近年来，研究明确了白杨、青杨大孢子染色体加倍的最佳处理时期，明显提高了三倍体诱导率。

1986 年，Parson 等首次证实杨树可以进行遗传转化和表达外源基因。20 世纪 90 年代国内外学者将基因工程技术应用于杨树育种工作中。近年来，杨树基因工程研究的热点已转向抗性育种方面。我国利用生物技术获得了抗虫、抗病、抗逆境转基因杨树植株，已利用原生质体培育、体细胞杂交成功获得再生植株，体细胞变异和突变体筛选植株。杨树遗传图谱已趋于完整，DNA 指纹图谱已经构建。利用数量性状位点（QTLs），发现了与青杨锈病紧密连锁的标记，并定位在连锁图谱上；另外，研究确定了'南抗杨'新品种抑制害虫的内源物质，定位了与抗虫相连锁的分子标记。这些进展都为杨树定向育种提供了更多途径和信息。

二、马尾松

1. 马尾松的起源与演化

马尾松（*Pinus massoniana* Lamb.）隶属于松科（Pinaceae Spreng. ex F. Rudolphi）松属（*Pinus* L.），为常绿乔木。松属植物含 100 余个种或亚种，广泛分布于北半球，北至北极圈，南达北非、中美，以及马来西亚、苏门答腊等地区，为世界木材和松脂生产的主要树种。我国有 23 个种 10 个变种，分布遍及全国，是我国重要的造林树种。马尾松是我国松属中分布面积最广，天然林和人工林面积最大的种，是我国重要的工业用材，包括建筑材与纤维材，松脂也是重要的工业原料，具有极高的利用价值。

松树适应性强且易栽植，利用及观赏价值较高，因此远在夏商周时期，《十三经注疏·论语注疏》就有记载："凡建邦立国立社也。夏都安邑，宜松。"在秦代，松树就已作为行道树被广泛栽植。在《汉书·贾山传》有记载称："秦……为驰道于天下……道广五十步，三丈而树……树以青松。"现今浏阳市道吾山道路两旁古松为唐代所植。明代万历年间何大复写有："岳州地多古松树，千株万株植官路。"清代道光时期，《永州府志》记载："永州南数十里夹路皆古松。"由此可见，松树的栽植和利用历史悠久。

2. 马尾松种质资源的收集、鉴定与评价

我国自 20 世纪 70 年代中期开始进行马尾松资源调查收集及良种选育工作，大量具有优异特性的种源、家系、无性系被收集保存和选育。我国建有两个国家马尾松种质资源库，分别为浙江省淳安县姥山林场国家马尾松种质资源库，收集保存马尾松种质 1 636 份，福建省漳平市五一林场国家马尾松种质资源库，收集保存马尾松种质资源 1 717 份。

从 20 世纪 80 年代初开始，我国对马尾松开展了种源试验、子代测定，以及优良无性系、优良单株鉴定等表型评价，并从中鉴定出了大批优良种源、家系、无性系及优良单株，为重要造林树种的遗传改良、推广与应用提供有力保障。利用同工酶技术、细胞遗传学以及 DNA 分子标记技术对马尾松群体遗传结构开展研究，发现天然马尾松群体间变异小，遗传变异主要存在于群体内。

3. 马尾松的种质创新与利用

马尾松种质创新及品种遗传改良历经了早期的起步、20 世纪 70 年代末至 20 世纪 80 年代初开始的全面发展和 21 世纪现代生物技术介入的快速推进等阶段，着重围绕着树种自身特点和社会应用需求，从常规遗传改良涉及的种源、家系、无性系选择，种子园与采穗圃建设等，到群体与数量性状遗传、组学分析、现代生物技术辅助育种等；从早期的速生性选育到现阶段的速生、优质、高抗、高固碳等多性状综合改良，这都对我国人工林培育的良种供给发挥了积极作用。

目前审（认）定的国家级和省级马尾松林木良种或品种包括优良种源、优良家系、种子园、母树林、优树保存圃等类型，数量达数百个。

第三节　经济树种种质资源

中国经济树种 1 000 多种，按照用途主要可分为：果树（干果）类，如苹果、梨等；木本粮食类，如板栗、枣等；木本菜蔬类，如香椿、花椒等；木本油料类，如油茶、核

桃等；木本药用类，如杜仲、厚朴等；工业原料类，如橡胶、漆树等。

一、油茶

1. 油茶的起源与演化

广义的油茶是山茶科（Theaceae Mirb.）山茶属（Camellia L.）中含油率较高、具有一定栽培面积的树种统称。山茶属种子含油率高的有 50 多种，栽培面积较广和栽培历史悠久的有 13 种，如油茶（C. oleifera Abel.）、小果油茶（C. meiocarpa Hu.）等。山茶属植物起源于上白垩纪至新生代第三纪。我国山茶属植物种类繁多，我国南部和西南部为其分布中心和起源中心。

油茶栽培起源于我国，栽培历史悠久。据清代张宗法《三农记》引证《山海经》绪书："员木，南方油食也"，我国取油茶果榨油食用已有 2 300 多年历史。根据《图经本草》《植物名实图考长编》《群芳谱》和《农政全书》等描述，油茶的性状、产地、作用、种子采收与贮藏、育苗、整地和造林地选择、间作等均被详细记载在册。新中国成立前，我国油茶栽培区分散、管理粗放。新中国成立后，全国大面积营造油茶林，产量不断增长。2007 年，根据国家政策，统筹全国油茶产业发展工作，油茶栽培面积与产量得到快速增长。目前已在江西、湖南、广西、浙江等 19 个省（自治区）栽培，其中湖南、江西和广西最为集中。

2. 油茶种质资源的收集、鉴定与评价

从 20 世纪 50 年代开始，我国广泛开展了地方品种的调查收集、优树表型选择、子代测定、繁育技术、油茶优良无性系选育和品种鉴定评价等一系列工作。目前已建成 4 个国家林木种质资源库，分别为湖南省林业科学院实验林场国家油茶种质资源库、腾冲红花油茶国家林木种质资源库、舒城县油茶国家林木种质资源库以及沙县水南国有林场油茶国家林木种质资源库，保存大量油茶种质资源和育种材料。广西壮族自治区林业科学研究院在 2016—2019 年，收集油茶物种 26 个、种质近 600 份，建成华南地区最大的油茶种质资源库。四川农业大学在四川省天全县油茶专家大院，收集和保存油茶种质资源 3 200 余份，其中红花油茶 300 余份，拟建成西南地区最大的油茶种质资源基因库。在全国范围内，普通油茶地方品种多达 300 多种，优树 1.6 万株，已鉴定的油茶优良无性系 300 多个。

油茶种质资源评价直接关系油茶良种选育工作，对油茶产业的发展具有重要影响。在油茶种质资源的评价中，重点鉴定评价生物学特性和经济学性状，其中生物学特性包括树高、冠幅、胸径、果实大小、果皮厚度等，经济学特性包括产油量、鲜出籽率、干出籽率、种仁含油率、茶油不饱和脂肪酸含量等。湖南省林业科学院针对全国范围内收集的 1 361 份油茶果实的 11 个主要数量性状进行鉴定分析，指出以油茶果为育种目标，油茶可划分为高含油类、高出籽类、大籽类、皮薄类和大果类等五个类型。另外，针对油茶品质的评价指标主要包括茶油中维生素 E、茶多酚、油酸含量等。

3. 油茶的种质创新与利用

20 世纪 60 年代，全国范围内开始大面积营造油茶林，油茶选育工作也广泛开展，先后选育出一批优良单株、无性系和家系等良种。在现阶段油茶育种方式主要为杂交育种，包括种内、种间杂交育种。江西省林业科学院还开展了油茶远缘杂交育种试验，发现杂交后代均表现出果大、皮薄、出籽率高、含油率高的特点。

2021 年 8 月，湖南省林业科学院与航天神舟生物科技集团有限公司在北京签订《开发研究油茶航天育种合作协议》，开展油茶航天育种。2022 年，我国成功破解二倍体物种南荣油茶、二倍体浙江红花油茶、二倍体狭叶油茶以及普通六倍体油茶的全基因组信息。

据不完全统计，我国已成功选育 360 多个油茶品种。油茶主产区 14 个省份中，通过国家或省级审（认）定的油茶良种有 174 个，其中通过国家级审（认）定的良种 54 个，省级审（认）定的良种 120 个。

二、杜仲

1. 杜仲的起源与演化

杜仲（*Eucommia ulmoides* Oliv.）隶属于杜仲科（Eucommiaceae Engl.）杜仲属（*Eucommia* Oliv.），是我国特有的古老经济树种，被列为国家二级保护树种。杜仲是名贵的药用植物，树皮入药，具有增强筋骨、补肝肾等功效；叶果入药可延缓衰老，增强人体免疫力。在地质时期，杜仲属果实形态开始演化，呈个体增大趋势，且果顶端柱头裂隙处与果体纵轴的夹角减小，果体更加对称，果体与果柄间长度比值加大。

杜仲在地质时期曾广泛分布于北半球。根据化石记录，在始新世中期东亚和北美均有杜仲分布，结合杜仲现在的分布状况，推测始新世时期杜仲在东亚地区有连续分布。在渐新世时期经历了种群扩散，由东亚经西伯利亚和中亚扩散至欧洲；到中新世时期在欧亚大陆广泛分布，而在北美不见其踪迹；化石记录还显示，在上新世欧亚大陆曾有杜仲，更新世时期欧洲也存在杜仲，但在第四纪冰期来临后，在欧洲和其他地区未曾发现杜仲踪迹，仅在中国的中部地区存活至今。然而，作为药用、胶用植物，杜仲已被成功引种到美国、英国、法国、乌克兰、俄罗斯、澳大利亚、日本、韩国等许多国家。

2. 杜仲种质资源的收集、鉴定与评价

杜仲系统性的种质资源收集工作始于 20 世纪 80 年代，第一次（1985—1987 年）以利用杜仲皮为育种目标，收集了河南、湖南、贵州、四川等 10 个全国主产区的第一批优树；第二次（1992—1994 年）从杜仲橡胶和中药产业发展的需求出发，收集了河北、山东、新疆等国内主要引种区的果用（高产橡胶）杜仲优树资源；第三次（2009—2012 年）从国家战略需求出发，收集了覆盖 25 个省（自治区、直辖市）以及日本、美国等地的优树变异类型、超级苗、特种变异单株以及杜仲良种，后续杜仲种质资源的收集引种工作一直在进行中。2021 年，河北威县杜仲国家林木种质资源库入选第三批国家林木种质资源库，对于推动我国杜仲种质资源保护和遗传改良进程发挥了重要作用。

通过对其表型、遗传多样性与适应性等进行评价，杜仲种质具有较高的遗传多样性，群体间存在一定程度的遗传分化，不同群体间的基因流动频繁，其遗传距离与地理分布没有明显的相关性；野生、半野生群体的遗传多样性水平高于栽培群体，但野生、半野生群体面临严重的生境破碎。RAPD、SSR、ISSR 以及 AFLP 等分子标记技术的应用，为杜仲种质资源鉴定、评价和早期鉴定等提供了新方法。高密度遗传连锁图谱的构建和完善，鉴定出大量与生长发育、活性成分相关的 QTLs，对功能基因发掘、关键性状的基因定位和品种改良等具有重要价值。

3. 杜仲的种质创新与利用

通过对杜仲开展多年的资源调查、收集与整理，发现杜仲在树皮特征、叶片形态、枝条类型及果实大小等方面存在丰富的变异类型。杜仲种质创新和品种选育的主要技术仍然为选择育种、杂交育种、多倍体育种及无性系繁殖等，基于国家林业和草原局网站信息，目前有杜仲良种 30 个，新品种共 13 个。

以杜仲皮利用为主要育种方向，选育出'华仲1号'~'华仲5号'5个高杜仲皮产量和活性成分含量的杜仲良种；以杜仲果实利用为育种方向，选育出'华仲6号'~'华仲10号''大果1号''华仲16号'~'华仲18号'等9个高果实含胶量和高 α- 亚麻酸含量的杜仲良种；以杜仲雄花为利用目标选育了'华仲11号'，同时还选育出了'红叶杜仲''密叶杜仲''红木杜仲'等具有特异性状的新品种。这些杜仲良种的选育和创新，推动了我国杜仲良种化的进程。

北京林业大学通过诱导孤雌生殖获得杜仲单倍体，并采用单倍体完成染色体级高质量杜仲全基因组测序，攻克了基于配子染色体加倍选育杜仲三倍体的一系列技术难题，成功诱导获得杜仲三倍体，并选育出生长快、叶片巨大、杜仲胶和药效成分含量高的'京仲1号'~'京仲8号'8个三倍体新品种并开始产业化推广。

第四节　防护树种种质资源

防护树种适应性强，种类繁多，在水土保持、荒漠化防治、农田防护林和沿海防护林建设等方面具有重要作用。我国常用的防护树种有侧柏、刺槐、木麻黄、胡杨、沙棘等。

一、木麻黄

1. 木麻黄的起源与演化

木麻黄（*Casuarina equisetifolia* L.），又名短枝木麻黄，隶属于木麻黄科（Casuarinaceae R. Br.）木麻黄属（*Casuarina* Adans.），原产澳大利亚和太平洋岛屿，现美洲热带地区和亚洲东南部沿海地区广泛栽植。在我国主要分布于东南沿海地区，具有耐干旱、抗风沙和耐盐碱等特性，广泛用于热带和亚热带沿海防护林建设。

木麻黄科由 4 个属近 100 种植物组成，主要分布于大洋洲，亚洲东南部热带地区、太平洋岛屿，非洲东部也有分布，是南半球出现较早且自身变异性较大的植物科。我国引进栽培的木麻黄科植物约有 9 种，其中广泛栽培的有 3 种，即木麻黄、细枝木麻黄（*C. cunninghamiana* Miq.）、粗枝木麻黄（*C. glauca* Sieber ex Spreng.），广泛分布于我国广西、福建及台湾等地。

2. 木麻黄种质资源的收集、鉴定与评价

世界各国引种木麻黄的历史悠久，印度于 1868 年开始引种，非洲和美洲地区大约从 19 世纪初开始引种，现已在世界各地的热带和亚热带地区广泛种植。世界各国非常重视木麻黄种质资源的收集与保存，印度、泰国等许多国家都建立了木麻黄基因库保存其种质资源。

我国引种木麻黄也有 120 多年的历史。最早在 1897 年，木麻黄便被引种到台湾种植。1919 年，木麻黄被引入福建，但引种主要作为行道树和庭院观赏树，很少用于造林。

20 世纪 50 年代后，福建、广东、海南、广西和浙江等省（自治区）沿海各地先后营造木麻黄人工林，使其成为我国沿海地区的"绿色长城"。2014 年，福建惠安县赤湖国有防护林场建成木麻黄种质资源库，收集保存木麻黄种质资源 409 份，并于 2016 年被列入第二批国家林木种质资源库。

目前，我国已对木麻黄无性系及天然群体开展了表型、适应性、遗传多样性及防护林主要配置模式等评价工作，研究发现木麻黄近交程度极高，新品种培育必须利用不同种源的木麻黄种质资源。

3. 木麻黄的种质创新与利用

木麻黄主要应用于营造沿海防护林、农田防护林及生态修复。国家对木麻黄的种质创新非常重视，《主要林木育种科技创新规划（2016—2025 年）》提出，全面启动木麻黄、樟子松、刺槐等生态防护树种的育种研究。2022 年，福建省开发了"木麻黄种质资源信息智能化管理平台"，实现了木麻黄种质资源的信息化与智能化管理。木麻黄除了具有抵御自然灾害，保护生态平衡的功能外，其木材还可以生产桩材、薪炭材、板材和纸浆等。

二、侧柏

1. 侧柏的起源与演化

侧柏 [*Platycladus orientalis* （L.）Franco] 为柏科（Cupressaceae Gray）侧柏属（*Platycladus* Spach）乔木，是重要造林绿化树种。其天然分布区主要在我国北方、西北及云南澜沧江流域，韩国、朝鲜和俄罗斯也有天然分布，现世界各地均有引种栽培。

经地理种源间的核型分析发现：山西文水、陕西淳化和新疆伊犁等西北侧柏种源进化程度较高，河北遵化、河北获鹿和山东平阴等中部侧柏种源比较原始，这初步揭示出我国侧柏种源的一种进化趋势。

2. 侧柏种质资源的收集、鉴定与评价

1980—1990 年，由中国林业科学研究院和北京林业大学牵头组织，在侧柏的主产区，综合气候环境因子和侧柏的分布状况确定采种点，收集了 17 个省（自治区、直辖市）108 个种源，306 个家系，在 38 个试验点进行了全分布区的侧柏种源试验。山东省自 1985 年开始已陆续收集侧柏种源 79 个、家系 91 个、无性系 26 个，建立了国内首个侧柏种质资源基因库，并建立了侧柏种质资源共享平台。国有郏县林场国家侧柏良种基地始建于 1989 年，是全国最大的侧柏基因库，共收集侧柏种源 86 个、家系 268 个。各类种质资源圃、种子园、良种基地的建设有效保护了我国侧柏种质资源，同时，也鉴定筛选出一批优良新种质。

侧柏的自然分布区广泛，栽培区域辽阔，环境差异大，导致物种内部存在丰富的遗传变异。开展了侧柏种质资源的表型多样性、核型分析、遗传多样性等鉴定分析；实施了种源试验，鉴定评价其苗木生长、适应性、球果和种子、根系发育、发芽、矿质营养等表型性状，开展地理种源的核型分析，探讨其进化趋势与亲缘关系；还利用 AFLP、SSR、SNP、SRAP、ISSR 等分子标记，从分子水平对侧柏育种群体、种源、优良无性系、半同胞家系、古树群的遗传多样性进行评价。

3. 侧柏的种质创新与利用

1982 年，由中国林业科学研究院和北京林业大学等单位主导，成立了全国侧柏种源试验协作组，开展侧柏的遗传改良工作。目前，全国侧柏种质资源收集保存已初见成效，种子园建设及优良种源选择已稳步推进。

基于侧柏的生物学特性，以生态型（抗旱、抗寒）、观赏型及用材型优良品种选育为其主要育种目标。已选育出'金塔柏''金黄球柏''千头柏''金枝千头柏''窄冠侧柏''丛柏''圆枝侧柏''文柏''散柏''东方杉'等侧柏品种。除品种外，一批优良种源、优良家系、优良无性系也不断涌现。例如，'凌源侧柏'表现为抗寒、抗旱、耐瘠薄、抗病虫害、结实率高、适应性强；'皖柏1号'侧柏被列入2022年度安徽省林草良种名录。

第五节　能源树种种质资源

中国能源树种主要分为以提供木质为主的"木质能源林"（薪炭林）以及以提供油料为主的"油料能源林"。我国林木生物质能源总量在1.8×10^{10} t以上，其中速生优质的主要薪炭树种有60种，乔木包括马尾松、湿地松、蓝桉、赤桉、巨桉等，灌木包括胡枝子属植物、梭梭、多枝柽柳、甘蒙柽柳等；主要生物柴油树种10多种，包括黄连木、麻风树、油桐、乌桕、光皮树等。

一、柽柳

1. 柽柳的起源与演化

柽柳属（*Tamarix* L.）隶属于柽柳科（Tamaricaceae Link），约90种，主要分布于亚洲大陆和北非，一般认为其起源于第三纪包括亚洲中部在内的"古地中海"沿岸地区。我国分布约有18种2变种，主要分布于西北、华北地区及内蒙古，其中新疆分布有16种。柽柳（*Tamarix chinensis* Lour.）木材质密而重，可作薪炭柴，是重要的可再生生物质能源，主要分布于辽宁、河北、河南、山东、江苏（北部）、安徽（北部）等省，在我国东部至西南部各省（自治区）均有栽培。

早在先秦时期我国便有对柽柳的记载，如《诗经》"启之辟之，其柽（即柽柳）其椐"。我国古代对柽柳的利用主要是药用，明代的《本草纲目》记载其枝叶可"消痞，解酒毒，利小便"；清代《本草备要》记载其"宣，解毒。能使疹毒外出。末服四钱，治痧疹不出，喘嗽闷乱。砂糖调服，治疹后痢"。

2. 柽柳种质资源的收集、鉴定与评价

18世纪初，柽柳首次被西班牙人从亚洲引入美国东海岸，后被引入美国西部公园中种植，通过生产大量种子已扩散至亚利桑那州、内华达州等十余个州，加拿大南部也有分布。20世纪初，柽柳被引入非洲作为矿区绿化树种。

21世纪初，我国开始对柽柳开展种质资源收集工作，目前已收集数十个种源的种质资源，在青海、甘肃、江苏等地建立了数个资源收集保存圃。利用SSR标记对柽柳遗传多样性研究发现，其遗传多样性水平较高，遗传变异主要存在于群体内。基于cpDNA和ITS序列的遗传多样性分析指出，柽柳遗传多样性较丰富，群体间的基因流主要由种子扩散所致。

3. 柽柳的种质创新与利用

我国对柽柳的良种选育工作取得了一定的成效，选育了一批新品种与良种，如生态薪炭林用'鲁柽1号'、红叶观赏用'鲁柽3号'、重盐碱地绿化用'海柽1号''滨海翠'等，这些品种为盐碱地生态林建设及高生物量薪炭林建设提供了优良种质资源。

近年来，柽柳的其他价值引起了人们的关注，山东省农业科学院自2011年起，利用柽柳作为宿主接种肉苁蓉取得成功。2016年，山东潍坊探索建立"柽柳+肉苁蓉"的林下种植新模式，取得了较好的经济效益。

二、麻风树

1. 麻风树的起源与演化

麻风树（*Jatropha curcas* L.），俗名小桐子、膏桐等，隶属于大戟科（Euphorbiaceae Juss.）麻风树属（*Jatropha* L.），灌木或小乔木，原产美洲热带，现广泛分布于全球热带地区。麻风树种子富含油脂，种仁含油率可达60%以上，被联合国粮食及农业组织（FAO）列为可再生能源的首选树种。麻风树具有耐贫瘠性强，适宜荒地生长，且具有较高的经济和生态效益，因此，除能源用外，也具有生态建设的优良特性。

21世纪初期，为缓解化石能源供应紧张，我国开始麻风树造林，原国家林业局发布了《林业生物柴油原料林基地"十一五"建设方案》，规划云贵川渝四地为麻风树适宜种植区，规划造林$4.0 \times 10^5 \text{ hm}^2$。目前，全国麻风树共造林超$1.0 \times 10^5 \text{ hm}^2$，福建、台湾、广东、海南、广西、贵州、四川、云南等地均有栽培，但也有少量麻风树为野生。

2. 麻风树种质资源的收集、鉴定与评价

麻风树引入我国已有200多年的历史，然而直到21世纪初期，我国才开始大规模的麻风树种质资源调查、收集与评价工作。2003年，贵州省开展了本省的资源调查收集。随后，滇川地区也开展了麻风树的资源调查收集工作。云贵川地区也陆续建立了一批麻风树种苗基地与良种繁育基地等，以进行种质资源的保存与开发利用。

21世纪初，由于化石能源短缺与国际环保意识的提高，麻风树受到了国际社会极大的重视。中国、印度、英国、意大利、泰国等多个国家的科学家对亚洲、非洲、美洲和大洋洲的麻风树种质资源进行了表型多样性评价，并利用RAPD、AFLP与ISSR等多种分子标记进行了遗传多样性分析，指出不同种源在种子大小、水分利用效率和种子含油量等重要表型和生理生化性状上存在显著差异，且分布于美洲地区的麻风树遗传多样性较高。

3. 麻风树的种质创新与利用

麻风树种子富含油脂，常被用于制取生物柴油，在2007年发布的《可再生能源中长期发展规划》以及2013年发布的《全国林业生物质能发展规划（2011—2020）》中，均被作为重要油料作物之一进行规划利用。早在2005年，我国便发现了与麻风树种子油脂合成相关的4个基因。然而，生产上种植的麻风树多数存在结果量、种子出仁率及种子含油率差异较大，且遗传不稳定等问题，亟须开展遗传上稳定种质创制及新品种、良种选育。目前，已通过选择育种、杂交育种、诱变育种等方式获得了一批新种质、新品种与良种。2014年，'嘉桐1号''嘉优1号''嘉能3号'等6个新品种获得国家林业和草原局授权，在抗寒性、连续结果能力与果实种粒大小等方面得到了改良。目前，云贵川地区审（认）定了一批省级麻风树优良品种，如'皱叶黑膏桐''优选3号'等，推动了麻风树产业发展。

第六节　观赏树种种质资源

我国观赏树种有 1 200 种以上，主要乔木有银杏、珙桐、雪松、鹅掌楸、白皮松、国槐、柏木、悬铃木、罗汉松、七叶树、樟、榕树、栾树、木兰、桂花、紫薇、海棠等。

一、槭树

1. 槭树的起源与演化

槭树是无患子科（Sapindaceae Juss.）槭属（*Acer* L.）植物的俗称，亦称枫树。在我国古代，一般以"槭"字指代槭树，而以"枫"字指代金缕梅科（Hamamelidaceae R. Br.）的枫香树（*Liquidambar formosana* Hance）。如汉代《说文》中"槭木，可作大车鞣"，"槭"便指槭树；而唐代杜牧《山形》一诗中"停车坐爱枫林晚，霜叶红于二月花"，"枫"便指代枫香树。然而，部分地区也将槭树称为枫树，如清代《植物名实图考》中便将三角槭（*A. buergerianum* Miq.）记为三角枫，如今仍有很多槭树被称为枫树。

全世界槭树有 200 余种，广泛分布于亚洲、欧洲、美洲及非洲北部等地，因树形优美、叶形多变、叶色绚丽且季相变化多样，成为世界知名观赏树种。一般认为其起源于白垩纪时期的亚洲地区，通过第三纪以来的洲际迁移，扩散至欧洲与北美等地。中国作为槭树的现代分布中心之一，全国各地均有分布，共有 140 余种，约占世界槭树种类的 70%。

2. 槭树种质资源的收集、鉴定与评价

国外植物园与树木园从世界各地收集保存了大量的槭树种质资源，如英国皇家植物园邱园、苏格兰爱丁堡皇家植物园、美国阿诺德树木园等。例如，我国特有的血皮槭 ［*A. griseum*（Franch.）Pax］于 1901 年被引入欧洲，1907 年又被引入美国。

1948 年，我国庐山植物园从加拿大引进糖槭（*A. saccharum* Marshall），是我国首次从国外引种槭树。目前，我国已对元宝槭（*A. truncatum* Bunge）、血皮槭等数十种槭树进行了种质资源调查、收集，表型、适应性鉴定与遗传多样性分析评价，建立了山西省寿阳县景尚林场槭树国家林木种质资源库和吉林省蛟河市千金榆、假色槭国家林木种质资源库两个国家库，为保护和创制槭树新种质提供了基础支撑。然而，目前对于槭树的研究仍然主要集中在元宝槭、茶条槭［*A. tataricum* subsp. *ginnala*（Maxim.）Wesmael］、五角槭［*A. pictum* subsp. *mono*（Maxim.）Ohashi］与三角槭等少量树种上。

3. 槭树的种质创新与利用

尽管我国槭树种质资源丰富，但种质创新及新品种、良种选育方面相对滞后。截至 2023 年，仅授权了'紫金红''绿舞''风度翩翩'等 60 余个槭树新品种权，认定了 1 个国家级良种'中豫青竹'，上述新品种大多数为观赏品种，推进了我国园林绿化建设。

此外，发现了三角槭的天然四倍体，并对槭树叶、花与种子等部分进行了食用、药用与油用等成分测定，鉴定筛选出一批优异种质。例如，已在 40 余种槭树种子油中发现了神经酸等药用成分，其中元宝槭籽油已被广泛进行商业化利用。

二、白皮松

1. 白皮松的起源与演化

白皮松（*Pinus bungeana* Zucc. ex Endl.）隶属于松科松属，因其树皮脱落后内皮呈粉白色而得名，是我国特有的优良乡土园林绿化树种，也是东亚唯一的三针松。被列入《国家储备林树种目录》（2019 年版），主要分布于山西、河南、陕西、甘肃、四川及湖北等海拔 500～1 800 m 地带，陕西省蓝田县、甘肃省两当县有全国最大的白皮松天然林。

因白皮松有"万古长青"等美好寓意，我国古代，尤其明清时期常将其用于皇家园林、陵寝与寺庙之中造景，如北京市戒台寺现存一株 1 300 年树龄的白皮松古树，为唐代武德年间种植。清代乾隆帝敕封团城承光殿前后的两株白皮松被称为"白袍将军"。新中国成立后，白皮松常被作为我国重大国事活动的栽植树种之一。例如，2014 年 11 月 11 日，党和国家领导人在亚太经济合作组织（Asia-Pacific Economic Cooperation）领导人非正式会议第一阶段会议结束后，同各成员经济体领导及代表共植白皮松林，称为"亚太伙伴林"。

2. 白皮松种质资源的收集、鉴定与评价

1830 年，俄国植物学家 Alexander von Bunge 首次发现白皮松并对其采集标本。1847 年，为了纪念 Alexander von Bunge 的发现，白皮松被定名为 *Pinus bungeana*。

1928 年，在中国林业科学研究院进行了白皮松造林，这是我国目前现存的栽植最早、面积最大、树龄最长的一片白皮松人工林。20 世纪末，我国开始对白皮松开展系统的引种、收集、保存与评价工作。研究发现，白皮松在华北、华中、西南东部与西北南部等地均可栽培。2016 年，山西省太岳山国有林管理局石膏山林场白皮松国家林木种质资源库被列为第二批国家林木种质资源库之一，对白皮松的收集、保存、创新利用具有重要意义。目前，我国已基于表型（种实）、同工酶、分子标记（RAPD、SSR、SNP 等标记）等对白皮松遗传多样性进行了系统评价，发现白皮松种实性状在群体间和群体内存在广泛的变异，遗传多样性总体较低，群体间遗传分化较高。

3. 白皮松的种质创新与利用

经过十多年的白皮松种质资源收集保存与发掘，开展了杂交育种、优树选择、种源试验、子代测定或无性系测定工作，筛选出大批优良种源、家系和无性系，如抗旱种质等。然而，白皮松生长缓慢，育种周期长，目前仅有'盆仙'一个授权新品种，后续应加强新品种与良种选育工作。

白皮松作为我国的乡土树种，具有极高的经济价值及观赏价值。2003 年，西安市蓝田县将白皮松产业作为重要产业。此后，汉中市佛坪县、开封市祥符区等地分别构建了"合作社 + 基地 + 农户"与"公司 + 合作社 + 农户"的产业模式，白皮松产业助力乡村振兴。

第七节　竹藤类物种种质资源

中国是世界竹子的分布中心之一，也是世界上竹类资源最丰富的国家，有竹种 500 余种，约占世界的 50%，许多竹种为中国特有。中国藤类植物丰富，藤可分为木质藤本

和草质藤本，林木种质资源中的藤一般指木质藤本的棕榈藤（rattan），主要分布于云南、海南、广东和广西。

一、竹

1. 竹的起源与演化

竹是禾本科（Poaceae Barnhart）竹亚科（Bambusoideae Nees）植物的总称，全世界有 1 600 余种，主要分布于热带、亚热带与温带地区，其中以亚洲和中、南美洲最多，其次是非洲，北美洲和大洋洲很少，欧洲除栽培外无野生的竹类。竹子的起源目前尚没有定论，一般认为是起源于晚白垩纪的冈瓦纳大陆。我国是世界竹子分布中心之一，分布有 500 余种。早在中新世，竹子便传入我国，在云南镇沅哀牢山西坡河谷发现的中新世竹子化石，是目前中国最早竹子化石。

竹林被誉为"第二森林"，我国对竹子的利用历史悠久，早在距今约 7 000 年前的仰韶文化和河姆渡文化遗址中，便发现了对竹子的早期利用。对竹子的利用贯穿整个华夏文明史，其在《周易》《山海经》等古书中均有记载，在建筑、日用、书写、交通、军事等方面均发挥了巨大的作用。

2. 竹类植物种质资源的收集、鉴定与评价

我国从 19 世纪 70 年代便开始对竹子种质资源的收集保存工作。由于其以营养繁殖为主，开花周期很长，3～120 年不等，竹类种子收集难度极大。因此，与常规林木不同，竹子主要靠移行造林进行异生境保护。目前，我国先后在浙江省安吉县、安徽省广德市、北京市国际竹藤中心、江西省林业科学院和贵州省赤水市建成 5 个国家级竹子种质资源库，收集保存了大量的竹类资源。此外，在国际竹藤中心安徽太平中心建成竹子新品种测试基地，收集保存了大量竹子种质资源。2020 年，中国西南野生生物种质资源库收集保存了竹亚科玉山竹属（*Yushania* Keng f.）和悬竹属（*Ampelocalamus* S. L. Chen, T. H. Wen & G. Y. Sheng）的野生种子，探索了竹子种质资源长期保存的新途径。

为了更好地认识、了解与利用全球竹藤种质资源，在 2015 年第十四届世界林业大会上，国际竹藤组织（INBAR）正式启动全球竹藤资源评价项目（GABAR）。我国国家林业和草原局承诺率先进行种质资源清查和评估。此外，埃塞俄比亚、喀麦隆、马达加斯加、印度尼西亚与巴西等国家均参与此项目。

3. 竹的种质创新与利用

2013 年，我国成功破解毛竹全基因组信息。2020 年，竹子种子搭载嫦娥五号进入太空，对竹子开展航天诱变研究。2021 年，云南乌蒙山国家级自然保护区鉴定出一竹类新种，并命名为"乌蒙山方竹"，其在方竹之后、笕竹之前的低温时期生笋，可以填补春节期间没有鲜笋上市的空白。2022 年，我国与国际竹藤组织共同推动"以竹代塑全球行动计划"，为竹子种质创新与利用带来了新机遇。

截至 2023 年，国际竹类栽培品种登录中心（ICRCB）登录了'都江堰方竹''花叶青丝''曼歇甜竹'等 64 个栽培品种。国家林业和草原局授权了'金丝龙鳞''花龟竹''青龙竹'等 20 个植物新品种权，审认定了'厚竹''甜龙竹'等近 10 个国家级良种，竹类栽培品种、新品种与良种（包括实心竹、鲜食笋品种等）不断增加。

二、棕榈藤

1. 棕榈藤的起源与演化

棕榈藤是棕榈科（Arecaceae Bercht. & J. Presl）的一类藤本植物，全世界有 13 属 600 余种，主要分布在亚洲、非洲、大洋洲与南美洲的热带地区。东南亚地区是棕榈藤的天然分布中心，其中印度尼西亚分布的棕榈藤种类最多。中国分布有 3 属 40 余种，主要分布于海南与云南西双版纳，广东与广西等地也有分布。

棕榈藤是仅次于木材和竹材的可再生非木材资源，其藤条是制作家具、制绳与编制工艺品的优良原料，据说在《三国演义》中孟获的藤甲军所着的藤甲，便是由棕榈藤制作而成。距今 1 000 多年前的《旧唐书·南蛮西南蛮传》中叶记载"林邑国……王之侍卫……以藤为甲，以竹为弓，乘象而战"。

2. 棕榈藤种质资源的收集、鉴定与评价

20 世纪 70 年代末，印度尼西亚大力营建人工藤林。菲律宾、马来西亚等棕榈藤资源大国也陆续开展资源保存与良种选育工作。我国从 20 世纪 60 年代开始在海南、广东与广西等地建立棕榈藤资源收集圃。20 世纪 90 年代通过国际交换从马来西亚、菲律宾、印度与澳大利亚等国家引种近 20 种棕榈藤，发现除异株藤（*Calamus dioicus* Lour.）和西加省藤（*C. caesius* Blume）等 4 种外，其余均不能适应我国气候。21 世纪初，我国在云南德宏培育了近百万棕榈藤优良苗木。此后，先后建立了热带森林植物种质资源保存与研究基地，以及南亚热带森林植物种质资源保存库等基地（资源库），保存了丰富的棕榈藤种质资源。

印度尼西亚、马来西亚与印度等东南亚国家对棕榈藤的评价鉴定工作起步早。20 世纪末，我国科技人员通过解剖观察 13 属 50 余种棕榈藤茎的特征，解决了棕榈藤茎在属一级的鉴定问题。此外，利用 DNA 分子标记，对黄藤〔*Daemonorops jenkinsiana* (Griff.) Mart.〕、单叶省藤（*C. simplicifolius* C. F. Wei）等数种棕榈藤进行了遗传多样性评价。

3. 棕榈藤的种质创新与利用

我国棕榈藤种质资源相对较少，加工业所需的原藤主要依赖从东南亚地区进口。2013 年，我国科学家赴缅甸考察棕榈藤资源分布、培育、保护与加工利用等，对我国棕榈藤种质资源保护及品种培育有借鉴作用。1996 年，中国林业科学研究院热带林业研究所主持的"棕榈藤的研究"获国家科技进步一等奖，棕榈藤在海南、广东、广西和福建等地广泛推广应用，取得较大的经济、社会效益。

为促进竹藤遗传和基因组研究，国际竹藤中心与华大基因等单位于 2016 年联合发起了全球竹藤基因组图谱（GABR）的国际项目。2018 年，我国科学家成功破解了黄藤和单叶省藤的全基因组信息，对棕榈藤种质创新具有推动作用。

第八节　林木种质资源的发展趋势与展望

随着经济社会的快速发展，人们对林业的认识正在发生深刻变化。从全球范围看，人类安全、生态危机、气候变暖、能源短缺等问题日益突出，并成为世界各国关注的重大问题。我国林木种质资源工作应聚焦以下六点。

（1）继续开展系统的林木种质资源普查、收集与评价　根据《中国植物区系与植被地理》《全国生态功能区划》《中国生物多样性保护战略与行动计划（2011—2030年）》有关对植被、生态和生物多样性的区划，结合遗传多样性的研究现状及山脉分布，继续开展林木种质资源的系统普查，摸清家底，掌握林木遗传变异和多样性的重要基础数据，收集、保存、引进一批珍贵的种质资源，确保林木遗传改良的可持续性，并制定遗传改良和种质资源保存策略，为遗传育种和种质资源保护奠定良好基础。

（2）建设完善原生境、异生境保护体系　加快国家林木种质资源设施保存主库、分库建设，结合自然保护区建设、极小种群保护、国家林木种质资源库和良种基地建设、林业长期试验基地建设、林业信息化建设及重大科技基础设施建设等渠道，建立完善林木种质资源保存库（保存林）基础设施，全面提升现有保存库体系种质资源保存能力，全面支撑种质资源的收集保存、评价鉴定和共享利用。

（3）建立全国林木种质资源大数据平台　在现有国家林业和草原种质资源库信息系统基础上，逐步构建林木基因组测序信息开放公共数据库，并向社会各界征集基因组信息，建立全国林木种质资源大数据平台，实现种质资源数据的智能化汇集及分析处理、信息互联互通、实物种质资源开放共享。

（4）助力国家"双碳"目标的实现　2020年，中国在第七十五届联合国大会一般性辩论上宣布将提高应对气候变化的自主贡献力度，采取更加有力的政策和措施，力争2030年前二氧化碳排放达到峰值，努力争取2060年前实现碳中和。这需要选育更多的高固碳林木种质资源，并进一步提升我国森林覆盖率和固碳增汇能力。

（5）建立林木种质资源研究的专业人才队伍　加大科研人才培养力度，以各级研究体系为主体，以重大科技计划为依托，在种质创新、检测技术、遗传评价等关键技术领域加强科技支撑。加大林业科技人才培养力度，依据主要树种或主要产业链环节，整合全国优势力量，培养和造就一批林业科技战略科学家、领军人才和基层林业科技骨干，尽快建立专门从事林木遗传资源研究与保存利用研究开发机构，组织协调全国的林木遗传资源研究开发工作，培养长期、稳定的专业人才队伍。

（6）建立林木种质资源保存利用公众参与制度　加强公众参与程度，鼓励多种所有制形式参与林木种质资源的保存与开发利用，通过多种合作方式，增加农民经济收入，提高公众保护林木种质资源意识，营造全社会保护和合理利用林木种质资源的良好环境。围绕生态文明建设、美丽中国建设等重大战略，探索公众参与林木种质资源保存与利用的新模式，如"政府＋企业＋农户"共同参与模式，实现林木种质资源在公众持续利用中得到保护。建设完善科学教育、科学普及、参与式保护利用相结合的林木种质资源公众参与体系。依托于各林木种质资源库（圃）、自然保护区、森林公园、植物园、博物馆、标本馆等，建设不同类别林木种质资源科普基地，开展经常性科普活动。编写林木种质资源专业教材以及相关科普读物。加大林木种质资源保存知识的普及，采取各种形式，广泛进行种质资源保存的宣传教育，定期组织林木种质资源保存相关知识培训。

💻 **推荐阅读**

1. 国家林业和草原局. 全国林木种质资源调查收集与保存利用规划（2014—2025年）［Z］. 2014.
　　本规划是我国关于林木种质资源保护与利用的第一个专门规划，是开展林木种质资源调查、收集、保存、研究与利用工作的重要依据。

2. 郑勇奇.中国林木遗传资源状况报告［M］.北京：中国农业出版社，2017.

　　本书详细介绍了我国林木遗传资源的重要性及收集、保存、育种、国际合作、可持续利用与经营等状况。

3. 郑勇奇，李斌.中国作物及其野生近缘植物：林木卷［M］.北京：中国农业出版社，2020.

　　本书深入浅出地论述了林木主要栽培种的利用价值、地理分布、生产概况、形态特征、生物学特性、栽培历史与遗传变异等内容。

4. 郑勇奇，张川红.植物新品种保护概论［M］.北京：中国农业出版社，2023.

　　本书详细介绍了植物新品种保护制度与植物新品种权申报流程，对于利用林木种质资源创制新品种具有重要参考意义。

思考题

1. 林木种质资源按照用途主要分为哪几类？每类列举一个典型物种。
2. 简述林木种质资源的重要性及保存体系。
3. 如何理解物种多样性和遗传多样性？

主要参考文献

1. 刘旭.中国生物种质资源科学报告［M］.3 版.北京：科学出版社，2022.
2. 刘旭，董玉琛，郑殿升.中国作物及其野生近缘植物：总论卷［M］.北京：中国农业出版社，2020.
3. 姚小华.油茶资源与科学利用研究［M］.北京：科学出版社，2012.
4. 庄瑞林.中国油茶［M］.2 版.北京：中国林业出版社，2008.
5. 郑万钧.中国树木志（第 4 卷）［M］.北京：中国林业出版社，2004.
6. 郑勇奇.野生植物资源保护与可持续利用研究［M］.北京：中国农业出版社，2008.

网上更多资源

彩图　　　思考题解析

撰稿人：郑勇奇　夏新合　李长红　审稿人：李云

第二十三章

药用植物种质资源

本章导读

1. 药用植物种质资源的内涵是什么？
2. 如何利用药用植物种质资源提高中药材质量？
3. 在大健康产业中如何发挥药用植物种质资源的作用？

药用植物种质资源是生物种质资源的重要组成部分，是指来自药用植物的、具有实际或潜在利用价值的、携带生物信息的遗传物质及其载体的种质材料。广义的药用植物种质资源泛指一切可用于药用的植物种质资源或称遗传资源，是所有药用植物物种及其种下变异的总和。狭义的药用植物种质资源通常指某一种具体的药用植物种质，包括该植物的野生种、野生近缘种、品种（栽培类型）等在内的所有种质资源，如"地黄种质资源""贝母种质资源""人参种质资源"等。

随着科技的进步，药用植物种质资源的再生和利用形式越来越丰富，从最初简单的驯化栽培生产原药材，到利用细胞工程生产单体化合物，利用功能基因调控药效物质产生等，因此药用植物种质资源保护和利用的对象不仅包括物种，还包括物种以下的分类单元（亚种、变种、变型、品种、品系、类型），也包括个体、器官、组织、细胞、染色体和基因等多种形式，即任何包含有遗传功能单位的材料。

第一节　药用植物种质资源的特点

药用植物种质资源不同于农作物种质资源，有其自身的特点。

（1）种质资源评价的标准不同　药用植物种质资源的优异性状特性与产品质量（中药材质量）特性并不一定一致或统一，人类利用药用植物种质资源，关注的重点是其含有独特的、具有活性的化学成分。

（2）药用植物种质资源具有更强的地域性　生态环境、地理气候因素、人类的用药历史和习惯等因素形成了药材的地域属性——道地性，也造就了很多有名的道地药材品种。例如，甘肃岷县的"岷归"，辽宁石柱的"石柱参"，四大怀药"地黄、牛膝、菊花、山药"等。

（3）药用植物种质资源种类多，且存在多基原（一种药材来源于多种药用植物）例如，甘草来源于3种豆科植物：甘草（*Glycyrrhiza uralensis* Fisch.）、胀果甘草（*G.*

inflata Batalin）或光果甘草（*G. glabra* L.，又称洋甘草）。

（4）大多数种类的中药材还来源于野生植物　野生植物资源的保护和利用，实现引种驯化、人工栽培等是药用植物种质资源研究的重要课题。

（5）民族药用资源占有重要位置　除汉族外的 55 个少数民族，有约 50 个民族有自己的民族药记载。《中国民族药辞典》记载，全国已知民族药资源有 7 734 种。其中，藏族药 3 105 种、土家族药 1 453 种、傣族药 236 种、蒙古族药约 1 234 种、苗族药 1 120 余种、维吾尔族药 700 余种、壮族药 900 余种、瑶族药 1 230 种。民族药用植物资源与其独特的自然生态环境和民族生活习惯密切相关。

（6）药用植物种质资源的研究起步晚、基础薄弱，需要进一步加强　药用植物种类多，单品种的生产规模小，以小农生产为主的生产方式虽然形成众多的地方栽培品种，但缺乏系统、深入的种质鉴定、引种驯化筛选、品种培育等工作。

第二节　药用植物种质资源的利用简史

人类对药用植物资源的利用可追溯到 5 000 多年前的上古时期，神农尝百草而知五谷，有中药材的"酸、咸、甘、苦、辛"五味，又有"寒、热、温、凉"四气，以及有毒、无毒。《诗经》和《山海经》中记录了 50 余种药用植物。1973 年我国长沙马王堆 3 号汉墓出土的帛书中整理的《五十二病方》，是中国现存秦汉时期最早的医方，其中记载植物类药 115 种。汉代张骞出使西域后，国外的药用植物如红花、安石榴、胡桃、大蒜等也相继传到中国。

中国古代第一部记载药物的书籍《神农本草经》是在医药实践基础上编撰而成。《神农本草经》又称《本草经》或《本经》，托名"神农"所作，成书于汉代，是已知最早的中药学著作。全书分三卷，载药 365 种，其中药用植物 252 种，动物药和矿物药分别有 67 种和 46 种。

梁代陶弘景的《本草经集注》、唐代苏敬等的《新修本草》、宋代唐慎微的《经史证类备急本草》，以及明代李时珍的《本草纲目》等收集整理的药用资源种类越来越多。《经史证类备急本草》收集宋代以前的各家本草加以整理总结，收载植物类药达 1 100 余种，有不少现已遗失的本草资料赖此得以保存。明代《本草纲目》收载药物已达 1 892 种（其中植物药 1 094 种）。《本草纲目拾遗》《植物名实图考》等又补充前人所未载之药。

随着医药学和农业耕作水平的提高，很多药用植物逐渐成为栽培植物。北魏贾思勰著《齐民要术》中，已记述了桑、姜、红花、茱萸等药用植物的栽培方法。隋代太医署下设"主药""药园师"等职务，专职掌管药用植物的栽培。据《隋书经籍志》记载，当时已有《种植药法》《种神芝》等药用植物栽培专书。到明代，《本草纲目》中载有栽培方法的药用植物已发展到 180 余种。近 70 多年来，中国对药用植物资源进行了有计划的调查研究、开发利用和引种栽培，并逐步整理编写出版了《中国药用植物志》《中药志》《中药大辞典》《全国中草药汇编》《中华人民共和国药典》等多种药物专著，收载的药用植物达 5 000 多种，已实现栽培的 300 余种。

第三节　药用植物种质资源的类群与分布

一、中国药用植物种质资源的类群

据统计，中国现有药用植物资源383科2 309属11 146种，主要有种子植物（10 153种），还包括高等植物苔藓类（43种）、蕨类（455种），低等植物藻类（114种）、菌类（298种）、地衣类（55种）。在低等植物中，菌类药物以真菌为主，常见的有冬虫夏草、灵芝、猪苓、茯苓等；药用藻类常用的有海带、昆布。药用植物资源中占绝大多数是种子植物，包括裸子植物和被子植物。裸子植物约有10科27属126种可作药用，被子植物有213科1 957属10 027种可药用，其中菊科、豆科、毛茛科、唇形科、百合科等是药用种类较多的科（表23-1）。

表23-1　中国药用植物种质资源分类统计

	科	属	种	代表科	代表药用植物
裸子植物	10	27	126	松科、柏科、三尖杉科、红豆杉科、麻黄科	苏铁、松树、柏树、红豆杉、榧树、银杏、草麻黄、木贼麻黄等
被子植物	213	1 957	10 027	菊科 778种	天山雪莲、一枝黄花、艾、牛蒡、苍术、白术、木香、刺儿菜、短葶飞蓬、苦蒿、茵陈蒿、蒲公英、红花、紫菀等
				豆科 490种	甘草、黄芪、槐、皂角树、鸡血藤、决明、赤豆、葫芦巴、合欢、苦参等
				毛茛科 420种	乌头、北乌头、升麻、芍药、天葵、白头翁、威灵仙、黄连等
				唇形科 436种	丹参、黄芩、广藿香、半枝莲、活血丹、荆芥、薄荷、夏枯草、益母草、石香薷、紫苏等
				蔷薇科 360种	山里红、山楂、贴梗海棠、乌梅、地榆、龙芽草、路边青、华东覆盆子、桃、山杏等
				伞形科 234种	柴胡、当归、白芷、羌活、重齿毛当归、川芎、珊瑚菜、防风、明党参、前胡等
				蓼科 123种	药用大黄、掌叶大黄、唐古特大黄、辣蓼、何首乌、虎杖、金荞麦、拳参、杠板归等
				五加科 112种	人参、西洋参、三七、珠子参、竹节参、刺五加、细柱五加、通脱木等
				百合科 358种	百合、黄精、玉竹、贝母、麦冬、川贝母、浙贝母、湖北贝母、天冬、知母、云南重楼等

中药材习惯以药用部位来划分类型，一般包括根及根茎类、全草类、果实种子类、茎木类、花类、叶类、皮类、藤本及树脂类、其他类等。在药用植物种质资源研究中，

资源的多样性和分类也遵照上述传统分类。其中根及根茎类，果实种子类、全草类是种类最多的 3 种。以《中华人民共和国药典》（2020 版）（本文后续均简称为《中国药典》）收载的药材为例，其中根茎类药材 170 种，果实种子类药材 142 种，全草类 88 种，叶类 42 种，花类 31 种。

二、中国药用植物种质资源的分布

药用植物种质资源的自然分布与自然生态和地理条件密切相关，也与人类对其发掘和利用相关。通常情况下，将全国药用种质资源按照地理气候差异分为九个区域。

（1）东北寒温带、中温带野生、家种药材区　代表种质资源有：人参、赤芍、关防风、关黄柏、五味子、辽细辛、辽藁本、关龙胆等。

（2）华北暖温带家种、野生药材区　代表种质资源有：黄芩、黄芪、知母、忍冬、远志、山楂、地黄、芍药、牛膝、酸枣、槐、北沙参、崧蓝、党参、连翘、大黄、沙棘等。

（3）华东北亚热带、中亚热带家种、野生药材区　代表种质资源有：浙贝母、延胡索、菊花、白术、白芍、白芷、麦冬、西红花、厚朴、玉兰、郁金、玄参、泽泻、莲、灵芝、茯苓、山茱萸、猫爪草、铁皮石斛、前胡、覆盆子、瓜蒌、苍术、艾等。

（4）西南北亚热带、中亚热带野生、家种药材区　代表种质资源有：川芎、川牛膝、黄柏、厚朴、续断、麦冬、杜仲、当归、天麻、独活、黄连、吴茱萸、茯苓、款冬花、木香、三七、石斛、木蝴蝶、附子、郁金、白芷、芍药、酸橙、泽泻、红花、川贝母、大黄、羌活、滇重楼、滇龙胆等。

（5）华南南亚热带、北亚热带野生、家种药材区　代表种质资源有：砂仁、巴戟天、化州柚、广藿香、安息香、麒麟竭、槟榔、益智、高良姜、白豆蔻、苏木、儿茶、千年健、罗汉果、肉桂等。

（6）内蒙古中温带野生药材区　代表种质资源有：防风、桔梗、黄芩、麻黄、甘草、黄芪、远志、知母、赤芍、地榆、草乌、龙胆、郁李等。

（7）西北中温带、暖温带野生药材及栽培药材区　代表种质资源有：枸杞、当归、大黄、黄芪、红花、羌活、甘草、柴胡、秦艽、山茱萸、伊贝母、红花、阿魏、麻黄、肉苁蓉、锁阳、紫草等。

（8）青藏高原野生药材区　代表种质资源有：冬虫夏草、川贝母、大黄、羌活、甘松、藏茵陈、胡黄连、山莨菪、绿绒蒿、雪莲花等。

（9）海洋中药区　代表种质资源有：昆布、海带、海藻等。

药用植物种质资源的自然分布与人类长期用药习惯和临床疗效相结合，逐步产生了"道地药材"的概念。道地药材是指经过中医临床长期应用优选出来的，产在特定地域，与其他地区所产同种中药材相比，品质和疗效更好，且质量稳定，具有较高知名度的中药材。

第四节　药用植物种质资源的收集与保护

一、中国药用植物种质资源的现状

中国已经完成了三次全国性中药资源普查，目前第四次普查正处在收尾总结阶段。首次全国中药资源普查始于 1958 年，系统调查了 5 000 种药用植物，采集植物标本 5 万余份，研究成果形成了 200 余万字的《中药志》。1969—1972 年，全国开展了各市区野生药原普查和群众中草药运动（第二次普查），《中草药手册》记录了 1 000 余种药用植物资源，《全国中草药汇编》和《中药大辞典》两部著作系统整理了该时期的调查成果。第三次全国中药资源普查（1983 年开始）对全国 80% 以上的国土面积进行了全面系统的调查，内容包括中药资源种类和分布、数量和质量、保护和管理、中药区划、区域发展等，并于 1995 年出版"中国中药资源丛书"，记录药用植物 11 146 种。目前即将完成的第四次中药资源普查，有四个方面的主要任务：一是摸清中药资源家底；二是调查与重要资源相关的传统医药知识；三是建立中药材种苗繁育基地和种质资源库；四是建立中药资源动态检测与信息服务体系。

药用种质资源是支撑中国中医药事业可持续发展的物质基础，是实施健康中国战略的重要物质保障，也是国内外新药创制及世界众多国家和地区人民防病治病的重要物质来源。然而，目前中医用药的约 70% 还来自于野生资源，而野生资源的自然繁殖跟不上人类消耗时，必然造成资源短缺，甚至有些物种可能灭绝。因此，保护和合理开发利用药用植物种质资源就是目前人类面临的重要课题。

造成药用植物种质资源减少的原因有三个方面，一是人类对野生资源的过度利用，而自然更新赶不上消耗造成的资源短缺；二是自然生态环境的变化，如全球气候变暖、降水减少、土地沙化等导致的资源减少；三是人类活动，如城市化、交通道路建设等，破坏了自然生态系统造成的资源减少。

二、药用植物种质资源的收集、保存、鉴定与评价

种质资源的调查、收集是药用植物种质资源研究的起点，而种质资源研究的目的是提高资源保护和利用的水平，培育对人类有用的创新种质。资源的调查收集一般有两种方式，一种是有目的的调查收集，就是针对某一种目标物种，或者对某一地域内的药用植物资源进行调查和收集；另一种是普查性质，是对某一地区的药用植物资源进行全面系统的调查，广泛收集相关的资源。

1. 调查收集

首先要明确调查任务的具体目标，是针对性调查还是普查性质；其次要确定调查范围，包括野生药材、栽培药材、优良育种系、自交系、珍稀濒危种、无性繁育种等；另外还需要明确调查收集的方法，包括实地调查收集，同相关单位交换或购买等。

调查收集内容包括：药用植物本身（分布、蕴藏量、生物学特性、经济性状、繁殖方式、栽培品种、采收季节、采收加工方法、药用部位），与药用植物生长相关的生态环境，当地人民用药的方法和用药历史，药材的功效，采集的资源种类（种子、根、茎等繁殖材料，植物标本、药材标本等）。

调查收集还需要注意：直接走访药材生产地，或野生药材收购地有经验的药农和农业技术人员，了解调查对象的类型、品种及近缘野生植物，查阅当地资料。拍摄相关照片（植物特征照片、生态环境照片、药材照片）。设计调查表格，现场填写信息。

资源收集数量根据用途来定，如果是繁育技术等研究收集数量尽可能多，以种质保存为目的时收集的每一份样品应代表该群体的最大遗传完整性资源。一般情况下，每个地方（或每个群体）以收集 50～100 个植株为宜，每个群体可采集 250 g 种子，或者 500～1 000 粒种子，但也要根据资源存量、种子大小等实际情况而适当确定。

2. 整理与保存

整理内容主要包括以下 4 点。

（1）植物学考证　植物的地方名、别名与植物学名的初步确认；照片、标本、样品等统一编号，并与记录保持一致。

（2）收集的样品整理　包括种子保存前的干燥处理，千粒重、含水量等的测定，分装等。

（3）生物学特性描述　生活型（如乔木、灌木、草本、藤本、垫状植物等，一年生、多年生等），物候期（出苗、生长、开花、结籽、倒苗等），繁殖方式。

（4）资料信息整理　自然生态环境（地址、海拔高度、地势、土壤质地、生物群落、适宜的生长条件、病虫害情况等），应用情况（药用部位、采收季节、加工方法、药用历史、防病治病效果、管理方法等），经济效益（产量、质量、市场等）。

药用植物种质资源保存主要是指活体材料（种子、根及根茎、球茎）的保存，要提供能保持材料有足够长时间的保持生活力的条件。如由中国医学科学院药用植物研究所管理运行的国家药用植物种质资源库可提供 3 种保存种子的条件：短期库（10～15℃，相对湿度 50%～60%）、中期库（0～5℃，相对湿度 45%～50%，可保存 30 年左右）、长期库（−18～−16℃，相对湿度 35%～40%，可保存 50 年左右）。

对于异生境保护（植物园、种质圃保存）的种质材料，要持续进行田间观察，考察和记录其生长和繁殖习性，要合理轮作，减少病虫侵害，确保长期安全保存。

3. 鉴定与评价

药用植物种质资源种类多，同物异名、异物同名现象时有发生，而大多数种质资源收集人员并不具备植物分类学知识，因此，对收集回来的种质资源进行实验室或种植观察鉴定就显得尤其重要。种质鉴定的关键是确定植物学上的分类地位和具体名称。鉴定包括植物学鉴定（外观性状鉴定、显微鉴定、DNA 分子标记鉴定），生物学特性鉴定（生长发育习性、物候期、生态学、抗逆性、抗病虫害鉴定等），经济性状鉴定与评价，药材质量鉴定与评价等。

（1）植物学鉴定　药用植物的分类地位鉴定是种质资源鉴定的首要任务，收录入种质资源库保存的药用植物必须有明确的植物学名，包括拉丁名。鉴定主要采用传统分类学的外观性状、显微鉴别，或者可以借助 DNA 分子标记、DNA 条形码等方法，同时结合采集样品的生态地理分布等来确定其分类学地位。

（2）生物学特性鉴定　生物学鉴定主要的项目包括观察记录物种的地理生态因子，出苗、生长、开花、结实、倒苗等物候期，物种的抗病性，抗虫性和抗旱、抗盐碱等性状。

（3）药材质量鉴定与评价　一般包括两个方面：一是外观性状，就是产品（药材）

的性状（气味、色泽、质地、形状等）；二是中药材有效成分含量测定。影响中药材有效成分含量的主要因素有：遗传因素、生态地理环境、种植技术、采收与加工方法等，药材质量鉴定与评价必须综合考虑上述因素，以便获得较准确的结果。

（4）经济性状鉴定与评价　经济性状一是指产量性状，如单株产量、单位面积产量等。二是指产品的等级，商品等级一般根据个体大小、长短、粗细、色泽等划分，这是衡量经济性状的重要指标。

三、药用植物种质资源的保护

目前，药用种质资源保护主要有三种方式。

一是原生境保护，也称就地保护（ *in situ* conservation），指种质资源在原生境生长，自然繁殖，不受人为活动影响。一般是通过划定自然保护区、保护林、国家公园等，并在严格的法律规范下实施。

二是异生境保护，也称异地保护（ *ex site* conservation）或迁地保护，就是通过建立植物园、种植园或资源圃等，移栽活体植物，并进行繁殖保存。异生境保护是为了保护生物多样性，把因生存条件不复存在、物种数量极少、生存繁衍受到严重威胁的物种迁出原地，进行特殊的保护和管理，是对原生境保护的一种补充。

三是离体保存，包括低温保存、超低温保存和离体培养保存等。适用于原生境和异生境保护有一定困难或珍稀濒危的药用种质。离体保存的材料包括种子、芽、芽尖、花粉、胚、悬浮细胞和愈伤组织原生质体等。其中，种子保存是最主要的一种离体保存方法。目前，我国已经建成多座药用植物种质资源库，保存药用植物种质超 5 万余份。例如，国家药用植物种质资源库（北京海淀，库容量 10 万份）、国家南药基因资源库（海南海口，库容量 20 万份）、成都中医药大学国家中药种质资源库（四川成都，库容量 5 万份）。

在异生境保护方面，近年来也有较大的进展，如建立了国家药用植物园体系，承担药用植物种质资源异地保护、保存和研究。国家药用植物园体系由主体园、共建园和联系园三部分构成。

（1）主体园　由我国专业从事药用植物异地保护的机构组成，根据保护药用植物的种类及保护规模建园，以北京药用植物园、云南西双版纳南药园、海南兴隆南药园、广西药用植物园等 7 个药用植物园为核心，分别保存温带、热带、亚热带和干旱荒漠区域的药用植物。

（2）共建园　是在布局上或保存药用植物种质上有特色和优势的药用植物园，以扩大国家药用植物园体系的覆盖范围，分为三层。一是以政府、农林院所、各医药大学主管的药用植物园；二是以企业为主建设的药用植物园；三是专门收集某类药用植物的园区，如枸杞园、银杏园、甘草园，傣药园、蒙药园、藏药园等。

（3）联系园　为中国科学院及各省市综合性植物园中的药用植物专类园（圃）。

第五节　药用植物种质资源的类型

药用植物种质资源通常按照其药用部位分为多种类型：根及根茎类、果实种子类、全草类、花类、皮类、叶类、藤本及树脂类、菌类、其他类等。这种分类是人们长期用药、识药、学药的习惯形成。本节只选取几个代表性例子讲述药用植物种质资源的分布、多样性、保护和利用。

一、根及根茎类药用植物种质资源

植物的根、根状茎、地下茎，包括块根、块茎、球茎、鳞茎等作为药材的植物称为根及根茎类药用植物。根类药材包括药用部位为根或以根为主带有部分根茎的药材；根茎类药材是指以地下茎或带有少许根部的地下茎入药的药材。根和根茎类药材占整个药材资源的比例较大，很多名贵、疗效好的药材都属于此类药材，如人参、三七、西洋参、川贝母、天麻等。

（一）根及根茎类药用植物种质资源的特点

（1）大多数为多年生草本植物　以百合科、毛茛科、伞形科、菊科、豆科、蓼科、姜科、龙胆科、桔梗科、薯蓣科、兰科等植物为主。

（2）繁殖方式既有有性繁殖也有无性繁殖　如人参、三七、西洋参、甘草、黄芪等以种子进行繁殖，也有半夏、地黄、百合、延胡索、川芎等采用无性繁殖。

（3）多具有独特的人工种植方法　如天麻、白及、山慈姑等兰科植物种子胚乳小或无胚乳，在种子萌发时需要伴生真菌提供营养，或者需要采用组织培养的方法育苗；川芎的无性繁殖需要在高海拔培育苓子作为种苗，再在低海拔田间种植；当归人工种植时为减少植株抽薹开花，需要特殊育苗移栽方法；百合科的重楼、黄精等种子具有双重休眠特性。

（4）生态类型多样　如甘草、黄芪、黄芩等耐干旱少雨喜光照的环境，而人参、西洋参、三七、重楼、白及、黄精等则喜生长在林下、山坡等背阴处，川贝母、羌活、秦艽、独活、大黄、金铁锁等喜欢生长在高海拔的冷凉环境。

（5）根及根茎类药材在栽培生产过程中常常利用栽培方法或田间管理技术来控制植物的生殖生长，以便获得更高的产量或药材品质。

（二）根茎类药用植物种质资源——人参

人参（*Panax ginseng* C. A. Mey.）为五加科人参属多年生宿根性草本植物，以干燥的根及根茎入药，药材名为人参；干燥的叶入药称为人参叶。人参具有大补元气、复脉固脱、补脾益肺、生津养血、安神益智的功效。人参叶具有补气、益肺、祛暑、生津的功效。

1. 人参的分布

人参自然分布于我国辽宁东部、吉林东半部和黑龙江东部，生于海拔数百米的落叶阔叶林或针叶阔叶混交林下。目前在黑龙江、吉林和辽宁等地广泛栽培。我国大规模的人参栽培开始于400余年前的吉林抚松地区。此外，人参在俄罗斯远东和朝鲜也有分布，并在朝鲜和日本等地也有栽培。

2. 人参属植物

人参属是一类比较重要的物种，介绍人参种质资源前，先简要说明一下人参属植物。《中国植物志》记载人参属有5种植物，其中我国3种，包括人参（*Panax ginseng* C. A. Mey.）、假人参（*P. pseudoginseng* Wall.）和姜状三七（*P. zingiberensis* C. Y. Wu et K. M. Feng）；美洲大陆2种，包括西洋参（*P. quinquefolius* L.）和三叶参（*P. trifolius* L.）。假人参种内又可分为5个亚种，如狭叶假人参（*P. pseudoginseng* var. *angustifolius*）、羽

叶三七（*P. pseudoginseng* var. *bipinnatifidus*）、三七（*P. pseudoginseng* var. *notoginseng*）、大叶三七（*P. pseudoginseng* var. *japonicus*）、竹节参（*P. pseudoginseng* var. *elegantior*，又称竹节三七）。染色体结果显示，人参、西洋参和竹节参为四倍体（$2n = 48$），而三七、屏边三七等一些物种为二倍体（$2n = 24$），结合地理分布情况推测人参是多倍化后，进化程度较高的物种。人参属有 4 种植物的根分别作为药材收录在《中国药典》，包括人参、西洋参、三七和竹节参。

3. 人参种质资源的多样性

人参有野生和栽培之分，野生人参稀有珍贵，价格极高，栽培人参是经野生驯化选育而来。野生人参又名野山参，指整个生长过程均处在自然环境下，不经人工控制和管理，自然生长的人参。野生人参多生长在山地针阔叶混交林下，光照强度弱、湿度适中，且土壤为弱酸性、腐殖质含量高。野生人参曾广泛分布在亚洲东部和北部地区，但到 20 世纪 80 年代，由于森林面积大幅度缩小和人类过度采挖，其种质资源面临不断萎缩和濒临灭绝的困境，再加上个体发育过程缓慢、自身繁育能力低等原因，野生人参已经非常稀有。目前野生人参属于国家 II 级保护植物。

现有的栽培人参是驯化自野生人参的混杂群体。根据种植方式不同，栽培人参可分为林下参、移山参和园参。林下参是指将栽培人参的种子播种到适合野生人参生长的森林环境中，使其在自然环境下萌发生长，由于该过程周期长，所产人参具有野生人参的特征。移山参是指将栽培人参的种子在人工环境下萌发，并在完成 1～3 年的苗期后再移植到林下环境中，该种人参经历前后两期不同的生长环境，生长年限也较长。相对于林下参和移山参，园参则是整个种子萌发和种植过程都控制在人工环境下完成，虽然品质不如林下参和移山参，但由于其从种苗繁育到大田管理都具有标准化的操作程序，产量高，药材质量的一致性好，成为目前市场上主要的产品。在人参产区，园参可分为三类：普通参、边条参、石柱参。普通参主产于吉林省抚松县、靖宇县、长白朝鲜族自治县，有大马牙、二马牙等栽培类型，其特征是主根体较短，支根短、须根多，耐寒性强，生长快，产量高；边条参主产于吉林省集安市，有圆膀圆芦和长脖类型，其主要特征是主根体长、支根少、须根少，生长发育速度快；石柱参主产于辽宁省宽甸县，其产地自然条件独特，土质多为黄沙，山地上有花岗岩石且地理位置邻江，空气湿度较大，有圆膀圆芦和长脖类型，该类型芦长、主根形状多样，支根呈八字形分开，芦、艼、体、纹和须相衬，尽管生长速度缓慢，产量低，但是却具有抗逆性强、耐盐碱和晚熟等特点。此外，长脖和圆膀圆芦类型的栽培人参因其根体优美，具有较高商业价值。

根据外观性状的多样性，人参种质可分为五类：① 依据根及根茎的形态，有大马牙、二马牙、圆膀圆芦、长脖以及与上述相近的形态等；② 不同产区形成的差异。有普通参（吉林抚松）、边条参（吉林集安）、石柱参（辽宁宽甸）之分；③ 根据人参成熟果絮的形态分为紧穗型和散穗型；④ 根据果实的颜色分为黄果人参、红果人参和橙果人参；⑤ 根据植株茎秆的颜色分为紫茎、青茎和绿茎。

4. 人参种质的鉴定与评价

人参属几种植物相似性大，特别是人参与西洋参难以区分，只有经验丰富的药农才能分辨。研究表明常用的几种 DNA 分子标记均可鉴定人参、西洋参、竹节参等植物和药材。种质资源的评价包括植物生长性状的评价、抗病性鉴定、产量性状评价等，质量鉴定评价主要以人参皂苷 Rg1、Re、Rb1 的含量为测定指标，并评价质量高低。

5. 人参改良创新与应用

人参种质资源主要包括野生人参资源和栽培品系，但这两类种质资源都很匮乏。野生人参历史悠久，长期生长在自然环境条件下，抗病虫性、耐逆境强，是育种的优良种质资源。但近年来由于栖息地破坏和人类过度采挖，野生人参种质资源已近枯竭。栽培人参变异类型有限，人工选择导致栽培群体过于定向化，同时人参是常异花授粉植物，加之种植过程中管理混乱，各类型呈现高度混杂，种群退化严重。

人参栽培品种均由野山参驯化而来，产量和质量不高，主要是因为群体纯度不高，品种混杂，而且栽培技术不完善。20 世纪 50 年代以来，人参种质创新在中国、日本、韩国发展较快。日本通过系统选育方法培育出新品种'御牧'，韩国也培育出'天丰''金丰''高丰'等 10 余个新品种。中国已育成 10 多个人参新品种（表 23-2）。根据人参生产的实际需求和中医用药的需求，人参种质创新的重点目标包括高产、优质（有效成分含量高，药材性状好）、抗病性强等。

表 23-2　中国人参地方品种及选育品种

人参地方品种及主要形态特征	
大马牙	花梗分枝少；叶端逐尖，叶卵形；近地面处的茎多紫色或青紫色。越冬芽（芽苞）大，芦碗（茎痕）也大；根茎粗，肩头齐，主根短且粗；根皮黄白色
二马牙	花梗分枝少；叶端逐尖，叶披针形或长椭圆形；茎与大马牙相近。越冬芽比大马牙稍小，根茎较大马芽长；肩头尖；支根明显，根皮黄白色
圆膀圆芦	花梗分枝少；叶端聚凸，叶阔椭圆形；茎多为圆形。根茎稍长；肩头圆形，主根体长，丰满；根皮黄白色
长脖	花梗分枝少；叶端聚凸，叶长卵形；茎多细棱。主根长，芦头细而长，芦碗小，体形优；根皮黄白色或褐色
人参主要选育品种及主要形态特征	
新开河 1 号	根圆柱形，表面浅黄棕色，产量高，对锈腐病及黑斑病有一定抗性，长势稳定
新开河 2 号	芦短、体长、产量高，适宜加工红参，宜在通化地区进行推广种植
黄果人参	成熟的果实为黄色，结籽率高；全株绿色；皂苷含量高
吉参 1 号	单根重、产量高，皂苷含量高，质优
中大林下参	须根长，根茎长，参形优美，耐低温，抗红锈病
中农皇封参	根茎短，产量较高
宝泉山 1 号	茎秆粗壮，叶宽，地下根大而粗壮，产量高
福星 1 号、福星 2 号	产量高，抗病性强

（三）块茎类药用植物种质资源——天麻

天麻（*Gastrodia elata* Bl.）为兰科多年生植物，自然条件下与蜜环菌共生，其干燥的块茎是我国常用名贵中药材。天麻块茎含有香荚兰醇、对羟甲基苯 –β–D– 吡喃葡萄糖苷（天麻素）、对羟基苯甲醇、D– 葡萄糖苷、β– 谷甾醇、柠檬酸、琥珀酸等，其中天麻素和对羟基苯甲醇是其主要活性成分。天麻具有息

拓展阅读 23-1　天麻，一种野生变家栽的名贵中药材

风止痉、平抑肝阳、祛风通络的功效。

天麻是兰科共生植物，无根无叶，需要依靠蜜环菌共生提供其生长所需的营养。其生活史经历多个阶段：种子→原球茎→米麻→白麻→箭麻→种子，完成生活史需要三年时间。

1. 天麻的分布

广泛分布于我国四川、贵州、云南、陕西、湖北、甘肃、安徽、河南、河北、江西、湖南、广西、吉林、辽宁等地，其中贵州西部、四川南部、云南东北部为天麻道地产区，所产天麻外观性状和有效成分俱佳。此外，陕西汉中、安徽六安、湖北恩施也是天麻的主产区。

世界范围内，非洲大陆、欧洲和美洲未发现天麻分布，其他热带、亚热带及寒温带的山地均有天麻分布。

2. 天麻种质资源的多样性

天麻属（*Gastrodia*）共有 20 种，我国有 13 种，其中只有天麻（*Gastrodia elata* Bl.）可供药用。中国科学院昆明植物研究所周铉根据天麻（*G. elata* Bl.）花和花茎的颜色、块茎形状、块茎的含水量等将天麻又分为红天麻（*G. elata* Bl. f. *elata*）、乌天麻（*G. elata* Bl. f. *glauca* S. Chow）、绿天麻（*G. elata* Bl. f. *viridis* Makino）、黄天麻（*G. elata* Bl. *flavida* S. Chow）、松天麻（*G. elata* Bl. f. *alba* S. Chow）5 种变型，这 5 种变型成为传统天麻品种选育的优良种质资源。遗传多样性分析表明，红天麻与绿天麻亲缘关系较近，均由乌天麻进化而来，乌天麻是较原始种群。在栽培生产中，乌天麻块茎繁殖率低、种子发芽率和产量也低，但是块茎含水量低，鲜食口感好，干品药材质量高；红天麻种子发芽率和药材产量均高，生长适应性和耐旱性强。目前全国栽培的主要是红天麻和乌天麻，绿天麻虽然药材品质好，但产量较少。如今，我国天麻产业已经形成很多著名的品牌，例如，云南"昭通天麻"、贵州"德江天麻"和"大方天麻"、陕西"宁陕天麻"、重庆"南川天麻"和"石柱天麻"、湖北"英山天麻"、安徽"金寨天麻"等。

3. 天麻的保护

天麻已被世界自然保护联盟（IUCN）评为易危物种，并被列入《濒危野生动植物物种国际贸易公约》（CITES）的附录Ⅱ中，同时也被列入中国《国家重点保护野生植物名录》，为Ⅱ级保护植物。

20 世纪 60 年代以前，天麻药材全部来源于野生资源，而今野生天麻几乎绝迹，优良天麻种质资源保护形势严峻。由于天麻独特的植物学特性和生活史，其种质资源保护方法也不同。天麻种子细小、无胚乳，种子的长期保存难度大。划定野生天麻自然保护区，禁止滥采滥挖，是天麻种质资源保护的最有效手段。天麻的生活史中，必须有萌发菌（小菇属真菌）和蜜环菌相伴，无性繁殖和有性繁殖过程相结合，因此，利用建立种质资源圃进行种质保护的方式虽然可行，但程序烦琐，需要训练有素的专业人员操作。

4. 天麻的鉴定与评价

天麻是一种与真菌共生的兰科植物，其多半时间都生活在地下，只在开花结果时花茎才露出地面以上。一般天麻种质的鉴定多以花茎的颜色、块茎的形状和含水量来初步鉴定和评价，而块茎的药材质量则需要符合《中国药典》标准。

5. 天麻的改良创新与应用

2023 年 11 月国家卫生健康委员会发布公告，将天麻等 9 种新增按照传统既是食品又是中药材的物质目录，天麻的应用和研究等工作也进入一个新的时期。20 世纪 60 年代以来，天麻的研究工作取得了很大的突破，一是实现人工栽培，结束了天麻不能栽培的历史；二是建立了"天麻无性繁殖 – 固定菌床栽培法"；三是实现"天麻有性繁殖——树叶菌床法"；四是先后分离、纯化并鉴定两种天麻生活史中的共生菌，即种子萌发菌——紫萁小菇、共生菌——蜜环菌；五是明确了天麻有性繁殖的生活史；六是在天麻中鉴定出超过 400 多种活性物质，并已经证明天麻在抗惊厥、抗衰老、抗炎镇痛等多方面有显著效果，且无明显毒副作用。

天麻种内的变型多，这为天麻的种质创新提供了便利。例如，用红天麻和乌天麻的杂交培育出来的'鄂天麻 1 号''鄂天麻 2 号'，生长速度快、适应性强、药用价值高；也有用红天麻的自交系选育出品质优良、生长速度快、抗逆性强的'略麻 –1 号'等。目前，天麻产业已逐渐由粗加工饮片向精细化产品开发转变。通过加强优良品种选育、种植基地建设确保天麻的产量和质量，并以此为基础开展产品多元化研究，将天麻产业拓展到除食品、药品、保健品以外的烟、酒、茶、化妆品各领域，将助力天麻产业创造更多的经济效益、社会效益。

二、果实种子类药用植物种质资源

药用部位为植物的果实（或果实的一部分，如果皮等）或种子的称为果实种子类中药材。这类中药材的数量仅次于根茎类药材，多出现在豆科、蔷薇科、芸香科、姜科、葫芦科、茄科等植物中。

（一）果实种子类药用植物种质资源的特点

（1）果实类药材主要包括以下几类：成熟的果实，如枸杞子、草果、砂仁等；近成熟的果实（幼果），如枳实、覆盆子等；有些仅采用果实的一部分，如陈皮、大腹皮等；或果实上的宿萼，如柿蒂；甚至仅采用中果皮部分的维管束组织，如橘络、丝瓜络；有的采用整个果穗，如桑葚。

（2）种子类药材的药用部位大多是完整的成熟种子，包括种皮和种仁两部分；种仁又包括胚乳和胚。也有用种子的一部分，有的用种皮，如绿豆衣；有的用假种皮，如龙眼肉；有的用除去种皮的种仁，如肉豆蔻；有的用胚，如莲子心；有的则用发了芽的种子，如大豆黄卷；极少数为发酵加工品，如淡豆豉。

（3）有性生殖过程才能产生果实或种子，生殖开花季节的气候条件对其产量有显著的影响，如春季开花植物遇到倒春寒造成减产；另外有些植物有雌雄异株现象，如罗汉果、栝楼等。

（4）这类药用资源基本都可采集到种子，便于资源保存，另外有很多木本多年生植物方便以资源圃形式保存。

（二）果实种子类药用植物种质资源——宁夏枸杞

茄科枸杞属（*Lycium* L.）植物宁夏枸杞（*Lycium barbarum* L.）的干燥成熟果实称为枸杞子，为我国传统药食两用中药材，具有益精明目、滋补肝肾的功效。宁夏枸杞在明弘治年间（1501 年）已经作为宫廷用品，标志宁夏枸杞品牌形成，1753 年宁夏枸杞被作为一个单独物种收载于植物志。宁夏枸杞目前已经成为我国西北宁夏、甘肃、青海、新疆等地广泛发展的经济作物，年产枸杞子超过 4×10^5 t。

1. 宁夏枸杞的分布

宁夏枸杞分布于 30°N—44°N，80°E—122°E，东到辽宁营口，西至新疆和田；南起四川小金县，北抵内蒙古二连浩特的广大地区。集中分布于青海到山西的黄河两岸黄土高原及山麓地带，主要包括青海、甘肃、宁夏等省（自治区）。枸杞子主产区有宁夏中卫、中宁、银川，内蒙古的乌拉特前旗、土默特左旗、托克托县，新疆精河，甘肃庄浪，陕西靖边等地区。

2. 枸杞种质资源的多样性

我国有枸杞属植物 10 种（表 23-3），其中宁夏枸杞（*Lycium barbarum* L.）（ $2n = 24$ ）是《中国药典》枸杞子的基原植物。宁夏枸杞具有粒大、饱满、籽少肉厚，味甘甜，后味甘，色泽红艳，泡水清淡，裸籽轻等优质特点。同属植物枸杞、黄果枸杞和黑果枸杞也在民间作药食两用品。

表 23-3　我国枸杞资源及分布

植物名	拉丁名	主要分布	是否药用或食用
宁夏枸杞	*Lycium barbarum* L.	宁夏、甘肃、青海、新疆、内蒙古、西藏	是
黄果枸杞	*L. barbarum* L. var. *auranticarpum* K. F. Ching	宁夏	是
枸杞	*L. chinense* Mill.	河北、河南、西藏、陕西、山西、甘肃，以及东北、华南、华东等地	是
北方枸杞	*L. chinense* Mill. var. *potaninii*（Pojark.）A. M. Lu	河北、河南、西藏	是
截萼枸杞	*L. truncatum* Y. C. Wang	山西、陕西、甘肃、内蒙古	否
新疆枸杞	*L. dasystemum* Pojark.	新疆、甘肃、青海	否
红枝枸杞	*L. dasystemum* Pojark. var. *rubricaulium* A. M. Lu	青海	否
黑果枸杞	*L. ruthenicum* Murray	宁夏、内蒙古、西藏	是
柱筒枸杞	*L. cylindricum* Kuang & A. M. Lu	新疆	否
云南枸杞	*L. yunnanense* Kuang & A. M. Lu	云南	否

枸杞（*L. chinense* Mill.）又称为中华枸杞，其变种为北方枸杞［*L. chinense* Mill. var. *potaninii*（Pojark.）A. M. Lu］，这两种枸杞均在民间有食用。黑果枸杞（*L. ruthenicum* Murray）为枸杞属一个种，不在《中国药典》收载，但由于其果实的花青素含量高，具有极高的对人类身体的保健价值，近年来受到广泛关注，并有大面积的人工种植。黑果枸杞主要分布在青海、甘肃、新疆和宁夏，具有很强的耐旱、耐盐碱性。

枸杞的多样性主要表现在果色、果形、花冠形状（筒状、漏斗状）、花冠颜色（白色、堇色、紫色）、叶形、株形（直立、半直立、丛生）等多个方面。

3. 枸杞种质资源的保护

宁夏农林科学院枸杞工程技术中心经过 30 年的收集、整理、保存和利用，建成枸杞种质资源圃。目前收集并保存了我国境内自然分布的 11 种，以及美国、韩国、马来西亚等国引进的 5 个种，共计 60 多个品种（系）2 600 余份种质材料，保存活体植物 20 000 余株，其中有红果类、黄果类、黑果类及其他类。还有新发现的昌吉枸杞、八倍体枸杞，也有百年枸杞树。培育出'宁杞 1 号''宁杞 5 号''宁杞 7 号''宁杞 9 号'等 10 多个枸杞优良品种。

4. 枸杞的鉴定与评价

枸杞属多种植物在民间可做药用，其种质的鉴定主要包括果实的色、形、味，以及叶、花和株型等。枸杞多糖和甜菜碱含量是主要的质量评价指标，而总多酚、总黄酮和总花色苷类也是常用的评价因子。

5. 枸杞的改良创新与应用

枸杞是多年生常异花授粉植物，遗传背景极其复杂，很多种质资源的遗传背景不清楚，对其生物特性、遗传机制也缺乏深入研究，制约了枸杞新品种选育和特异资源的深度开发利用。杂交育种、系统选育和辐射育种等方法是枸杞种质创新的主要途径，已经育成众多枸杞新品种，其中有些品种成为产区大面积推广的品种。至今已优选出枸杞新品种超过 60 个，其中有红果、黄果、黑果等；审定的良种有'宁杞 5 号''宁杞 7 号''宁农杞 9 号'等，其中'宁杞 7 号'新品种果实颗粒大、商品等级率高、抗性强、适宜区域广，在宁夏及全国得到大面积推广应用。叶用枸杞'宁杞 9 号'，采用倍性育种、杂交育种和人为定向培育方法获得的三倍体新品种，具有发枝量大，嫩梢生长迅速，叶片肥厚、宽，叶芽鲜嫩，风味优良，营养丰富的特性。

三、全草类药用植物种质资源

植物地上部分或全株入药的药材总称为全草类药材，其植物即为全草类药用植物。这类药材中，原植物的特征通常会反映在该药材的特征、性状与功效等方面，通常按所包括的器官如根、茎、叶、花、果实、种子等进行鉴别观察，以确定药材外观性状和质量。

（一）全草类药用植物种质资源的特点

全草类中药一般是植物全草或由地上的某些器官干燥而成，其药材往往包含植物的全部或者地上部分。如全草入药的蒲公英（含有根、茎、花、叶），地上部入药的荆芥（含有花、果实等）。药材的采收时间对药材质量影响较大。本类资源以菊科、唇形科、兰科草本植物为主。

（二）全草类药用植物种质资源——蒲公英

蒲公英属菊科蒲公英属（*Taraxacum* F. H. Wigg.）植物。包括蒲公英（*Taraxacum mongolicum* Hand.–Mazz.）、华蒲公英（*T. sinicum* Kitag.）（$2n = 24$、32）以及同属的多种植物可入药。蒲公英在养肝护胃、清热解毒、缓解炎症、治疗风热感冒、预防幽门螺杆菌感染等方面有显著的疗效，也富含多种维生素、蒲公英醇、蒲公英素、胆碱、有机酸、菊糖等健康营养成分，可药食两用。

1. 蒲公英的分布

蒲公英属植物多广布于我国东北、华北、西北、华中、华东及西南各省（自治区），西南和西北地区最多。蒲公英耐寒抗热，适应性、抗逆性强，对生长环境要求低、栽培管理技术简单、种植产量高，现我国辽宁、河南、安徽、河北、贵州、浙江、湖北、江苏等省均有大规模人工栽培。

2. 蒲公英种质资源的多样性

蒲公英属植物在全球有 2 500 余种，我国有 116 种。据《中国药典》描述：蒲公英（*T. mongolicum* Hand.–Mazz.）、华蒲公英（*T. sinicum* Kitag.）或同属数种植物，春季至秋季，花初开时采挖，干燥后做药材。蒲公英药材含有总黄酮、绿原酸、咖啡酸、菊苣酸、异绿原酸 A 等活性成分，这些成分含量因不同产地、不同来源差异较大，这可能与蒲公英种质资源的丰富遗传多样性和产地环境不同相关。如产自辽宁的 10 种蒲公英药材的化学指纹图谱分析表明，植物形态之间的差异性与药材成分之间的差异性相关性不大，但这 10 种药材均符合《中国药典》标准。

3. 蒲公英的鉴定与评价

蒲公英属数种植物均可作为药材来源，因此其鉴定难度大。种间的鉴定主要依据总苞片、瘦果和舌状花的形态、大小、颜色、纹饰等，种内鉴定重点关注叶、花、种子和根的形状、大小等。蒲公英属植物分布广、种类多，其质量评价一般应用综合评价指标，如测定醇溶性浸出物、水溶性浸出物、总黄酮、绿原酸、咖啡酸、菊苣酸、异绿原酸 A 的含量，样品间比较可以采用 HPLC 指纹图谱。

4. 蒲公英的改良创新与应用

蒲公英属植物野生资源丰富，自然变异大（$2n = 16, 24, 32$），不加选择地引种栽培常常造成药材有效成分含量不稳定、品质差异大。目前蒲公英主产区积极推进品种选育工作，如通过系统选育培育的'郑农蒲 3 号'产量高、菊苣酸含量高。

蒲公英的含铁量是菠菜的 2 ~ 4 倍，也含有硒、锌、钙、钾、胡萝卜素和纤维素等，具有野菜的鲜美口感，常常可做鲜食蔬菜。此外，蒲公英在食品、日用品、化妆品、饲料添加和其他工业产品加工方面也有广泛的应用前景。

四、花类药用植物种质资源

花类药用植物种质资源是指以植物的花、花序、花的某一部分作为入药部位的植物资源，包括完整的花序、未开放的花蕾、已开放的花、带花的果穗、花的一部分（花冠、花柱、柱头、花粉、雌蕊等）。花类药材含多种功效，大多数含有挥发油成分，有祛风理气作用，其共性多平和，药性峻猛（闹羊花、洋金花）的少。

（一）花类药用植物种质资源的特点

（1）花的各部位可分别入药，如菊花、款冬花的完整的花序，金银花、丁香的未开放的花蕾，洋金花、槐花已开放的花，夏枯草带花的果穗，西红花的柱头，松科植物的花粉（松花粉）、香蒲的花粉（蒲黄），莲的雌蕊（莲须）等。

（2）花类药材的采收时间对药材的质量影响大。如红花、金银花一般在花期的每天上午 9 时之前采收为好。

（3）花的形状、色泽、气味是鉴别药材质量的重要指标。

（二）花类药用植物种质资源——忍冬（金银花）

忍冬科忍冬属植物忍冬（*Lonicera japonica* Thunb.）为半常绿缠绕藤本植物，其干燥的花蕾或带初开的花入药，称为金银花，又有"双花""二花""二宝花""双宝花"等名称。金银花作为我国传统常用中药材，又是药食两用，具有清热解毒的功效，因抑菌谱广、疗效显著而大量用于中医临床和中成药生产，并大量出口。

1. 忍冬的分布

忍冬分布于全国大部分省份。生于山坡灌丛或疏林中、乱石堆、路旁及村庄篱笆边，海拔最高达 1 500 m。山东和河南为主要栽培区，山东的平邑、费县、日照，河南密县、巩县、荥阳，河北巨鹿等地是金银花的主要栽培地，其中山东平邑和费县所产金银花称为"东银花"，河南密县、巩县和荥阳所产称为"密银花"，品质优良，驰名中外。

2. 忍冬种质资源的多样性

忍冬属（*Lonicera* L.）植物全球有 200 种，我国有 98 种，其中有 18 种的花蕾有记录可做"金银花"药材，而《中国药典》曾经收录多种忍冬属植物作为金银花的基原植物。《中国药典》2005 版以后的版本均将忍冬和几种忍冬属植物分别收录为"金银花"和"山银花"。金银花来源于忍冬（*L. japonica* Thunb.）的花蕾，山银花来源于 4 种植物（灰毡毛忍冬、红腺忍冬、华南忍冬、黄褐毛忍冬）的花蕾。此外，中国民间各地又有各自的习惯用药，有多达 13 种忍冬属植物的花蕾可做药用（表 23-4）。金银花与山银花在基原植物、花形、气味、有效成分含量、种植的经济效益等各方面都存在差异。

金银花在我国的栽培面积大，河南和山东是传统的道地产区。河南产金银花，习称"密银花"或"南银花"，种植类型主要有 3 个：毛花系、鸡爪花系和野生银花系。毛花系植株茎叶、花蕾的毛茸较多，枝条上部缠绕，花与花之间距离较大，花蕾呈松散分布；鸡爪花系枝条较为直立，一般不缠绕，花蕾集中在枝条上部，呈鸡爪状；野生银花系枝条表现为蔓生，花蕾极少且分布松散。山东产区主要集中在临沂市多个县，所产金银花称为"东银花"，主要有大鸡爪花、小鸡爪花、大毛花、小毛花、红裤腿及野生忍冬等十余种资源类型。此外，河北巨鹿是近年来发展起来的金银花产区，已培育出'巨花一号'等适应当地气候条件的优良品种，其品质优，产业发展潜力大。

3. 忍冬种质资源的保护

全国最大的金银花产地山东平邑建有金银花资源库和博物馆；河南师范大学金银花种质资源圃保存有 61 份种质资源。此外，因为金银花具有观赏和药用两种属性，各地的药用植物园、植物园等均收集保存有金银花种质。

4. 忍冬的鉴定与评价

ITS2、*psbA-trnH* 序列作为 DNA 条形码能稳定准确鉴别金银花及其近缘种。花蕾的气味、颜色和质地可作为金银花性状鉴别的依据。优质金银花一般为：花蕾呈棒状，上粗下细，稍微弯曲，表面呈绿白色，气味芳香，味清香。绿原酸、木樨草苷、多糖和总黄酮含量可作为质量评价的指标。

5. 忍冬的改良创新与应用

忍冬的野生资源分布广，蕴藏量大，在 20 世纪 70 年代以前金银花主要来源于野生资源，但野生金银花采集困难、产量不稳、质量参差不齐。近 30 多年来，金银花的研究从多个方面开展。一是实现规范化的人工种植，产量基本满足市场需求，摆脱了对野生资源的依赖；二是开展忍冬属遗传多样性研究与金银花有效成分分析相结合的药材质量评价研究；三是推动选择育种、杂交育种、多倍体育种、诱变育种和分子标记辅助育种等多种育种方法相结合，培育出多个优良品种，如'北花 1 号''九丰 1 号'等；四是深入开展忍冬在药品、保健食品、食品饮料、日用化工等方面的应用。

表 23-4　忍冬属药用植物资源

植物名	拉丁名	分布地区	药材名	是否药典收录
忍冬	L. japonica Thunb.	山东、河南等华北地区，湖北、湖南及西南、华南等地区	金银花	是
灰毡毛忍冬	L. macranthoides Hand.-Mazz.	安徽、浙江、江西、福建、湖北、湖南、广东、广西、四川、贵州	山银花	是
菰腺忍冬	L. hypoglauca Miq.	安徽、浙江、江西、福建、湖北、湖南、广东、广西、四川、贵州		
黄褐毛忍冬	L. fulvotomentosa P. S. Hsu & S. C. Cheng	广西、贵州、云南		
淡红忍冬	L. acuminata Wall.	四川部分地区、西藏昌都	民间药	否
滇西忍冬	L. buchananii Lace	云南盈江	民间药	否
华南忍冬	L. confusa（Sweet）DC.	广东、广西、海南	民间药	
葡匐忍冬	L. crassifolia Batalin	湖北、湖南、四川、贵州、云南	民间药	否
水忍冬	L. dasystyla Rehder	广西	民间药	否
刚毛忍冬	L. hispida Pall. ex Roem. & Schult.	陕西、甘肃、新疆、青海、四川、宁夏	民间药	否
大花忍冬	L. macrantha（D. Don）Spreng.	广西、云南、广东、福建、浙江	民间药	否
短柄忍冬	L. pampaninii H. Lev.	贵州、四川、广西、湖南、江西	民间药	否
邹叶忍冬	L. reticulata Champ. ex Benth.	江西、福建、湖南、广西、广东	民间药	否
细毡毛忍冬	L. similis Hemsl.	四川、湖南、贵州、云南	民间药	否
锈毛忍冬	L. ferruginea Rehder	广西、广东、云南、福建、江西	民间药	否
盘叶忍冬	L. tragophylla Hemsl.	河北、山西、陕西、宁夏、甘肃、安徽、浙江、河南、四川、贵州	民间药	否
卵叶忍冬	L. inodora W. W. Smith	云南、西藏	民间药	否

五、皮类药用植物种质资源

皮类药用植物种质资源是指以木本植物的茎干、枝或根的形成层以外的部分入药的植物。这类药材在《中国药典》里收录有 19 种，有以树干皮和枝皮入药的杜仲、黄檗（关黄柏）、合欢、苦枥白蜡树（秦皮）等，有以根皮入药的细柱五加（五加皮）、枸杞（地骨皮）、杠柳（香加皮）、桑（桑白皮）等，也有干皮、枝皮和根皮均可入药的厚朴、楝（苦楝皮）。

（一）皮类药用植物种质资源的特点

（1）形成层以外的韧皮部和周皮入药，也有个别的刮去粗皮入药。

（2）基本为灌木或乔木类多年生植物，生长年限长，药材采收年限久。一般生长 10 年、15 年以上的树木才能达到药材采收的标准。

（3）药材质量差异较大，特别是生长年限不一，或者植株个体差异大时，其活性成分含量差异大。

（二）皮类药用植物种质资源——厚朴

木兰科木兰属（*Magnolia* L.）植物厚朴［*Magnolia officinalis*（Rehder & E. H. Wilson）N. H. Xia & C. Y. Wu］或凹叶厚朴（*M. officinalis* subsp. *biloba*）的干燥干皮、根皮及枝皮入药称为厚朴，其干燥花蕾入药称为厚朴花。厚朴药用历史悠久，其含有的主要活性物质有酚类、挥发油类等，临床有燥湿消痰、下气除满的功效；厚朴花有芳香化湿、理气宽中的功效。

1. 厚朴的分布

厚朴和凹叶厚朴交叉分布，主要在湖北西部、四川、江西、安徽、浙江、福建、湖南、广西和广东北部、陕西南部、甘肃南部等地。目前厚朴商品主要为栽培品，主产区位于重庆、湖南、湖北、贵州四省市的邻近地区，四川、福建和广西的部分地区。

2. 厚朴种质资源的多样性

木兰属（*Magnolia* L.）植物全球有 90 种，我国有 31 种，其中厚朴和其亚种凹叶厚朴是《中国药典》厚朴和厚朴花药材的基原植物，另外民间记载日本厚朴［*M. obovata*（Thunb.）N. H. Xia & C. Y. Wu］与长喙厚朴［*M. rostrata*（W. W. Sm.）N. H. Xia & C. Y. Wu］也有用作厚朴药材的记载。厚朴的近缘植物玉兰［*Yulania denudata*（Desr.）D. L. Fu］、望春玉兰［*Y. biondii*（Pamp.）D. L. Fu］和武当玉兰［*Y. sprengeri*（Pamp.）D. L. Fu］的花蕾入药称为辛夷，但其树皮不可做药用。厚朴与凹叶厚朴的主要区别在于前者叶先端具短急尖、微凸或圆钝，后者叶先端凹缺成 2 个钝圆的浅裂片。也有报道发现叶先端凹凸共存的"中间型"变异厚朴。厚朴树皮的色泽、气味是其资源多样性的重要指标，如产自湖北恩施地区的紫油厚朴，具有色紫油重、香气特异的特征，是一种优质种质资源。

3. 厚朴种质资源的保护

厚朴（*M. officinalis*）被列为国家重点保护植物目录Ⅱ级，国家重点野生药材目录Ⅱ级，《中国药用植物红皮书》将厚朴列为受关注物种，说明厚朴的野生资源受到威胁。厚朴在 1970 年以前基本采自野生植物，1971 年以后全国先后建设了浙江景宁、湖北恩施、四川灌县、湖南通道等厚朴种植基地，栽培厚朴已经成为药材的主要来源。由于厚朴药材形成一般需要 15 年以上时间，其资源保护可结合药材生产、荒山绿化植树造林等实现。陕西西安植物园保存有 300 多种木兰科种质资源。

4. 厚朴的鉴定与评价

凹叶厚朴叶先端凹缺，成 2 枚钝圆的浅裂片，聚合果基部较窄，这是与厚朴的主要区别。同样条件下，厚朴中的活性成分含量（厚朴酚与和厚朴酚）高于凹叶厚朴。厚朴药材的质量与种源、树龄、皮厚度、树的胸径等有关。常有多种木兰属、木莲属，甚至其他科植物的树皮冒充厚朴药材出现，说明这一药材来源的复杂性，需要准确识别来源植物，必要时须借助于 DNA 分子标记或 DNA 条形码等多种方法进行鉴定。厚朴酚、和厚朴酚含量是评价厚朴种质资源优劣的主要指标。

5. 厚朴的改良创新与应用

厚朴在湖北、湖南、重庆和四川等地大面积种植，出现了'都江堰厚朴''平武厚朴''安化厚朴''龙山厚朴'、恩施'紫油厚朴'等有名的地理标志产品。湖北培育的'双河紫油厚朴'具有皮厚、质细、油性重、香气浓、断面棕色、内皮深紫色等优点。

木兰属有厚朴、玉兰等经济植物，有树皮作厚朴药用，有花蕾作辛夷药用，同时其乔木种类材质优良，是我国 34°N 以南的重要林业树种。种子含油量达 35%，可榨油，可制肥皂。木材供建筑、板料、家具、雕刻、乐器、细木工等用。叶大荫浓，花大美丽，可作绿化观赏树种。

第六节　药用植物种质资源的利用与发展趋势

药用植物种质资源是中医药的源泉，蕴含丰富的遗传信息，是保障人民健康的重要物质基础。药用植物种质资源调查、收集、保存和研究，其主要目标一是有效保护种质资源，避免过度开采利用，二是充分鉴定和创新利用药用植物种质资源，保障人类健康。

一、药用植物种质资源的利用

（1）对于提高中药材质量，保护野生药用植物资源有重要价值。目前 70% 以上的中药材还是依靠野生资源，有些野生资源已经处于濒危状态，对野生资源的收集、整理、挖掘，选育适合人工栽培的品种，是实现野生到栽培，确保野生资源可持续利用，增加药材市场需求的最有效方式。

（2）发掘优异种质资源，培育优良品种，在中药材规范化生产中发挥重要作用。优良品种在道地药材生产、药材产业发展中具有支撑作用。

（3）发掘和鉴定优异基因资源，对阐释药用植物生长发育规律，解析植物次生代谢产物生物合成途径、中药材质量品质形成原因等都至关重要。

二、药用植物种质资源的发展趋势

药用植物种质资源的调查、收集、保存与鉴定今后一段时期内重点任务及发展方向主要有以下三个方面。

一是在药用植物种质资源研究的基础上，构建国家药用植物种质资源标准化整理、整合及共享平台，充分实现资源和信息的共享，为提升国家药用植物种质资源保存能力和水平，完善中药资源学体系，加大野生濒危药用植物种质资源保护力度。

二是从丰富的药用植物种质资源中发掘优异种质，构建药用植物核心种质，提高种质资源利用效率。深入研究重要药用活性物质（次生代谢产物）的合成途径，鉴定关键基因，开展合成生物学基础研究。

三是扩大药用植物种质资源的综合利用和开发范围。特别是在医药、健康保健、药食两用等方面加大研究力度；在助力乡村振兴、农民增收致富中发挥重要作用。

💻 **推荐阅读** ────────────────────────────────

1. 中国药材公司 . 中国中药资源丛书 [M]. 北京：科学出版社，1995.

   丛书包括《中国中药资源》《中国中药资源志要》《中国常用中药材》《中国中药区划》《中国药材资源地图集》《中国民间单验方》6 本书，全面系统介绍我国的药用植物种质资源及其分布和用法。

2. 中国医学科学院药用植物资源开发研究所 . 中国药用植物栽培学 [M]. 北京：中国农业出版社，1991.

   全书分总论和个论，介绍了 231 种常用药用植物的形态特征、生物学特性及栽培和药材加工，另有 261 种列表简介。

1. 试论药用植物种质资源的各种类型有何特点？
2. 如何保护和利用野生濒危药用植物种质资源？
3. 简述药用植物种质资源在种质创新中的作用。

主要参考文献

1. 安巍，赵建华，尹跃，等 . 枸杞种质资源研究现状及发展方向［J］. 宁夏农林科技，2019，60（9）：49-50.

2. 董佳悦，任波，张梅 . 厚朴种质资源研究进展［J］. 中药与临床，2016，4（7）：38-41.

3. 黄璐琦，王永炎 . 药用植物种质资源研究［M］. 上海：上海科学技术出版社，2008.

4. 黄璐琦，张本刚，覃海宁 . 中国药用植物红皮书［M］. 北京：科学技术出版社，2022.

5. 李磊，谭政委，余永亮，等 . 金银花种质资源及品质选育研究进展［J］. 安徽农业科学，2022，50（17）：1-4.

6. 王娅丽，王蓉，王伟，等 . 叶用枸杞新品种"宁杞9号"栽培技术［J］. 林业科技通讯，2022，2：79-83.

7. 吴杰，宁伟 . 辽宁10种蒲公英的植物图谱分析［J］. 特产研究，2023，45（2）：122-126.

8. 张晶晶，张宁，华霜，等 . 人参育种研究进展［J］. 特产研究，2021，43（2）：85-90.

9. 张照宇，孙建华，陈士林，等 . 天麻种质资源及其与双菌共生分子机制研究［J］. 世界中医药，2022，17（13）：1819-1826.

10. Ning Ji，Peng Liu，Ni Zhang，et al. Comparison on bioactivities and characteristics of polysaccharides from four varieties of *Gastrodia elata* Blume［J］. Frontiers in Chemistry，2022，22（10）：956724.

11. Zenghu Su，Yuangui Yang，Shizhong Chen，et al. The processing methods，phytochemistry and pharmacology of *Gastrodia elata* Bl.：a comprehensive review［J］. The Journal of Ethnopharmacology，2023，314：116467.

ℯ 网上更多资源

📖 拓展阅读　　🖥 彩图　　📝 思考题解析

撰稿人：祁建军　魏建和　审稿人：刘春生

第二十四章

菌物种质资源

本章导读

1. 菌物是微生物吗?
2. 如何将菌物种质资源变成"粮菜合体"的"大食物"?
3. 如何理解植物、动物、菌物三物循环生产?

　　食用菌作为一类大型可食用的真菌,具有不与人争粮、不与粮争地、不与地争肥、不与农争时、不与其他行业争资源的特点。食用菌通过栽培生产菌物蛋白,以丰富的营养和口味改变着人们的生活。中国食用菌协会统计资料显示,我国食用菌产业已成为继粮、油、菜、果之后种植业中的第五大产业,2021年产值达3 465亿元。尤其是在工厂化条件下,食用菌生长不受地域和季节限制,生物转化率更高。食用菌自身的营养可以作为粮食类作物所含的淀粉、蛋白质的补充。发挥食用菌"粮菜合体"的"大食物"属性,将食用菌作为食物产业大力发展,不仅可以充实"粮袋子",还可以丰盈"菜篮子",是新时代构建多元食物供给体系的正确选择。

　　自然界中菌物资源种类繁多,分布广泛,数量巨大,繁殖速度快,适应能力强,是自然生态系统中的重要生命组分,是多样性最为丰富的生物资源类群之一。菌物资源研究与利用已成为全球生物资源竞争的战略重点。

第一节　菌物种质资源的起源、演化与多样性

一、菌物种质资源基本概念、分类及重要意义

(一)基本概念

　　菌类作物(蕈菌作物)的英文为"mushroom crop",即可人工栽培、食用(包括兼有药用价值)的一些大型真菌。这些菌类在现代生物分类上大部分属于真菌界下的担子菌门和子囊菌门。在没有提出菌类作物概念之前,我们狭义地把可食用或药用的大型真菌,称为食(药)用菌,有时包括未驯化的野生真菌。但随着食用菌栽培规模的不断扩大,可人工栽培种类的增多,菌类作物已成为人们餐桌上一种重要的农作物产品。所以菌类作物包括我们平常所说的食用菌和药用菌中可人工驯化栽培的部分,需要一定的栽培工艺和设施。

菌物种质资源指的是一切可人工栽培的食用、药用和食药兼用的大型真菌的遗传多样性资源，也就是菌物中各种各样基因的总和，包括这些种类的活体、组织、孢子、菌种及其他由基因、基因型集合构成的遗传性保育材料等。我国是菌物资源大国，相当量的优良品种来自对野生种质资源的系统选育，如黑木耳、白灵菇、茶树菇等。另一方面，亦来自于食用菌育种工作者的人工培育。

（二）重要意义

长期以来，菌物多方面的价值都得到了肯定，随着科学技术的进步，面对蛋白质的短缺、健康危机、资源再生和再利用、环境保护、生态修复诸多问题，菌物产业越来越受到关注。菌物种质资源及菌物产业的重大意义体现在以下三个方面。

一是菌物产业社会经济效益好。菌物产业是实现农业废弃物资源化利用，推进循环经济发展，支撑国家食物安全的生力军。当前，我国农业和农村经济发展进入了一个新的历史阶段，粮食不断增产的同时秸秆产量也随之增长，秸秆绝大多数被付之一炬。这不仅是资源的浪费、环境的污染、生态的压力，而且成为了新农村建设的严重桎梏。蕈菌产业则是利用这些废弃物的首选。以生产 2×10^6 m^2 的双孢菇为例，可转化 1×10^8 kg 废弃物，按最低 10 kg/m^2 的产量（国际平均产量近 50 kg/m^2），就可以创造 4 000 万元的经济价值，同时解决 10 000 人的就业。菌糠、菌渣仍可延伸制成燃料减少污染、制成肥料改良土壤，提高肥力，单是秸秆增值可达 10 倍以上。所以秸秆不仅是饲料、肥料、燃料，更应是菌物产业的原料，在秸秆直接返田，入池（沼气池），燃烧之前经菌物再生产增值再还田、入池、燃烧，是更为经济，更加有效的措施。因此是实现农业废弃物资源化的重要一环。

第二，菌物是形成"三物循环生产"的重要环节。在三物构成的生物世界，植物和动物分别扮演生产者和消费者的角色，菌物则参与到动物、植物废弃物的自然循环，构成三物平衡的世界。植物、动物、菌物三物循环是东方农耕生产方式的精髓，至今仍被西方农学家所推崇。这一体系不仅加速了自然的物质循环、能量循环，更可节能减排、保护环境，极大降低了对生态环境的负面影响。形成的这一生产体系从真正意义上实现了"减量化，再利用，再循环"（3R）的循环经济模式。

第三，菌物承担支撑大食物观重任。菌物产业作为资源节约型产业还承载着支撑大食物观的重任。如果农业废弃物的 5% 即 1.5×10^8 t 用于蕈菌生产，就可以生产至少 1.0×10^7 t 干的蕈菌产品。按照每吨干品含 20%～30% 蛋白质计算，相当于从废弃物中要回了（2.0～3.0）$\times 10^6$ t 蛋白质，这些相当于（4.0～6.0）$\times 10^6$ t 瘦肉或（6.0～9.0）$\times 10^6$ t 鸡蛋或（2.4～3.6）$\times 10^7$ t 牛奶的蛋白质含量，同时还在国民膳食结构中提高了维生素，膳食纤维和氨基酸的供给，这也应和了"菌"字中"囷"藏粮于菌的深刻含义。从而做到了"不与人争粮，不与粮争地，不与地争肥，不与农争时，不与其他争资源。"

（三）菌类作物的分类

根据菌类作物的形态特征、生理特性、生长习性、主要利用部位及栽培方式等，可将菌类作物分类，方便对其利用和研究。

1. 按系统学分类

如同植物一样，菌类作物的分类等级依次为界（Kingdom）、门（Division）、纲（Class）、目（Order）、科（Family）、属（Genus）、种（Species），拉丁学名依据林奈双名法命名。主要栽培菌类作物的中文名、学名及英文名见表 24-1。

表 24-1　主要栽培菌类作物的中文名、学名及英文名

中文名	学名	英文名
微香菇属 *Lentinula*		
香菇	*Lentinula edodes*（Berk.）Pegler	Shiitake
蘑菇属 *Agaricus*		
巴西蘑菇	*Agaricus blazei* Murrill	Himematsutake
双孢蘑菇	*Agaricus bisporus*（J. E. Lange）	Button mushroom
木耳属 *Auricularia*		
黑木耳	*Auricularia heimuer* F. Wu，B. K. Cui，Y. C. Dai	Wood ear
毛木耳	*Auricularia cornea* Ehrenb.	Hairy Jew's ear
侧耳属 *Pleurotus*		
糙皮侧耳	*Pleurotus ostreatus*（Jacq.）P. Kumm.	Oyster mushroom
刺芹侧耳	*Pleurotus eryngii*（DC.）Quél.	King oyster mushroom
金顶侧耳	*Pleurotus citrinopileatus* Singer	Golden oyster mushroom
泡囊侧耳	*Pleurotus cystidiosus* O. K. Mill.	Maple oyster mushroom
淡红侧耳	*Pleurotus djamor* Boedijn	Pink oyster mushroom
磷伞属 *Pholiota*		
小孢鳞伞	*Pholiota microspora* Berk	Nameko mushroom
多脂鳞伞	*Pholiota adiposa*（Batsch）P. Kumm.	Yellow cap
小火焰菌属 *Flammulina*		
金针菇	*Flammulina filiformis*（Z. W. Ge et al.）P. M. Wang, Y. C. Dai, E. Horak & Zhu L. Yang	Enoki mushroom
树花属 *Grifola*		
灰树花	*Grifola frondosa*（Dicks.）Gray	Maitake
灵芝属 *Ganoderma*		
灵芝	*Ganoderma sichuanense* J. D. Zhao & X. Q. Zhang	Lingzhi
虫草属 *Cordyceps*		
蛹虫草	*Cordyceps militaris*（L.：Fr.）Link.	Scarlet cater pilla fungus

2. 按生物学和生理生态特征分类

（1）按出菇温度划分　按照温度划分是从菌类作物栽培学的意义上确定的。可以分为三大类群，即低温种、中温种和高温种。低温种和中温种品种较多。

①低温种　子实体适宜发生温度在 15℃以下，代表有金针菇、滑子蘑、白灵菇。

②中温种　子实体发生的适宜温度在 16～25℃，品种较多，如灰树花、黑木耳、猴头、平菇、金顶侧耳等。

③高温种　子实体发生的适宜温度在 25℃以上，代表有草菇、灵芝等。

（2）按出菇对温差刺激的需求划分　按照子实体形成是否需要温差刺激将菌类作物分为恒温结实和变温结实两大类。

（3）按出菇早晚划分　多种食用菌的不同品种从接种到子实体形成需要的发菌期是不同的。有的品种菌丝长满基质后，在适宜的环境条件下很快就能形成子实体，如草菇、双孢蘑菇；而有的种类就要在发菌完成后经过一定时期的后熟才能形成子实体，如香菇、糙皮侧耳、白灵菇等。为此，这些种类的品种又可分为晚熟品种、中熟品种、早熟品种几大类型。

（4）按种内品种出菇温度划分　食用菌不但不同种类出菇的温度不同，同种内的不同品种出菇的温度也是不同的。总的说来，栽培历史悠久，自然分布和栽培范围大的品种，栽培品种子实体形成温度类型多。例如，香菇和糙皮侧耳都有高温型（25℃以上）、中温型（16～25℃）、低温型（15℃以下）和广温型（8～28℃）的不同类型的品种，同种内出菇温度显著不同的种类有香菇、平菇、白灵菇、黑木耳等。

3. 按用途分类

按照菌类作物的用途可分为药用菌物和食用菌物。

4. 按产品形式划分

不同的产品销售形式，需要不同质地的品种。分为鲜销、干品、制罐和保鲜四大类。

5. 按收获产物划分

不同的菌类作物，所需的产物不同。有的品种，如产孢子多的灵芝，不收获子实体，而是收集灵芝孢子粉。有的则是栽培不产孢子类型的灵芝制作盆景。

6. 按子实体色泽划分

通过长期的品种选育，有的种类出现了显著的色泽分化。如黄色和白色金针菇；奶白、棕色和白色双孢蘑菇等。

7. 按子实体大小划分

在栽培的菌类作物中，同种不同品种的子实体大小差异较大。

二、菌类作物的起源与种质资源的多样性

（一）菌类作物的起源

在距今六七千年前的仰韶文化时期，我们的祖先就已经大量采食菌类。在长期采食野生食用菌的基础上，为了提高对食用菌的利用效率，逐渐从野生采集发展为人工栽培。通过长期的生产实践，有的地方形成了对某种食用菌的专业化生产。例如，我国香菇人工栽培的发源地是浙江的龙泉、庆元及景宁三县。当地农民以栽培香菇为业已有六七百年的历史。

中国是举世闻名的具有悠久历史的文明古国。1973年在浙江余姚河姆渡遗址挖掘出与稻谷、酸枣等收集在一起的菌类遗物。

根据历史文献记载，我国是最早进行菌类栽培的国家。明李时珍《本草纲目》（1578年）上曾引证了唐甄权有关木耳栽培的一段记载："……煮粥安诸木上，以草覆之，即生樟尔。"这一记载证明，至少在距今1 300多年以前的唐代，就早已开始用人工的方法栽培食用菌了。唐韩鄂《四时纂要》内所记载的食用菌栽培方法叙述得甚为详细："三月种菌子，取烂构木及叶于地埋之，常以泔浇令湿，两三日即生。又法，畦中下烂粪，取构木可长六七寸，截断捶碎，如种菜法，于畦中匀布，土盖水浇，长令润。如初有小菌子，仰耙推之，明旦又出，亦推之。三度后出者甚大，即收食之……"这是我国古代记载得最具体的食用菌冬菇的栽培方法。宋陈仁玉撰写的《菌谱》一书，记有

大型真菌 11 种，分别描述了这些真菌的形态结构，生长特性。这部书比西欧最早的一部同类专著早 351 年。明代潘之恒撰写的《广谱菌》一书，记载了 19 种食用菌，涉及产地有云南、广西、安徽、湖南、山东等 9 个省（自治区）。

西方最早栽培蘑菇（*Agaricus bisporus*）的国家是法国，在路易十四世（1643—1715 年）的时代才开始在巴黎及其附近栽培。关于蘑菇栽培方法的报告，是图恩福特（Tournefort）在 1707 年所作的。英国继法国之后也开始在霍舍姆（Horsham），布拉德福德（Bradford）及爱丁堡（Edinburgh）等地栽培蘑菇。德国在第一次世界大战（1914—1918 年）前也开始栽培蘑菇。帝俄时代开始栽培蘑菇是 1820 年在圣彼得堡。至于美国则更晚，只在 1932 年左右才开始在新英格兰（New England）以及中西部各州之间和加利福尼亚（California）等地栽培蘑菇。从以上这些片段文字记载与西方各国食用菌栽培的开始时期加以比较，我国则比他们要早得多。

我国菌类栽培就是在人们对菌类生物学特性有了充分认识，以及在日益增长的社会需要的背景下开始出现的。当前世界上所广泛栽培的食用菌，绝大部分起源于我国。由我国古代劳动人民所创建的食用菌栽培工艺，对我国以及东方，尤其是日本食用菌栽培业的发展，曾起到重要的推动作用。

（二）中国菌物种质资源的物种多样性

地球上的菌物估计有 150 万种，其中蕈菌在 14 万种之多，目前已知大约 14 000 种，中国地处于亚洲大陆东南部，地形复杂，气候和植被类型多样。已知的大型真菌有 4 000 种以上，伞菌类约 2 000 种，多孔菌类约 1 300 种，木耳和银耳胶质菌类 100 余种，大型子囊菌类 400 多种。世界已知食用菌 3 000 多种，药用真菌 1 000 余种，中国食用菌 1 000 余种。在已有描述和记载的 871 种食用蕈菌中，约有 86 种食用蕈菌成功地进行了人工驯化栽培。实际大规模栽培的有香菇（*Lentinula edodes*）、黑木耳（*Auricularia heimuer*）、糙皮侧耳（*Pleurotus ostreatus*）、毛木耳（*Auricularia cornea*）、金针菇（*Flammulina filiformis*）、双孢蘑菇（*Agaricus bisporus*）、杏鲍菇（*Pleurotus eryngii*）、茶薪菇（*Cyclocybe chaxingu*）、秀珍菇（*Pleurotus geesteranus*）和滑子菇（*Pholiota microspora*）等 20 多种。此外，各种新开发或新引进的品种日益增多，菌物遗传多样性不断丰富。

（三）中国菌物种质资源的生态多样性

我国菌物资源生态多样性极其丰富。众所周知，菌物生态分布与植被生态分布密切相关。根据大型菌物水平分布特点，编者等参照《中国自然地理》对中国植被地理区域的划分，将我国大型菌物资源进行了地理区域的划分，共分为东北地区、华北地区、华中地区、华南地区、内蒙古地区、西北地区和青藏地区 7 个大区。以上分区主要是体现大型菌物资源的水平生态分布特点。然而，在各大区的范围内海拔相差较大的高山或山地中，菌物资源区系分布与植物植被类型一样，会随海拔的变化而变化，有不同的垂直生态分布特点。

1. 东北地区

东北地区的大型菌物调查研究在国内相对比较深入，已知种类比较多。受雨、热等因素的影响，多数大型菌物种类（特别是伞菌类等肉质的种类）在 7—9 月出现，但也有一些种类只出现在特殊的季节，如草地或阔叶林地 4—5 月出现的羊肚菌（*Morchella* spp.），10 月出现的缘毛多孔菌（*Polyporus ciliatus*）等。

2. 华北地区

森林内大型菌物较为丰富，而半荒漠山地等干旱地区资源较少，多数菌类出现在夏秋季的雨季及雨季之后。与东北地区相似，也有一些种类只出现在特殊的季节，如羊肚菌在4月即可大量出现，一些多孔菌等多年生种类则常年可见，部分多孔菌一般在10月才更为成熟，更易观察到孢子。华北地区植被类型多样，建群种以松科的松属和壳斗科的栎属的种类为主，种类相当丰富。

3. 华中地区

春末至秋初为大型菌物出现最多的季节。该区的神农架地区、秦岭山区、南岭的北坡等地保留有较好的森林，菌类十分丰富，一直受到菌物多样性工作者的关注；但本区的北部多为盐碱土，而且冬季气温达到零下的时间较长，生态环境相对较差，菌类较贫乏。西南部的四川和云南是一个特殊的生态区，菌物物种丰富，特有种类繁多，食用菌的产量巨大，是野生食用菌的王国。

4. 华南地区

该区丰富多样的植被环境和充沛的水分，孕育了极为丰富的菌物多样性。这一地区温湿条件优越，大型菌物的生长季节比较长，每年4月底至10月底的雨季是较理想的采集季节，6—9月最为丰富，而自11月开始至翌年4月初的旱季也能采集到一些稍为耐旱的种类。

5. 内蒙古地区

此地区以独特的温带高原草原景观区别于其他地区，与周边地区之间具有鲜明的自然界线。植被以草甸草原为主，但局部地区有针叶林、桦木林等森林植被。7—9月初是大型菌物多发季节。其中，内蒙古地区温带落叶阔叶林区，以位于内蒙古通辽市科尔沁左翼后旗境内的大青沟国家级自然保护区为代表，该区菌物资源比较丰富，主要发生在夏秋季。保护区及其周围已知的大型真菌300多种。研究表明，大型菌物区系表现出鲜明的温带区系特征，区系亲缘关系与长白山等东北的温带阔叶林较为接近，而与热带、亚热带的区系较为疏远。

6. 西北地区

代表性区域包括西北地区温带针叶林、温带落叶阔叶林、温带草甸与草原和温带荒漠－沙漠。其中，① 西北地区温带针叶林区菌物资源较为丰富，适合大型菌物生长的季节也较林外的长，6月底至9月初为大型菌物多发季节。菌物中以欧亚温带或北半球温带共有成分为主。② 西北地区温带落叶阔叶林区大型菌物资源相对较少，且主要集中在夏秋季较短的时间里出现。但大型菌物的类型也较为多样。③ 西北地区温带草甸与草原地区大多数大型菌物出现在7—9月。大型菌物种类以草地生类群为主。与青藏地区共有的黄绿卷毛菇（*Floccularia luteovirens*）、多种美味的羊肚菌（*Morchella* spp.）和与东北地区共有的大白桩菇（*Leucopaxillus giganteus*）等，都是这里著名的食用菌。④ 温带荒漠－沙漠是西北地区的主要生态类型之一。新疆准噶尔盆地的大型菌物多出现在夏秋季，菌物物种资源较少。一些天然条件下对相关植物比较专一的种类，如沙棘林中的药用菌沙棘嗜蓝孢孔菌（*Fomitiporia hippophaëicola*）、阿魏上的白灵侧耳（*Pleurotus tuoliensis*）（新疆著名的食用菌，目前已成为国内重要的栽培种类）、刺芹侧耳阿魏变种（*Pleurotus eryngii* var. *ferulae*）等。

7. 青藏地区

该地区是世界上植被垂直生态变化最为明显的地区，也是大型菌物区系垂直分布差异显著的地区。林带和草原等的生态环境和菌物资源特点又分别与国内其他地区热带、亚热带及温带相对应的植被类型相似。在高海拔地区东南部的察隅以南，菌物生物多样性异常丰富，不但种类多，而且资源特色明显，特有种类比例相当高。青藏地区每个不同的生态类型都可能有不同特色的种类。例如，长在亚高山地区的竹林里的目前其他地区尚未发现的药用真菌中国肉球菌（*Engleromyces sinensis*）和卵碟菌（*Ovipoculum album*）。该地区是生物多样性最为丰富的地区之一。

三、菌物种质资源保育体系建设

（一）菌物种质资源概况

菌物种质资源包括各种栽培种的繁殖材料以及利用上述繁殖材料人工创造的各种遗传材料。种质资源蕴藏在各种类的各品种、品系、类型和野生近缘植物，包括古老的地方品种、新培育的推广品种、引进品种等。相应的遗传材料包括各品种的活体、组织、孢子、体细胞、基因物质等，都属于种质资源的范围。

但是，不可忽视的是，现代农业的发展带来的一个严重后果是品种的单一化，特别是在食用菌工厂化集中地区，菌类多样性有明显降低趋势。育种材料的选择空间非常有限，限制了育种水平和选种水平的提高，也使得选育的品种之间区别性不够显著，同时，仅有的种质资源也几乎从未进行系统的研究，绝大多数野生资源除采集的一般记载外，几乎没有任何基本性状的资料。国内人工选育的品种绝大多数也只有农艺性状的描述，而没有供室内鉴定的指标和标志，对育成品种间亲缘关系的远近更是鲜见系统深入研究。

（二）菌物种质资源保育体系建设

菌物资源保育体系建设，可概括为"一区一馆五库"。菌物多样性是生物多样性和生态稳定的决定因素之一。近些年来，由于受人类活动、环境污染、全球气候变化等因素影响，菌物生存环境受到了不同程度的威胁，特别是过量氮沉降更是加速了真菌子实体种类和数量的急剧减少。多个国家的研究资料都证明了森林中蘑菇和其他真菌的种类与数量不断下降。1992 年联合国环境与发展大会上，包括中国在内的 153 个国家在《生物多样性公约》上签了字，从而使保护生物多样性成为世界范围内的联合行动。2010 年国务院印发了《中国生物多样性保护战略与行动计划》，明确了我国保护生物多样性的战略和计划。近年来，面对人们对环境的破坏尤其是人们过度采集等因素，许多珍稀菌物资源更是受到了严重威胁。如藏区冬虫夏草的过度采集，使得野生冬虫夏草生物量连年下降，濒危灭绝；又如松茸过度的采集，也同样导致其产量连年下降，濒临灭绝。所以，有必要以大型菌物为主要研究对象，通过对代表地区系统调查，了解菌物资源分布特征和多样性，明晰菌物物种濒危状态，编写《中国濒危菌物红皮书》，构建重要珍稀菌物资源保育体系，在保护抚育的基础上促进菌物资源的可持续利用。

（1）一区　指的是建立菌物保育区。所谓的保育包括保护和复育。在珍稀菌物资源产地进行就地（原生境）保育。我国在吉林天佛指山松茸自然保护区、新疆布尔津冬虫夏草自然保护区等的基础上，先后又建立了图们市月晴乡黑木耳保育区、云台山香菇保育区、雅江松茸保育区等。

（2）一馆　指的是菌物标本馆。目前我国存放菌物较有影响的标本馆共有6个：中国科学院微生物研究所真菌与地衣标本馆（HMAS）、中国科学院昆明植物研究所隐花植物标本馆（HKAS）、广东微生物研究所真菌标本馆（GDGM）、吉林农业大学菌物标本馆（HMJAU）、中国科学院沈阳应用生态研究所东北生物标本馆（IFP）和北京林业大学标本馆（BJFC）。其他多所科研机构和高等院校内也都存有一定数量的标本。

（3）五库　包括菌种库、菌体库、遗传物质库、有效化合物成分库和综合信息库。

①菌种库　对野外采集标本进行菌种分离，所分离菌株在实验室内进行纯化鉴定，评价其生物学特性后，将菌种及其相关的信息进行保存。这也是迁地保育（异生境保育）的重要基础性工作。1970年8月在墨西哥城举行的第10届国际微生物学代表大会上成立了世界菌种保藏联合会（WFCC）。目前，世界上约有550个菌种保藏机构。我国于1979年7月建立了菌种保藏制度，成立了中国微生物菌种保藏管理委员会。我国代表性菌种保藏中心包括中国普通微生物菌种保藏管理中心（CGMCC）、中国工业微生物菌种保藏管理中心（CICC）、中国农业微生物菌种保藏管理中心（ACCC）、吉林农业大学食药用菌教育部工程研究中心（ERCCMEEMF）和中国典型培养物保藏中心（CCTCC）等。另外传统食用菌资源比较丰富和产业比较发达的福建、浙江、云南、湖北、上海、黑龙江、广东、吉林、四川等省市地方食用菌研究单位都保藏有相当数量的食用菌种质资源。国外代表性菌种保藏中心包括美国典型菌种保藏中心（ATCC）、美国农业研究菌种保藏中心（NRRL）、英国国家典型菌种保藏中心（NCTC）、德国微生物菌种保藏中心（DSMZ）、荷兰微生物菌种保藏中心（CBS）和俄罗斯微生物菌种保藏中心（VKM）等。

②菌体库　在野外采集标本时，从菌物标本上取下一块干净的菌肉组织，用干净的纸巾或者已灭菌的滤纸包裹后放入相应尺寸的封口袋中，倒入硅胶进行干燥，如硅胶变色应及时更换硅胶，同时要标记好采集编号，带回实验室4℃保存；或者取下一小块菌肉组织放入装有已配制好的保存DNA缓冲液中，带回实验室4℃保存，用于之后的各项研究，尤其是对遗传物质的研究。

③遗传物质库　将收集到的每个物种的核糖体基因及线粒体基因等遗传物质及数据保存，建库。

④有效化合物成分库　对菌物资源开展活性成分研究后获得的各种化合物，尤其是标准品，入库保存。

⑤综合信息库　将以上4个库的信息通过应用计算机软件建立起具有便捷的人机对话界面的系统化综合信息数据库。

第二节　双孢蘑菇种质资源

双孢蘑菇（*Agaricus bisporus*），欧美生产经营者常称之为普通栽培蘑菇（common cultivated mushroom）或纽扣蘑菇（button mushroom）。中文别名为蘑菇、白蘑菇、双孢菇、洋菇。在西欧、北美及大洋洲，它早已成为仅次于莴苣和番茄的第三大蔬菜，是人们每日必食的健康食品，我国的消费量也日益增长。

一、双孢蘑菇的起源与分布

双孢蘑菇栽培起源于法国，至今已有400多年的历史。据报道，16世纪的1550年，法国已有人将蘑菇栽培在菜园里未经发酵的非新鲜的马粪上，1651年法国人用清水漂洗蘑菇成熟的子实体，然后撒在甜瓜地的驴、骡粪上，使它出菇。1707年，被称为蘑菇栽培之父的法国植物学家托尼弗特用长有白色霉状物的马粪团在半发酵的马粪堆上栽种，覆土后终于长出了蘑菇。1754年，瑞典人兰德伯格进行了蘑菇的周年温室栽培。1780年，法国人开始利用天然菌株进行山洞或废弃坑道栽培。1865年，人工栽培技术经英国传入美国，首次进行了小规模蘑菇栽培，到了1870年就已发展成为蘑菇工业。1910年，标准式蘑菇床式菇房在美国建成。菌丝生长和出菇管理均在同一菇房内进行，称为单区栽培系统，适合手工操作。1934年，美国人兰伯特研究把蘑菇培养料堆制分为两个阶段，即前发酵和后发酵，极大地提高了培养料的堆制效率和质量。目前，国外许多菇场采用箱式多区栽培系统，将前发酵、后发酵、菌丝培养（菌丝集中培养，也称三次发酵）、出菇阶段等分别置于各自最适的温湿度室内，不仅温湿度可以控制，并配有送料、播种、覆土装置，年栽培次数一般可达6次。美国在佛罗里达州的菇场年栽培达10次，年产鲜菇 1.2×10^4 t，极大地提高了工效与菇房设施的利用率。此外，爱尔兰等国家还发展了塑料菇房袋式栽培等模式。国际蘑菇栽培出现了农村副业栽培、农场式生产和工业化生产并存的局面。1936年有大约10个欧美国家栽培蘑菇，1976年栽培国家和栽培地区有80多个，到了1996年就有100多个国家和地区栽培，栽培量与消费量以10%以上的速率递增。目前，世界年产双孢蘑菇近 4×10^6 t，占世界食用菌总产量的15%左右。

在发达国家，双孢蘑菇工业化生产已逐渐成为主导模式。我国以农业生产为主，近年来设施与工厂化栽培也发展迅猛。我国原金陵大学胡昌炽先生于1925年前后引进双孢蘑菇，试种出蕾。福建省闽侯县潘志农先生1930年开始家庭式小规模蘑菇栽培，获得成功。浙江杭州余小铁先生1931年也开始种植。上海的蘑菇栽培始于1935年前后，1957年在市郊推广了床架式栽培，1958年用牛粪替代马粪栽培成功并向全国推广。1978年我国改革开放，进一步促进栽培、加工、贸易出口的发展，形成产业规模。1979年香港中文大学张树庭教授引进培养料二次发酵技术和法国菌株5-176等，福建省轻工业研究所（福建省蘑菇菌种研究推广站）、上海市农业科学院食用菌研究所、轻工业部发酵所、浙江农林大学、上海师范大学、福建三明真菌研究所等对蘑菇品种改良和栽培技术进行了综合研究，促进了全国蘑菇生产的发展。1992年，在原国家轻工业部主持的全国蘑菇科研协作会上，福建省轻工业研究所推出由高产优质广适型杂交新品种"As2796系列"，培养料节能二次发酵技术和标准化塑料菇房等组成的规范化集约化栽培模式，使栽培产区从江南扩大到全国各地。2007年以来，我国年产双孢蘑菇鲜菇均达 2×10^6 t，出口 5×10^5 t左右，占世界产量和贸易量的50%，成为双孢蘑菇生产第一大国。

二、双孢蘑菇种质资源

（一）双孢蘑菇野生种质资源

双孢蘑菇野生菌株子实体表面主要呈褐色至浅褐色、极少白色，菌柄白色，有的有菌环。据报道，现在栽培的白色品种是1925年棕色品种栽培床上的突变种。

（二）双孢蘑菇栽培种质资源

双孢蘑菇菌种的提纯、制备与改良已有百年历史，菌株类型的叫法多样，有分为栽培菌株与野生菌株的，有分为双孢菌株和四孢变种的，有分为白色菌株、棕色菌株、浅棕色菌株、奶油色菌株和米色菌株的，有分为匍匐型菌株、气生型菌株和中间型菌株，也有分为工厂化栽培品种与农业生产品种。生产上使用的品种有雪白色、米白色、奶油色、浅棕色和棕色品种。中国、荷兰、美国、英国和法国等开展了杂交育种研究，现在世界各国使用的商业菌种几乎均为杂交品种，以白色杂交品种为主，褐色杂交品种（俗称褐蘑菇）为辅。

拓展阅读 24-1　双孢蘑菇部分栽培种质简介

（三）双孢蘑菇种质资源研究与创新

1894 年，康斯坦丁等首次制成蘑菇"纯菌种"。1929 年，美国人兰伯特提出子实体能从单孢子萌发的菌丝体产生，公开了用蘑菇孢子和组织培养物制种的秘密。1948 年，法国培育出索米塞尔蘑菇菌株。1950 年美国培育出奶白色、棕色和白色等菌株。早期的选种方法基本采用多孢分离，但改良菌株的进程缓慢，Sinden（1981）采用多孢筛选法获得"A6"菌株，但"A6"也不是十分理想的菌株。我国过去采用多孢筛选法前后约有 30 年，但始终没有留下明显改良的菌株，这和我国把选种作为制种的一个程序，年年选，年年弃，没有把良种留下有关。然而多孢筛选法，在遗传上均一性大于变异性，理论上难于获得具有明显变异性状的菌株。要有效地选育新菌株，得寻找别的方法。

单孢分离筛选比多孢筛选具有更大的概率获得明显性状变异的新菌株。尽管单孢分离是一种费时的工作，但采用此法，却能获得比较好的菌株，如"闽一号"。

虽然多孢分离和单孢分离选种曾经为双孢蘑菇商业性栽培提供了许多重要的菌株，但是这些菌株仍然存在难以克服的缺点，如高产的菌株常常不优质，而优质的菌株常常不高产，单产甚至只达高产菌株的一半。为了选育兼具高产与优质性状的菌株，育种家很自然地着眼于杂交方法的研究。杂交在动植物育种中的应用已有长久的历史而且取得巨大的成就，为什么在双孢蘑菇育种中迟迟没有实现呢？1972 年 Raper 和 Elliott 等对双孢蘑菇生活史进行了详细的研究，并利用遗传标记作为分析的工具，揭示了蘑菇杂交育种存在两个障碍，一是它具有独特的遗传特性，使担子上的两个孢子大多具有异核而自身可育，二是它的同核体与异核体间没有形态上的差异，即异核体也不发生锁状联合现象。

对蘑菇遗传系统的深入研究，指导着蘑菇育种工作的进展。1980 年荷兰 Horst 蘑菇试验站的 Fritsche 利用蘑菇不育单孢子培养物配对，以恢复可育性为标记选育杂交菌株，于 1981 年首先育成纯白色品系和米色品系间杂交的品种'U1'和'U3'，并在欧洲广泛使用。我国福建省轻工业研究所自 1983 年开展杂交育种，建立起双孢蘑菇同核不育菌株配对杂交育种技术。至 1989 年，先后推出偏 G 型的杂交新菌株 As376、As555、As1671、As1789 等和 HG4 型的高产优质广适型优良杂交品种新菌株"As2796"系列，这是我国自己培育的首批双孢蘑菇杂交菌株。"As2796"首次解决了国内外普遍存在的高产与优质难以兼得的矛盾，在产量、品质和适应性上全面超过引进品种，扭转了我国双孢蘑菇靠国外引种栽培的局面，是我国具有自主知识产权的、近年全球产量最大的栽培品种。目前，世界各国使用的商业菌种几乎均为杂交菌株，品种改良技术也逐渐进入到基因工程水平。

分子生物学的进步在育种上开始了基因工程技术的应用，把人们需要的一个或几个基因片段从一个细胞分离提取出来，转移至另一个细胞中去，使外来的基因整合到受体细胞 DNA 上，改变受体细胞的遗传信息，无疑，这将给育种家开辟出广阔的前景，育成双孢蘑菇理想的菌株，为时将不会太远。

第三节　香菇种质资源

在数十种我们称之为菌类作物且已商业化栽培的种类中，香菇无疑是最引人瞩目的种类，也最为广泛栽培，最被消费者青睐，且是最能引为国人骄傲的品种，堪称"国菇"。

一、香菇种质资源的起源与分布

野生香菇主要分布在北半球的温带到亚热带地区。世界范围内香菇的主产区主要集中在亚洲，其中中国、日本、韩国为三大主产国。根据目前的资料所知，香菇的自然分布区域在亚洲东南部，大致范围是 80°E—150°E，10°S—41°N，属于热带及亚热带自然环境区分布的真菌生物。这显然说明了香菇的分布与地理位置、环境条件及发生历史有关。记载有野生香菇分布的国家和地区主要有中国、日本、朝鲜、韩国、俄罗斯远东地区、菲律宾、印度尼西亚、巴布亚新几内亚、印度、越南、老挝、泰国、婆罗门洲、马来西亚、尼泊尔、克什米尔地区和新西兰等国家和地区。中国的野生香菇分布较广，自然分布于热带、亚热带，少数见于暖温带地区，包括东北的辽宁、吉林，华东的安徽、浙江、江西、福建、台湾，华中的湖南、湖北，西南的云南、贵州、四川、广西，华南的广东、海南，西北的陕西。

香菇栽培始源于中国，至今已有 800 年以上的历史。大量的史料证实，浙江龙泉、庆元、景宁三县市是人类最早进行人为干预的香菇原木砍花法的发祥地，早在宋代浙江庆元县龙岩村的农民吴三公发明了这一技术，后扩散全国，经僧人交往传入日本。据考有关文字史料：吴三公又名吴昱，因兄弟排行第三，被菇民尊称为吴三公。宗谱载："吴氏祖先于唐代由山阴（今绍兴）迁至庆元"，吴三公于宋高宗建炎四年（1130 年）三月十七日出生在龙、庆、景之交的龙岩村。相传吴三公常入深山密林狩猎和采集野生菌蕈，在日积月累的观察中发现伐倒的阔叶木表皮被砍伤后，伤处常长出香菇，此法屡试屡验，这便是人工栽培香菇"砍花法"的由来。在生产实践中，吴三公还发现一些树木虽经砍花却多年不出菇，不知何故，无奈之下不禁仰天长叹，以斧猛敲。这一敲不要紧，却惊动了菌丝的萌发，数日后菇出如涌，此便是后世菇民不传之秘"惊蕈术"。他创制出古老砍花法和惊蕈术，为贫穷的山区菇民开辟出一条良好的生存途径，深受人民爱戴和尊敬。古代菇民感念他的功德，于宋度宗咸淳元年（1265 年）在后广盖竹村兴建起"灵显庙"祀奉吴三公为"菇神"。而后，由于香菇业有较大发展，至清乾隆三年（1738 年），菇民们又在后广西洋村村口，兴建起"吴判府庙"祀奉吴三公父子，从此菇民聚集的机会增多，互相交流制菇经验，使香菇产量急剧上升，菇民生活日益改善，前往"菇神庙"进香的人川流不息。由于原有古庙年代久远，简陋狭窄，容纳不下诸方前来的进香人士，至光绪元年（1875 年），由龙、庆、景菇民集资巨款，在"吴判府庙"之旧址上，重新建造了占地面积达 1 200 m² 的菇神庙西洋殿。800 多年来，香菇成为庆元人民赖以生存的传统产业，菇民足迹遍布全国，香菇开始了造福人类的新纪元。吴三公不仅是龙、庆、景三县菇民的代表，也是世界人工栽培香菇的创始人。中国食用菌协会理事张寿橙高级工程师等于1987年7月在英文版国际"热带菇类"刊物上发表了吴三公的光荣业绩，并于1988年8月在香港举行的第八届应用生物国际会议上，又把《吴三公为代表的龙、庆、景菇民文化对中国和日本香菇栽培的影响》作了专文论述，并以切实足够的文字史料论证了被日本菌学界称为瑰宝的一本书，即1796年佐藤成裕所著的《惊蕈录》，不但其内容精华部分源自龙、庆、景，即使"惊蕈"亦为我菇民方言，使得香菇栽培始源于中国龙庆景，吴三公是我国菇农的代表，得到全世界的公认。

香菇从野生转变为人工栽培，从龙庆景传播到我国各地，发展至今已成为全球性产业，给人类提供了新的蛋白质来源。这是一项历史性的创造，也是我们中华农业文化的重要组成部分。

二、香菇种质资源

（一）香菇野生种质资源

在自然界，香菇是一种生于壳斗科、桦木科、金缕梅科等阔叶树倒木上的木腐菌，其分布受环境条件和自身生长条件的限制。野生的香菇自然分布范围很广，主要分布于中国、朝鲜、日本、菲律宾、印度尼西亚、新几内亚、新西兰、尼泊尔、泰国、马来西亚和俄罗斯萨哈林地区（库页岛）等国家和地区。

中国作为世界最大的香菇生产国和适生地，幅员辽阔，地处热带、亚热带气候区，地理环境和气候条件丰富多变，因此，自然形成的香菇种质资源也十分丰富。全国大部分省区都有香菇野生种质资源的报道，主要分布在浙江、福建、海南、台湾、安徽、江西、湖南、湖北、广东、广西、四川、云南、贵州、甘肃、陕西、西藏、辽宁和香港等地，这些区域也是适合香菇人工栽培的主要地区，河南、河北、山西以及除陕、甘两省以外的广大西北地区则均无野生香菇报道的记载。

（二）香菇栽培种质资源

目前香菇人工栽培主要集中于东南亚地区，中国、日本、韩国是世界香菇的主要栽培国，香菇的栽培种质绝大多数都来源于这几个国家。日本目前在售的香菇菌种有120余个，并且按照栽培原料和栽培季节严格分类，我国报道的香菇栽培种质已超过100种，其中目前仍在使用的有50多个，表24-2列出了目前最常用部分香菇栽培种质，其中包括通过国家品种认定的25个品种。

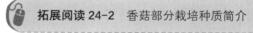 拓展阅读24-2 香菇部分栽培种质简介

表24-2 常用香菇栽培种质

序号	名称	品种来源	品种出处
1	申香8号	野生菌株70×苏香，原生质体单核杂交选育	上海市农业科学院食用菌研究所
2	申香10号	L26×苏香，原生质体非对称杂交选育	上海市农业科学院食用菌研究所
3	申香12号	野生菌种69号×苏香，原生质体非对称杂交育成	上海市农业科学院食用菌研究所
4	申香16号	939×L135原生质体杂交	上海市农业科学院食用菌研究所
5	申香18号	申香15×939非对称杂交	上海市农业科学院食用菌研究所

序号	名称	品种来源	品种出处
6	7402	国外引进品种系统选育而来	上海市农业科学院食用菌研究所
7	庆元 9015	939 系统选育	浙江省庆元县食用菌科学技术研究中心
8	庆科 20	庆元 9015 系统选育而来	浙江省庆元县食用菌科学技术研究中心
9	939	系统选育	浙江省庆元县食用菌科学技术研究中心
10	241-4	241 系统选育	浙江省庆元县食用菌科学技术研究中心
11	L26	杂交选育	福建省三明真菌研究所
12	Cr04	7917×L21，单孢杂交育成	福建省三明真菌研究所
13	Cr02	7402×当地野生品种 Lc-01，单孢杂交育成	福建省三明真菌研究所
14	Cr62	7917×L21，单孢杂交育成	福建省三明真菌研究所
15	闽丰 1 号	L12×L34，单孢杂交育成	福建省三明真菌研究所
16	L135	国外引进品种筛选育成	福建省三明真菌研究所
17	L9319	分离驯化育成	浙江省丽水市大山菇业研究开发有限公司
18	L808	国外引进菌株经分离选育而成	浙江省丽水市大山菇业研究开发有限公司
19	L952	国外引进香菇栽培品种经系统选育而成	华中农业大学
20	华香 8 号	系统选育而成	华中农业大学
21	华香 5 号	国外引进菌株经分离选育而成	华中农业大学
22	7925	国外引进品种系统选育而成	华中农业大学
23	香杂 26	野生种 No.8×No.40 杂交育成	广东省微生物研究所
24	香九	野生品种驯化育成	广东省微生物研究所
25	广香	野生菌株驯化育成	广东省微生物研究所
26	森源 8404	野生种驯化育成	湖北省宜昌森源食用菌有限责任公司
27	森源 1 号	8404×856，单孢杂交育成	湖北省宜昌森源食用菌有限责任公司
28	森源 10 号	8404×135，单孢杂交育成	湖北省宜昌森源食用菌有限责任公司
29	武香 1 号	国外引进菌种，常规系统选育而成	浙江省武义县真菌研究所
30	菌兴 8 号	野生香菇采集分离驯化栽培育成	浙江省丽水市食用菌研究开发中心，浙江省林业科学研究院
31	18	系统选育	河北平泉
32	金地香菇	L939×135，原生质体融合育成	四川省农业科学院土壤肥料研究所
33	9608	9015 或 939 系统选育成	河南省西峡县食用菌科研中心
34	赣香 1 号	1303 和 HO3，单孢杂交育成	江西省农业科学院微生物研究所

目前的香菇栽培种质，可划分为不同的品种类型。根据栽培方式、出菇早晚和出菇温度做以下划分。

（1）按栽培方式划分　段木栽培种、代料栽培种、段木代料两用种。

（2）按出菇早晚划分　可分为短菌龄种（接种后 60～80 d 出菇）、长菌龄种（接种后 120 d 以上出菇）以及介于两者之间的中菌龄种。

（3）按出菇温度划分　可分为低温型、中温型、高温型和广温型 4 类。

① 低温型　出菇的中心温度大致为 5～15℃；

② 中温型　出菇的中心温度大致为 10～20℃；

③ 高温型　出菇的中心温度大致为 15～25℃；

④ 广温种　出菇温度范围较广，在 5～28℃，但以 10～20℃出菇为宜，品质最好。

我国的香菇栽培种质从来源上，主要是利用野生种质资源，采用传统的自然育种法（野生食用菌的驯化、筛选）和采用现代的育种手段（如杂交、细胞融合、基因重组等生物技术）已育成越来越多的优良品种，另外引进国外优良种质资源后进行驯化和系统选育也是我国香菇栽培种质的来源之一。

（三）香菇种质资源的研究与创新

1. 我国香菇野生种质资源遗传多样性的研究

我国香菇自然种质遗传多样性的研究中，采用 RAPD、AFLP、RFLP、ISSR、SSR 和 MNP 等分子标记对不同采集地域的野生种质资源进行系统聚类分析以及用 ITS 序列测序进行系统谱系分析的研究较多，也得到了许多研究结果，这些对野生种质资源的遗传多样性研究正是进一步培养优良香菇菌种、深入开发利用香菇产品的基础。

2. 种质资源的鉴定研究

种质资源是食用菌遗传学和育种学研究的基础。在我国食用菌种质资源的研究中，普遍存在同物异名、异物同名等现象，菌种资源的管理十分混乱，不利于育种者、生产者合法权益的保护，而传统研究方法耗时费力，且易受环境影响，显然不适应食用菌种质资源及菌株鉴定研究领域飞速发展的需求。分子标记技术准确、快速，其相关方法的飞速发展，顺应了这种发展趋势。目前在香菇种质资源鉴定中使用的分子标记有 RAPD、ISSR、AFLP、SSR、MNP 以及 SCAR 等。

3. 香菇种质资源的创新

香菇种质资源的创新主要体现在栽培种质的创新上，育种工作者在现有的种质资源基础上进行选择、重组，得到了与自然发展截然不同的新型种质。我国香菇育种的方法主要有选择育种、杂交育种、诱变育种和原生质体融合育种等。诱变育种和细胞融合（原生质体融合）的方法在香菇中的使用较少，转基因育种则还没有在香菇中进行的报道。因此，选择育种和杂交育种仍然是香菇育种工作的主要方法。

第四节　菌物种质资源的发展趋势与展望

确保中国饭碗装中国粮，必须树立大种业观，不断推进种业创新。实现种业科技自立自强、种源自主可控，大力发展菌物种业是一个重要方面。过去一段时间，受"重种养、轻菌物"观念影响，在我国植物、动物、菌物"三物"种业发展中，菌物种业较为薄弱。近年来，国家着眼于保障粮食安全，高度重视农作物和畜禽种业的发展，菌物种业振兴也同样重要，把菌种牢牢攥在自己手里意义重大。

一、菌物产业是具有发展前景的朝阳产业

我国食用菌资源丰富，有几千年的采摘、食用和生产历史。改革开放以来，我国食用菌产量由 1978 年的 5.8×10^4 t 增加到 2022 年的 $4.222\,5 \times 10^7$ t，增长了 728 倍。目前

我国食用菌已成为种植业领域第五大产业，占全世界食用菌产量的 75% 以上。包括食用菌在内的菌物产业，是非常具有发展前景的朝阳产业。食用菌产业符合减量化、再利用、可循环的循环经济理念，发展食用菌产业是实现农业绿色低碳发展的重要途径。

食用菌产业发展历程可总结为四个阶段，即 1.0 版到 4.0 版。1.0 版是手工传统生产；2.0 版主要是运用现代技术开展杂交育种，在技术、标准层面也进行了简单生产过程的优化改良；3.0 版侧重于自动化和电气化生产；4.0 版是智能化阶段，即智慧菌业。注重进一步实现生产智能化，用工业化思维发展现代化菌物产业。同时，我国菌物产业发展也存在一些问题。如栽培如何实现标准化、现代化、智能化，产业链如何延长，政策法规不健全、技术人才缺乏、科普宣传不到位等。特别是我国大宗食用菌菌种存在被国外"卡脖子"的问题，应予以高度重视。

二、加快菌物栽培现代化、智能化，做好全产业链延伸

首先，加强食用菌种质资源调查、采集和保护。种质资源是种业振兴的基础，野生资源是食用菌驯化的物质基础。要运用系统工程思维建设菌物种质资源保育体系。1990年，我国科学家在国际上率先提出建设菌物种质资源"一区一馆五库"保育体系，并在菌物资源丰沛的秦巴山、长白山、祁连山、武夷山、大别山等地建立菌物种质资源保育区，防止濒危菌种资源灭绝和人为干扰破坏，全面平衡地保护菌物物种多样性、遗传多样性和生态多样性。

工厂化菌种应成为我国菌物种业攻关重点。经多年发展，我国食用菌工厂化在生产技术、质量管理方面取得重大突破。但菌种短板目前仍是困扰食用菌工厂化发展的主要问题。多数企业通过引种或对本地品种改良、筛选、分离获得优良品种，但菌种遗传背景不明确，生物学特性不突出，产量、质量等农艺性状不稳定，很容易造成菌种退化和变异。特别是工厂化生产中，液体菌种与国外差距较大，常规固体菌种容易造成杂菌感染，生产风险较大。

除了强种业，还要强加工。目前我们已研发出一些产品，如方便米面、饼干、饮品、肉干、冰激凌等，还有减肥瘦身产品、代盐产品、面膜、保健品和药品等。来源于食用菌的氢酶、过氧化物酶和酪氨酸酶还能用于废水处理。应提倡食用菌全株高值化利用。食用菌采摘后，原来扔掉的菌柄都可做成产品。如利用栽培食用菌后的基料做饲料、生物肥、生物炭和药物活性成分提取。要加快菌物栽培现代化、智能化，要建立有中国特色的生产设备和流水线。还要做好全产业链延伸，不局限于生产包子、面条、酒水、面膜，而应有更深更高层次、涉及国民经济方方面面的产品。

发展好现代菌物产业，是跑好乡村振兴接力赛的需要，是充实国人"粮袋子""菜篮子"和"肉盘子"、提升生活品质的需要，对发展低碳农业、循环经济等亦有重要价值。随着规划、政策、制度、科技、教育、国家合作等方面的综合施策，相信未来我国菌物产业种业创新、科研攻关、成果转化推广、专业人才培养、基础设施建设、产业链变革和政策法规建设等会迈上新台阶，促进我国从食用菌大国向强国转变。

💻 **推荐阅读**

1. 李玉，康源春. 中国食用菌生产 [M]. 郑州：中原农民出版社，2019.

本书基本涵盖了食用菌学科的基本学术内容和重要生产品种的生产过程，较为全面地反映了中国食

用菌生产技术发展历史和现实情况。

2. 李玉，李泰辉，杨祝良，等.中国大型菌物资源图鉴 [M].郑州：中原农民出版社，2015.
   本书记载了中国大型菌物资源 509 属（包括个别变种、参照种和未定种），较为全面而客观地反映了中国大型菌物资源的实际情况。

3. 唐玉琴，李长田，赵义涛.食用菌生产技术 [M].北京：化学工业出版社，2008.
   本书介绍了十大类常见食用菌和 9 种珍稀食用菌的栽培、病虫害防治，以及食用菌加工技术等。

思考题

1. 简述菌类作物和菌物种质资源的概念。
2. 简述菌类作物的分类依据。
3. 简述菌物种质资源的保育体系构建策略。
4. 双孢蘑菇种质资源创新的方法主要包括什么？
5. 香菇栽培种质可划分为哪些不同的品种类型？

主要参考文献

1. 黄年来，林志彬，陈国良.中国食药用菌学［M］.上海：上海科学技术文献出版社，2010.
2. 黄毅.食用菌栽培［M］.北京：高等教育出版社，2008.
3. 李荣春，杨志雷.全球野生双孢蘑菇种质资源的研究现状［J］.微生物学杂志，2002，22（6）：34-37.
4. 李玉.把种子牢牢攥在自己手里［N］.人民日报，2022-06-09（9）.
5. 李玉，李长田.中国作物及其野生近缘植物·菌类作物卷［M］.北京：中国农业出版社，2020.
6. 廖剑华.双孢蘑菇野生种质杂交育种研究 I［J］.中国农学通报，2013，29（7）：93-98.
7. 谭琦，潘迎捷，黄为一.中国香菇育种的发展历程［J］.食用菌学报，2000，7（4）：48-52.
8. 谭琦，宋春艳.香菇安全生产技术指南［M］.北京：中国农业出版社，2013.
9. 谭琦，宋春艳.香菇栽培实用技术［M］.北京：中国农业出版社，2011.
10. 王键，图力古尔，李玉.香菇属（*Lentinus*）真菌的研究进展兼论中国香菇属的种类资源［J］.吉林农业大学学报，2011，23（2）：41-45.
11. 王泽生.中国双孢蘑菇栽培与品种改良［J］.中国食用菌，2000，23（增刊）：33-36.
12. 杨新美.中国食用菌栽培学［M］.北京：中国农业出版社，1988.
13. 张寿橙.中国香菇栽培历史与文化［M］.上海：上海科学技术出版社，1993.
14. 张树庭，Miles PG.食用蕈菌及其栽培［M］.杨国良，张金霞，译.保定：河北大学出版社，1992.

网上更多资源

拓展阅读　　　彩图　　　思考题解析

撰稿人：李玉　李长田　代月婷　审稿人：吕作舟

郑重声明

读者意见反馈

为收集对教材的意见建议，进一步完善教材编写并做好服务工作，读者可将对本教材的意见建议通过如下渠道反馈至我社。

咨询电话　　400-810-0598
反馈邮箱　　gjdzfwb@pub.hep.cn
通信地址　　北京市朝阳区惠新东街4号富盛大厦1座　高等教育出版社总编辑办公室
邮政编码　　100029

防伪查询说明

用户购书后刮开封底防伪涂层，使用手机微信等软件扫描二维码，会跳转至防伪查询网页，获得所购图书详细信息。

防伪客服电话　　（010）58582300